21C 식품위생학

식품안전관리인증
HACCP
약품안전처

21C 식품위생학

김덕웅 · 정수현 · 염동민 · 신성균 · 여생규 · 조원대

FOOD HYGIENE

수학사

머리말

시대는 끊임없이 변하고 또 변해 가고 있다는 것은 누구도 부인하지 못할 명약관화한 사실입니다. 우리 인간이 일생을 살아가는 데 있어 무엇보다 중요한 것은 평생 동안 건강하고 즐겁게 삶을 영위하는 일일 것입니다. 이를 위해 일상적으로 영양을 공급받는 식품의 중요성은 두말할 것도 없을 뿐더러 그에 못지않게 질병이나 식중독 없이 위생적으로 생활하는 일도 매우 중요합니다. 그러나 오늘날 지구의 기후와 환경이 변화하고, 세계 인구가 증가함으로써 발생하는 환경오염 등으로 인하여 식품의 오염과 그로 인한 인류의 건강 장애가 다양한 양상으로 나타나고 있는 것이 현실이기도 합니다. 이에 지나간 시대와 환경의 변화에 발맞추어 기존의 것과 더불어 새로운 분야의 내용을 정리하고, 그림 등을 더해 좀 더 재미있게 독자들에게 전달하고자 『21C 식품위생학』을 출간한 바 있습니다.

그로부터 몇 년의 시간이 흘러 정부의 행정조직이 바뀌었고, 식품위생 관련법들이 개편됨에 따라 이러한 변화를 적극적으로 반영하기 위해 『21C 식품위생학』을 개정하게 되었습니다. 특히 식품위생 관련법 중 2014년을 기해 기존의 「식품(축산물)위해요소중점관리기준(HACCP)법」이 「식품(축산물)안전관리인증기준(HACCP)법」으로 명칭이 바뀌었고, 그 내용도 보다 폭넓고 세밀한 분야까지 확대하여 다루고 있어서 이에 대한 내용들을 수정, 보안하고 기존의 내용을 손질하여 출간하게 된 것입니다.

이미 '식품위생학'은 국가가 인정하는 자격증 취득시험 중 영양사, 조리사, 위생사, 식품 산업기사, 조리산업기사, 제과 · 제빵 기능사, 보건직 7급 등 식품 · 영양 계열의 국가시험 과목에 포함된 매우 중요한 필수과목입니다. 이제 한 걸음 더 나아가 식품 관련 분야의 자격시험에서 '식품위생학'이 과락과목으로 지정되었다고 하니 그 중요도는 한층 더 높아져 고무적인 일이 아닐 수 없습니다. 더불어 저자로서 작은 바람이 있다면 일반 가정에서도 『21C 식품위생학』 한 권쯤 비치해 놓고 필요할 때마다 참고하였으면 좋을 듯싶습니다. 가족의 건강을 지키기 위해서 말입니다.

모든 것이 그러하듯 완벽한 것은 없는 것 같습니다. 혹시 내용이 부족하거나 미비한 점이 있으면 항시 지도, 편달이 있기를 바랍니다. 이 책을 접함에 있어 식생활의 위생으로부터 예방이 되고 건강에 다소나마 도움이 되기를 기원합니다. 아울러 출판을 위해 애써 주신 수학사의 이영호 사장님과 그 외 편집진에게 심심한 사의를 전합니다.

저자 일동

차례

제1편 총 론

제4편 식물인자로 인한 식품위생

제5편 화학적 유해물질 및 오염물질에 대한 식품위생

제7편 건물과 설비, 기구, 용기·포장과 식품취급자의 위생관리

제8편 식품(축산물)안전관리인증기준 제도(HACCP system)

제9편 식품위생 행정과 정보

F·O·O·D·H·Y·G·I·E·N·E

1

총론

제 1 장 식품위생의 목적, 정의, 분류와 역사적 고찰

1. 식품위생의 어원, 목적, 정의

1) 식품위생의 어원

식품위생(食品衛生)의 '위생(衛生)'은 중국의 고서 『장자(莊子)』에 나오는 '위생'이라는 말을 일본인 나가요[長與]가 최초로 사용함으로써 비롯되었고, 'Food hygiene'은 그리스 신화에서 유래되어 2세기경 클라우디스(Claudius, Galenus : 130~200)가 처음 사용하였으며, 'Food sanitation'의 어원은 라틴어 'Sanitas'('health'라는 뜻)에서 유래되었다. 'Food hygiene'은 주로 영국, 유럽 및 WHO에서 사용하고, 'Food sanita-tion'은 주로 미국 등에서 사용하고 있으며, 최근에는 '식품의 안전성'이라는 의미로 'Food safety'를 많이 표현한다.

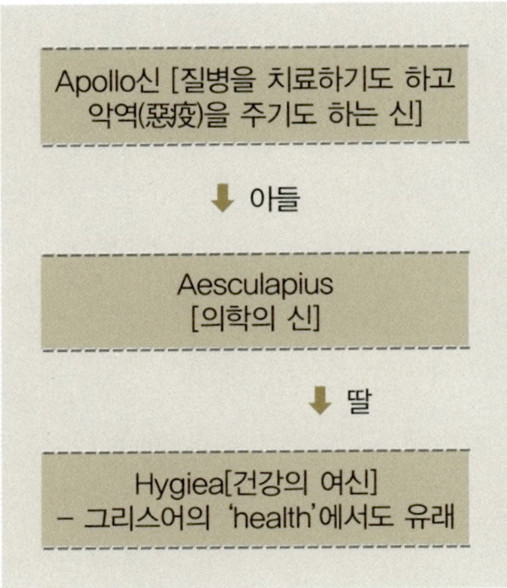

〈그림 1-1-1〉 Hygiene의 유래

2) 식품위생의 목적

우리나라는 1962년 1월(법률 제1007호) 「**식품위생법**」이 최초 제정되어 그 이후 여러 차례 개정되었는데, 2009년 2월에 개정된 「식품위생법」 제1조에 명시된 식품위생의 목적을 보면, <그림 1-1-2>와 같이 "식품으로 인하여 생기는 위생상의 위해(危害)를 방지하고 식품영양(食品營養)의 질적 향상을 도모하며 식품에 관한 올바른 정보를 제공하여 국민보건(國民保健)의 증진에 이바지함을 목적으로 한다."라고 규정하고 있다.

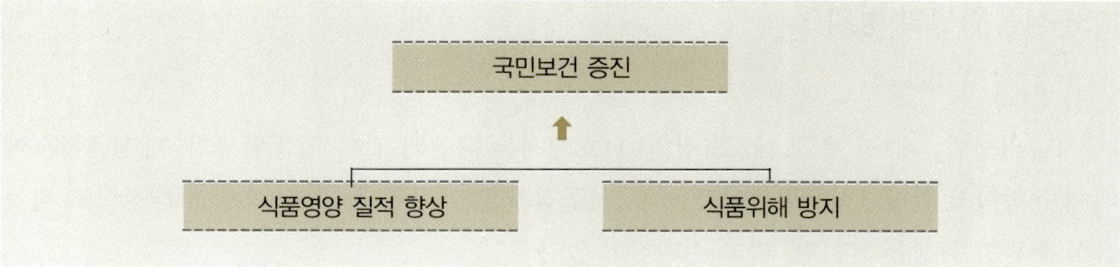

〈그림 1-1-2〉 식품위생의 목적

더 나아가 우리나라는 1995년 1월(법률 제4914호)에 보다 폭넓게 국민의 건강을 증진시키기 위하여 「**국민건강증진법(國民健康增進法)**」을 제정하였다.

「국민건강증진법」 제1장 총칙(總則) 제1조에 명시된 「국민건강증진법」의 목적을 보면, "이 법은 국민에게 건강에 대한 가치와 책임의식을 함양하도록 건강에 관한 바른 지식을 보급하고 스스로 건강생활을 실천할 수 있는 여건을 조성함으로써 국민의 건강을 증진함을 목적으로 한다." 라고 규정하고 있다. 아울러 이 법에 따라 국민건강증진사업을 실시하도록 하고 있는데, "국민건강증진사업"이라 함은 보건교육, 질병예방, 영양개선 및 건강생활의 실천 등을 통하여 국민의 건강을 증진시키는 사업을 말한다. 이 중에서 특히 질병예방은 식품위생의 목적에 부합된다고 볼 수 있다.

그리고 우리나라는 2008년 6월(법률 제9121호)의 「**식품안전기본법**」이 새로 제정·공포되었다. 이 법은 수입식품의 증가 등으로 새로운 위해식품이 출현할 가능성이 높아지고 국민들의 식품안전에 대한 불안이 커짐에 따라 식품안전관리기본계획의 수립·시행 등 식품안전정책의 체계적인 추진체계를 구축하고, 위해 우려 식품에 대한 생산·판매의 금지 등 위해식품의 출현에 신속히 대응할 수 있는 제도를 마련하는 한편, 소비자가 식품에 대한 시험·분석을 요청할 수 있도록 하여 식품안전관리에 소비자의 참여를 촉진함으로써 국민들의 건강하고 안전한 식생활을 보장하기 위하여 제정되었다.

세계보건기구(WHO)의 헌장 서문에서는 **건강**을 다음과 같이 정의하고 있다.

"**Health** is a state of complete physical, mental and social well-being and not merely the absence of disease or infirmity"

"건강은 단순히 질병이나 허약한 부재 상태만을 의미하는 것이 아니라 육체적, 정신적 그리고 사회·복지적으로 건전한 상태를 말한다."

따라서, 건강을 지키기 위해서 가장 먼저, 고려되어야 할 일은 바로 '식품 및 음식물의 위생'이라 할 것이다.

3) 식품위생의 정의

(1) 한국

「식품위생법」 제1장 총칙 제2조(정의) 11호에서는 다음과 같이 식품위생의 '대상(對象)'에 대해 규정하고 있다. "**식품위생**이란 식품, 식품첨가물, 기구 또는 용기·포장을 대상으로 하는 음식에 관한 위생을 말한다." 라고 정의하고 있다.

즉, 당연히 음식의 구성 재료에 속하는 식품이나 식품첨가물은 물론이지만 음식과는 거리가 멀게 느껴지는 기구 또는 용기, 포장까지도 식품위생의 범위에 포함시킴으로써 식품위생과 관련된 문제가 발생하였을 때 기구 또는 용기, 포장을 제조, 가공하는 업자에게도 그 책임을 물을 수 있게 법적 근거를 마련한 것이다.

(2) 세계보건기구(WHO)

1955년 스위스 제네바의 환경위생전문위원회에서는 식품위생의 '과정(過程)'을 다음과 같이 정의하고 있다.

"**Food hygiene** means all measures necessary for ensuring the safety, whole-someness, and soundness of food at all stages from its growth, production or manufacture until its final consumption."

"식품위생이란 식품의 재배(생육), 생산 또는 제조로부터 최종적으로 사람에게 소비(섭취)되기까지에 이르는 모든 단계에서 식품의 안전성, 완전성 및 건전성(보존성)을 확보하기 위해 필요한 모든 수단을 말한다."

그러나 식품위생은 <그림 1-1-3>에서 보는 바와 같이 최선을 다해 완전무결하게 하여 인체

과정	원료의 재배 ➡	식품 원료 ➡	제조 · 가공 ➡	기구·용기, 포장 ➡	수송, 저장, 판매 ➡	섭 취
	(생육)	(채취, 수확) 식품에 제한적으로 사용할 수 있는 원료와 없는 원료 규정	(조리, 유전자 조작 포함)	(금속, 플라스틱 기구 등)	(냉장, 냉동)	(시간, 장소)
위생 요인	기생충, 농약, 항생물질, 사료, 중금속, 공업약품, 폐수, 유전자조작 등	식물·동물의 자연독, 위생동물, 곰팡이독, 경구 및 인수공통감염병, 부패, 이물 등	식품첨가물, 시설물, 세균성 식중독, 유해오염물질 혼입, 제조·조리 중 유해생성물 등	중금속, 공업약품 등	세균성 식중독, 경구 및 인수공통감염병, 곰팡이독, 부패, 위생동물, 이물 등	미생물의 부패, 위생동물, 화학물 오염 등

〈그림 1-1-3〉 식품위생의 의의와 위해 요인들

의 건강을 해쳐서는 절대로 안 되지만, 그 요인이 너무 많기 때문에 오늘날에는 그 **절대기준보다는 안전수준**을 정하여 엄격히 관리하는 것이 현실이다. 다시 말해, 식품의 섭취가 건강장애의 원인이 되지 않는 범위 내에서 식품의 안전성이 고려되고 있는 것이다. 특히 건전성은 식품의 영양과도 연관되어 있다.

2. 식품위생의 범위와 분류

의학 및 약학 계통의 보건위생, 그 밖에 공중위생, 환경위생, 피복위생, 독성학 등에서는 식품위생의 범위를 정할 때 식품위생의 내용까지 포함하는 경우도 있지만, 여기에서는 식품위생의 범위를 인간이 섭취하는 각종 식품이나 조리된 음식과 관계되는 위생만으로 한정하여 설명하기로 한다. 일례로 감염병 중에서 인플루엔자, 두창 등은 음식과 관계가 없으므로 여기서는 다루지 않는다.

식품위생에서 다루는 내용을 전체적으로 크게 분류해 보면, 식중독이라는 명칭과 감염병 등과 같은 병(질병, 증)이라는 명칭으로 나눌 수 있다. 즉, 식품위생은 <그림 1-1-4>에서와 같이 명칭이 구분된다.

일반적으로 식품과 관련된 장티푸스, 콜레라, 결핵 등의 감염병(경구, 인수공통)이나 회충, 간디스토마 등의 기생충감염병(寄生蟲感染病), 식품의 변질, 부패, 이물질 등은 식중독에 포함시키지 않고 있다. 식중독은 증상의 발현 시기에 따라 급성중독과 만성중독으로 나누기도 하지만, 급성인 경우가 대부분이다.

식품위생은 <표 1-1-1>과 같이 식품으로 인한 건강장애의 생성요인에 따라 **내인성(內因性,**

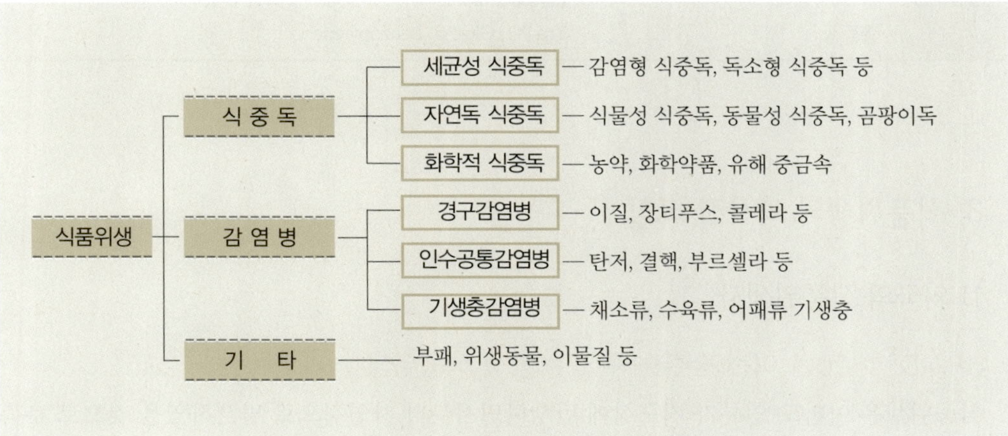

〈그림 1-1-4〉 식품위생의 범위와 명칭의 구분

natural, intrinsic), **외인성(外因性**, invased, added), **유기성(誘起性**, induced)으로 나눌 수 있다.

〈표 1-1-1〉 식품으로 인한 건강장애의 생성요인별 분류

생성요인	병인물질의 종류	병인물질의 예
내인성(內因性)	**〔식품 고유성분〕**	
	식물성 자연독	버섯독(phalloidin, amanitin), 일반식물(솔라닌, 시안배당체 등)
	동물성 자연독	어패류독(복어독 : tetrodotoxin, 조개독 : saxitoxin 등)
	식이성 allergen	histamine, 이물로 인식된 단백질 등
	변이원성 물질	cycasin(소철), ptaquiloside(고사리), safrol 등
	기타 생리작용 성분	항(抗)비타민성 물질, 항효소성 물질, 항갑상선 물질
외인성(外因性)	**〔생물성 : 식품에 부착·기생〕**	
	식중독균(미생물)	감염형(살모넬라, 장염비브리오, 병원성 대장균 등) 독소형(포도상구균, 보툴리누스균 등)
	경구감염병(미생물, 바이러스)	이질균, 콜레라균, 장티푸스균, 급성회백수염, 간염바이러스 등
	곰팡이독(미생물)	aflatoxin, citrinin, patulin 등
	기생충(동물)	회충, 십이지장충, 무구조충, 간디스토마흡충 등
	〔인위성〕	
	의도적 식품첨가물	부정첨가물(붕산, auramine, dulcin, rongalite 등)
	비의도적 식품첨가물	잔류농약(DDT, BHC, parathion 등) 공장 배출물(alkyl 수은 등) 방사성 물질 기구, 용기, 포장재 용출물
	제조·가공 과오	비소, PCB 등
유기성(誘起性)	물리성	조사유지(照射油脂), 가열유지(산화유지 등)
	화학성	아질산염 및 amine, amide 반응물질(*N*-nitroso amine, nitroso amide)
	생물성	Trp-P-1, Glu-P-1, benzopyrene

3. 식품위생의 역사적 고찰

1) 외국의 식품위생사

(1) A.D. 1600년 이전의 주술적 및 체험적 식품위생

식품위생은 아마도 인류가 지구상에 탄생하면서부터 자연적으로 발생하였을 것으로 추측된다. 이는 인간이 생명을 유지하기 위한 식생활 수단으로 자연 중에 존재하는 동식물을 **체**

험(體驗)에 의해 먹을 수 있는 동식물과 먹을 수 없는 독성 동식물을 구별하면서 식용화되었을 것으로 생각된다. 이와 같은 과정에서 고대인들이 먹을 수 없는 식품을 체득한 것은 바로 오늘날 식물성 식중독에 해당되는 식품위생이라고 말할 수 있겠다.

그리고 먼 옛날부터 인간은 천재지변, 재앙(감염병 같은 유행성 질병 포함)이나 어떤 요인, 즉 그 당시 알지 못하는 미생물 등에 의해 생기는 질병과 죽음을 **주술적 신앙(呪術的 信仰)**, 즉 무당, 굿, 푸닥거리 등을 통해 극복하려 했음을 기록과 유적에서 찾아볼 수 있다.

오늘날에도 자연과 함께 산간 마을에 살고 있는 오지의 인디언족들이나 소수 부족들은 나름대로 주술행위를 하면서 살고 있다. 그에 따라 음식물을 신(神)에 바치고 제사를 지내며 집안의 안녕과 건강을 빈다.

또한, 식품위생은 앞서 언급했지만 그 **어원(語源)**으로부터 그 유래를 기록으로 찾아볼 수 있다. 각 나라마다 고유한 문명의 발달로 인하여 철학, 민속신앙은 물론, 신학, 의술, 문학 등이 기록으로 남겨지게 되었고, 식생활, 건강, 식품위생도 더불어 경험적으로 먹고 치료하거나 방어하는 수단들이 생기게 되었다고 전해지고 있다.

가령, 중국의 춘추전국시대에 공자(孔子 : B.C. 551~479)의 『논어(論語)』편 중 향당(鄕黨)에서 "쉰 밥과 썩은 고기는 먹지 말며, 색이 변한 것과 냄새가 나쁜 것은 먹지 말라"[……食饐而餲(사의이애)와 魚餒而肉敗(어뇌이육패)를 不食(불식)하시며, 色惡不食(색악불식)하시며 臭惡不食(취악불식)하시며…]라는 기록이 식품위생과 관련지을 수 있다.

B.C. 475~221년경에 쓰여진 『회남자(淮南子·修務訓)』라는 책에는 "신농(神農)씨가 나와서 처음으로 수많은 풀과 물을 먹어 보고 백성들에게 피하고 취할 것을 가르쳐 주었다. 하루에 7, 10번(여러 번)이나 중독되었다"(神農 — 嘗百草之滋味 水泉之甘苦 令民知所避就 當此之時 一日遇七十毒)라고 기록되어 있다. 이것은 고대 중국 민족이 오랫동안의 경험에 의해 식중독을 일으키는 식물은 금하고, 식용으로 공급되는 식물만을 선별해서 먹을 수 있는 지혜를 축적하고 있었던 것을 뜻한다.

원시생활을 하는 종족이나 문화가 발달한 민족 또한 동물을 사살하거나 전쟁에서 싸울 때에 화살에 **식물성 독극물(植物性毒劇物)**을 발라 이용하였던 것으로 미루어 보아 식물 중에는 먹을 수 없는 독성식물이 있다는 것을 알고 있었던 것으로 짐작된다. 그러나 당시에는 포도주 등 과실주, 맥주 등 곡류주, 치즈·요구르트 등의 발효유제품 등의 제조는 자연의 순리에 따라 경험적으로 이용되어 왔으나 근본적인 미생물의 매개에 의한 것인지는 알지 못했고, 식품이 썩는 원인도 알 수가 없었다. 따라서 1600년 전까지는 의학 및 의술이 발전하기도 했지만 어떤 질병, 식중독이나 감염병 등의 발병 또는 치료는 주로 **주술 및 체험에 의해 식품위생**을 다루어왔다고 볼 수 있다.

(2) A.D. 1600년 이후 과학적인 식품위생

생물의 생태 또는 이화학적인 발달이 **과학적으로 규명**된 시대라고 볼 수 있다. 미생물 및 바이러스를 매개로 한 식중독 및 감염병에서 인간의 눈은 대개 0.1 mm 이하의 물체를 식별하기가 어려운데, 인류가 이 작은 미생물이나 바이러스를 발견하게 된 것은 **현미경(Microscope)**의 발달에서부터 그 과학적 규명이 이루어지게 되었다.

현미경은 1590년경 네덜란드의 안경공 한스(Hanse)와 얀센(Janssen, Z.)에 의하여 발명되었다고 전해지고 있다. 'Cell(세포)'의 명명자인 훅(Hooke, Robert : 1635~1703)은 1665년 그의 저서『현미경의 관찰(Micrographia)』에서 살아 있거나 죽은 벼룩, 이, **곰팡이** 등과 같은 몇 가지 생물을 관찰하여 기록하고 있다.

그리고 네덜란드인 레벤후크(Leeuwenhoek, Antony van. : 1632~1723)는 1676년에 그 자신이 만든 240배율의 현미경으로 **세균**(1683), **효모**, **원충**과 같은 미세한 미생물의 형태, 구조 등을 관찰함으로써 근대 과학사의 한 획을 긋는 대업적을 이룩하였다. 또한 그는 적혈구와 모세관 발견(1674), 윤충, 짚신벌레의 개체분열에 의한 증식과정을 밝힘으로써 자연발생설을 부정하였다. 그러나 이와는 반대로 니담(Needham, John : 1713~1781)은 육즙을 끓인 다음 며칠 방치해 두면, 다시 미생물이 자연적으로 발생해서 육즙이 썩게 되는 것을 근거로 자연발생설을 주장하였다.

또 이탈리아 수도승 스팔란차니(Spallanzani, Lazzaro : 1729~1799)는 육즙을 병 속에 충분히 끓인 다음 마개로 병을 막아 두면 미생물이 발생하지 않았고, 다시 마개를 열어 공기를 통하게 하면 미생물의 침입으로 육즙이 **부패**된다는 것을 증명하여 자연발생설을 부인하였다.

1803년 프랑스인 테나르(Thenard, Louis Jacques : 1777~1857)는 포도주 양조에 사용되는 효모는 생물이며 미생물이 **알코올**을 **발효**시킨다는 사실을 발표하였고, 그 이후 프랑스인 파스퇴르(Pasteur, Louis : 1822~1895)가 이를 입증하였다. 또 1804년에 프랑스인 아페르(Appert, Nicolas : 1750~1841)는 광구병에 음식물을 **살균**한 사실이 있고, 1810년 나폴레옹 전쟁 당시 영국의 듀란드(Durand, Peter)는 주석을 이용한 캔(can)을 발명함으로써 통조림 살균의 효시가 되었다. 또한 그는 1860년에 각종 **멸균방법**, 배지선택, 면양의 탄저병 예방법 등 많은 업적을 남겼다.

1850년대 이후 많은 화학자들은 화학물질의 분리, 생성 또는 합성에 의해 유익한 것과 해로운 것들을 연구하고 조사하였다. 1871년 호페 자일러(Hoppe-Seyler : 1825~1895)는 처음으로 미생물의 부패를 수반하여 고기조직이 연화하는 현상을 알아냈다.

이로 인해 죽은 고기조직의 세포 내에 내장되어 있는 **단백질 분해효소(enzyme)**가 활성을 얻어 활동함으로써 연화하는 현상, 즉 **자기소화(自己消化, autolysis)**현상이 세상에 알려졌다. 1872년 이탈리아 화학자 셀미(Selmi, Francisco)는 단백질의 분해로 생기는 부패생성물인 아민

(amine)류를 **프토마인(Ptomaine)**이라 총칭하고 이 물질이 바로 식중독을 일으키는 원인임을 밝혔다.

또한 독일인 코흐(Koch, Robert : 1843~1910)는 1876년에 세균염색법, 1878년에 동물시험법의 성공에 이어 1882년 **결핵균(*Mycobacterium*)**, 1883년 **콜레라균(*Vibrio cholerae*)**과 같은 감염병균을 분리, 배양하는 데 성공하여 오늘날 식품위생과 관련된 균을 규명하는 데에 이바지하였다.

현재 과학적인 연구에 쓰이는 복합렌즈로 된 현미경은 독일의 아베(Abbe, E. : 1840~1905)와 자이스(Zeiss, Carl : 1816~1888)가 발전시킨 것으로, 미생물학에 기여한 바가 매우 크다고 할 수 있다.

또 1885년 에셔리히(Escherich)는 **대장균(*Escherich coli*)**을, 1888년 게르트너(Gärtner)는 ***Salmonella*속**의 장염균을 처음으로 발견하였고, 1897년 반 에르멘겐(Van Ermengen)은 ***Cl. botullinus*균**에 의한 식중독을, 1930년대 댁(Dack), 조단(Jordan), 돌만(Dolman) 등은 **황색 포도상구균(*Staphylococcus*)**에 의한 식중독을 실험적으로 증명하였다. 1950년에는 **장염 비브리오(*Vibrio*)**가 분리되었고, 프토마인설에 의해 ***Proteus*균**의 부패에 의해 생긴 히스타민(histamine) 화학성분이 알레르기성 식중독을 일으킨다는 사실도 밝혀졌다.

한편 1900년대 이전부터의 **해충방제**는 담배(tabaco)분, 데리스(derris)뿌리, 제충국 등 천연물이나 석회, 수은, 구리제(석회보르도액), 유황제, 비소제 등 무기화합물이 사용되어 왔다. 그러나 그 이후 1917년 무어(W. Moor)가 발견한 **클로로피크린(chloropicrin)**이 해충 방제에 효과가 있다는 사실이 알려졌고, 특히 **항생물질**인 **페니실린(penicillin)**의 발견은 20세기 인류의 가장 위대한 업적으로 평가되고 있다. 1928년 영국의 세균학자인 플레밍(Fleming, S. Alexander : 1881~1955)은 *Penicillium*곰팡이에 항균작용이 있음을 발견하고 페니실린이라 명명하였으며, 그 이후 감염병 등의 치료에 지대한 공헌을 하였다.

또 1938년 뮐러(Muller, P.H.)에 의해 발견된 **DDT**〔1874년 자이들러(Zeidler)가 합성〕가 1945년부터 살충제로 사용하였고, 1939년의 **2, 4-D** 출현, 1942년 슬레이드(Slade)의 **BHC**농약〔1825년 패러데이(Faraday)가 합성〕, 1947년 **파라티온(parathion)** 등이 개발됨으로써 인류의 발전에 지대한 공헌을 하였다.

그러나 그와 반대로 유해·유독물질의 오염 등으로 화학적 식중독 및 질병이 늘어나고 있다. 예를 들면, 일본에서 1953년에 유기Hg에 의한 **미나마타(Minamata)**병, 1960년에 발생한 As분유사건, 1959년부터 FAO/WHO에서는 농약의 잔류독성문제가 대두됨으로써 이로 인하여 1962년에 FAO/WHO의 농약섭취허용량이 설정되었다. 그 이후 일본에서 1968년에 발생한 PCB에 의한 **미강유(米糠油)사건**, 같은 해 Cd오염에 의한 **이타이이타이(Itai-itai)병** 등과 같은 식중독 사건들을 들 수 있다. 그리고 1960년경 영국에서 수십만 마리 이상의 칠면조가 브라질에서 수입한 땅콩박을 먹고 간장장애를 일으켜 사망하였는데 **아플라톡신(aflatoxin)**과 같은 간암 물질이 발견됨으로써 **곰팡이독**(mycotoxin)이 알려지기 시작하였다. 그 외에도 세계적으로는 많은 사건들이 있어 왔고, 지금도 일어나고 있다.

2) 한국의 식품위생사

(1) 선사시대 이전의 식품위생

우리 민족의 식품위생의 역사도 선사시대 이전에는 체험과 주술에 바탕을 둔 외국의 식품위생 역사와 거의 비슷했을 것으로 추정된다. 여기에서는 식품위생의 역사적 고찰 중 감염병 등이 식품위생과 직접 관련되어 있으므로, 의약사(醫藥史)와 관계된 일부를 논하기로 한다.

B.C. 1세기경 이전의 구·신석기 및 청동기 시대에는 질병에 걸렸을 때, '하늘에서 내린 벌(天罰)' 또는 '악귀가 만드는 것'이라고 여겼으며, 질병이 악령, 마귀 또는 초자연적인 힘에 의해 비롯되었다고 생각하고 이를 주로 미신적 방법에 의해 해결하고자 하였다. 즉, 그 당시에는 귀신이 인체에 침범("혼이 씌웠다")하여 질병이 발생한다고 생각했던 것이다.

그러나 한편으로는 우리 한민족도 세계 역사의 추세와 같이 오랜 세월 속에서 유목생활로부터 점차 수렵, 어로, 가축화, 농업 등을 통해 식용 유무의 선택이나 치료에 필요한 약초를 산간, 하천 및 해안 지대, 또는 평야지대에서 획득하였다.

중국은 기원전 2,000년경에 신농(神農)씨에 의해 식용 여부와 약용식물에 관한 지식을 가지고 있었으며, 중국과 인접하여 살던 우리 한민족에게도 이 지식이 전래 및 교류되었을 것으로 추정된다.

일연 스님이 지은 『삼국유사(三國遺事)』(1285)의 「단군신화」에서도 쑥(艾), 마늘(蒜)이라는 말이 있듯이, 야생이든 식용식물이든 약용식물 등과 구별할 수 있었다는 예이며, 이를 인식하는 과정을 통해 자연스럽게 **식물성 자연독(自然毒)**을 알게 되었을 것으로 추측된다.

특히 일부 기록에서는 낙랑(樂浪) 및 대방(帶方)의 의술이 우리나라 의학과 보건의 시조라고까지 논하고 있으며, 이때의 의술이나 보건사상이 여러 부족국가에 전파되고 일본까지도 영향을 미친 것으로 전해지고 있다. 따라서 우리나라도 **주술적(呪術的) 및 체험적(體驗的) 식품위생**이 이루어졌던 것을 볼 수 있다.

(2) 삼국시대 및 통일신라시대

고구려, 백제, 신라 및 통일신라시대는 대략 B.C. 1세기경 이후부터 A.D. 918년까지 한자를 통한 중국 문화의 영향과 철기 문화의 완숙한 고분 및 불교 문화가 시작된 시대였다. 이 시대는 기존의 주술신앙과 더불어 민간의술인 한방의학 및 약초를 이용한 치료가 성행한 때였다.

중국과 인접한 고구려는 백제, 신라보다 한방의 영향을 더 받은 것 같다. 장수왕 47년(459)에 일본(雄略主 3)이 백제의 양의(良醫)를 청하자, 백제에 귀화한 고구려의 의(醫) 덕래(德來)

를 추천하니, 그는 일본으로 건너가 난파(일본 대판)에 살면서 대대로 의업을 계승하여 난파약사(難破藥師)라고 칭하였다. 그 뒤 삼국의 의학자와 승의(僧醫)들이 왕래하면서 일본 의약계를 지배하였다.

중국 후한의 허신(許愼)이 편찬한 『설문해자(說文解字)』에는 **역질(疫疾)**이라는 '모든 사람이 다 앓는 병(民皆疾也)'이라는 말이 있고, 양나라 고야왕(顧野王)의 『대광익회옥편(大廣益會玉篇)』에는 '못된 귀신이 만드는 돌림병'이라는 말이 있다.

중국과 교류하고 있는 우리나라도 『삼국사기(三國史記)』에 백제, 신라, 고구려에서 **역병(疫病)**에 대한 기록이 18건이나 나오는데, 그중 3건만 소개하면 다음과 같다.

- 백제 시조 온조왕(溫祚王) 4년(B.C. 15) "봄과 여름에 가물어서 기근이 심하고 나쁜 병(疫)이 돌았다.(春夏, 早, 饑疫)"
- 신라본기 남해왕(南解王) 19년(22) "나쁜 병이 크게 돌아 많은 사람이 죽었다.(大疫, 人多死)" : (그림 1-1-5 참조)
- 고구려 중천왕(中川王) 9년(256) 겨울 "12월에 눈이 내리지 않았는데 나쁜 병이 돌았다.(十二月, 無雪大疫)"

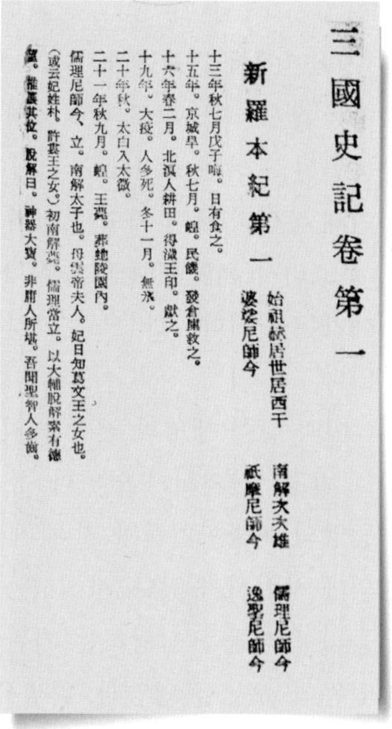
三國史記卷第一

新羅本紀第一

始祖赫居世居西干　南解次次雄　儒理尼師今
婆娑尼師今　祗摩尼師今　逸聖尼師今

十三年秋七月戊子晦。日有食之。
十五年。京城旱。秋七月。蝗。民饑。發倉廩救之。
十六年春二月。北溟人耕田。得濊王印。獻之。
十九年。大疫。人多死。冬十一月。無氷。
二十年秋。太白入太微。
二十一年秋九月。蝗。王薨。葬蛇陵園內。
儒理尼師今立。南解太子也。母雲帝夫人。妃日知葛文王之女也。(或云妃姓朴。許婁王之女。)初南解薨。儒理當立。以大輔脫解素有德望。推讓其位。脫解曰。神器大寶。非庸人所堪。吾聞聖智人多齒。

〈그림 1-1-5〉『삼국사기』의 역병(감염병) 원문(신라)

이상의 기록들은 대부분 굶주림과 이상 기후를 결부시켜 기록하고 있으나 식품위생과 관련된 감염병인지는 알 수 없다. 그러나 먹지 못하면 면역이 떨어지므로 병원균의 감염자가 많았을 것이다. 그 이후에도 감염병에 대한 기록은 많다.

또한 중국 문헌 『신당서(新唐書)』 신라조에는 "夏以食置氷上(하이식치빙상)"이라 하여 "여름철에 음식을 얼음 위에 둔다."라고 하였고, 그 증거로 경주의 **석빙고**는 음식물이 변질이나 부패되지 않게 보관하여 두면서 썩지 않게 먹는 방법을 이미 알았음을 짐작하게 한다.

『삼국사기』 중 고구려 소수림왕(小獸林王) 2년(372)에 "왕은 **태학(太學)**을 설립하고 상류계급의 자제에게 경학(經學, 본초경 등), 문학, 무예 등을 교육하였다(立太學, 教育子弟)."라고 하며, 소수림왕 3년에 율령이 공포되었는데 당시에도 의약 교육과 의학 제도가 있었음을 알 수 있다.

『삼국사기』 권제40에 백제에는 "**약부(藥部)**라는 전문보건의료기구가 있다."라고 기록하고 있다. 또 『일본서기(日本書記)』 권제19, 흠명주 15년(553)에 일본왕의 요청에 백제의 의박사나졸(6품) 왕유능타와 채약사 시덕(8품), 반양품과 고덕(9품), 정유타를 보냈다는 기록이 있다.

『삼국사기』 권제39 직관중(職官中)에 의하면 통일신라의 대표적인 의료 기관인 **약전(藥典)**은 순수한 약무만을 다루는 기관이 아니라 보건의료사업 전반을 담당하는 기관이었다. 또 벼슬도 공봉의사 등 여러 계급이 있었다.

통일신라의 효소왕(孝昭王) 원년(692)에는 의학 전문교육기관을 창설하여 박사(博士) 2명을 두고 본초경, 침경(針經) 등을 가르쳤고, 내용에는 해부학, 생리학, 병리학, 진단학, 치료술, 약용생물학 등을 편성하였다고 하나 대체로 당(唐)의 제도를 모방한 것으로 보인다.

(3) 고려시대

918년에서 1392년까지 475년간 고려에서는 불교가 성행하고 통일신라의 사회, 문화에 이어 식생활, 한방의료제도 등이 점차 중국에서 도입되어 권농 및 의술이 더욱 더 활발하였다. 통일된 고려는 초기에도 외침에 시달려 굶주림, 부상자, 감염병의 유행 및 각종 질병 등으로 인해 봉건적 보건 제도를 정비 및 강화하였다.

『고려사(高麗史)』(권80, 식화3)에 보면 "의술과 약으로 사람을 살리는 것은 어진 정치의 첫째가는 일이다. 그러므로 고려는 창업 초기부터 군, 현에 모두 의사를 배치하였다."라고 적고 있다.

이와 같이 생명과 건강을 지키기 위한 보건 의료 기관은 중앙에 **봉의서**(후에 여러 명칭으로 변경), **전의서**가 있었다. 봉의서는 왕의 병 치료 및 약물 제조를 하는 기관이고, 전의서는 중앙의 벼슬아치들과 지배 계급의 건강 보호와 질병 치료를 담당한 보건 의료 기관이다. 그 외에 사신서가 있다. 사신서는 국왕 내지 그 왕족들의 음식물을 담당하는 기관에 **식의(食醫)**를 두었는데, 오늘날 영양사, 위생사와 같은 역할을 하며 먹거리 위생과 영양을 관리하였을 것이다.

지방행정 단위인 주, 부, 현에 **'약점(藥店)'**을 설치하여 인원수에 따라 약점사(장정 300~1000명에 2명 배치)를 두었다. 아울러 고려는 중국의 당(唐), 송(宋), 일본 등과 한방의술을 비롯한 의학서적 등의 도입 및 교류로 인해 더욱 발전하였다. 그 외에도 무의탁자, 질병에 걸린 사람들을 보호하고 치료해 주는 자선 의료 기관으로 **제위보**(963년 설치), **대비원**(고려사 1036년 첫 기록) 등이 있었다.

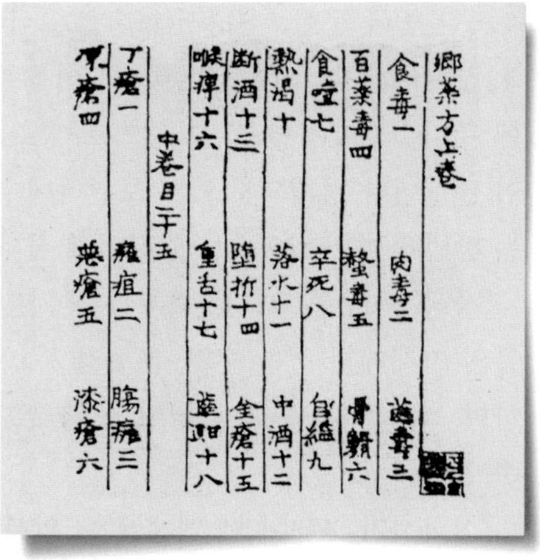
鄕藥方上卷
食毒一 肉毒二 菌毒三
百藥毒四 蟄毒五 骨鯁六
食噎七 卒死八 自縊九
熱暍十 落水十一 中酒十二
斷酒十三 墮折十四 金瘡十五
喉痺十六 重舌十七 齒䘌十八
中卷目二十五
丁瘡一 癰疽二 腸癰三
凍瘡四 惡瘡五 漆瘡六

〈그림 1-1-6〉 『향약구급방』(상권)의 원문

그 후 1096년 문종이 풍비증(뇌출혈 후유증)을 고치기 위해 송나라 약제를 수입한 것이 문제의 발단이 되어, 11세기 후반부터 우리나라 약제와 의술을 **'향약(鄕藥)'**이라고 이름짓고 전통의학을 발전시키려는 노력이 시작되었다. 그 결과 고종(1236~1251) 때 지은 『향약구급방(鄕藥救急方)』을 비롯해 『향약혜민경험방』 등의 저서가 등장하였다.

『향약구급방』 내 상권 편에는 **식독(食毒)**, **육독(肉毒)**, **균독(버섯독)**, **약독**, **석독(벌레독)** 등 18종의 여러 가지 중독과 급성감염병이 실려 있어 식품위생과 아주 밀접한 관계를 가지고 있다. 중권에는 정창(뾰루지의 일종), 단독 등의 외과적 질병, 비뇨생식기 질병 등 28종의 질병이 나열되어 있다.

고려도 신라와 마찬가지로, 『고려사』에는 981년 7월 "왕이 **'질진'**에 걸리다. 1109년 5월 민중들 가운데 **'질역'**에 걸린 자를 **구제도감**에서 치료하게 하였다." 등 역병에 대한 많은 기록 중 이름도 질진, **역려(려역)**, **온역**, 기역, 질역(역질), 당역 등을 볼 수 있다.

따라서 신라에서는 의료 기관이 중앙과 지방을 나누어 설치한 기록이 없으나, 고려에서는 이것을 설치하였고, 자선 의료 기관도 생겼으며, 의료 종사자의 수도 많이 강화되었음을 알 수 있다.

(4) 조선시대

1392년에서부터 1910년까지 519년간 중국과의 계속적인 교류는 물론 중농정책과 더불어 숭유억불(崇儒抑佛) 정책이 이루어졌고, 식품재료 및 한방재료의 다각적인 이용으로서 농서 및 한방의서가 활발하게 발간되었으며, 남방식품(南方食品, 고추 등)도 유입되었다. 이로써 조선시대는 우리나라 고유의 식문화와 보건 의료 제도가 정립되기에 이르렀다.

조선시대의 전 기간에 걸쳐 보건 의료 제도는 고려의 골격을 대부분 유지하였다. 그러나 조선에서는 건국 첫 시기부터 의료 기관에서 양성사업과 의학연구사업을 관장하도록 하였다. 1397년에 중앙에 **재생원**을 설치한 후 의료 사업을 관장하여오다가 1461년에는 **혜민서(惠民署)**에 통합되었다. 그리고 1406년에는 여자 의사 양성 체제가 수립되어 재생원에서는 여자 의사를 길러냈다.

조선시대에는 출판 기술에 힘입어 1399년에 권중화(權仲和) 등이 쓴 『향약제생집성방』, 1433년에 유효통(兪孝通) 등이 쓴 『향약집성방』, 1445년 노중례·김예몽 등이 쓴 동방의학 대백과사전인 **『의방유취(醫方類聚)』** 365권, 1485년에 제정 반포된 조선 기본 법전인 **『경국대전(經國大典)』**에 보건의료제도가 법제화되어 그 체제가 완성되었으며 그 이후 일부 개편되었다. 그 후 1621년 허준(許俊)이 쓴 동양 3대 전문의학 백과사전의 하나인 **『동의보감(東醫寶鑑)』** 25권이 중국, 일본, 소련 등에 소개되어 천하의 보배로 불려지게 되었다. 그래서 고려 시대에 비해 조선의 의학책들은 그 규모가 방대할 뿐만 아니라 과학적인 이론이나 내용이 높이

평가되어 동방의학의 발전에 크게 기여하였다.

특히 1541년 중종 때 평안도에 우역(소 전염병)이 크게 번지므로 집짐승들을 위한 감염병 치료법인 권응창(權應昌)의 **『우마양저염 역병치료방(牛馬羊猪染 疫病治療方)』**을 언해하여 교서관에서 출판, 반포하였다. 이는 오늘날 인수공통감염병의 예방과 치료에 기여한 책이라 볼 수 있다.

또한 조선시대에도 굶주림, 부역 등으로 감염병이 대대적으로 자주 발생하였다. 한 예로 『태조실록』에 1394년 정부는 감염병 환자가 발생하면 즉시 색장(리 책임자)에게 보고하고 색장은 정부에 곧바로 보고해야 한다고 기록하고 있다. 또 『이조실록』에 보면 1699년에 '려역'으로 죽은 자가 25만 700여 명, 1749년에 수십만 등 감염병에 걸려 죽은 자가 매우 많았다.

1798년 정약용이 펴낸 『마과회통(麻科會通)』 전8권에는 감염병에 대한 임상, 질병의 감별법, 치료 등 현대 의학적으로 타당성이 있는 이론을 보여주고 있다. 그러나 1882년 고종은 서민들을 위한 한방 의료 기관인 혜민서(惠民署)와 **활인서(活人署)**를 폐지하고, 1885년에 한성 북부 재동에 **광혜원(廣惠院**, 후에 濟衆院)을 세워 선교 의사인 알렌(Allen, Horace Newton)으로 하여금 서양의학을 탄생시켜 감염병 등 각종 질병을 치료하게 하였다.

(5) 조선 이후 현대까지

1910년 8월에 일본은 한국을 강점하여 36년 동안 착취와 수탈을 일삼았으며, 이로 인해 한국인은 기아와 억압의 시대를 살았다.

1910년 9월에 일본인은 조선총독부 경찰관서 관제를 공포하여, 경성(서울)에 경무총독부를 설치하고, 각 도에 경찰부를 두어 경찰이 위생행정을 맡도록 하였다.

1911년 3월에는 내무부 지방국 산하에 위생과를 두고 '대한의원'이었던 명칭을 '총독부 의원'으로 바꾸고 또 동년 6월에 조선총독부 경찰서 관제의 제1조에는 "조선총독부 경무총감부는 조선총독의 관리하에 있으며 조선에서의 경찰 및 위생사무를 담당한다."라고 『조선위생법규류집』 1쪽에 기록되어 있다.

그 후 문제가 된 경찰의(警察醫)는 1914년 폐지와 함께 '공의규칙(公醫規則)'을 제정하였는데, 그 규칙 4조에 보면 "공의(公醫)는 관의 지휘하에 다음과 같은 사무를 담당한다."라고 규정하고 있다.

즉, "① **전염병 예방** ② 지방병의 조사 ③ 종두 실시 ④ **학교위생** ⑤ **공중위생** ⑥ 예기, 창기, 작부의 건강검진 ⑦ 시체검안 ⑧ 행려(行旅)병자와 빈민환자의 치료 ⑨ 공중위생의 특령"으로 업무를 규정하였고, 1915년 **'전염병 예방령'** 등을 볼 수 있다. 예방령에는 콜레라, 적리, 장티푸스, 파라티푸스, 성홍열, 디프테리아, 페스트 등 9종을 전염병으로 규정하기도 하였다.

1945년에 광복이 된 이후 동년 9월에 미군정 법령 제1호로 '위생국 설치에 관한 건'이 공포되어 일제의 경찰 위생행정은 종말을 고했고, 동년 11월에 각 도에 **보건후생부**를 설치하여 식품위생에 관한 사항을 다루게 되었다. 그 뒤 개편된 보건후생국은 '보건후생부'(장관급)로 개칭되었다.

또 1950년 2월에 위생과에 식품계, 지도계, 위생시설계를 둠으로써 적극적인 식품위생이 다루어지게 되었다. 그 후 6·25 전쟁을 거쳐 1954년 2월 법률 308호로 「전염병예방법」이 공포되었고, 1955년 2월에 사회부와 보건부를 통합하여 보건사회부(保健社會部)가 되었다. 그리고 드디어 1962년 1월에 법률 1007호로 「**식품위생법(食品衛生法)**」이 제정되어 오늘에 이르게 되었다.

제 2 장

독성물질 등의 역학조사와 안전성 평가

1. 독성물질 등의 역학조사

1) 역학과 역학조사의 의의

과거 우리나라 「전염병예방법」(현재 「감염병의 예방 및 관리에 관한 법률」)에는 **역학(疫學, Epidemiology)**이란 "어떤 환경(環境)의 인간집단(人間集團)에서 발생, 존재하는 질병(건강장애)의 빈도와 분포를 관찰하고 그와 관련된 요인(要因)을 규명하여 그 질병의 관리와 예방(豫防)을 목적으로 추구하는 과학"이라고 정의하였다. 현재 개정된 법률 제2조 정의항에서 "역학조사"란 "감염병 환자·감염병 의사환자 또는 병원체 보유자(이하 '감염병 환자 등'이라 함)가 발생한 경우 감염병의 차단과 확산 방지 등을 위한 감염병 환자 등의 발생 규모를 파악하고 감염원을 추적하는 등의 활동과 감염병 예방접종 후 이상반응 사례가 발생한 경우 그 원인을 규명하기 위하여 하는 활동을 말한다."라고 정의되어 있다.

여기서, 예방접종 후 이상반응이란 "예방접종 후 그 접종으로 인하여 발생할 수 있는 모든 증상 또는 질병으로서 해당 예방접종과 시간적 관련성이 있는 것을 말한다."라고 규정하고 있다.

이때 의사와 역학자(疫學者)는 사람의 질병을 다루는 것은 모두 비슷하나 그 대상에서 의사는 환자 개개인을 다루는 데 비해, 역학자는 환자를 포함한 인간 집단을 주요 대상으로 하는 것이 차이점이라 하겠다.

이와 같이 질병의 발생요인을 추구하는 학문으로 역학의 시작은 1800년대 중반경 영국에서 전염병 유행을 연구(epidemic)하는 학문으로서 시작되었다. 그 일례로 역학의 아버지라고 불리는 영국의 의사인 존 스노우(Snow, Dr. John : 1813~1858)의 이야기는 『On the Mode of Communication of Cholera』(1855)의 저서에 소개되어 유명하다. 그 내용을 요약하면 다음과 같다. 원래 콜레라의 유행이 처음 시작된 것으로 추정되는 곳은 1769년에 인도의 마드라스(Madras)이고 그 유행은 1817년에 갠지스 강의 삼각주까지 도달하였다고 한다.

그런데 1814년 인도에 주둔한 영국 군인에게서도 전염병이 발생하였다. 그 이후 결국 콜레라라는 것은 어떤 미세한 물질, 즉 'morbid poison' 또는 'cholera poison'의 경구적 섭취에 의해서 전염된다는 것을 알게 되었다. 그 원인은 사람들 간의 접촉으로 인하여 밀집지역에서, 손을 씻지 않고 어떤 오염된 식품이나 음료수로 인하여 전파된다는 사실을 알게 되었다.

〈그림 1-2-1〉 존 스노우(Snow, Dr. John)의 지역별 지점지시도(spot map)

그 이후 1854년 8월 하순경 영국 런던 시의 브로드스트리트(Broad street) 지역을 중심으로 여름철에 매년 발생한 콜레라의 유행에 대해 역학조사 및 연구를 실시하였다.

스노우 박사는 날짜별 발병과 사망자수, **지점지시도(spot map)**에 사망자 위치도를 그리고 또한 주민들의 음료수 사용 근원, 펌프우물의 위치도를 표시하여 관찰하였다. 그 결과 오염원이 되어 있는 펌프우물이 발생 근원으로 추정되었다. 이 우물물의 사용을 전면 금지시킨 결과 그 이후에는 콜레라 환자가 발생하지 않았다.

그리고 이 우물물에 대해 조사해 본 결과 약 60 cm의 거리를 두고 하수도가 지나가는 것을 발견할 수 있었다고 하며, 그 하수의 분변 등에 의해 펌프물이 오염되었을 것으로 단정하였다. 이러한 역학조사를 통해 질병발생 요인을 구명할 수가 있었고, 비록 병원체는 알 수 없다고 하더라도 예방대책을 세울 수 있었음은 역학조사의 대표적인 사례로 남게 되었다.

2) 역학의 3요소

역학의 3요소(3대 요인), 즉 **질병발생의 3요소**는 **숙주**(宿主, host population), **병인**(病因, etiology, agent), **환경**(環境, environment)으로 나누고 <그림 1-2-2>와 같으며, 저울의 건강성립 모형도를 보면 <그림 1-2-3>과 같다.

한편 감염병의 3대 요인은 **감염원**(병원체, 병원소, infectious agent), **감염경로**(route of infection), **숙주의 감수성**(susceptibility of host)으로 나누기도 한다. 특히 감염병의 예방대책은 3가지 요인 중 어느 한 곳을 차단하면 효과를 거둘 수 있다.

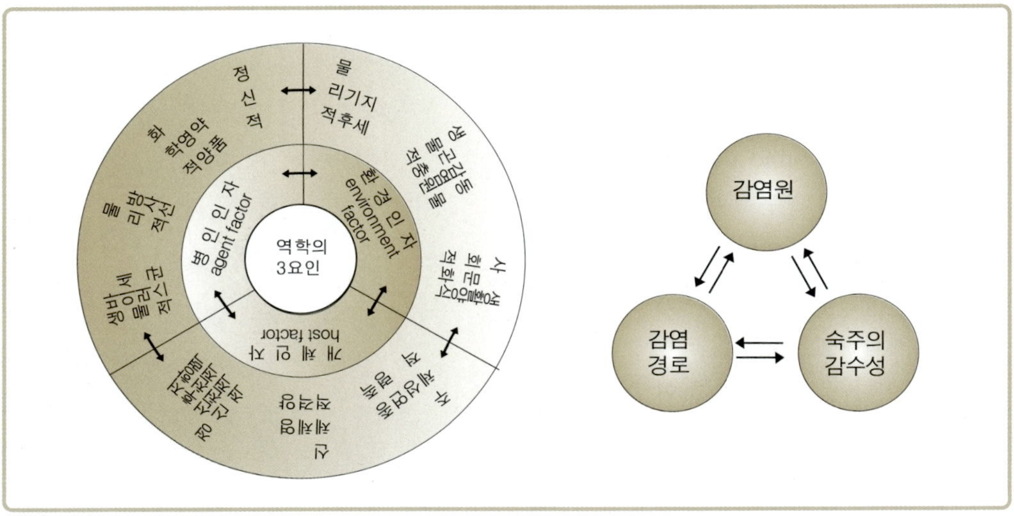

〈그림 1-2-2〉 역학의 3요인과 감염병 유행의 3요인

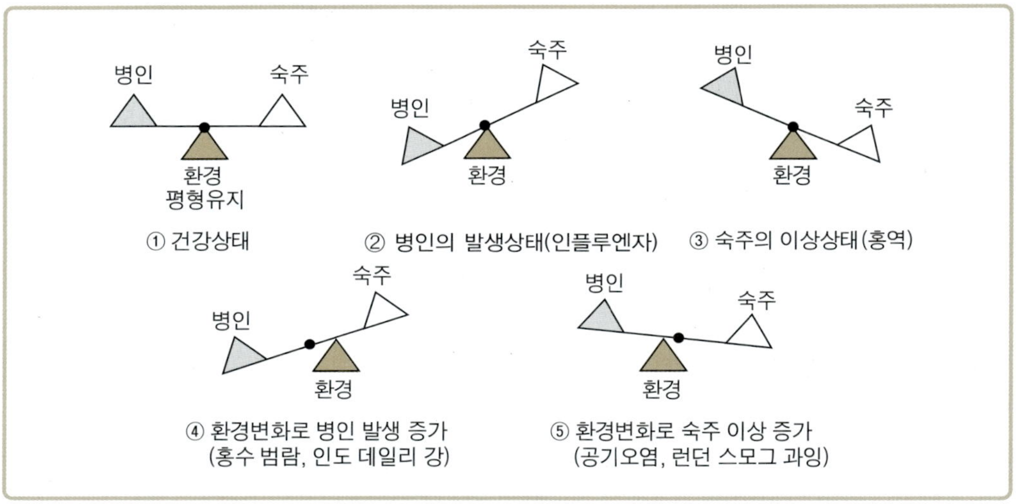

〈그림 1-2-3〉 저울의 건강성립 모형도

이상에서 <그림 1-2-3>에서와 같이 평형이 어느 쪽으로도 기울어지지 않은 ①의 상태는 건강상태이나, 어떤 요인에 의해 평형이 깨져 기울어지는 ②, ③, ④, ⑤의 상태는 질병 또는 유행이 발생된다는 이론이다. 가령 감염병의 발생과정을 살펴보면 병원체와 병원소(病原巢, reservoir of infection)는 3대 요소 중 병인(agent)에 해당되고, 병원소로부터 병원체의 탈출, 전파되어 숙주내 침입 전까지의 과정은 환경(environment)에 해당되며, 병원체의 숙주내 침입, 숙주집단의 감수성 또는 면역은 숙주(host)에 해당되는 셈이다. 아울러 역학의 3요소에 대해

설명하면 다음과 같다.

(1) 숙주(Host)

동일한 병인과 동일한 생활환경 조건 아래에서도 인간 내지 인간집단에 따라 질병 발생 분포의 양상에 차이가 있음을 볼 수 있다. 숙주와 관련되어 영향을 미치는 인자는 다음과 같다.

① **연령과 성** 연령에서 출생 6개월 후 감염 증가, 영아기 이후 소년기까지 음식물의 다양한 섭취 등의 불균형으로 인한 영양 문제 및 사춘기의 정신적 불안, 장년기 이후 노령기에는 각종 성인병의 발병 증가가 있다. 남녀 간 구조나 생리적 차이로 여자는 자궁암 등과 같은 질병이 나타난다.

② **인종과 선천성 요소** 수많은 인종은 질병 발생의 차이가 있는데, 가령 결핵은 흑인보다 백인에게 감수성이 높다고 한다. 선천성 요소로 정신병, 당뇨병, 혈우병, 선천성 기형 등을 들 수 있고, 후천적으로도 질병을 예방 및 치료한다.

③ **개인의 습관과 영양** 편식의 습관이 있는 사람은 영양장애나 질병 발생 확률이 높고 생식자(生食者)는 기생충 질환 및 감염병에, 흡연은 폐암, 심장, 호흡기 장애, 음주 과다는 알코올 중독에 걸릴 가능성이 높다.

④ **생리적 방어작용과 면역** 호흡기관은 외부의 이물을 포착하여 재채기나 기침하는 반사기능, 위장기관은 설사 등으로 해로운 물질 배출, 세균에 오염된 음식물은 위산(염산)이나 담즙산으로 상당수 사멸시키는 방어기질을 가지고 있다. 개체 면역에 따라 질병 발생의 빈도가 달라진다.

(2) 병인(Agents)

다음과 같은 병인은 병의 원인으로서 질병이나 식중독 등을 매개하거나 어떤 원인이 되게 하는 매개체 및 원인물질 등의 존재로부터 기인되거나 양이나 농도에 따라서도 차이가 난다.

① **영양소적 병인** 5대 영양소나 물 등의 영양소 결핍과 과잉으로 인한 영양장애가 올 수 있는 병인이 있다.

② **생물학적 병인** 각종 미생물, 바이러스, 원충, 윤충 및 절족동물 등의 병인에 의해 세균성 식중독, 경구 및 인수공통감염병, 곰팡이독, 부패, 기생충증, 해충 등을 일으키거나 매개함으로써 질병 및 장애를 일으키게 된다.

③ **화학적 병인** 수많은 화학물질이나 약품들이 합성되거나, 분해로 인해 잔류하거나, 과잉 사용되는 경우 또는 그 외의 유해, 유독물질들이 병인으로 작용되고 있다. 중금속, 농약, 공업 및 의약품, 동식물성 독성분, 유·무해 식품첨가물 등을 들 수 있다.

④ **물리적 병인** 인체에 여러 가지 물리적 작용, 즉 온도(저온·고온), 기압(저기압·고기

압), 전자파(방사선·자외선·적외선 등), 금속 등의 이물질, 음파, 진동, 압력 등이 병인으로 작용될 수 있다.

(3) 환경(Environment)

생활환경 조건들은 우선 주위 환경이 깨끗한지, 더러운지에 따라 질병 발생의 빈도가 다르다. 또한 환경은 병인과 숙주 사이의 생활 터전(활동 무대)이므로 매개 역할을 하거나 어떤 영향을 주는 요소가 된다. 요인은 다음과 같다.

① **물리적 환경** 중요한 것이 계절인데, 계절의 변화 중 가장 큰 관계는 기후 조건으로 기온(氣溫)과 강우량(降雨量, 습도 포함)이다. 기온이 높고 강우량이 많은 지역은 세균성 식중독이나 감염병 발생 확률이 그렇지 않은 지역보다 높고, 위생동물, 기생충도 마찬가지로 활성이 증대되고 감염이 증가된다.

또 지리적 위치로서 열대지역이냐 한대지역이냐에 따라, 지세, 지질(地質) 등에 따라 질병 발생 분포가 다르게 나타난다. 불소(F)가 많은 지질은 음료수와 치아관계, 방사성 물질이 많은 지질은 방사능 오염이 높을 수 있다.

② **생물학적 환경** 병원소(reservoir)를 가지고 있는 인간, 동물 및 식물, 그리고 토양에 얼마나 존재하느냐에 따라 그와 관련된 감염병의 발생과 전파에 미치는 영향도 다르다. 예를 들어, 절족동물의 수가 많고 적음에 따라, 기생충의 중간숙주의 존재와 번식, 그리고 독버섯 등의 식물, 독복어 등의 동물에 의한 존재와 분포에 따라 식중독의 발생 빈도가 다르게 나타난다.

③ **사회적 환경** 인간의 사회적 활동이나 사회적 요인 중에는 질병 발생 분포와 관계 있는 것들이 많다. 인구 밀도와 주거 밀도가 클수록, 또 전쟁 시 피난 등 인구 이동이 심할수록 발병 빈도가 높아지는 경향을 볼 수 있다.

직업 또는 산업의 종류 및 발달에 따라서도 새로운 직업병이 발생될 수도 있고 대기오염, 수질오염 등의 발생 빈도가 증가하는 경향이 있다. 인도의 힌두교 예식에서 갠지스(Ganges) 강가의 성수욕(聖水浴)으로 인한 콜레라 감염 증가, 과거 한국의 인분비료 사용으로 인한 기생충 감염 증가 등 생활 수준 및 경제 상태가 낮을수록 질병의 발생 빈도가 증가하는 경향이 있다.

3) 역학적 조사연구

(1) 역학의 종류와 목적

역학은 조사연구의 방법에 따라 기술역학(記述疫學, descriptive epidemiology), 분석역학(analytical epidemiology), 실험역학(experimental epidemiology), 이론역학(theoretical

〈표 1-2-1〉 역학의 종류와 목적 및 특징

분 포	목적 및 특징	식중독 사례에서 대응사항
기술역학 (記述疫學)	기존의 통계자료를 이용 또는 조사·기록한 자료를 관찰, 고찰하여 질병 발생의 요인을 추정하거나 그 질병의 특성을 규명함	유행의 확인, 환자 발생 상황의 기록
분석역학 (分析疫學)	통계학적 분석이 가능한 자료를 정비해, 확률론에 기초한 검토에 의해 기술역학으로 추정된 요인의 채택 여부를 결정함	master-table의 작성과 함께 통계학적 검토
실험역학 (實驗疫學)	위에서 얻은 요인을 집단에 부가, 삭제하는 개입실험에 의해 요인을 확정함	미생물학적, 화학적 검색에 의해 검출된 원인물질을 이용한 실험적 검토
이론역학 (理論疫學)	얻어진 데이터를 수학상의 이론분포에 적당히 끼워 넣어 질병의 진행 정도를 수학 모델로 나타냄	환자 추적에 의해 얻어진 시간적 환자 발생 상황에서 식중독의 잠복기(원인물질 폭로 시점)를 추정함

epidemiology)으로 나눌 수 있고, 이들의 목적 및 특징을 발생·사례별로 연관시켜 표시해 보면 <표 1-2-1>과 같다.

(2) 질병 유행의 확인과 검병조사

역학적 조사연구의 첫걸음은 그 유행의 확인 내지 검병조사에서부터 비롯된다. 역학조사는 유행의 발생 원인을 신속히 파악하여 합리적 대책을 강구함으로써 유행의 만연을 저지하고 최소화하는 데에 매우 중요하다.

유행(epidemic)이란 일정기간(일, 월, 계절, 연도), 어느 장소(지역, 학교, 공장 등의 시설 포함), 어느 집단의 사람(성, 연령, 직업 등)에서 다발적으로 질병(건강장애)이 일어나는 것을 말하지만, 그 유행하는 상태의 양상에 따라 <표 1-2-2>에서와 같이 pandemic, epidemic, endemic으로 구분하기도 한다.

세균성 식중독의 집단발생의 경우 그 파악이 용이하나 축적성 유해물질의 미량, 장기 섭취에 의한 만성중독의 경우 등은 유행을 확인할 때에 상당한 주의가 요망된다.

식중독이 발생했을 때 역학조사반이 현장에 나가 의사가 환자, 영양사 등으로부터의 정보나 조리나 가공제조관계, 섭취장소 등을 수집하고 환자의 증상이나 발생상황, 경과 등을 기록, 조사하는 일을 **검병조사(檢病調査)**라고 한다. 이러한 확인과 조사에 의해 세균성 식중독인지, 화학적 식중독인지를 추정하여 역학조사로서 확정지워 발표된다.

〈표 1-2-2〉 유행의 형태에 따른 구분

구 분	어휘 해석	형 태 내 용
pandemic	범유행, 대유행	인플루엔자의 세계적 유행 등의 경우이다. 콜레라 등은 역학적으로는 인플루엔자와 같은 모양으로 성별, 연령에 관계 없이 모든 인간이 감염되므로 이전에는 pandemic의 양상을 보였다.
epidemic	유행	pandemic보다도 지역과 감염자가 한정되었던 경우이다. 예를 들면, 홍역 등은 감수성이 있는 것으로서 연령이 한정되어 있으므로 그 유행은 epidemic이다.
endemic	지방유행, 국지유행, 소유행 등	epidemic보다도 지역적으로는 특히 한정된 지방병적 질병의 유행이다. 그것뿐만 아니라 몇 년, 몇십 년의 세월과 유행이 동반해 질병이 그 지역에 정착하는 양상을 보인다. 일본주열흡충병 등의 유행이 그 예이다.

(3) 요인(요소, factor)의 추구와 판정

섭취한 모든 식품에 대해 수많은 병인물질을 과학적으로 찾기란 비용, 인력, 시간면에서 거의 불가능하다. 그래서 요인 해명의 수단으로 앞서 언급한 역학의 조사연구의 방법에 따라 기술역학의 유행 확인이나 검병조사 등을 실시하고, 분석역학으로 넘어가 식중독의 경우 한 사건이 일어난 집단의 전원을 대상으로 보통 그 사건 1주일 전으로 거슬러 올라가 1주일 이내의 식단 전반에 대해 먹은 것과 먹지 않은 것에 대해 식중독의 원인이 된 식사를 추정한다. 그러기 위해 원인식품별 일람표인 **추계표(mastertable)**를 작성하고 동시에 통계학적 검토(chi-square test X^2) 후 확률적인 가능성을 결정한다.

한편 미생물학적·화학적 검색에 의해 검출된 원인물질을 이용한 실험적 검토, 즉 실험역학에서 데이터를 제공한다. 그 외에도 잠복기를 알기 위한 이론역학이 적용된다.

급성중독 외 다음의 만성중독에 대한 역학적 연구에는 환자-대조연구(case-control study)와 요인-대조연구(factor-control study)의 두 가지 방법을 이용할 수 있다. <그림 1-2-4>와 같이 전자는 과거로 거슬러 올라가 조사하는 **후향성 조사연구(retrospective study)**와 후자는 장래를 추적하는 조사로서 **전향성 조사연구(prospective study)**가 이용되고 있다.

아무튼 원인식품을 정확하게 도출해내는 것은 그렇게 쉽지 않다. 그 이유로는 원인식품의 섭취량이 적거나, 감수성이 낮은 섭취자는 발병하지 않거나 반대로 원인물질을 섭취하지 않았어도 함께 제공된 식품이 원인식품에 오염되어 있다면 그 식품으로 인해 발병자가 생길 수 있기 때문이다. 따라서 식중독이나 어떤 질병 발생의 증감은 통계적 확률에 의해 이루어진다.

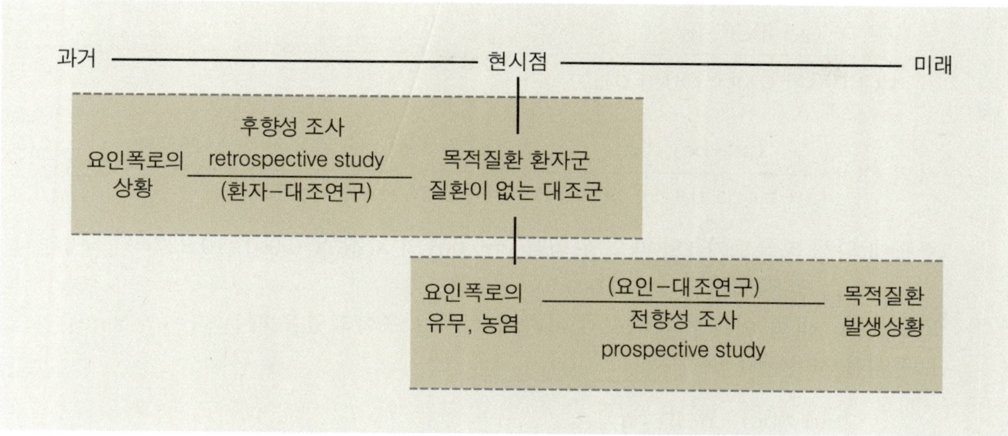

〈그림 1-2-4〉 후향성 조사와 전향성 조사의 시점관계

예를 들어 <표 1-2-3>에서 식중독의 원인이 된 식사를 추정해 보면, 아침, 점심, 저녁식사에 대한 발병자와 비발병자의 섭취 상태를 본 결과 먹은 군과 먹지 않은 군의 발병률에서 현저한 차이가 있는 것은 저녁식사임을 알 수 있다.

그러므로 저녁식사의 섭취 유무와 관계 없이 전혀 우연에 의해 발생률에 차이가 생기는 확률이 어느 정도 있을까를 **X^2검정(chi-square test)**에 의해 알 수 있다.

X^2검정은 통상 (1)식과 (2)식을 식중독의 통계처리에 이용한다.

〈표 1-2-3〉 식중독의 원인이 된 식사의 추정

식 사	먹은 사람				먹지 않은 사람				X^2	유의차 검정
	발병자 (A)	비발병자 (B)	계 (A+B)	발병률 (A/A+B)	발병자 (C)	비발병자 (D)	계 (C+D)	발병률 (C/C+D)		
아침	421	427	848	49.6%	256	211	467	54.8%	-	-
점심	595	583	1,178	50.5%	82	55	137	59.8%	-	-
저녁	670	356	1,026	65.3%	7	282	289	2.4%	356.93	p<0.001

〈표 1-2-4〉 저녁식사와 발병 유무의 X^2검정(2x2표)과 일반식

식사명	섭취 여부	발 병	비발병	계
저녁식사	섭취(yes)	a(670)	b(356)	a+b(1,026)
	비섭취(no)	c(7)	d(282)	c+d(289)
계		a+c(677)	b+d(638)	a+b+c+d(=n)(1,315)

$$X^2 = \frac{(ad-bc)^2 \times n}{(a+b)(c+d)(a+c)(b+d)} \quad \cdots\cdots (1)$$

$$\text{저녁} \quad X^2 = \frac{(ad-bc)^2 \times n}{(a+b)(c+d)(a+c)(b+d)} = \frac{(670 \times 282 - 356 \times 7)^2 \times 1315}{1026 \times 289 \times 677 \times 638} = 356.93$$

X^2표에 의해 자유도가 1일 때의 위험률 P=0.001의 X^2값 $X^2$0.001=10.827

∴ 얻은 X^2값은 $P < 0.001$

또 a, b, c, d 중 어느 하나라도 5 이하의 수치가 포함되었을 때는 다음의 Yates 보정식을 사용한다.

$$X^2 = \frac{[(ad+bc) - n/2]^2 \times n}{(a+b)(c+d)(a+c)(b+d)}$$

대개 5% 이하의 위험률로 유의차가 있는 것으로 판정한다.

이상의 결과에서 저녁이 원인식사로 확실히 의심된다. 다음은 저녁식사의 모든 식품 중 어느 것이 식중독의 원인이었는지를 추정하기 위해 master-table을 작성한 후 X^2검정, 유의차 검정을 한 결과 '오징어회'가 이 식중독 사건에서 가장 의심이 되는 것으로 추정할 수 있다. 때로는 의심이 높은 요인의 식품에 대해 폭로된 사람 수와 발병자가 정확히 파악되는 것으로부터 다음과 같은 **상대위험도(relative risk)**의 식을 적용하여 비교·확인할 수도 있다.

〈표 1-2-5〉 저녁식사 음식 중 원인식품의 추정

식품명	먹은 사람				먹지 않은 사람				발병 인원 (A+C)	비발병 인원 (B+D)
	발병자 (A)	비발병자 (B)	계 (A+B)	발병률 (A/A+B)	발병자 (C)	비발병자 (D)	계 (C+D)	발병률 (C/C+D)		
오징어회	633	186	819	77.3%	44	170	214	20.6%	677명	356명
삶은 달걀	545	232	777	70.1%	132	124	256	51.6%		
장아찌	391	143	534	73.2%	286	213	499	57.3%		
쇠고기	519	234	753	68.9%	158	122	280	56.4%		
수박	625	313	938	66.6%	52	43	95	54.7%		
파	605	302	907	66.7%	72	54	126	57.1%		
두부지짐	612	311	923	66.3%	65	45	110	59.1%		
곤약	602	311	913	65.9%	75	45	120	62.5%		
배추	582	304	886	65.7%	95	52	147	64.6%		
죽순	557	294	851	65.4%	120	62	182	65.9%		

자료 : 澤村良二 외 2, 食品衛生學, 南江堂

〈표 1-2-6〉 원인식품으로서의 오징어회 식품과 삶은 달걀식품 섭취 간의 relative risk

섭취식품	relative risk	섭취식품	relative risk
오징어회	$\frac{633 / 819}{44 / 214} = 3.76$	삶은 달걀	$\frac{545 / 777}{132 / 256} = 1.36$

$$\text{relative risk} = \frac{\text{요인 폭로자 중 발병자} \div \text{요인 폭로자}}{\text{비요인 폭로자 중 발병자} \div \text{비요인 폭로자}}$$

'오징어회 식품'과 '삶은 달걀식품' 간의 relative risk를 계산해 보면 <표 1-2-6>과 같다. 즉, 삶은 달걀식품의 섭취에 의한 식중독 감염의 risk는 삶은 달걀식품을 섭취하지 않은 사람에 비해 약 1.4배 정도이지만, 오징어회의 경우는 약 3.8배임을 알 수 있다.

(4) 병인물질의 검사

병인물질의 검사는 전반적으로 신속한 검사재료의 수거는 물론이고, 보다 빠른 단기간 내에 실시한다. 이들의 수거는 '식품의 기준 및 규격' 중 검체의 채취 및 취급방법이나 요령 등을 참조하여 실시하면 된다. 원인식품, 환자의 배설물, 토한 음식물, 혈액 등은 검병조사의 결과에 따라 <그림 1-2-5>와 같이 미생물학적 검사용 또는 화학적 검사용으로 구분 내지 필요에 따라 모두 수거하여야 한다.

특별히 미생물학적 검사를 요하는 검체는 멸균용기에 무균적으로 채취하여 당해 원인식품 등의 냉장보관 온도를 유지하면서 즉시 4시간 이내 식품위생검사기관에 운반하여야 하고,

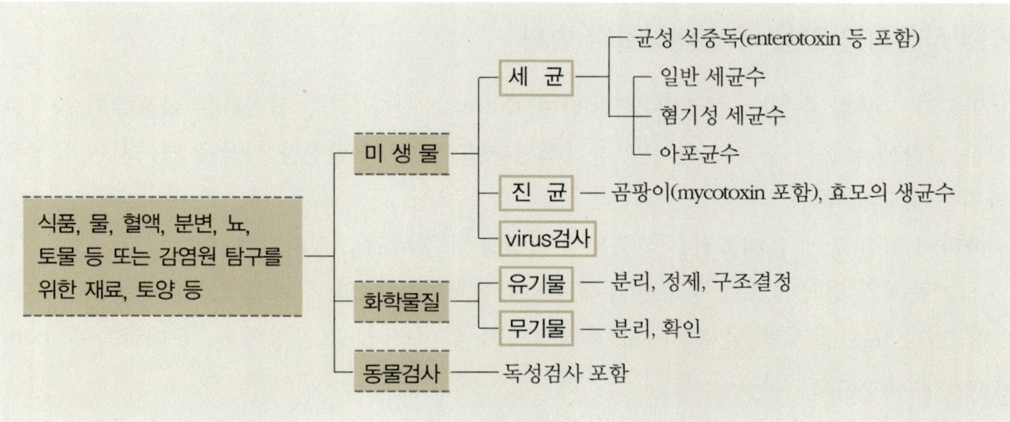

〈그림 1-2-5〉 병인물질의 검사

검사재료에 대해서는 종합적으로 진행시키는 것이 중요하다.

또 화학성 식중독인 경우에는 추정되는 원인식품의 생산, 가공, 저장, 유통 과정 등에서 혼입될 염려가 있는 유해물질을 조심하고, 중독증상, 종류, 발증까지의 시간, 원인식품의 제조·가공법 등을 참고로 하면서 병인물질을 추구해 나가며 아울러 독성시험도 병행하도록 하는 것이 바람직하다. 만약 사망자가 발생하였을 때에는 「식품위생법」에 따라 시체 해부를 하여 죽은 원인을 밝혀내고 위장 내용물도 검사한다. 이는 매우 중요한 단서를 얻을 수 있는 방법이므로 반드시 실행하여야 한다.

2. 식품 중 독성물질의 안전성 평가

1) 식품의 안전성 평가의 필요성

앞서 언급했듯이 동식물 간에는 생태환(生態環, ecology cycle)을 이루면서, 먹고 먹히는 과정을 무수히 반복하면서 살아왔다. 그 경험의 토대 위에서 우리는 안전성 있는 식품을 선택하여 섭취할 수가 있었다. 즉, 체험적인 안전성 평가가 이루어져 온 셈이다. 그러나 안전성 평가가 과학적으로 받아들여지게 된 것은 대략 4세기 이후로 보고 있으며, 현대적인 과학적 평가체제가 구축하기 시작한 것은 겨우 80여 년 전부터라고 볼 수 있다.

따라서 식품에 대한 안전성을 확보는 무엇보다 중요하며, 미지의 유해성분이든 현재 사용되는 물질이든 간에 어떤 중독증상이나 독성시험을 정밀하게 검토하여 그 위험성(risk)과 양(dose)의 상관관계, 작용 강도 및 대사 변화 등 그 실태를 고려하여 결정함으로써 안전성 평가의 의의와 필요성은 실현되는 것이다.

2) 식품의 안전성 평가 대상물과 범위

인류가 사용할 수 있는 물질은 약 10만여 종이라고 한다. 그중 섭취하는 식품류의 화학물질은 인간에 유용한 물질도 있지만, 유해했던 것도 있고 또 일정량 이상을 넘어서면 독성을 가지는 것도 있다.

따라서 식품 중에 유해물질은 식품위생 행정상 다음 범위로 정리할 수 있다.

① 기준치가 있거나 또는 정해진 유해물질(식품첨가물, 농약, 사료첨가물 등)

② 기준치는 없지만 국내외에서 독성정보가 얻어진 물질(곰팡이독, 유해금속류, benzopyrene, dioxin 등 일부)

③ 식품 중에 존재는 알려져 있지만 독성은 불명이나 의심스러운 것(난연제, 방향족 아민

류, 석유성분 등)

④ 구조 등이 불명인 미지의 오염물

⑤ 미래의 생명공학적인 품종 개량에 따른 인공적인 동식물의 식품성분 등이 안전성 문제의 범위로 볼 수 있다.

아울러 식품은 비록 안전하다고 하더라도 유통과정이나 환경인자가 상당히 많아 법규만으로 안전성 확보를 실현한다는 것은 거의 불가능하다. 안전성은 어디까지나 조건부(용법, 용량 등) 평가로 표시되는 것이며 모든 부분이 보증되는 성질의 것이 아니다. 다시 말해, 절대적 안전성 평가라는 것은 어떤 경우에도 존재하기 어려우며 입수 가능한 최대한의 과학적 근거를 근본으로 평가된다고 볼 수 있다. 즉, **안전성(安全性)**이란 현실적으로 위험성 유무의 결과가 아니고 '손상(damage)'이다.

3) 중독증상

유해 및 유독물질에 의해 나타나는 중독증상은 섭취하는 독성분의 성질, 흡수량 및 섭취경로와 섭취 대상인 개체의 종류, 성별, 건강장애 및 체질 등에 따라서 좌우되며, 중독증상은 발현 정도에 따라 급성중독과 만성중독으로 구분한다.

(1) 급성중독(急性中毒)

유독물질을 일시에 다량 투여하였거나 또는 비교적 소량이라도 독성이 아주 강한 것을 섭취하였을 경우에 일어나는 중독으로서, 그 중독증상이 급격하고 경과도 빠르다. 보통 초기에는 메스꺼움, 구토, 설사, 어지러움, 복통, 두통 등이 나타나고 이어서 경련, 쇼크, 허탈, 혼수상태 등에 빠지며 심하면 호흡곤란 등을 거쳐 사망하기도 한다.

(2) 만성중독(慢性中毒)

미량의 유해 및 유독물질을 지속적으로 장기간 섭취하였을 때에 점진적으로 서서히 어느 특정한 생체기관에 축적되어 중독량에 도달함으로써 비로소 장애를 일으켜서 나타나는 현상을 말한다. 장애를 받는 기관은 간장, 신장, 심장, 지방조직 등이며 그 유독물질에 따라 중독증상도 다양하게 나타난다. 또한 발암, 돌연변이, 최기형 등도 만성중독의 한 현상이라고 할 수 있다.

4) 독성시험(毒性試驗)

안전성을 평가하려면 각종 독성시험을 실시하는데, 독성시험은 일반독성시험(一般毒性試驗)과 특수독성시험(特殊毒性試驗)으로 나누며 <그림 1-2-6>과 같다.

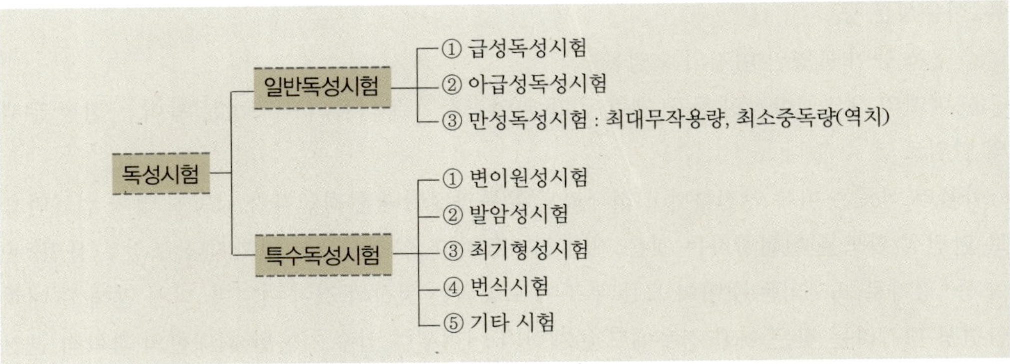

〈그림 1-2-6〉 독성시험의 분류

또 독성물질의 투여방식에 따라 경구(經口)독성시험, 경피(經皮)독성시험 및 점안(點眼)독성시험 등으로 나누어 볼 수 있으나 아래 독성시험은 경구독성시험으로 대부분 실시한다.

우선 독성시험 시 실험동물은 **SPF동물(specific pathogene free)**을 사용하여야 한다. SPF란 특정한 생물 또는 기생충이 없는 것이라는 의미이고, SPF동물은 제왕절개에 의해 분만시켜 무균환경에서 사육한 무균동물에 균을 자연 정착시킨 동물로서 쥐(흰쥐, rat)와 생쥐(mouse)가 널리 사용되고 있다. 그 외에 햄스터(hamster) 등의 설치류와 개, 돼지, 토끼, 원숭이 등의 포유류 동물이 이용되고 있으며, 동물시험조건의 국제적 표준을 시험항목에 따라 구분해 보면 <표 1-2-7>과 같다.

또 최근 **BS동물실(barrier system)**은 철저한 위생관리체계를 갖춘 격리 동물실로서, 동물실을 충분히 소독과 멸균을 하고, 사육기계는 세정실과 청정작업실에서, 심지어 사육자 및 연구원은 세정작업과 멸균작업복 등을 착용하고 일정한 환경 조건(24±1℃, 습도 55±10%, 환기 횟수 매시간 12회, 인공조명 등)에서 유지관리하면 동물실험 data의 명확성은 증대되고, 재현성은 좋아진다. 2012년에 한국생명공학연구원은 충북 오창 국가영장류센터에 무균미니돼지(100 kg 이내)와 무균원숭이를 키울 수 있는 첨단동물 무균사육실을 지어 연구개발실험에 이바지하고 있다.

(1) 일반독성시험(general toxicity testing)

① **급성독성시험(acute toxicity testing)** 시험하고자 하는 어떤 물질을 시험동물에게 1회만 비교적 다량 투여하여 그 독성의 영향을 관찰하는 시험으로서, 독성의 유무를 검토할 때 제일 먼저 실시하는 시험이다. 이 시험 결과에 따라 대체적인 독성이 예측된다. 그 독성은 통상 국제적으로 **LD_{50}**(50% Lethal dose : 50% 치사량, **반수치사량**)으로 표시하는데, **LD_{50}**이란 mouse나 rat 등을 사용해 50%, 즉 동물 1/2이 사망하는 양을 동물의 체중 1 kg당 mg수(ppm)

〈표 1-2-7〉 동물시험조건의 국제적 표준

시험항목	사용동물	개 요
급성독성시험	mouse, rat, 개, 돼지	LD_{50}, LD_{10}을 구한다. 5용량군(用量群), 1군 5마리 이상, 2용량군 이상, 2~3마리
아급성독성시험	mouse, rat	확실중독량, 무영향량 등의 검색, 5용량군, 1군 15마리, 투여기간 약 90일, 사료 혼입률 10% 이하, 혈액 생화학적 검사, 병리검사
만성독성시험	개, 돼지, mouse, rat	4용량군, 1군 3~4마리, 투여기간 30~180일, 확실중독량, 무영향량 등의 검사, 1군 20마리 이상, 투여기간 1년 이상, 사료 혼입률 5% 이하, 검사 항목은 아급성에 준한다.
변이원성시험	살모넬라균, 대장균, 포유동물(mouse 등)	Ames법, 세균의 DNA수복시험, 배양세포에 의한 염색체이상시험, mouse 골수소핵시험 등
발암성시험	개, 돼지, rat, hamster, mouse	4용량군, 각군 암수 각 4마리, 투여기간 1년 이상, 3용량군 이상, 1군 암수 각 50마리, 투여기간 rat 104주, mouse 96주, hamster 80주 이상, 사료 혼입률 5% 이하, 생존율 50% 이상, 요, 부검, 전 장기의 육안적, 병리적 검사
최기형성시험	rat, mouse, 토끼, hamster	기관형성기 투여시험, mouse 등 1군 30마리 이상, 토끼 10마리 이상, 역치 추정이 가능한 3단계 이상의 군, 교미 확인 후 6~18일간 약물 투여, 태아, 출생자 관찰
생식영향시험	rat, mouse	다세대시험, 다세대의 생식능, 후세대의 생존 및 발달 등의 영향을 시험, 1군 암수 각 30마리 이상, 역치를 알기 위한 용량군, 사료 혼입률 5% 이하, 3대 생식 관찰
생체 내 운명시험	rat, 토끼, 개	물질의 생체 내 동태시험, 암수 각 5마리 이상, 통상 1회 투여, 흡수, 분포, 축적, 대사, 배설의 관찰

또는 g수로 표시한다. 이때 추정되는 시험물질은 1회 투여량이다.

그런데 여러 단계의 용량(대략 LD_{50} 부근)을 설정해 각 용량별 시험물질을 보통 100마리 정도의 동물에 투여해 1~2주일 정도 관찰하고, 용량별 사망률로부터 통계처리를 해 LD_{50}을 산출한다.

통계처리에는 여러 방법이 있으나 **Litchifield-wilcoxon**법이 널리 이용되고 있다. LD_{50}치가 작을수록 독성이 강한 것이다. 가령 LD_{50} 5 mg/kg은 10 mg/kg보다 독성이 2배 강하다고 볼 수 있다. 그 예로 과거 의약계통에서는 독약, 극약, 보통약을 <표 1-2-8>로 구분한 바 있다.

아울러 LD_{50}의 값은 시험동물의 종류나 시험물질의 투여방법에 따라 달라지므로 동물의 종류나 투여방법을 반드시 표시한다. 예로서 'LD_{50} 5 mg/kg(흰쥐, 경구)'로 기록해야 한다. 시험물질의 투여방법은 경구(經口, 입을 통하여 투여) 투여하는

〈표 1-2-8〉 독약, 극약, 보통약의 구분

독 약	LD_{50}	30 mg/kg 이하
극 약	LD_{50}	30~300 mg/kg
보통약	LD_{50}	300 mg/kg 이상

것이 일반적이지만 경피(經皮, 피하), 근육, 복강, 정맥투여 등의 방법도 있다. 유독물질의 정도를 LD_{50}값으로 서로 비교해 보면 어떤 물질이 얼마나 독성이 강하고 약한지를 알 수가 있다.

② **아급성독성시험(subacute toxicity testing)** 보통 시험동물 수명의 1/10 정도의 기간, 즉 일반적으로 3개월에서 12개월까지의 기간(흰쥐는 1~3개월, 수명이 보통 2년 정도로 봄)에 걸쳐 시험동물의 자웅쥐 각 10마리 정도로 1일 1회 또는 수차례, 시험물질을 연속 경구투여하여 발현 용량, 중독증상 및 사망률 등을 관찰하고 영향받는 여러 가지 표적대상기관(器官) 등을 검사한다. 이 독성시험은 만성독성시험의 투여량을 결정하기 위해 예비시험적 성격을 띠는 경우가 많다.

③ **만성독성시험(chronic toxicity testing)과 최대무작용량(NOEL)** 어떤 시험물질을 조금씩 장기간에 걸쳐 경구적으로 섭취하였을 때 어떤 장애나 중독이 일어나는가를 알아보기 위한 시험이며, 이 시험으로 인해 아무런 장애를 일으키지 않는 **최대무작용량(最大無作用量, 최대무영향량, maximum, no observed effect level, NOEL)**과 확실하게 독성이 나타나는 최소량인 **최소중독량(最小中毒量, minimum toxic dose)**을 구하는 것은 매우 중요하다.

시험동물로는 적어도 2종을 사용하는데, 그 한 종은 쥐(흰쥐, rat)나 생쥐(mouse)이고 또 다른 한 종은 설치동물이 아닌 개 또는 원숭이 등을 이용하는 것이 보통이다. 때로는 쥐와 생쥐의 짝으로 시험하는 경우도 있다.

rat에서는 SD(Sprague-Dawley)계통, Wistar계통, Fischer계통 등이, mouse에서는 아이시아르(ICR)계통 또는 두 종류의 순계를 교배한 F1 mouse 등을, 개에서는 Beagle dog가 많이 사용된다. 시험 개시할 시기는 rat, mouse에서는 생후 5~6주, 개는 생후 5~6개월의 동물을 사용한다.

쥐나 생쥐의 경우에는 각 투여량 그룹마다 암(雌), 수(雄) 각각 25마리 또는 그 이상을 사용하며 기본사료 속에 시험물질을 여러 농도별로 나누어 혼합한 사료를 동물의 이유(離乳) 초기부터 최소 2년 이상 사육한다. 개나 원숭이의 경우는 각 투여량마다 암수 각각 4~5마리 이상을 사용하여 1~2년간 사육한다.

시험물질의 투여량은 일반적으로 대조군(對照群, control group : 시험물질을 첨가하지 않은 사료를 먹인 그룹)을 기본으로 하여 시험물질을 저용량 투여에서 고용량 투여까지의 보통 4~5단계 그룹으로 나누어 실험이 이루어지지만, 시험물질의 폭로량(exposure dose) 변화에 따라 독성의 발현도는 변해 가는 것을 볼 수 있다.

다시 말해, 용량(dose)에 대해 생체가 응답하는 관계를 생물개체의 효과도(效果度)로써 해석할 경우 이를 **양-영향(量-影響, 또는 量-效果 : dose-effect relationship)관계**라고 한다. 한편으로 용량에 대한 일정집단(集團) 중의 일정효과의 발생률, 즉 모집단(母集團) 중의 영향발생비율로 응답을 얻을 경우 이를 **양-반응관계(量-反應關係 : dose-response relationship)**라고 한다. 이 <그림 1-2-7>의 그래프 관계는 통상적으로 다수의 동물실험, 역학적 조사 등에서 얻어진다.

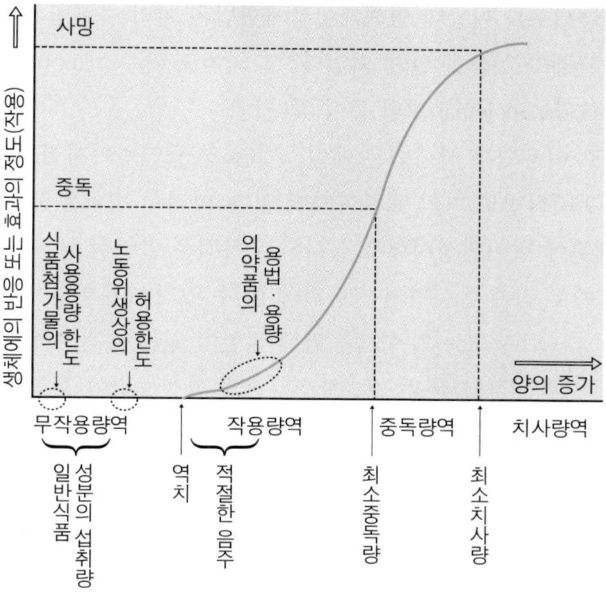

〈그림 1-2-7〉 양-반응곡선

자료 : 澤村良二 외 2, 食品衛生學, 南江堂

이 곡선에서 작용이 나타나기 시작하는 점을 **역치(threshold value)**라 말하는데, 이 역치가 **최대무작용량(NOEL)**에 해당되거나 그 이하에서 이루어진다고 볼 수 있고 그 이상에서 **최소중독량** 또는 **최소치사량(最小致死量)**이 나타남을 볼 수 있다.

이러한 결과를 얻으려면 사육하는 동안 시험사료 섭취량, 물 섭취량, 체중변화 등을 측정하고 동물의 활동상황, 일반 증상들을 관찰하며 생존일수, 출산 새끼수, 사망률 등을 조사한다. 또 혈액, 오줌을 채취하여 **생화학적 검사(生化學的檢査)**를 하며, 쥐나 생쥐의 경우 일정기간, 즉 6, 12, 18, 24개월마다 일부를 도살하여 장기 등 내장조직의 **병리조직학적 검사(病理組織學的檢査)**를 현미경을 통하여 검사한 후 조직 표본과 병변의 유무를 관찰한다. 이와 같은 병리조직 검사는 발암성 등의 특수독성시험에도 병행할 수 있다.

(2) 특수독성시험

① **변이원성시험(變異原性試驗, mutation)** 화학물질이 DNA의 영향을 받아 돌연변이(突然變異)를 유발하는 시험을 유전독성시험(genetic toxicity test)이라고도 하는데, 1973년부터 일본에서는 발암성이 의심스러운 많은 물질을 선별하여 발암성과 변이원성과 일치하는가를 시험한 결과, 시험관 내(*in vitro*)에서 *Salmonella*균 또는 대장균을 이용한 **에임스법(Ames test)**, 고초균(枯草菌, *Bacillus subtilis*)을 이용한 DNA수복(修復, repair)시험인 **렉어세이(rec-assay)법**

및 포유동물의 배양세포를 이용한 **염색체이상시험법**은 여러 시험법 중 매우 좋은 성적을 나타내 상당히 상관관계가 있음을 알게 되었다. 그 외에도 마우스(mouse) 소핵(小核)시험 , 우성치사(優性致死, dominant lethal)시험 등이 있다.

이 중 대표적으로 이용되는 시험법은 에임스법(일명 돌연변이시험)이며 또한 대장균을 이용한 돌연변이 복귀시험법도 거의 표준화되어 있다. 따라서 변이원성 물질이 발암성을 대부분 가지고 있기 때문에 변이원성시험을 실시하는 목적은 발암성 물질의 가능성을 비교적 짧은 기간에 경비를 매우 적게 들이면서 간단하게 할 수 있기 때문이다.

에임스법은 히스티딘(histidine)의 합성능력에 결함이 있는 유전자를 가지는 *Samonella*균을 사용하여 그 균이 시험물질의 작용으로 히스티딘의 합성능력이 회복되는지의 여부를 조사하는 방법이며, 히스티딘이 없으면 발육할 수 없는 *Samonella*균을 히스티딘이 없는 배지에서 시험물질을 첨가하고 배양하여 발육하는지를 조사한다. 만일 발육하여 콜로니(colony)가 생기면 *Samonella*균이 <그림 1-2-8>과 같이 시험물질이 돌연변이를 일으켜서 히스티딘 요구성균(His^-)에서 히스티딘 비요구성균(His^+)으로 변한 것이므로 그 시험물질은 변이성이 있는 것으로 인정하게 된다. 그리고 콜로니수가 많을수록 변이원성이 강한 것으로 인정된다.

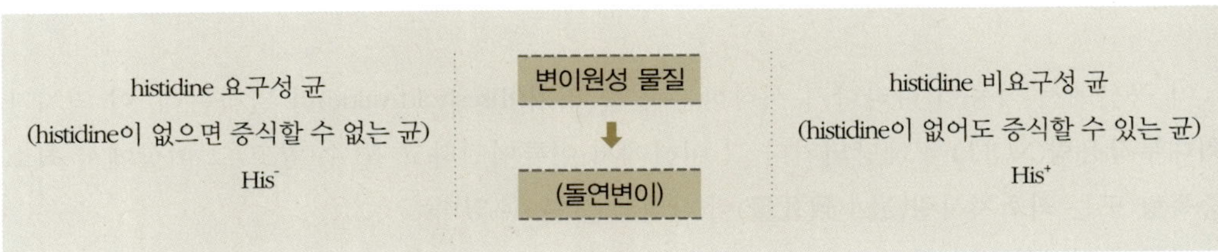

〈그림 1-2-8〉 변이원성 물질에 의한 돌연변이

아울러 변이원성의 유무는 단일시험법의 결과만으로 결론짓는 것은 매우 위험하므로 에임스법 외에 포유동물 세포의 염색체이상시험법 등을 병행하는 것이 바람직하다.

또 실험 시스템으로서는 크게 시험관 내(*in vitro*)에서 행해지는 것과 동물체내(*in vivo*)에서 행해지는 것으로 구별된다. 덧붙여서 시험법이 다르면 그 지표도 다르기 때문에 때로는 음성으로 나타나도 다른 방법에서는 양성으로 나타날 경우도 있어 신중을 요한다.

② 발암성시험(發癌性試驗, carcinogen test) 발암이라는 현상은 동물이나 인체의 정상세포가 발암물질이 세포의 유전자 DNA에 작용하여 돌연변이를 유발시키는 변이원물질(mutagen) 또는 유전자의 자리에 있는 염색체의 구조에 변화를 일으키는 염색체이상유발물질(clastogen)에 의해 비정상세포인 암세포로 변화(initiation) 내지 증식(promotion)하여 종양(腫瘍) 등이 생기는 현상이라고 말할 수 있다.

발암시험은 시험물질을 동물의 일생에 걸쳐 매일 투여하여 발암성 유무를 관찰하는 시험으로 종양의 발생이 대조군보다 빠른가, 많이 발생하는가 또는 종양이 발생하면 그 발생 시기, 발생 부위, 종양 수 등에 대하여 비교 검토한 후 통계적으로 해석하고 음성, 양성의 여부를 밝힌다. 투여량, 사육기간 등은 만성독성시험과 같고 만성독성시험과 동시에 실시하는 경우가 많다.

아울러 화학물질의 발암성은 사용되는 동물의 유전적 인자의 영향이 크므로 시험동물의 종류와 계통의 선택이 중요하다. 이 시험을 비롯한 국제적 동물시험조건은 앞의 <표 1-2-7>에서와 같이 적용된다.

③ 최기형성시험(催畸形性試驗, 기관형성기투여시험, tetratoxigenicity test) 임신한 동물의 태아가 성장하는 동안 모체에 시험물질을 투여하며 출산 예정일 직전에 태(胎) 중에 있는 새끼에 대한 형태적인 영향, 즉 기형성을 조사하는 시험이다. 다시 말해 관찰은 어미에서 체중, 사료와 물의 섭취량, 일반증상, 새끼의 생존 및 사망자 수, 흡수 및 착상 수, 생식기관의 병리조직학적 검사도 하지만, 주요 대상은 태내 새끼로서 체중, 성별, 외형 이상 유무, 골격 이상 유무, 기관 이상의 유무 등을 관찰하고 필요에 따라 병리조직학적 검사를 한다.

이 시험의 동물시험조건은 앞의 <표 1-2-7>과 같다. 투여량은 모체에 화학물질의 악영향이 보이지 않는 최대농도 이하에서 행해지는 경우에만 식품위생상의 최기형성 발현으로 평가한다. 시험 기획 시 고려해야 할 점은 번식시험에서도 마찬가지지만 실험동물의 질, 번식기술, 사육환경 등도 중요하다.

④ 번식시험(다세대시험 또는 생식영향시험, proliferative test) 번식시험은 시험물질의 생식선(샘) 기능(生殖腺機能), 발정주기, 교배, 임신, 출산, 수유, 이유 및 태아의 성장에 미치는 작용 정보를 얻기 위한 시험으로 동물시험 조건은 앞에서와 같이 통상 생쥐 등 설치류를 이용한다.

친세대, 1세대, 2세대의 3세대에 걸쳐 관찰하며 화학물질은 이유기를 제외하고는 부모세대(P)의 동물은 통상 60~100일간 매일 투여를 계속한 후 교배하고, 제1세대(F1)는 이유 이후부터 제2세대(F2)는 이유까지 매일 투여를 계속한 후 F1, F2를 도살한다. 식품첨가물과 잔류농약의 경우는 사료에 첨가하여 자연 섭취시킨다.

이 시험은 차기 세대의 축적 효과의 유무에 대하여 검토하는 것이 주목적이지만 식품첨가물과 잔류농약에서는 유전적 영향에 대해서도 검토하는 목적이 있다. 식품관련물질과 식품오염물질의 번식시험에 있어서는 검체를 장시간 투여하여도 각 세대의 번식, 각 장기 등에 전혀 미치지 않는 최대무작용량을 파악할 필요가 있다.

(3) 경피(輕皮) 및 점안 시험(點眼試驗)

과거 보통 3마리 이상의 토끼를 실험동물로 써서 적어도 3주간, 농도별로 실험물질에 대하여 피부도포 및 점안을 하여 이상 장애 등을 조사하여 성적을 낸다.

5) 안전성 평가

(1) 최대무작용량(NOEL)과 1일 섭취허용량(ADI)

앞서 만성독성시험, 특수독성시험 등 여러 시험의 결과를 종합 판단하여 최대무작용량을 결정한다. **최대무작용량(NOEL : no observed effect level)**은 만성독성시험을 통해 실험동물의 평생 동안 매일 투여해서 아무런 영향이 나타나지 않는 1일 투여의 최대량(最大投與量)이며 동물체중 1 kg(1,000 g)당 mg수(mg/kg)로 표시한다.

이러한 최대무작용량의 조건을 충족시키려면 대략 다음과 같이 요약해 볼 수가 있다.

"① 동물이 실험물질을 첨가한 사료를 잘 섭취하고 ② 대조군과 비교하여 성장장애가 없으며 ③ 그 투여량군(그룹)에 실험물질에 의한 사망 예가 없다. ④ 사육기간이 끝난 후의 부검에서 육안적으로 종대(腫大), 위축 또는 종양의 발생을 인정할 수 없고 ⑤ 주요 장기의 병리조직학적 검사에서 대조군의 검사 결과와 비교하여 중독성 병변을 볼 수 없으며 ⑥ 혈액학적으로 이상이 없다."

이렇게 하여 얻은 동물의 최대무작용량에서 사람의 최대무작용량으로 바꾸어야 한다. 그러한 이유는 동물과 사람은 똑같이 작용할 수 없기 때문에, 첫째로 동물의 체중단위를 1 kg 단위로 시험물질을 환산하고, 둘째로 동물과 사람 사이의 감수성 차이로 **안전계수(安全係數)**를 적용하여 사람의 최대무작량으로 환산하면 결국 1일 섭취허용량이 나오게 되는 것이다. 즉, 쥐의 실험 경우 안전계수는 1/100로 사람에게 환산하여 적용된다.

따라서 **1일 섭취허용량(ADI : acceptable daily intake)**은 사람이 평생 동안 하루도 빠짐 없이 매일 섭취해도 아무런 병변현상이 없는 최대량을 말하며, 현시점에서 얻어진 과학정보에 의해 평가된 것이다.

아울러 비록 동물실험에서 최대무작용량이라 하더라도 사람이나 동물의 생물학적 감수성 차이에 대한 안전계수의 적용에서 미국의 FDA에서는 정상 성인인 사람을 1로 할 경우 쥐(생쥐 포함)는 1/10, 개는 1/6, 소는 1/3 등으로 적용한다.

사람 간의 개인차는 건강한 청소년, 장년 등 일반성인과 유아 등의 어린이, 임산부 , 노인, 병약자는 체내기능의 활성에서 똑같지 않기 때문에 약한 자를 보호하기 위해 1/10로 낮게 섭취하도록 안전성을 주는 것이다.

그러나 오늘날에는 이 안전계수를 10~1,000으로 나누어 사람이 하루에 섭취해도 무방한 ADI값을 구하고 있다. 즉, 인간에 대한 임상적 근거가 있는 경우에는 1/10로, 인간에 대한 자료는 없으나 동물에 대한 명백한 자료가 있을 경우에는 1/100로, 동물에조차 명확한 자료가 없는 경우에는 1/1,000로 적용한다. 일본에서는 유기인화합물은 1/300, 유기염소화합물은 1/500의 안전율 등이 이용되고 있다.

(2) 농약의 최대잔류허용량(MRL : maximum residue limit)

농약의 **최대잔류허용량**이란 식품 중 잔류가 허용될 수 있는 농약의 최대 농도를 말한다. 다시 말해 사람이 일생 동안 허용치 수준의 유해물질을 잔류하고 있는 식품을 계속하여 먹더라도 인체에 독성을 보이지 않을 뿐만 아니라, 기형아의 출산을 하거나 발암을 유발시키지 않을 정도의 최대허용량을 말한다.

농약의 최대잔류허용량 설정법에는 두 가지가 있는데, 하나는 농약을 표준 방제기준에 따라 작물에 살포하고 수확시기 농산물 중의 농약잔류량을 조사하여 최대잔류량을 최대잔류허용량으로 정한다. 이때 최대잔류허용량이 정해진 모든 종류의 농산물로부터 잔류농약 섭취량이 ADI를 초과할 경우 가공 및 조리 등의 식습관을 고려하여 최대잔류허용량(MRL)을 조정하는 방법으로, 농약의 실용성과 식품의 안전성을 동시에 중요시하는 방법이다.

또 한 가지는 그 나라 국민의 식품별 섭취비율과 국민의 전체 체중 및 농약의 ADI를 고려하여 각각의 농산물마다 최대잔류허용량 수준까지 농약이 잔류한다고 가정할 경우, 식품을 통하여 섭취하게 되는 농약 잔류량의 합계가 ADI를 넘지 않도록 최대잔류허용량을 정하는 방법이다. 이 방법은 농약의 실용성은 배제하고 식품의 안전성만을 중시하는 방법이다. 그러나 오늘날 대부분의 국가와 국제기구 등에서는 첫 번째 방법을 채택하여 농산물의 농약잔류량을 정하고 있다.

6) 식품 안전성을 위한 품질·위생 인증 표시

(1) 한국

① **가공식품의 한국산업표준(KS) 인증마크제도** 가공식품의 한국산업표준(KS) 마크는 1961년 9월 「공업표준화법」(현재 「산업표준화법」)이 법률로 제정·공포된 후 1962년에 시행령과 표시규칙이 만들어져 KS 인증마크가 생기게 되었다. 이 법에서 **'가공식품의 표준화(KS)'**란 "합리적인 식품 및 관련 서비스의 표준을 제정·보급함으로써 가공식품의 품질고도화 및 관련서비스의 향상, 생산기술혁신을 기하여 거래의 단순·공정화 및 소비의 합리화를 통하여 식품산업경쟁력을 향상시키고 국민경제발전에 이바지하고자 하는 제도이다."라고 정의하고 있다. 즉, 생산자 및 서비스 공급자에게는 효율적인 품질관리의 기술도입과 사내표준화의 확립으로 제품 및 서비스의 품질향상과 생산성 향상을 유도하고 국가가 그 품질을 보증해 줌으로써 판매를 촉진시켜준다고 지적하고 있다.

② **한국전통식품의 품질인증마크제도** 「식품산업진흥법」 제22조(전통식품의 품질인증)과 시행령 제29조에 의해 "전통식품의 품질향상·생산장려 및 소비자 보호를 위하여 전통식품에 대한 품질을 운영하여야 한다."라고 명시하고 있다. 즉, 국내산 농수산물을 주원(재)료

로 하여 제조·가공 · 조리되어 우리 고유의 맛·향·색을 내는 우수한 전통식품에 대하여 정부가 품질을 보증하는 제도로 생산자에게는 고품질의 제품생산을 유도하고 소비자에게는 우수한 품질의 우리 전통식품을 공급하는 데 그 목적이 있다. 따라서 품질인증대상품목이 지정되면 한국전통식품의 품질마크의 사용과 한국전통 식품표준규격을 제정하여 고시하도록 되어 있다.

③ **친환경 농·축산물의 품질인증마크제도** 먼저 인증제도에 앞서 「친환경농업육성법」 제2조(정의)에서 **'친환경농업'**이란 "합성농약, 화학 비료 및 항생·항균제 등 화학자재를 사용하지 아니하거나 사용을 최소화하고 농업·축산업·임업부산물의 재활용 등을 통하여 농업생태계와 환경을 유지·보존하면서 안전한 농·축·임산물(이하 농산물이라 함)을 생산하는 농업을 말한다."라고 규정하고 있다.

따라서 친환경 농·축산물의 인증제도는 「친환경농업육성법」 제16조(친환경농산물의 분류) 제1항에서 **'친환경농산물'**은 "생산방법과 사용자재 등에 따라 유기농산물과 무농약농산물(축산물의 경우 무항생제축산물이라 함)로 분류한다."라고 명시하고 있다. 그리고 동법 제17조(친환경 농산물의 인증) 제1항에서 "농림축산식품부장관은 친환경농업의 육성과 소비자 보호를 위하여 농산물이 제16조 제1항에 따른 친환경농산물임을 인정할 수 있다."라고 정하고 있다. 그리고 제2항에서 "제1항에 따라 친환경농산물의 인증을 받은 친환경농산물(이하 인증품이라 함)의 포장·용기 등에 농림축산식품부령으로 정하는 바에 따라 친환경농산물의 도형 또는 문자의 표시(이하 친환경농산물표시라 함)를 할 수 있다."라고 규정하고 있다.

또 **유기가공식품**의 인증제도는 「친환경농업육성법」 제16조에 따른 '유기농산물을 원료 또는 재료로 하여 제조·가공·유통되는 유기가공식품에 대하여 「식품산업진흥법」 제23조(유기가공식품의 인증) 제1항에 근거하여 그 식품의 품질향상·생산장려 및 소비자보호를 위하여 공신력 있는 인증기관이 해당사업자의 적합성을 평가하여 객관적인 보증을 하는 인증제도이다.'라고 명시하고 있다.

④ **우수농산물관리(GAP) 품질인증과 농산물이력추적관리 인증마크제도** **'우수농산물관리'**는 「농수산물품질관리법」 제2조(정의) 4의 2에서 "농산물의 안전성을 확보하기 위하여 농산물의 생산단계에서부터 수확 후 포장단계까지 토양·수질 등의 농업환경 및 농산물에 잔류할 수 있는 농약·중금속 또는 유해생물 등의 위해요소를 관리하는 것을 말한다."라고 정의하고 있다.

'농산물이력추적관리'도 동법 제2조(정의) 4의 3에서 "농산물을 생산단계에서부터 판매단계까지 각 단계별로 정보를 기록·관리하여 해당 농산물의 안전성 등에 문제가 발생할 경우 해당 농산물을 추적하여 원인규명 및 필요한 조치를 할 수 있도록 관리하는 것을 말한다."라고 정의하고 있다.

가공식품의 KS 마크

한국전통식품의 품질마크

지리적 표시

우수농산물(GAP) 인증

3년 이상 농약, 제초제,
화학비료를 전혀 사용하지 않음

유기농산물을 가지고
가공한 식품

농약, 제초제를 전혀 사용하지
않으며 화학비료만 권장량의
1/3 이하 사용

항생제를 사용하지 않은 축산물

유기농 인증

유기축산물 인증

저탄소 농축산물 인증

식품HACCP 인증마크
(식품의약품안전처)

농산물 이력추적관리

쇠고기 이력추적시스템

개체식별번호는 소의 개체를 식별하기
위해 소의 귀표에 표시된 고유번호로
12개의 숫자로 구성되어 있음

축산물 개체식별번호

수산물 이력추적시스템

수산물 개체식별번호

〈그림 1-2-9〉 한국의 식품 중 국가인증 농식품 통합 마크

그래서 이 관리를 효율적으로 수행하기 위하여「농수산물품질관리법」 제5조(품질인증)에서는 "품질향상 및 소비자 보호를 위하여 품질인증을 할 수 있다."라고 규정하고 있고, 그에 따라 "품질인증을 받은 농산물(이하 품질인증)은 품질인증의 표시를 할 수 있다."라고 정하고 있다. 따라서 이 법 제7조의 2(우수농산물관리의 인증)에서 우수농산물 인증을 받은 농산물(이하 우수농산물 인증품)은 우수농산물 인증의 표시를 할 수 있어 인증마크가 사용되고 있다.

⑤ **HACCP 인증마크제도** 1995년 12월「식품위생법」 제32조의 2(현재 제48조)(위해요소중점관리기준)이 설정되면서부터 이 제도가 도입되었고, 제1항의 내용을 보면 "식품의약품안전처장(최초 보건복지부장관)은 식품의 원료관리 및 제조·가공·조리·유통의 모든 과정에서 위해한 물질이 식품에 섞이거나 식품이 오염되는 것을 방지하기 위하여 각 과정의 위해요소를 확인·평가하여 중점적으로 관리하는 기준(이하 "위해요소중점관리기준"이라 함)을 식품별로 정하여 고시할 수 있다."라고 한 것에서 연유되었다.

그 후「식품위해요소 중점관리기준」이 식품의약품안전처 고시로 제정·공포되었다. 그리고 이 법 제9조(HACCP 적용업소 지정 신청)에 의거 지정 신청 후 적법기준에 해당되면 이 법 제10조(HACCP 적용업소 지정)와 더불어 그 품목에 한해 HACCP 마크를 표시할 수 있다.

(2) 외국

다음은 미국과 일본의 규격마크와 각국의 환경친화적인 유기물 품질인증 마크이다.

〈그림 1-2-10〉 외국의 규격 및 품질인증 마크

제 3 장

식품위생과 면역

1. 인체와 면역의 중요성 및 위생적 의의

1) 인체와 면역의 중요성

인생에 있어서 가장 중요한 것을 꼽으라면 아마도 건강이라고 할 것이다. 건강을 지키려면 우선 병에 걸리지 않는 것이 중요하고, 이를 위해서 기본적으로 균형 있는 식품의 섭취로 우리 몸을 방어할 수 있는 능력을 잘 갖추어 놓아야 한다. 이것이 바로 면역력(면역성)이다.

사람의 몸은 우리 눈에는 보이지 않지만 아주 많은 물질들이 몸속을 돌아다니면서 부지런히 각자 맡은 일을 하고 있다. **면역(免疫)**은 몸에 들어오는 각종 해로운 물질과 병원균들을 없애서 우리 몸을 지키는 역할을 담당한다. 만약 면역력이 없다면 아무리 건강한 사람이라도 며칠을 살지 못할 것이다. 면역은 그래서 인간에게 무엇보다 중요하다.

그러나 우리 몸은 항상 공격과 방어의 관계에 있다. 병원균이 공격하면 우리 몸은 면역력을 이용해서 방어하고 또 공격해서 죽이기도 한다. 끊임없이 방어와 공격이 일생을 통해 되풀이된다. 외부의 침입에 대비해 우리 인체는 1차로 피부와 점막에 의해 방어체계를 갖추어 놓았다. 대부분의 세균은 피부에서 분비하는 땀이나 입안의 침 등으로 죽게 된다. 그러나 세균이 우리 몸 안에 살아 들어오면 어떻게 될까? 그래서 아마도 우리 선조들은 허약한 사람들에게 면역력을 높이기 위해 예로부터 보약이나 보신을 했던 것이 아닌가 싶다.

2) 식품위생과 면역학적 의의

음식물, 물, 공기 등을 통하여 유해한 병원균이 우리 몸에 침입하여 병을 가져온다는 것은 다 알고 있는 사실이다. 특히 식중독과 곰팡이독으로 질병을 일으키는 미생물에는 직접적으로는 면역학적 의의가 적으나, 경구감염병이나 인축공통감염병에는 병원성 미생물, 바이러스가 면역에 아주 밀접한 관계가 있다.

1796년 영국의 의사 제너(Jenner, Edward : 1749~1823)가 우두(牛痘)에 걸렸던 사람은 천연두(天然痘)에 걸리지 않는다는 사실을 알고 **종두법(種痘法)**을 발견한 것이 면역에 대한 최초였으며, 그 후 전 세계적으로 급속히 보급되어 생명을 보호하게 되었다. 또한 1881년 파스퇴르(Pasteur, L.)의 탄저병(炭疽病) 연구는 감염병에 대한 면역의 기초를 확립하는 데 기여했다고 볼 수 있다. 그 이후 많은 연구자에 의해 백신(vaccine) 등을 개발해 우리 인체에 예방접종 등을 통하여 면역력을 향상시켜 감염으로부터 방어하게 하였다. 심지어 어떤 감염병은 세계적으로 자취를 감추기도 했다.

때로는 병원성 미생물이 침입해서 증식하여도 사람이나 동물에 반드시 병적 상태로 나타나지 않는 경우도 있다. 감염되어도 증세가 나타나지 않는 상태를 **불현성 감염(不顯性感染, latent infection)**이라 하고, 불현성 감염을 일으키고 병원균을 배출하는 사람을 **건강보균자(healthy carrier)**라고 한다. 또 한편 발증 후에 병적 상태가 끝났음에도 감염상태가 계속되면서 병원균을 배출하는 사람을 **병후보균자(postconvalescent)**라고 한다.

이러한 병적 현상을 타개하는 대책이 바로 백신에 의한 예방접종이며 이로 인해 면역력을 높이는 것이다. 아울러 면역에는 영구적으로 면역되는 경우가 있고, 어느 기간까지 면역이 되는 일시면역의 경우가 있다. 따라서 식품과 관련된 감염병의 예방은 매우 중요하다.

2. 면역의 정의와 종류

면역(immunity)이란 사람과 동물의 생체(生體)가 자신과 이물질을 식별해서 이물질을 배제하기 위해 일으키는 체액성, 세포성 반응이라고 정의한다. 다시 말해 병원미생물의 감염을 받은 개체가 다시는 그 병원미생물에 감염되지 않거나 걸리더라도 가볍게 치르는 일이다.

이물질로서 인식되는 물질을 **항원(抗原, antigen)**이라고 하고, 항원에 대해서 세포는 특이적인 응답을 통해서 항원을 기억 및 **항체(抗體, antibody)**를 생산한다. 즉, 항원은 병원균, 바이러스 등을 말하고, 항체는 병원균 등이 쳐들어왔을 때 이를 물리치는 역할을 하는 물질인 면역체를 말한다. 항체를 생산하는 반응을 **체액성 면역(體液性免疫, humoral immunity)**이라고 하며, 항원, 항체 반응에 의해서 항원을 제거한다.

또한 항체를 생산하지 않고 세포가 직접 항원과 반응하는 기구가 있는데 이를 **세포성 면역(細胞性免疫, cellular immunity)**이라고 한다. 즉, 면역된 사람이 면역을 유발하는 물질인 항원과 특이적으로 결합하여 면역글로불린(immunoglobulin : IgG, IgM, IgA 등)인 항체를 혈액 등의 체액에 분비하는 면역응답을 말한다.

이러한 일련의 반응을 **면역응답(免疫應答)**이라고 하며, 반응에 관계하는 세포를 **면역담당세포(immuno competent cell)**라고 한다. 한마디로 면역이란 우리 인체에 들어온 나쁜 병원균이나 바이러스를 잡아서 병에 걸리지 않도록 몸 안에서 대항하는 것을 말한다. 병원균이나 바이러스가 음식물, 공기, 물, 접촉 등을 통해 우리 몸 안에 들어왔을 때 면역력이 강한 건강한 사람은 병에 걸리지 않고 그렇지 않은 사람은 병에 걸리게 된다. 그러나 우리 주위에 몸이 허약한 것 같은데 잘 걸리지 않는 사람이 있는가 하면 그렇지 않은 사람도 있는데, 이는 부모로부터 태어나기 전에 물려받은 강한 면역력 때문이다. 이를 **선천성 면역(先天性免疫)**이라고 한다.

그리고 병에 걸릴 때를 대비해서 우리 인체는 **후천성 면역(後天性免疫)**이라는 강력한 방어체제를 준비한다. 후천성 면역은 선천성 면역처럼 타고나는 것이 아니라 병원균과 싸워서 얻는 것이다. 백신을 접종한 사람이나 동물 자신의 체내에 항체가 만들어지는 것을 **능동면역(能動免疫, 획득면역)**이라 한다. 이와는 반대로 다른 개체가 생산한 항체가 들어 있는 혈청 등의 주사로 면역상태가 되는 것을 **수동면역(受動免疫)**이라고 한다. 전자는 백신요법에 해당되고, 후자는 면역혈청요법에 해당된다.

따라서 우리가 병원에서 **백신 주사**를 맞아 병에 걸리지 않도록 하는 것은 모두 후천성 면역에 해당되는 것이다. 후천성 면역은 선천성 면역에 없는 3가지 특징이 있다. 첫째는 선천성 면역을 강화시켜 준다. 즉, 후천성 면역은 대식세포(大食細胞)가 병원균을 잡아먹는 힘을 강화시켜 준다. 둘째, 기억력을 가지고 있다. 그래서 그 다음에 똑같은 병원균은 쉽게 물리친다. 셋째, 어떤 특정한 병원균에 대해서만 효과적으로 방어할 수 있다. 다른 감염병은 효과가 없다. 면역의 종류를 정리하면 <그림 1-3-1>과 같다.

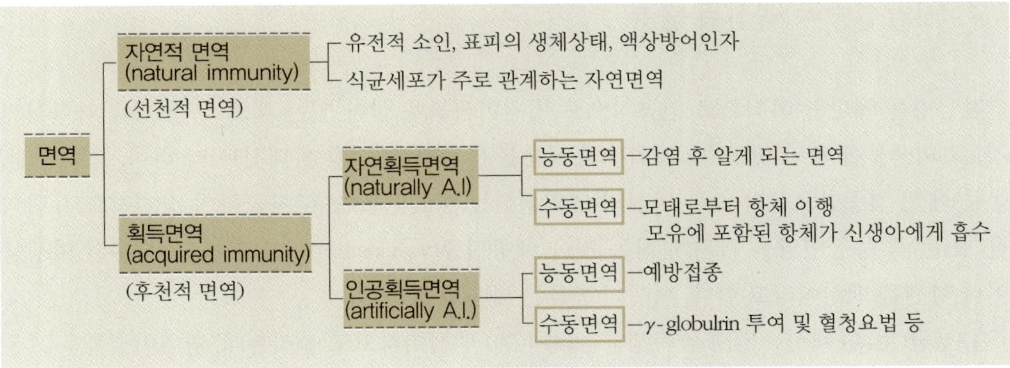

〈그림 1-3-1〉 면역의 종류

3. 면역체의 활동 기능

후천성 면역은 병원균을 잡아먹는 **식균세포(食菌細胞)**뿐만 아니라 갑상선(림프구)에서 분화, 활성화하는 T세포와 항체 등의 여러 가지 물질이 협력하여 이루어지는 것이다. 이러한 식균세포는 혈액 내를 돌다가 병원균이 침입했다는 신호를 받는 즉시 출동을 해서 병원균에 감염된 부위로 모여 공격을 하게 된다. 식균세포는 병원균 주위에서 여러 가지 효소 및 물질을 방출해 병원균을 죽이고 마지막에는 잡아먹는다. 또한 이 병원균을 어떻게 잡을 수 있는지에 대한 일련의 과정을 기억해 놓는다. 만약 같은 병원균이 침입하면 같은 방법으로 퇴치한다.

또 하나 면역에 중요한 역할을 하는 것은 **보체(補體, complement)**인데, 보체는 주로 단백질로 이루어져 있으며 혈액 속을 떠돌아다닌다. 보체는 병원균을 발견하는 즉시 튜브처럼 생긴 못을 병원균 표면에 여기저기 박아 넣는다. 그러면 병원균 주변의 전해질이나 물이 들어가 죽게 되며 또 보체는 식균세포가 병원균에 쉽게 달라붙게 도와주기도 한다.

그 외에도 우리 몸에 이상한 물질이 들어오면 몸을 보호하기 위해 면역반응이 일어난다. 다시 말해 두드러기, 재채기, 열 등이 나타나는 현상으로 볼 수 있는데, 그것이 알레르기(allergy)이다. 알레르기를 일으키는 이상한 물질은 꽃가루, 동물의 털, 약품, 화장품 등 다양한데, 이것을 치료하기 위해 약물을 이용하거나 면역요법을 쓴다. 그리고 꼭 해야 할 백신(vaccine) 예방접종은 시기를 놓치지 말고 실시하여야 하지만, 평소 충분한 영양 섭취(기능성 식품 포함)와 휴식, 적당한 운동과 과도한 스트레스를 피하고 아울러 장내에서 유해한 병원균과 대응해서 싸울 수 있는 유산균을 공급하는 등 면역력 강화를 위한 노력이 필요하다.

4. 예방접종과 백신의 종류

감염병을 예방할 목적으로 인공적으로 병원미생물을 살아 있는 채로 그 독성을 약화시킨 것, 그 미생물을 죽인 것 또는 그 일부의 성분을 추출한 것을 항원(백신)이라 하여, 숙주(사람, 동물)에게 접종함으로써 숙주 자신의 면역생산능(免疫生産能)을 자극하여 장기적으로 면역을 형성, 즉 능동면역을 가지게 하는 것을 **예방접종(vaccination)**이라고 하고, 사용된 미생물이나 항원을 백신이라고 한다. 백신의 종류는 다음과 같다.

① **생균(生菌) 백신** 일명 약독생균(弱毒生菌) 백신이라고도 불리는데, 병원미생물을 고온배양 또는 약품처리 등으로 그 독성을 약화시켜 면역원성(항원성)만을 가지고 있는 약독변이주(弱毒變異株)균을 백신으로 이용한 것이다. 이 백신의 종류로는 결핵 BCG(bacillus calmette guerin)생백신, polio생백신(sabin), 탄저, 광견병, 두창, 홍역 등이 있다. BCG백신은 생

후 1개월 이내에 맞히는 것이 좋다.

② **사균(死菌) 백신**　병원미생물을 56~60 ℃에서 30~60분간 자외선조사 가열살균이나 포르말린, 페놀 등의 화학약품으로 사멸 처리하여 만든 미생물을 적합한 농도의 부유액에 보존료를 첨가하여 만든 것이다. 콜레라, 장티푸스, 파라티푸스, 폴리오〔소아마비(salk)〕, 일본뇌염 등에 사용된다.

③ **톡소이드(toxoid)**　보통 독소에 주로 포르말린을 첨가하여 독소의 항원성(면역원성)을 잃지 않은 상태로 무독화시킨 것을 톡소이드라고 한다. 또 톡소이드에 명반 등을 첨가하여 침강시킨 침강톡소이드도 예방접종에 종종 쓰인다. 디프테리아, 파상풍 등의 감염병에 이용된다.

제 4 장 우리나라의 식중독, 감염병 및 기생충의 발생상황

1. 식중독(세균성, 자연독, 화학적)의 발생상황

1) 식중독의 발생상황 개요

우리나라의 식중독 발생현황을 알게 된 근거는 1962년 1월 「식품위생법」이 공포되면서 시작됐다고 볼 수 있다. 1945년 광복 후 우리는 먹고 살기가 어려워 식품위생보다는 먹고 사는 데 급급했고, 식중독의 발생상황의 파악과 의료 및 보고체계도 제대로 갖추어지지 않아 통계도 믿을 수 없었으므로 발생상황을 알기가 어려웠다. 그리고 법이 발효된 이후에도 보고가 없다가 1965년에 가서야 우리나라 식중독의 연도별 발생상황을 볼 수가 있었으나 의료 시설, 의사 수, 의료 기술 등 의료 수준이 낮아 제대로 보고되었다고 할 수 없는 여지가 많다. 그러나 그나마 이러한 현황이라도 나오게 된 것으로 보고체계가 확립되었다고 볼 수 있다.

식중독 환자나 식중독으로 의심되는 자를 진단한 의사 또는 한의사와 증세를 보이는 자를 발견한 집단급식소의 설치운영자는 관할 보건소를 통하여 시장, 군수 또는 구청장에게 보고할 법적 의무가 이루어짐으로써 발생지역이나 환자에 대한 역학조사를 통한 통계에 의해 알려지게 되었다. 그러나 식중독의 발생 양상은 지리적 특성, 기후 환경, 생산되어 섭취되는 식품, 지역적 생활풍습 및 습관, 문명의 수준, 위생적 상태 등에 따라 달라진다. 또한 대부분의 식중독은 원인 추적에서 증상 등에 대한 정확성이 애매하고 어려운 점이 있으나 공식적인 통계로 그 경향은 대략 파악할 수 있다.

일반적인 우려와 달리 최근 10년간 국내에서 발생한 식중독 사건은 원인체를 확인하지 못한 경우를 제외하면 노로바이러스, 병원성대장균, 살모넬라, 황색포도상구균, 장염비브리오균 등 미생물과 바이러스에 의한 식중독이 자연독과 화학적인 식중독보다 압도적으로 많이 발생하고 있다.

2) 식중독의 연도별 발생상황

우리나라 식중독 사건의 연도별 발생상황은 <표 1-4-1>과 같다. 비록 연도별 기복이 심하여 확실한 경향을 파악하기 힘드나 1965년부터 1990년대 초반까지 미소한 감소 추세를 보이다가, 이후 증가 추세를 보이고 있다. 한편 환자 수도 1977년에 급격한 증가를 제외하고는 1990년대 초반까지 서서히 증가하다가 1990년대 이후에는 급속히 증가율이 높아지는 추세를 보이고 있다. 반면, 사망자 수는 점차 감소하여 1995년 이후 2년에 10명의 사망자를 제외하고는 사망은 없으며, 2002년 이후에는 사망 사고를 공식적으로 보고되지 않고 있다.

〈표 1-4-1〉 우리나라의 연도별 식중독 발생상황

연도	발생건수	환자 수	건수당 환자 수	사망자 수	사망률 (%)	연도	발생건수	환자 수	건수당 환자 수	사망자 수	사망률 (%)
1965	54	610	11.3	63	10.3	1990	32	618	19.3	10	1.6
1966	52	426	8.2	42	9.9	1991	42	814	19.4	10	1.2
1967	56	679	12.1	35	5.2	1992	44	1,189	27.0	5	0.4
1968	47	935	19.9	26	2.8	1993	54	1,136	21.0	10	0.9
1969	38	878	23.1	19	2.2	1994	104	1,746	16.8	12	0.7
1970	40	617	15.4	15	2.4	1995	55	1,584	28.8	-	-
1971	35	601	17.2	13	2.2	1996	81	2,797	34.5	-	-
1972	62	901	14.5	50	5.5	1997	94	2,942	31.3	-	-
1973	32	321	10.0	16	5.0	1998	119	4,577	38.5	-	-
1974	47	727	15.5	32	4.4	1999	174	7,764	44.6	8	0.1
1975	39	578	14.8	27	4.7	2000	104	7,269	69.9	2	-
1976	26	440	16.9	21	4.8	2001	93	6,406	68.9	-	-
1977	28	7,190	256.8	10	0.1	2002	78	2,980	38.2	-	-
1978	38	1,093	28.8	28	2.6	2003	135	7,909	58.6	-	-
1979	32	625	19.5	16	2.6	2004	165	10,388	63.0	-	-
1980	24	834	34.8	6	0.7	2005	109	5,711	52.4	-	-
1981	30	523	17.4	18	3.4	2006	259	10,833	41.8	-	-
1982	49	1,010	20.6	14	1.4	2007	510	9,686	19.0	-	-
1983	33	983	29.8	5	0.5	2008	354	7,487	21.1	-	-
1984	24	334	13.9	14	4.2	2009	228	5,999	26.3	-	-
1985	65	2,176	33.5	9	0.4	2010	271	7,218	27.1	-	-
1986	36	833	23.1	9	1.1	2011	249	7,105	28.5	-	-
1987	37	540	14.6	8	1.5	2012	266	6,058	22.8	-	-
1988	31	1,041	33.6	6	0.6	2013	235	4,958	21.1	-	-
1989	40	889	22.2	22	2.5	2014	349	7,466	21.4	-	-

자료: 보건복지부 및 식품의약품안전처 식중독 통계시스템(2002년 이후 자료)
주) 2014년은 추정치임

한편 건수당 환자 수를 보면 비록 연도별 편차는 크나 1990년대 초반까지의 완만한 증가에서 이후 2000년 초반까지 높은 증가율을 나타낸 후 다시 감소하고 있다. 이러한 변화는 직장, 학교급식 등에서의 집단급식이나 외식이 점차 늘어나고 기후의 온난화 등 환경변화에 따라 식중독 사고가 점차 대형화되는 것으로 추정되나 이후 건당 환자 수의 감소는 집단급식소의 경우 소수의 사람이 식중독 증상을 보이더라도 보고하기 때문으로 판단된다.

한편 실제로는 위에서 살펴본 것보다 우리나라의 식중독 발생은 훨씬 많을 수도 있다. 가

〈표 1-4-2〉 병인물질별 식중독 발생건수

원인균	구분	2005년	2006년	2007년	2008년	2009년	2010년	2011년	2012년	2013년	2014년	합계
불명	발생건수	26	77	221	157	100	105	108	129	90	157	1,170
	환자 수	550	1,288	1,788	1,839	1,255	1,030	1,132	1,090	609	919	11,500
노로 바이러스	발생건수	6	51	97	69	32	31	31	50	43	46	456
	환자 수	719	3,338	2,345	2,105	568	1,994	1,524	1,665	1,606	739	16,603
병원성 대장균	발생건수	15	38	62	36	37	28	32	31	31	38	348
	환자 수	1,883	2,832	1,945	1,278	1,671	1,926	2,109	1,844	1,089	1,784	18,361
살모넬라	발생건수	22	22	42	22	17	27	24	9	13	24	222
	환자 수	753	576	1,497	387	477	677	1,065	147	690	1,416	7,685
황색포도 상구균	발생건수	16	32	38	15	12	19	10	5	5	15	167
	환자 수	863	1,924	843	556	864	372	323	35	63	195	6,038
장염비브 리오균	발생건수	17	25	33	24	12	18	9	11	5	7	161
	환자 수	663	547	634	329	106	223	133	195	40	78	2,948
클로스트리디 움퍼프린젠스	발생건수	0	2	4	6	5	5	7	13	33	28	103
	환자 수	0	160	81	434	527	171	324	297	516	1,689	4,199
캠필로박 터제주니	발생건수	1	1	7	6	7	15	13	8	6	18	82
	환자 수	175	53	449	73	405	380	329	639	231	490	3,224
바실러스 세레우스	발생건수	1	5	1	14	0	14	6	6	8	11	66
	환자 수	24	59	50	376	0	401	98	111	112	49	1,280
자연독	발생건수	1	1	3	2	6	6	4	3	0	1	27
	환자 수	3	4	22	50	126	33	27	13	0	5	283
기타 바이러스	발생건수	2	3	2	1	0	2	3	1	1	4	19
	환자 수	25	33	32	26	0	8	21	22	2	102	271
화학물질	발생건수	1	1	0	2	0	1	0	0	0	0	5
	환자 수	8	14	0	34	0	3	0	0	0	0	59
기타세균	발생건수	1	1	0	0	0	0	2	0	0	0	4
	환자 수	45	5	0	0	0	0	20	0	0	0	70
클로스트리디 움보톨리늄	발생건수	0	0	0	0	0	0	0	0	0	0	0
	환자 수	0	0	0	0	0	0	0	0	0	0	0

자료 : 식품의약품안전처 식중독 통계시스템
주) 2014년은 추정치임

령 의사가 식중독을 장염 등으로 진단할 수가 있기 때문이다. WHO의 보고에 의하면 구미 등에서도 실제 식중독 환자 수가 보고되는 수의 150배에 이르는 경우도 있다.

3) 식중독의 병인물질별 발생상황

2005~2014년까지 10년간의 병인별 식중독 발생상황을 보면 <표 1-4-2>와 같다. 연평균 발생건수를 보면 불명이 41.34%로 가장 많고, 다음이 노로바이러스 16.11%, 병원성대장균 12.30%의 순으로 발생하였다. 화학물질에 의한 식중독은 0.18%로 빈도가 매우 낮다.

환자 수는 병원성대장균에 의한 식중독이 25.32%이고, 다음은 노로바이러스 22.89%, 불명 15.86%이며, 화학물질에 의한 식중독은 0.08%로 매우 낮게 발생하였다. 따라서 불명인 경우를 제외하고도 주요 식중독 발생은 바이러스와 세균에 의한 식중독이 우선이고 자연독과 화학물질에 의한 식중독 발생은 매우 적다.

4) 식중독의 월별 발생상황

1990년대 이전에는 7~8월이 가장 식중독 발생이 많았으나 최근 10년간의 통계에서는 발생건수는 8월이 가장 많고 다음이 6월, 9월의 순서이며, 환자 수는 6월이 가장 많고 다음이 9월, 8월의 순이었다. 이러한 현상은 6월 중 발생을 보면 학교의 집단급식소에서 일어난 식중독이

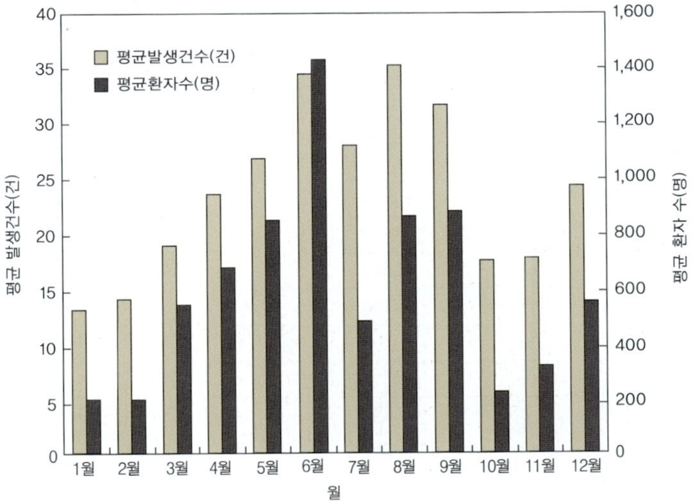

〈그림 1-4-1〉 식중독의 월별 발생상황(2005~2014년 10년간 평균)

자료 : 식품의약품안전처 식중독 통계시스템
주) 2014년은 추정치임

가장 많았으며, 환자 수도 학교 집단급식소에서의 환자가 가장 많았다. 반면 8월에는 상대적으로 음식점에서 식중독이 많이 발생하여 식중독의 규모는 상대적으로 작아 환자 수는 많지 않았다.

5) 섭취장소 및 시설별 발생상황

1976~1987년 사이 섭취장소별 식중독 발생상황은 연평균 발생률이 가정에서 52.0%, 집단급식소 15.6%, 음식점 10.8% 순으로, 가정에서 식중독 사건이 많이 발생했던 것은 특히 농어촌에서 관혼상제를 가정에서 치렀던 것이 원인이 되지 않았나 생각된다. 그러나 1980년대보다 1990년대 이후에는 가정에서의 발생비율은 줄고 집단급식소가 차지하는 비율이 증가하였다.

2004년부터 2014년 간에 원인시설별 발생현황을 보면 학교와 기업의 집단급식소에서 발생한 전체 발생건수는 22.12%이나 환자 수는 56.60%이며, 식품접객업소는 발생건수는 전체의 51.17%이나 환자 수는 24.33%이며, 가정집에서 발생건수는 4.45%이며 환자 수는 1.12%이다. 집단급식소에서 발생하는 식중독은 건당 환자 수가 다른 시설보다 많았으며, 과거보다 가정집에서의 식중독 발생은 감소하였다.

〈표 1-4-3〉 식중독의 원인시설별 발생현황

구분	총계			집단급식소			식품접객업소			가정집			기타(불명포함)		
	발생건수	환자 수	명/건	발생건수	환자 수	명/건	발생건수	환자 수	명/건	발생건수	환자 수	명/건	발생건수	환자 수	명/건
2002	77	2,939	38.2	16	1,392	87.0	30	583	19.4	7	117	16.7	24	847	35.3
2003	135	7,909	58.6	67	6,130	91.5	46	1,441	31.3	7	81	11.6	15	257	17.1
2004	165	10,388	63.0	72	7,738	107.5	34	1,049	30.9	7	44	6.3	52	1,557	29.9
2005	109	5,711	52.4	30	3,751	125.0	53	1,021	19.3	9	111	12.3	17	828	48.7
2006	259	10,833	41.8	93	8,073	86.8	108	1,971	18.3	15	119	7.9	43	670	15.6
2007	510	9,686	19.0	98	4,533	46.3	289	3,476	12.0	30	151	5.0	93	1,526	16.4
2008	354	7,487	21.1	61	3,616	59.3	208	2,392	11.5	24	176	7.3	61	1,303	21.4
2009	228	5,999	26.3	59	3,435	58.2	98	1,132	11.6	11	89	8.1	60	1,343	22.4
2010	271	7,218	26.6	53	4,189	79.0	133	1,704	12.8	3	11	3.7	82	1,314	16.0
2011	249	7,105	28.5	40	2,521	63.0	117	1,753	15.0	8	51	6.4	84	2,780	33.1
2012	266	6,058	22.8	63	3,431	54.5	95	1,139	12.0	14	54	3.9	94	1,434	15.3
2013	235	4,958	21.1	60	2,948	49.1	134	1,297	9.7	5	22	4.4	36	691	19.2
2014	349	7,466	21.4	69	4,551	66.0	213	1,761	8.3	7	28	4.0	60	1,126	18.8
총계	**3,207**	**93,757**	**29.2**	**781**	**56,308**	**72.1**	**1,558**	**20,719**	**13.3**	**147**	**1,054**	**7.2**	**721**	**15,676**	**21.7**

자료 : 식품의약품안전처 식중독 통계시스템
주) 2014년은 추정치임

2. 감염병의 발생상황

1) 우리나라 법정 감염병의 종류

우리나라는 감염병의 발생과 유행을 방지하여 국민보건을 향상 증진시킴을 목적으로 하는 법률로서 「전염병예방법」을 1954년 제정하여 1957년 시행하였으나 2009년 이를 「감염병의 예방 및 관리에 관한 법률」로 완전 개정하여 2010년 12월부터 시행하고 있다.

이 법 제2조(정의)에서 "감염병"이란 제1군감염병, 제2군감염병, 제3군감염병, 제4군감염병, 제5군감염병, 지정감염병, 세계보건기구 감시대상 감염병, 생물테러감염병, 성매개감염병, 인수(人獸)공통감염병 및 의료관련감염병으로 구분하고 있다.

① **제1군감염병** 마시는 물 또는 식품을 매개로 발생하고 집단 발생의 우려가 커서 발생 또는 유행 즉시 방역대책을 수립하여야 하는 감염병으로, 콜레라, 장티푸스, 파라티푸스, 세균성이질, 장출혈성대장균감염증, A형간염을 말한다.

② **제2군감염병** 예방접종을 통하여 예방 및 관리가 가능하여 국가예방접종사업의 대상이 되는 감염병으로 디프테리아, 백일해(百日咳), 파상풍(破傷風), 홍역(紅疫), 유행성이하선염(流行性耳下腺炎), 풍진(風疹), 폴리오, B형간염, 일본뇌염, 수두(水痘), b형헤모필루스인플루엔자, 폐렴구균을 말한다.

③ **제3군감염병** 간헐적으로 유행할 가능성이 있어 계속 그 발생을 감시하고 방역대책의 수립이 필요한 감염병으로, 말라리아, 결핵(結核), 한센병, 성홍열(猩紅熱), 수막구균성수막염(髓膜球菌性髓膜炎), 레지오넬라증, 비브리오패혈증, 발진티푸스, 발진열(發疹熱), 쯔쯔가무시증, 렙토스피라증, 브루셀라증, 탄저(炭疽), 공수병(恐水病), 신증후군출혈열(腎症侯群出血熱), 인플루엔자, 후천성면역결핍증(AIDS), 매독(梅毒), 크로이츠펠트-야콥병(CJD) 및 변종크로이츠펠트-야콥병(vCJD)을 말한다.

④ **제4군감염병** 국내에서 새롭게 발생하였거나 발생할 우려가 있는 감염병 또는 국내 유입이 우려되는 해외 유행 감염병으로서 보건복지부령 시행규칙 제2조로 정하는 감염병으로 페스트, 황열, 뎅기열, 바이러스성 출혈열, 두창, 보툴리눔독소증, 중증 급성호흡기 증후군(SARS), 동물인플루엔자 인체감염증, 신종인플루엔자, 야토병, 큐열(Q熱), 웨스트나일열, 신종감염병증후군, 라임병, 진드기매개뇌염, 유비저(類鼻疽), 치쿤구니야열, 중증열성혈소판감소증후군(SFTS)이 있다.

⑤ **제5군감염병** 기생충에 감염되어 발생하는 감염병으로서 정기적인 조사를 통한 감시가 필요하여 보건복지부령 시행 규칙 제3조로 정하는 감염병으로 회충증, 편충증, 요충증, 간흡충증, 폐흡충증, 장흡충증이 있다.

⑥ **지정감염병** 제1군감염병부터 제5군감염병까지의 감염병 외에 유행 여부를 조사하기

위하여 감시활동이 필요하여 보건복지부장관이 지정하는 감염병으로 C형간염, 수족구병, 임질, 클라미디아, 연성하감, 성기단순포진, 첨규콘딜롬, 반코마이신내성황색포도알균(VRSA) 감염증, 반코마이신내성장알균(VRE) 감염증, 메티실린내성황색포도알균(MRSA) 감염증, 다제내성녹농균(MRPA) 감염증, 다제내성아시네토박터바우마니균(MRAB) 감염증, 카바페넴내성장내세균속균종(CRE) 감염증, 장관감염증, 급성호흡기감염증, 해외유입기생충감염증, 엔테로바이러스 감염증이 있다.

⑦ **세계보건기구 감시대상 감염병** 세계보건기구가 국제공중보건의 비상사태에 대비하기 위하여 감시대상으로 정한 질환으로서 보건복지부장관이 고시하는 감염병으로 두창, 폴리오, 신종인플루엔자, 중증급성호흡기증후군(SARS), 콜레라, 폐렴형 페스트, 황열, 바이러스성출혈열, 웨스트나일열이 있다.

⑧ **생물테러감염병** 고의 또는 테러 등을 목적으로 이용된 병원체에 의하여 발생된 감염병중 보건복지부장관이 고시하는 감염병으로 탄저, 보툴리눔독소증, 페스트, 마버그열, 에볼라열, 라싸열, 두창, 야토병이 있다.

⑨ **성매개감염병** 성 접촉을 통하여 전파되는 감염병 중 보건복지부장관이 고시하는 감염병으로 매독, 임질, 클라미디아, 연성하감, 성기단순포진, 첨규콘딜롬이 있다.

⑩ **인수공통감염병** 동물과 사람 간에 서로 전파되는 병원체에 의하여 발생되는 감염병 중 보건복지부장관이 고시하는 감염병으로 장출혈성대장균감염증, 일본뇌염, 브루셀라증, 탄저, 공수병, 조류인플루엔자 인체감염증, 중증급성호흡기증후군(SARS), 변종크로이츠펠트-야콥병(vCJD), 큐열, 결핵이 있다.

⑪ **의료관련감염병** 환자나 임산부 등이 의료행위를 적용받는 과정에서 발생한 감염병으로서 감시활동이 필요하여 보건복지부장관이 고시하는 감염병으로 반코마이신내성황색포도알균(VRSA) 감염증, 반코마이신내성장알균(VRE) 감염증, 메티실린내성황색포도알균(MRSA) 감염증, 다제내성녹농균(MRPA) 감염증, 다제내성아시네토박터바우마니균(MRAB) 감염증, 카바페넴내성장내세균속균종(CRE) 감염증이 있다.

2) 감염병의 연도별 발생상황

최근 10년 동안 우리나라에서 발생한 법정 감염병의 환자 수는 <표 1-4-4>와 같다. 제1군감염병에서는 2010년 12월 이후 전수 조사가 시작된 A형간염이 압도적으로 많았으며, 다음으로는 세균성이질, 장티푸스, 장출혈성대장균감염증의 순이다. 장티푸스는 국내 토착화된 감염병으로 최근 10년간은 매년 200명 내외의 환자가 발생하고 있다.

제2군감염병에서는 수두가 압도적으로 많았으며, 다음으로는 유행성이하선염, 산모 B형간염의 순이다. 제3군감염병은 쯔쯔가무시증이 압도적으로 많은 환자 수를 보였으며, 말라리아와 성홍열이 다음이었다. 제4군감염병에서는 댕기열이 가장 많은 환자 수를 보였으며, 다음으로는 큐(Q)열과 중증열성혈소판감소증후군의 순이다.

〈표 1-4-4〉 최근 10년간 국내의 감염병 환자 수

(단위 : 명)

병명	연도	2005	2006	2007	2008	2009	2010	2011	2012	2013	2014
제1군	콜레라	16	5	7	5	0	8	3	0	3	0
	장티푸스	190	200	223	188	168	133	148	129	156	251
	파라티푸스	31	50	45	44	36	55	56	58	54	37
	세균성이질	317	389	131	209	180	228	171	90	294	110
	장출혈성대장균감염증	43	37	41	58	62	56	71	58	61	111
	A형간염	-	-	-	-	-	-	5,521	1,197	867	1,307
제2군	디프테리아	0	0	0	0	0	0	0	0	0	0
	백일해	11	17	14	9	66	27	97	230	36	88
	파상풍	11	10	8	16	17	14	19	17	22	23
	홍역	7	28	194	2	17	114	42	3	107	442
	유행성이하선염	1,863	2,089	4,557	4,542	6,399	6,094	6,137	7,492	17,024	25,286
	풍진	12	18	35	30	36	43	53	28	18	11
	폴리오	0	0	0	0	0	0	0	0	0	0
	일본뇌염	6	0	7	6	6	26	3	20	14	26
	수두	1,934	11,027	20,284	22,849	25,197	24,400	36,249	27,763	37,361	44,450
	급성B형간염	-	-	-	-	-	-	462	289	117	173
	산모B형간염	-	-	-	-	-	-	936	2,438	3,211	3,912
	주산기B형간염	-	-	-	-	-	-	30	26	59	30
	b형헤모필루스인플루엔자	-	-	-	-	-	-	-	-	0	0
	폐렴구균	-	-	-	-	-	-	-	-	-	38
제3군	말라리아	1,369	2,051	2,227	1,052	1,345	1,772	826	542	445	638
	성홍열	87	108	146	151	127	106	406	968	3,678	5,809
	수막구균성수막염	7	11	4	1	3	12	7	4	6	5
	레지오넬라증	6	20	19	21	24	30	28	25	21	30
	비브리오패혈증	57	88	59	49	24	73	51	64	56	61
	발진티푸스	0	0	0	0	0	0	0	0	0	0
	발진열	35	73	61	87	29	54	23	41	19	9
	쯔쯔가무시증	6,780	6,480	6,022	6,057	4,995	5,671	5,151	8,604	10,365	8,130
	렙토스피라증	83	119	208	100	62	66	49	28	50	58
	브루셀라증	158	215	101	58	24	31	19	17	16	17
	탄저	0	0	0	0	0	0	0	0	0	0
	공수병	0	0	0	0	0	0	0	0	0	0
	신증후군출혈열	421	422	450	375	334	473	370	364	527	344
	한센병	-	-	-	-	-	-	7	5	7	6
	CJD/vCJD	-	-	-	-	-	-	29	45	34	65
	매독(1기)	-	-	-	-	-	-	690	562	566	726
	매독(2기)	-	-	-	-	-	-	235	199	210	258
	매독(선천성)	-	-	-	-	-	-	40	26	22	31

(계속)

병명 \ 연도		2005	2006	2007	2008	2009	2010	2011	2012	2013	2014
제4군	페스트	0	0	0	0	0	0	0	0	0	0
	황열	0	0	0	0	0	0	0	0	0	0
	뎅기열	34	35	97	51	59	125	72	149	252	165
	신종감염병증후군	0	0	0	0	0	0	0	0	0	0
	두창	0	0	0	0	0	0	0	0	0	0
	보툴리눔독소증	0	0	0	0	0	0	0	0	0	1
	중증급성호흡기증후군	-	0	0	0	0	0	0	0	0	0
	동물인플루엔자 인체감염증	-	0	0	0	0	0	0	0	0	0
	야토병	-	0	0	0	0	0	0	0	0	0
	큐열	-	6	12	19	14	13	8	10	11	11
	바이러스성출혈열	-	-	-	-	-	-	0	0	0	0
	신종인플루엔자	-	-	-	-	-	-	0	0	0	0
	웨스트나일열	-	-	-	-	-	-	0	1	0	0
	라임병	-	-	-	-	-	-	2	3	11	13
	진드기매개뇌염	-	-	-	-	-	-	0	0	0	0
	유비저	-	-	-	-	-	-	1	0	2	2
	치쿤구니야열	-	-	-	-	-	-	0	0	2	1
	중증열성혈소판감소증후군	-	-	-	-	-	-	-	-	36	55

자료; 질병관리본부 감염병 감시 웹통계

3. 기생충의 발생상황

1) 기생충의 발생상황 개요

우리 민족은 전래로 곡류 및 두류와 채소류 그리고 해산어패류 등을 주로 많이 섭취하면서 살아왔다. 그중 반찬인 부식으로 상시 채소류가 다양한 조리 및 가공법으로 이용되었으며 상추, 배추(김치 등), 쑥갓, 무, 오이, 가지, 고구마 등 채소류의 일부는 생식으로 이용되기도 했다. 그리고 일부 민물어패류를 조리하여 먹기도 하였다. 그간 우리는 일본의 강점하에 제2차 세계대전과 광복 이후 한국전쟁 등을 겪는 동안 기아에서 곡류 위주의 주식과 부식인 채소류의 비중이 오늘날에 비해 다량 섭취되어 왔음은 필자가 경험한 것들이다. 1970년대 이전만 해도 밭에서 경작하는 채소류 대부분의 재배는 거의 사람이나 가축의 분뇨를 거름으로 사용하였고 현대로 오면서 비료가 점점 다량 사용되기 시작하였다. 그러므로 만연되어 있던 충란은 채소로 인해 회충, 십이지장충, 요충, 편충 등이 감염되어 기생충 감염률이 높아 아마도 그 당시 누구나 거의 보유했을 것으로 짐작된다. 그리고 기생충약의 보급도 빈약하기 이를 데 없었다. 또한 계곡의 개울이나 논에 사는 가재, 게, 강이나 호수에 사는 붕어, 잉어, 피라미, 다슬기 등 민물어패류의 이용으로 인해 간디스토마, 폐디스토마 등의 감염이 그 지역 주위에 사는 사람에게서 많이 발생했던 것을 볼 수 있다.

2) 8차에 걸쳐 조사된 기생충의 발생상황

우리나라는 앞에서 기생충 감염률이 매우 심해 보건사회부(현 보건복지부) 산하에 한국기생충박멸협회라는 단체까지 만들어, 기생충 예방 및 관리를 위한 노력을 계속하였고 '기생충 감염 실태조사'를 전국적으로 약 5년마다 정규적으로 실시해 왔다. 그 결과 <표1-4-5>에서 보는 바와 같이 처음 실시했던 1971년(제1차)의 기생충의 감염률은 84.3%, 1976년(제2차)에 63.2%, 1981년(제3차)에 41.1%, 1986년(제4차)에 12.9%, 1992년(제5차)에 3.8%로 아주 낮은 수준으로 떨어졌으며, 이후 2~3%대를 유지하고 있다. 질병관리본부는 6차 조사까지 토양매개성인 회충, 편충, 구충 등과 식품매개성인 간흡충, 요코가와흡충, 폐흡충 등이 지속적인 감소를 보였으나, 7차 조사에서 간흡충과 요코가와흡충 등의 증가가 있어 2005년 이후부터는 어패류매개성 기생충인 간흡충과 요코가와흡충 등에 대한 기생충 관리 정책을 수립하고 있다.

〈표 1-4-5〉 조사사업별 장내기생충 실태조사 검사건수 및 양성률

년도	피검자 수	충란 양성률	회충	구충	편충	동양모양 선충	간흡충	폐흡충	요코가와 흡충	유무 구조충	참굴큰입 흡충	광절열두 조충	요충
1차(1971년)	24,887	84.3	54.90	10.7	65.4	7.7	4.6	0.090	-	1.9	-	-	1.30
2차(1976년)	27,178	63.2	41.00	2.2	42.0	1.0	1.8	0.070	-	0.7	-	-	-
3차(1981년)	35,018	41.1	13.00	0.5	23.4	0.2	2.6	0.000	1.20	1.1	-	-	12.00
4차(1986년)	43,590	12.9	2.10	0.1	4.80	0.02	2.7	0.002	1.00	0.30	-	-	3.60
5차(1992년)	46,912	3.8	0.30	0.01	0.20	0.004	2.2	0.000	0.30	0.06	-	-	0.90
6차(1997년)	45,832	2.4	0.06	0.007	0.04	0	1.4	0.000	0.30	0.02	-	-	0.60
7차(2004년)	20,541	3.7	0.05	0.0	0.27	0	2.4	0.002	0.50	0.00	-	-	0.60
8차(2012년)	23,956	2.6	0.03	0.0	0.41	0	1.9	0.000	0.26	0.04	0.02	0.01	-*

* 8차 조사의 요충 결과는 검사대상자 수 및 검사법의 차이로 비교할 수 없음
자료 : 질병관리본부, 국립보건연구원, 제8차 전국 장내기생충 감염통계(2013)

F·O·O·D·H·Y·G·I·E·N·E

2

미생물 및 바이러스인자를 매개로 한 식품위생

제 1 장

미생물의 종류와 성장인자

식품에서 미생물이 증식하게 되면 식품이 발효되어 인간에게 이로울 수도 있지만, 식품을 부패시켜 섭취가 불가능하게 만들기도 하고 식중독이나 치명적인 증세를 나타내는 원인이 되기도 한다.

1. 미생물의 종류와 성상

1) 세균

일반적으로 세균(bacteria)이라고 불리는 원핵세포 미생물은 형태가 매우 단순한 단세포 생물로서 그 크기가 미생물 중에서 가장 작아서 보통 구균은 0.5~1 μm, 간균은 0.5~1×3 μm 정도이다. 세균의 증식은 이분법(fission)에 의한 분열에 의해서 이루어지기 때문에 증식 속도가 매우 빠르다. 이들은 공기, 물 등의 환경과 곤충, 식물, 동물, 사람의 피부 및 머리카락, 점막, 장 등에 다량으로 존재하며, 따라서 식품에 쉽게 오염될 수 있다. *Bacillus*, *Clostridium* 등의 세균은 **포자(아포, spore)**를 형성하는데, 이 포자는 열, 냉동이나 화학약품에 저항력이 강하여 가열처리, 냉동 또는 소독제 처리에도 살아남는 경우가 많다. 포자는 주위의 조건이 생육에 유리하게 변하면 발아하여 증식하게 된다. 세균은 식품의 위해요소로서 중요하게 취급되는데, 서식 환경이 넓고 증식 속도가 빠를 뿐만 아니라 이들 중에는 식중독과 경구감염병을 나타내는 다양한 종류가 있기 때문이다.

일반적으로 세균은 단백질이 풍부하며, 중성 pH인 식품에서 특히 빠르게 증식하여 효모나 곰팡이보다 우세하게 자란다. 이들의 성장에 필요한 온도 범위는 세균의 종류에 따라 다양하지만 일반적으로 5~60℃의 넓은 범위에서 증식할 수 있다. 세균의 종류에는 생육에 산소가 필요한 호기성균, 산소의 존재에 의해 생육이 억제되는 혐기성균, 산소의 존재와 무관하게 증식할 수 있는 통성혐기성균 등이 있다. 세균은 효모나 곰팡이보다 생육에 높은 수분활성도(A_w)를 요구하여 대부분 0.96~0.99에서 잘 증식하며, 0.90 이하에서는 증식이 억제된다.

2) 곰팡이

진균류에 속하는 **곰팡이(molds)**는 일상생활에서 가장 흔히 볼 수 있는 미생물로서 균체가 지름 5 μm 정도 되는 실 같은 형태의 균사(hyphae)가 가늘고 길게 뻗어 있으며, 여러 갈래로 나누어 증식한다. 이러한 형태적 특징 때문에 곰팡이를 **사상균(絲狀菌)**이라고도 한다. 대부분의 곰팡이는 생육적온이 25~30℃인 중온성으로 세균보다 낮은 편이며, 일부 곰팡이는 저온에서도 성장이 가능하여 *Fusarium*속 등의 종류는 눈에 덮인 곡류에서 증식하여 독소를 생성하는 것도 보고되어 있다.

대부분의 곰팡이는 절대 호기성 미생물로서 생육에 산소를 요구하므로 식품의 표면에 육안으로 보일 정도로 증식한다. 특히 곰팡이는 건조한 환경에 견디는 종류가 많아 A_w 0.8까지 증식이 가능하고 *Eurotium repens* (*Aspergillus glaucus* group)와 같은 일부 내건성 곰팡이는 A_w 0.61 정도에서도 증식하는 것도 있다. 또한 pH 2~8.5의 넓은 범위에서 성장이 가능하고 유기산을 생산하는 종류도 많다. 이러한 곰팡이의 생육 특성은 식품의 저장에 매우 중요하게 작용한다. 식품위생과 관련 있는 곰팡이는 접합균류, 자낭균류, 불완전균류에 속하는 종류들이 주가 된다. *Aspergillus, Penicillium, Fusarium*속 등에 속하는 일부 곰팡이들은 곰팡이 독소를 생성하여 위해를 일으키기도 한다.

3) 효모

진균류에 속하는 **효모(뜸팡이, yeasts)**는 일반적으로 영양세포가 단세포인 진핵세포 미생물로서 토양이나 공기 중에도 있으나 식물체에 다수가 서식하며, 특히 꿀샘, 수액, 과피 등에 널리 분포한다. 효모 세포의 크기는 5~10 μm 정도이며, 효모의 증식은 대부분이 무성생식에 의한 **출아법(budding)**으로 이루어진다. 효모는 곰팡이보다 작은 세포이므로 곰팡이보다 대사활성이 높고 성장 속도도 빠르다. 낮은 pH나 낮은 온도 및 낮은 수분활성도의 환경에서도 잘 자라는 생리적인 특성은 곰팡이와 같으나 혐기적 조건에서도 성장하는 종류가 많은 점이 다르다. 그러므로 효모는 특히 소금이나 설탕으로 절인 식품의 숙성과 부패 원인이 된다. 생육 최적 온도와 pH 범위가 곰팡이와 비슷하며, 일반적으로 pH 4~5 정도의 산성조건에서 잘 자란다. 수분요구는 곰팡이보다 다소 높아 A_w 0.85까지 증식이 가능하지만 일부 내삼투압 효모는 A_w 0.62에서도 성장하는 종류가 있다. 피부질환의 원인이 되는 종류도 있으나 식중독 유발 등 식품위생상 위해성은 적은 편이다. 오이지나 사워크라우트(sauerkraut), 피클(pickles)과 같이 산성이며, 소금이 첨가된 식품의 표면에 증식하여 막을 형성하는 산막효모에 의한 식품의 변질이 일반적으로 볼 수 있는 현상이다. 내삼투압 효모들은 잼과 같이 당 함량이 높은 식품에서 서서히 증식하여 거품을 발생하고 알코올 냄새를 낸다. 때로는 식품을 변색시키거나 점질물을 형성하여 변질시키는 종류도 있다.

4) 바이러스

바이러스(virus)는 여과성 병원체로 RNA나 DNA 중 한 가지 핵산만을 가지고 있다. 바이러스는 숙주세포 밖에서는 증식할 수 없고 살아 있는 숙주세포 안에서 증식하며, 그 결과 숙주세포를 죽게 한다. 바이러스는 자연계의 숙주에 따라서 식물 바이러스, 동물 바이러스, 미생물 바이러스로 나누는 것이 보통이다. 식물 바이러스는 담배 모자이크 바이러스(TMV), 감자 X 바이러스와 같이 식물에 병을 일으키며, 식물 조직의 상처를 통하여 침입하거나 곤충을 매개로 퍼지는 것이 보통이다. 동물 바이러스는 유행성 간염, 천연두, 볼거리, 소아마비(Polio), 천열(Izumi fever), 후천성 면역결핍증(AIDS), 일본뇌염, 유행성 출혈열, 감기(Influenza), 감염성 설사 등 많은 병의 원인이 되며 환자와의 접촉이나 곤충의 매개 등에 의하여 감염된다.

2. 미생물의 성장인자

모든 미생물들이 같은 조건에서 성장 · 증식할 수 있는 것은 아니고, 식품의 종류에 따라 또는 환경조건에 따라 생육할 수 있는 미생물상(microflora)의 구성과 성장 정도가 크게 달라진다. 미생물의 생육에 영향을 미치는 인자로는 온도, 광선, 압력 등의 물리적 요인과 영양성분, 수분, 수소이온농도(pH), 산소, 항균물질 등의 화학적인 요인 및 미생물 간의 길항, 공생 등의 생물학적 요인이 있다.

1) 온도

온도는 미생물 생육에 영향을 주는 중요한 환경요인이다. 온도는 세포의 크기, 대사산물 생산, 영양요구성, 효소반응, 그리고 세포의 화학조성에도 영향을 미친다. 온도가 미생물의 생육속도에 미치는 영향은 <그림 2-1-1>과 같다. 미생물은 종류에 따라 생육온도 범위가 다르며, 저온 및 고온에 대한 내성 등도 다르다. 또 미생물의 생육을 위한 최저, 최고온도는 다른 외부 환경요인들에 의해서 영향을 받는다. 외부 환경요인들이 최적 조건이 아니면 생육을 위한 최저온도는 상승하게 되고 최고온도는 낮아진다.

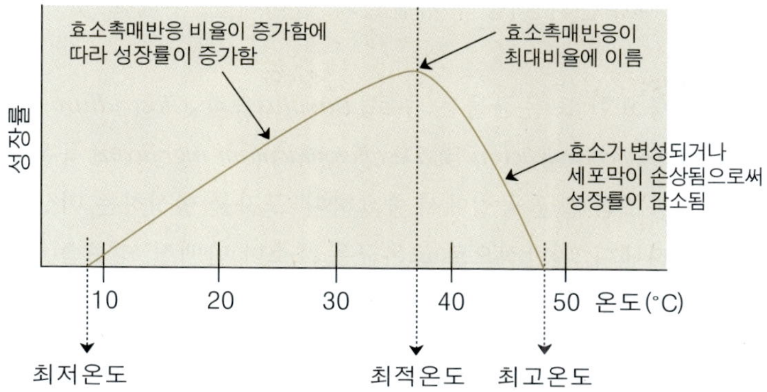

〈그림 2-1-1〉 세균 증식과 온도와의 관계

미생물은 생육이 가능한 온도 범위에 따라 <표 2-1-1>과 같이 **호냉균(psychrophiles**, obligate psychrophiles), **저온균(psychrothrophs**, facultative psychrophiles), **중온균(mesophiles), 고온균(thermophiles)** 등으로 나눌 수 있다. 저온균은 넓은 범위의 생육환경을 가지며 각종 식품, 특히 냉장식품에서 문제를 일으키는 종류가 많다. 고기, 우유, 달걀과 같은 냉장식품의 부패는 저온균인 *Pseudomonas*속, *Alcaligenes*속 등에 의해서 일어난다. 저온에서 단백질 분해력과 지질 분해력을 가지고 있는 저온균들은 낮은 온도에서도 식품의 부패를 일으킨다. 저온균은 세포막의 지방산 조성이 불포화지방산이 많아 저온에서도 세포막의 유동성이 유지되며, 효소활성이 유지되어 생육이 가능한 것으로 알려져 있다. 냉장식품의 부패와 관계 있는 미생물은 <표 2-1-2>와 같으며, 저온성 위해균은 *Yersinia enterocolitica, Listeria monocytogenes, Aeromonas hydrophila* 등이 있다.

〈표 2-1-1〉 생육온도에 따른 미생물의 분류

종 류	온 도(℃)		
	최저	최적	최고
호냉균(psychrophile)	-10	10~15	20
저온균(psychrotroph)	-10	20~30	42
호온균(mesophile, 중온균)	5	28~43	52
호열균(thermophile, 고온균)	30	50~65	70

〈표 2-1-2〉 냉장식품의 부패 미생물

세균	효모	곰팡이
Altermonas	*Candida*	*Alternaria*
Bacillus	*Debariomyces*	*Aspergillus*
Brochotrix	*Rhodotorula*	*Botrytis*
Clostridium	*Saccharomyces*	*Cladosporium*
Lactobacillus	*Torulopsis*	*Penicillium*
Pseudomonas		*Trichosporon*
Shewanella		

중온균은 자연계에 가장 광범위하게 널리 분포하며 많은 세균, 효모, 곰팡이들이 여기에 속한다. 특히 *Salmonella, Staphylococcus aureus, Clostridium perfringens, Clostridium botulinum, Campylobacter jejuni, Vibrio parahaemolyticus, Bacillus cereus* 등과 같은 대부분의 식중독 세균들과 장내세균, 부패균 및 병원균들이 중온균에 속한다.

식품위생에서 중요한 고온균들은 주로 *Bacillus*속과 *Clostridium*속으로 *B. stearothermophilus, C. thermosaccharolyticum* 및 *Desulfotomaculum nigrificans* 등은 내열성 내생포자를 생산하기 때문에 통조림 멸균 공정에서 중요하다. 포자를 형성하는 미생물은 종류에 따라 다양한 내열성을 나타낸다. 일반적으로 고온균은 효소나 단백질, 리보솜(ribosome)의 내열성이 높으며, 세포막의 지질은 녹는점이 높은 포화지방산의 함량이 높기 때문에 높은 온도에서 막의 유동성이 유지된다.

2) 수분

모든 생물의 생육에 필수적인 수분은 미생물 세포의 약 75~85%를 구성하고 있다. 수분은 영양소의 용매로 작용하며 세포에서 일어나는 대부분의 생화학반응에 관여한다. 미생물은 수분이 적으면 정상적인 대사활동이나 성장을 할 수 없다. 따라서 식품의 수분 함량은 식품의 부패와 가장 밀접한 관계를 가지고 있으며, 수분 60%까지는 액상식품과 동일한 속도로 미생물이 증식한다. 조리된 식품은 65~75% 정도의 수분을 가지는 경우가 많으므로 대부분의 식품은 균의 증식에 필요한 수분을 충분히 함유하게 된다.

식품 중의 수분은 미생물이 이용할 수 있는 물(자유수, free water)과 이용할 수 없는 물(결합수, bound water)의 형태로 존재한다. 결합수는 단백질이나 탄수화물과 결합한 상태로 용매로서 역할을 하지 못하며 화학반응에도 참여하지 못한다. 미생물은 결합수를 생육 및 대사활동에 이용하지 못하고 자유수만을 이용한다.

미생물이 이용 가능한 수분의 비율을 **수분활성도(A_w)**로 표시하는데, 수분활성도는 0에서 1까지의 범위를 가진다. 미생물의 종류에 따라 생육에 필요한 수분활성도는 <그림 2-1-2>와 같다. 일반적으로 세균은 A_w 0.90 이상, 효모는 A_w 0.85 이상, 곰팡이는 A_w 0.80 이상을 요구한다. 그러나 동일한 미생물이라도 성장환경의 pH, 영양조건, 유리산소의 유무, 수분활성도를 저하시키는 물질의 존재 등에 따라 생육에 요구되는 수분활성도가 달라진다. 미생물 포자의 발아에는 영양세포의 성장에 필요한 것보다 높은 수분활성도가 필요하다. 한편, 미생물 중에는 일반 미생물이 생육할 수 없는 낮은 수분활성에서 생육하는 호염성균(halophiles), 호삼투압성균(osmophiles), 호건성균(xerophiles) 등도 있다.

일반적으로 대부분의 식품은 0.9 이상의 수분활성도를 가지므로 부패가 쉽게 진행된다. 따라서 식품을 저장하기 위하여 건조 또는 냉동시키거나 당과 소금 등을 첨가하여 식품의 수분활성도를 낮추는 방법이 사용된다. 식품에 당과 소금 등의 용질을 첨가하면 삼투압이 높아지게 되는데, 일반적으로 세균, 특히 병원성 세균은 삼투압에 대해서 내성이 약한 반면, 곰팡이

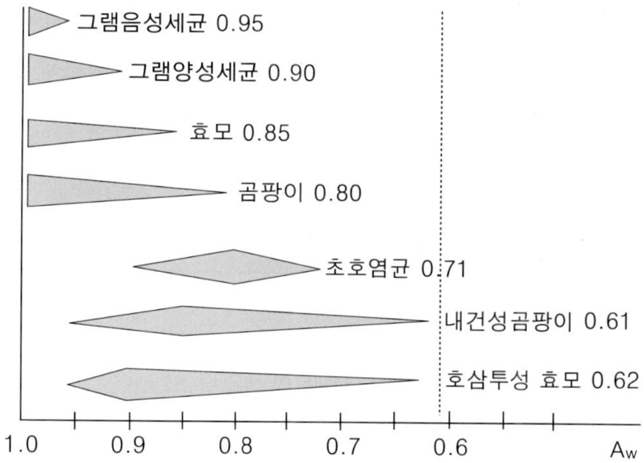

〈그림 2-1-2〉 미생물의 생육과 수분활성도 범위

는 낮은 삼투압에 대해서 내성이 강하다. **내삼투압성 미생물**은 환경의 용질 농도의 증가에 대응하여 세포 내에 특정 용질(아미노산, K^+ 이온, 다가알코올류 등)을 축적하여 세포 내의 삼투압을 외부보다 높게 유지되도록 조절한다. 이때 세포 내에 축적되는 용질은 그 농도가 높아져도 세포 내 효소의 작용이 저해되지 않는 성질의 것이라는 것이 밝혀졌다. 식품에 첨가되는 소금의 농도가 높아지면 높은 삼투압이나 소금의 독성으로 인하여 일반 미생물의 생육이 저해된다.

소금의 미생물 생육저해는 그 외에도 효소의 활성 저해, 산소의 용해도 감소, 세포의 CO_2에 대한 감수성 증가 및 Cl^-의 독성 등에 의한 것으로 알려져 있다.

3) 수소이온농도(pH)

미생물의 증식은 식품의 pH에 크게 영향을 받으며, 각 미생물은 그들의 생육에 가장 적합한 최적 pH와 산성 쪽의 생육한계를 나타내는 최저 pH, 알칼리 쪽의 생육한계를 나타내는 최고 pH를 가진다. 일반적으로 세균의 최적 pH는 중성(pH 6.8~7.2) 부근이고 일부 젖산균, 초산균, 낙산균 등을 제외하면 pH 4.5~5.0 이하에서는 잘 생육하지 못한다.

반면에 곰팡이와 효모는 약산성 조건(pH 3~5)에서 잘 생육하고 pH 2 이하의 강산성에서도 생육하는 것이 있다. <그림 2-1-3>은 pH와 미생물 생육속도와의 관계를 나타낸 것이다. 미생물 포자의 발아도 pH의 영향을 받는다. 대부분의 곰팡이 포자는 pH 3~7 사이에서 발아하지만, *Bacillus*와 같은 세균의 내성포자는 영양세포의 생육과 비슷하게 중성 내지 약알칼리에서 발아하고 pH 4.5 이하에서는 거의 발아하지 않는다. 또 세균의 내생포자의 내열성도 생육 최

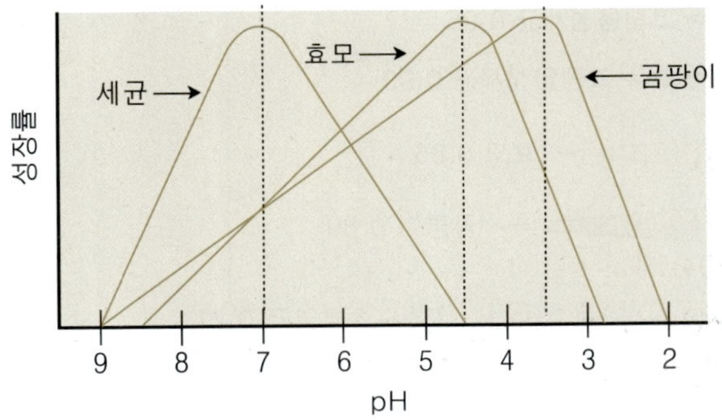

〈그림 2-1-3〉 미생물의 생육속도와 pH

적 pH인 중성 근처에서 내열성이 가장 큰 반면, 산성이나 알칼리성에서는 내열성이 크게 낮아진다.

식품의 pH에 따라 식품의 부패를 일으키거나 발효를 일으키는 미생물의 종류가 다르다. pH에 따라 식품의 분류와 관련된 부패미생물은 <표 2-1-3>과 같다. pH 4.5 이상의 식품에서는 여러 종류의 미생물이 증식할 수 있으며, 식중독균은 *Clostridium botulinum, Staphylococcus aureus, Salmonella typhimurium* 등이 생육할 수 있다. pH 4.5 미만에서는 식중독균은 거의 증

〈표 2-1-3〉 pH에 따른 식품의 분류와 관여하는 부패 미생물

분 류	식 품	pH 범위	부패 미생물
알칼리성식품 (pH > 7.0)	달걀알부민	9.6 이상	주로 그램음성균 *Pseudomonas, Proteus*
중성식품 (pH 7.0~6.5)	우유(비살균) 햄, 닭고기	7.0~6.8 6.7~6.2	젖산균, 대장균군, *Bacillus, Micrococcus* *Pseudomonas, Sarcina,* *Salmonella, Clostridium*
저산성식품 (pH 6.5~5.3)	생육(쇠고기) 채소통조림	5.8~5.4 6.4~5.4	*Staphylococcus, Micrococcus* *Bacillus stearothermophilus*
중산성식품 (pH 5.3~4.5)	고기통조림 치즈(cottage)	5.3~4.5 4.5	고온성 혐기성균, *Clostridium* 그램음성 호기성 세균, 곰팡이
산성식품 (pH 4.5~3.7)	오이피클 마요네즈 침채류	4.0 4.1~3.0 4.5~3.5	젖산균, 펙틴분해 곰팡이 *Lactobacillus brevis,* 효모류 젖산균, 효모류
고산성식품 (pH < 3.7)	감귤류 sauerkraut 피클류	3.5~3.0 3.7~3.1 3.9~3.5	*Penicillium italicum, P. digitatum* *Lactobacillus brevis, L. Plantarum* 곰팡이, 효모, 일부 젖산균들

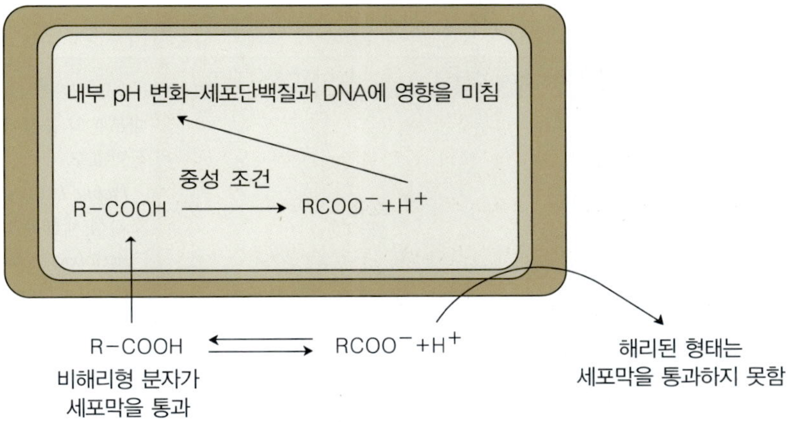

〈그림 2-1-4〉 유기산의 미생물 저해 기작

식할 수 없고 독소도 생성하지 않는다. pH 4.5 미만의 식품을 산성식품으로 분류하는데, 과일과 채소류 발효식품들은 종류에 따라 다르지만 일반적으로 산성식품으로 분류된다. **산성식품**의 부패와 관련된 미생물에는 일부 젖산균과 곰팡이, 효모 등이 있다.

미생물의 생육은 외부의 pH에 의해서 영향을 받는다. 강산, 강알칼리 조건에서 미생물 세포막은 손상을 받게 되며, 세포 내로 H^+ 및 OH^- 이온이 들어가고 세포 안의 pH가 변한다. 따라서 세포 효소 및 핵산 등의 불활성화로 인하여 세포는 사멸된다. 낮은 pH에서 미생물의 생육 저해는 주로 H^+에 의한 것이지만 약산성 조건에서는 같은 pH일 경우에 염산, 황산 등의 강산(무기산)보다도 초산, 젖산 등과 같은 약산(유기산)의 생육 저해작용이 강하다. 이는 H^+뿐만 아니라 해리되지 않는 산도 미생물의 생육 저해에 관여하는 것을 의미한다.

<그림 2-1-4>에서와 같이 해리되지 않은 산은 해리된 형태보다 쉽게 미생물의 세포막을 통과한다. 세포 내로 들어온 해리되지 않은 산은 세포 내에서 해리되어 세포 내의 pH를 저하시키고 효소활성이나 핵산에 영향을 주게 된다. 또한 미생물 생육을 위한 생육 최저 pH는 존재하는 산의 종류에 따라 다르다. 동일 pH에서 각종 산들의 부패 미생물의 생육 저해효과는 프로피온산 > 초산 > 젖산 > 구연산 > 인산 > 염산의 순으로 알려져 있다.

4) 산소와 산화환원전위

(1) 산소

대기 중에는 20% 정도의 산소가 존재한다. 미생물 중에는 생육에 산소가 필요한 것, 산소가 없어도 생존하는 것, 산소가 있으면 사멸하는 것 등이 있다. 미생물을 산소요구성의 차이에 따라 <표 2-1-4>와 같이 호기성균, 통성혐기성균, 미호기성균, 혐기성균 등으로 나눌 수 있다.

〈표 2-1-4〉 산소요구성에 따른 미생물의 분류와 종류

분 류	산소요구성과 생육	에너지 획득방법	종 류
호기성균 (aerobes)	산소 필요	호흡	대부분의 곰팡이 산막효모 *Pichia, Hansenula* 등 호기성 세균류 *Acetobacter, Bacillus, Pseudomonas* 등
통성혐기성균 (facultative anaerobes)	산소 유무에 관계 없이 생육 (산소가 없는 환경보다 산소가 존재하는 환경에서 더 잘 생육)	호흡(O_2 존재시) 발효(O_2 비존재시)	대부분 효모 장내세균 *Salmonella, Shigella, Proteus* 대장균군(*Escherichia, Enterobacter, Klebsiella, Citrobacter*) 등 *Staphylococcus* *Vibrio* 등
미호기성균 (microaerophiles)	대기압보다 낮은 산소 분압 필요(1~10%)	호흡	*Campylobacter*
혐기성균 (anaerobes)	산소에 의해서 저해 (사멸)	혐기성 호흡, 발효	*Clostridium, Bifidobacterium* *Desulfotomaculum*
산소독립균 (oxygen-independent organisms)	산소 유무에 관계 없이 생육	발효	젖산균

산소가 있는 조건에서 생육하거나 산소에 내성이 있는 미생물들은 산소로부터 생성되는 O_2^-(superoxide)나 H_2O_2(hydrogen peroxide)와 같은 유해물질을 분해시킬 수 있는 효소를 가지고 있다. 이들 유해물질은 호흡과정 중에 전자가 전자전달계의 여러 단계를 통하여 산소에 전달될 때 다음과 같이 생성된다.

$$O_2 + e^- \longrightarrow O_2^-\text{(superoxide)}$$
$$O_2 + 2e^- + 2H^+ \longrightarrow H_2O_2\text{(hydrogen peroxide)}$$

이들 유해물질을 제거하는 효소에는 superoxide dismutase(SOD), catalase, peroxidase가 있다. SOD는 superoxide를 산소와 과산화수소로 전환시키며, catalase와 peroxidase 효소는 과산화수소를 안전한 물로 전환시킨다.

$$2O_2^- + 2H^+ \rightarrow 2H_2O_2 + O_2 : \text{superoxide dismutase}$$

$$2H_2O_2 \rightarrow H_2O + O_2 : \text{catalase}$$

$$H_2O_2 + H_2A \rightarrow 2H_2O + NAD^+ : \text{peroxidase}$$

organic electron donor

호기성균, **통성혐기성균**, 미호기성균 및 젖산균들은 SOD가 존재하여 superoxide를 과산화수소로 전환시킨다. Catalase는 호기성균, 통성혐기성균, 미호기성균에서 발견된다. 젖산균들은 catalase를 가지고 있지 않지만 peroxidase가 존재하여 SOD효소로부터 생성된 유해한 과산화수소를 분해시킬 수 있다.

반면에 **혐기성균**은 superoxide dismutase와 catalase 모두 결여되어 있어 유해 산소에 의해서 생육이 저해된다. 상처 소독을 할 때 과산화수소 등의 산소계 소독제는 파상풍의 원인균인 *Clostridium tetani*와 같은 혐기성균의 생육을 억제한다. 그러나 부패세균인 *Clostridium perfringens*는 catalase를 가지고 있어 소량의 산소에 내성이 있는데, 이러한 이유로 이를 **내기성균(aerotolerant anaerobes)**이라 부르기도 한다.

대부분의 젖산균들은 산소 존재와 상관없이 발효에 의해서 에너지를 얻고 대사산물, 즉 젖산을 생성한다.

(2) 산화환원전위

생물학적으로 '호기적' 또는 '혐기적'이라는 용어는 산소 농도에 따라 명확하게 구분되어 있는 것은 아니다. 산소가 존재하지 않더라도 전자수용체가 있으면 호기성균이 어느 정도 생육이 가능하고 산소가 존재하여도 주위 환경이 산화환원전위차가 충분히 낮으면 혐기성균의 생육이 가능하다. 그러므로 호기성 미생물이나 혐기성 미생물이 생육이 가능한지의 여부

〈표 2-1-5〉 세균의 생육 가능한 산화환원전위 범위

세 균	산화환원전위
호기성균	
Pseudomonas fluorescens	+500 ~ +100 mV
통성혐기성균	
Staphylococcus aureus	+180 ~ −230 mV
Proteus vulgaris	+150 ~ −600 mV
혐기성균	
*Clostridium*속	−30 ~ −550 mV
Clostridium perfringens	+216 ~ −230 mV

는 산화 또는 환원 상태를 나타내는 **산화환원전위**(oxidation reduction potential, O/R, *Eh*)로 표시하는 경우가 많다. 일반적으로 <표 2-1-5>에 나타낸 바와 같이 호기성 미생물들은 양의 전위차를 가지는 조건(산화조건)에서, 혐기성 미생물들은 음의 전위차를 가지는 조건(환원조건)에서 생육할 수 있다.

과일 주스의 산화환원전위는 +300~+400 mV의 값을 가지는데, 이런 식품에서는 주로 호기성 세균 및 곰팡이에 의한 부패가 일어난다. 한편 생고기의 산화환원전위는 −200 mV이지만, 간 고기인 경우 +200 mV의 산화환원전위를 가진다. *Clostridium* 같은 혐기성 미생물은 음의 산화환원전위 조건에서 자랄 수 있기 때문에 통조림과 같이 탈기, 밀봉한 식품(−446 mV) 중에서 생육할 수 있다. 따라서 통조림의 부패 세균은 주로 혐기성 세균 또는 통성혐기성 세균이며, 탈기가 불완전한 경우에는 호기성 세균의 성장도 가능하다.

5) 영양물질

생물의 생육과 증식을 위해서는 생체성분과 대사에 필요한 재료와 에너지가 필수적으로 필요하다. 미생물은 이에 필요한 에너지원과 탄소원을 식물처럼 빛과 대기 중의 이산화탄소로부터 얻는 종류도 있으며, 동물처럼 유기물의 분해를 통하여 얻는 종류도 있다. 이 중 **독립영양균**은 탄소원으로 유기물을 필요로 하지 않고 무기물인 이산화탄소(CO_2)를 이용하여 세포 구성물질을 합성하는 미생물을 말한다. **종속영양균**은 탄소원으로 유기물을 이용하는 미생물을 말한다. 식품에서 발견되는 부패미생물, 병원성 미생물 및 발효미생물들은 종속영양균에 포함된다.

미생물의 정상적인 생육에는 에너지원과 탄소원 이외에도 질소원, 무기염류, 생육인자 등의 영양물질과 수분이 필요하다. 대부분의 식품은 미생물이 생육에 필요한 이들 영양물질을 골고루 함유하고 있으므로 온도, 수분, pH 등 다른 환경인자가 그들의 생육에 적당하다면 거의 모든 식품에서 미생물의 생육이 활발하게 이루어진다.

제 2 장
미생물에 의한 식품오염

1. 미생물의 오염원

식품오염은 유해 미생물이나 유해물질이 식품에 비의도적으로 함유되는 것을 말한다. 미생물에 의한 식품오염은 식품의 가공·저장 이전에 일어나는 1차 오염과 식품의 취급 및 가공·저장이나 보존과정에서 일어나는 2차 오염의 두 종류로 나눌 수 있다. 미생물은 식품의 생산환경인 토양, 바다, 강은 물론 공기 등의 자연환경과 동식물 식품 자체에 늘 존재하므로 식품의 1차 오염은 대부분 이들로부터 이루어진다.

1) 토양미생물

토양은 자연계에서 가장 많은 미생물이 분포하는 장소로서, 토양 1 g당 10^6~10^9 정도의 미생물이 존재한다.

세균은 토양미생물의 대부분을 차지하고 있으며 그중에서도 호기성 세균이 많다. 다음으로는 방선균, 곰팡이, 효모의 순으로 분포하며, 원충류도 존재한다. **토양미생물**은 각종 유기물을 분해하여 토양을 정화하지만, 인축의 배설물에서 유래하는 미생물에 의하여 토양이 오염되기도 한다. 토양미생물의 종류와 수는 지역, 흙의 성질, 깊이 등 서식장소와 계절에 따라 달라진다. 주된 식품오염 토양미생물 세균에는 *Bacillus, Micrococcus, Pseudomonas, Corynebacterium, Serratia, Proteus, Clostridium, Brevibacterium, Aerobacter, Leuconostoc, Citrobacter, Klebsiella, Enterobacter* 등이 있으며, 방선균에는 *Actinomyces, Streptomyces, Nocardia* 등이 있다. 또한 곰팡이에는 *Penicillium, Aspergillus, Mucor, Rhizopus, Trichoderma, Alternaria, Fusarium* 등이, 효모에는 *Saccharomyces, Torula, Candida* 등이 있다.

식품은 토양으로부터 이들 미생물에 의해 직간접적으로 오염되며 신선육류, 채소, 과일, 곡류 등과 그 가공·조리 식품 또한 오염되기 쉽다. 토양의 미생물은 먼지와 함께 대기 중으로 비산하여 각종 기구 등에 부착될 수 있고, 흐르는 물에 실려 하천이나 지하수 등을 오염시킬 수도 있다.

2) 수생미생물

수생미생물은 대부분이 저온균 또는 호냉균이며 서식장소에 따라 민물세균, 해수세균, 하수세균으로 분류한다.

(1) 민물세균

민물(담수)은 토양이나 인축의 배설물, 가정의 생활폐수 등으로 오염되는 경우가 많다. 따라서 장소, 계절, 강우량 등에 따라 미생물 수가 크게 변화하여 때로는 1 mL당 10^5~10^6 정도가 될 때도 있으며, 병원성 미생물에 의해 식품과 식수원이 오염되기도 한다. 이들이 식품에 오염되는 경로는 오염된 물을 식수로 사용하거나 식품을 씻는 경우, 민물고기를 생식하는 경우이다.

민물세균은 대부분 그램음성 간균인 *Pseudomonas, Acinetobacter, Alcaligenes, Aeromonas, Flavobacterium* 등이며, 토양이나 하수에서 오는 세균류도 존재한다. 이들은 하천, 호수, 연못 등의 지표수에 서식하여 민물계 세균상을 이루고 저장 중인 생선, 어패류나 식육의 부패에 관여한다.

(2) 해수세균

해수의 세균류는 1~3%의 식염에서 잘 증식하는 호염성 또는 내염성 세균이 대부분이다. 이들은 서식장소와 환경조건에 따라 고유의 세균상을 이루며 그 수도 달라지는데, 일반적으로 해수 표면층과 연안에 주로 많다. *Vibrio, Pseudomonas, Achromobacter, Aeromonas, Photobacterium* 등이 주로 알려져 있으며, 육지 토양이나 폐수 및 폐기물로부터 오는 미생물도 존재한다. 해수세균의 세균상은 어류의 체표면의 세균상과 일치하는 경우가 많으며, 해수 어패류의 부패 원인이 된다. 또한 어항 및 어시장 주변의 해수는 미생물 오염 정도가 매우 높으므로 이 바닷물로 어패류 등을 씻는 것은 매우 위험한 행위이다.

(3) 하수세균

민물, 흙, 분변, 가정 폐수 등에서 유래하는 각종 세균으로 구성되며, 환경에 따라 다양한 차이를 보인다. 분변에서 유래하는 *Escherichia coli, Proteus* 등과 토양에서 유래하는 *Citrobacter, Klebsiella, Enterobacter, Clostridium, Bacillus* 등이 존재하며, *Pseudomonas*와 *Micrococcus, Vibrio* 등도 포함된다.

3) 공중미생물

공기 중에는 원래 고유한 미생물이 존재하지 않으며, 토양미생물이 바람에 의해 비산한 것들이 대부분이다. 이들 중 건조, 자외선 등에 저항성이 강한 미생물이 공중에 부유하여 독특한 미생물상을 형성하게 되며, *Bacillus* 등의 포자형성세균, 곰팡이포자, *Micrococcus, Staphylococcus, Streptococcus* 등의 그램양성 구균류가 대부분이다. 식품 처리시설이나 가공 공장, 조리실 내의 공기 중 세균 수는 제품의 품질에 바로 영향을 끼치게 되는데, 이들은 식품의 조리나 가공 등 취급 중에 낙하하여 직간접으로 식품을 오염시킨다.

4) 분변(糞便)미생물

사람과 가축, 야생동물의 분변에 포함된 미생물로 대부분 장내세균이다. 이들 중에는 비병원성 세균도 있지만 소화기계 감염병이나 식중독의 원인균들도 다수 포함된다. 주요 분변세균에는 *Escherichia coli, Clostridium, Bacteroides, Bifidobacterium, Lactobacillus, Klebsiella, Citrobacter, Enterobacter, Serratia, Proteus, Shigella, Salmonella, Streptococcus faecalis* 등이 있다.

분변 중의 미생물이 식품에 오염되는 경로는 분뇨처리시설의 미비나 분뇨의 불법 방류 등으로 토양이나 하천이 이들 미생물에 의해 오염되고 이를 통하여 식품에 오염되는 경우가 많다. 이외에도 사람의 손, 동물(쥐, 파리, 바퀴벌레 등)의 체표면 등을 통하여 식품을 오염시키기도 한다. 최근 분변을 위생적으로 처리함으로써 분변에 의한 식품오염은 많이 감소하였으나 아직도 일부 농촌 지역에서는 분변을 원예작물의 비료로 사용하는 일도 있고 가축의 분변이 포함된 퇴비를 충분히 숙성시키지 않고 사용하는 일이 있어 채소류 등이 오염되는 경우가 있으므로 주의해야 한다.

5) 동식물체 미생물

동물이나 사람의 피부, 점막 부착세균과 상처 부위에 서식하는 세균에는 *Micrococcus, Staphylococcus, Streptococcus, Corynebacterium* 등이 있으며, 이들 중에는 식중독과 질병의 원인이 되는 것도 있다.

특히 인후염 등의 환자나 손의 상처 부위에서 화농균은 늘 검출되므로 환자나 손에 상처가 있는 사람은 식품을 직접 취급하거나 조리하지 않도록 주의하여야 한다. 식물체의 표면에는 *Erwinia, Micrococcus, Pseudomonas, Flavobacterium, Xanthomonas, Lactobacillus, Leuconostoc* 등의 세균이, 꽃, 열매 등에는 효모가 주로 부착하여 생육한다. 재배 중인 벼, 밀, 보리, 옥수수 등의 작물에는 토양으로부터 유래한 *Alternaria, Fusarium* 등의 포장곰팡이가 증식하며, 이들 중에는 곰팡이독소를 생성하는 것도 있다.

6) 식품의 2차 오염

식품의 2차 오염은 주로 비위생적인 식품의 취급, 가공 및 저장조건과 부주의에서 발생한다. 따라서 식품원료는 청결하게 취급하여야 하며, 충분히 위생적인 환경에서 가공되고 보존·유통되어야 한다. 또 가공에 사용되는 부원료나 첨가물로부터 오염되는 경우도 있다.

2차 오염은 식품의 종류와 환경에 따라 오염되는 미생물의 종류가 달라진다. 식육, 어패류, 우유 등은 주로 저온에서 보존 및 유통되므로 저온성 세균에 의한 2차 오염을 받게 된다. 저장 중인 곡류는 건조한 환경에서 증식할 수 있는 *Aspergillus, Penicillium* 등의 저장곰팡이에 의해서 2차 오염되고 이들 중에는 곰팡이독소를 생성하는 것도 있다. 또 식품의 물리·화학적인 특성에 따라 오염되기 쉬운 식품과 그렇지 않은 식품이 있다. 수분 함량이 높고 단백질 함량이 높은 식품은 세균에 오염되기 쉬운 식품이다.

조리과정 중에 식품은 교차오염(cross-contamination)을 받기 쉬우므로 특히 주의하여야 한다. 예를 들면 생식품을 손으로 만진 후에 그 손으로 조리된 식품을 만지는 경우, 생식품에 접촉된 칼, 도마, 식기 등을 조리된 식품에 사용하는 경우, 육류나 생선류에 사용한 기구 등으로 생채소류 등을 조리하는 경우 등이 해당된다.

2. 식품 중 미생물의 상호작용과 그 변화

자연계에서는 각양각색의 미생물이 각각의 환경에 적응하여 독특한 군집을 이루고 있는데 이를 미생물상(微生物相, microflora)이라 하며, 식품에서도 예외는 아니어서 각 식품마다 고유의 미생물상이 형성된다. 식품의 미생물상은 항상 1~2종류의 미생물이 우세한 상태로 변화해 가며, 일단 안정된 미생물상이 형성되면 다른 환경으로부터 소규모 오염이 있어도 그 식품의 미생물상의 구성에는 큰 변화가 일어나지 않는다.

식품의 미생물상을 결정하는 요인은 생식품에서는 식품의 주요 기질(영양소)이 중요하며, 가공식품에서는 가열, 당장, 염장, 건조, 훈연 등의 가공방법이 중요하다. 식품에 따라 일반적으로 형성되는 미생물상의 특징은 다음과 같다.

① 표면적이 넓거나 통기성(通氣性)이 있는 식품에서는 호기성균, 유리산소가 적은 식품에서는 통성혐기성균이나 혐기성균에 의한 미생물상이 형성된다.

② 수분 함량이 높은 식품에서는 세균이 우선적으로 발육, 증식하며, 수분 함량이 낮은 곡류와 두류 같은 건조식품이나 산성 과일류에서는 곰팡이가 우선적으로 발육한다.

③ 원료나 가공식품의 보존 조건에 따라 특정한 미생물상이 형성된다. 즉, 저온에서 보존되는 식품에서는 저온세균(호냉균), 고온에서는 호열균, 염장식품에는 호염균(好鹽菌), 유리당

함량이 높은 과일에서는 효모나 유산균을 주된 부패균으로 하는 미생물상이 형성된다.

④ 생식품은 그 원료인 동식물이 자란 환경의 미생물상에 영향을 받아 미생물상이 형성된다.

⑤ 가공식품은 그 원료 중의 미생물에 의한 미생물상이 형성된다.

⑥ 가열처리를 거친 식품에서는 내열성 세균이나 기구, 공기에서 유래한 오염세균에 의한 미생물상이 형성된다.

⑦ 육류, 우유 등과 같은 단백질 식품에서는 비발효성 그램음성 간균이 부패균의 주체가 되고, 채소류에서는 발효성 그램음성 간균이나 곰팡이가 주된 부패 미생물이 된다.

3. 식품위생의 오염지표미생물

식품취급은 항상 청결히 하고 오염되는 것을 피해야 하지만 일상생활에서 무균적으로 식품을 취급하는 것은 불가능하여 식품에 여러 종류의 미생물이 오염될 수 있고 식품 자체에서도 증식할 수 있다. 이들 증식한 미생물이 부패균이면 식품은 변질되며, 병원미생물이면 식중독과 각종 감염증의 원인이 된다. 그러나 우리가 일상적으로 섭취하는 식품에서 모든 병원성 미생물을 개별적으로 검사하는 것은 현실적으로 곤란하다. 따라서 이들 병원성 미생물과 공존 가능성이 높고 검출이 쉬우며, 구별이 용이한 지표미생물(indicator organism)을 우선적으로 검사한다. 지표미생물은 그 자체가 직접 질병을 유발하지는 않지만 이들이 식품에서 검출된다는 것은 소화기계 감염병균이나 식중독균의 공존 가능성을 시사하는 것이며, 식품에 바람직하지 않은 부패균의 오염 가능성을 나타내는 것이 된다. 즉, 지표미생물은 식품의 제조·가공 또는 저장과정이 위생적이었는지 또는 농축산물이나 수산물 등의 식품이 위생적으로 안전한 환경에서 생산되었는지를 나타내는 지표가 된다. 지표미생물은 분변과 관련이 있는 종류로서 식품을 가공, 처리하는 과정에서 병원균과 유사한 정도로 생존할 수 있어야 하며, 비교적 간단한 검사방법에 의하여 검출이 쉽게 되어야 한다. 대장균군, 대장균, 장구균(腸球菌) 등은 통성혐기성균으로서 호기적인 조건에서 성장이 양호하고 간단한 시험방법으로 다른 균과 구별이 가능하므로 지표미생물로 제시되어 왔으며, 일반세균 수(생균 수)도 식품위생의 지표로서 이용한다. 지표미생물은 식품 이외에도 수돗물, 우물물과 같은 음용수와 도마 등 조리기구의 위생검사에 이용되며, 하천, 호수, 연못, 해수, 하수 등 환경수의 미생물학적 검사에도 이용된다.

1) 대장균군(coliform bacteria)

대장균군은 사람과 온혈동물의 분변과 관계가 있고 소량의 오염도 쉽게 검출할 수 있다. 대장균군은 '그램음성, 무아포의 간균으로 유당을 분해하여 가스를 생산하는 호기성 또는 통성혐기성균'으로 정의되고 있으며, *Escherichia* , *Citrobacter*, *Enterobacter*, *Klebsiella* 등이 이에 속한다.

대장균군에 속하는 세균과 분변과의 관계는 <그림 2-2-1>과 같다. 여기에서 ㉮ 영역은 분변에 특이적으로 존재하는 것이고, ㉯ 영역은 분변에서 검출되지만 원래 토양이나 물속에서 서식하는 것이며, ㉰ 영역은 토양이나 수중에서 서식하는 것이다.

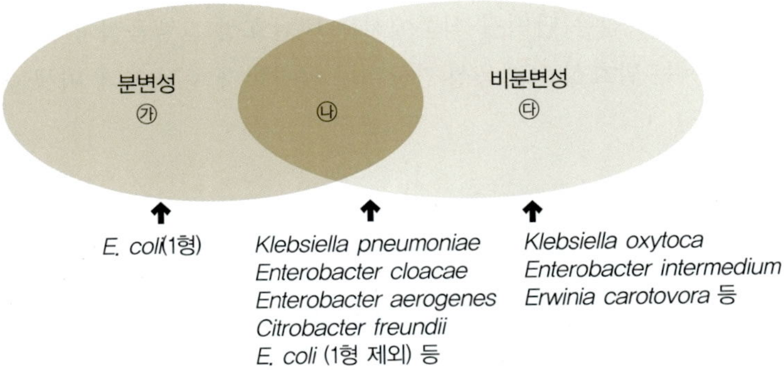

〈그림 2-2-1〉 대장균군의 분변성과 균종

일반적으로 어떤 식품에서 대장균군이 검출되었다는 것은 그 식품이 분변으로부터 오염된 가능성을 의미하며, 불결하고 취급이 잘못되었다고 생각할 수 있으므로 병원균에 의한 오염 가능성을 시사하는 위험 신호로 볼 수 있다. 특히 가열처리한 식품에서 대장균군이 검출되면 가열 후에 식품이 비위생적으로 취급되었다는 증거가 된다.

대장균군은 유당 bouillon, BGLB 배지, Desoxycholate 한천배지 등을 사용하여 35~37℃에서 24~48시간 배양하여 검사한다. 그러나 대장균군이란 어디까지나 편의적 용어이고 분류학상으로 대장균과 근련(近緣)의 세균뿐만 아니라 토양, 하천, 식물체 등 자연계 유래의 *Enterobacter, Erwinia, Aeromonas* 등의 세균에서도 이 성상이 나타나므로 검사결과에는 이들도 함께 포함시키고 있다.

2) 대장균(*Escherichia coli*)

전술한 바와 같이 대장균군 세균에는 식품, 흙, 물 등에서 유래되는 *Enterobacter, Erwinia, Aeromonas* 등도 포함되어 있어 식품에서의 대장균군 검출을 분변 오염이라고 단정하는 것은 다소 무리가 있다.

최근에는 대장균군 중에서 인축의 분변에서 유래하는 **대장균**(fecal coli, *E. coli*)이 환경유래 대장균보다 고온에서 증식할 수 있는 특성을 근거로 EC 배지를 사용하여 44.5±0.2℃ 항온수조에서 24±2시간 배양하는 검출방법을 이용하고 있다. 대장균의 주된 서식처는 온혈동물의 장관이며 자연계에서는 생존기간이 비교적 짧다. 따라서 *E. coli*와 분변 그리고 장내 병원균들 사이에는 밀접한 관련이 있으므로 대장균 검사를 하면 식품의 분변에 의한 오염을 보다 확실히 추정할 수 있다.

그러나 대장균과 대장균군은 가열이나 동결 저항성이 약한 것이 지표미생물로서 이용하는데 제한 요인으로 작용한다. 즉, 이들은 일반적으로 동결저장을 통해 사멸되지만 많은 병원균들은 *E. coli*가 사멸된 후에도 생존할 수 있다. 따라서 *E. coli*를 동결식품 등에 지표미생물로서 단독 사용하는 것은 문제가 될 수 있다. 이런 문제를 보완하기 위하여 대장균 또는 대장균군보다 환경 저항력이 큰 지표미생물을 사용하며, 일반세균 수 등도 함께 검사하게 된다.

3) 장구균(*Enterococcus*)

장구균은 사람과 동물의 장관 내에 상존하는 그램양성 구균으로 예전에는 *Streptococcus*속(屬)으로 분류되었으나, 현재는 *Enterococcus faecalis*와 *Enterococcus faecium*, *Enterococcus durans* 및 이 균들의 아종(亞種)을 말한다. 장구균은 분변 중에 대장균보다 균수가 적지만 건조, 고온, 냉동 등 환경에 대한 저항력이 커서 대장균군이 사멸 또는 감소해 버리는 냉동식품, 건조식품, 가열식품에서의 생존율이 높아 이들 식품 등의 위생검사에는 대장균군보다 유용하다. 따라서 이 같은 식품가공 전의 분변오염 상태를 장구균검사로 추정할 수 있고 대장균

〈표 2-2-1〉 오염지표미생물로서 대장균군과 장구균의 특성

특 성	대 장 균 군	장 구 균
형 태	간 균	구 균
그램염색성	음 성	양 성
장관 내 균수 수준	분변 1 g 중 10^7~10^9	분변 1 g 중 10^5~10^8
각종 동물의 분변에서의 검출상황	동물에 따라서는 불검출	대부분의 동물에서 검출
장관 외에서의 검출상황	일반적으로 낮음	일반적으로 높음
분리, 동정의 난이도	비교적 쉬움	비교적 어려움
외계에서의 저항성	약 함	강 함
동결에 대한 저항성	약 함	강 함
냉동식품에서의 생존율	일반적으로 적음	일반적으로 큼
건조식품에서의 생존율	적 음	큼
생선, 채소에서의 검출률	낮 음	일반적으로 높음
생육(生肉)에서의 검출률	일반적으로 낮음	일반적으로 낮음
절인 고기에서의 검출률	낮거나 없음	일반적으로 높음
식품매개 장관계 병원균과의 관계	일반적으로 큼	보다 적음
식품매개 비장관계 병원균과의 관계	적 음	적 음

균검사보다 의의가 있다. 장구균은 AC 배지, KF 한천배지 등을 사용하여 37℃에서 48시간 배양하여 검출한다. 특히 이 균은 과거 냉동오염지표균으로 불려져 왔다.

오염지표균으로서 대장균군과 장구균 중에서 어느 것이 좋은지, 또는 어느 쪽을 채택할 것인지에 대해서는 아직 의견이 분분하며 보다 정확하게 분변오염의 실태를 파악하려면 두 가지를 동시에 검사하는 것이 바람직하다. <표 2-2-1>은 대장균군과 장구균의 특성을 나타낸 것이다.

4) 일반세균 수(생균 수)

자연환경에는 여러 미생물이 존재하고 있으므로 자연환경에서 얻어지는 육류, 어패류, 채소 등에는 당연히 많은 세균과 균류가 부착되어 있다. 이들 미생물은 식품의 가공이나 저장 환경에 따라 증식하게 된다. 따라서 식품에 세균(생균)이 일정한 수준 이상 오염되어 있다는 것은 그 식품이 불결하게 취급되었다는 기준이 된다. 이 기준에 이용되는 위생지표를 식품위생에서는 세균 수(생균 수, 生菌數)라고 한다. 세균 수는 식품의 세균오염 정도를 나타내며, 식품의 안전성, 보존성, 취급의 양부(良否) 등을 종합적으로 평가할 수 있는 유력한 지표로 평가되고 있다.

생균 수는 보통 표준한천배지를 사용하여 35±1℃, 24~48시간(검체에 따라서는 72±3시간) 배양하여 형성된 집락수(coloy forming unit, CFU)를 측정한다. 한천평판배지에 발육 가능한 균수이기 때문에 좀 더 정확히 말하면 '표준한천평판균수'이고 식품위생분야에서는 이것을 **'일반세균 수'**라 부른다.

또 미생물의 증식조건은 미생물의 종류에 따라 다르지만 35℃로 배양하는 것은 이 온도가 중온균인 병원성 대장균과 *Salmonella*균, 포도상구균 등의 식중독균과 많은 경구감염병 세균의 생육에 적당한 조건이기 때문이다. 그러나 식품과 검사목적에 따라 저온성균 또는 고온성균의 검사가 바람직한 경우도 있다.

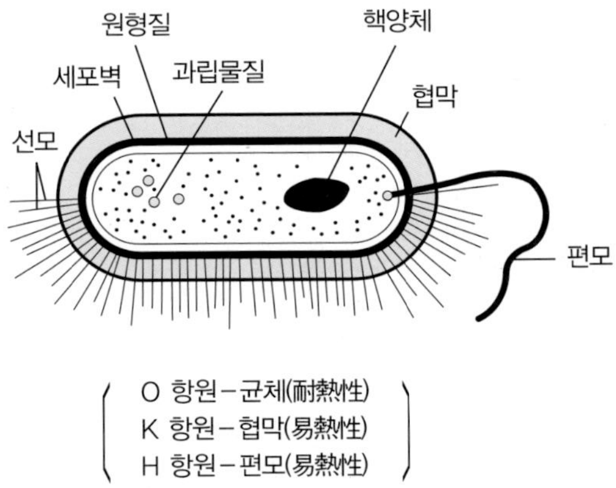

〈그림 2-2-2〉 세균 구조와 항원

제 3 장

세균성 식중독과 바이러스 식중독

세균성 식중독은 우리나라는 물론 전 세계적으로 그 발생빈도가 가장 높으며, 최근에도 증가 추세에 있다. 우리나라의 세균성 식중독 사건은 살모넬라, 포도상구균, 장염비브리오의 순으로 발생하고 있다. 이처럼 세균에 의한 식중독 사례가 증가하고 있는 원인은 다음과 같다.

① 식품의 국제간 교류 확대 : 식품의 수출입이 자유화되고 수송 속도가 빨라짐에 따라 식중독 세균의 전파 속도가 빨라지고 있다.

② 식생활 패턴의 변화 : 집단급식, 가공식품, 냉장 및 냉동 식품, 즉석식품 등의 소비 증가로 인하여 동시 다발적인 집단 식중독 발생이 증가하였다.

③ 성인병, 만성 질환자 및 노인 인구의 증가 : 일반인에 비하여 면역기능이 떨어진 위험군의 수가 증가함에 따라 식중독 세균에 감염 시 발병할 가능성이 높아졌다.

1. 세균성 식중독의 분류와 발병균량

1) 세균성 식중독의 분류

세균성 식중독(bacterial food poisoning)은 그 발병 메커니즘에 따라 감염형, 독소형 및 중간형으로 분류하고 있으며, 이처럼 발병 메커니즘과 특징을 파악하여 세균성 식중독을 분류하는 것은 식중독 예방을 위해서, 또 발생시기의 역학적 특징으로부터 원인균이나 원인식품의 추정을 빠르게 실행하는 데에 도움이 된다.

감염형(infection type) **식중독**은 식품 중에서 미리 증식한 다량의 원인균이 경구 섭취된 후 소장 내에서 더욱 증식하여 급성위장염 등의 중독 증세를 일으키는 것으로, 살모넬라, 장염비브리오, 캄필로박터, 병원성 대장균 등에 의한 식중독이 이에 속한다. **독소형**(toxin type) **식중독**은 식품에서 원인균의 증식에 의해 식품 중에 생산, 축적된 독소(식품내 독소)의 섭취에

〈표 2-3-1〉 세균성 식중독의 분류와 특징

분 류	특 징	대표적인 균의 종류와 잠복기
감염형	섭취된 후에도 체내에서 세균이 증식하여야 하므로 잠복기가 길다. 가열조리가 유효하다. 위장염 증상과 함께 발열이 따르는 경우가 많다.	장염 *Vibrio*(8~20시간) *Salmonella*균 (12~36시간) *Camphylobactor*(3~5일)
독소형	잠복기가 짧다. 균체외 독소를 생산한다. 독소가 내열성인 경우에는 가열조리 효과가 없다. 발열이 별로 따르지 않는다.	황색 포도상구균 (0.5~6시간) *Botulinus*균 (12~36시간) *Cereus*균 〔구토형〕 (0.5~5시간)
중간형 (생체내 독소형)	잠복기가 길다. 가열조리가 유효하다.	*Welchii*균 (8~20시간) *Cereus*균 〔설사형〕 (8~16시간) 독소생성대장균(12~72시간)

의해 일어나는 식중독이다. 그러므로 원인균이 사멸한 상태에서도 독소가 잔존하는 식품이 섭취되면 식중독이 일어난다. 독소형 식중독의 대표적인 것은 황색포도상구균이 생산하는 장독소 및 보툴리누스균이 생산하는 신경독의 섭취에 의한 중독증상이 있다. **중간형 식중독**은 식품과 함께 섭취된 다량의 세균이 장관 내에서 증식하거나 아포를 형성할 때 독소를 생산(장관내 독소 또는 생체내 독소)하여 그 독소에 의해 설사 등의 증상을 보이는 것으로서, 독소원성 대장균, 웰치균, 세레우스균(구토형) 등에 의한 식중독이 여기에 속한다. 이상에서 설명한 세균성 식중독의 주요 특징은 <표 2-3-1>과 같다.

그러나 이와 같은 구분도 어떤 경우에는 애매하며, 특히 감염형의 식중독균에는 장염 비브리오(*Vibrio*)균과 같이 장관 독소를 생산하는 것이 밝혀진 것처럼 감염형, 독소형 등의 구별이 미생물학상의 개념으로 명확하지 않아 현재 감염형으로 되어 있는 것도 독소가 발견되고, 발증 기작이 해명되면 별도의 그룹에 속할 가능성이 있다. 또 이상에서 기술한 것 외에 부패에 의하여 생기는 단백분해물질(유해 아민)의 섭취에 기인하는 식중독도 인정되고 있다.

2) 세균성 식중독의 발병균량

세균성 식중독은 발병을 일으킬 수 있을 정도의 미생물 수와 독소량이 식품 내에 존재할 때 발생하게 된다.

특히 감염형 식중독은 전염병에 비하여 병을 일으키는 정도가 약하므로 다량의 세균을 섭취해야 발병하게 된다. 식중독 발생에 필요한 세균수는 균의 종류에 따라 다르지만 보통은 10^6~10^8 이상 필요하다고 알려져 있다. 그러나 *E. coli* O157:H7이나 *Listeria monocytogenes*의

〈표 2-3-2〉 식중독을 유발하는 균량

유 형	원 인 균	포 자	발 병 균 량
감염형		무	10^4~10^7cell/g : 사람 발병
	Salmonella	무	10^5~10^7cell/g : 사람 발병
	Vibrio parahaemolyticus		수십 cell/g : 신생아 발병
	Camphylobactor jejuni	무	10^2cell/g : 사람(지원자)
			10^6cell/g : 사람(실험실 감염)
	Listeria monocytogenes	무	수 개 cell
독소형	*Staphylococcus aureus*	무	10^6~10^7cell/g : 식품 중
	Bacillus cereus〔구토형〕	유	10^6~10^7cell/g : 식품 중
중간형 (생체내 독소형)	*Clostridium perfringens*	유	10^8~10^9cell/g : 사람 발병
	Bacillus cereus〔설사형〕	유	10^7~10^8cell/g : 사람 발병

경우와 같이 수 개~1000개의 균수만으로도 발병이 가능한 균도 있으므로 주의하여야 한다. 일반적으로 알려져 있는 발병을 유발하는 식중독 균량은 <표 2-3-2>와 같다.

2. 감염형 식중독

1) 살모넬라균(*Salmonella*)류 식중독

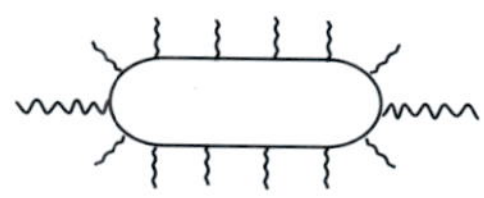

주(편)모형
周(鞭)毛型

(1) 원인균

*Salmonella*는 통성혐기성, 그램음성, 무아포성 간균(0.5~0.8×3~4 μm)으로 주모성 편모를 가지며 포도당을 발효하고 cytochrome oxidase 음성의 장내세균(Enterobacteriaceae)에 속한다. 그러나 대표적인 장내세균인 대장균과는 달리 유당을 분해하지 못하고 트립토판으로부터 인돌을 형성하지 못하며 황화수소(H_2S)를 생성한다. SS 배지 등을 사용하여 *Salmonella* 균주를 선별할 수 있으나 TSI(triple sugar iron) 배지 등을 사용하여 확인하여야 한다. TSI 배지에서는 사면상에 적색반응이 나타나며, 고층상에는 황화수소의 생성으로 배지가 검은색으로 변한다.

발육최적온도는 37℃이며 증식 가능 온도범위는 10~43℃이다. 열에 약하여 60℃에서 20분간 가열로 사멸한다. *Salmonella*는 포유동물이나 조류의 장내세균이므로 사람과 가축, 가금류, 동물, 하수와 하천 등에 광범위하게 분포하고 있고, 이들이 직간접적으로 오염원이 되어 식중독의 원인이 된다.

살모넬라 식중독의 원인균은 우리나라에서만 30여 종이 알려져 있다. 살모넬라 식중독은 세계적으로 널리 발생되며 특히 우리나라와 일본 및 유럽에서는 가장 많이, 미국에서는 *Camphylobactor* 식중독 다음으로 많이 발생된다.

*Salmonella*는 혈청학적으로 세포표층항원(O항원)과 편모항원(H항원)의 조합에 따라 2,000종 이상의 균형으로 분류되며 대부분 병원성이 있다. 이 중의 일부는 사람에게만 병원성을 나타내기도 한다. typhus성 감염병의 원인균인 장티푸스균(*Sal. typhi*)과 파라티푸스균(*Sal. pharatyphi*)은 일반 *Salmonella* 식중독균과는 달리 감염병균으로 구분하고 있다.

대표적인 식중독균으로는 ***Sal. enteritidis***(*Salmonella* 장염균), ***Sal. typhimurium***(쥐티푸스균), ***Sal. choleraesuis***(돼지콜레라균), ***Sal. thompson, Sal. infantis, Sal. derby, Sal. schwarzengrund, Sal. heidelberg, Sal. anatum, Sal. senftenburg, Sal. tennessee, Sal. montevideo, Sal. postsdam, Sal. oranienburg*** 등 50여 종이 있으며 최근에는 ***Sal. arizona***균이 새로 편입되었다.

(2) 중독증상

살모넬라 식중독은 섭취균량, 균의 혈청형 및 환자의 감수성에 따라 다르지만 발균(증)량은 10^5~10^9/g 이상에서 발생하며 일반적으로 보통 12~24시간, 넓게는 6~48시간 범위의 잠복기를 거친 후 급성위장염을 주증상으로 하는 구역질, 구토, 복통, 설사, 두통, 발열 등의 중독증상을 보인다. 특히 38~40℃의 급격한 발열과 동시에 오한과 전율이 나타나며, 설사는 보통 녹색을 띠는 경우가 많고 이질 증상과 비슷한 수양성(水樣性) 설사로 1일 5~10회 정도에 이른다. 발열은 대개 2~5일이면 그치고 1주일이면 평열로 회복된다. 발병률은 다른 식중독에 비하여 높은 75% 이상이지만 치사율은 0.3~1%로 높지 않다.

(3) 감염경로와 원인식품

소, 돼지, 말, 개, 고양이 등이 살모넬라균에 이환되거나 보균한 닭, 오리, 칠면조, 거위 등 조수류(鳥獸類)의 고기와 환자, 보균자, 가축, 쥐들의 대소변에 오염된 음식물을 먹음으로써 감염된다. 원인이 될 가능성이 큰 식품은 달걀, 식육 및 그 가공품과 2차 오염된 식품(어육제품, 유제품, 어패류, 두부류, 샐러드 등)으로 동물성 식품이 많으며, 특정 식품에 한정되어 있지는 않다.

달걀은 수란관을 통하여 항문으로 나오는 과정에서 장관 내의 *Salmonella*균이 분변과 함께 표면에 부착되어 있다가 기공을 통하여 오염되며, 이러한 달걀을 사용하여 만든 마요네즈, 샐러드, 건조란 등의 섭취에 의하여 감염되는 경우도 많다. 식육의 경우 그 자체가 1차 오염되어 식중독을 일으키는 경우는 드물며, 도살 후 처리과정에서 2차 오염되는 경우가 많다. 또한 가장 많이 발생하는 *Sal. enteritidis*나 *Sal. typhimurium*에 자연 감염된 쥐의 분변과 파리나 바퀴 등 위생곤충에 의하여 식품이 오염되기도 한다. 발병은 5~10월에 많고 겨울에 적은 경향이 있으나 연중 발생하는 것이 특징이다.

(4) 예방대책

식육 중 *Salmonella* 오염률은 쇠고기와 돼지고기가 5~10%, 닭고기는 10~30%로 알려져 있다. 따라서 도축장의 위생검사와 축산물 위생검사를 철저히 실시하고 생식을 금해야 한다. 또 식육과 달걀에 의한 다른 식품의 2차 오염에 대해서도 충분히 주의하여야 하며, 조리장과 부엌의 쥐 및 파리 등을 구제해야 한다. 환자나 보균자의 식품취급 금지는 물론 식품취급시설의 위생관리도 중요하다. *Salmonella*균은 비교적 열에 약하므로 가열이 가능한 식품은 섭취 전에 가열처리하는 것이 살모넬라 식중독 방지에 가장 좋은 방법이며, 조리 후에는 바로 섭취하도록 한다. *Salmonella*균은 10℃ 이하에서 발육이 불가능하므로 식품을 저온보존하는 것도 효과적인 방법이다.

2) 장염 비브리오 파라헤모리티쿠스균(*Vibrio parahaemolyticus*) 식중독

(1) 원인균

단(편)모형
單(鞭)毛型

해수세균인 장염 **비브리오균(*Vibrio parahaemolyticus*)**은 호염균으로 3~5% 전후의 염도에서 잘 발육하고 민물에서는 살지 못하며, 10% 이상의 염도에서는 성장이 정지되는 세균이다. 그램음성의 포자가 없는 간균(0.5~0.8 × 2~5 ㎛)으로 보통 하나의 편모로 운동성을 나타내는 통성혐기성 세균이다. 혈청학적으로 O(균체)항원형과 K(협막)항원형으로 분류하며, 병원성인 것은 환자로부터 분리된 균주가 특수한 혈액한천배지로 배양하면 발육한 균의 주변에 투명한 용혈환(環)을 나타내는데 이를 **가나가와 현상(神奈川現象, Kanagawa phenomenon : KP)**이라고 한다. 이 현상을 일으키는 내열성 용혈독(단백성 독소)을 생성하는 균이 설사를 일으킨다고 알려졌으며 이 독소는 100℃, 10분의 가열로는 활성을 잃지 않는다. 그리하여 비병원성균과 구별된다. 발육최적온도는 37℃로 비병원성 비브리오의 최적온도인 25~30℃보다는 높고, pH 5.3~10.0에서 발육이 가능하나 pH 7.4~8.2가 최적이다. 최적조건에서는 일반세균보다 증식 속도가 빨라서(세대시간 10~12분) 2~3시간이면 발증 균량에 도달할 수 있다. 해수세균이지만 장내세균이 증식할 수 있는 환경에서도 증식이 활발하다. 내열성은 약하여 60℃에서 15분 가열로 사멸하며, 증류수 중에서도 수 분 내(60℃, 5분)에 사멸한다.

(2) 중독증상

잠복기는 일반적으로 8~20시간으로 평균 12시간이다. 전형적인 급성위장염을 일으키는데, 복통, 수양성 설사, 구토가 주증상이다. 심한 경우에는 1일 10회 이상의 설사를 하며 점액이나 혈액이 섞여 나오기도 한다. 발열은 37.5~38.5℃로서 고열은 없다.

(3) 감염경로와 원인식품

장염 비브리오균은 바닷가 연안의 해수, 흙, 해초, 플랑크톤 등에 널리 분포하므로 장염 비브리오에 오염된 해수에 의하여 어패류가 직접 오염되며, 이들을 취급한 조리자의 손이나 조리기구로부터 다른 식품이 2차 오염된다. 때로는 환자, 보균자 분변이 감염원이 되는 경우도 있다. 원인식품은 해산 어패류 및 그 가공품인 생선회나 초밥 등이 주가 되며, 2차 오염된 도시락, 채소 샐러드 등의 복합식품을 통해서도 감염될 수 있다. 5~11월 사이에 많이 발생하며, 특히 7~9월에 집중적으로 발생된다.

(4) 예방대책

예방대책은 살모넬라증의 경우와 비슷하나 특히 여름철 해수 중에서 번식하는 해수세균이므로 여름철과 이상기온으로 온도가 상승하는 봄, 가을에도 생어패류의 생식에 유의해야 한다. 의심스러운 어패류의 경우에는 가열하여 섭취하도록 한다. 어패류는 반드시 냉장 보관하며 냉장유통(cold chain system)하여 균의 증식을 막는다. 생어패류는 다른 식품과 따로 저장하여 2차 오염을 방지한다.

3) 병원성 대장균(*Pathogenic Escherichia coli*) 식중독

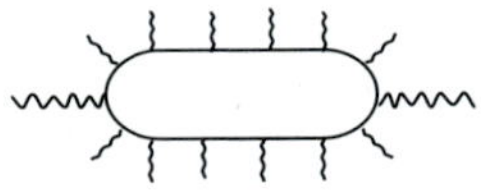

주(편)모형
周(鞭)毛型

(1) 원인균

대장균(*Escherichia coli*)은 사람이나 동물의 장관 내에 항상 존재하는 세균이며 보통은 병원성이 없는 것으로 알려져 있다. 그러나 1945년 브레이(Bray)가 영국에서 설사를 일으킨 유유아에게서 분리한 *Bacterium coli* var. *neoplitanum*이 병원성을 가지는 특수한 대장균임을 확인한 것을 계기로 이러한 대장균을 병원성 대장균이라 칭하여 일반 대장균과 구분하게 되었다. 또한 1971년 색(Sack) 등은 장독소(enterotoxin)를 생산하는 대장균을 분리하여 이를 독소원성 대장균이라고 하였으며, 이후에는 이질균처럼 장관 세포 내에 침입하여 설사증을 유발하는 대장균도 발견되었다. 병원성 대장균 식중독은 사람에게 병원성을 나타내는 각종 외래성 대장균이 오염, 증식된 식품을 섭취함으로써 일어난다.

병원성 대장균은 혈청학적으로 일반 대장균과 구별할 수 있으며 약 30여 종이 병원성 대장균으로 보고되고 있다. 장내세균과에 속하는 호기성 또는 통성혐기성 간균으로 그램음성이고 아포가 없다. 주모성 편모가 있어서 운동성이지만 편모가 없어서 비운동성인 것도 있다. 일반 대장균과 같은 중온성 균으로 최저발육온도는 8~10℃이며, 최적발육온도는 37℃이고 45.4℃ 이상에서는 생육하지 않는다. 일반적으로 젖당 또는 과당을 분해하여 산과 가스(CO_2와 H_2)를 생산한다.

대부분의 대장균은 장내세균 감별배지인 MacConkey agar에서 젖당을 분해하여 핑크색의 집락을 형성한다. *E. coli* O157:H7은 일반 대장균과는 달리 sorbitol을 분해하지 못하는데, 이 성질을 이용하여 Sorbitol MacConkey agar에서 무색의 집락을 형성하므로 일반 대장균과 구분할 수 있다. 대장균은 EMB 한천배지에서 젖당을 분해하여 청록색의 금속 광택을 띠는 집락을 형성한다. Indol 시험 양성, methyl red 시험 양성이며, VP 시험 음성, citrate 이용시험 음성이다. 병원성 대장균은 그 발병양식에 따라 장관출혈성 대장균, 장관독소원성 대장균, 장관조직침입성 대장균, 장관병원성 대장균의 4종으로 나눈다.

① **장관병원성 대장균(enteropathogenic *E. coli*, EPEC)** 주로 1세 이하의 신생아에서 구토, 복통, 설사, 발열증상을 나타내는, 대장 점막에 비침입성인 대장균으로 잠복기는 9~24시간, 보통 9~12시간이다. 혈청형은 O18, O20, O26, O44, O55, O86, O114, O119 등이 있다.

② **장관조직침입성 대장균(enteroinvasive *E. coli*, EIEC)** 이 균은 이질균과 같이 대장 점막의 상피세포에 침입하여 감염을 일으킨다. 세포괴사에 의해서 궤양이 형성되므로 혈액과 점액이 섞인 설사를 알으키며, 발열과 복통을 수반한다. 장관조직침입성 대장균의 혈청형은 O28, O112, O124, O136, O143, O144, O152, O164 등이 있다. 잠복기는 약 10~18시간(길 때는 2~3일)이다.

③ **장관독소원성 대장균(enterotoxigenic *E. coli*, ETEC)** 소장 내에서 균이 정착하여 증식과정에서 생산된 장독소작용에 의하여 설사 증세를 일으킨다. 이 균이 생산하는 독소는 콜레라와 유사하며, 60℃, 30분의 가열로 활성을 잃는 이열성 독소(heat-labile enterotoxin : LT)와 100℃, 30분의 가열에도 내성을 가지는 내열성 독소(heat-stable enterotoxin : ST)의 두 형태가 있다. 이 균에 감염되면 콜레라와 유사한 설사증을 일으킨다. 장염과 여행자 설사증(traveler's diarrhea)의 원인균으로 알려져 있다. 장관독소원성 대장균의 혈청형은 O6, O8, O15, O20, O25, O27, O63, O78, O148, O159, O167 등이 있다. 잠복기는 10~12시간이다.

④ **장관출혈성 대장균(enterohemorrhagic *E. coli*, EHEC)** *E. coli* O157:H7은 인체 내에서 베로톡신(verotoxin)을 생성하여 식중독을 일으키지만 우리나라 감염병 예방법상 '제1군 감염병'

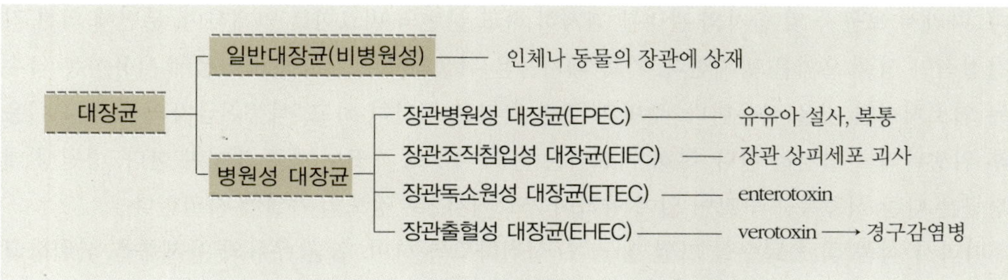

〈그림 2-3-1〉 대장균의 발병양식에 따른 분류

으로 분류되어 있으므로 경구감염병에서 논하기로 한다.

(2) 중독증상

잠복기는 일반적으로 10~30시간으로 평균 12시간 정도이다. 유유아나 초등학교 어린이에게 발병하거나 식중독으로 발병한 경우 모두 **급성위장염**을 일으킨다. 일반적으로 위장염형(EPEC 및 ETEC)은 설사(수양성), 복통(발열, 구토 수반)을 일으킨다. 유유아는 잠복기가 짧고 증상이 심하다. 성인에 있어서는 두통, 발열, 구토, 설사, 복통 등의 증상을 나타내며, 중증일 때에는 분변에 혈액, 농이 혼합된 이질형(EIEC)을 보이기도 한다. 유유아의 경우에는 이질과 구별되지 않는 경우가 있으며, 연령층이 올라갈수록 식중독의 증상을 나타낸다. 유유아의 설사와는 달리 성인의 식중독은 예후가 양호하여 수일 이내에 증상이 회복된다.

(3) 감염경로

병원성 대장균은 상재 대장균의 일종으로 가축, 사람, 자연환경 등에 광범위하게 분포되어 있기 때문에 환자, 보균자, 동물의 배설물이 문제가 된다. 따라서 이 균은 사람으로부터 사람에게 감염될 수 있는데, 위생상태나 손을 씻는 방법이 부적절할 때 감염된 환자의 변으로부터 다른 사람에게 전달될 수 있다. 특히 어린아이들 사이에서 감염될 수 있으며, 가족 구성원끼리도 감염될 수 있다.

또 가축의 장관에서 서식할 수 있으므로 식육을 도살하는 동안 파열된 장의 내용물에서 식육으로 오염될 수 있으며, 고기를 분쇄하는 과정에서 균들이 쉽게 퍼질 수 있다. 원인식품은 특별히 한정되어 있지 않으나 지금까지 보고된 식품은 햄, 치즈, 소시지, 크로켓, 채소 샐러드, 로스트(roast), 비프(beef), 분유, 파이, 도시락, 두부, 소간 등이다. 유아에서는 오염된 우유가 원인이 된다. 식중독 발생은 여름철에 약간 높지만 계절과 큰 관계가 없는 편이다.

(4) 예방대책

병원성 대장균은 가축과 사람의 장관이 주요 생육처이므로 분변을 통하여 널리 퍼지게 된다. 따라서 보균자 및 환자의 관리를 철저히 하고 분변의 비료화를 억제하며, 분변에 의한 직간접적인 식품 오염을 방지한다. 가축 폐기물을 위생적으로 처리하고 식품에 사용하는 급수는 염소처리한 것을 사용한다. 주방의 주변 환경을 청결히 하고, 식품취급자의 화장실 이용 후 위생관리를 철저히 한다. 특히 어린이는 손을 비누로 깨끗이 자주 씻어야 한다. 병원성 대장균은 다른 식중독균과 같이 열에 약하여 75℃에서 3분 정도의 가열에 사멸한다.

따라서 식품 및 음료수를 가열 살균 후 섭취하도록 하며, 살균 우유와 유제품을 섭취하고 원유는 피해야 한다. 모든 쇠고기 분쇄육이나 햄버거는 내부까지 충분히 익혀서 섭취한다.

증식을 방지하기 위해서는 저온보존을 한다. 또 방사선 살균처리나 HACCP과 같은 예방관리를 적용한다.

4) 캠필로박터 제주니/-콜리균(*Campylobacter jejuni/-coli*) 식중독

(1) 원인균

Campylobacter 균은 소, 염소, 돼지, 개, 고양이 등의 가축과 닭 등의 가금류 등이 보균하고 있으며, 원래 소나 염소의 감염성 유산과 가축의 태반염, 설사증의 원인균으로 알려진 것이지만 최근 사람에 대한 병원성이 밝혀짐으로써 주목을 끌게 되었다. 원인균은 *Campylobacter jejuni*와 *Campylobacter coli*인데, 전자가 특히 중요하다. 그램음성의 무포자 간균으로 균체의 2~3배 정도 되는 긴 편모가 있어서 특유의 screw상 운동을 한다. 생육에 3~5%의 적은 산소를 요구하는 미호기성 환경에서 생육하며, 최적발육온도는 42℃로 25~45℃에서 발육하고 25℃ 이하에서 생육이 어려운 고온성균(高溫性菌)이다. 60℃에서 30분 가열에 쉽게 사멸하며, 염소용액에 민감하다.

(2) 중독증상

잠복기는 통상 2~7일 정도로 다른 식중독보다 길다. 복통, 설사, 발열, 두통을 주증상으로 하는 감염형 장염을 일으킨다. 설사는 1일 수 회~수십 회이고, 수양성 설사가 1주 가까이 계속된다. 대개 점액이나 고름이 섞이며 혈액이 섞이는 수도 있다. 특히 어린이는 발증 후 2~4일의 설사변 중에 혈액이 섞이는 예가 많다.

발열은 보통 38~40℃이고, 복통은 배꼽 주위나 하복부에서 일어난다. 복통과 발열은 보통 3~4일 정도면 회복된다. 메스꺼움, 구토, 탈수증상 등을 수반하는 경우도 있다.

(3) 감염경로

이 균은 소, 돼지, 개, 고양이, 닭 같이 체온이 이 균의 최적온도(42℃)에 가까운 동물로부터 많이 검출되며, 감염균량은 10^3/g 이하로 다른 감염형 식중독보다 극히 미량에서 감염증을 일으킨다.

가축이나 가금의 도살 후 해체과정에서 생육에 오염될 확률이 높다. 특히 가금류의 탈모된 도체 표면에서의 *Campylobacter jejuni* 오염률은 40% 이상인 것으로 알려져 있으며, 생육에서 생육으로 또는 생육에서 주변 환경으로 오염될 가능성이 높다. 사람에게 감염되는 경로는 주로 원인균에 오염된 식육, 우유, 햄버거, 닭고기 등이며, 배설물에 의해 2차 오염된 물로 인한 집단발생도 있다. 미국 FDA에서는 매개가 되는 식품으로 버섯, 날생선 또는 덜 익힌 생선, 조개 및 굴류 등도 추가하고 있다. 주로 5~7월 사이에 많이 발생한다.

(4) 예방대책

대부분의 오염이 가금류를 비롯한 식육 제조 가공현장에서 발생하므로 제조가공시 위생관리를 철저히 해야 하며, 식육으로부터의 2차 오염방지에 노력해야 한다. 상수원이나 급수관리에 유의하며, 충분히 살균해야 한다. 우유는 반드시 살균한 후에 마셔야 하며, 식품은 60℃ 이상으로 가열하여 먹고 설익은 것은 먹지 않아야 한다.

5) 여시니아 엔테로콜리티카균(*Yersinia enterocolitica*) 식중독

(1) 원인균

원래는 돼지장염균으로 알려진 ***Yersinia enterocolitica***는 그램음성의 통성혐기성 무아포 간균으로 협막이 없으며 30℃에서는 주모성 편모를 가지나 37℃에서는 편모를 잃는다. 발육 최적온도는 25~30℃로 다른 장관계 병원균에 비하여 발육온도가 낮고 세대시간도 길다. 생육온도 범위는 4~44℃로서 4℃에서도 증식할 수 있는 저온균이어서 냉장저장식품에서도 주의가 요망된다. 다른 장내세균에 비해 분리율이 낮기 때문에 과거에는 식중독 발생에 대한 보고가 적었으나 최근 들어 전 세계적으로 식중독 발생 건수가 증가하고 있다. 냉장온도와 진공포장 상태에서도 증식이 가능하므로 식품위생상 중요한 의미를 가진다. 육류에서는 진공 상태에서도 균의 성장이 저해되지 않는다. 다수의 동물과 하천 등 자연계에 널리 분포한다. 스킴 밀크(skim milk)에서 60℃, 3분 가열로 사멸된다. 그밖에 *Yersinia pseudotuberculosis* 균도 인체와 동물에 식중독과 관련 있는 병원성으로 알려져 왔으나 아직 식중독균으로 지정되지는 않았다.

(2) 중독증상

잠복기는 보통 6~24시간이며 때로는 2일에서 10일 이상인 경우도 있다. 메스꺼움, 구토, 복통, 설사 및 발열(39℃ 이상의 고열) 등이 따르는 **급성위장염**과 패혈증, 그리고 2차 면역질환으로 **여시니아증(Yersiniosis)**을 일으킨다. 여시니아증은 맹장염과 증세가 비슷하여 맹장염으로 오인되는 사례도 있었다. 2살 이하의 유아의 경우에는 증세가 더 심각한 복통, 발열 등이 따르는 위장염을 일으키고 어린아이는 설사 등을 일으킨다. 연령이 낮을수록 감수성이 높으며, 회장말단염, 장간막 림프샘염, 충수염, 관절염 등을 일으키는 수도 있다.

(3) 감염경로

돼지, 개, 고양이 등의 분변이 문제가 되며, 이들 동물과의 접촉에 의한 직접감염과 이 균에 오염된 식품과 보균동물의 배설물에 의한 2차 오염된 물 등이 주요 감염원이다. 따라서

*Yersinia enterocolitica*는 식육, 물, 우유, 유제품 등의 식품에서 분리된다. 이 균은 특히 돼지가 주오염원이므로 도살과정에서 식육에서 식육으로 오염되며, 도살장에서 쥐 등의 동물에 의해 운반될 수도 있다. 도살장에서 오염된 하수는 하천을 통하여 식수도 오염시킬 수 있다. 주된 원인식품으로는 오염된 우유, 식육 및 먹는 물이며, 연중 발생한다.

(4) 예방대책

Yersinia enterocolitica 식중독의 예방을 위해서는 식육, 특히 돼지의 도살과정과 도살장의 위생관리가 중요하다. 또 도살장에 쥐 등의 위생동물이 출입하지 않도록 대책을 세우고 도살장의 오수처리에 주의하여야 한다. 이 균은 저온에서 성장하고 증식할 수 있어, 현대사회에서 식품의 저온저장과 저온유통이 보편적으로 사용되는 과정에서 이 균의 증식과 오염이 야기될 수 있으므로 냉장고를 과신하지 말고 식품보존에 충분한 주의를 하여야 한다. 이 균은 열처리에 민감하여 65℃ 이상 가열하면 쉽게 사멸하므로, 돼지고기를 비롯한 식품의 조리시 75℃ 이상에서 3분 이상 충분히 열을 가하여 식중독을 예방한다.

6) 리스테리아 모노사이토제네스균(*Listeria monocytogenes*) 식중독

(1) 원인균

Listeria monocytogenes는 그램양성의 통성혐기성 무아포 간균으로 편모는 주모성이고 최적 온도는 30~37℃이며, 4℃에서도 느린 속도로 생육한다. 중온성균이나 1~45℃ 범위에서 증식 가능한 특성이 있다. 열에 대한 저항성은 일반 병원성 세균과 비슷하게 65℃ 이상에서 수 분(5분까지 견딤)의 가열로 사멸한다. 식염에 대해서는 저항성이 있어 6% 식염에서도 생존한다.

이 균은 catalase 양성이며, sheep blood agar상에서 용혈현상(β-hemolysis)을 보인다. 혈청학적으로는 13종 이상으로 분류되고, 감염된 사람과 동물에서 주로 분리되는 것은 1/2a, 1/2b, 4b 등의 특정 혈청형이다. 이들 중 1980년대 이후에 북미에서 발견된 *Listeria* 식중독에서는 4b가 80% 이상을 차지한다. 토양에 널리 분포하고 있으며, 농작물에서 분리되기도 한다. 특히 품질이 나쁜 가축용 사일리지에서 분리율이 높아 가축에 있어서 리스테리아증의 일부는 품질이 저하된 목초 사료가 원인이라고 한다.

(2) 중독증상

잠복기는 12시간에서 2~3개월로 폭이 넓다. 리스테리아가 체내로 침입하여 감염되면, 가벼운 권태감, 발열 등 인플루엔자와 비슷한 증상(flu-like symptoms)을 일으킨다. 건강한 사람에게는 무증상으로 경과하기도 한다.

감수성이 높은 임산부, 신생아 및 노인 등 면역능력이 저하된 사람에게는 패혈증, 수막염, 뇌수막염 등이 많이 발생한다. 노인을 비롯하여 당뇨병, 알코올 중독자, 간질환자, 만성 신장병 및 철 과잉증과 관련된 사람들에게도 나타나며, 후천성 면역결핍증 환자도 역시 감수성이 높다. **리스테리아증(Listeriosis)**은 뇌염과 자연유산이나 사산, 패혈증, 기형을 일으키는 것을 말하며, 태반이나 분만과정 중에 태아에게 감염될 수 있다. 신생아 리스테리아증은 조기발병형과 지연발병형의 2가지 형태가 임상적으로 보고되고 있다.

(3) 감염경로

이 균은 소, 양, 돼지 등 동물이나 조류에서 발생되고 균량에서 수 개~1000개 균수만으로도 세균성 식중독을 일으키며 가장 적은 수로 발병이 가능하고 양(羊)의 유산이나 수막염의 원인균으로 작용한다. 인체 내의 감염은 건강인의 장내에서도 보유균으로 확인되며 오염된 식품이나 감염된 동물과의 직접적인 접촉에 의해서 가능하다. 리스테리아는 자연계에 널리 분포하고 있기 때문에 폭넓은 식품에 오염이 되고 있다. 특히 가축이 보균하고 있는 점에서 동물성 식품의 오염이 높고 우유, 치즈, 식육을 통한 집단 발생이 일어나고 있다. 원유에서는 낮은 오염률이지만 대부분 이 균이 발견된다.

또 이 균은 우유 속에 존재하는 백혈구 내에 기생하여 불완전한 저온살균의 경우 살아남기도 한다. 치즈에서는 사람의 손이 많이 가고 미살균유를 원료로 하는 소프트타입에서 오염률이 높다. 식육의 경우 가축이 보유하고 있는 균이 해체처리되는 과정에서 생육으로 이행된다. 이처럼 대부분의 리스테리아 관련문제는 낙농산업과 연관되지만, 어패류와 그 가공품(새우, 게, 오징어, 훈제연어 등) 및 농작물이 문제가 되기도 한다. 우리나라에서도 1993년에 뉴질랜드로부터 수입한 홍합이 이 균과 관련된 경우가 있었다.

(4) 예방대책

리스테리아 모노사이토제네스는 자연에 널리 분포하고 있고 성장조건도 까다롭지 않으며, 고염, 저온상태 등 식품의 제조가공 및 유통환경에서 잘 적응하여 성장하기 때문에 각종 식품에 있어서 균의 오염 자체를 차단하는 것이 매우 어렵다. 따라서 이 균이 식품에 오염되는 것을 막기 위해서는 식품의 특성에 맞게 개개의 대책을 세우는 것이 바람직하다. WHO에서는 리스테리아 모노사이토제네스의 오염을 방지하기 위하여 식품을 크게 4개 그룹으로 나누어 각각의 대책을 세울 것을 권고하고 있다.

이를 살펴보면 ① 생육, 생채소 등의 생식품과 ② 혼합 생식품, 발효소시지, 생유로 제조한 치즈 등의 가공생식품은 원료의 수확, 제조 시의 환경이나 보균동물로부터의 오염을 최대한 방지하며 ③ 살균 후 손으로 만질 수 있는 가공 식육제품은 2차 오염을 방지하고 ④ 살균우유, 유제품 등 용기에 들어 있는 살균식품의 경우는 큰 문제는 없으나 모든 경우에 냉동 및 냉장식품의 저장시 저온관리를 철저히 하도록 하는 것 등이다. 식육과 생선을 다른 식품과 분리보관하여 2차 감염을 막고 조리 시에는 충분히 가열하여야 한다.

3. 독소형 식중독

1) 황색포도상구균(*Staphylococcus aureus*) 식중독

(1) 원인균

1880년 파스테르(Pasteur)가 화농부위에서 화농성 질환의 원인균으로 처음 발견하였다. 우리나라는 1961년 여름 육군훈련소의 병사에게서 최초 보고되었으며, 1977년 9월경에 서울, 경기도의 52개교 급식용 크림빵(인천한국식품공업㈜)을 먹고 7,872명의 식중독 환자가 발생하였다.

자연계에 존재하는 포도상구균 중에서 **황색포도상구균(*Staphylococcus aureus*)**이 식중독의 원인균이다. 그램양성의 구균으로 통성혐기성이고 편모가 없는 무아포균이며, 내염성이 강하여 7.5%의 소금을 함유하는 배지에서도 잘 발육한다. 발육최적온도는 30~37℃이며, 마니톨(mannitol)을 분해하고 coagulase(혈장응고효소) 양성을 나타낸다. 이 균은 80℃, 10분이면 가열로 죽지만 생성독소는 내열성이 아주 크다. 자연계에 널리 분포하고 자연환경에 대한 저항성이 강하며, 사람과 동물의 인후, 비강, 피부의 상재균이다. 장관 등 거의 모든 조직이나 기관에 침투하며 특히 사람에게 감염되면 괴사 또는 농양을 일으키는 **화농성 질환**의 원인균이다. 황색포도상구균을 토끼나 양의 혈청배지에서 배양하면 대부분의 균주는 집락 주변에 용혈환을 나타낸다.

포도상구균 식중독은 황색포도상구균이 식품 중에 증식하여 생산한 장독소(enterotoxin)를 경구 섭취하여 일어나는 독소형 식중독으로 세계적으로 가장 많이 발생되는 식중독의 하나이다.

이 황색포도상구균이 생성하는 **장독소(腸毒素, 腸管毒)**인 **엔테로톡신(enterotoxin)**은 항원특이성에 따라 A, B, C, D, E 등 5종이 알려져 있는데, 내열성이 강하여 120℃ 20분간 처리해도 완전히 파괴되지 않고, 218℃(218~248℃) 이상 30분 이상 가열해야 비로소 파괴되기 시작하기 때문에 보통의 조리방법으로는 제거가 불가능하다. 10~40℃, pH 6.8~7.2에서 독소생산이 가능하나, NaCl 10% 이상에서는 독소생산이 억제된다. 독소는 분자량이 27,000~34,000인 단순단백질이지만 단백질 가수분해효소에 의해 불활성화되지 않는다.

(2) 중독증상

잠복기는 1~6시간, 평균 3시간으로 다른 세균성 식중독에 비하여 대단히 짧다. 식중독의 증상은 **급성위장염**으로, 타액 분비 증가, 메스꺼움, 구토, 복통, 설사, 두통을 일으킨다. 설사는 보통 수양변이며, 중증 시에는 혈액변이나 점액변이 섞여 있다. 심하면 탈수, 쇠약, 허탈, 의식장애, 혈압강하 등의 증상이 나타난다. 발열은 거의 없다. 일반적으로 증상이 가볍고 경과가 빨라서 1~3일이면 회복되며 예후가 좋다.

(3) 감염경로

화농성 질환이나 유방염이 있는 젖소로부터 감염되며, 손이나 조리기구를 통하여 2차 오염된다. 원인균이 식품에 오염되면 균이 식품에서 증식하여 엔테로톡신을 생산하고 이를 섭취한 경우 발증한다. 식중독의 원인식품으로는 우리나라의 경우 김밥, 도시락, 떡, 빵, 과자류 등과 같은 탄수화물 식품과 그 가공품 및 어패류와 그 가공품, 두부 등이고, 미국과 유럽의 경우에는 우유와 그 가공품, 식육제품, 햄 등의 식육가공품과 난제품, 어육가공품 등과 같은 단백성 식품이다. 이 식중독은 연중 발생하지만, 특히 5~9월에 집중 발생한다.

(4) 예방대책

*Staphylococcus aureus*는 건강한 사람의 피부에도 상재하며 공기, 토양 등의 자연계에 광범위하게 분포하고 있어 완전한 예방이 어렵다. 따라서 주변환경을 위생적으로 처리하여 감염원을 제거하고 식품제조시설 및 식품제조용 기구의 위생관리를 철저히 해야 한다. 식품취급자는 손을 깨끗이 하고, 특히 화농성 질환이나 인후염 등이 있는 사람은 식품취급을 하지 말아야 한다. 조리종사자는 신체를 청결히 하고 위생복 및 마스크를 착용하여야 한다.

또한 엔테로톡신에 의한 식중독은 가열조리 후 바로 섭취한 식품이나 살균 우유 등에 의해서도 발생되는데, 이는 장독소의 내열성 때문이다. 따라서 가능한 한 원료의 오염방지와 함께 충분한 열처리 및 신속한 섭취가 중요하며, 식품을 보존할 때는 식품을 저온보존함으로써 균의 증식을 억제해야 한다.

2) 클로스트리디움 보툴리눔균(*Clostridium botulinum*) 식중독

(1) 원인균

Clostridium botulinum이 원인균으로 그램양성의 편성혐기성 간균이고 아포를 형성하며 주모성 편모가 있다. 이 균은 아포(포자)를 가지고 있어 식품 내의 균체 중 포자까지 사멸하려면 적어도 120℃, 10분 이상은 되어야 한다. 젤라틴(gelatin) 액화시험은 양성이고 난황배지에서 이 균은 리파아제(lipase)를 생성하여 집락 주위가 혼탁되며, 혈액한천배지에서는 용혈

환을 만들므로 균의 분리에 이러한 성질이 이용된다. 이 균이 생성하는 **신경독소**(botulinum toxin, botulin, neurotoxin, **일명 보톡스**)는 항원성에 따라 A~G형의 7형(C형은 $C\alpha$, $C\beta$)으로 분류하며, 이 중에서 사람에게 식중독을 유발하는 것은 주로 A, B, E, F형이다. A, B, F형균의 발육최적온도는 37~39℃이며, 발육최저온도는 10℃이다. E형균의 발육최적온도는 28~32℃이며, 발육최저온도는 3.3℃로서 저온성균이다.

균형의 분포에 관하여 지금까지 알려진 것은 A형균은 채소, 과일, 육류와 관련이 깊고, B형균은 육류, 사료, E형균은 어패류, F형균은 특히 육류와 관계가 깊다. *Botulinus*균의 아포는 일반적으로 내열성이 있다. 특히 A, B 및 F균의 포자는 내열성이 강하여 100℃에서 6시간 이상을 가열해야 파괴되나 E형의 포자는 다소 내열성이 약하여 100℃에서 5분, 80℃에서는 10분의 가열로 파괴된다. 독소는 단순단백질(분자량 약 15만의 유독성 1분자와 분자량이 다른 무독성 1분자의 복합체)로서 아포와는 달리 열에 약해서 80℃, 15분 또는 100℃, 2~3분간 가열로 무독화되는 이열성 독소이다. 경구적으로 섭취된 *Clostridium botulinum*의 독소는 소장 상부에서 흡수되어 림프관에서 혈액으로 들어가 말초신경의 콜린(choline) 작동성의 신경접합부에서 아세틸콜린(acetylcholine)의 유리를 저해하여 신경을 마비시키는 것으로 알려져 있다.

한편 최근 성형외과에서 순수 분리한 독소액 일명 보톡스(Boutox)를 주사하여 얼굴에 주름살을 없애 단기간의 미용효과를 나타나는 시술이 유행하고 있는 실정이다. 또 캐나다 토론토 대학교의 한 연구팀에서는 암으로 인한 통증과 마약중독자들의 금단증세를 완화시키는 약을 개발해 캐나다 식품의약국에서 허가를 받았다고 알려지고 있다.

(2) 중독증상

***Botulinus*균(*Clostridium botulinum*)**이 혐기성 조건에서 증식할 때 생산되는 독소에 의하여 일어나는 것으로 치명률이 가장 높은 대표적인 독소형 식중독이다. 이 식중독은 18~19세기에 유럽, 특히 독일에서 소시지에 의해서 많이 발생하였기에 일명 **소시지중독**이라고도 한다.

잠복기는 일반적으로 12~36시간이나, 빠르면 2~4시간에도 신경증상이 나타나는 경우가 있고 늦게는 2~3일 후에 발증하는 경우도 있다. 잠복기가 짧을수록 중증이며, 식중독의 증상은 **신경계 마비증상**이 주증상으로 복시, 시력저하, 동공산대, 안검하수, 언어장애, 실성, 연하곤란, 호흡곤란 등이 있으며, 신경증상 전에 구역, 구토, 복통, 설사 등의 위장장애 증상이 나타나는 경우도 있다. 그러나 발열 증상은 거의 없다.

또 탈력감, 권태감, 현기증 등을 느끼게 되는 경우가 많으며, 사망은 주로 호흡부전에 의한다. 사망률이 세균성 식중독 중에서 매우 높았으며, 사람에 대한 경구치사량이 수 μg으로 추정된다.

(3) 감염경로

아포상태로 흙이나 바다, 하천, 연못의 바닥 또는 동물의 장관 등에 분포되어 있던 균이 농작물, 어패류, 육류 등의 식품에 쉽게 오염되며, 이들 식품이 혐기상태가 되면 쉽게 발아, 증식하여 식중독을 유발한다.

유럽과 미국에서는 A 및 B형 균주에 의한 식중독의 발생이 많고, 북위 40° 이북의 일본, 캐나다, 러시아, 스칸디나비아 제국 등에서는 E형균에 의한 발생이 많다. 원인식품은 식생활 습관의 차이에 따라서 나라마다 다르다. 미국에서는 채소나 과일의 병·통조림 식품류가 많은데, 이들은 특히 가정에서 자가제조한 제품으로서 가열이 불충분하게 이루어진 제품들이다. 일본의 경우는 각종 어류의 소금절임 식품이 원인이 되는 경우가 많고 특히 E형 식중독이 많으며 전체적으로 원인식품은 가열이 불충분한 채소나 과일 및 어육, 쇠고기 등의 병·통조림 식품과 햄, 소시지 등의 진공포장 식품에서 볼 수 있다.

(4) 예방대책

*Clostridium botulinum*의 오염원은 토양, 동물 분변이 주이며, E형은 해조, 어류 등에 널리 분포되어 있으므로 이들에 의한 식품의 오염을 방지하여야 한다. 따라서 채소 등은 잘 씻고, 어류의 조리 시에는 장관 내용물이 육질에 오염되지 않도록 주의하여야 한다. 음식물은 충분히 가열처리하여 이 균의 아포를 사멸시키도록 한다. 통조림 및 소시지 등은 위생적으로 가공하며 4℃ 이하에서 저장한다. 식품에서 균의 증식은 pH 4.6 이하, A_w 0.94 이하, 냉동 또는 4℃ 이하 냉장 및 항균물질 첨가로 억제할 수 있다.

3) 바실러스 세레우스균(*Bacillus cereus*) 식중독

(1) 원인균

1950년 하우게(Hauge)가 노르웨이에서 바닐라소스 중에 최초로 식중독균으로 보고하였다. ***Bacillus cereus*균**은 자연계에 중요한 부패균으로서 널리 분포되어 있는 그램양성의 호기성-통성혐기성 간균으로 내열성 포자를 형성하며, 121℃, 20분 가열로 살균이 가능하며 주모성 편모가 있다. 혈액한천배지에서 엷은 녹색 집락을 형성하며, pH 5.7과 NaCl 7%에서도 생육이 가능하다. 일반 *Bacillus*속과 구별되는 특징으로 β-hemolysis를 보이며, 레시티나아제(lecithinase)를 생성하여 달걀노른자위(egg yolk)반응에서 양성을 나타낸다.

이 균은 설사형과 구토형 식중독을 일으키는데, **설사형 식중독**의 원인은 식품 내에서 독소가 생성되지 않으며 생체 내에서 균이 증식하는 과정에서 생산하는 **장독소(엔테로톡신, enterotoxin)**에 의한다. 이 엔테로톡신은 분자량 45,000~50,000의 단순단백질로 pH, 트립신 또는 펩신 등의 소화효소에 의하여 쉽게 실활되며, 60℃, 5분간의 열처리로 쉽게 독성이 실활되는 이열성 독소이다. 한편 **구토형 식중독**의 원인균은 식품에서 생산하는 독소로서 emetic toxin을 생성하고 현재 충분히 해명되어 있지 않지만 분자량 5,000 이하인 펩타이드로 생각되고 있다. 그리고 물리화학적 처리에도 매우 안정하여 pH 2 이하 또는 pH 11 이상, 126℃, 90분의 가열에도 실활되지 않으며, 또한 소화효소에 의해서도 분해되지 않는 것으로 보고되어 있다.

(2) 중독증상

증상은 두 개의 서로 다른 대사산물에 의해 야기되는 설사형과 구토형으로 나타난다. **설사형**은 고분자 단백질에 의해 발생하는 것이고, **구토형**은 열에 안정한 저분자 펩타이드에 의해 발생되는 것으로 알려져 있다. 잠복기는 설사형은 8~16시간으로 평균 12시간, 구토형은 1~6시간으로 평균 3시간이다. 설사형은 강한 복통과 수양성 설사가 특징으로 오심, 두통, 발열이 나타나며 *Welchii*균에 의한 식중독과 유사하나 구역질, 구토는 거의 없다. 구토형은 메스꺼움, 구토가 특징이고 복통, 두통, 발열이 나타나며, 포도상구균 식중독과 유사하나 설사는 드물게 나타나는 증상이다. 현재 미국 FDA에서는 식중독을 일으켜 건강에 해를 끼칠 수 있는 *Bacillus cereus*균의 균수를 10^6/g 이상으로 밝히고 있다.

(3) 감염경로

원인균과 포자가 토양, 오수, 식물 등 자연계에 널리 분포되어 있으므로 식품의 오염 기회가 많다. 또 조리과정에서 식품의 실온방치, 조리환경이나 조리기구에 의한 2차 오염도 있다. 설사형은 향신료를 사용한 식품이나 요리로서 육류, 소시지 및 채소수프, 바닐라소스, 푸딩 등의 식육류가 있으며, 구토형은 주로 쌀밥, 볶음밥 등의 곡류가 원인이다.

*Bacillus cereus*균은 포자를 형성하는 균이어서 불완전한 열처리에 의하여 포자가 살아남아 식품과 함께 섭취되면 생체 내에서 포자가 발아하면서 독소를 생산하여 식중독(생체내 독소형)을 일으킬 수 있다. 전날 지은 쌀밥 등을 실온에서 보관하는 동안 포자가 발아 증식하면서 독소가 생산된 것을 볶음밥 등으로 조리한 경우, 생성된 구토독소가 열에 강하여 실활되지 않고, 이것을 사람이 섭취하여 식중독이 일어나는 것으로 추정할 수 있다. *Bacillus cereus*균에 의한 식중독은 계절에 관계 없이 발생하지만 5~10월 중에 발생률이 높은 편이다.

(4) 예방대책

다행히 세레우스균 식중독은 균의 소량 섭취에 의해서 발생하지 않는 편이다. 따라서 식품 중의 세레우스균 또는 아포를 사멸시키거나 증식 및 발아를 억제하는 방법이 식중독의 예방에 가장 효과적이다. 세레우스균은 일반적으로 쌀밥을 지을 때에도 소량의 아포가 잔존하는 것으로 보고되어 있지만 대부분의 세레우스균은 2차 오염에 의해서 오염되므로 조리환경에서의 오염방지가 중요하다.

식품 등의 기준 및 규격에서 바실러스 세레우스균의 가공식품의 규제는 다음과 같다.

㉠ 장류(메주 제외) 및 소스류, 복합조미식품, 절임식품, 조림식품 : 10,000/g 이하(멸균제품은 음성)

㉡ 위 이외의 식품 및 개별규격이 정해지지 아니한 식품 중 더 이상의 가공, 가열조리를 하지 않고 그대로 섭취하는 가공식품 : 1,000/g 이하(멸균제품은 음성)

쌀밥 및 볶음밥에 의한 식중독을 예방하기 위한 현실적인 방법은 다음과 같다.

① 한 번에 대량 취반을 하지 않는다. 볶음밥의 조리가공까지의 시간을 짧게 한다.

② 취반 후 쌀밥은 신속히 고온(50℃ 이상) 또는 냉각하여 보존한다. 쌀밥을 냉장고에 보존하는 경우, 적게 나누어 빨리 냉각하거나 청결한 큰 용기에 넣어 급속 냉각한다.

③ 쌀밥, 볶음밥은 10~50℃의 온도에서 보존하지 않으며, 상온에서 2시간 이상 방치하지 않는다.

④ 볶음밥에 사용하는 달걀은 신선한 것을 사용한다.

따라서 세레우스균에 오염되기 쉬운 식품은 조리 후 신속히 섭취하고 그렇지 못하면 10℃ 이하로 급속히 냉각 보존하는 것이며, 일시 보관한 식품은 먹기 전에 가열처리하는 것도 효과적인 예방법이 될 수 있다.

4) 클로스트리디움 퍼프린젠스균(*Clostridium perfringens, Cl. welchii*) 식중독

(1) 원인균

***Clostridium perfringens*(*Cl. welchii*)균**은 그램양성의 비교적 큰 간균이며, 내열성 포자를 형성하는 편모가 없는 편성혐기성균이다. 균의 발육온도범위는 12~51℃이고 발육최적온도는 37~47℃이며, pH 5.5~8.0에서 발육할 수 있다. 사람과 동물의 장관 내에 상재하는 ***Welchii*균**은 본래 가스괴저균으로서 오래 전부터 알려진 균이다. 혈액한천배지에서 이중용혈대를 만들고 이것을 공기 중에 두면 녹색을 띤다.

난황, 혈청을 첨가한 배지에서는 집락 주위에 혼탁한 환을 형성한다. 락토스(lactose)를 비롯한 대부분의 당을 발효하여 산소를 만든다. 이 균은 생체의 장관 내에서 증식하여 포자를 형성하면서 균체내 장독소인 **엔테로톡신(enterotoxin)**을 생산한다. *Welchii* 균은 독소의 종류와 면역학적 특성에 의하여 A~F의 6형으로 분류되고 있는데 그중에서 식중독 원인균이 되는 대표적인 것은 **A형**이며, **F형**도 식중독을 일으킨다. A형균은 100℃에서 1~4시간 가열해도 아포가 파괴되지 않고 B, C, D 및 E형은 90℃에서 30분 또는 100℃, 5분이면 사멸한다.

A형균의 중요한 독소는 가스괴저의 원인이 된다고 생각되는 α독소인 lecithinase C (α-lecithinase C toxin)이며 그 외에 설사증의 원인물질인 엔테로톡신을 생성한다. 이 균이 난황배지에서 발육하면 난황의 레시틴(lecithin)을 분해하여 집락 주변이 혼탁된다. 이 반응을 **lecithinase** 반응 또는 **lecithovitellin** 반응이라 한다. 배지에 미리 항α독소 혈청을 바르고 이 균을 배양하면 lecithinase 반응은 억제되는데, 이것을 독소중화반응이라 하여 *Cl. welchii* A형균의 확인에 사용한다. 독소는 단순단백질(분자량 35,000, 등전점 4.3)로서 pH 4.5~11.0에서 안정하나, 열에 약하여 60℃에서 4분간 가열하면 파괴된다.

(2) 중독증상

A형균에 의한 식중독의 잠복기는 8~20시간으로 평균 12시간 정도이며, 주증상은 **복통**과 **설사**인데 때로는 주증상에 앞서 복부팽만감이 나타나기도 한다. 구토와 발열은 거의 볼 수 없으며, 설사는 1일 1~3회 정도의 수양성변으로 대개 1~2일 내에 회복된다. F형균에 의한 식중독 증상은 A형과 현저하게 달라서 2~3시간의 잠복기가 지난 후 구역질, 구토를 일으키며, 어느 정도 경과 후 점혈이 섞인 심한 설사와 복통을 주증상으로 발병하며 설사가 심하면 탈수증상도 나타난다. 연중 발생하고 계절적 편중현상은 거의 없으며, 식중독의 발생률은 일반적으로 낮은 수준이지만 일단 발생하면 대규모로 집단 발생하는 특징이 있다.

(3) 감염경로

*Welchii*균은 사람이나 동물의 장관 내에 항상 존재하고 있어서 이들의 분변이 오염원이 되고 또한 하수 등 자연계에도 널리 분포되어 있으므로 이들에 의해서 식품의 오염이 시작된다. 식품에 오염된 균은 가열조리 후의 탈기상태 등 혐기상태에서 30~50℃에서 이상증식하게 되고, 통상 식품 g당 100여 개 이상의 생균을 포함하는 식품을 섭취하였을 경우, 장관에서 *Welchii*균이 생산한 엔테로톡신(enterotoxin)에 의하여 설사 등의 증세가 난다. 주요 원인식품은 대부분이 조수육 및 그 가공품, 어패류 및 그 가공품의 동물성 고단백질식품으로 가열조리된 후 용기에 담아 장시간 실온에 방치한 것들이다.

(4) 예방대책

분변이나 하수로부터 오염을 방지하고 식품의 가열조리 후 즉시 섭취하거나 냉장고에서 급랭 저장하여 균의 포자발아와 증식을 억제한다. 식품을 먹기 전에 재가열하여 증식된 균을 살균한다. 식품은 작게 나누어 보존함으로써 혐기적 상태가 되지 않도록 한다.

식품 등의 기준 및 규격에서 클로스트리디움 퍼프린젠스균에 대한 가공식품에서의 규제는 다음과 같다.

㉠ 장류(메주 제외), 고춧가루 또는 실고추, 김치류, 젓갈류, 절임식품, 조림식품, 복합조미식품, 향신료가공품, 식초, 카레분 및 카레(액상제품 제외) : 100/g 이하(멸균제품은 음성)

㉡ 위 이외의 식품 및 개별규격이 정해지지 아니한 식품 중 더 이상의 가공, 가열조리를 하지 않고 그대로 섭취하는 가공식품 : 음성

4. 기타 세균성 식중독

1) 비브리오 콜레라균류(*Vibrio cholerae*) 식중독

*Vibrio cholerae*류에는 혈청형(O군)상에서 경구감염병인 콜레라균(*Vibrio cholerae* O1)과 혈청에 응집되지 않는 ***Vibrio cholerae* non-O1(NAG *Vibrio*)**균으로 크게 분류할 수 있다. *Vibrio cholerae* non-O1균은 콜레라균과 형태적 특성과 생화학적 특성이 유사하나 콜레라 독소(cholera toxin)를 생산하지 않고 항콜레라균 O1 혈청에 응집되지 않는 비응집성 NAG(non-agglutinable)의 차이가 있다.

이 균에 의한 식중독은 몇 시간에서 2~3일의 잠복기를 가지며(집단발생은 12~24시간에 발증한 경우도 있음), 수양성 설사(100%)를 보이는 등 콜레라와 유사한 증상과 복통(93%)을 주증상으로 하며 발열(71%), 구역질(21%), 구토(21%) 등의 비율로 나타났다. 이 NAG 비브리오균은 원래 열대, 아열대 지역이 기원인 균이었으나 현재에는 구미나 일본, 우리나라의 하천, 하수, 연안해수나 어패류 등에서 분리되고 있다. 이 균은 담수나 저염도의 해수에 분포하므로 하천수가 바다로 유입되어 유기물의 오염도가 높고 염분 농도가 낮은 특정 지역에서 수온이 높은 여름철에 주로 발생한다. 이 균은 호염성 비브리오와는 분포에서 차이가 있다. 따라서 이들 지역에서 생산된 생식용 어패류의 섭취에 주의해야 한다. 과거에는 NAG 비브리오에 의한 설사증 사례는 콜레라와 같이 동남아시아나 인도 등을 여행한 사람에게서 발생이 한정되었으나 최근에는 국내에서도 발생하였다. 일본에서도 산발적으로 발생하는데, 원인식품은 굴 등의 어패류가 주를 이룬다.

또한 ***Vibrio mimicus***도 비응집(非凝集)성의 NAG *Vibrio*(*Vibrio cholerae* non-O1)균과 생화학적으로 유사한데 수크로스(sucrose)를 분해하지 않는다는 점이 다르다. *Vibrio mimicus*는 현재 일본에서 식중독균으로 지정되어 있으며, 식중독의 발생기구 등은 ***Vibrio cholerae*** non-O1과 비슷하다. 그 외 ***Vibrio fluvialis*와 *Vibrio furnissii*균** 식중독은 *Aeromonas*균과 유사한 성상을 가지고 있으며, 식중독 발생기구도 이들과 비슷한 것으로 보고 있다. 또 최근 미국에서 보고된 해수균인 *Vibrio hollisae*는 복통과 설사증이 필히 특징적으로 일어나고 그 외 패혈증도 일으키며 어패류의 생식이 원인이 된다.

Vibrio fluvialis 및 *Vibrio furnissii* 등의 경우에는 아직 식중독균으로 지정되어 있지 않으나 식중독 발생 사례가 보고되어 있다. 또 *Vibrio vulnificus*균은 우리나라 감염병 예방법에서 '비브리오 패혈증'으로 '제3군 감염병'에 분류되어 있으며 경구감염병에서 논하기로 한다.

2) 에로모나스균(*Aeromonas*) 식중독

Aeromonas hydrophila 및 ***A. sobria***가 원인인 식중독이다. 에로모나스균은 오래전부터 개구리의 병원균으로 알려져 왔으나 사람에게서 이들 균에 의해 설사원성 위장염이 발증하는 것이 주목받기 시작한 것은 비교적 최근의 일이다. 그램음성의 단모성 편모를 가지고 활발하게 운동하는 통성 혐기성 간균이다. 담수의 상재균으로 하천, 호수, 진흙, 토양 등에 널리 분포하며, 37℃에서 잘 발육하는 중온균이어서 10℃ 이하에서는 발육이 불가능하다. 이들 균은 일부가 이열성의 장관 용혈독을 생산하는 것으로 알려져 있다.

에로모나스에 의한 설사증은 대부분 산발적으로 발생하며, 5~6시간의 잠복기를 거친 후 구역질, 구토, 복통 등의 경미한 증세와 발열, 보통 2~3회의 설사증상을 보이는 **급성위장염** 증세가 대부분이어서 예후가 양호하지만 때로는 콜레라 양상의 설사, 점액이 섞인 혈변과 복통 및 발열을 수반하는 중증의 위장염 증세를 나타내기도 한다.

또 이들은 근육이나 연조직 등의 창상감염을 일으키기도 하는데, 면역질환자나 간경변 등의 환자에서는 괴저, 복막염, 골수염, 폐렴, 패혈증 등으로 진행하기도 한다. 예방은 이들 균이 담수의 상재균으로 하천수나 담수어에 널리 분포하므로 이들 음료수와 식품은 먹기 전에 가열하는 방법이 최선이다.

3) 장구균(**腸球菌**, *Enterococcus faecalis*) 식중독

장구균(*Enterococcus faecalis*)은 앞서 언급했듯이 식품위생의 오염지표미생물이기도 하지만 식중독을 일으키기도 한다. 연쇄상구균으로 포자가 없으며 사람과 동물의 장관 내에 존재하는 세균이다.

발육온도는 10~45℃ 범위이고 균저항성이 강하여 60℃에서 30분 가열해도 견디며, 소금농도는 6.5%, pH는 9.6 배지에도 발육한다. 이 균은 감염형으로 또는 독소형으로 식중독을 일으키는지는 분명하지 않으나 대사산물 중에서 **엔트로톡신(enterotoxin)** 독소가 있는 것으로 보고하고 있다. 이 균에 의한 식중독 사고는 1926년 일본에서 50여 명이 발생한 후 보고된 예가 없다.

원인식품은 쇠고기, 햄, 소시지, 치즈, 크로켓, 코코넛크림과 파이, 두부 등으로 보고 있다. 잠복기는 1~36시간이고 평균 5~10시간이다. 증상은 구토, 설사, 복통 등을 나타내며 소화기계통의 식중독을 일으킨다. 예방 및 대책은 일반 세균성 식중독에 준한다.

4) 플레시오모나스균(*Plesiomonas*) 식중독

***Plesiomonas shigelloides*균**은 원래 하천의 상재균이나 때로는 연안 해수로부터 분리되며, 담수어, 개나 고양이의 장내용물, 해산 어패류로부터도 분리되는 균이다. 세계 각지의 위장염 환자로부터 분리되어 사람에게 **설사원성 위장염**을 일으키는 원인균의 한 종류로 밝혀졌다. 그램음성의 아포나 협막이 없는 간균으로 운동성이 있으며, 최적발육온도는 37℃ 정도로 여름철에 수중에서 활발하게 증식한다. *Plesiomonas*에 의한 식중독의 감염원은 주로 어패류로 생각되나 집단 식중독에서는 수계감염이 많은 편이다.

이 식중독의 발생은 하절기에 집중되고 있으며, 수입감염증의 한 종류로 대부분의 환자가 동남아시아나 인도 등으로부터의 귀국자이다. 이 식중독은 잠복기가 10~50시간이고 설사와 복통이 주된 증상인데, 수양성의 설사가 많으며, 발열은 있어도 38℃ 정도의 미열이다. 드물게는 이질 또는 콜레라 양상의 설사를 보이는 경우도 있으며, 탈수 증상에 빠지는 일도 있다.

5) 알레르기(Allergy)성 식중독

(1) 원인균

***Morganella morganii*(*morganella*균)**가 대표적인 균이다. 이 균은 *Proteus morganii*로 알려졌던 균으로, 이 균이 식품에 증식하면서 histidine decarboxylase를 생성하고 이에 의해 식품 중의 히스티딘(histidine)으로부터 **알레르기성 식중독**의 원인물질인 **히스타민(histamine)**을 생성한다. 이 균 이외에도 histidine decarboxylase를 생성하는 균으로는 *Klesiella pneuminiae, Hafnia alvei, Citrobacter freundii* 및 *Proteus*속 등의 미생물이 있어 **히스타민** 함량이 높은 생선 등에 오염되어 **히스타민**을 생성하는 것으로 알려져 있다. **히스타민**의 작용은 agmatine, methylagmatine 등의 amine류가 공존하면 독성이 증가한다.

$$\text{histidine} \xrightarrow{\text{histidine decarboxylase}} \text{histamine} + CO_2$$

(2) 중독증상

잠복기는 5분~1시간으로 보통 30분 전후이다. 식후 30~60분 정도에 얼굴, 특히 입 주변과 귓볼(耳朶)의 열감(熱感), 상반신 또는 전신의 홍조, 두드러기 비슷한 발진, 두통, 발열 등의 증상이 나타나고 때로는 구토, 설사 등이 따른다. 증상이 가볍고 일과성(一過性)이어서 보통 24시간 안에 회복되며 예후도 좋다. 이러한 증상은 식이성 알레르기와 비슷하며, 항 히스타민제의 복용으로 치료할 수 있다. 각지에서 가끔 발생되고 때로는 대규모로 집단 발생하기도 한다.

구미에서는 식품 중 한계량을 30~50 mg/100 g으로 정하고 있다. 식품 중에 50~100 mg% 이상의 히스타민이 생산되면 식중독 위험이 있으며 100 mg/100 g 이상은 독성이 있는 것으로 간주한다.

(3) 감염경로

*Morganella*균이 오염된 히스티딘 함유량이 많은 식품을 섭취함으로써 발생한다. 원인식품은 참치, 꽁치, 정어리, 전갱이, 고등어, 다랑어 등과 같이 표피는 청색이고 살색은 적색인 생선과 그 가공품이다. 어류(특히 여름철에 어획한 것), 건어물, 가열하지 않은 가공품의 오염도가 높으며, 도마 등 조리기구에 의한 2차 오염도 있다.

(4) 예방대책

신선한 붉은살 생선 및 가공품을 구입한다. 표면에 거품이 생겨 있는 것은 식중독을 일으킬 가능성이 크므로 배제한다. 그리고 식품일반에 대한 공통기준 및 규격에서 수산물, 즉 고등어, 다랑어류, 연어, 꽁치, 청어, 멸치, 삼치, 정어리, 몽치다래, 물치다래의 히스타민 기준은 냉동어류, 염장어류, 통조림, 건조/절단 등 단순 처리한 것(어육, 필렛, 마른 멸치 등)은 200 mg/kg 이하로 정해져 있다.

6) 엔테로박터 사카자키균(*Enterobacter sakazakii*) 식중독

***Enterobacter sakazakii*균** (식중독)은 1989년 처음 보고된 균이다. 생후 1년 이하의 유아가 조제분유를 먹고 식중독이 발생한 사건이다. 이 균은 다른 *Enterobacteriaceae*균들보다 열저항성이 높으며, 건조한 식품에 내성을 가지고 있는 것이 새로운 문제로 지적되고 있다. 이 균의 증상은 대장염, 뇌막염, 나아가 패혈증 등이며 사망에까지 이르게 된다.

식품 등의 기준 및 규격에서 '6개월 미만의 영유아가 섭취할 수 있도록 제조·판매하는 식품에서는 엔테로박터 사카자키(n=5, c=0, m=0), 대장균군(n=5, c=0, m=0 로), 타르 색소가 검출되어서는 아니 되며, 세균 수 n = 5, c = 2, m = 1,000, M = 10,000(액상제품은 n = 5, c = 1, m = 10, M=100)는 g당 20,000 이하(액상제품은 100 이하)이어야 한다.'라고 규정하고 있다.

5. 바이러스성 식중독

감염성 설사병(Epidemic gastroenteritis)은 미국에서 오래전부터 **'유행성 위장염'** 또는 Gordon에 의해 급성비열성 비세균성 위장염으로 불려진 질병으로, 1947~1948년 일본에서 전국적으로 유행한 설사병이다. 후에 **'바이러스성 설사병'** 또는 **'바이러스성 위장염'**으로 불려지게 되었다.

그리고 설사증을 일으키는 바이러스는 노로바이러스(Norovirus : Norwalk virus 및 Norwalk-like virus) 등의 소형구형바이러스와 로타바이러스(Rotavirus) A, B, C군 등 많은 종류의 바이러스가 알려지고 있다.

1) 노로바이러스 등의 소형구형 바이러스 (Norovirus etc. Small round viruses, SRV)

(1) 종류와 병원체

소형구형바이러스(小型球形, SRV)의 종류로는 **Norovirus**(Norwalk virus, NV) 및 Norwalk-like virus, NLV), Astrovirus, Calicivirus 등이 있으며, 위장염 환자의 분변에서 검출되는 작은 크기의 둥근 모양(직경 25~35 nm)이며, 단일사슬의 RNA를 가지는 envelopol이 없는 바이러스들이다.

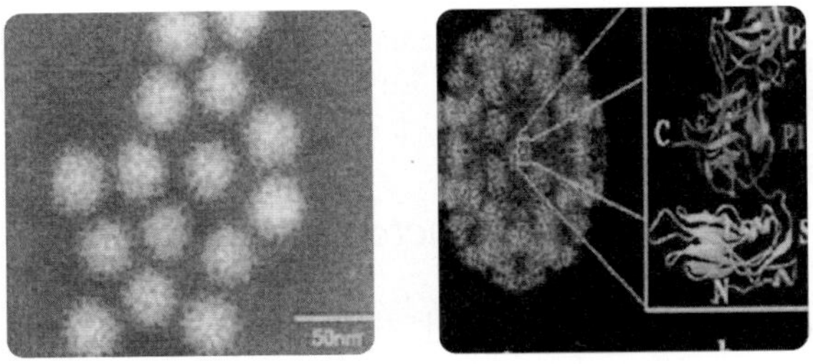

〈그림 2-3-2〉 노로바이러스의 형태

(2) 감염경로와 발생상황

소형구형바이러스들은 소아로부터 성인에 이르기까지 넓은 연령층에서 위장염을 일으키며 음식물 또는 사람에게서 사람을 통하여 유행한다. 특히 성인의 집단발생에는 생굴(oysters), 홍합(mussels), 대합(clams), 새조개(cockles) 등의 이매패(쌍각조개)류가 원인인 경우가 많으며 채소류에도 오염되어 있다.

노르워크바이러스(Norwalk virus)는 1968년 미국 오하이오 주의 노르워크(Norwalk) 초등학교에서 구토, 설사를 수반한 위장염 증상이 집단발생함으로써 2일간에 232명의 학생과 교사가 발증하여 붙여진 이름이다. pH 2.7로 3시간, 실온에서 안정, 60℃에서 30분간에도 불활성화되기 어려운 바이러스다. 영국 정부는 연체동물에서 사멸시키기 위해서는 적어도 85~90℃에서 90초(약 2분) 이상 가열할 것을 권하고 있다.

아스트로바이러스(Astrovirus)는 유유아의 설사증 환자의 분변 중에서 검출되며 증식속도가 느리다. 현재 5혈청형이 보고되고 있다. **칼리시바이러스(Calicivirus)**는 1976년 유유아의 설사증 환자의 분변에서 전자현미경에 의해 직접 검출·보고되었고, 보육원이나 성인의 시설에서 유행한 예가 있다.

(3) 증상

소형구형바이러스는 잠복기가 감염량에 따라 다르나 1~2일(24~48시간)에 주로 심한 설사, 구토, 발열, 복통이 지속적으로 나타나고 특히 어린이에서는 구토가 설사보다 많고, 성인에서는 설사 쪽이 많다. 그 외에도 권태감, 구역질 등을 나타낸다. 2~3일 내에 회복되고 질병 후의 증상은 일반적으로 좋다. 그러나 노약자는 생명에 지장을 줄 수 있다.

(4) 예방과 치료

식품 등의 기준 및 규격에서 식품접객업소 등의 노로바이러스 기준 중 식품접객업소, 집단급식소, 식품제조·가공업소 등에서 식재료 및 식기 등의 세척, 식품의 조리 및 제조 가공, 먹는 물 등으로 사용하는 물에서는 노로바이러스가 검출되어서는 아니 된다. 다만, 식품접객업소, 집단급식소 등에서 먹는 물로 제공되는 수돗물은 제외한다.

노로바이러스 등의 소형구형바이러스는 감염예방 백신이 개발되어 있지 않아 특별한 치료법이 없고, 탈수증상에 대해 제액이나 전해질을 보충한다.

예방에는 ① 위생적 식습관의 생활로 굴 등의 패류, 채소, 과일 등을 깨끗이 세척, 살균하고 ② 정수처리시설의 관리로 물탱크, 저수조, 배관관리 등 위생적 물관리와 ③ 개인위생의 관리로써 조리 전, 식품작업 전, 식사 전, 화장실 용변 후 항상 손세척 및 살균하며 ④ 감염환자 등의 관리로는 옷과 이불 등을 철저히 소독 및 감염자와의 접촉을 방지한다.

2) 설사성 로타바이러스(Rotavirus) A, B, C군

(1) 병원체

병원체는 **로타바이러스**이고 형태는 구형(직경 75 nm)으로 2개 chain의 RNA를 가지고 있다. 현재 사람, 동물에는 A~G군까지 분류되지만 사람에게는 A군, B군, C군이 보고되고 있다. 로타바이러스는 설사증 환자의 분변 중의 바이러스를 직접 검출하는 많은 방법이 개발되어 kit화되어 시판되고 있다.

(2) 감염경로와 발생상황

A군 로타바이러스는 사람 간에 또는 동물에도 유행하지만 특히 어린 유유아를 중심으로 유행한다. 사람에서 유래하는 바이러스형은 7혈청형으로, 주로 유행하는 것은 1~4형이다. 일본에서는 매년 11월부터 그 다음해 3월의 동절기에 유행한다.

B군, C군 로타바이러스는 원래 돼지와 소에게 발생하는 설사의 일반적인 원인 바이러스로 알려져 왔으며, 형태학적으로는 A군과 구별할 수가 없다. 그러나 B군 로타바이러스는 1982년 이래 중국에서 사람과 사람 사이에 수백 명에서 수천 명에 이르는 대규모의 유행이 자주 발생하고 주로 성인에서 심한 설사를 일으켜 일명 성인성 설사증 로타바이러스라고도 불린다.

C군 로타바이러스는 세계 각지에서 위장염 환자로부터 산발적으로 보고된 바 있으나 집단 발생은 드물다. 일본에서는 1985년 C군 검출의 첫 보고 이후, 1988년 4월 후쿠이 현의 한 초등학교에서 675명(21.8%)의 아동과 교사에게 급성 위장염이 발병하였다. 그 이후에도 일본에서는 가끔 발생이 있었다.

감염경로는 주로 경구감염으로 경기도(輕氣道)도 전파경로로 추측된다. 로타바이러스의 감염원은 수계감염과 식품으로 보고 있으나 아직도 더 연구가 요망된다.

(3) 증상

A군은 잠복기가 48시간(2일) 이내이고, 증상은 구토, 설사, 발열, 복통, 탈수 증상 등을 나타낸다.

B군은 잠복기간이 평균 2~3일로, 주요 증상은 심한 수양성 설사로 20%의 환자에게 1일 10회 이상의 설사를 일으킨다. 더불어 복부팽만, 구역질, 구토, 복통 등을 볼 수 있고 1~14일(평균 6일) 계속하다 회복하며 사망하는 예는 없다.

C군은 잠복기가 평균 2~3일이고, 증상은 수양성 설사, 복통, 구토 등을 나타낸다.

(4) 예방과 치료

수계(水系)감염의 예방에는 하수의 정비가 중요하며 기타 식품의 충분한 가열과 배변 후 철저히 손을 소독한 후 식품을 취급하는 것 등이 중요하다.

A군, B군, C군 모두 유효한 치료법은 없고, 구토, 설사에 의한 탈수증상에 대한 액체, 전해질의 보급이 주로 이용된다. A군에서 사람 로타바이러스 항체를 가지는 γ-globulin이나 우유의 투여 등이 효과를 인정받고 있다. 또 IgA항체의 생산을 자극하는 약독성 백신의 투여가 유효하다. 동물 로타바이러스 생백신, 동물–사람 간 교잡 로타바이러스 백신, 사람 로타바이러스 백신 등이 개발되어 있으나 백신의 효과는 적다.

6. 세균성 식중독 예방 및 대책

우리나라는 물론 전 세계적으로 식품위생 수준이 예전에 비하여 전반적으로 향상되었음에도 불구하고 세균성 식중독 발생은 해마다 대규모로 집단발생하는 사고가 증가하고 있다. 이를 예방하기 위해서는 앞의 각 균에서 논했듯이 청결, 충분한 가열과 신속한 섭취가 가장 중요하며, 세균성 식중독의 예방 및 대책의 위생관리를 요약해 보면 다음과 같다.

① 신선한 식품재료의 청결(살균, 소독) 및 저온저장
② 시설(작업장, 화장실 등)과 기구, 용기 및 포장의 청결(살균, 소독) 및 오염방지
③ 식품취급자의 청결과 화농성 질환자의 식품취급 배제
④ 식품원료, 그 가공식품의 신속한 처리와 섭취
⑤ 식품원료, 그 가공식품의 분리보관 및 교차오염 방지
⑥ 식품원료, 그 가공식품의 가열살균 실시
⑦ 식품원료, 그 가공식품의 냉장, 냉동의 저온저장
⑧ 예방 및 대책을 위한 각종 여러 방법 이용 강구

또 한편 현재 우리나라에서는 기상청과 식품의약품안전처가 공동으로 <표 2-3-3>과 같이 **식중독지수** 서비스를 제공하고 있다. 그러나 이 식중독지수는 음식물 부패관련 미생물의 증식에 영향을 미치는 온도조건을 기준으로 습도를 고려하여 부패 가능성을 백분율로 표시한 것으로서 식중독 예방을 위한 참고용으로 4월 1일부터 10월 31일까지 제공하고 있다.

따라서 우리나라 『식품공전』에서도 언급되었듯이 "모든 식품은 위생적으로 취급·판매하여야 하며, 그 보관 및 판매장소가 불결한 곳에 위치하여서는 아니 된다. 또한 방서 및 방충관리를 철저히 하여야 한다."라고 규정하고 있다. 그래서 우리나라는 식품관련종사자가 온도와 습도가 높은 여름철에는 특별히 식중독지수를 눈여겨보아야 할 것이다.

〈표 2-3-3〉 온도별 식중독지수에 따른 주의사항

주위보	지수범위	기온	주 의 사 항
식중독 **위험**	85 이상	35℃ 이상	음식물을 방치할 경우 3~4시간 내에 부패(살모넬라균, 황색포도상구균, 장염비브리오균 등 식중독 발생이 대단히 우려), 음식물 취급 극히 주의, 조리 후 바로 섭취
식중독 **경고**	50~85	30~35℃	음식물을 방치할 경우 4~6시간 내에 부패(살모넬라균, 황색포도상구균, 장염비브리오균 등이 증식하기 쉬우므로 식중독 발생 우려), 조리시설 취급 주의, 조리 후 바로 섭취
식중독 **주의**	35~50	25~30℃	음식물을 방치할 경우 6~11시간 내에 부패(장염비브리오균, 살모넬라균, 황색포도상구균 등이 서서히 증식하여 식중독 발생 우려), 조리 시설 취급 주의
식중독 **관심**	10~35	20~25℃	음식물을 방치할 경우 장시간에서 부패(각종 식중독균이 장기간 발생 우려), 식품 취급 주의

※ 실내 주방이나 음식물 취급장소의 온도는 기온과 다를 수 있다.
※ 식중독지수 = 최적의 온도에서 식중독 유발시간(3.5 h)/임의의 온도에서 식중독 유발시간×100
자료 : 식품의약품안전처와 기상청 공동 제공

제 4 장

식품과 관련된 감염병

1. 감염병의 정의와 분류 및 발생요인

1) 감염병의 정의와 분류

병원체의 감염이 원인인 질병을 감염성 질환(infectious disease)이라 하며, 이 감염성 질환 중 감염성을 가지고 새로운 숙주에게 감염되는 질병을 감염병(2010년 이전 '전염병'으로 사용)이라 한다. 즉, 감염병(感染病)은 병원체 또는 그 독성 산물에 의해 일어나는 질환이 사람이나 동물로부터 직접적으로 또는 매개체를 통하여 전파되는 질환을 의미한다.

감염병의 병원체에는 세균(bacteria), 바이러스(virus), 리케차(rickettsia) 및 원충(protozoa) 등이 있는데, 이들이 매개하는 감염병은 다음과 같다.

① **세균성 감염병** 콜레라, 장티푸스, 파라티푸스, 세균성 이질, 장출혈성 대장균 감염증, 비브리오 패혈증, 성홍열, 디프테리아, 탄저, 결핵, 브루셀라, 렙토스피라증, 수막구균성 수막염, 백일해, 파상풍 등

② **바이러스성 감염병** 폴리오, 감염성 설사증, 유행성 간염, 천열, 인플루엔자, 홍역, 트라코마(Trachoma), 유행성 이하선염 등

③ **리케차성 감염병** Q열, 발진티푸스, 발진열, 쯔쯔가무시병 등

④ **원생동물 및 동물성 감염병** 아메바성 이질 등과 기생충증

⑤ **프리온단백질** 광우병

2) 감염병의 발생요인

감염병의 발생에 관여하는 요인으로는 **감염원**(병원소), **감염경로**(병원체의 전파수단이 되는 것) 및 **숙주**의 **감수성**을 들 수 있는데, 이를 감염병 발생의 3대 요인이라 한다.

(1) 감염원

감염병의 병원체를 감수성 숙주에게 전파시킬 수 있는 근원이 되는 것으로, 병원체가 생존하고 증식하여 질병이 전파될 수 있는 상태로 저장되어 있는 장소인 병원소(病源巢, reservoir of infection)가 감염원이다.

병원소에는 인간병원소(환자, 보균자), 동물병원소, 분변 및 토양 등이 있다. 환자는 병원체에 감염되어 임상증상을 나타내는 사람으로 본인이나 타인이 경계를 하고 대비를 하나, 보균자는 임상증상 없이 병원체를 보유한 자로 환자보다 역학적으로 더욱 중요한 병원소이다. 이 보균자에는 잠복기 보균자, 회복기 보균자(병후보균자) 및 건강보균자가 있다. 잠복기 보균자는 감염성 질환이 발생하기 전인 잠복기 중에 병원체를 배출하는 감염자이며, 회복기 보균자는 감염성 질환에 이환되었다가 그 임상증상이 완전히 소실되었는데도 병원체를 배출하는 보균자이며, 건강보균자는 감염에 의한 임상증상이 없으나 병원체를 배출하는 감염자이다.

(2) 감염경로

감염원으로부터 감수성 숙주에게 병원체가 운반되는 과정으로 여기에는 직접감염과 간접감염의 두 가지 경로가 있다. 직접감염은 환자나 보균자로부터 탈출한 병원체가 중간 매개체 없이 감수성 숙주에게 감염되는 것으로 이는 주로 피부접촉, 비말접촉을 통해서 이루어진다. 반면, 간접감염이란 환자나 보균자로부터 나온 병원체가 여러 매개체에 의해 감수성 숙주에게 전파되는 경우로 파리, 모기, 벼룩 등과 같은 활성전파체와 물, 식품, 공기, 완구, 의복 등 무생물 전파체에 의해 감염될 수 있다.

경구감염병의 병원체는 대부분 환자나 보균자의 분뇨나 분비액에 들어 있으며, 이들 감염원으로부터 직접 또는 간접적인 경로를 통해 병원체가 전파되게 된다. 즉, 병원체가 직접 식품이나 음료수 등을 오염(1차 오염)시키기도 하며, 병원체가 식기, 손가락, 쥐, 곤충 등에 오염되고 이들을 거쳐 식품이 간접적으로 병원체에 오염(2차 오염)되는 것이 있다. 일반적으로 1차 오염이 2차 오염보다 발생규모가 더 큰 특징이 있다.

(3) 숙주의 감수성

숙주에 병원체가 침입하였을 때, 숙주에게 그 질병이 발병하는 경우를 감수성이 있다고 한다. 사람은 개인마다 면역성에 따라 특정 질병에 대한 감수성의 차이가 있어서 병원체에 감염되었더라도 반드시 감염병이나 질병을 유발하는 것은 아니다.

환자와의 접촉에 의해 전파되는 급성호흡기계 감염병 등에 있어서 감수성 숙주가 병원체에 감염되어 질병을 발생하는 정도를 **감수성지수**(접촉감염지수)라고 한다. 일반적으로 두창은 95%, 홍역 95%, 백일해 40~60%이며, 성홍열 40%, 디프테리아 10%, 폴리오 0.1%로 알려져 있다.

2. 주요 경구감염병

1) 경구감염병과 세균성 식중독의 차이

감염증 중에서 병원체가 식품과 음료수, 수지(手指), 용기, 곤충 등을 통하여 경구적으로 사람의 체내에 들어와 감염을 일으키는 것을 경구감염증이라 한다. 마찬가지로 감염병도 병원체가 입속으로 들어가 사람에게 감염되는 것을 **경구(經口)감염병**이라 하며, 경구감염병은 주로 소화기 계통에 장애를 일으키기 때문에 **소화기계 감염병**이라고도 한다. 즉, 이질, 장티푸스, 파라티푸스, 콜레라 등이 여기에 해당된다.

경구감염병도 세균성 식중독과 마찬가지로 병원체를 경구 섭취하는 것에 의해 일어나지만 감염 양식 등에서 차이점이 있다. 특히 중요한 차이점은 경구감염병이 사람에서 사람으로 점차 전파되어 유행이 넓어지는 것에 비해, 세균성 식중독은 대부분 사람에서 사람으로의 2차 감염이 없는 종말감염이라는 점이다. 또 경구감염병은 소량의 균 섭취에도 발증(發症)하는 것에 비해 식중독균은 어느 정도 증식한 비교적 대량의 균이 경구 섭취되었을 때 발증하는 것도 차이점이다.

그러나 법정감염병인 콜레라는 소량의 균 섭취에서는 발증하지 않고, 반대로 식중독 중에서도 소량의 균으로 발증되는 것도 있다. 또 최근에는 식중독 중에 사람에서 사람으로의 전파가 추정되는 것도 있어 이 정의도 그다지 분명하지 않은 점은 있다.

경구감염병과 세균성 식중독의 일반적인 차이점은 <표 2-4-1>과 같다.

〈표 2-4-1〉 경구감염병과 세균성 식중독과의 주요 차이점

경 구 감 염 병	세 균 성 식 중 독
① 병원균의 독력(毒力)이 강하다. 식품에 소량의 균이 부착되어 있어도 발병한다. ② 병원균이 전파한다. 사람 간에 2차 감염된다. ③ 잠복기가 일반적으로 길다. 주로 ㅇ일로 표시한다. ④ 수인성(水因性) 발생이 크다. ⑤ 면역성이 있는 경우가 많다. 예방접종으로 효과를 얻을 수 있다.	① 균의 독력이 약하다. 식품에 균이 부착한 다음 증식하여 대량으로 섭취해야만 발병한다. ② 병원균이 감염되지 않는다. 섭취한 그 사람으로 끝난다. ③ 잠복기가 대체로 짧다. 주로 ㅇ시간으로 표시한다. ④ 수인성 발생이 적다. ⑤ 면역성이 없다. ⑥ 식품을 저온으로 저장하여 균의 번식을 억제하면 예방할 수 있다.

2) 콜레라(*Vibrio cholerae*) 제1군 감염병

외래 감염병(外來感染病)으로 경구감염병 중 가장 급성이고 제1군 감염병으로 분류되었다. 원래는 인도의 갠지스강 하류지역에 존재하는 지방병이었지만 1817년 인도 전국으로 퍼

지고 더욱이 해륙을 걸쳐 아시아, 유럽과 전 세계로 퍼졌다. 콜레라 독소에 의해 심한 위장장애와 전신증상을 일으키는 급성 설사질환으로 감염률과 사망률이 매우 높다. 우리나라는 1946년 환자 수가 15,644명에, 사망자 수 10,181명으로 사망률이 65.1%에 이를 때도 있었다.

단(편)모형
單(鞭)毛型

(1) 병원체

콜레라의 병원균은 *Vibrio cholerae* 중 혈청학적으로 O1 항원(群)을 가지는 *Vibrio cholerae* O1이다. 식중독균인 장염 비브리오균과 같이 그램음성의 작은 곡균으로 1개의 편모를 가지며, 협막과 포자는 없다. 또한 이 균은 아시아형(진성, classic) *Vibrio cholerae*와 엘토르형(eltor) *Vibrio cholerae*로 구분하며, 혈청학적으로는 inaba형과 ogawa형이 있다. 열저항력은 약해서 56℃, 30분 또는 100℃에서 1~2분이면 사멸한다. 외계에 대한 저항력은 약한 편이 아니어서 0~10℃에서 5~10일에 사멸하고, 분변에서 1~2일간 생존하며, 엘토르형의 저항성이 다소 강하다. 소독제에 대한 저항력은 약해서 1% 석탄산에서 곧 사멸하고 산에도 약한 편이다.

(2) 감염경로와 발생상황

환자나 보균자의 분변 및 토사물에 오염된 음식물과 음료수 등이 감염 원인이 된다. 콜레라균에 노출된 사람 중에서 발병하지 않은 약 10%가 보균자가 될 수 있다. 엘토르형은 외부 환경에 비교적 저항성이 강해서 하천 등이 한번 오염되면 균은 증식을 반복하여 장기간에 걸쳐 생존한다. 또 하천뿐 아니라 유행지역의 연안해역 해수에도 존재하기 때문에 유행지역에는 어패류 등이 오염되어 있을 가능성이 높다.

근래에 유행하는 콜레라는 어패류의 섭취에 의하여 감염된 예가 많다. 우리나라에서는 1940년까지 29차례의 진성 콜레라의 대규모 유행이 있었으며, 과거에는 홍수가 난 후에 유행이 많았으나 근년에는 환자가 산발적으로 주로 해수와 담수가 만나는 지역에서 여름철에 발생하고 있다.

(3) 증상

콜레라균이 식품과 음료수와 함께 경구 섭취되면 6시간~5일(보통 24시간 이내)의 잠복기 동안 경구적으로 들어간 콜레라균이 위를 통과하여 소장에 이르러 정착·증식하면서 콜레라 독소(cholerae toxin, CT)를 생산하고 이 독소가 직접 점막상피세포에 작용하여 심한 수양성 설사를 일으킨다. 이 독소는 1969년 Finkel Stain에 의해 분리·정제된 단순 단백질로서 콜레라 독소의 분자량은 약 85,000으로 추정하고 있다. 전형적인 임상증상은 쌀뜨물 같은 심한 **급성 설사질환**을 하루에 10~30회 정도 하며, 중증(重症)인 경우에는 1일 10 L 이상의 설사에 의한 **탈수**로 사망한다고 한다. 특히 과거에는 아시아형 콜레라인 경우 적절한 치료가 없으면 50%

이상이 사망했었다. 그러나 장관 내의 기질적인 손상은 없기 때문에 수분과 전해질을 충분히 공급하면 급속히 회복한다. 최근 치료에 경구수액(水液)이 도입되어 치사율이 1% 이하로 급격히 감소하였다. 기타 임상증상은 환자의 감수성, 균의 종류와 섭취량에 따라 다르나 종종 구토가 설사에 동반되기도 하며, 경증(輕症)인 경우에는 거의 증상이 없다. 일반적으로 엘토르형은 아시아형에 비해 경증이다.

(4) 예방과 치료

콜레라는 외래 감염병이므로 공항이나 항만에서 검역을 철저히 하여야 하며, 환자가 발생한 경우에는 신속히 격리 및 보고하고 일반인은 발생지역 출입을 삼가야 한다. 철저한 개인 위생관리를 하며, 식품이나 음료수는 충분히 가열한 후 섭취하여야 한다.

그러나 백신 예방접종은 면역효과가 있으나 낮다. 환자에게 항생제(chloramphenicol)를 투여하여 감염균은 제거할 수 있으나 사망의 원인은 탈수이므로 탈수증상이 나기 전에 항생제와 함께 많은 양의 수분이나 생리식염수 등을 공급하여야 한다. 일본에서 환자에게 사용하는 경구수액은 식염 3.5 g, 구연산나트륨 2.9 g(또는 중조 2.5 g), 염화칼륨(1.5 g), 포도당 20 g(또는 설탕 40 g)을 물 1,000 mL에 녹인 것이며, 수분 공급용으로 음용시킨다.

3) 장티푸스(Typhoid fever)

제1군 감염병

(1) 병원체

장티푸스(腸 Typhus)는 아시아, 아프리카 지역에서 주로 발생하며 티푸스균 중 *Salmonella typhi*이고, 장내세균으로 그램음성의 간균이며, 8~12개의 주모성 편모가 있어 활발한 운동을 한다. 그러나 포자와 협막은 없어 열에 약하여 60℃에서 20분 가열로 사멸되나 자연계에서의 생존능력은 강한 편이다. 즉, 일광이 없고 수분이 충분한 환경에서는 장시간 생존할 수 있으며, 분뇨 속에서는 수 주 이상 생존할 수 있다. 과거 장질부사(腸窒扶斯)로도 불려졌다.

(2) 감염경로와 발생상황

환자나 보균자의 분변과 분뇨(소변)에서 전파되며, 전파된 주요 매개물은 균에 오염된 식수와 식품이다. 생과일과 채소 등도 중요한 매개물이 될 수 있으며, 우유, 유제품 또는 패류가 매개물이 되기도 한다. 특히 치즈나 버터에서는 1개월 이상 생존할 수 있다. 이들 식품은 보균자의 오염된 손에 의하며, 경우에 따라서는 파리도 중요한 매개 역할을 하는 경우도 있다.

발병자의 2~5%는 영구 보균자가 되기도 하여 장티푸스의 관리에 있어서 보균자의 관리가 매우 중요한 문제이다. 농촌지역보다 도시지역에서 발생률이 더 높아서 보균자의 식품취급으로 인한 감염에 의한 것으로 보인다. 여름철에 가장 많이 발생하며, 모든 연령층이 감수성을 가지나 성인은 불현성 감염인 경우가 많다. 발병률은 4~19세에서 높고, 성별로는 남성이 많으며, 이환 후에는 저항력을 가진다.

인도, 세네갈, 파키스탄, 방글라데시, 네팔, 인도네시아, 필리핀, 파푸아뉴기니 등과 북부아프리카 지역에서 발병률이 매우 높아 이 지역으로 떠나는 여행객은 백신접종을 권한다.

(3) 증상

잠복기는 3~60일로 평균 1~3주이고 균량이 많으면 잠복기가 짧아진다. 특징은 **발열**이 단계적으로 체온이 상승하여 39~40℃에 달해 지속되는 급성전신성 **열성질환**이다. 그 후 40℃ 이상의 고열이 지속되지만 이 사이에 비종(脾腫), 느린 맥박, 백혈구 수의 감소, 피부의 작은 발진(장미진, roseola) 등의 증세를 보인다. 회장(回腸)에서 궤양이 형성되고 이때에 장출혈, 장천공(腸穿孔)이 일어난다. 장티푸스는 증상의 경과가 길어 항생제를 투여하지 않으면 발열은 4주 이상이나 계속한다. 사망률은 10~20% 정도였으나 최근에는 항생제 등의 치료에 의해 감소하였다. 병후 얻어지는 면역은 평생 면역된다. 장티푸스는 우리나라의 제1군 법정감염병 중에서 가장 높은 발병률을 차지한다.

(4) 예방과 치료

장티푸스도 이질에 준하되 장기 보균자가 많으므로 환자와 건강보균자를 색출, 격리하는 것이 필요하다. 물과 음식물은 반드시 끓여 먹고 철저한 백신 예방접종〔먹는 백신(3~4회 복용)과 주사용 백신〕을 하며 항생제의 치료, 보건 교육을 실시하여 감염되지 않도록 한다. 예방접종은 만 4~12세 사이에서 고위험군에 한하여 접종한다.

4) 파라티푸스(Paratyphoid fever) A, B, C

제1군 감염병

(1) 병원체

병원체는 ***Salmonella paratyphi* A, B, C**의 3형이 있다. 티푸스균(*Salmonella typhi*)과 같이 장내세균으로 그램음성의 간균이며, 8~12개의 주모성 편모가 있고, 포자와 협막은 없다. A형은 아시아에서 활동성이 강하고, B형은 우리나라에서 발생된 파라티푸스의 대부분을 차지하며, C형은 남아메리카에서 자주 보고된다. 환자나 보균자의 대소변이 감염원이 된다.

(2) 감염경로와 발생상황

장티푸스와 거의 같이 환자나 보균자의 배설물을 통하여 직접 또는 간접 감염된다. 성별로 보면 남성에게서 발생률이 높고 A형은 청장년, B형은 청소년에게서 많은 편이다. B형의 발생률이 A형보다 10~20배 높다. 계절적으로 여름철에 많이 발생한다.

(3) 증상

잠복기는 1~3주이며, **발열**의 **급성전신성열성질환**으로 지속적인 고열, 두통, 비장종대, 발진, 설사 등과 임상적, 생리적 소견이 장티푸스와 증상이 유사하나 다소 가벼운 증세를 보인다. B형은 발열증상을 나타내고 식중독과 같이 급성이나 경과가 좋고 치사율도 낮기 때문에 그냥 지나쳐 버리는 경우가 많다.

(4) 예방과 치료

장티푸스의 경우에 준하며, 환자 등의 개인위생과 환경 주변의 위생적 처리가 중요하다.

5) 이질(痢疾, Dysentery)

무(편)모형
無(鞭)毛型

이질에는 세균성 이질과 아메바성 이질이 있다. 최근에는 환자의 대부분이 세균성 이질이며, 식품위생에서 아메바성 이질보다 중요하게 다루어진다. 이질은 급성 염증성 장염질환으로 분변에 혈액이 섞여 나오는 경우가 많아 일본에서는 적리(赤痢)라고 부른다.

세균성 이질(Bacillary dysentery)

제1군 감염병

(1) 병원체

세균성 이질은 전 세계적으로 발생하며 이질균은 발견자인 시가[志賀潔 : 1870~1957]의 이름을 따서 학명을 *Shigella* 속이라 한다. 장내세균과에 속하는 그램음성 간균으로 무포자 호기성으로 편모가 없다. 열에 약하여 60℃, 10분간 가열로 사멸하며, 5% 석탄산에 의해 수 분 이내에 사멸한다. 이 균은 담수 중에서 2~6일, 해수 중에서는 2~5개월간 생존한다.

세균성 이질(Shigellosis)의 원인균은 ***Shigella dysenteriae*** (A군), ***S. flexneri*** (B군), ***S. boydii*** (C군) 및 ***S. sonnei*** (D군)의 4가지로 분류되며, 다시 혈청형에 따라 세분된다. 일반적으로 선진국에서는 *S. sonnei* (D군)가, 저개발국가나 개발도상국가에서는 *S. dysenteriae* (A군), *S. flexneri* (B군)가 이질 발생의 대부분을 차지한다. 한국은 1999년 *S. sonnei*가 88.4% 발생해 선진국형에 이르고 있다.

(2) 감염경로와 발생상황

원인균이 환자와 보균자의 장관에 서식하기 때문에 이들이 배설한 분변에 의해 오염된 물이나 식품을 통하여 전파된다. 그러나 매우 적은 양의 균수(10~100개)로도 감염될 수 있어 환자와의 직접접촉에 의한 감염도 상당히 많으며, 환자로부터 의류, 화장실 변기, 손잡이 등의 기구, 수건 등에 의한 간접적인 오염도 가능하다. 가족내 2차 발병률이 10~40% 정도로 높으며, 파리 등 위생곤충도 이질 발생과 관계가 깊다.

전 연령층에 걸쳐 발생하나 특히 10세 이하의 환자가 많은 부분을 차지하며, 4세 전후의 유아에게 최고의 이환율을 나타내고 여자보다는 남자에게 다소 많다. 사망률은 1세 이하의 어린아이와 노인층에서 높다. 유행기는 다른 감염병과 마찬가지로 여름철이지만 최근에는 계절과 관계없이 발생하는 경향이다. 온대지방에서의 발생률이 높은 편이며, 인구가 조밀하고 비위생적인 지역에서 잘 발생한다. 최근 학교와 사회복지시설에서 집단급식을 통한 발생도 증가하고 있다.

(3) 증상

잠복기는 1~3일, 넓게는 12시간~7일이며, 권태감, 식욕부진, 가벼운 복통 등의 증상을 거쳐 오한, 전율과 함께 설사가 따른다. **설사**는 이질균이 대장점막에 침입, 증식하므로 장벽에 궤양을 만들어서 혈액과 점액이 섞인 혈변인 경우가 많으며, 발열은 38~39℃ 정도이다. 중증인 경우 설사는 점액, 혈액변을 포함하며, tenesmus(대소변이 잘 나오지 않는 증세)를 동반한다. 일반적으로 A군은 중증이 되기 쉽지만, D군은 경증으로 수 회 설사와 가벼운 발열로 경과하는 것이 많다. 보통 2~3주에 치유되며, 경증인 경우에는 단시일 내에 치유된다. 어린이는 전신증상이 나타나며, 고열과 경련 등의 뇌신경증상을 일으키기도 한다.

(4) 예방과 치료

예방은 환자와 보균자의 위생관리와 인분의 위생적 처리를 실시하고 쥐나 파리가 음식을 오염시키지 않도록 한다. 이질균은 열에 약하기 때문에 식품과 음료수는 반드시 가열하여 섭취하고 환자의 손이나 기구, 용기의 소독을 철저히 한다. 환자는 가급적 식품 취급을 하지 않도록 한다. 이 균은 sulfa제 등 항생물질의 치료에 효과가 있다.

아메바성 이질(Amoebic dysentery)

아메바성 이질은 미생물에 속하지 않는 원충류로서 감염병에 속하나 원충류에서 논하고자 한다.

6) 장관출혈성 대장균 감염증(enterohemorrhagic *E. coli*, EHEC)

(1) 병원체

제1군 감염병

이 균은 세균성 식중독에서 다루어 왔으나 최근 감염병 예방법에서 '제1군 감염병'으로 분류하였다. 병원체는 병원성 대장균의 일종인 ***Escherichia coli*** O157 : H7이 원인균이다.

(2) 감염경로와 발생상황

E. coli O157 : H7은 1982년 미국에서 햄버거에 의한 식중독 사건으로 O항원 173종류 중에서 157번에 해당하는 것으로 유래되어 처음 확인된 이후 세계 각국에서 햄버거가 원인식품으로 보고되고 있다. 최근 우리나라에서도 햄버거에 의한 *E. coli* O157 : H7의 식중독 사건이 발생한 바 있다. 병원체의 병원소는 주로 소인 것으로 나타났고, 전파는 주로 생고기나 요리가 덜 된 햄버거용 쇠고기 분쇄육 등의 육류제품과 생우유 같이 오염된 식품을 소비하므로 일어나고, 이외에도 사과주스, 요구르트, 무싹, 시금치와 같은 신선한 채소도 원인식품인 것으로 보고되고 있다.

최근 미국, 일본은 물론 우리나라를 비롯하여 전 세계적으로 새롭게 대두된 *E. coli* O157 : H7를 비롯해 O26, O91, O104, O111, O167 등이 알려져 있다. **베로독소(verotoxin, VT)**를 생산하므로 베로독소 생산성 대장균(Vero-cytotoxin producing *E.coli*)이라고도 한다. 베로독소는 배양세포를 파괴하는 세포독이며 VT1 및 VT2의 두 가지 형태가 있는데, 이들은 시가적리균이 생산하는 시가독소와 동일하거나 유사한 것으로 알려져 있다. 이 균은 60℃ 45분 이상, 65℃ 10분, 75℃에서 30초 이상 가열로 살균된다.

(3) 증상

장관출혈성 대장균(EHEC)의 잠복기는 3~8일이고 10~1,000개의 적은 수로 발병하며, **출혈성 혈변설사**, 격렬한 **복통**을 일으킨다. 특히 어린이들에게 있어서 급성신경쇠약으로 감염의 약 2~7%가 적혈구를 파괴하여 나타나는 **용혈성 요독증후군**(hemolytic uremic syndrom)과 같은 질병을 일으키고, 심한 경우에는 급성 신부전증(腎不全症)으로 발전하기도 하여 신장의 기능이 상실될 수 있다. 이 경우 사망률은 3~5% 정도로 높다. 환자의 사망률은 20~30%로 나타났다.

(4) 예방과 치료

세균성 식중독의 병원성 대장균에 준하되 *E. coli* O157 : H7균은 동결 쇠고기에서 9개월 후에도 생균 수의 감소가 없는 것으로 보고되어 있어 동결에 저항성이 큰 것으로 알려져 있다. 따라서 동결육의 해동 시에는 다른 식품, 조리기구 등에 2차 오염되지 않도록 특별한 주의가 요구된다. 특히 가열살균과 방사선 처리 등의 방법, HACCP과 같은 예방수단을 적용하는 것이 바람직하다.

7) 바이러스성 간염(Viral hepatitis, 유행성 간염)

일명 **유행성 간염**이라고도 불리는데 간염 바이러스가 간세포에 침입하여 염증을 일으키는 것으로 현재 A, B, C, D, E형 간염 바이러스가 알려져 있다. A형 간염은 경구감염되는 간염이며, B형 간염과 C형 간염은 혈액이나 체액에 의해 감염되므로 식품위생적 측면에서는 A형 바이러스 간염과 최근 E형 바이러스 간염이 문제가 된다. 1983~1987년에 미국에서 식품으로 인해 발생한 10대 질병의 원인들 중에서 노르워크바이러스(Norwalk Virus)가 5위, A형 간염 바이러스가 6위 그리고 기타 바이러스(주로 로타바이러스)들이 10위를 차지했다. 1988~1992년에 미국 CDC가 발표한 자료에 의하면 A형 간염 바이러스가 살모넬라균, 이질균 및 *Clostridium perfringens*에 이어 식품을 통해 감염되는 질병의 4번째 주요 원인이라고 한다. 노르워크 바이러스는 9위를 차지했다. 북한에서는 돌림간염이라고 한다.

A형 간염 바이러스

제1군 감염병

(1) 병원체

A형 간염 바이러스(hepatitis A virus, HAV)에 의하여 발병하며, 이 바이러스는 직경 27 nm인 구형 바이러스로 핵산은 단일사슬의 RNA이다. 에테르, 산(pH 3.0)에는 안정하지만 100℃에서 5분간의 열처리에는 불활성화된다.

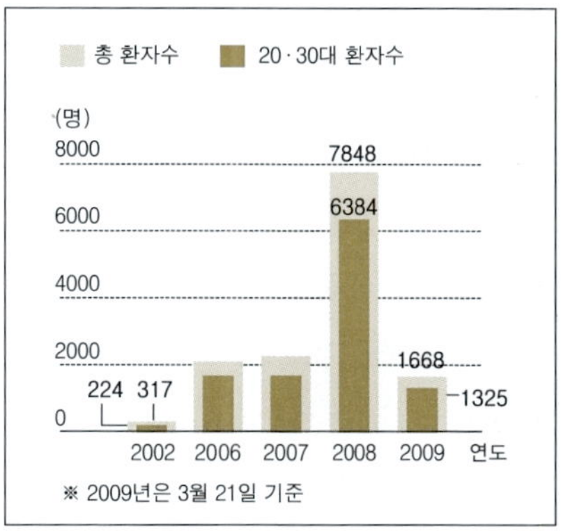

〈그림 2-4-1〉 20, 30대 A형 간염환자 변화
자료 : 질병관리본부

(2) 감염경로와 발생상황

A형 감염은 급성뿐이다. A형 간염 바이러스의 숙주는 사람이고 간에서 생성된 소수의 바이러스들이 담관을 통해 흘러나와 수일 또는 수 주일 안에 배설물 1 g당 10^6마리 이상으로 증식하여 분변과 함께 배출된 바이러스가 음료와 식품, 손 등을 통하여 경구감염되어 질병을 일으킨다. 굴, 모시조개의 생식과 불충분한 가열에 원인이 많으며 그 외에 우유, 채소, 샐러드, 샌드위치 등의 식품도 원인이 된다. 또 감염자의 분변을 통해 가족 및 친지 감염, 고아원

이나 학교, 군대 등에서 집단적으로 발생하기 쉽다. 바이러스는 전 세계에 널리 분포하지만 위생 수준이 낙후된 대부분의 동남아시아(베트남, 라오스, 캄보디아, 필리핀, 인도네시아, 미얀마, 타이 등), 중남미(엘살바도르, 에콰도르, 페루, 멕시코, 코스타리카, 볼리비아 등)의 지역에서는 1개월 거주할 때 여행객 10만 명당 300명이 A형 감염에 걸린다고 보고되고 있다. 소아기에 대부분 감염되고 생애 계속되는 면역항체를 획득한다.

(3) 증상

A형 간염의 잠복기는 15~50일로서 전형적 임상증상은 초기 1개월 정도는 증상이 없다가 우선 발열, 전신권태감, 어지러움, 심한 구토, 설사, 두통, 근육통 등의 전신증상으로 시작하여 그 후 요농염(尿濃染), 황달 등의 증상을 보인다. **A형 간염**은 B형 간염과 C형 간염과는 달리 예후(豫後)가 양호해서 1~2개월에 간기능이 정상화되고 만성간염으로 이행하지 않아 간경변과 간암과의 관련도 없다고 한다. 주로 어린 연령층에서 급성간염을 일으키지만 일반적으로 소아기의 감염은 성인에 비해 경증이거나 증상 없이 면역을 획득하는 경우가 많다. 대부분 38℃ 이상의 발열과 함께 급격히 발생하는 것이 특징이다.

(4) 예방

굴, 모시조개의 생식을 금하며, 충분히 가열하여 섭취한다. 예방접종으로 A형 감염백신을 출생 후 12~36개월 사이에 1차와 2차에 걸쳐 2회 접종하지만 1회 맞으면 4주 뒤 약 95%의 면역력인 항체가 생긴다. 6~12개월 후 재접종하면 면역력이 평생 유지된다. 현재 미국에서는 포르말린 백신의 사용허가가 인정되어 식품취급자의 면역을 강화시켜 준다. 그리고 철저한 개인위생 유지와 대변 및 하수 등 공중위생의 개선이 필요하다.

E형 간염 바이러스

(1) 병원체

E형 간염 바이러스(hepatitis E virus, HEV)에 의하여 발병하며, 이 바이러스는 직경이 32~34 nm이고 염류의 고농도에 노출 시 불안정한 상태를 나타내며, 단백질로 둘러싸인 단일 RNA 물질이다.

(2) 감염경로와 발생상황

E형 간염은 1955년 최초로 인도 뉴델리(New Delhi) 시에서 분변에 오염된 수도물에 의해 경구감염되어 유행되었다는 사실이 뒤늦게 밝혀졌고, 1975~1976년에 역시 인도 아메다바드(Ahmedabad) 시에서 같은 유행이 있었다.

세계적으로 감염현황은 아시아에서는 북부 인도를 비롯해 네팔, 중앙아시아의 키르기스(Kirghiz), 타지키스탄(Tajikistan), 동남아의 파키스탄, 중국, 미얀마, 베트남 등과 아프리카에는 알제리, 이집트, 동수단, 에티오피아, 세네갈 등 그리고 아메리카에서는 멕시코 등이 분포되어 있다.

E형 간염은 돼지 등 동물성 식품에 의해서도 매개되지만 주로 분변에 오염된 물에서 경구적으로 전파되는 것으로 알려졌다. 치사율이 낮으나 임산부의 사망률은 20%로 높으며, 일반적인 사망률은 1~2%로 A형 간염보다 10배 높은 경향을 볼 수 있다. 그리고 15세 이상 성인층에서 잘 걸린다. 감염량은 아직도 알려지지 않았으며, 감염자의 배설물을 통하여 전파된다. 특히 여행자에 의해 들어올 가능성이 있다.

(3) 증상

E형 간염의 잠복기는 22~60일 범위로 유행이 40일 정도이다. 증상은 메스꺼움(46~85%), 거무스름한 소변(92~100%), 복통(41~85%), 구토, 어지러움, 발열, 관절통 등을 거쳐 대부분 모든 환자에서 간종양이 보이고, 환자 중 간장염, 신장 파괴 후 출혈 등으로 사망에 이른다.

(4) 예방

E형 간염을 예방하기 위해서는 사람과 동물의 분변물로부터 오염되지 않도록 물(음료수)을 철저히 관리하여야 한다. 또 물의 공급에 있어서도 품질을 적극적으로 개선하여 바이러스가 검출되지 않도록 힘써야 할 것이다. 또 간염이 유행할 때는 사람과 사람의 접촉에 유의하여야 할 것이다.

8) 디프테리아(*Diphtheria*, DTaP)

제2군 감염병

(1) 병원체

Corynebacterium diphtheria이며, 그램양성 무포자 간균이다. 열, 일광, 화학약품 등에 저항력이 비교적 약하다.

(2) 감염경로와 발생상황

환자나 보균자의 콧물, 인후분비물, 기침 등을 통해 균이 배출되며 주로 접촉 및 비말에 의한 직접감염이 많고, 환자의 분비물에 의해 오염된 식품을 통하여 경구감염되는 경우도 있다. 계절적으로 겨울과 봄에 많으며, 4세 이하의 어린아이가 전체 환자의 60%를 차지하며, 10세 이후의 환자는 매우 적다. 백신 접종에 의해 현재는 발생이 거의 없다.

(3) 증상

잠복기는 2~6일이며, 38~40℃의 **발열**과 함께 코, 인두, 편도, 후두 등의 상기도 침범부위에 **이비인후과 염증**과 위막(僞膜)을 형성하며 드물게 피부, 결막 등을 침범하기도 한다.

증상을 요약하면 호흡기 점막과 피부의 상피세포조직에 국소적 염증을 일으키는 질환이다.

(4) 예방과 치료

조기 진단이 중요하며 환자 및 보균자를 격리, 음식물의 오염방지가 필요하다. 순화독소(toxoid)를 이용한 예방접종은 생후 2개월부터 2개월 간격으로 3회 기초 접종하며, 생후 15~18개월, 4~6세에 추가 2회 접종한다.

9) 폴리오(Polio, 급성회백수염, 急性灰白髓炎)

제2군 감염병

(1) 병원체

폴리오바이러스(Polio virus)로 I(Brunhilde), II(Lansing), III(Leon)형의 세 종류가 있다. 크기는 8~25 ㎛ 정도이며, 외계에 저항성이 크다.

(2) 감염경로와 발생상황

바이러스는 환자와 불현성 감염자의 인후분비물과 대변에 함유되어 배출되고, 감염은 이들과의 직접접촉이나 비말에 주로 의하며 우유 및 식품, 물 등은 드문 편이나 매개체로 작용한다. 연중 발생하나 늦여름과 초가을에 많이 발생한다. 항체가 없는 개체는 연령과 관계없이 감염되며, 대부분 불현성 감염이 많다. 개발도상국에서는 5세 이하의 어린아이에게 많이 감염되며, 마비환자도 많다.

(3) 증상

폴리오(Poliomyelitis)는 **급성회백수염**, 일명 **소아마비**(acute infantile paralysis), 급성척수전각염, Heine병 및 Medine병으로도 불리는 감염병으로 경구적으로 체내에 바이러스가 들어가면 장관 내에 증식하여 혈액에 의해 중추신경에 도달하면 운동마비가 일어나는데 주로 어린아이에게 급성이완성(弛緩性, 긴장을 급속히 감소시키는 것) 마비를 일으키는 질환이다.

잠복기는 불현성 감염일 경우 3~6일이며, 마비성 폴리오는 7~12일이다. 증상은 무증상 감염 또는 비특이적 열성질환이 대부분이며, 드물게 부전형 회백수염(약 5%), 비마비성 회백수염(약 1%), 마비성 회백수염(1% 이하)을 나타낸다. 마비성 회백수염은 초기에 발열, 두통 등의 증상으로 시작하는 것이 많으며 인후통, 구역, 구토 등의 비특이적 증상을 보이다가 수일간의 무증상기를 거쳐 비대칭성의 이완성 마비(flaccid paralysis)가 나타난다.

(4) 예방과 치료

예방접종이 가장 확실한 방법이며, 혼합형 세이빈백신(sabin vaccine)이 좋으나 불가능할 경우 솔크백신(salk vaccine)을 사용한다. 세이빈백신은 약독성 생백신으로 면역이 확실하고 내복할 수 있으며, 솔크백신은 주사용이다. 우리나라의 정기 예방접종은 생후 1개월부터 1~2개월 간격으로 3회 실시하고, 추가접종은 생후 4~6세에서 1회 실시한다.

10) 성홍열(猩紅熱, Scarlet fever) 제3군 감염병

(1) 병원체

그램양성, 무포자균인 용혈성 연쇄상구균인 ***Streptococcus haemolyticus***(Group A β-haemolytic *streptococci*)이 병원체이며, 이 균은 발적독소(發赤毒素, erythrogenic toxin)라고 부르는 균체외 독소인 Dick 독소를 생성하며 급성 열성질환 등 다양한 증상을 나타낸다.

(2) 감염경로와 발생상황

환자와 보균자가 병원소이고, 비말과 분비물에 의한 직접전파가 주를 이루며, 오염된 우유 등과 같은 식품을 통해서도 가끔 전파된다. 온대지방에 많이 유행하며, 계절과 큰 관계는 없으나 늦은 겨울과 초봄에 발생률이 높다. 6~12세의 어린이에게 주로 발생한다.

(3) 증상

잠복기는 1~3일이며, 증상은 자각증세 없이 지나가는 경증으로부터 **발진(발적)**을 일으키는 중증까지 다양하다. 중증은 인후통에 뒤따르는 갑작스런 39~40℃의 발열, 즉 **급성열성질환**, 두통, 구토, 복통, 인두염, 발진 등이 나타나고 심한 이후(耳後)충혈, 연구개(軟口蓋) 및 목젖의 출혈반, 딸기혀 및 경부 림프절의 종창이 나타나기도 한다.

(4) 예방과 치료

우유 등의 식품이 매개체이므로 목장이나 우유류 취급소 위생이 중요하다. 딕독소(dick toxin)에 의한 능동면역이 있다.

11) 비브리오(불니피쿠스) 패혈증(*Vibrio vulnificus*) 및 괴저병 제3군 감염병

(1) 병원체

원인균은 ***Vibrio vulnificus***로 바닷물에 사는 세균이다. 이 균은 피조개, 굴, 바지락, 게 등의 아가미, 내장, 비늘 등과 모래나 뻘 속에서도 발견된다. 이 균주는 *Vibrio parahaemolyticus*와는

lactose를 천천히 분해하는 등의 생화학적 특징이 다른 lactose-positive vibrio이다. 이 균주의 이름은 사람의 창상(vulnus or wound)에서 분리된 것에 기원하여 1979년 *Vibrio vulnificus*로 명명되었다.

(2) 감염경로와 발생상황

비브리오 패혈증은 뻘이 있고, 하천수가 바다로 유입되어 유기물의 오염도가 높으며, 염분 농도가 낮은 특정 지역에서 수온이 높은 여름철에 주로 발생된다. 알려진 원인 어패류로는 낙지, 오징어, 조개, 바지락, 꽃게, 굴, 피조개, 홍어, 생물치, 생게젓, 서대, 방게 등이 있다.

일반적인 감염경로는 오염된 어패류의 섭취에 의해 발증하는 경구감염과 오염된 해수에 피부의 상처가 접촉함으로써 균이 침입하여 발증하는 창상감염의 두 가지 형태가 있다.

경구감염의 경우, *Vibrio vulnificus*에 오염된 어패류를 날로 먹으면 장(腸) 속으로 들어가 장 점막을 거쳐 장, 간을 통과하며 결국 핏속으로 들어가 24시간 이내에 발병하여 패혈증(敗血症)을 일으킨다. 주로 당뇨병, 간질환, 알코올 중독 등 저항력이 떨어져 있는 만성 질환자에게서 나타나는 질환으로 중증의 증세를 보이는 경우가 많으며 발병 후 사망률이 50% 정도로 높다. 정상적인 사람은 어패류를 날로 먹어도 이 균이 간을 통과할 때 죽게 되므로 큰 문제를 일으키지 않는다. 그러나 간질환이 있는 사람은 기능이 떨어져 아무런 제재를 받지 않고 핏속으로 들어가 병증을 일으킨다.

또 하나는 **괴저병**(壞疽病)으로 사람에게 피부상처가 있거나 게나 가재 등과 같은 어패류에 찔리거나 물리면 피부를 통해 대부분 다리로부터 시작해서 엉덩이, 등, 팔, 어깨 등 온몸으로 붉은반점(紅斑)과 물집(水泡)이 생기고 그 부위가 검게 되면서 피부가 썩는 현상을 볼 수 있다. 때로는 구토, 설사 등도 생긴다.

우리나라에서는 1985년 7월에 전라남도, 전라북도, 경상남도, 충청남도에서 비브리오 패혈증에 걸린 환자 14명 중 7명이 사망한 것으로 집계되고 이들은 거의 간염, 간경화나 알코올 중독을 가지고 있는 40세 이상의 남자들인 것으로 밝혀진 예가 있다.

(3) 증상

잠복기는 1~2일이다. 증상은 섭취 후 16~20시간 이내에 나타나고 초기에 높은 발열과 오한이 들어 떨리고 쑤시며 기운이 빠지는 전신증상이 나타난다. 피부증상은 초기증상이 나타난 지 12시간 이내에 나타나고 사지의 심한 통증, 홍반, 수포, 출혈반 등을 볼 수 있다.

(4) 예방과 치료

예방은 어획에서 소비까지 어패류를 영하의 냉장고에 보관하거나 가열해서 먹으면 감염의 위험이 없다. 생선회의 경우 살 속에는 균이 없으므로 수돗물로 깨끗이 씻어 먹으면 발병의 염려가 없다. 다만 도마, 행주, 칼 등의 오염이 없도록 소독 및 살균을 철저히 하여야 할 것이다. 건강한 사람보다는 만성 질환자들(당뇨병, 알코올중독, 간염 환자 등)에게서 문제가 되므로 이들 질환자들은 여름의 어패류 생식을 삼가는 것이 좋다. 특히 여름에 바닷가에 갈 때 피부에 상처가 있을 경우에는 수영이나 어패류 취급, 오염된 해수와의 접촉 등을 삼가는 것이 바람직하다. 치료는 초기에 테라마이신, 겐타마이신 등의 항생제로 치료 효과가 있으나 빨리 병원을 찾아 전문가의 도움을 받는 것이 최우선이다.

12) 이즈미열(泉熱, Izumi fever)

(1) 병원체

바이러스로 알려져 있다.

(2) 감염경로와 발생상황

대부분 음식과 물을 통하여 감염되지만 직접감염도 있다. 물을 통한 감염은 위생환경이 불량한 지역의 우물에서 발생한 경우가 있었다. 5월을 중심으로 봄철에 많이 발생하며, 이환율은 2~10세에 많다.

(3) 증상

급성 발진열성 질환으로 1927년 일본의 가나자와 시에서 성홍열과 유사한 질환으로 발생하였으며, 이즈미 센스케(泉仙助)가 처음으로 보고를 하여 **천열(泉熱)**이라고도 불린다. 잠복기는 보통 2~10일이며, 식품에 의해 감염될 때는 평균 7일, 물에 의한 감염인 경우는 평균 9일이다. 증상은 두통과 함께 39℃ 이상의 **발열**을 일으키며, 발병과 동시에 또는 2~3일 늦게 발진이 나타난다.

(4) 예방과 치료

우물 등 공동 식수시설의 소독과 하수처리를 철저히 하고, 쥐, 진드기 구제 등을 실시하여야 한다.

13) 경구감염병의 예방 및 대책

식품 등의 기준 및 규격에서 "식중독균 중 식육(제조, 가공용 원료는 제외), 살균 또는 멸균처리하였거나 더 이상의 가공, 가열조리를 하지 않고 그대로 섭취하는 가공식품에서는 특성에 따라 살모넬라균, 황색포도상구균, 장염비브리오균, 클로스트리디움 퍼프린젠스, 리스테리아 모노사이트제네스, 대장균 O157 : H7, 캠필로박터 제주니, 여시니아엔테로콜리티카 등 식중독균이 검출되어서는 아니 된다."라고 규정되어 있다.

경구감염병을 예방하기 위한 3원칙으로 감염원, 감염경로, 감수성자 대책이 필요하다.

감염원 대책은 사람과 동물 또는 환경으로부터의 병원체를 없애는 대책으로, 환자의 격리와 소독에 의한 병원체의 살균 등이 있다. **감염경로 대책**은 각각의 병원체 감염양식(비말감염, 접촉감염, 경구감염 등)에 따라 전파경로를 차단하는 대책이다. 경구감염병에서 감염경로 대책은 식품위생적인 측면에서 매우 중요하다. 경구감염증은 대부분 분변이 감염원이므로 분변으로부터 식품, 음료수, 기구, 위생곤충 및 동물 등의 매개체를 통하여 감수성자에게 감염된다. 따라서 경구감염병은 대부분 전파경로를 차단함으로써 감염병의 유행을 막을 수 있으므로 감염경로 대책의 효과가 높은 질환이다. 그러나 대부분의 개발도상국에서는 위생설비가 충분하지 않아 콜레라와 이질 등이 만연하는데, 이 같은 국가에서는 환자의 격리와 감염병의 유행감시 등 감염원 대책이 중심이 되고 있다. **감수성자 대책**은 감염을 일으키는 사람에 대한 대책으로, 대표적인 것은 백신 등의 예방접종이다.

식품위생적인 측면에서 경구감염병을 예방하기 위하여 다음 사항에 주의해야 한다.

① 환자, 특히 경증환자와 보균자를 조사, 발견하여 식품의 제조, 취급, 조리 등에 종사시키지 말 것
② 식품 원료는 허용된 살균료 등을 사용하여 위생적으로 처리한 신선한 것을 사용할 것
③ 식품의 보존에 주의하며 생식을 가능한 한 금할 것
④ 식품에 사용하는 물과 식수는 위생적인 것을 사용할 것
⑤ 식품을 취급하는 사람은 개인위생을 철저히 하고 특히 손을 잘 씻고 소독할 것
⑥ 식품의 제조, 취급, 조리 등에 사용되는 기구, 식기는 깨끗이 씻고 소독할 것
⑦ 쥐, 파리, 바퀴 등의 침입을 방지하고 이들을 구제할 것
⑧ 작업장을 청결하게 할 것
⑨ 예방접종을 실시할 것 등이다.

아울러 앞으로 병원체의 수입감염증으로 인해 한층 검역을 강화할 필요가 있다. **수입감염증(輸入感染症)**이라 함은 사람과 식품을 통하여 국외에서 들어온 감염증을 말한다. 세계는 WTO시대로서 국가 간 교류가 더 활발해지고 또 항공로, 해항로의 발달과 물류의 증가 그리고 해외여행의 증가 등으로 국내외의 출입이 증대되고 있다. 따라서 사람과 함께 식품의 물류로 인한 병원체의 오염도 한층 증가될 것으로 추정되므로 예방과 대책이 요구된다.

3. 인수공통감염병(人獸共通感染病)

1) 인수공통감염병의 개요

인수공통감염병(Zoonoses, 인축공통전염병)이란 1959년 WHO에서 정의한 "These disease and infections which are naturally transmitted between vertebrate animals and men."에서와 같이 사람과 동물(특히 척추동물)에서 같은 병원체에 의하여 발생하는 질병을 말한다. 우리나라 「감염병의 예방 및 관리에 관한 법률」 제2조(정의)에서 "인수공통감염병이란 동물과 사람 간에 서로 전파되는 병원체에 의하여 발생되는 감염병 중 보건복지부장관이 고시하는 감염병을 말한다."라고 규정하고 있다. 인수공통감염병은 전 세계적으로 약 180종이 알려져 있고 공중위생상 중요한 문제가 되고 있다. 인수공통감염병의 병원체는 세균, 바이러스, 리케차, 곰팡이, 플라스마, 기생충 등이 있다. 세균성 질병으로는 세균성 식중독(살모넬라, 포도상구균, 보툴리누스균, 웰치균, 병원성 대장균 식중독), 브루셀라증, 돈단독, 렙토스피라증, 리스테리아증, 결핵, 야토병 등이 있으며, 바이러스성 질병으로는 일본뇌염, 인플루엔자, 광견병, 유행성 출혈열 등이 있다. 이들 중 식품위생상 문제가 되는 것은 약 10여 종으로 탄저, 브루셀라증, 살모넬라증, 야토병, 결핵, 돈단독, 렙토스피라증 등이다.

인류는 옛날부터 오랜 세월 동안 동물류를 식품으로써 이용해 왔는데, 가축과 가금의 육류, 젖 및 알과 이들 가공품은 그 수요가 더욱 증대되고 있다. 그러나 축산물을 사용할 때는 식품위생상 여러 가지 문제가 있다. 즉, 동물 자체가 인수공통감염병에 감염되었을 경우 축산물을 매개체로 하여 인체에 질병을 감염시키게 되므로 모든 나라에서는 이를 방지하기 위하여 축산물 가공처리법과 식품위생법을 제정, 시행하여 예방에 만전을 기하고 있다.

인수공통감염병의 감염경로는 질병에 따라 다른데, 이들을 대별하면 다음과 같다.

① 감염된 동물의 고기 또는 우유 등을 섭취함으로써 감염되는 것

② 감염동물의 조직이나 분비물 등에 직접접촉하여 감염되는 것

③ 음식물이 이들 병원체에 의해 2차적으로 오염되어 이런 음식을 섭취함으로써 감염되는 것

2) 결핵(結核, Tuberculosis) 제3군 감염병

(1) 병원체

주로 사람에게 침입하는 **결핵균**(인형균)은 ***Mycobacterium tuberculosis***로 그램양성, 편성호기성의 무포자 간균이다. 고온에 대해 저항력이 약하고 70~80℃, 5분 정도의 가열로 거의 균이 사멸한다. 자외선에 대해서는 약하지만 산과 알칼리에 대해서는 저항력이 강하다. 주로 사람에 침입하는 인형균(人型菌, human type)과 수류(獸類), 특히 소에 침입하는 우형균(牛型

菌, bovine type)인 ***Mycobacterium bovis*균**, 그리고 조류에 침입하는 조형균(鳥型菌, avian type)인 ***Mycobacterium avium*균**과 사람과는 무관한 파충형(reptillian type) 등이 있다. 이들은 원래 모두 동일한 것이었는데, 각기 다른 숙주에서 오랫동안 서식함으로써 그 성질이 변화된 것으로 생각된다.

(2) 감염

균의 배출은 사람의 경우 활성병소에 따라 다른데 **폐결핵**의 경우 객담이나 비말로, **신장결핵**은 소변으로, **장결핵**은 분변으로 배출되며, 소의 경우는 우유, 담, 대변 등으로 배출된다. 사람의 감염은 폐결핵 환자의 기침이나 재채기를 통해 외계로 나온 균에 의해 직접 및 간접 흡입에 의하거나 우형 결핵균에 오염된 우유나 유제품을 통해 감염되기도 한다. 결핵은 오염된 소의 우유에만 국한되는 것이 아니라 감염된 소의 고기도 위험하다. 조형 결핵균도 사람에게 감염된다는 보고가 있으며 달걀도 주의해야 한다.

(3) 증상

결핵은 사람과 포유류, 조류 등에 감염하여 호흡기, 소화기 등 전신의 장기(臟器)에 침투하는 질병으로, 특히 폐에 많이 감염되어 옛날에는 '폐병'으로 불려진 감염병이다.

잠복기는 감염에서 초기증상이 나타나기까지 4~6주간이다. 결핵에 대한 감수성은 누구나 가지고 있으며, 특히 3세 미만이 가장 높고 3~12세가 가장 낮으며 그 후로는 감수성이 다시 증가한다. 증상은 감염부위에 따라 매우 다양한데 일반적인 공통증상은 발열, 전신피로감, 식은땀, 체중감소 등이다. **폐결핵**의 증상으로는 공통증상 외에 **가래**, **혈담**, 흉통, 호흡곤란 등을 나타낸다.

(4) 예방법

정기적으로 **투베르쿨린(tuberculin) 반응검사** 및 X선 촬영을 실시하여 조기에 결핵 감염 여부를 알아내고 음성자는 **BCG(bacillus calmette guerin)접종**을 실시해야 한다. 우유 및 유제품에 의한 감염을 막기 위해서는 결핵을 앓고 있는 소를 조기 발견해야 하며, 투베르쿨린 양성소는 도태시킨다. 결핵균은 저온살균에 의해 사멸되므로 반드시 우유의 저온살균이 필요하다. 그리고 쇠고기의 생식은 위험하므로 충분히 가열한 후에 식용하면 위험을 피할 수 있다. 우형 결핵균은 사람에게도 감염되며, 조형 결핵균도 사람에게 감염된다는 보고가 있다. 인형, 우형, 조형의 3형에 의해 상호감염도 문제가 되므로 결핵환자가 젖소를 취급하지 않도록 한다. 출생 후 1개월(4주) 내에 BCG 피내용이나 경피용 1회 접종을 하고 기록은 10년간 보관하도록 법적으로 규정되어 있다.

3) 브루셀라증〔파상열(波狀熱), Brucellosis, Undulant fever〕 제3군 감염병

(1) 병원체

병원균은 *Brucella*속 계통이며, 그램음성의 무포자의 간균으로 운동성이 없고 세포 내에 기생한다. 열에 대한 저항력이 약하며, 58℃에서 10~15분으로 사멸하고, 우유의 저온살균(60℃)에서는 3분 내에 사멸하지만, 건조에는 저항력이 강하다. ***Brucella melitensis***는 양과 산양, ***Brucella suis***는 돼지, ***Brucella abortus***는 소에게 모두 감염성 유산(流産)을 일으킨다. 사람에게는 다 같이 감염성을 가지고 있으나 *Brucella melitensis*가 사람에게 병원성이 가장 높다.

(2) 감염

사람은 주로 이환된 소, 산양 등의 고기 및 젖을 충분히 가열하지 않고 섭취함으로써 경구감염되며, 감염된 동물 또는 체액에 직접 접촉함으로써 경피(經皮)감염과 경기도(經氣道)감염도 일어난다. 가축낙농사육자, 육류취급자 등이 이 병에 걸리는 일이 많다.

(3) 증상

소, 양 돼지 등에서는 자궁점막과 태막(胎膜)의 염증 그리고 유산(流産) 등 번식장애를 일으키는 감염성 질병이다. 사람에게 침입하면 열성질환을 일으킨다. 인체에 감염될 경우 보통 2~4주의 잠복기를 거쳐 열이 오르고 내리는 파상열이 나타난다. 결핵, 말라리아와 비슷하게 보통 오후에는 38~40℃의 고열이 나다가 오전에는 발한과 함께 평열을 나타내는 증세가 2~3일간 계속된다. 이 **열성질환**이 수 주일 또는 수 개월의 간격을 두고 재현되는 것이 특징이며, 이러한 뜻에서 **파상열**이라 명명하게 되었다. 사람에게는 불현성 감염이 많으며 그 밖에 경련, 관절염, 피로, 식욕부진, 미각 이상, 두통, 요통, 간 및 비장의 비대, 백혈구 수의 감소 등이 나타난다.

(4) 예방법

평소 소, 산양, 돼지 등의 소독 등 관리를 철저히 하며, 감염된 가축은 조기에 발견, 분리하거나 도살시키고 유즙의 살균을 철저히 하여야 한다. 또 감염된 소의 유산처리 시에는 경피감염에 주의한다.

4) 탄저(炭疽, Anthrax) 제3군 감염병

(1) 병원체

탄저균인 ***Bacillus anthracis***는 1877년 코흐(R. Koch)에 의해 발견되었으며, 그램양성의 협막과 포자를 가지고 있는 대형 간균으로 호기성균이다. 포자를 형성하기 때문에 열에 대한 저항력이 강하며, 포자는 건조, 약제 등에 대한 저항력이 강하여 흙에서는 십수 년 이상 생존하여 토양에 오염되면 오랫동안 감염원이 된다. 10% 포르말린에 15분 처리로 사멸된다.

(2) 감염

탄저는 비탈저(脾脫疽)라고도 하는데, 초식동물 가축의 급성감염병이며 사람에 대하여도 감수성이 있는 급성 열성감염병으로 가축의 감염은 오염된 풀, 사료에 의하여 발생하며 동물 간의 접촉에 의한 것은 드물다. 균은 혈액 중에 들어가 패혈증(敗血症)을 일으키기 때문에 감염된 가축은 2~3일에 사망한다. 사람의 감염은 가축과 축산물의 직접접촉에 의한 경우가 많고 사람으로부터의 감염은 극히 드물다. 사람은 감염부위에 따라 피부탄저, 장탄저, 폐탄저 등으로 나누어지며 대부분 피부탄저이다. 탄저병은 가축사육 및 낙농업자, 도살업자, 피혁업자, 양모취급자, 수의사, 포수 등에서 주로 발생하며, 치명률이 높다.

(3) 증상

잠복기는 보통 1~7일로서 넓게는 1~60일이다. **피부탄저**는 병원체가 피부 상처를 통하여 감염되는데, 침입 부위는 발적(發赤), 종창(腫脹), 수포, 궤양과 림프샘염 등을 일으키며 발열, 피로감, 두통 등이 동반될 수도 있고 심할 경우 패혈증으로 사망한다. **장탄저**(腸炭疽)는 감염된 동물의 고기를 충분히 조리하지 않고 섭취하였을 때 발생하며 식중독과 비슷한 구역질, 구토, 복통, 복수(復水), 복부통압 등이 발생한 후 토혈, 복통, 혈변 등의 증상이 나타나고 패혈증을 일으키기도 한다. **폐탄저**(廢炭疽)는 포자를 흡입함에 따라 호흡기를 통해 감염되는데, 초기에는 미열, 마른기침, 피로감 등 가벼운 상기도염 증세를 보이며, 심할 경우 호흡곤란, 고열, 빈맥, 토혈 등이 동반되고 패혈성 쇼크로 사망하기도 한다.

(4) 예방법

병에 걸린 가축은 조기발견, 격리, 치료를 철저히 하여야 한다. 이환된 동물의 사체소독을 철저히 하고 분비물, 혈액 등이 토양을 오염시키지 않도록 도축장의 위생을 철저히 한다(흙속의 균이 상처를 통하여 인체에 침입하면 피부탄저를 일으킴). 도축장에서는 식육검사를 엄격히 하며, 밀도살한 고기 등을 구입하지 않는다. 탄저균에 오염될 위험이 있는 작업장은 먼지 채집기, *p*-formaldehyde 증기 배출기를 설치한다. 가축의 예방접종을 철저히 한다.

5) 렙토스피라증(Leptospirosis, Weil's disease)

제3군 감염병

(1) 병원체

*Leptospira*는 그램음성 세균류 스피로헤타과(科)의 한 속(屬)으로 몸길이 6~20 μm, 폭

0.1 μm로 가늘고 길다. 미세한 나선형의 무포자균인데 활발한 선회(旋回)운동을 하며 편모는 없다. 특수한 배양기에서 인공배양이 가능하다. 렙토스피라속은 병원성이 있는 ***Leptospira interrogans***와 병원성이 없는 *Leptospira biflexa*의 두 종류로 나누어지는데, 이것은 각각 여러 가지 혈청형으로 다시 세분된다. 병원성 렙토스피라는 세계적으로 널리 퍼져 있으며, 사람과 동물에 공통적인 감염병인 렙토스피라증을 일으킨다. 렙토스피라는 건조한 환경에 대해 저항성이 약하며, 열에 대해 저항성이 약해서 50℃에서 10분 내에 사멸한다. 오염된 상수에서는 18~20일 생존한다. ***Leptospira canicola, Leptospira icterahaemorrhagiae*** 등이 주요 병원체이다.

(2) 감염

병원체는 소, 돼지, 개, 쥐 등에 감염되어 있는데, 주로 보균동물(주로 들쥐)의 소변으로 배출된 균에 오염된 물이나 흙과의 접촉으로 상처난 피부나 구강, 비강 등의 점막을 통해 인체에 침입함으로써 사람에 감염되며, 오염된 물이나 식품 섭취에 의해서도 발생된다. 특히 논물에 들어가 작업하는 농부들이 고위험군이다.

(3) 증상

잠복기는 2일~4주이다. 증상은 가벼운 감기증상에서부터 치명적인 바일병(Weil's disease, 황달출혈성 렙토스피라병)까지 다양한데, 90%는 경증의 비황달형이며 5~10%는 바일병을 보인다. 제1기와 제2기로 나눌 수 있는데, 제1기에는 갑작스런 발열, 오한, 결막충혈, 두통, 근육통, 오심, 구토 등 독감과 비슷한 증상이 4~7일 지속되며, 제2기에는 발열이 없어지면서 뇌막자극증상, 발진, 전신근육통 등이 나타나고 황달에 의한 합병증으로 사망하기도 한다. 이 외에 병원성 렙토스피라는 각지에서 풍토병적 질환을 일으키고 있는데, 이것들은 일반적으로 병세가 가볍다. 우리나라에서는 주로 8월부터 환자가 발생하여 10월, 11월에 최고에 이른다.

(4) 예방법

논밭에서 일할 경우 장갑, 장화 또는 긴 옷 등을 입고 일하며 일을 마친 뒤 웅덩이 물에 씻지 말고 가급적 깨끗한 물에 씻는다. 쥐의 만연을 막고 가축과의 직접접촉을 피한다. 감염의 위험이 많은 직업을 가진 사람은 발생시기 1개월 전에 예방접종을 실시한다. 렙토스피라증은 신증후군 출혈열, 쯔쯔가무시병과 함께 농촌 3대 질환의 하나이다.

6) 야토병(野兎病, Tularemia)

제4군 감염병

(1) 병원체

이 병균은 ***Pasteurella tularensis***로 호기성, 그램음성의 편모와 포자가 없는 간균으로 협막

(capsule)이 있다. 외계에 대한 저항력이 매우 강하여 상온에서는 오래 생존하나 열에는 약하여 56~60℃에서 10분 이내에 사멸한다. 0.1% formaldehyde용액에서는 24시간 이내에 사멸하고 크레졸에도 저항성이 약하다.

(2) 감염

동물 간에는 흡혈곤충인 이, 파리, 진드기, 벼룩 등에 의하여 전파되며, 동물과 산토끼의 상호간 접촉에 의해서도 감염된다. 감염된 산토끼의 혈액, 오줌, 침 등에는 병원균이 다량 함유되어 있다. 사람의 감염은 병원균을 보유한 곤충, 진드기를 매개로 하여 감염되거나 감염된 산토끼를 박피하거나 요리할 때 피부 등의 접촉에 의하여 경피감염되는 일이 많으며, 충분히 가열, 조리되지 않은 산토끼의 고기를 섭취함으로써 감염되는 경우도 있다. 그리고 오염된 손으로 눈을 만지면 안구로도 감염된다.

(3) 증상

잠복기는 1~14일(보통 3일)이며, 곤충으로부터의 감염이거나 피부의 접촉에 의한 감염일 때는 **림프샘의 종양**을 주증으로 하는 증상을 나타내지만, 소화기관으로부터의 감염일 때는 장티푸스와 같은 **열성증상**을 나타낸다. 흔히 오한과 발열이 있고 침입 부위에 농포가 생긴 후 이것이 궤양으로 되며, 국소의 림프샘이 종창된다. 사망률은 약 4% 정도이며, 3~9개월 정도 경과 후 회복된다. 이환된 후에는 강한 면역을 얻는다.

(4) 예방법

야토병은 **산토끼병**이라고도 하는데, 수렵가, 식육취급자, 조리사, 가정주부, 동물실험가, 피혁취급자는 산토끼를 비롯하여 기타 감염원이 될 수 있는 동물에 주의하도록 하고, 특히 산토끼와 접촉하거나 그 고기를 조리할 때 손에 상처가 있으면 균이 침입하여 감염되므로 주의하여야 한다. 감염된 산토끼의 고기 또는 장기를 −15℃에 저장할 경우에도 간장에서는 11개월, 고기에서는 12개월, 비장에서는 19개월간 균이 생존할 수 있다. 즉, 냉동육으로부터 감염의 위험성이 있으므로 산토끼의 간이나 기타 위험성이 있는 수육을 섭취할 때는 충분한 가열이 필요하다.

7) 큐열(Q열, Q-fever)

제4군 감염병

(1) 병원체

1935년 오스트레일리아의 퀸즐랜드(Queensland) 지역에서 버닛(Burnet) 박사가 이 균을 규명하여 병명과 균명이 붙여진 이름이라고도 하며 또 발병시 원인을 몰라 의문(query)의 Q자에서 연유되었다는 설도 있다. 병원체는 **리케차**(rickettsia)인 ***Coxiella burnetii***이며 포자가 없다. 건조(乾燥)에 저항력이 강하고 열에 약하여 71.5℃, 15분이면 사멸한다. 소, 양, 염소가 숙주이며, 오스트레일리아에서는 이들 외에도 쥐, 캥거루가 숙주로 알려져 있다.

(2) 감염

사람 사이의 감염은 아직 증명되지 않고 있고 소, 양, 염소의 젖 등에서 배균된 리케차에 의하여 먼지 등을 통한 공기감염에 의한 사람에의 감염이 많은 것 같으며, 진드기에 의한 감염, 또 오염된 우유를 마시거나 병에 걸린 야생동물, 소, 양, 산양의 조직이나 배설물에 직접 접촉됨으로써 감염될 때도 있다.

(3) 증상

2~4주의 잠복기를 거쳐 급격한 고열이 나고 오한, 두통이 있으며 38~40℃ 발열은 4~5일부터 2~3주간 계속된다. 중증인 경우는 X선 검사에서 폐에 불규칙한 반점을 보이고 간장애와 황달을 일으킬 수도 있다. 이 감염병도 **열성질환**을 일으키는 것이 특징이다.

(4) 예방법

감염경로는 분명하지 않지만, 진드기 같은 흡혈곤충의 박멸, 우유의 멸균, 소의 감염진단 등이 필요하다. 치료는 클로람페니콜(chloramphenicol) 항생제 등이 유효하다.

8) 동물(조류)인플루엔자 인체 감염증(Avian influenza, bird flu) 제4군 감염병

(1) 병원체

동물 중 조류는 **조류 인플루엔자 바이러스 A형**에 의하여 발병하며, 이 바이러스는 바이러스 표면단백질의 차이에 따라 여러 아류형(subtype)으로 나누어진다. 조류 인플루엔자 바이러스는 주로 야생 조류의 장관에 존재하지만 그들에게는 인플루엔자 증세를 나타내지 않는다. 그러나 이 바이러스 중 특정 아류형은 조류 간 감염성이 매우 강하고, 감염된 닭, 오리, 칠면조 등의 가금류에게 인플루엔자 증세를 나타낸다. 이 바이러스는 저병원성과 고병원성의 두 형태가 있는데, 저병원성 바이러스에 감염된 가금류는 가벼운 감염증세(털 흐트러짐, 산란율 감소 등)를 보이지만 고병원성 바이러스에 감염된 경우에는 감염속도가 빨라 48시간 내의 치사율이 90~100%에 이른다. 최근 일반적으로 발견되는 조류 인플루엔자 바이러스는 변형된 독성 H5N1 바이러스이며, 이 **고병원성 H5N1 바이러스(highly pathogenic Influenza A H5N1 virus)**는 인간을 감염시킬 수 있다.

(2) 감염경로와 발생상황

조류 간 인플루엔자 감염은 야생 조류 또는 감염 조류의 배설물과의 직접적인 접촉과 배설물 등에 오염된 물, 사료, 사육장 주변 먼지 등과의 접촉에 의해서 발생한다. 국내의 조류 인플루엔자 사건은 2003년 12월부터 2004년 3월에 걸쳐 가금류에서 100여 건의 감염사례가 발생하여 가금류 500만 마리를 살처분한 것을 시작으로 2006년 11월부터 2007년 3월(7건 : 가금류 280만 마리 살처분)과 2008년 4월(닭 22건, 오리 11건 : 가금류 1,000만 마리 살처분) 발생사례가 있다. 우리나라 외에도 중국, 일본, 라오스, 타이, 베트남, 캄보디아, 말레이시아, 인도네시아, 러시아, 카자흐스탄, 몽고, 루마니아, 터키 등의 지역에서 2004년 이후 가금류에서의 조류 인플루엔자 발생이 보고되고 있다.

인체의 조류 인플루엔자에 감염된 그 대부분이 감염된 가금류와 분변에 오염된 물체와의 접촉에 의한 것이며, 사람 간의 감염은 2004년 타이완과 2006년 인도네시아에서의 가족 간 감염이 보고되어 있다. 국내에서는 현재까지 조류 인플루엔자 환자는 보고된 적이 없으며, 동남아시아, 중동, 아프리카 및 일부 유럽 지역에서 환자가 발생하고 있다. 이들 지역에서 감염된 환자는 대부분이 어린이와 청장년이었으며 이들 중 60% 정도가 사망하였다.

(3) 증상

인체의 조류 인플루엔자 감염증세는 **고열**을 동반하는 **기침**과 **인후통**, **근육통** 등 독감과 비슷한 증세로부터 안구감염, 폐렴 및 호흡곤란 등과 심한 경우 사망까지 다양한 것으로 알려져 있다.

(4) 예방과 치료

가금류가 야생조류 및 그들의 배설물과 직접적인 접촉을 못하도록 하며, 가금류에게 급여하는 사료와 물 등이 원인 바이러스에 오염되지 않도록 위생적으로 관리한다. 바이러스 전파가 용이한 동절기 등에는 가금류 사육장 주변 환경관리와 출입관리가 필요하다. 조류 인플루엔자 백신은 아직 개발되지 않은 상태이며, 감염된 환자 치료제로서 오셀타미비르(oseltamivir)나 자나미비르(zanamivir) 등의 항바이러스제가 알려져 있다.

9) 유비저(類鼻疽, Glanders, Malleus)

제4군 감염병

유비저는 말, 노새, 당나귀 등의 감염병으로 동남아시아, 몽고, 파키스탄, 멕시코 등지에서 발생하며 2차적으로 사람에게 가끔 발생한다.

(1) 병원체

*Pseudomonas mallei*로 그램음성 간균이며 포자, 협막, 편모 등은 가지지 않는다. 광선, 열, 건조에 약하고 건조물 속에는 2주간 생존하며 55℃에서는 10분 만에 사멸되며, 5% 크레졸과 석탄산액에서는 5분 만에 사멸된다.

(2) 감염

말의 비강, 인후, 장내 고름이나 점액에 균이 존재하는데, 동물의 경우 오염된 사료에 의한 경구감염과 비말에 의한 호흡기 감염이 있다. 사람은 경구, 경피, 호흡기로 감염된다.

(3) 증상

잠복기가 3~5일이며, 피부감염의 경우 국소의 종창, 소포, 궤양, 동통, 39~40℃의 발열, 림프선염 등이 나타나며, 호흡기를 통한 감염의 경우 폐렴, 폐농양 등이 발생한다.

(4) 예방법

이환된 동물을 조기에 발견하여 치료 및 격리, 도살하고 말고기를 먹을 때 충분히 가열조리하며, 치료에는 클로로테트라사이클린(chlorotetracycline)이 유효하다.

10) 돈단독(豚丹毒, Swine erysipelas)

(1) 병원체

병원균은 ***Erysipelothrix rhusiopathiae***로 그램양성 통성혐기성의 무포자 간균으로 협막과 운동성이 없다. 자연계에 증식하여 오염수(汚水), 진흙, 부식토(腐植土), 동물의 사체와 배설물 등에 널리 존재하고 담수산, 해산어류의 아가미, 해초의 표면 등에서도 검출된다. 또 식육, 햄, 훈제 등에도 1~3개월간 생존한다. 55℃에서 15분 가열하면 사멸되나 석탄산에 대한 저항성은 강하다.

(2) 감염

인체의 감염은 돼지 등 가축의 고기, 장기 또는 이환동물을 취급할 때 피부의 창상으로부터 균이 침입하여 경피감염되는 것이 주가 되나 간혹 경구감염도 이루어진다.

(3) 증상

원래 돼지의 급성열성(熱性) 감염병으로 세계 각지에 널리 분포한 병으로 알려졌다. 돼지를 비롯하여 양, 소, 말, 닭 등에서 발생하여 접촉한 사람에게 단독(丹毒) 특유의 **피부염**과 **패**

혈증을 일으키는 것으로 관절염이나 심장장애가 주가 되는 경우가 많다.

돼지는 고온이 나고 체표면에 불규칙한 사각형(능형, 菱形)의 발진이 보이며, 패혈증, 심내막염(心內膜炎), 관절염을 일으키는 경우도 있다. 사람은 보통 10~20일의 잠복기를 거쳐 경피감염인 경우 국소병변으로써 병원균의 침입 부위가 빨갛게 붓기 시작하여 단독피부 **홍반점**, 종창(腫脹)을 보이며 동통(疼痛)이 심한 편이다. 가끔 발열이 있을 때도 있으며, 때로는 림프샘의 염증, 관절염, 심장장애를 동반한다. 보통은 증상이 가벼워서 1~4주 동안이면 회복된다. 중증일 경우 패혈증을 일으켜 사망하기도 한다. 돼지에 관계된 축산업자가 많이 감염되는데 수의사, 도살장 종업원, 식육판매자 등이 취급 중 손에 상처를 입고 감염될 때가 많다.

(4) 예방법

감염된 동물의 조기발견, 격리치료, 소독을 철저히 하고 돼지의 예방접종을 하며, 도축장에서는 식육검사를 철저히 한다. 상처가 있는 사람은 병축(病畜), 오염토양, 어패류 취급시 특히 주의해야 한다.

11) 크로이츠펠트-야곱병(CJD)과 변종크로이츠펠트-야곱병(vCJD) 〔광우병(狂牛病, mad cow disease, 소해면상뇌증 (bovine spongiform encephalopathy)〕

제3군 감염병

(1) 병원체

크로이츠펠트-야곱병의 병원체는 통상 slow virus가 정설이었으나 1997년 미국 캘리포니아 주립대 프루시너(Prusiner, Stanley B.) 교수가 **변형 Prion(PrP^{sc})**이라는 것을 밝혀 노벨상을 받았다. 이 변형 프리온인 PrP^{sc}는 변형 프리온단백질로서 β-sheet구조가 많으며 열, 자외선, 화학물질 및 단백질 분해효소에 저항성을 가지고 있다.

(2) 감염과 증상

소는 양이나 염소와 같이 육식을 모르는 초식동물이기 때문에 평생 풀만 먹고 살아왔다. 그런데 1972년부터 영국은 그동안 버려져 왔던 양이나 소의 부산물인 내장이나 뼈 등을 가루낸 육골분(肉骨粉)을 소의 사료에 섞어 먹임으로써 성장도 빠르고 많은 젖을 생산할 수가 있었다. 그러나 이들 부산물은 고온 열처리를 하지 않았고 일부 사료가공공장에서는 저온에서 가공하여 제품을 만들었다. 그래서 그런지 1985년 영국에서는 소들이 미치는 질병이 발생하였다. 즉, 공격적이고 **신경질적인 반응**과 뒷다리의 **운동실조**와 떨림 그리고 미끄러지듯 주저앉아 버리는 증상을 볼 수 있었다. 그래서 붙여진 이름이 광우병(狂牛病)이며, 정식명칭은 **소해면상뇌증(牛海綿狀腦症, bovine spongiform encephalopathy, BSE)**이다. 즉, 감염된 동물의 뇌를 현미경으로 보면 뇌조직에 군데군데 구멍이 나 있고 꼭 스펀지와 같이 손상이 되어 있다.

그 후 많은 역학조사와 병리학적 검사 결과 양이 가지고 있던, 옛날부터 발생되어온 스크래피(scrapie)라는 질병이 육골분사료를 통하여 감염된 것으로 추정하게 되었고, 영국은 1988년 동물성 사료를 소에게 먹이는 것을 금지시켰다.

원래 사람에게는 크로이츠펠트야곱병(Creutzfeldt-Jakob disease, CJD)이라는 감염성 해면상뇌증이 있었는데 이것은 100만 명당 1명꼴로 질병이 발생하는 것으로, 광우병과 유사하면서 몇 가지 다른 양상이 보이는 차이를 발견하게 되었다. 영국 왕립의학회에서는 이 병을 변형크로이츠펠트야곱병(vCJD)으로 부르기로 했고, 1996년에는 드디어 공식적으로 소의 광우병이 사람에게 감염된 것으로 추정된다고 발표했다. 지금까지 소와 사람의 광우병 발생현황을 보면 최초 발생은 영국을 비롯하여 아일랜드, 프랑스, 포르투갈, 스위스, 스페인, 독일, 벨기에, 이탈리아, 네덜란드, 덴마크, 일본 등 총 24개국에서 2003년 12월 4일 현재 187,608두의 소에서 발생하였으며, 수입동물로서 발생한 나라는 포클랜드 섬과 오만이었다고 한다. 사람에서는 2003년 12월 1일 현재 영국 143명, 2003년 8월 9일 현재 프랑스 6명, 아일랜드, 미국, 캐나다, 이탈리아에서 각각 1명씩 확인되었다.

그 밖에 사슴종의 CWD병(chronic wasting disease), 고양이의 FSE병(feline spongiform encephalopathy), 밍크의 TME병(transmissible mink encephalopathy) 등의 연관성이 우려된다. 이후 세계 각국은 **동물 특정위험물질(specified risk material, SRM)**을 정하였다, 일본은 두부(볼살 및 혀 제외), 척수, 회장말단(대장에서 위로 10 cm)을, EU는 12개월령 이상 소의 두개골(뇌, 안구 포함 및 하악골 제외), 척추의 일부, 모든 연령의 소의 편도, 장관(십이지장~직장) 및 장관막을, 미국, 캐나다는 30개월령 이상의 소의 두개골, 뇌, 척수, 척추 등 및 모든 연령 소의 소장 전체를 지정하였다.

(3) 예방과 대책

우리나라는 동물의 특정위험물질을 먹인 사료를 식용으로 사용하지 않았기 때문에 다행이지만, 살코기 이외 즐겨 먹는 부산물에 대하여 설정된 부위의 제거방법, 제거된 특정위험물질(SRM)의 처리방법 등을 법으로 제정하여야 할 것이다. 또 한편 우리나라는 사슴을 먹는 국민으로서 CWD병이 미국이나 캐나다산 수입사슴고기를 먹고 발생했으므로 전혀 크로이츠펠트-야곱병을 배제할 수는 없다. 아울러 한국 국민의 유전자형이 크로이츠펠트-야곱병에 위험성이 매우 높은 인자형(genotype)을 가지고 있어 특별한 주의가 필요하다.

12) 인수공통감염병의 예방 및 대책

식품 등의 기준과 규격에서 식육 및 식육제품에 있어서는 결핵균, 탄저균, 브루셀라균이 검출되어서는 아니 된다고 규정되어 있다. 그리고 인수공통감염병(인축공통감염병)의 예방은 경구감염병의 예방과 대책에 준하며 다음 사항에 유의한다.

① 가축의 건강관리와 예방접종을 철저히 하여 가축끼리의 감염병 유행을 예방하고, 병에 걸린 동물을 조기발견하여 격리 또는 도살하고 소독을 철저히 해야 한다.

② 도축장이나 우유처리장의 검사를 엄격히 하여 병에 걸린 동물이 식용으로 제공되거나 판매되지 않도록 한다.

③ 수입되는 가축이나 육류, 유제품 등에 대한 검역과 감시를 철저히 한다.

④ 식품의 생산, 가공, 저장, 유통 단계 등에서 위생적으로 처리한다.

제 5 장

곰팡이와 관련된 독성물질

1. 곰팡이독의 개요

곡류와 원예작물 등 농산물에는 여러 종류의 미생물이 기생하는데, 이 중 곰팡이가 가장 문제되고 있다. 이들 농산물이 곰팡이에 오염되면 그로 인한 경제적 손실이 발생함은 물론이고 인축에 위해를 주는 **곰팡이독**(mycotoxins)이 생성될 수 있어 식품위생상 문제가 된다. 곰팡이 독소는 곰팡이가 생산하는 2차 대사산물로서 사람과 가축에게 질병이나 이상생리작용을 유발하는 물질을 말한다. 우리가 섭취하는 각종 곡류는 곰팡이의 생육조건에 적합하여 독소생성 곰팡이에 오염될 기회가 더욱 많다.

최근 WHO/FAO에서는 식품 중의 위해요소 등급에서 곰팡이독을 식품첨가물, 중금속 및 잔류농약보다도 상위에 설정하고 있다. 곰팡이독은 농산물의 생육, 저장 및 유통 중에도 생성되며, 대다수가 열에 안정하여 보통의 식품조리 및 가공조건에서는 분해되지 않는다.

곰팡이독은 오염된 식품을 섭취한 사람이나 가축에게 세포독성, 발암성, 변이원성 등으로서 직접적인 위해작용을 일으킬 뿐만 아니라 일부 곰팡이 독소들은 축산식품의 조직이나 혈액에 잔존하여 인간에게 2차적인 위해를 나타내는 것도 있다. 일반적으로 곰팡이독의 섭취로 야기되는 질병을 **곰팡이독 중독증**(mycotoxicosis)이라고 하며, 곰팡이의 감염으로 발생하는 진균증과 구별하고 있다. 또 병원미생물학에서는 일반적으로 독소를 고분자화합물로서 항원성을 가지는 것으로 정의하고 있으나 곰팡이 독소는 대부분 저분자화합물이고 항원성을 가지지 않은 점이 특징이다.

Forgacs 등은 곰팡이독 중독증의 특징을 다음과 같이 요약하였다.

① 곡류, 목초 등 탄수화물이 풍부한 식품 또는 사료의 섭취가 원인이 된다.

② 원인식물이 곰팡이에 오염되어 있다.

③ 기후조건과 관계가 깊다.

④ 동물 또는 사람 사이에서는 전파되지 않는다.

⑤ 항생물질 및 약제치료는 효과가 없다.

2. 곰팡이 독소의 분류와 분석 및 잔류허용기준

1) 곰팡이 독소의 분류

곰팡이독은 그 종류가 많아 현재까지 구조가 밝혀진 것만 300종이 넘는다. Conveney는 인체나 가축에서 빈번히 나타나는 중요한 곰팡이 독소를 중심으로 장애가 일어나는 생체 내의 주된 기관이나 부위에 따라 다음과 같이 분류하였다.

(1) Conveney의 분류

① **간장독(Hepatotoxin)** 동물의 간경변, 간종양 또는 간세포의 괴사를 일으키는 물질군으로 간암을 일으키는 aflatoxin이 그 대표적이다. 이 밖에 sterigmatocystin, rubratoxin A, islanditoxin(cy-clochlorotin), luteoskyrin 등이 있다.

② **신장독(Nephrotoxin)** 신장에 급성 또는 만성장애를 일으키는 물질군으로서 citrinin, citreomycetin, ochratoxin A, kojic acid 등은 만성적 신장장애를 일으키는 것이 일반적이다.

③ **신경독(Neurotoxin)** 뇌 및 중추신경계에 장애를 일으키는 곰팡이 독소군으로서 trichothecenes (DON, F-2 toxin), ergot. patulin, maltoryzine, citreoviridin, cyclopiazoic acid, tremorgen 등이 알려져 있다.

④ **광과민성 피부염 물질(photodynamic dermatoxic metabolite)** 사람이나 동물이 일광을 쬐면 피부염을 일으키는 원인물질로서 sporidesmin과 psoralen 등이 있다.

⑤ **식도암독소 등** 사람이나 가축에 식도암을 일으키는 독소로서 fumonisin B_1 등이 있다.

⑥ **기타** 발정유인물질인 zearalenone, 유인(침흘림)물질인 slaframine, 조혈조직장애를 일으키는 fusariogenin 등을 비롯하여 광범한 조직출혈(stachybotryotoxicosis) 원인물질, 방사선 장애성 병변을 일으키는 *Fusarium* 독소 등이 있다.

2) 곰팡이 독소의 분석

곰팡이 독소는 지금까지 대체로 TLC, GC 및 HPLC법 등에 의해 분석되어 왔는데, 이 방법은 전문인력을 필요로 하고 추출과 정제 과정에 시간이 많이 소요되며 많은 양의 유기용매가 필요하다. 최근에는 분석시간과 유기용매 소비량이 훨씬 줄어든 면역학적 분석법인 **ELISA법**

〈표 2-5-1〉 한국의 곰팡이 독의 기준 규격

곰팡이 독소명	발현 대상 식품	기준(μg/kg)
1) 총아플라톡신(aflatoxin) B_1, B_2, G_1, G_2의 합과 B_1(단독)	1) 곡류, 두류, 땅콩, 건과류 및 그것을 단순처리한 것(분쇄, 절단 등), 곡류가공품 및 두류가공품(규격외 일반가공식품), 밀가루, 장류 및 고춧가루 및 카레분, 건조과실류, 육두구, 심황(강황), 건조고추, 건조파프리카 및 이를 함유한 천연 향신료 2) 영아용 조제식, 성장기용 조제식, 영·유아용 곡류조제식, 기타 영·유아식	1) 총합 : 15.0 이하 B_1 : 10.0 이하 2) B_1 : 0.10 이하
2) 아플라톡신 M_1 (aflatoxin M_1)	1) 제조·가공 직전의 원유 및 우유류 2) 조제유류(조제분유, 조제우유, 성장기용 조제분유와 조제우유, 기타 조제 분유와 조제 우유), 특수용도식품(영아용과 성장기용 조제식, 영·유아용 곡류 조제식, 기타 영·유아식, 영·아용 특수조제식품) 중 유성분 함유식품	1) 0.50 이하 2) 0.025 이하(분말 제품은 희석하여 섭취하는 형태를 반영, 기준적용)
3) 파툴린(patulin)	1) 사과주스, 사과주스 농축액(원료용 포함, 농축 배수로 환산하여) 2) 영아용 조제식, 성장기용 조제식, 기타 영·유아식	1) 50 이하 2) 10 이하
4) 푸모니신 B_1, B_2 (fumonisin B_1, B_2)	1) 옥수수 2) 옥수수를 단순처리한 것(분쇄, 절단 등) 3) 옥수수를 단순처리한 것이 50% 이상 함유된 곡류가공품 및 시리얼류, 팝콘용 옥수수 가공품	1) B_1+B_2= 4 mg/kg 이하 2) B_1+B_2= 2 mg/kg 이하 3) B_1+B_2= 1 mg/kg 이하
5) 오크라톡신 A (ochratoxin A)	1) 메주 2) 건조과실류, 인스턴트 커피 3) 고춧가루 4) 곡류 및 그것을 단순처리한 것 5) 포도주스, 포도주스농축액(원료용 포함, 농축 배수로 환산하여), 포도주 6) 영아용 조제식, 성장기용 조제식, 영·유아용 곡류조제식, 기타 영유아식	1) 20 이하 2) 10.0 이하 3) 7.0 이하 4) 5.0 이하 5) 2.0 이하 6) 0.50 이하
6) 데옥시니발레놀 (deoxynivalenol)	1) 옥수수 및 그것을 단순처리한 것(분쇄, 절단 등) 2) 곡류 및 그것을 단순처리한 것(분쇄, 절단 등) 〔단, 1) 옥수수 등 제외〕 3) 면류 4) 시리얼류 5) 영아용과 성장기용 조제식, 영·유아용 곡류 조제식, 기타 영·유아식	1) 2 mg/kg 이하 2) 1 mg/kg 이하 3) 0.75 mg/kg 이하 4) 0.5 mg/kg 이하 5) 0.2 mg/kg 이하
7) 제랄레논 (Zearalenone)	1) 곡류 및 그것을 단순처리한 것(분쇄, 절단 등) 2) 과자, 시리얼류 3) 영아용과 성장기용 조제식, 영·유아용 곡류 조제식, 기타 영·유아용	1) 200 이하 2) 50 이하 3) 20 이하

자료 : 식품공전, 2015

(enzyme-linked-immuno-sorbent assay)이 개발되었으며, 분석 kit도 상품화되어 있다. 곰팡이독의 분석 시에는 모든 곰팡이 독소는 반드시 고무장갑을 끼고 다루어야 하며, 안전 캐비닛이나 후드 내에서 작업해야 한다.

특히, 분말상태의 독소는 공기 중 확산을 조심해야 한다. Aflatoxin 등의 곰팡이 독소를 실험한 도구나 실험대는 반드시 1~2% NaOCl 용액으로 10분간 처리하고 5% 아세톤 용액으로 닦아야 하며, 사용한 초자기구는 먼저 마니톨(methanol)로 씻고 1~2% NaOCl에 담근 다음 5% 아세톤 용액에 30분 이상 담근 후 물로 세척해야 한다.

3) 식품과 사료 중 곰팡이독의 잔류허용기준

곰팡이 독소는 동물이나 인체에 치명적인 위해를 줄 수 있는 가능성이 있기 때문에 많은 국가들이 곰팡이 독소에 대한 식품과 사료 중 곰팡이독의 잔류허용기준치를 정하고 있다. 현재 우리나라 식품 등의 기준 및 규격에서는 총 aflatoxin $B_1+B_2+G_1+G_2$의 합과 aflatoxin B_1과 M_1, patulin, fumonisin, ochratoxin A, deoxynivalenol, zearalenone에 대해서 허용기준치를 정해 규제하고 있다. 한국의 곰팡이독의 기준 규격은 <표 2-5-1>과 같다.

3. 식품위생상 중요한 곰팡이독

식품위생상 중요한 곰팡이 독소는 대부분이 *Aspergillus, Penicillium* 및 *Fusarium* 속 등에 의하여 생성되는 것이다.

1) *Aspergillus*속 아플라톡신류와 오크라톡신 등 곰팡이독

(1) 아플라톡신(Aflatoxin)류

Aflatoxin은 *Aspergillus* 속 곰팡이의 2차 대사산물로서 사람이나 가축, 어류 등에 생리적 장애를 일으키는 물질이며 특히 Aflatoxin B_1은 강력한 발암독성 물질로 알려져 있다. Aflatoxin은 1960년 영국에서 10만 마리 이상의 칠면조가 간장장애를 일으켜 대량 폐사한 사고가 발생하여 그 원인을 조사한 결과 사료에 혼합된 브라질에서 수입한 땅콩박에 ***Aspergillus flavus***가 오염되어 생성한 물질이 원인임을 확인하고 곰팡이 이름을 따서 Aflatoxin이라 명명하였다.

이러한 Aflatoxin의 분자구조에는 아래와 같은 Aflatoxin B_1을 비롯한 여러 이성체가 있으며, 기본적으로 dihydrofuran 고리에 coumarin 유도체가 결합한 구조를 가지는 일군의 화합물을 말한다.

이 중 Aflatoxin B_1과 B_2는 청색형광을, G_1과 G_2는 녹색형광을 내며, Aflatoxin M_1과 M_2는

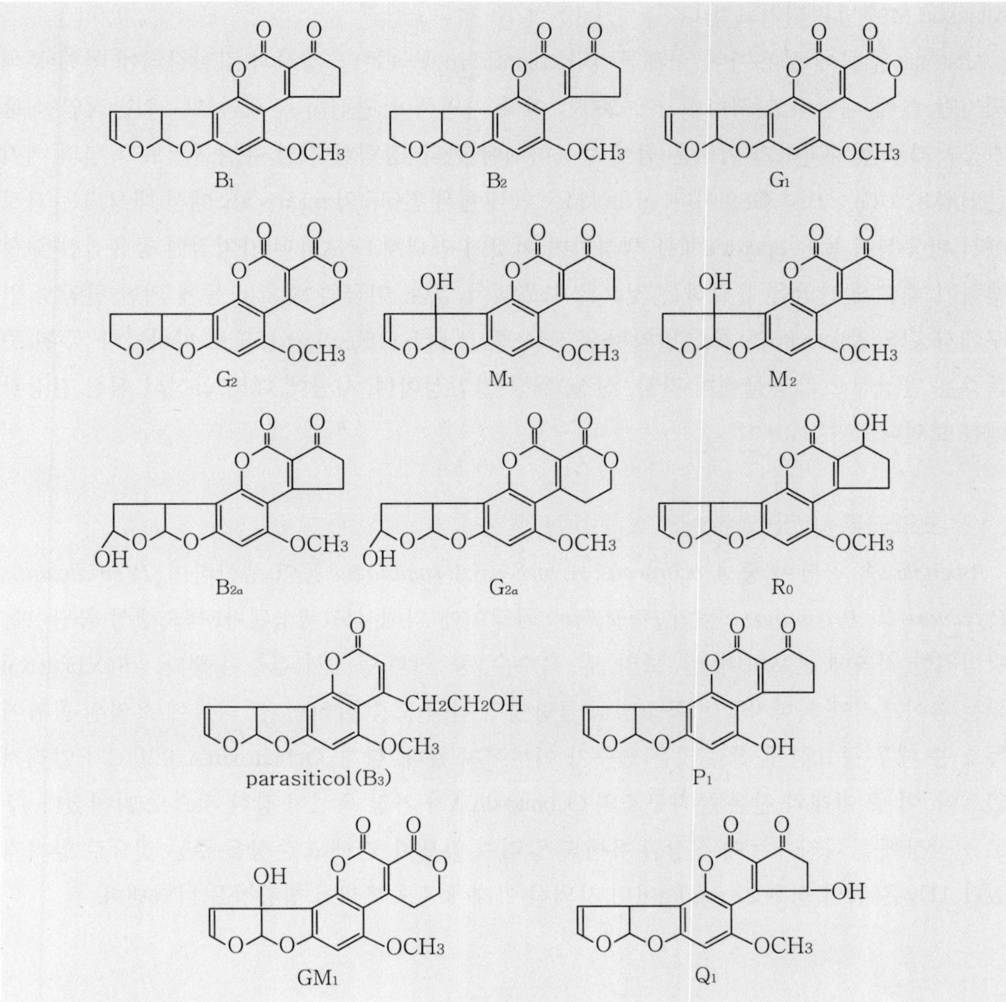

Aflatoxin B_1 등

Aflatoxin B_1과 B_2가 동물의 체내에서 대사되어 동물의 오줌이나 젖 중에 배설되는 형태로 일명 우유독소(milk toxin)라고도 하며, 자색형광을 낸다.

Aflatoxin을 생성하는 균주는 ***Aspergillus flavus, A. parasiticus*** 등이 알려져 있으며 주로 열대, 아열대 지역인 남미, 아프리카, 동남아시아 지방에 많이 분포한다. Aflatoxin 생성 최적조건은 수분 16% 이상, 온도 25~30℃, 상대습도 80~85% 이상이며 탄수화물이 풍부한 쌀, 보리, 옥수수 등의 곡류와 면실, 견과 등이 주요 오염원이 된다. 특히, 땅콩은 땅속에서 결실하기 때문에 Aflatoxin 생성 곰팡이와 접촉할 기회가 많은 농산물이라 할 수 있으며, 낮과 밤의 기온차가 심한 경우에도 Aflatoxin의 생성이 증가하는 것으로 나타나 있다. 우유나 유가공품에서는

Aflatoxin M이 발견되기도 한다.

Aflatoxin은 물에 불용이며, 아세톤이나 chloroform에 녹는다. 강산과 강알칼리에 의해 분해되지만 열에 대단히 안정하여 270~280℃ 이상 가열해야 완전히 분해되므로 일반적인 식품 가공처리로는 파괴하기 어려운 점에 주목하여야 한다. 강력한 간암 유발물질로 독성의 세기는 $B_1(M_1) > G_1 > B_2 > G_2$순이다. Aflatoxin은 체내에서 간(肝)의 microsome에서 대사되는 과정에서 반응성이 높은 epoxide체를 생성하며 이것이 염색체 DNA와 비가역적인 공유결합을 형성하기 때문에 간암을 유발하는 것으로 보고되어 있다. 미국의 Wogan 등에 의한 발암성 연구에서 쥐의 Aflatoxin B_1 최소 발암량은 사료 중 15 ppb (15 μg/kg) 농도로 나타났다. 주된 중독증은 만성적으로 동물에게 간장, 신장, 위장 발암성이며, 사람에 대해 급성의 심한 간장장애를 보인다.

(2) 오크라톡신(Ochratoxin A, B, C)

*Aspergillus*속 곰팡이 중 ***A. ochraceus,*** *A. melleus, A. sulphureus* 등이 생산하며, *P. viridicatum, P. palitans* 및 *P. commune* 등의 *Penicillium* 곰팡이에 의해서도 생성된다. 독소생성 곰팡이는 광범위한 지역에 분포하며, 쌀, 보리, 밀, 옥수수, 콩, 커피 등에서 검출이 된다. 이 Ochratoxin류는 남아프리카 과학자들이 독소생성 곰팡이의 검색 도중 밝혀낸 후, 곡류에 오염된 곰팡이 독소 중 매우 중요한 물질로 많은 연구가 이루어져 왔다. 현재 **Ochratoxin A, B** 및 C가 알려져 있으며, 이 중 아래와 같은 분자구조의 Ochratoxin A가 가장 독성이 강한 것으로 밝혀졌다. 주로 신장장애를 나타내는데 신장암 유발도 알려져 있으며, 간에도 손상을 주는 것으로 알려져 있다. LD_{50}은 쥐의 경우 22 mg/kg이며 자외선 아래에서 초록색이 형광성을 나타낸다.

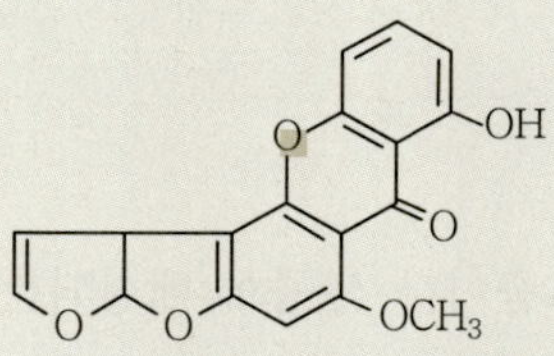

Sterigmatocystin

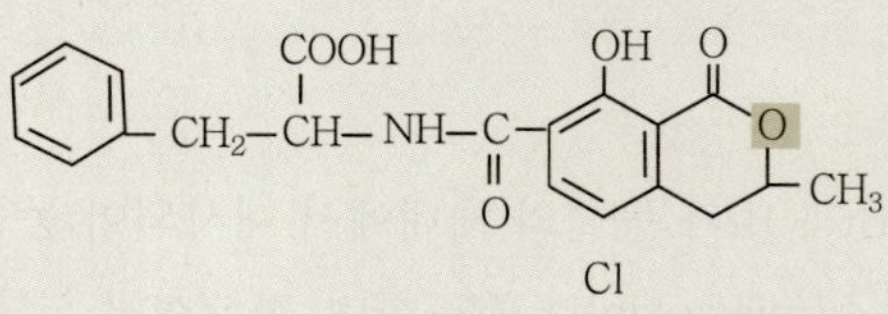

Ochratoxin A

(3) 스테리그마토시스틴(Sterigmatocystin)류

Sterigmatocystin은 *Aspergillus versicolor*(베르시콜라), *Aspergillus nidulans*(니둘란스) 등의 곰팡이가 생성하는 독성물질이다. 이들 독소생성곰팡이는 분포가 넓고 비교적 낮은 온도에서도 생육할 수 있으므로 주의가 필요하다. 이 독소는 구조 및 독성 발현과정이 Aflatoxin과 유사한데, Aflatoxin 생합성 경로 중 Aflatoxin 생합성 전단계에서 합성되는 것으로 알려져 있다. 일반적으로 *Aspergillus*속이 생성하는 곰팡이 독소 중 Aflatoxin은 널리 알려져 있으나 Sterigmatocystin류는 아직 연구가 미흡한데 최근 이 물질의 특성과 농산물 오염이 밝혀지면서 관심의 대상이 되고 있다. Sterigmatocystin류는 8개 이상의 이성체가 있으며 그중 아래와 같은 분자구조의 Sterigmatocystin의 축적이 가장 크고 동물이 섭취하여 중독증을 일으킬 경우 간장과 신장의 변성이 초래되고 만성적으로 간암을 유발한다. 발암성은 Aflatoxin의 1/200~1/250배 정도로 보고되어 있다.

(4) 기타 *Aspergillus* 독

이상에서 열거한 독소 외에도 *Aspergillus* 속 곰팡이가 생성하는 독소가 여러 종류 보고되어 있다. ***Aspergillus oryzae* var *microsporum***은 신경독소인 **maltoryzine**을 생산하며, 이 독소의 중독증상으로는 뇌중추신경계 장애를 나타내며 식욕부진, 근육마비, 뇌 및 장막에 현저한 출혈을 보인다.

또 *Aspergillus ustus*에 의해서는 austdiol이 생성되며 핵산에 관여한 변이원성 독성이 확인되었고, *Aspergillus fumigatus*도 항신경성 작용을 나타내는 독소를 만드는 것으로 연구되고 있다. 그 외에도 *Aspergillus* 곰팡이가 생성하는 곰팡이 독소로서 kojic acid, aspergillic acid 등이 보고되어 있다.

2) *Penicillium*속 황변미독 등과 파툴린독 등 곰팡이독

(1) 황변미(yellow rice) 독소

저장곡류에 *Penicillium*속의 곰팡이가 오염되면 적홍색 또는 황색의 색소가 생성되어 황변미를 만든다. 특히 우리나라를 포함한 동남아시아에서는 저장 곡류의 수분 함량을 조절하기에 어려움이 있어 특히 황변미 발생이 많다.

① **시트리닌(Citrinin)** Citrinin은 ***Penicillium citrinum***을 비롯한 *P. implicatum, P. jensein* 등의 *Penicillium* 속 곰팡이와 *A. terreus, A. niveus, A. candidus* 등의 *Aspergillus*속 곰팡이에 의해서도 생성되는 곰팡이 독소이다. *Penicillium citrinum* 등은 자연계에 널리 분포하는 곰팡이로 특히 온대지방의 옥수수, 쌀, 맥류(麥類) 등의 곡류와 땅콩에서 주로 분리된다. Citrinin은 레몬색 같은 황색 형광을 내는 페놀계 물질이다. 1941년 항균활성을 가진다는 사실이 밝혀져 항생물질로 취급되었으나 독성이 강하여 항생물질로서의 이용가치가 없어지고 그 후부터는 진균독으로 취급되어 왔다. 1951년 태국산 쌀에서 분리되어 황변미 독소의 한 종류로 알려졌다. 1973년 덴마크에서 돼지의 신장증이 유행하였으며, 이때 Citrinin과 Ochratoxin A가 이 병

을 일으킨 원인독소였다는 것이 밝혀졌다. 신장독으로서 신장에서의 수분 재흡수를 저해하여 급·만성 necrosis를 보인다. 최근에는 *Monascus*속 곰팡이(홍국균) 중에서도 Citrinin을 생성하는 종류가 있는 것으로 보고되어 홍국균을 이용한 식품 섭취시 주의가 요구된다.

② **시트로비리딘(Citreoviridin)** *Penicillium citreoviride(Pen. toxicarium)*이 생산하는 독소로 1937년 타이완의 황변미에서 발견되었다. *P. citreoviride*의 자연오염은 쌀에서만 알려져 있으며, 독소 최적생산온도는 12~18℃로 알려져 있다. 이 곰팡이가 오염된 쌀을 toxicarium 황변미라고도 부른다. 신경독소 일종으로 중독되면 경련, 호흡장애, 상행성(上行性) 마비, 급성 심장성 각기(脚氣) 증세를 보인다.

③ **루테오스카이린(Luteoskyrin)과 아이슬란디톡신(Islanditoxin)** 두 종류 모두 ***Penicillium islandicum***이 생산하는 독소이다. 이 곰팡이는 이집트, 동남아시아, 일본, 미국, 유럽 등지에서 생산된 쌀과 보리, 소맥, 수수 등과 같은 곡류에서 분리된다. 여러 가지 곰팡이 독소를 생산하는데 그중에서도 대표적인 것이 에이레산 쌀에서 발견된 islandia 황변미의 원인물질인 luteoskyrin, islanditoxin 등이다. 두 종류 모두 황색의 색소성 물질이다. Luteoskyrin은 지용성으로 급성독성발현은 islanditoxin에 비해 늦어 투여 후 2~3일경에 나타나며, 생쥐에 대한 LD_{50}은 147 mg/kg(피하), 221 mg/kg(경구)으로 보고되어 있다. Islanditoxin은 cyclochlorotin으로도 불리는데, 수용성이고 함염소 peptide 물질이다. 이들은 간독소로 작용하여 islandia 황변미 중독증은 급·만성의 심한 간장장애를 일으키며 중증인 경우 간암을 유발한다.

(2) 파툴린 독소 등

분자 내에 lacton ring을 가지고 있는 화합물로서 독성을 나타내는 독소로 patulin, isopatulin, penicillic acid, ascladiol 등이 있다.

① **파툴린(Patulin)** 1954년 일본에서 발생한 젖소의 집단 중독사고에서 사료로 사용한 맥아뿌리에 오염된 ***Penicillium patulum***이 생산해 낸 patulin이 원인물질이라는 사실이 밝혀졌다. Patulin은 *P. patulum* 외에 사과 부패균인 ***P. expansum***에 의해서도 대량 생산되며, 그 외에도 *P. lapidosum*과 *Aspergillus clavatus, A. giganteus, A. terreus* 등 여러 종류의 곰팡이가 생산한다. 이들 곰팡이는 세계적으로 널리 분포되어 있으며, patulin은 주로 사과 및 그 가공품인 사과주스 등에서 발견되며, 배, 살구, 복숭아, 포도 및 그들 가공품에 오염되기도 한다. 또한 *P. patulum, A. clavatus*는 쌀, 밀, 콩, 간장, 미역 등의 여러 식품에서 발견되어 분리되고 있다. Patulin은 항생제 성질을 가진 독성이 강한 lactone 구조로서 LD_{50}(i.p.)이 쥐에서 5 mg/kg이다. Patulin은 변이원성은 아니지만 염색체 이상을 유발하고, 신경독소로 작용하며, 출혈성 폐부종과 간, 비장, 신장의 모세혈관 손상, 뇌수종, 뇌와 중추신경 출혈반의 중독증을 보인다. 부패된 사과나 사과주스로 인한 오염사례가 많다.

② **Penicillic acid** 발암성 독소이며, 생산균은 *Penicillium puberulum*이다.

(3) 루브라톡신(Rubratoxin A, B)

Penicillium rubrum으로 오염된 옥수수에 의하여 소 및 면양의 중독사고가 보고된 바 있고, 여러 가지 장기출혈과 간장 및 위장에 조직장애가 확인되고 있다. 개의 'hepatitis X'라 불리는 질병 증상을 나타내는 **rubratoxin**은 수용성이고 열 저항성이 있는 물질로서 Wilson이 인공배양한 *P. rubrum* 대산산물에서 분리되었다. 그 후 Townsend 등이 액체배양에서 두 종류의 독성물질인 rubratoxin A 및 B를 분리하였고, 이들 혼합물질의 생쥐에 대한 급성독성은 LD_{50}이 3.7 mg/kg으로 보고하고 있다.

간장장애가 주증상으로 치사량 이하에서도 정상적인 간기능을 저해하며, 신장이나 폐에 대해서도 장애성을 나타내고 여러 장기의 출혈도 있다. *P. purpurogenum*도 rubratoxin을 생산하는 곰팡이로 알려져 있다.

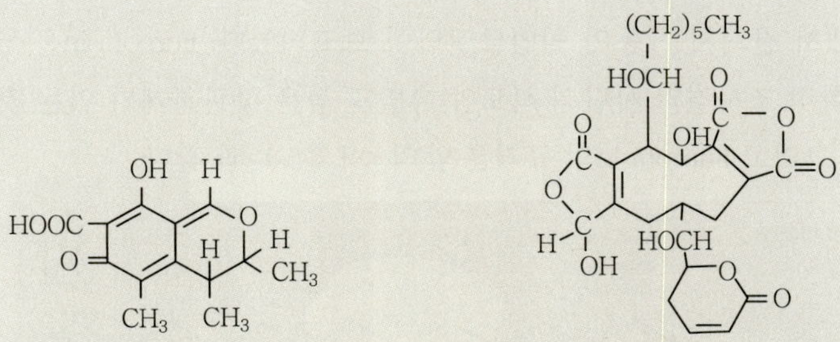

Citrinin　　Rubratoxin

(4) 기타 *Penicillium* 독

*P. cyclopium*이 생산하는 신경독소(신경장애, 간장·신장·장관장애)인 cyclopiazonic acid, *P. griseofulvum*이 생산하는 griseofulvin(피부의 혈관신경부종, 발적, 두드러기, 구토, 간장 및 골

Patulin　　Penicillic acid

수의 장애) 등이 있다. 또 *Penicillium rugulosum*은 luteoskyrin과 구조가 유사한 rugulosin을 생산한다.

3) *Fusarium*속 푸모니신류와 제아렐레논 등 곰팡이독

*Fusarium*속 곰팡이들은 주로 밀, 옥수수, 보리 등에 기생하여 다양한 독소를 생성하는 종류가 많다. 이들은 온난지역과 온도가 낮은 한랭지역에서도 독소를 만들어 내는데, *Fusarium*속 곰팡이독은 붉은곰팡이독이라고도 한다.

(1) 푸모니신(Fumonisin) B_1, B_2

Fusarium moniliforme에 오염된 옥수수 등에서 생성되는 곰팡이 독소로 오염된 사료를 먹은 가축이 심한 독소 중독현상을 일으킨다. **Fumonisin**은 수용성 물질로서 fumonisin B_1 (FB_1) 을 비롯한 17개의 이성체가 있으며, 그중에도 FB_1 은 오염빈도가 가장 높으며 독성이 강한 것으로 보고되고 있다. Fumonisin B_1은 말의 뇌백질 연화증과 돼지의 폐수종을 유발하며, 쥐의 간암과 병아리에서 간회저증 등의 원인물질임이 보고되었다. Fumonisin은 남아프리카와 중국 화남성의 역학적 조사결과 사람의 **식도암** 유발과 높은 상관관계가 있는 것으로 알려져 주목을 끌고 있다. 그리고 Fumonisin의 규격은 앞의 <표 2-5-1>과 같다.

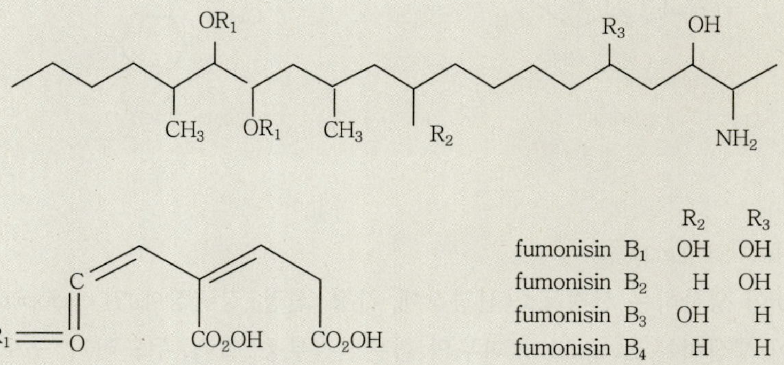

	R_2	R_3
fumonisin B_1	OH	OH
fumonisin B_2	H	OH
fumonisin B_3	OH	H
fumonisin B_4	H	H

Fumonisin

(2) 제아랄레논(Zearalenone)

Fusarium graminearum(완전세대는 *Gibberella zeae*), *F. roseum, F. tricinctum, F. oxysporum* 등의 곰팡이가 생성하는 주요한 곰팡이 독소로서, 가축의 사료나 축산물에서 빈번히 검출된다. **Zearalenone**은 F-2 toxin 또는 FES(fermentation estrogenic substance)라고도 한다. 미국, 오스트레일리아, 프랑스 등 여러 나라에서 이 곰팡이에 오염된 옥수수, 보리, 목초 등을 먹고 가

축, 특히 돼지가 중독된 사고의 원인물질이다. 중독된 가축은 외음부의 종창과 탈출, 유방 및 자궁의 비대 등 외성기의 이상증상, 즉 Zearalenone이 발정유발물질로 작용하여 **발정증후군**(異常發情症候, estrogenic syndrome)을 보인다.

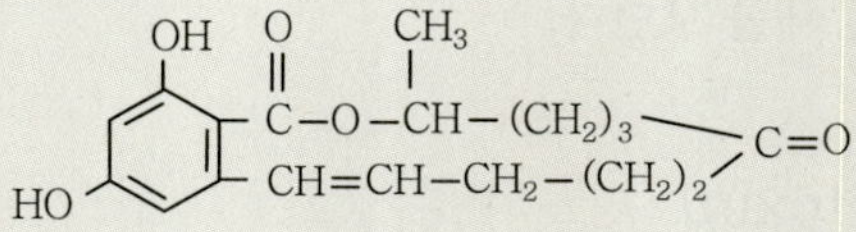

Zearalenone(F-2 toxin)

(3) 트리코데신(Trichothecene)류

현재까지 곰팡이 독소 중 가장 다양하고 복잡한 것으로 알려진 **Trichothecene**류는 주로 러시아, 독일, 미국, 캐나다 등지에서 많이 발견되며, ***Fusarium tricinctum***, *F. solani* 등의 각종 *Fusarium*속과 *Trichoderma*속 등의 곰팡이가 생성하는 유해대사산물로서 곡류에 오염되어 가축에 다양한 독성을 나타낸다. 대표적인 Trichothecene류에는 **T-2 toxin**, nivalenol, fusarenon X, deoxynivalenol, trichothecin, HT-2 toxin 등을 들 수 있으며 그 외에도 50여 종의 이성체가 밝혀져 있다. 우리나라 곡류에도 상당한 양의 Trichothecenes가 오염되어 있으며, 특히 문제가 되는 것은 T-2 toxin, nivalenol 및 deoxynivalenol인 것으로 알려져 있다. 이들 독소의 특징은 육안적으로 장관비대출혈, 흉선의 위축출혈, 간장·비장의 비대 등이 확인되었다. 병리조직학적 병변으로는 간의 점막상피, 흉선, 비장, 림프조직, 골수 등의 세포의 핵붕괴 및 괴사, 고환과 난소의 과립선세포의 변성 및 핵붕괴, 심박 등의 출혈이 관찰된다. 심한 경우에는 소장 점막의 궤양화 박리 및 출혈, 골수림프장치의 황폐화 및 출혈이 인정된다. 독소 생산 곰팡이와 생산독소는 다음과 같다.

Fusarium tricinctum : T-2 toxin, diacetoxyscirpenol

F. nivale : nivalenol, fusarenon X

F. roseum : vomitoxin(deoxynivalenol), monoacetoxyscirpenol

F. solani : neosolaniol

Trichoderma viride : trichodermin

Trichothocium roseum : trichothecin, trichothecolone

(4) 식중독성 무백혈구증(alimentary toxic aleukia, ATA) 독소

1890년경 소련 남서부 우크라이나(Ukraine) 곡창지대의 한랭하고 강설량이 많은 다습한 지역에서 보리와 밀로 만든 빵의 ***Fusarium tricinctum, F. sporotrichoides*** 및 *Cladosporium* *epiphylum, C. fagi* 등에 의하여 생성된다. 독소로는 스포로푸자리오제닌(sporofusario-genin), 에피클라도스포르산(epicladosporic acid), fagicladosporic acid 등이 있으며, 급성중독의 증세는 위염, 오심, 구토, 호흡곤란, 경련, 심부전 등이며, 아급성중독 증세는 말초성 백혈구 감소, 과립백혈구 감소, 림프구의 증가, 구강 necrosis, 인두염, 비강, 구강, 소화관, 신장 등에서의 출혈, 혈액 응고시간 지연 등의 증세를 보인다.

4) 맥각독(Claviceps toxin)

맥각(麥角, ergot)은 호밀, 보리 등에 **클라비셉스 푸에푸레아(*Claviceps purpurea*, 맥각균)**가 기생하여 종자 상단부에 곰팡이의 균핵(sclerotium)이 형성된 것을 말한다. 균핵이 형성된 보리는 흑청색을 띠는데, 이 안에 **에르고타민(ergotamine)**, **에르고톡신(ergotoxin)** 및 **에르고메트린(ergometrine)** 등이 유독 alkaloid 물질로 lysergic acid(좌선성) 또는 isolysergic acid(우선성)의 유도체이다. 맥각 알칼로이드 중 lysergic acid 유도체는 어미에 -ine를 붙이며 유기용매에 잘 녹고 생리작용이 강하고, isolysergic acid 유도체는 어미에 -inine를 붙이며 유기용매에 잘 용해되지 않고 생리작용이 약하다.

곡류 중에 맥각이 0.25~0.5% 혼입되어 있으면 유독하고 7% 이상이면 치사량이 되기 때문에 세계 각국에서는 곡물 중 맥각 혼입률의 허용량을 규제하고 있는데, 러시아는 0.15%, 캐나다는 0.2%, 미국은 0.3%로 되어 있다. 맥각에 의한 생리작용은 교감신경마비와 자궁근수축

〈표 2-5-2〉 맥각의 alkaloid류

군	명 칭	분 자 식	융 점	비선광도
ergotamine	ergotamine	$C_{33}H_{35}O_5N_5$	180℃	−155°
	ergosine	$C_{33}H_{37}O_5N_5$	228℃	−179°
	ergotaminine	$C_{33}H_{35}O_5N_5$	241~243℃	+385°
	ergosinine	$C_{33}H_{37}O_5N_5$	222℃	−226°
ergotoxin	ergotoxin	$C_{35}H_{39}O_5N_5$		−226°
	ergocornine	$C_{31}H_{39}O_5N_5$	182~184℃	−188°
	ergocryptine	$C_{32}H_{41}O_5N_5$	212℃	−187°
	ergocristine	$C_{35}H_{39}O_5N_5$	100℃	−183°
	ergotoxinine	$C_{35}H_{39}O_5N_5$		
	ergocorninine	$C_{31}H_{39}O_5N_5$	228℃	+409°
	ergocryptinine	$C_{32}H_{41}O_5N_5$	240~242℃	+408°
	ergocristinine	$C_{35}H_{39}O_5N_5$	226℃	+366°
ergometrine	ergometrine	$C_{19}H_{22}O_2N_3$	162~163℃	−44°
	ergobasinine	$C_{19}H_{23}O_2N_3$	195~197℃	+414°

및 혈관 확장작용이 있어 산부인과에서 분만촉진용 의약품으로 사용하고 있다.

맥각 중독의 주된 증상은 급성중독일 경우 구토, 설사, 복통 등의 소화기 계통의 장애와 두통, 무기력증이 나타나며, 심하면 경련, 사지의 작렬감, 지각이상 등 신경증상이 일어나 사망하게 되고 임산부에게는 유산 또는 조산의 원인이 되기도 한다.

만성중독은 경련형과 괴저형의 두 가지 증세가 나타난다. 경련형은 사지의 근육위축, 경련발작, 정신장애가 주증상인데, 초기증상은 일반적으로 소화관증상과 신경증상에서 시작된다. 소화관증상으로는 먼저 메스꺼움, 구토, 설사가 일어나며, 이상 공복감이 생기는 한편 식욕부진을 나타낸다. 신경증상으로는 가렵고 저리며 지각이상이 사지의 말단에서 시작하여 위로 올라간다. 운동장애는 사지 및 얼굴에 경직이 온다. 이러한 지각 및 운동장애와 함께 강한 두통이 지속되며 혈압이 상승한다. 이상의 초기증상 다음에 경련이 수 주간 계속되어 강직성 및 간대성 발작이 일어나며, 마비를 일으키고 중증은 전신증상을 일으켜 사망한다. 괴저형은 말초혈관 순환장애에 의해 사지, 코끝, 귓밥 등에 심한 통증이 있고 괴저를 일으킨다.

5) 광과민성 피부염 물질

(1) 소라렌(Psoralen)

셀러리의 홍부병 원인균인 **스크러로티니아 스크러로티오럼(*Sclerotinia sclerotiorum*)**이 생산하며, 이 병원균으로 오염된 셀러리를 수확할 때 접촉한 사람이 햇빛을 받으면 일광피부염을 일으켜 원인물질로 분리되었다. **트리메틸소라렌** 4, 5´, **8-trimethyl psoralen**과 **메톡시소라렌 8-methoxy psoralen**의 두 형태가 알려져 있으며, 전자보다는 후자가 광과민성 반응이 강하다. 중독증은 광과민증 또는 일광피부염증이며, 간장장애나 황달, 체중감소 등을 보이기도 한다.

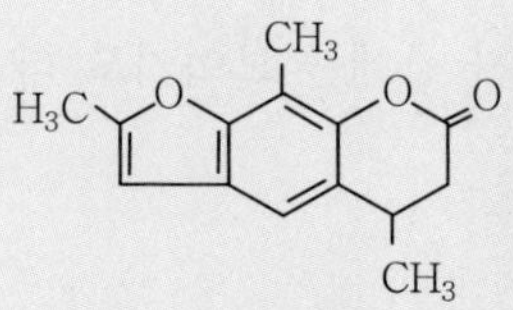

4, 5´, 8-trimethyl psoralen

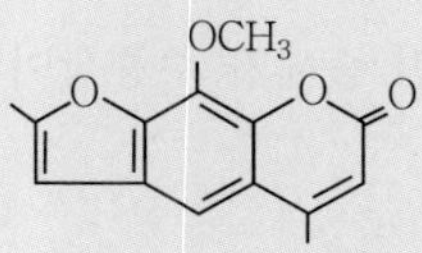

8-methoxy psoralen

Psoralen

(2) 스포리데스민(Sporidesmin)

Sporidesmin류는 건초 등에 기생하는 곰팡이인 ***Sporidesminum bakeri***(후에 분류명이

*Pithomyces chartarum*으로 바뀜)의 대사산물이며, 뉴질랜드와 오스트레일리아의 일부 지방에서 발견된 가축의 안면 일광피부염증의 원인물질이다. 이는 **Sporidesmin A, B, C** 등 여러 종류가 알려져 있다. 동물은 이 물질에 의해 간기능에 장애가 생겨 간이 대사이상을 일으킴으로써 일광피부염이 발생된다. 이 곰팡이는 특정한 기후 조건하에서 포자를 형성하는데, 그 포자 속에 유독성분이 함유되어 있다. Sporidesmin은 반추동물에 대하여도 간기능 장애를 일으키고, 체중감소, 황달, 광과민증을 유발하며, 2차적으로 간기능 장애에 의한 안면습진을 일으킨다.

6) *Alternaria*속이 생산하는 독소

밀, 옥수수, 땅콩 등의 농작물에서 빈번히 발견되는 ***Alternaria tenuis***, *A. dauci*, *A. cucumerina* 등 *Alternaria* 속 곰팡이가 생성하는 독소류는 대체로 세포독작용을 지니고 있다. 그중 **세포독성** 및 **기형**을 유발시키는 물질인 알터네리올(alternariol)은 생쥐에 대해 LD_{50}이 100 mg/kg인 것으로 알려져 있다. *Alternaria* 독소의 종류는 <표 2-5-3>과 같다.

〈표 2-5-3〉 *Alternaria* 독소의 종류

독 소 명	분자량	화학식	독 소 명	분자량	화학식
alternariol	258	$C_{14}H_{10}O_5$	altenusin	290	$C_{15}H_{14}O_6$
altenuisol	274	$C_{14}H_{10}O_6$	dehydroaltenusin	288	$C_{15}H_{12}O_6$
alternariol monomethyl ether	272	$C_{15}H_{12}O_5$	altertoxin I	352	$C_{20}H_{16}O_6$
altenuene	292	$C_{15}H_{16}O_6$	altertoxin II	350	$C_{20}H_{14}O_6$

7) 기타 곰팡이독

Rhizoctonia leguminicola는 slaframine이라는 alkaloid계 독소를 생산한다. 유연(流涎)물질로 알려져 있어 침흘림 증세가 주증상이다. 식욕부진, 설사 증세를 보이기도 하고 심하면 사망한다.

4. 곰팡이독 중독증의 예방

우리나라는 여름철 기후가 고온다습하여 곰팡이 번식에 적합하고, 주식이 독소 생성 곰팡이에 오염될 기회가 많은 곡류이며, 전통적으로 곰팡이를 이용한 발효식품을 많이 섭취하고 있어 mycotoxin에 대한 피해 가능성을 배제할 수 없다. 또 곰팡이독은 일반적으로 열에 강한 것이 많아 보통의 식품가공 공정과 조리법으로는 식품 등에 오염된 곰팡이독을 무독화하는 것이 불가능하다. 따라서 곰팡이의 생리와 곰팡이독의 위해성을 충분히 이해한 후 주의사항을 알아두고 실천하는 습관이 필요하다. 곰팡이독 중독증의 예방을 위해서는 다음과 같은 조치가 필요하다.

① 농작물은 재배 중, 특히 수확기에 접어들 때부터 곰팡이에 의한 침해가 일어나지 않도록 적극적인 수단을 강구한다.

② 곡류의 저장은 가능한 한 건조시키고, 저온인 상태에서는 단기간 시행한다.

③ 식품가공 공장에서는 곰팡이가 피지 않은 원료를 엄선해서 사용하며, 동시에 안전한 장소에 보관한다.

④ 가정에서는 식품에 곰팡이가 증식하지 않도록 습기가 차지 않고 서늘한 곳에 가능하면 밀봉 상태로 보관하며, 곰팡이가 핀 음식은 먹지 않는다.

⑤ 국가적으로는 곰팡이독에 의한 위험도가 높은 식품에 대하여 지속적인 모니터링을 실시하며, 수입 농축산물에 대해서도 철저한 검역을 시행하는 것 등이다.

제 6 장
미생물에 의한 식품의 변질 및 부패

1. 식품의 변질 및 부패의 개요

식품이 어떤 요인에 의해 분해되고 맛, 냄새, 색깔 및 외관 등이 나빠져서 식품으로서의 가치를 잃게 되는 현상을 변질(變質) 또는 열화(劣化, spoilage, rot 또는 decay)라고 한다. 식품의 변질은 생물학적 요인(미생물, 곤충, 진드기 등), 화학적 요인(효소작용, 유지의 산화, 중합, 갈변 등), 물리학적 요인(광선, 열에 의한 식품성분의 변화, 동결에 의한 조직의 파괴, 건조 등) 등의 변질요인이 한 가지 또는 그 이상 복합적으로 작용하여 일어나는데, 그중 생물학적 요인인 미생물에 의한 경우가 대부분이므로 가장 중요하다고 볼 수 있다.

식품의 변질은 해당 식품의 성분에 따라 부패, 변패, 산패, 갈변 등으로 나눌 수 있는데, 일반적으로 다음과 같이 설명할 수 있다.

① **부패(putrefaction)** : 단백질과 질소화합물을 함유한 식품이 자기소화, 부패세균의 효소작용에 의해 분해될 때, 악취와 유해물질을 생성하여 가식성을 잃는 현상

② **변패(deterioration)** : 미생물 및 효소 등에 의하여 탄수화물과 지방질이 분해되어 산미를 형성하거나 비정상적인 맛과 냄새가 나는 현상

③ **산패(rancidity)** : 지방질이 생화학적 요인 또는 산소, 햇볕, 금속 등의 비생화학적 요인에 의하여 산화·변질되는 현상

④ **갈변(browning)** : 효소적 또는 비효소적 요인에 의하여 식품이 산화·갈색화되는 현상

한편, 발효(fermentation)는 미생물에 의하여 탄수화물로부터 각종 유기산과 알코올, 아미노산 등이 생성되는 과정을 말하는데, 발효 산물의 대부분은 사람에게 유익한 것이 많다. 그러나 이상의 용어는 반드시 고정된 의미로 사용되는 것만은 아니다. 가령 부패와 변패, 변패와 산패 등을 동일하게 또는 다르게 혼합해서 쓰는 경우도 있다. 따라서 대부분의 경우 미생물

학적 관점에서 보면, 미생물의 물질대사가 사람의 관점에서 유익하면 발효, 유해하면 부패로 부르는 것이 보통이다.

2. 식품의 부패에 관여하는 미생물

식품의 부패는 한 종류의 특정 균에 의하여 나타나는 현상이 아니며, 몇 종류의 부패균이 증식하면서 일어난다. 여기서 부패균이란 분류학상의 용어가 아니고 식품의 부패에 관여하는 미생물을 말한다. 부패균은 식품의 종류에 따라서 다른데, 식품별 부패 미생물은 다음과 같다.

1) 과일, 채소류

과일의 표면은 곰팡이를 비롯한 여러 가지 미생물에 의하여 오염되어 있으며, 표면에 상처가 생기면 그 부위로 미생물이 침입하여 증식함으로써 부패가 일어난다. 일반적으로 과일은 pH가 낮아서 *Lactobacillus* 와 *Leuconostoc* 같은 내산성 세균을 제외한 대부분의 세균은 생육이 억제되므로 주로 내산성이 높은 효모와 곰팡이에 의하여 부패된다. *Penicillium digitatum* 과 *P. italicum*은 감귤류의 연부병을 일으키며, *P. expansum*은 사과나 배 등에 푸른곰팡이병을 일으킨다.

*Alternaria*속의 곰팡이는 사과, 감귤류, 바나나, 파인애플 등에 흑부병을 일으킨다. *Collectotrichum gloeosporioides*는 고추의 조직에 검은색 또는 암갈색의 반점을 형성하면서 부패를 일으키는 탄저병의 원인이 된다. *Botrytis cinerea*는 포도와 딸기에 증식하여 회색곰팡이병을 일으킨다. *Saccharomyces, Hanseniaspora, Hansenulla, Pichia, Torulopsis, Candida, Debaryomyces, Kloeckera* 등의 효모는 과일 중의 당을 발효하여 알코올 냄새를 내기도 한다.

채소류는 토양에서 직접 수확되거나 토양 근처에서 수확되기 때문에 다양한 종류의 토양 미생물과 공기 중의 미생물에 의하여 오염되어 있다. 채소류는 과일과는 달리 pH가 중성 부위이므로 곰팡이뿐만 아니라 세균에 의해서도 부패가 일어난다. *Ceratostomella fimbriata*는 고구마에 증식하여 흑반병을 일으키며, 이때 ipomeamarone이라고 하는 쓴맛을 내는 독성물질을 생산한다. 또 *Alternaria*는 고구마에 증식하여 흑부병을, *Rhizopus nigricans*는 고구마에 증식하여 연부병을 일으킨다.

*Sclerotinia sclerotiorum*은 셀러리 식물류에 증식하여 pink rot을 일으킨다. *Rhizopus, Aspergillus, Alternaria*와 같은 곰팡이와 *Erwinia carotovora*와 같은 세균은 당근, 양배추를 비롯한 채소류에 증식하여 연화성 부패를 일으킨다.

2) 곡류 및 그 가공품

수확 직후의 쌀에는 일반적으로 *Pseudomonas* 등의 세균과 *Alternaria*, *Fusarium* 등의 곰팡이가 많이 검출된다. 그러나 쌀의 저장과정에서 이들은 점차 감소하고 주로 *Aspergillus glaucus*군과 *Penicillium*이 증식하여 쌀의 변질을 일으킨다. 밀은 재배되는 동안 *Fusarium*에 의하여 적미병이, *Alternaria* 및 *Helminthosporium*에 의하여 흑미병이 발생한다. 또 밀은 저장되는 동안 쌀의 경우와 마찬가지로 *Aspergillus*와 *Penicillium*이 증식하여 변질을 일으킨다.

쌀밥의 변질에 관여하는 미생물은 내열성 포자형성균으로 *Bacillus*가 대부분이며 그 외 공중낙하균인 *Micrococcus*, 그램음성 간균, 효모 등이 있다. 쌀밥이 세균에 의하여 변패가 일어나기 전에 수분이 증발하면 *Penicillium*, *Aspergillus*, *Mucor* 등의 곰팡이가 증식하기도 한다. 빵에는 주로 *Penicillium*속 곰팡이가 발생하며, 식빵의 점질화(rope) 현상은 *Bacillus subtilis* 또는 *Bacillus licheniformis*이 생산하는 전분분해효소에 의하여 생성된 당에 의한 점질물이 원인이다. 과자류는 *Penicillium*, *Aspergillus*, *Mucor* 등의 곰팡이와 내당성 효모, *Bacillus subtilis*, *Streptococcus*, *Micrococcus*, *Achromobacter*, *Flavobacterium* 및 대장균군의 균류가 증식하여 변패를 일으킨다.

3) 육류

식육은 수분활성이 높기 때문에 주로 그램음성균인 *Pseudomonas*에 의하여 부패가 일어난다. *Aeromonas*, *Alcaligenes*, *Flavobacterium*, *Acinetobacter*, *Moraxella*, *Enterobacter*, *Microbacterium*, *Proteus*, *Streptococcus* 등의 세균도 식육의 부패를 일으키는 것으로 알려져 있다. 식육의 부패로 인한 현상은 불쾌취, 점질물질 생성, 변색 등이다. 수분활성이 낮은 식육의 경우는 *Thamnidium*, *Cladosporium*, *Sporotrichum*, *Penicillium* 등의 곰팡이가 증식하여 부패를 일으킨다.

염지육의 경우는 *Micrococcus*가 주로 부패를 일으키며 부패취, 점질물질 생성 등의 변화가 일어난다. 또한 *Bacillus*, *Vibrio*, *Acinetobacter*, *Alcaligenes*, *Arthrobacter*, *Corynebacterium*, *Streptococcus* 등의 세균도 부패를 일으키며, *Lactobacillus*와 *Leuconostoc*은 산패를 일으킨다.

가금육의 경우 도살 직후에는 *Micrococcus*, *Flavobacterium*, *Cytophaga*, *Acinetobacter*, *Moraxella*, *Pseudomonas* 및 장내세균 등을 비롯해 많은 종류의 미생물이 존재한다. 가금육은 저온에서 저장되므로 주로 저온성 세균인 *Pseudomonas*가 주된 부패균이다.

4) 난류

산란 직후의 알은 거의 무균상태이지만 난분, 계사의 흙, 세척수, 취급자의 손, 포장재료 등으로부터 세균과 곰팡이에 의해서 껍질이 오염되고, 이 오염된 균은 습한 껍질을 통하여 알의 내부로 들어가 증식하게 된다. 알은 냉장 보관을 하므로 *Pseudomonas, Proteus, Achromobacter* 등과 같은 저온균이 있으면 변질될 가능성이 높다. 알은 주로 *Pseudomonas*에 의하여 부패가 일어나며, 특이한 냄새나 외관 또는 색을 나타낸다. 그 외에도 *Penicillium, Aspergillus, Cladosporium* 등의 곰팡이와 *Micrococcus, Bacillus, Proteus, Alcaligenes, Flavobacterium, Citrobacter, Escherichia, Enterobacter* 등의 세균도 부패를 일으키는 것으로 알려져 있다.

5) 해산물

어체 표피, 아가미에 부착되었던 세균, 또는 장내세균이 증식하여 부패의 원인이 된다. 어획 직후 어체 표면 1cm²당 수백 마리였던 세균이 시장에서는 수만~수십만, 점포에서는 수십만~수백만 마리로 증식한다.

해산어류의 주된 부패 원인균은 *Pseudomonas* 이다. 이외에도 *Acinetobacter, Achromobacter, Flavobacterium, Aeromonas, Alcaligenes, Bacillus, Clostridium, Cytophaga, Micrococcus, Proteus, Vibrio* 등이 어류의 부패를 일으키는 것으로 알려져 있다. 해산어류는 부패되는 동안 트리메틸아민옥사이드(trimethylamine oxide, TMAO)가 환원되어 트리메틸아민(trimethylamine, TMA)이 되어 비린내가 나며, 각종 아미노산들이 탈탄산 및 탈아미노화되어 휘발성 아민류와 유기산이 생성되고 황화수소, 메르캅탄, 디설파이드 등이 생성되어 부패취가 난다.

조개류의 부패균은 생선의 부패균과 유사한 종류이나 때로는 대장균과 토양세균도 관계한다. 생선소시지의 변패는 주로 *Bacillus*에 의하며, 때로는 *Streptococcus*와 *Sarcina* 등도 관여한다.

6) 유제품

우유는 착유하는 도중에 또는 착유 후에 여러 가지 오염원에 의하여 미생물이 오염된다. 신속히 냉각하지 않으면 포도상구균과 같은 균이 증식하여 독성물질을 생성되기도 한다. 냉장 저장하는 우유에서는 *Pseudomonas, Acinetobacter, Aeromonas, Alcaligenes, Flavobacterium* 등의 균과 *Streptococcus*속, 대장균군 등 장내세균들이 검출된다.

또한 냉장고에서 장시간 저장하면 호냉균(psychrophiles) 또는 저온균(psychrotrophs)이 증식하여 부패를 일으킨다. 우유 변질의 주된 미생물은 *Pseudomonas*로 부패취와 쓴맛의 생성, 산패에 관여한다. 때로는 젖산균이 생우유의 변질에 관여하기도 한다. 우유에 *Alcaligenes, Klebsiella, Pseudomonas, Flavobacterium*이 증식하면 점성물질이 생성되어 우유가 끈적거리게 된다.

*Pseudomonas syncyanea*는 *Streptococcus lactis*와 같은 산생성균과 함께 증식하면 공동작용에 의하여 청변을, *Pseudomonas synxantha*는 황변을, *Serratia marcescens*는 적변을,

*Pseudomonas fluorescens*는 형광색소를 형성한다.

버터에는 *Pseudomonas*와 *Alteromonas*와 같은 저온성 세균이 증식하여 부패취, 단백분해취, 과일냄새 등을 생성한다. 버터의 표면에는 *Penicillium* 등의 곰팡이가 증식하기도 한다.

치즈에는 *Pseudomonas, Alteromonas, Flavobacterium, Micrococcus* 등의 세균이 증식하여 부패취, 산패취, 쓴맛, 색소 등을 생성한다. 때로는 *Rhodotorula, Torulopsis, Geotrichum* 등의 효모가 증식하여 색소와 점질물질을 생성하기도 한다. 치즈의 표면에는 *Penicillium, Mucor, Aspergillus* 등의 곰팡이가 증식하기도 한다.

7) 유지식품

유지식품은 미생물의 증식에 의하여 산패(rancidity), 산성화(acidity), 비누화(soapiness), 불쾌취 생성 등과 같은 변질이 일어난다. 버터와 마가린에서는 *Cladosporium, Candida, Pseudomonas, Micrococcus, Penicillium, Geotrichum* 등이 증식하여 유리지방산을 생성하며, 올리브유와 유지방에서는 *Micrococcus, Pseudomonas, Serratia, Staphylococcus* 등이 증식하여 유지의 가수분해를 일으킨다. 마요네즈에서는 *Saccharomyces, Lacto-bacillus, Bacillus* 등이 증식하여 부패를 일으킨다.

8) 통조림 식품

가열이 불충분한 통조림 식품은 내열성 포자 형성균인 *Bacillus*와 *Clostridium* 등에 의하여 부패된다. 특히 *Bacillus stearothermophilus*와 *Bacillus coagulans*는 통조림의 **플랫사워 변패(flat sour spoilage)**를 일으킨다.

3. 미생물에 의한 식품성분의 변질 및 부패

1) 단백질 식품의 부패

거대 분자구조를 가지는 단백질은 미생물, 효소, 산, 알칼리 등에 의해 저분자의 아미노산으로 분해된다. 그중 미생물에 의한 직접 분해작용은 약하지만, 식품 자체에 함유되어 있는 자가효소의 자기소화작용(autolysis)과 더불어 미생물의 단백질 분해효소에 의하여 펩타이드, 아미노산으로 분해되고, 그 이후 미생물에 의해 가속적으로 분해가 진행되어 암모니아, 이산화탄소, 아민류, 황화수소(H_2S), 페놀, 인돌, 스카톨(scatole), 머캅토에탄올(mercaptoethanol), 카르본산(carbonic acid), 알데히드(aldehydes) 등이 생성되어 변질과 부패 및 악취를 발생한다.

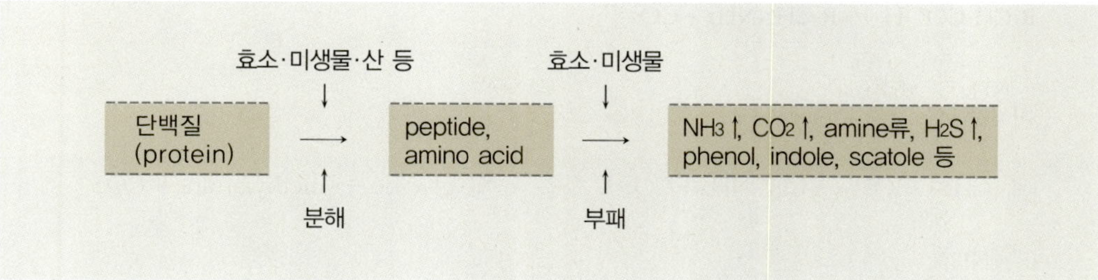

〈그림 2-6-1〉 단백질의 분해 및 부패과정

따라서 단백질 분해를 거친 아미노산의 분해 부패생성물의 반응 메커니즘을 살펴보면 다음과 같다.

(1) 탈아미노반응(deamination)

일반적으로 호기성 세균과 통성혐기성 세균은 식품의 표면에 증식하여 아미노산에서 아미노기(−NH_2)가 이탈하여 암모니아(NH_3)를 생성하는 동시에 지방산과 케톤산(ketonic acids) 등 여러 유기산을 생성하는 반응을 **탈아미노반응**이라고 한다. 탈아민작용은 식품이 중성에서 알칼리성일 때 일어나며, 아미노분자(−NH_2)의 산화, 환원, 불포화, 가수분해에 의해 진행된다.

① 산화적

$$\underset{\substack{|\\ NH_2}}{\text{R-CH-COOH}} + O \rightarrow \text{R-CO-COOH} + NH_3\uparrow$$

아미노산 / α-keto / 암모니아

예 alanine + O → pyruvic acid + NH_3

② 환원적

$$\underset{\substack{|\\ NH_2}}{\text{R-CH-COOH}} + 2H \rightarrow \text{R-}CH_2\text{-COOH} + NH_3\uparrow$$

예 glycine + 2H → acetic acid + NH_3 ↑

③ 가수분해

$$\underset{\substack{|\\ NH_2}}{\text{R-CH-COOH}} + H_2O \rightarrow \underset{\substack{|\\ OH}}{\text{R-CH-COOH}} + NH_3\uparrow$$

(2) 탈탄산반응(decarboxylation)

편성혐기성 세균과 일부 통성혐기성 세균은 식품 내부에서 증식하여 아미노산에서 이산화탄소(CO_2)를 이탈하여 각종 아민류를 생성하는 반응을 탈탄산반응이라 한다. 탈탄산작용은 식품이 산성일 경우 진행된다.

$$\text{R-}\underset{\substack{|\\ NH_2}}{\text{CH}}\text{-COOH} \rightarrow \text{R-CH}_2\text{-NH}_2 + CO_2\uparrow$$

아미노산

예 $\underset{\substack{|\\ NH_2}}{CH_3}\text{-COOH} \rightarrow CH_3\text{-}NH_2 + CO_2$ 예 glycine → methylamine + CO_2

예 $CH_3\text{-}\underset{\substack{|\\ NH_2}}{CH}\text{-COOH} \rightarrow CH_3\text{-}CH_2\text{-}NH_2 + CO_2$

예 alanine ⟶ ethylamine + CO_2 lysine $\xrightarrow{E.coli}$ cadaverine + CO_2

ornithine $\xrightarrow{E.coli}$ putrescine + CO_2 histidine ⟶ histamine + CO_2

tyrosine $\xrightarrow{E.coli}$ tyramine + CO_2 arginine ⟶ agmatine + CO_2

(3) 탈아미노와 탈탄산의 동시 반응(deamination & decarboxylation)

탈아민과 탈탄산 작용이 병행하여 일어나는 경우도 있다. 이런 경우 암모니아(NH_3)와 이산화탄소(CO_2)를 생성하는 동시에 알코올, 지방산, 탄화수소 등을 생성한다. 이러한 생성물은 세균의 종류에 따라 다르며 또한 매우 복잡하여 가수분해적, 산화적, 환원 반응이 진행된다.

① 가수분해 $\text{R-}\underset{\substack{|\\ NH_2}}{\text{CH}}\text{-COOH} + H_2O \rightarrow \text{R-CH}_2\text{-OH} + NH_3 + CO_2$

예 valine + H_2O → isobutylalcohol + NH_3 + CO_2

② 산화적 $\text{R-}\underset{\substack{|\\ NH_2}}{\text{CH}}\text{-COOH} + O_2 \rightarrow \text{R-COOH} + NH_3 + CO_2$

예 alanine + O_2 → acetic acid + NH_3 + CO_2

③ 환원적 $\underset{\substack{|\\ NH_2}}{CH_2}\text{-COOH} + H_2 \rightarrow \underset{\text{methane}}{CH_4} + NH_3 + CO_2$

④ Stickland 반응 – 아미노산 상호 간의 가수분해로 탈아미노 및 탈탄산 반응을 일으키며 *Clostridium*속에 의해 일어난다.

glycine + alanine + $2H_2O$ → acetic acid + $3NH_3$ + CO_2

glutamic acid + $2H_2O$ → butylic acid + 2acetic acid + $2NH_3$ + $2CO_2$

(4) 함황아미노산과 amine류 등의 분해

① **함황아미노산** 유황(S)을 함유하는 아미노산 중에는 methionine, cysteine, cystine이 있다. 이들이 산화, 환원, 가수분해를 하면 mercaptane, H_2S 등의 저분자 유기물이 생성된다.

$$CH_3\text{-}S\text{-}CH_2\text{-}CH_2\text{-}\underset{\displaystyle NH_2}{\underset{|}{CH}}\text{-}COOH + H_2O \rightarrow CO_3\text{-}SH + NH_3 + CH_3\text{-}CH_2\text{-}CO\text{-}COOH$$

methionine　　　methylmercaptane　　　α-ketobutylic acid

$$HS\text{-}\underset{\displaystyle NH_2}{\underset{|}{CH}}\text{-}COOH \rightarrow CH_3\text{-}SH + NH_3 + CO_2 + CH_4$$

cysteine　　　methylmercaptane　　　methane

$$\downarrow$$

$$H_2S + NH_3 + H\text{-}COOH + CH_2\text{-}COOH$$

② **amine류의 분해** 부패물질인 amine류가 세균의 amine oxidase에 의해 산화, 가수분해되어서 암모니아, 이산화탄소, 물이 생긴다.

$$R\text{-}CH_2\text{-}NH_2 + O_2 + H_2O \rightarrow R\text{-}CHO + H_2O_2 + NH_3$$

amine

$$R\text{-}CHO \downarrow \qquad H_2O_2 \rightarrow H_2O$$

$$R\text{-}COOH \rightarrow CO_2 + H_2O$$

③ **tryptophane의 분해** 대장균, 비브리오세균, *Pseudomonase* 등 일부 세균이 가지는 tryptophanase에 의해 indole ethylamine, indole이 생긴다.

tryptophane → indole ethylamine → indole

(5) trimethylamine oxide(TMAO)의 분해

이 trimethylamine oxide 성분은 어류에만 존재하며 환원에 의해 **Trimethylamine (TMA)**가 생기고 비린내의 원인이 되기도 한다.

$$(CH_3)2NO + 2H \rightarrow (CH_3)3N + H_2O$$

TMAO　　　　TMA

2) 탄수화물 식품의 변질

전분, 펙틴 등의 다당류는 먼저 이들을 분해하는 효소를 가지고 있는 곰팡이, *Bacillus* 등 일부 미생물에 의해서 단당류나 이당류로 분해되고, 그 이후 효모나 세균들에 의해서 알코올, 유기산 등 저분자 화합물로 더욱 분해시킨다. 분해과정 중 단당류까지는 우리에게 영양성분으로 이용되기 때문에 변질보다는 변화라 볼 수 있고, 단당류 이후의 변화는 우리에게 유용하게 이용되는 술, 식초, 젖산, 기타 발효음료 등의 발효과정이 있고 또 하나는 우리에게 유해한 변질 및 부패과정을 볼 수 있다.

미생물에 의한 당류의 주요 분해생성물은 아래와 같다.

- 젖산균 : lactic acid
- 효모 : ethyl alcohol
- *Pseudomonas* : acetic acid, butyric acid, isovaleric acid
- 대장균, *Salmonella* : formic acid, acetic acid, lactic acid, ethyl alcohol, H_2, CO_2
- *Propionibacterium* : propionic acid
- *Bacillus, Enterobacter, Vibrio* : propylene glycol
- *Clostridium* : butyric acid, ethyl alcohol, butyl alcohol, acetone, isopropyl alcohol

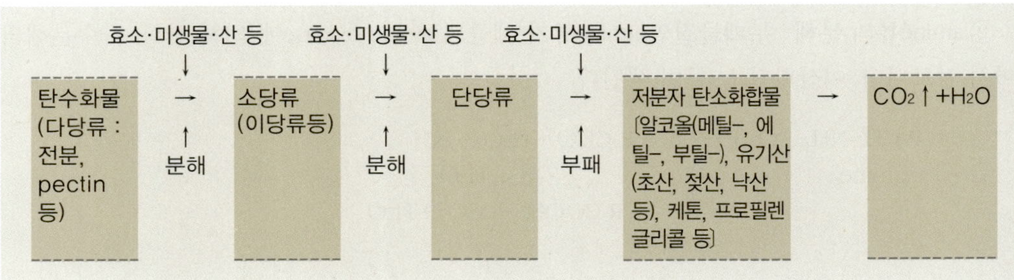

〈그림 2-6-2〉 탄수화물의 분해 및 부패 과정

3) 지방의 변패 및 산패

식품저장 중에 유지가 변화되어 이취를 발생하는 현상을 유지의 변패(變敗)라 부른다. 유지의 변패에는 여러 가지가 있으나 요인에 따라 산소(O_2)에 의한 산패(酸敗), 효소에 의한 변패, 미생물에 의한 산패 등으로 다음과 같이 가수분해, 산화, 중합 및 변향(reversion)에 의한 것이 있다. 여기에서는 미생물에 의한 변패에 대하여 다루고 산소에 의한 산패는 **제5편 8장의 5. 지질의 과산화물과 산화생성물**에서 문제되는 유해성분을 더 다루기로 한다.

미생물에 의한 산화는 주로 곰팡이에 의한 성장과 관계가 있는데, 자동산화와 같이 불포화

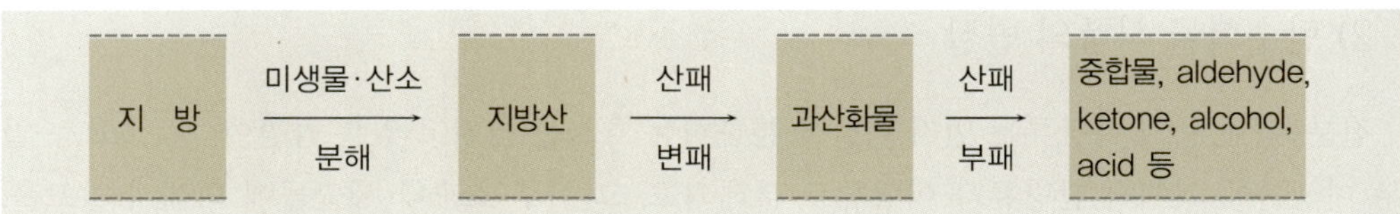

〈그림 2-6-3〉 지방의 분해, 부패 및 산패 과정

지질에는 물론 포화 glyceride에도 산화작용을 받는다. 특히 가수분해반응을 수반하는 경우가 많다. 통상 미생물에 의한 산패는 lipase에 의한 산패와 ketone 산패로 나눈다.

① **lipase와 lipoxidase 등 산패** 포화 및 불포화 glyceride는 미생물의 효소에 의하여 가수분해되어 butyric acid, caproic acid, caprylic acid 등의 저급지방산이 생성되는 산패를 lipase 산패라고 한다. 또는 저급지방산의 glyceride가 고급지방산의 glyceride보다 lipase작용을 받기 쉽다.

② **ketone 산패** 유지방(乳脂肪), 팜유, 야자유 등을 함유하는 저급지방산의 식품들은 산화효소에 의하여 ketone산을 거쳐 탄소 수가 적은 methyl ketone으로 가수분해된다. 이것을 ketone 산패라고 한다.

4. 식품의 초기부패 판정

식품이 부패되면 냄새가 나고 외관이 변하기 때문에 쉽게 부패한 것을 알게 되어 문제가 되지 않지만 부패의 초기 단계는 판단하기가 어려워 먹을 수도 있기 때문에 문제가 야기된다. 식품의 초기부패를 명확히 정의하기는 어렵지만, 관능검사, 화학적 검사, 물리적 검사 및 생물학적 검사(세균학적 검사)에 의하여 초기부패를 판정한다.

1) 관능검사

식품이 초기부패에 도달하면 냄새, 색깔 변화, 탄력 저하, 연화, 점액화가 일어나며, 자극적인 맛을 느끼게 되는데 이를 오관(視, 聽, 臭, 味, 觸)에 의하여 판정하는 방법이다. 이와 같이 오관에 의해 감지되는 변화를 판단하는 관능검사는 간단한 판정법이지만 개인적인 차이로 인해 객관적인 판정법이 될 수 없으나 많은 다수의 판넬원에 의해 대략적인 판정이 가능하기도 하다. 그러나 정확성을 위하여 과학적인 관찰과 평가가 필요하다. 일반적으로 관능검사에서 행해지는 시험항목은 다음과 같다.

- 냄새의 발생(암모니아 냄새, 아민 냄새, 산패한 냄새, 알코올 냄새 등)
- 색깔의 변화(변색, 퇴색, 광택 등)
- 조직의 변화(고체인 경우에는 탄력성, 유연성, 점액의 발생상태 등)
- 이상한 맛이나 불쾌한 맛의 발생(신맛, 쓴맛, 자극적인 맛 등)

2) 세균학적 판정법

식품 중의 세균 수를 측정하여 판정하는 방법으로서, 일반적으로 세균 수가 많은 식품은 비위생적이며 선도가 나쁜 것으로 추정된다. 보통 식품 1 g당 생균 수가 10^7~10^8에 도달하면 초기부패가 진행되는 것으로 여겨지지만, 이를 모든 식품에 적용할 수는 없으며, 측정에 많은 시간(24~48시간)이 걸리는 단점이 있다. 쌀밥은 세균 수 측정에 의하여 초기부패를 판정할 수 있는 몇 개 안 되는 식품 중의 하나이다. 그러나 반드시 균수가 많은 식품이 비위생적이고 선도가 나쁘다고 단정할 수는 없다.

미생물에는 유용균과 무작용균에 속하는 종류가 있으며, 또한 균수가 많아도 미생물이 식품을 분해하여 영양원으로 이용하면서 균이 증식하는 것과 단순히 일과성 오염에 의하여 균수가 증가하는 것인지에 따라 균수의 의미가 다르기 때문에 이 경우에는 균수뿐만 아니라 유해균종의 유무와 대사산물의 측정도 필요하다.

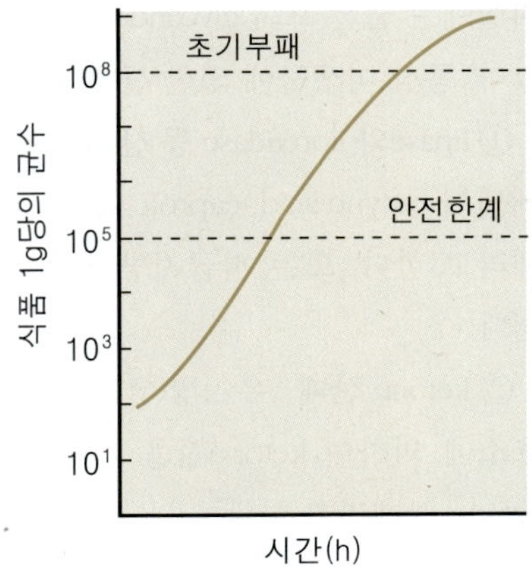

〈그림 2-6-4〉 세균의 증식곡선 중 안전한계와 초기부패

3) 화학적 판정법

(1) pH

탄수화물이 많은 식품은 미생물이 증식하여 유기산을 생성하므로 pH가 저하된다. 예외로는 조개류, 연제품 등이 있다. 신선한 어류, 식육은 알칼리성(pH 7.4)에서 중성을 지나 산성 쪽으로 pH 저하 후 pH 5.4~5.5에서 알칼리 쪽으로 상승하는 현상을 보인다. 어·육류의 경우 5~10배 침출액을 만들어 pH를 측정하는데, pH 5.5 전후이면 신선한 상태로 보며, **pH 6.0~6.2**는 초기부패로 본다. pH가 상어고기와 같이 알칼리 쪽으로만 기우는 경우도 있다. 조미료로 장류 등을 이용하는 식품에는 변화가 없다. 다른 방법에 비하여 간편하지만 부패 판정에는 일정시간 계속 측정하여야 하고, 식품의 종류, 가공법, 균종 등에 따라 pH가 상당히 달라지는 단점이 있다.

(2) 휘발성 염기질소(volatile basic nitrogen, VBN)

단백질 식품에는 단백질이 아미노산, 암모니아, 아민 등으로 분해되어 휘발성 염기질소가 축적된다. 일반적으로 어육 100 g 중 5~10 mg이면 신선으로, 15~25 mg이면 보통으로 보고 30~40 mg, 즉 **30~40 mg%**가 되면 초기부패로 판정한다. 그러나 상어고기와 같이 요소의 함량이 높은 식품에는 요소 분해균이 microflora 중에 있을 경우 암모니아가 다량 생성되어 선도가 좋은 고기에서도 증가하기 때문에 이 수치를 적용할 수 없다.

〈표 2-6-1〉 중요한 휘발성 염기질소

휘발성 염기질소		기원 화합물
ammonia	NH_3	아미노산의 분해
methylamine	CH_3NH_2	아미노산의 분해
dimethylamine	$(CH_3)_2NH$	아미노산의 분해
trimethylamine	$(CH_3)_3N$	trimethylamine oxide
ethylamine	$C_2H_5NH_2$	alanine
isobutylamine	$(CH_3)_2 \cdot CH \cdot CH_2NH_2$	valine
isoamylamine	$(CH_3)_2CH \cdot CH_2CH_2NH_2$	leucine
phenethylamine	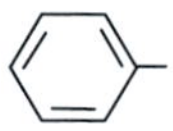 $CH_2 \cdot CH_2NH_2$	phenylalanine
putrescine	$NH_2 \cdot CH_2(CH_2)_2 \cdot CH_2NH_2$	ornithine
cadaverine	$NH_2 \cdot CH_2(CH_2)_3 \cdot CH_2NH_2$	lysine

(3) Trimethylamine(TMA)

휘발성 염기질소가 증가한 부패검체로부터 암모니아와 아민을 분리·정량했을 때 가장 많이 검출되는 아민은 TMA이다. 특히 어류가 죽으면 근육 중의 TMAO가 세균에 의해 환원되어 신선한 어육에는 거의 없는 TMA가 생기고, 이것의 증가는 초기부패의 판정에 좋은 지표가 된다. TMA의 정량은 부패진행 판정의 척도로 사용된다. 어패류 100 g 중 3 mg 이하는 신선도가 양호, **4~5 mg/100 g(4~5 mg%)**은 초기부패에 도달한 것으로 간주한다. 넓게는 4~10 mg/100 g, 즉 4~10 mg% 범위까지 보기도 하고 10 mg/100 g 이상은 부패로 본다.

(4) Histamine

꽁치, 방어, 가다랑이, 참치, 고등어 등 등푸른 적색 어류의 가공품은 당질, 혈액 등이 첨가되거나 혼입되면 부패의 방향이 탈아민반응보다는 탈탄산반응으로 진행되어 아미노산, 특히 histidine으로부터 histamine이 생성된다. 일본의 한 연구에 의하면 어육 1 g 중에 4~10 mg, 즉 100 g 중에 400~1000 mg(400~1000 mg%)이 축적되면 알레르기성 식중독이 발생한다고 한다. 이 경우 VBN은 증가하지 않으므로 초기부패에 도달하지 않은 것으로 잘못 판단하기도 한다.

(5) K값

최근에 어패류의 신선도를 젓갈 등의 식품에서 '감칠맛'의 정도를 나타내기 위해 사용하는 K값을 측정하여 판정하는 방법이 일본에서부터 시작되었다. K값은 ATP(adenosine triphosphate)로부터 IMP(inosine 5′-mono-phosphate)를 거쳐 hypoxanthine에 이르게 되며, 그 분해생성물의 전량에 대한 inosine과 hypoxanthine의 합계량의 백분율로서 아래와 같이 표시된다.

$$\text{ATP} \xrightarrow{\text{ATPase}} \text{ADP} \xrightarrow{\text{myokinase}} \underset{(\text{무미})}{\text{AMP}} \xrightarrow{\text{deaminase}} \underset{(\text{감칠맛})}{\text{IMP}} \xrightarrow{\text{phosphatase}} \underset{(\text{무미})}{\text{inosine}} \xrightarrow{\text{nucleosidase}} \underset{(\text{무미})}{\text{hypoxanthine}}$$

$$\text{K값}(\%) = \frac{\text{ATP분해물질(inosine + hypoxanthine)}}{\text{ATP관련물질(ATP + ADP + AMP + IMP + inosine + hypoxanthine)}} \times 100$$

K값은 어패류뿐만 아니라 식육의 선도 판정에도 적용할 수 있다. 사후강직 후 신선한 고기에는 핵산구성분인 neucleotide가 다량 존재한다. 이러한 neucleotide가 많을수록 선도가 양호함을 의미한다. neucleotide가 분해하여 neucleoside, purine 유도체가 많아짐에 따라 선도의 저하를 나타내는 K값은 증가하고 선도가 나빠진다.

어패류는 일반적으로 K값 10% 이하는 죽은 직후의 어류로 선도가 양호, 20% 이하인 경우 회나 초밥용으로 적당하며, 40% 정도까지는 찌거나 구워 먹는 데 사용할 수 있으며, 60~80% 이면 초기부패 단계로 판정하고 있다.

(6) 기타

이상의 방법 외에 식품의 신선도를 측정하기 위하여 통조림 식품에서는 휘발성 환원물질(volatile reductive substances, VRS)을 정량하기도 하며, 원유의 경우는 methylene blue 등의 산화환원지시약을 사용하여 신선도를 판정하기도 한다.

4) 물리적 판정법

식품이 본래의 형태를 유지하고 있는지를 판정하는 방법으로서, 식품의 경도, 탄성, 점성, 색 및 전기저항 등을 측정하는데, 동일한 식품에서도 여러 가지 조건에 따라 변동을 보이므로 초기부패를 확실히 판정하는 것은 어렵다.

5. 미생물로 인한 식품의 변질 및 부패 방지

유지류를 제외한 대부분 식품의 변질은 주로 식품 중의 미생물작용에 의한 것이므로 미생물의 오염을 방지하거나 오염된 미생물의 증식과 발육을 억제하는 것이 중요하다. 이미 제2

편 제1장에서 언급하였듯이 미생물의 성장인자에는 온도, 수분, pH, 산소, 영양물질 등에 따라 최적조건이 될 때는 잘 증식하지만 식품을 보존하거나 변질 등을 방지하기 위해서는 어느 인자 1개 내지 2가지 이상 조건을 조절하거나 제거해 주면 미생물은 억제 내지 활성을 잃게 된다. 따라서 식품의 변질을 방지하는 원리와 종류는 다음과 같이 요약해 설명하기로 한다.

1) 냉장·냉동법(冷藏·冷凍法)

미생물의 증식인자 중 온도 조절에서 냉장·냉동법의 이용이 있다. 보통의 식품미생물은 −5~70℃가 증식 가능한 영역이다. 미생물의 온도감수성은 10℃ 이하 저온에 약하므로 이를 이용한 냉장법이 있고, 그 외 반동결냉장(partial freezing)은 −3~0℃에서 보존하는 것이며, 식품변질의 방지와 식품의 맛을 보존하는 목적으로 사용된다. 식품의 종류, 용도, 저장기간에 따라 다르지만 일반적으로 단기보존에는 냉장법과 반동결냉장법을, 장기보존에는 냉동보존을 선택하여야 한다. 냉장식품의 저장온도는 버터, 마가린은 0~3℃, 유제품 및 식육제품은 3~5℃, 달걀 및 채소류는 5~10℃가 적당하다.

냉장보존으로 미생물의 증식억제 및 효소작용을 완전히 억제하는 것은 불가능하다. 고구마, 참마 등의 채소와 바나나 등 과일류는 저온에 의해 냉해를 받아 변질되는 것이 있다. 또한 가공식품의 경우, 가공 시의 세균 수, 보존료 등의 식품첨가물 이용, 포장 상태 등의 조건에 따라 보존일수가 달라진다. 그러므로 냉장고를 과신하지 않는 것이 바람직하다.

냉동저장에서 미생물의 억제·사멸도 있지만 식품 자체도 동결에 의해 생성된 얼음입자에 의해 세포의 손상과 탈수현상이 일어나므로 −1~ −5℃의 최대빙결정생성대를 단시간에 통과하도록 하여 세포의 손상을 최소화하는 **급속동결법**이 최근에 많이 사용되고 있다. 이 방법을 사용하면 해동 중의 드립(drip)도 최소화할 수 있고 영양성분 및 맛의 손실방지가 가능하다. 또한 냉동식품을 해동하여 조리에 사용하는 경우에는 4~5℃에서 해동하는 것이 drip을 최소화할 수 있는 방법이다.

2) 가열법(加熱法, Heating)

가열에 의해 식품 중의 미생물을 사멸시켜 식품의 변질을 방지하는 방법이다. 식품에 따라 가열살균온도가 다르므로 가열온도와 식품과의 관계를 파악하여 살균을 하는 것은 물론이며, 가열 후에 미생물에 의한 2차오염을 방지하여야 식품의 장기보존이 가능하다. 가열살균법에서 문제가 되는 미생물은 *Bacillus*속 및 *Clostridium*속 등의 포자생성균이다.

포자생성균을 완전히 사멸시키기 위해서는 120℃, 15분 이상의 가열처리 조건이 필요하며,

일반적으로 *Samonella*속 등의 장내세균은 단시간의 열처리에 사멸한다.

저온살균법(low temp. long time method, LTLT)이 사용되는 식품은 일부 우유, 과즙, 맥주, 기름 등의 액체식품이다. 우유는 우유 중에 오염된 결핵균의 살균을 목적으로 63℃에서 30분간 저온살균법을 실시해 왔으나 한 번에 대량 처리가 곤란하다는 단점이 있었다. 따라서 우유를 71~75℃, 15초 이상 가열처리를 하는 **고온순간살균법**(high temp. short time method, HTST)으로 우유의 살균을 신속히 처리하는 방법도 많이 이용되었다. 그러나 내열성 포자는 남아 있으므로 반드시 냉장고에 유통기한까지 보관하여야 한다. 과즙과 맥주 등은 밀봉 후 75℃, 30분간 가열처리를 하나 주로 병원 미생물을 사멸하는 것이 목적이다.

자비살균법(열탕살균법, pasteurization by boiling water method)은 습열법의 하나로 우리가 음식을 익혀 먹기 위하여 늘 가열 조리할 때 사용되는 방법인데, 100℃, 5~30분간 처리하므로 대부분 미생물은 죽지만 내열성 포자는 남아 있어 가열 후 적당한 온습도가 되면 다시 번식하므로 냉장고에 보관하는 것이 바람직하다.

초고온멸균법(ultra high temp. heating method, UHT)은 습열법의 하나로 130~150℃, 1~3초로 초순간적으로 가열처리하여 멸균시키는 방법으로, 내열성의 포자를 완전히 사멸시킨다. 통상 우유멸균에 많이 이용되고 있으며 장시간 보존이 가능하여 LL우유(long life milk)로도 시판된다.

건열살균법(乾熱殺菌法)은 건열살균기(dry oven)에 곡류, 절단한 채소나 과일 같은 원료나 제조, 가공된 제품을 건조시키거나 살균소독시킬 목적으로, 150~160℃에서 30분 이상 오븐 내 공간의 공기를 데워 열처리하면 제품의 종류나 상태에 따라 식품은 건조상태가 되고 기구 및 용기, 포장은 살균이나 멸균이 될 수 있다.

통조림 식품은 탈기 후 밀봉하여 고압 중에 가열살균되며, 살균 온도조건은 식품의 산성도에 따라 달라진다. 어류, 육류, 채소, 장류, 조미식품 등은 120℃ 고온에서 행하여지나 토마토 제품, 귤 등 pH 4.5 미만의 산성식품은 보통 90℃ 이하의 살균방법이 사용된다.

레토르트 식품은 조리된 식품을 내열성의 필름 주머니에 넣고 밀봉하여 고압가열 살균솥(retort) 중에서 105~120℃, 최소 10분 이상 살균한 것으로 살균처리 후의 보존성이 매우 좋고 운반이 편리하다.

증기소독법은 식품공장에서 발효조와 배관 등의 시설물을 살균소독하는 데 적합한 방법으로 이용되고 있다.

3) 건조법(乾燥法, Drying, Dehydration)

건조에 의한 식품보존은 수분을 식품에서 제거하여 수분활성도를 저하함으로써 보존성을 향상시키는 것이다. 식품의 자연건조법(천일건조법)은 지금까지 행해졌던 가장 간단한 식품

보존법이다. 또 하나의 다량 건조법으로 여러 종류의 인공건조법이 식품 제조, 가공 공정에서 사용된다. 이를 살펴보면 가압해서 튀기는 쌀튀밥 같은 가압건조법, 열풍건조법, 분무건조, 적외선 건조, 진공이나 진공동결건조 등을 이용하여 건조시킨 후 저장한다.

4) 염장(鹽藏, Salting) 및 당장(糖藏, Sugaring)

식품에 식염 및 설탕을 가하여 식품의 수분활성도 저하와 높은 삼투압 등에 의해 식품미생물의 증식을 방지하는 방법이다. 식품에 식염 및 설탕을 첨가하면 삼투현상이 진행되어 식염 및 설탕 등이 침투되고 식품 내부의 수분은 외부로 침출되어 탈수상태가 된다. 이러한 메커니즘에 의한 수분활성도의 저하는 미생물이 증식하기 어려운 상태가 된다.

일반적으로 염장은 세균에서 소금농도가 2%에서부터 억제되기 시작해 10% 정도면 상당히 대부분의 균이 억제되고 효모는 보통 15% 이상에서, 곰팡이는 대략 20% 이상에서 활성이 억제된다. 소수의 예외 균도 있으나 당장은 45% 이상의 당농도에서 식품의 보존 효과를 얻는다. 한편 최근 염장식품도 건강상 저염식품이 많이 제조되고 있다.

5) 산장(酸藏, Pickling)

미생물은 생육시 pH의 영향을 받는데, 산장법은 초산, 젖산, 구연산 등의 유기산을 이용하여 식품의 pH를 낮추어 저장하는 방법으로, 주로 채소 및 과일의 저장에 이용된다. 산의 미생물에 대한 저지작용은 대체로 pH 4.5 이하에서는 부패세균의 생육이 불가능해지고 pH 3~4에서는 사멸한다. 일반적으로 저장의 수단으로서뿐만 아니라 조미의 목적도 겸하며, 식염, 당, 보존료 등을 같이 사용하면 효과를 더욱 증가시킬 수 있다.

6) 전자파에 의한 살균

자외선살균법(ultra violet rays method)은 자주 이용되고 있는 일광소독은 주로 태양광선 중의 자외선에 의해 살균작용을 나타나는 것으로 자외선의 파장영역은 10~380 nm로, 가장 살균 효과가 큰 파장은 250~260 nm(최대253.7 nm, 2537 Å) 부근이다. 이러한 파장역을 이용하여 자외선 살균등에 의한 살균법이 널리 사용되고 있다. 살균등은 모든 균종에 효과가 있으나 잔류성은 없고 조사대상물의 성분과 물성에도 거의 변화를 주지 않는다. 그러나 조사표면의 반대 그늘진 곳에는 효과가 없다. 완전살균은 어려우나 직사광선이 닿는 표면살균이 고형식품, 주방용 기구 및 용기, 포장, 조리장, 조리대, 공장창고, 실내공기 등과 액체용 음료수, 공업용수 등에 이용되고 있다.

마이크로파가열살균법(microwave rays method)은 2,450 MHz의 전자파를 쏘여 식품에 흡수되는 전파에너지를 열에너지로 바꿈으로써 식품 자체를 열원상태(熱源狀態)로 만들어 살균하는 것이다. 즉, 전자레인지에서 익히고 살균하는 것이다.

원적외선살균법(infra red rays method)은 원적외선이 대략 3~1,000 nm 범위의 주파수대를 말하나 대개 2.5~30 nm 범위에서 이용되고, 원적외선을 조사하면 고형물체의 표면으로부터 내부에 깊이까지는 침투가 안 되고 주로 표면살균에 이용된다. 식품 이외의 기구, 용기 등의 표면살균에 이용된다.

방사선조사살균법(ionning radiation)은 방사선이 ^{60}Co과 같은 방사선동위원소(radio isotope)의 γ선을 이용하여 식품 중의 미생물을 살균하여 보존성을 높이는 방법이다. 저선량조사(底線量照射)는 0.01~1 KGy로 해충살충, 기생충 사멸, 일부 미생물 살균 등, 중선량조사(中線量照射)는 1~10 KGy로 부패균, 병원균 살균 등, 그리고 고선량조사(高線量照射)는 10~100 KGy로 모든 미생물이나 포자까지도 멸균시킬 수 있다.

7) 식품첨가물

식품첨가물 중 식품의 변질과 변패 및 산패를 방지하기 위한 목적으로 보존료, 살균료, 산화방지제 등이 사용된다. 보존료의 작용은 멸균이나 살균작용보다는 미생물의 효소를 저해하여 발육을 억제함으로써 나타내는 정균작용이며, 살균료는 주로 미생물의 단백질을 변성시켜 사멸시키는 살균 및 멸균 작용을 한다.

보존료에는 안식향산 외 18종과 살균료의 차아염소산나트륨 외 4종, 산화방지제에는 BHT 외 13종이 허가되어 있으며, 보존료 이외에 산미료도 미생물의 증식억제 효과를 나타내는데, 이들 종류와 내용은 '제6편 허용된 식품첨가물'에서 다루기로 한다.

8) 진공포장과 가스치환법

진공포장은 밀봉된 식품 내의 공기를 감압시켜 진공상태로 감소 내지 제거함으로써 호기성 미생물에 의한 부패나 지질의 산화 등을 방지하여 보존성을 연장하는 방법이다. 최근에는 용기 내의 산소를 탈산소제를 이용한 화학반응에 의해 흡수 제거하여 미생물의 증식과 산화에 의한 품질 저하를 방지하는 방법이 보급되어 과자류, 된장, 김, 곡류 등에 사용되고 있다.

가스치환법은 식품 보존에 바람직하지 못한 산소의 영향을 배제하기 위하여 포장용기 내의 공기를 불활성가스(질소, 이산화탄소)로 치환하는 방법이다. 그런 예로 분유캔 내에는 지방의 산화를 방지하기 위하여 질소가스 등을 충전하여 보관한다. 대표적인 것으로는 CA 저장법이 있는데, 수확 후의 채소나 과일, 달걀 등의 저장환경에서 산소를 줄이고 이산화탄소의 농도를 높여 호흡작용을 억제함으로써 저장성을 높이는 방법이다.

9) 훈연 등

어패류, 육류 등의 단백질성 식품을 벚나무, 졸참나무, 상수리나무 등이 불완전 연소될 때 생성되는 연기를 이용하여 훈연시킨다. 식품의 건조에 따른 보존 효과가 상승하며, 훈연 중 살균성분의 이행에 따른 방부 및 산화방지 효과가 있다.

F·O·O·D·H·Y·G·I·E·N·E

3

동물인자로 인한 식품위생

제 1 장

동물성 자연독

동물성 자연독에 의한 식중독은 식용하는 가축 등의 육상동물에서는 거의 찾아볼 수 없다. 있다면 주로 동양인이나 아프리카인 등이 장내 효소가 없어 우유를 먹으면 경미한 설사를 일으키는 **유당불내증(乳糖不耐症)** 현상을 볼 수 있다. 그리고 담즙산 과다복용이 있다. 동물성 자연독은 대부분 어패류에 함유되어 있는 유독물질에 의한 식중독을 지칭하는 것으로 환경오염물질의 축적에 의한 경우는 제외된다. 어패류에 의한 식중독사고는 세계적으로 매년 2만여 건에 달하고, 발생건수의 약 1%는 사망에 이르는 것으로 추정되고 있다.

동물성 자연독은 내적 요인에 의하여 자체 내에서 독화되거나 해양에 자연적으로 존재하는 유독성분의 축적 또는 유독 플랑크톤의 섭취 등과 같은 외적 요인에 기인하는 것으로 알려져 왔었다. 그러나 최근의 연구결과에 따르면 주로 **유독 미생물**이나 **유독 플랑크톤(부유생물)** 및 **유독 해조류(algae)**의 섭취와 같은 먹이사슬에 기인하는 것으로 밝혀지고 있다. 어패류에 의한 식중독의 원인별 분류를 살펴보면 <표 3-1-1>과 같다.

1. 어류에 의한 식중독

1) 복어독 중독

(1) 복어의 종류와 독성부위

복어(鰒魚, Puffer)는 복어과(Tetraodontidae)에 속하는 열대 및 온대 지역에 널리 분포하는 난해성(暖海性) 어종으로, 세계적으로 약 100여 종이 알려져 있으며 우리나라에는 40여 종 정도가 서식하고 이 중에서 식용하는 종류로는 주로 참복과에 속하는 황복, 자주복, 참복 및 까치복 등이 있다. 복어의 종류는 <그림 3-1-1>과 같다. 복어류는 우리나라를 비롯하여 중국, 일본 등지에서 예로부터 식품으로써 널리 이용되어 왔으며 그에 따른 식중독사고도 많이 보고

〈표 3-1-1〉 동물성 식중독의 원인별 분류와 독성분

종류와 중독명		원인 어패류(축적부위)	독소 성분	주요 증상	독소생성원
어류	복어독	복어, 권패류, 게 (생식선, 간장)	tetrodotoxin	신경마비	해양세균
	ciguatera 중독	독꼬치, Red snapper, Grouper, 불가사리 (중장선)	ciguatoxin maitotoxin palytoxin	위장장애 신경증상	와편모조류
	돗돔 중독	돗돔, 삼치, 상어, 참치 북극곰, 바다표범(간장)	과잉 Vitamin A	피부박리현상	Vitamin A
	어란 중독	장갱이, 동갈치, 곤들매기, 말씀뱅어(생식선)	dinogunellin	소화기 증상	–
	지질류 중독	장미게르치, 병어	wax diacylglyceryl ether	설사	–
패류	마비성 조개중독	섭조개, 홍합, 대합 (중장선)	saxitoxin gonyautoxin	신경마비	편모조류, 적조
	설사성 조개중독	홍합, 모시조개, 가리비 (중장선)	okadaic acid dinophysistoxin	설사, 위장염	편모조류
	모시조개 등 venerupin 중독	모시조개, 굴, 바지락 (중장선)	venerupin	피하출혈반 간독성	편모조류
	수랑 중독	수랑, 나팔고동, 수염고동, 털탑고동(중장선)	tetrodotoxin	신경마비	편모조류
	수랑 중독	수랑(말고동) (중장선)	surugatoxin neo-surugatoxin proto-surugatoxin	설사 신경마비	편모조류
	수랑 중독 (tetramine 중독)	명주매물고동, 보라골뱅이, 조각매물고동 (타액선)	tetramine	현기증, 두통, 배멀미, 안저통	편모조류

되고 있다. 일본의 한 통계에 의하면 전쟁(제2차 세계대전 등) 때문에 통계가 불완전하지만 1886~1986년까지 101년 동안 6,988명이나 복어에 의해 생명을 잃었다는 보고도 있다.

복어의 독성은 종류별, 지역별, 계절별, 개체차 및 어체 부위별, 성별 등에 따라 다르며, 같은 종일지라도 지역에 따라 그 독성이 달라 이미 독성이 알려진 복어일지라도 주의가 필요하다. 우리나라의 경우 수입 개방화에 따른 수산물 수입 증가로 복어류의 수입도 증대되고 있어 이에 따른 대책이 필요한 실정이다.

따라서 복어류는 독성의 강약에 따라 맹독(猛毒)복어(1,000 MU/g), 강독(强毒)복어(100~1,000 MU/g), 약독(弱毒)복어(10~100 MU/g) 및 무독(無毒)복어 등으로 나눌 수 있는데,

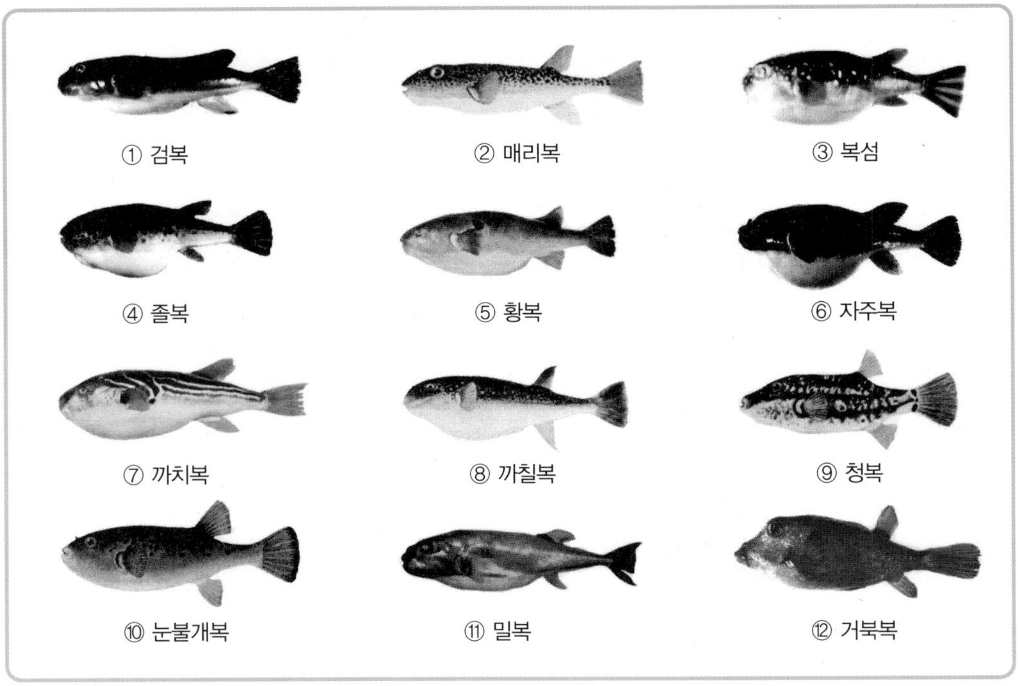

〈그림 3-1-1〉 주요 복어의 종류

세 부류로 나누면 <표 3-1-2>와 같고, 독이 없는 무독복어도 존재한다.

부위별로는 표에서 보는 같이 대부분 난소(복어알)와 간장 부위가 가장 독력이 강하고 다음이 내장이나 껍질의 순으로 알려져 있다. 근육의 경우 대부분 독력이 없는 것으로 알려져 있으나 일부에서는 미량이지만 독이 존재하는 종류도 있다.

계절별로는 난소가 커지는 산란기 직전인 4~6월에 독력이 강하다고 알려져 있으나, 산란기 이후인 7~8월에 독력이 최고조에 달하는 것으로 보고되고 있으며 개체별, 지역별 차이도 큰 것으로 알려져 있다.

복어독의 유독화(有毒化) 과정은 *Vibrio*속이나 *Pseudomonas* 속 등 해수에 넓게 분포되어 있는 어떤 세균에 의해 **테트로도톡신(tetrodotoxin)**이 1차 생산자임이 확인되었다. 한 예로 가두리 양식한 복어는 사료의 먹이사슬에 의한 외인성 성분으로부터 테트로도톡신이 무독화된다는 사실이 알려졌고, 또 게의 장관에서 분리된 세균이 테트로도톡신을 생산하는 것이 분명해지면서부터 확인되었다.

(2) 복어독 테트로도톡신(tetrodotoxin, TTX)

복어 중독의 원인물질인 복어독은 1883년 처음으로 확인되어 1885년에 난소와 간장에 많

〈표 3-1-2〉 우리나라의 복어별 각 부위의 독력과 독량

단위 : units

독의 강도	복어의 종류	학명(일본명)	생식선(生殖腺)(복어알 등) 암·수	간장(肝臟) 암·수	껍질(皮) 암·수	창자 암·수	고기살 암·수	혈액 및 안구 암·수
맹독 복어	검 복(黔鰒)	*Fugu-vermicuLaris porphyreus* (ma-fugu)	4천 · 1백	10만 · 1만	2천 · 4천	4천 · 2천	1백 · 1백	
	매리복	*Fugu-vermicuLaris vermicuLaris* (shyosai-fugu)	4천 · < 20	2만 · 4백	1만 · 1천	4천 · 2백	4백 · 1백	
	복 섬	*Fugu-niphobLes* (kusa-fugu)	4만 · 1천	10만 · 4천	4천 · 4백	4만 · 4천	4백 · 2백	
	졸 복	*Fugu-pardaLis* (higan-fugu)	2만 · 1천	10만 · 4만	1만 · 2천	4천 · 2천	1백 · 1백	100 · 40 (혈액)
	황 복	*Fugu-obscurus* (me-fugu)						
	흰점복	*Fugu-poeciLonotus* (komore-fugu)	10만 · 1백 2만 · 2천	4천 · 2천 10만 · 2만	2천 · 2백 2천 · 2천	4천 · 4백 4천 · 2천	< 20 · < 20 4백 · 2백	
	바실복	*Fugu-bacileuskianus* (korai-fugu)	1만(독력 92만) · < 20	4천 · 2천	4백 · 2백	4천 · < 20	< 20 · < 20	< 20 · < 20
강독 복어	자주복(자지복)	*Fugu-rubripes-rabripes* (tora-fugu)	1만 · < 20	1만 · < 2천	1백 · 40	2백 · 4백	< 20 · < 20	< 20 · < 20
	동가지복		1만 · 1만	1만 · 1만	40 · 40	2백 · 2백	< 20 · < 20	< 20 · < 20
	까치복	*Fugu-xanthopterus* (shima-fugu)(鵲鰒)	1만(독력 87만) · 40	4천 · 2백	1백 · 40	4백 · 40	< 20 · < 20	
	까칠복	*Fugu-stictonotus* (goma-fugu)	2천 · 4백	< 20 · 40	2백 · 1백	1백 · < 20	< 20 · < 20	
	청 복	*Canthigaster ribulatus* (kitamakura-fugu)	< 2백 · < 2백	2백 · 2백	4천 · 4천	4백 · 4백	< 20 · < 20	
	눈불개복(자치복)	*Fugu-chrysops* (akame-fugu)	4천 · < 20	4천 · 4천	2천 · 4천	4백 · 1천	< 20 · < 20	< 20 · < 20
	강 복	*Fugu-rubripeshinsis*	< 20 · < 20	< 20 · < 20	< 20 · < 20	< 20 · < 20	< 20 · < 20	
무독 복어	금밀복	*Lagocephalus inermis* (soba-fugu)	< 20 · < 20	< 20 · < 20	< 20 · < 20	< 20 · < 20	< 20 · < 20	
	꺼끌복	*Teraodon aerotatecus* (moyo-fugu)	< 20 · < 20	< 20 · < 20	< 20 · < 20	< 20 · < 20	< 20 · < 20	
	가시복	*Diodon hoLocanthus* (harisenbon)						
	불룩복	*Sphoeroides pachygaster*						
	거북복	*Ostracion cubicus*						
	육각복	*Arcana aculeatus*						

※ 단, 독력(毒力)은 추출한 원액 1 cc, 즉 원장기(原臟器) 1 g이 살해할 수 있는 프랑스 쥐 gr 수(數)로서 독력의 단위를 나타냈다. 즉, 1,000단위라는 것은 장기 1 g이 쥐 1,000 g〔약 50~60필(匹)〕

이 분포한다는 것이 밝혀졌으며, 1909년 다하라[田原]가 복어의 난소에서 처음 분리하여 복어의 과명(科名)에 근거하여 **테트로도톡신**으로 명명하였다. 1964년 X선 회절법에 의하여 화학구조가 밝혀졌으며, 1972년에는 생합성에 성공하였다.

tetrodotoxin은 hydroxyquinazoline 구조를 가지는 분자량 319의 약염기성 물질로 화학식은 $C_{11}H_{17}N_3O_8$이다. 테트로도톡신은 무색의 침상결정으로 무미, 무취하며 물과 유기용매에는 잘 녹지 않으나 식초와 같은 산성용액에는 잘 녹는다. 독성은 산성 측에서 강하고 알칼리 측에서는 약하여 4% NaOH용액에 침지시 20분이면 2-amino-6-hydroxymethyl-8-hydroxy-quinazoline으로 가수분해되어 무독화된다. 그러나 소화효소인 trypsin, ptyaline에 의하여 파괴되지 않으며 pepsin에 의하여 조금 분해된다.

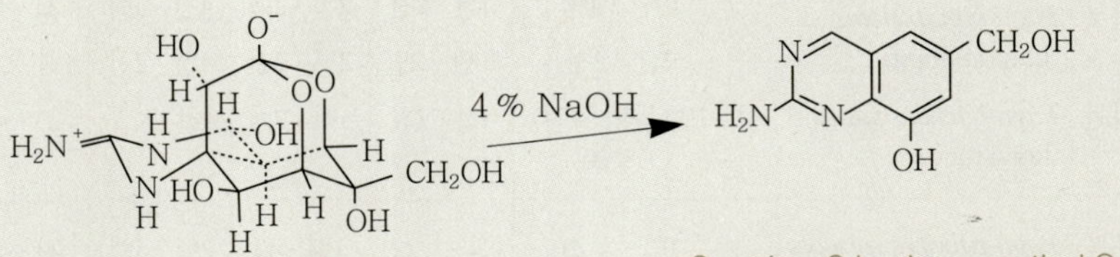

tetrodotoxin

2-amino-6-hydroxymethyl-8-hydroxyquinazoline

열에 대한 저항성도 커서 100℃, 30분 끓는 물에서 20% 정도밖에 파괴되지 않는 내열성을 가진다. 가열시 일부 파괴될 뿐이다. 따라서 통상의 조리법으로는 파괴되지 않는다. 또한 햇빛에도 안정한 것으로 알려져 있다. 순수한 테트로도톡신의 독력은 생쥐(mouse)에 대한 LD_{50}으로 경구투여시 180 ㎍/kg 정도이며 사람에 대한 치사량은 약 0.5~2 mg으로, NaCN의 약 1,000배에 달한다. 특히 복어독은 관능적 감지가 불가능하기 때문에 복어 섭취 시에는 주의해야 한다. 복어의 독성은 mouse unit(MU)로 나타나는데, 1 MU는 장기 중의 테트로도톡신량으로 체중 20 g의 mouse를 30분 이내에 치사시킬 수 있는 독량으로 나타내며, 사람에 대한 최소 치사량은 10,000 MU로 알려져 있다.

복어독인 테트로도톡신은 복어류에만 존재하는 것으로 생각되어져 왔으나 최근 복어 외에 일본, 타이완 및 필리핀 등의 아열대지역에 서식하는 망둥엇과 어류인 명주모래무지(*Gobius cringer*), 오스트레일리아와 일본의 열대해역에 서식하는 표범무늬낙지(*Octopus maculosus*), 패류 및 갑각류 등에서도 검출되는 것으로 알려져 있다. 또한 납작벌레류나 끈벌레(연두 등)와 같은 일부 해양생물 및 *Pseudomonas*속, *Alteromonas*속, *Vibrio alginolyticus*와 같은 해양미생물 등도 테트로도톡신을 함유하고 있는 것으로 알려져 있다. 미국 및 중남미에서는 도롱뇽(*Taricha torosa*) 및 개구리 등과 같은 육상동물에서도 검출되는 것으로 알려져 있다.

〈표 3-1-3〉 각종 독소의 독성 비교

Toxin	LD_{50} μg/kg mouse	Source	분자량 Mouse unit
Botulinus toxin A	0.00003	Bacteria(*Clostridium botulinum*)	900,000
Diphtheria toxin	0.3	Bacteria(*Corynebacterium diphtheriae*)	72,000
Palytoxin	0.6	Ciguatera toxin	
Saxitoxin(STX)	10	*Alexandrium* spp. 이매패, 게	299
Gonyatoxin(GTX)	12	*Alexandrium* spp. 이매패(모시조개)	395
Tetrodotoxin(TTX)	8.7	복어, 도마뱀 종류, 권패류, 불가사리류, 연체동물, 세균	319
Sodium cyanide	10,000	NaCN	49

※ *Alexandrium* spp.는 처음에는 Gonyaulax로 분류되었으나 후에 Protogonyaulax로 되어 1989년에는 Toxic marine phytoplankton으로서 *Alexandrium*으로 명명됨.

우리나라에서는 수입냉동복어가 국내 소비량의 40~50%를 차지하므로, 2002년도에 냉동복어독에 대한 안전기준을 마련하였다. 복어독의 기준은 육질이 1 g당 10 MU 이하이고 껍질도 10 Mu/g 이하로 모두 적용되나 활어(活魚)는 해당되지 않는다.

(3) 중독증상

복어 중독의 주증상은 **신경마비증상**으로 섭취 후 20분 내지 3시간 늦으면 6시간 사이에 나타나며 잠복기가 짧을수록 증세가 심하다. 치사시간은 가장 짧은 예로는 1시간 30분이며 일반적으로는 4~6시간으로 대개 8시간 이내에 생사가 결정되는데, 회복이 되는 경우에 후유증은 없다.

중독증상은 대개 4단계로 진행이 되는데 제1단계에서는 입술, 혀끝, 손발이 마비되기 시작하며 복통이나 구토증상이 나타나기도 한다. 제2단계에서는 지각마비, **언어장애**, 호흡곤란, 건반사 등을 일으키며 혈압강하가 일어난다. 제3단계에서는 **완전 운동마비**가 일어나 연하곤란과 호흡곤란이 일어나고 이 시기에 혈액 중 산소의 결핍으로 **cyanosis(청색증)** 현상이 나타나며 의식이 흐려진다. 제4단계에서는 의식불명과 함께 호흡이 정지되어 사망하게 되는데 효과적인 치료법이 없기 때문에 치사율이 높다.

테트로도톡신은 강력한 **신경독(neurotoxin)**으로 신경신호전달물질인 Na^+이온의 세포막 내로의 이동을 막아 자율신경 및 운동신경을 마비시켜 호흡곤란을 일으킨다고 알려져 있다. K^+ 이온의 투과성에는 영향을 미치지 않는 것으로 밝혀져 생리학 등 의학분야에서의 이용에도 관심이 모아지고 있다. 또 2001년 10월 인간유전체의 염기서열과 비슷한 축소판의 자주복의 게놈 99%를 해독했다고 미국의 유전체연구팀이 발표했다.

(4) 예방과 대책

복어는 정부 관계기관의 1차적인 관리가 요망된다. 일본의 경우를 보면 판매, 제공이 가능한 복어는 일본연해, 동해, 황해, 동중국해에서 포획한 것에 한하며, 남방해역에 서식하는 유독한 복어는 근육부분까지 시장에 출하하지 못하도록 했다. 또 전국적으로 인허가를 받은 업자가 복어를 처리, 가공하도록 되어 있으며, 복어를 처리, 가공하지 않은 채로 일반 소비자에게 판매, 제공하는 것은 금지하고 섭취 가능한 부분만 한정하여 판매한다. 제거된 유독 장기류(臟器類)는 다른 위험을 초래하지 않도록 처리하지 않으면 안 되며, 개체별 시험도 실시하여 식용 여부를 확인한다.

복어는 절대로 일반인이 조리해서는 안 되며 전문적인 복어조리사에 의해서만 조리되어야 하므로 경력이 풍부한 복집을 찾는 것이 안전하다. 한편 복어조리사는 난소, 간 및 내장 등과 같은 복어독이 존재하는 부위를 잘 제거하고 조리과정에서 충분히 주의를 하여야 한다.

식중독의 대책 중 제일 중요한 것은 시간과의 싸움이기 때문에 언어마비나 운동마비가 오면 타인에게 가장 신속하게 구급요청을 하는 것이 급선무다. 그런 후 해독제가 없으므로 손가락을 입에 넣고 구토나 위세척 등 신속한 대중요법과 혈압강하나 호흡곤란을 막기 위한 혈압상승제 및 호흡촉진제 등을 투여하거나 인공호흡 등을 실시하면서 병원으로 후송한 후 전문가의 도움을 받는다.

2) 돗돔 중독

돗돔(*Stereolepis ischinagi*) 등과 같은 특정 어류의 간을 섭취할 경우 일어나는 급성 비타민 A 과잉증과 유사한 식중독 증상을 **돗돔 중독**이라 말하는 것으로, 돗돔의 간에 함유되어 있는

임진강 명물 황복을 찾아서

왜 임진강 황복(黃鰒)이냐구! 복 하면 멀리 바다 속에서만 잡히는 줄 알았는데 그렇지 않은 황복이란 놈도 있네…. 우리나라 자연산 황복은 4~6월경 산란기 때만 되면 서해에서 강화, 김포 등 한강하구와 임진강 등을 거슬러 올라와 주로 잡히는 어종이란다.

그런데 이 임진강 황복의 배바닥 옆구리는 노란(yellow)데, 거슬러 올라오면서 강바닥의 자갈과 부딪치면 육질이 단련되어 쫄깃쫄깃한 그 맛이 명품이라나! 특히 임진강 황복은 3년생 1마리가 600~700 g 정도로, 최근 유통되는 양식황복의 300~400 g보다 훨씬 크단다.

이 일대 황복은 물량이 모자라 경기도 강화, 파주, 문산, 연천 일대에서만 소비되고, 필자도 친구들과 같이 먹어 봤지만 가격이 생선 중의 고급어종 이상으로 비싸서 쇠푼이나 두둑이 봉창에 넣어가지고 가야 입맛이나 다시지! 지금은 어획량이 너무 적어 치어를 인공부화해 강에 방류하고 있다나!!!

– 東亞日報에서 본 한줌 이야기 각색(2002) –

다량의 비타민 A가 원인물질인 것으로 추정하고 있다. 증상은 심한 두통에 이어 발열, 구토, 어지러움증 및 안면홍조 등과 같은 증상이 나타나면서 24시간 정도 이후부터는 안면에서부터 피부가 벗겨지기 시작하면서, 즉 **피부박리**(낙설)**현상**이 전신으로 번진다.

돗돔의 간에는 최고 150만 IU/g의 비타민 A가 함유되어 있는 것으로 알려져 있어 10~20 g 정도만 섭취하여도 중독현상이 나타날 수 있다. 따라서 근육을 제외한 간장 등의 식용을 삼가야 하며, 이러한 중독현상은 상어, 참치 등과 같은 대형어류나 북극곰이나 바다표범, 물개 등과 같은 포유류의 간을 섭취할 경우에도 발생하는 것으로 알려져 있다.

돗 돔

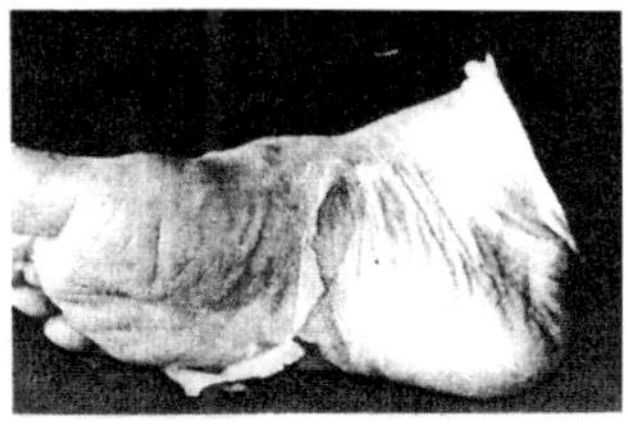

건성피부박리 돗돔중독환자

〈그림 3-1-2〉 돗돔과 돗돔중독에 의한 피부박리(낙설) 현상

3) 독꼬치, Red snapper 등의 ciguatera 중독

'ciguatera'라는 어원은 원래 카리브해에서 잡히는 조개류의 일종인 'cigua'라는 권패(卷貝)에 의해서 일어나는 식중독을 일컬었으나 지금은 **시구아톡신(시가톡신, ciguatoxin)** 등을 가지고 있는 독어류를 총칭해서 부른다. *ciguatera* 속의 독어류는 열대나 아열대 해역의 산호초 주변에서 주로 서식하고 400종류 중 10~30종이 식중독에 문제가 되며, 이들은 사망률이 낮은 식중독을 일으킨다. 이를 총칭하여 **시구아테라(시가테라, ciguatera) 중독**이라 한다. 우리나라에서는 이렇다 할 중독사고가 없으나 원양어업과 수입어류 등에 힘입어 가능성은 있을 것으로 예상된다.

유독성분은 여러 독이 혼재해 있지만 그중 지용성의 시구아톡신이 사람의 중독에 관여하는 대표적인 독성분으로 말초신경과 중추신경에 작용하여 근육이나 신경세포에 Na 이온의 투과를 현저히 증대시키고, mouse에 대한 LD_{50}은 8~10 μg/kg으로 복어독에 버금갈 정도로 신경마비증상을 가진다.

그 밖에 지용성의 **스캐리톡신**(scaritoxin), 수용성의 **팰리톡신**(palytoxin), **마이토톡신**(maitotoxin), **시구아테린**(ciguaterin), **그램미스틴**(grammistin) 등이 함유되어 있다. 이들 독성분은 모두 내열성이어서 일반 가열조리로는 파괴되지 않는다. 이들 독성분의 조성과정은 와편모조류인 *Gambierdiscus toxicus*가 1차 생산한 것을 먹이사슬에 의해 초식물고기를 거쳐 육식

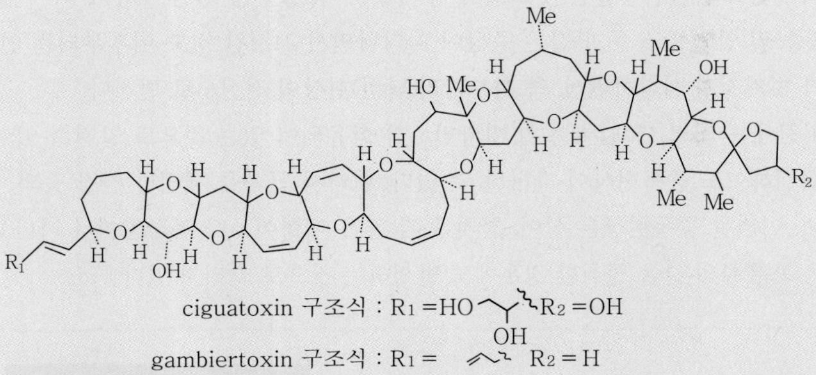

ciguatoxin

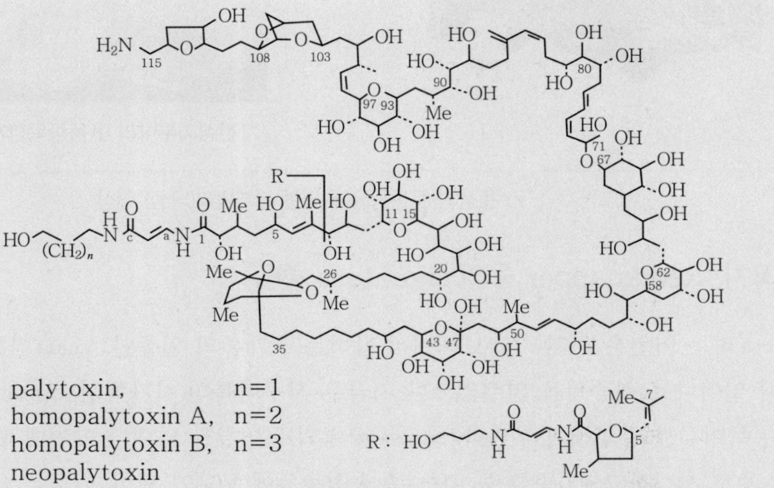

palytoxin

물고기로 옮겨가 축적되는 것으로 밝혀졌다. 아울러 독성 정도는 다른 어패류와 마찬가지로 해역, 개체, 시기, 부위 등에 따라 차이가 난다. ciguatera 중독의 식물연쇄에 의한 어류의 독화는 <그림 3-1-3>과 같다.

중독증상은 잠복기가 1~20시간 또는 2일 정도에서 나타나는 경우도 있다. 일반적으로 주요 증상은 구토, 복통, 설사 등의 **위장장애**와 혀, 입술, 팔, 다리 및 온몸에 마비가 오는 **신경마비 증상**을 볼 수 있다. 특히 온도감각의 이상으로 인해 저온물체에 닿으면 통증을 유발하는 dry ice sensation이라는 특이한 증상을 일으키기도 한다. 그 외에 권태감, 탈력감, 두통, 근육통, 관절통, 시력감퇴 등을 나타내기도 한다.

① **독꼬치(*Sphyraena picuda*)** 독꼬치는 몸길이가 1.5 m로서 독꼬치 자체가 독을 가지고

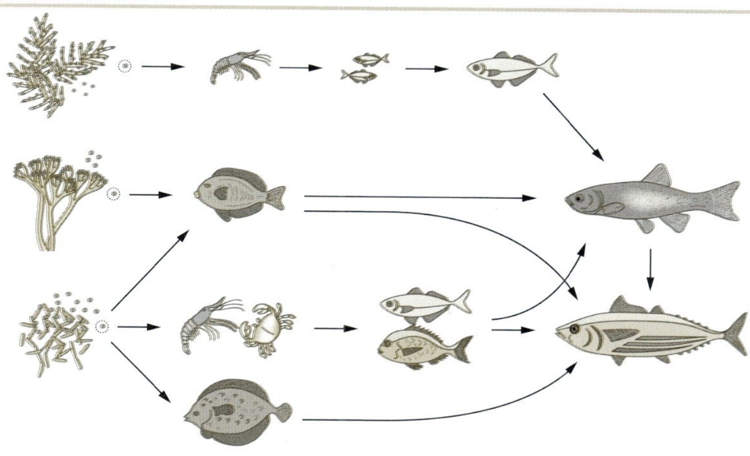

〈그림 3-1-3〉 ciguatera 중독의 식물연쇄에 의한 어류의 독화(毒化)

있으며 맛있는 식용꼬치 35 cm와는 구별된다. 독성분은 지용성의 마비성 신경독의 하나로 앞서 언급한 바와 같이 내열성이 강하여 일반 조리법으로는 파괴되지 않는다. 주증상은 가벼운 마비증상과 함께 심하면 언어 및 운동 장애가 오는데 대개 2~3일이면 회복하고 사망하는 경우는 거의 없다.

② **붉은 물통돔**〔Red snapper(*Lutijanus bohar*)〕 열대와 아열대 해역과 일본의 아마미오[奄美大], 오시마[大島] 이남에 분포되어 있으며, 1973년까지 23건 중 379명의 환자가 발생했다. 형태가 도미와 비슷하고 몸길이는 80 cm로서 암적갈색이다. 어린 것은 등쪽에 2개의 흰점이 있다. 일본의 도쿄를 비롯하여 각지에서 나타나고 특히 오키나와에서는 어린 생선에서 중독이 많다. 독성분은 ciguatera의 유독성분으로 보고 있다.

③ **바리**〔Grouper (*Variola louti*)〕 열대 및 아열대 지역, 일본 남부해역 등에서 널리 분포되어 있다. 몸길이가 80 cm 정도로 붉은 바탕에 주황색의 반점이 빽빽히 분포된 어체에 지느러미도 적색을 띠며 주변에 선황색을 나타난다. 몸 색깔이 암적색인 것도 있다. 독성분은 ciguatera의 유독성분으로 보고 있다.

④ **Blue crevally** 열대, 아열대 해역에 분포되어 있고, 몸길이가 1 m 정도가 넘는 대형 물고기이며, 일본 오키나와 등에 중독사례가 있다. 독성분은 ciguatera의 유독성분으로 보고 있다.

4) 장갱이, 동갈치 등의 어란 중독

장갱이(*Stichaeus grigorjewi*)는 몸체가 가늘고 50 cm 정도로 눈이 작으며 일명 바다메기로 불리는 물고기로, 고급 어육연제품의 원료로 사용된다. 성숙된 난소에 lysolecithine과 비슷한 특수인지질인 디노구네린(dino-gunellin)이 유독성분으로 알려져 있다. 사람은 성숙란 30~50 g을 섭취하면 중독을 일으킨다.

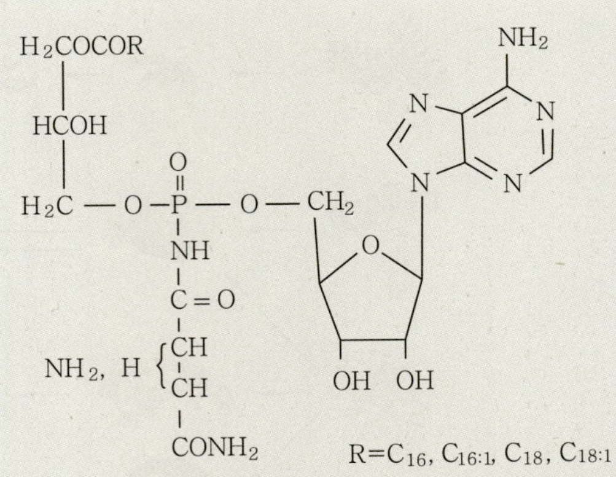

dinogunellin

중독증상은 식후 2시간 정도에서 복통, 구토, 설사의 **소화기 장애**가 주요 증상이며 권태감, 탈력감, 현기증, 두드러기 등을 유발한다. 이러한 중독을 **어란 중독**(ichthyootoxin)이라고 한다. 약 50여 종이 어란중독을 일으킨다고 하며 미국 태평양 연안에 분포하는 말씀뱅어(cabezon), 동갈치(gars), 곤들매기(pikes) 등이 있다. 그 밖에 barbel, killifishes, creolefish 등도 있다. 한국의 동해 북부, 일본의 홋카이도[北海道], 사할린 등에 분포되어 있다.

5) 장미게르치, 병어 등의 지질류 중독

① **장미게르치 wax중독**　장미게르치(*Ruvettus pretiosus*)는 태평양, 대서양, 지중해 등에 분포하는 심해물고기로, 어육연제품의 원료로 사용된다. 이것을 절단해서 굽거나 쪄먹으면 배변 전에 악취가 나는 유상(油狀)물질을 배설하는 특이한 형태의 설사와 함께 구토와 복통을 일으킨다. 원인은 근육 중에 함유된 지질의 주성분인 왁스(wax)에 기인하는 것으로, 왁수 구성은 주로 cetyl alcohol과 oleyle alcohol의 고급 alcohol류와 지방산인 oleic acid로 되어 있으며, 어체 중량의 약 18%에 달하는 것으로 알려져 있다. 일본은 1970년에 장미게르치를 식용으로 금지시켰다.

② **병어 특수지질중독**　병어(*Pampus argenteus*)는 지질의 대부분이 glyceride이며, diacylglyceryl ether를 설사의 원인으로 보고 있다.

③ **칼납자루 지질중독**　칼납자루(*Acheilognathus limbatus*)는 특수한 지질이 함유되어 있지 않지만 지질 함량이 너무 많아서 이것을 섭취하면 설사를 일으키는 것으로 보고 있다.

그 외에 고등어, 참치, 전갱이, 가다랭이 등의 등푸른생선에는 scombroid poisining으로 부패되면 histamine, cadaverine, putrescine 등의 물질이 생성되어 독성을 나타낸다.

6) 어류 및 연체류의 독성 및 중금속 물질의 기준 및 규격

『식품공전』의 식품일반의 기준 및 규격에서 독성 및 중금속의 잔류 기준을 보면 다음과 같다.

① **복어독** 육질은 10 MU/g 이하, 껍질은 10 MU/g 이하

② **어류 및 연체류의 중금속 잔류 허용기준**

가. 어류의 중금속 잔류 허용기준(생물로 기준할 때)

㉠ 총수은 : 0.5 mg/kg 이하(심해성 어류, 다랑어류 및 새치류는 제외)

㉡ 메틸수은 : 1.0 mg/kg 이하(심해성 어류, 다랑어류 및 새치류에 한함)

㉢ 납 : 0.5 mg/kg 이하

나. 연체류의 중금속 잔류 허용기준(생물로 기준할 때)

㉠ 총수은 : 0.5 mg/kg 이하

㉡ 납 : 2.0 mg/kg 이하

㉢ 카드뮴 : 2.0 mg/kg 이하

그리고 건조어패류의 건조과정으로 인하여 수분함량이 변화된 경우는 수분함량을 고려하여 중금속 잠정 기준을 적용한다.

2. 패류에 의한 식중독

조개나 수랑 등의 패류에서 유독화의 원인은 아직도 확실하게 규명되어 있지 않지만 다음과 같은 몇 가지 학설이 보고되고 있다. 즉, 패류 자체가 독성분을 생성하는 경우, 패류의 장관 내에서 세균에 의해 생성되는 경우, 그리고 외적 요인으로 패류가 서식하는 유독한 지역의 유독 식물플랑크톤이나 유독 조류(藻類)의 섭식에 의해 유독성분이 생성되는 경우로 보고 있다.

특히 이들 조개류가 어떤 시기에 유독 세균이 출현한다든지 또는 외적 요인에 의해 유독 지역에 무독한 조개류를 이식하면 유독해지고, 무독 지역에 유독한 조개류를 이식하면 2주

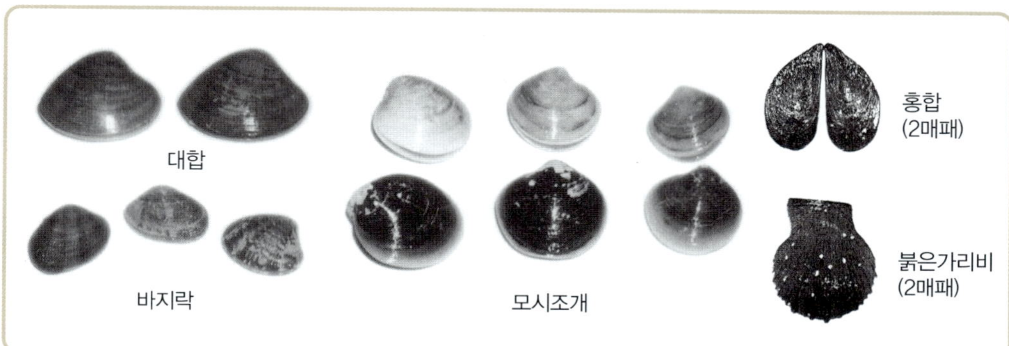

〈그림 3-1-4〉 주요 조개류

일 정도면 무독화되는 경우를 볼 수 있다. 유독화의 메커니즘은 이와 같이 불분명하며 결국은 화학독성분의 유무로서 알 수가 있다. 더욱이 우리가 늘 먹는 바지락, 홍합, 굴 등이 어떤 때는 식중독에 걸리는 경우 상기 학설의 일부가 인정된다.

1) 이매패 마비성 조개류 중독(paralytic shellfish poisoning, PSP)

(1) 종류와 독성화 기구

이매패〔二枚貝, 쌍각류(雙殼類), 일명 두껍질조개〕인 섭조개(검은조개, *Mytilus edulis*), 홍합(*Mytilus coruscus*), 모시조개(*Tapes japonica*), 대합조개(*Meretrix lusoria*), 가리비(*Patinopecten yessoensis*) 등이 **중장선**(中腸腺, digestive gland)에 독성분이 존재해 식중독을 일으킨다. 그러나 마보야조개는 간과 췌장에 축적한다.

조개류에 의한 유독화는 지역에 따라 먹이로 섭취하는 유독 플랑크톤의 분포나 적조(赤潮)를 일으키는 조류(藻類)의 발생에 의하여 좌우된다. 즉, 와편모조류인 *Alexandrium*속(*A. catenella, A. tamarens*), *Gymnodium catenatum*이나 열대지역의 플랑크톤인 *Pyrodinium*속(*P. babamennse var. compressa*)을 섭취하면 이매패류의 중장선에 70% 이상의 독이 축적된다. 특히 미국의 캘리포니아나 알래스카 연안에 서식하는 유독플랑크톤인 *Gonyaulax catenella*는 주로 여름철(5~10월)에 발생하여 증식하는데 조개가 이를 섭취함으로써 독이 축적된다.

(2) 유독성분

이 독성분은 1889년 독일의 Brieger 등에 의하여 mytilotoxin으로 최초 명명되었으나 그 이후 1962년 미국의 Rappoport가 이 유독성분을 순수 분리하여 **삭시톡신(saxitoxin,** STX)이라 명명하였다. 이 독성분은 복어독과 같은 맹독성을 가지고 있다. 그 밖에 독성분으로는 neosaxitoxin, **고니아톡신(gonyautoxin,** GTX1,2,3,4), protogonyautoxin(PX), dinophysistoxin 등 10여 종의 guanidyl 유도체가 있으나 <표 3-1-4>에서 보는 바와 같이 saxitoxin의 기본 화학구조에 각종 기(radical)의 위치에 따라서 **신경마비독**의 종류는 다양한 차이를 나타낸다.

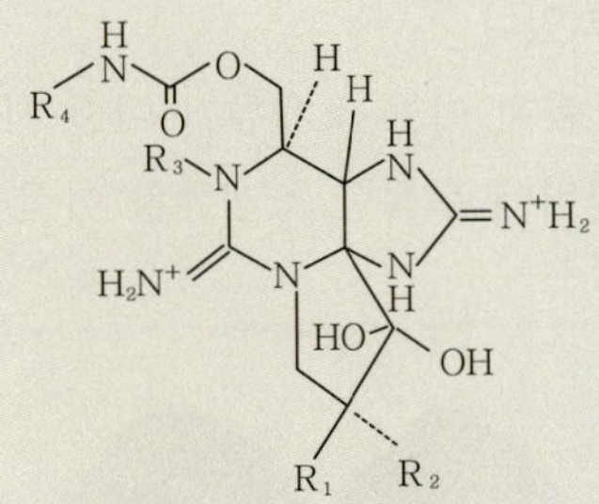

마비성 saxitoxin과 gonyautoxin 등

이 독성분은 100℃에서 30분 가열하여도 분해되지 않는다. 산성(pH 3.0~4.0)에서는 대단히 안정하나 중성(pH 5.0)에서는 아주 파괴가 잘 된다. 추출시 증류수를 사용하면 독성이 약하고 HCl을 사용하면 radical이 떨어지기 때문에 독성이 강해진다.

우리나라에서는 패류 중 PSP가 80 μg/100 g 이상이 검출되면 그 해역을 금지구역(closed area)으로 선포하여 패류의 채취를 금지시킨다. 통영, 여수 등 남해안에서 생산되는 패류는 2~5월에 자주 검출되고 있는 실정이다.

식품 등의 기준 및 규격에서 마비성 패독 기준 중 패류와 피낭류(멍게, 미더덕, 오만둥이 등)은 0.8 mg/kg 이하로 규정하고 있다. 마비성 패독의 적용범위는 패류, 피낭류, 패류 및 피낭류 통조림, 패류 및 피낭류 염장품, 패류 및 피낭류 건조가공품이 해당된다.

〈표 3-1-4〉 마비성 조개패 중독의 독성성분과 기의 위치에 따른 독성 비교

독소군명	독소의 종류	R_1	R_2	R_3	R_4	比毒性 MU/ng
saxitoxin (STX)군	STX	H	H	H	$CONH_2$	5,500
	neo STX	H	H	OH	$CONH_2$	3,900
gonyautoxin (GTX)군	GTX_1	H	OSO_3	OH	$CONH_2$	5,000
	GTX_2	H	OSO_3	H	$CONH_2$	4,200
	GTX_3	OSO_3	H	H	$CONH_2$	5,600
	GTX_4	OSO_3	H	OH	$CONH_2$	1,600
	GTX_5	H	H	H	$CONHSO_3^-$	280
	GTX_6	H	H	OH	$CONHSO_3^-$	200
기타군	PX_1	H	OSO_3	H	$CONHSO_3^-$	30~40
	PX_2	OSO_3^-	H	H	$CONHSO_3^-$	300~600
	decarbamoyl STX	H	H	H	H	4,200
	decarbamoyl GTX_1	H	OSO_3^-	OH	H	4,400

(3) 중독증상

복어 중독과 같이 **신경마비증상**을 전형적으로 나타낸다. 처음 식후 30분~3시간 이내에 입술, 혀, 안면이 마비되고 서서히 턱, 목, 팔, 다리 등의 말단까지 퍼져 전신마비되어 보행이 곤란해지며, 언어장애, 두통, 갈증, 구토, 침흘림 등을 일으켜 심하면 호흡곤란 및 마비로 사망에 이르게 된다. 이런 신경마비증상을 **마비성 조개류 중독(PSP)**이라 한다. 대략 사망은 12시간 이내에 일어나며 치사율은 15% 정도이다.

이 마비성 조개류 중독은 예로부터 미국, 캐나다, 일본 등 전 세계적으로 어디서나 발생하고 있다. 우리나라도 1986년 4월 부산지역 Heimat 철강(주)에서 절단공들이 폐선박 밑에 부착되어 있는 자연산 진주담치(홍합 자색조개)를 삶아 섭취한 후 환자 15명 중 2명이 사망한 사고가 일어났는데, 인제대학교 의과대학 예방의학교실에서 그 원인균을 saxitoxin으로 밝혔다. 우리나라에서 굴(oyster)은 독성이 약하고, 홍합(mussel)은 독성이 강하다.

예방방법으로 농림수산식품부의 관계 수산물검사소는 조개중독의 발생지역에 대하여 정

기적으로 조개를 채취, 독성분을 검사하여 한계 초과 시는 그 지역에서 독성이 없어질 때까지 채취나 판매 등을 금지시키고 언론매체 등을 이용하여 채취자는 물론 관련 판매자, 소비자 등에게 알리는 것이 바람직하다.

2) 이매패 설사성 조개류 중독(diarrhetic shellfish poisoning, DSP)

(1) 종류와 독성화 기구

이매패인 검은조개, 모시조개, 홍합, 큰가리비, 백합 등의 **중장선(中腸腺)**에 독성분이 축적되어 유독화한다. 독화원인은 주요 유독 플랑크톤으로 와편모조류인 *Dinophysis fortii*(일본), *D. acuninata, D. acuta*(유럽 북해지역)를 섭취함으로써 조개에 축적되어 유독화한다.

(2) 유독성분

오카다산(okadaic acid, OA)와 플랑크톤의 속명인 *Dinophysist* 속으로부터 명명된 **디노피시스톡신(dinophysistoxin 1, 3, $DTX_{1,3}$)**, 가리비의 학명인 *Patinopecten yessoensis*의 속명과 종명을 따서 붙여진 독성분으로 **펙테노톡신(pectenotoxin, $PTX_{1\sim5}$)**, **yessotoxin(YTX)** 등이 명명되었다. 내열성이어서 조리시 독의 감소를 기대할 수 없다.

식품 등의 기준 및 규격에서 설사성 패독인 okadaic acid 및 dinophysistoxin-1의 합계가 이매패류의 경우 0.16 mg/kg 이하로 규정되어 있다.

(3) 중독증상

DSP중독은 **소화기계 증상**이 주체이다. 70%의 환자가 섭취 후 4시간 이내에 일어나며 설사

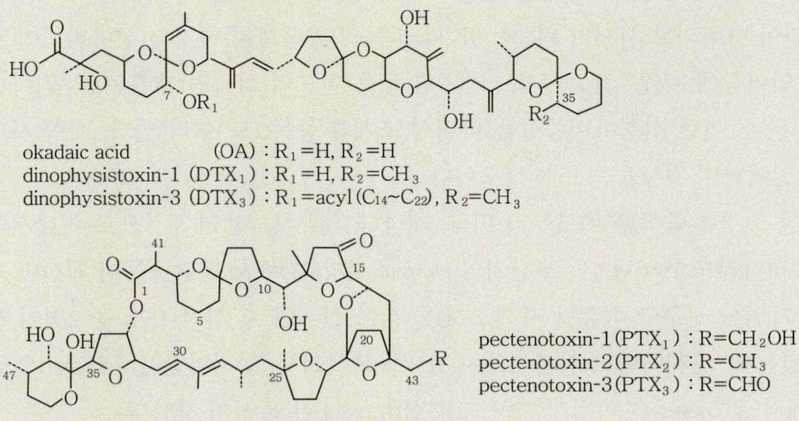

설사성 조개의 DSP 독성분 구조

증상은 100% 반드시 수반되며 토기(吐氣, 욕지기)는 80%, 복통이 60% 등을 일으켜 장염비브리오와 같이 나타나지만 발열증상이 없기 때문에 장염비브리오와 구별된다. 그리고 발증한 3일 뒤면 거의 회복되며 사망하는 예는 없다. 이 설사성 조개류 중독은 폴란드, 스페인(약 5,000명), 프랑스(3,394명) 등 유럽 지역과 1976년 일본 미야조우에서는 홍합, 가리비에 의해 중독이 발생된 후 계속해서 미야조우, 후쿠시마[福島] 등에서 1978년까지 20건 600명의 환자가 발생했다. 그 이후에도 모시조개와 *Gomphina melanaegis*도 독화되어 환자 수가 891명이나 발생했으나 사망한 예는 없다. 이 식중독은 초여름부터 여름에 주로 발생한다.

이매패류에 대한 설사성 패류 독소 기준은 Codex, EU 등 외국과 동일하게 0.16 ppm 이하로 기준이 마련되었다.

3) 모시조개 등 venerupin 중독

(1) 종류와 독성화 기구

이매패인 모시조개(*Cyclina sinensis*), 바지락(*Ruditapes philippinarum*), 굴(*Crassostrea gigas*) 등이 유독 플랑크톤을 섭취하여 **중장선**에 유독성분이 축적되어 유독화한다. 이 독성화 기구는 역시 식물연쇄로 조개류를 유독지역에서 무독지역으로, 무독지역에서 유독지역으로 옮기면 변화에 따라 독성 유무가 결정된다. 원인물질은 적조를 유발하는 편모조류인 *Exurviae mariaelebouriae*에 의해 유독화되는 것으로 알려졌다.

(2) 유독성분

독성분은 **베너루핀(venerupin)**으로 모시조개의 학명인 *Venerupus semidecussata*에 관련지어 명명되었고 화학구조는 아직 밝혀지지 않았다. 이 독성분은 1~4월에 높고, 6~11월에는 무독이다. 생쥐에 대한 치사량은 5 mg/kg이다. 물, 마니톨(methanol)에는 잘 녹고 에테르, 에탄올 등에는 녹지 않으며, pH 5~8에서 100℃로 1시간 가열하여도 변화가 없는 내열성 물질이나 pH 9 이상에서 오래 가열하거나 120℃에서 가열하면 50% 이상 파괴된다.

(3) 중독증상

잠복기는 12시간~2일이고 초기에 불쾌감, 오한, 권태감, 구토, 두통, 변비, 미열이 있고, 특히 흉부, 어깨, 대퇴부 등에 좁쌀만 한 적색 또는 암적색의 **피하출혈반점**(皮下出血斑點)이 반드시 나타나며, 간비대, 황달 등 간기능의 저하를 보인다. 중증일 때는 뇌증상으로 의식혼란 상태가 되고 치아출혈, 토혈(吐血), 혈변을 일으키며 7일 이내에 사망한다. 치사율이 매우 높다. 우리나라는 남해안 지역에서 식중독이 자주 발생하였는데 1968년 경남 거제도 아양리에서 주민 80여 명이 원인불명의 질병에 걸려 피를 토하면서 14명이 사망하였고, 다음 해에도 주민 10여 명이 유사한 질병에 걸려 4명이 사망한 예가 있는데, 이는 바지락을 먹고 사망한 것으로 판명되었다. 일본에서는 1942년에 하이메이 호에서 채취한 모시조개를 먹고 334명의 식중독환자가 발생하여 114명이 사망한 사건이 있었다. 1970년대 이전에는 치사율이 40~44%나 된다.

(4) 예방방법

모시조개나 굴은 유독화되는 기간이 보통 1~4월이기 때문에 이 계절을 피하는 것이 좋다. 그리고 관계기관에서 계절에 따라 독성검사를 실시하는 것이 바람직하고 섭취 시에는 조개류의 중장선을 제거하면 안전하다고 할 수 있다.

4) 수랑·고동 등 권패류(卷貝類) 중독

수랑 등의 권패류(일명 나사조개) 중독에는 테트로도톡신(tetrodotoxin)에 의한 중독, 수루가톡신(surugatoxin) 등에 의한 중독, 그리고 테트라민(tetramine)에 의한 중독으로 나누어 볼 수 있다.

(1) 테트로도톡신 중독

수랑(*Babylonia japonica*, 말고동), 나팔고동, 수염고동, 털탑고동(개소라) 등의 중장선에 독성분이 축적되어 식중독을 일으킨다. 이 독성화 기구는 유독 불가사리인 *Astropecten polyacanthus*, *A. scoparius* 등이 서식하는 지역에서 고동류의 섭취로 독성화되고 있다. 유독 불가사리가 살지 않는 지역에서는 독성화를 거의 볼 수 없다. 유독성분은 **테트로도톡신**으로 중독증상은 복어독에서 언급했으므로 생략한다.

(2) 수루가톡신 등 중독

일본의 시즈오카 가뉴도 및 인접 해역에 한하여 독성화가 존재한다. 한편 무독의 조개를 독성화 해역으로 옮기면 약 50일이면 독성화되고 반대로 유독 고동을 수조에서 사육하면 1개월 후에는 무독화된다. 수랑의 독은 7~10월에 현저히 상승하고 **중장선**에 축적된다.

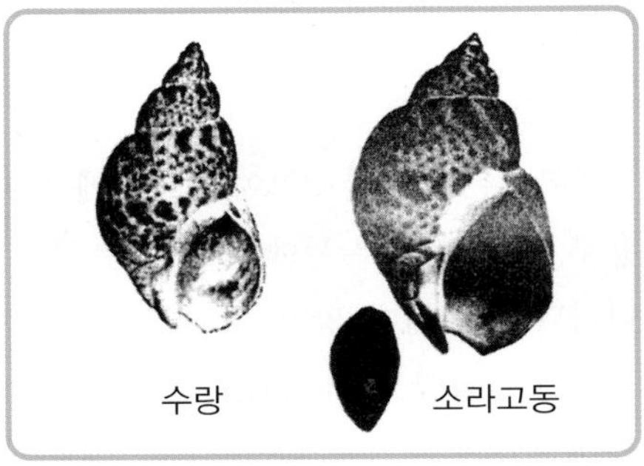

〈그림 3-1-5〉 권패류

유독성분은 **수루가톡신**(surgatoxin) 외에 neosurugatoxin, prosurugatoxin 등이 있다. 이 독은 물, 마니톨에는 녹고 에테르 등 유기용매에는 녹지 않는다. 중독증상은 섭취 후 1~24시간 후에 복통, 설사, 의식혼란, 시력감퇴, 동공확대, 갈증, 복

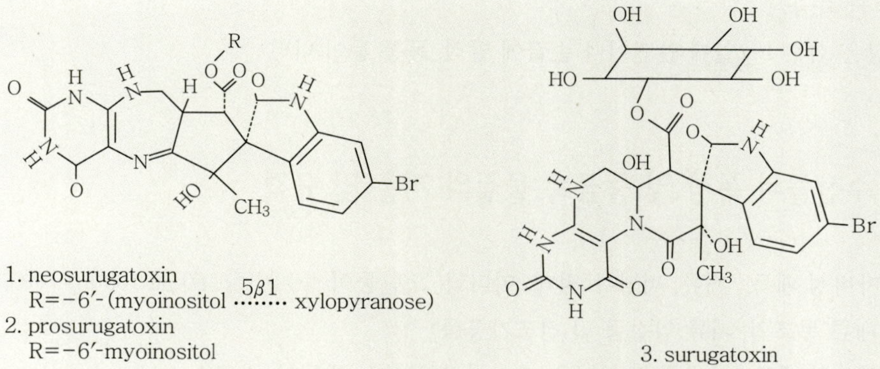

1. neosurugatoxin
R=-6′-(myoinositol ········ xylopyranose) (5β1)
2. prosurugatoxin
R=-6′-myoinositol
3. surugatoxin

수랑 중독의 neosurugatoxin 및 관련물질의 구조

부팽창, 혈압강하, 언어장애 등의 증상을 보인다. 증상은 수일 동안 계속된다.

(3) 테트라민 중독

명주매물고동, 보라골뱅이, 소라고동, 조각매물고동(*Neptunea intersculpta*), 갈색띠매물고동, 북방매물고동, 나팔고동, 털골뱅이 등의 **테트라민(tetramine)** 독성분이 **타액선(唾液腺)**에 축적되어 식중독을 일으킨다. 중독증상은 눈에 피로감, 현기증, 두통, 멀미, 식욕감퇴 등을 일으킨다.

예방은 고동류의 타액선을 제거하고 먹는 것이 중요하고 상기 패류의 일반적인 방법에 준한다.

5) 전복류 등 기타 패중독

(1) 종류와 독성화 기구

전복류, 떡조개, 소라는 일본 동북지방 등에서 예로부터 발생되어 왔다. 조개가 독성화될 때에는 중장선의 색이 농녹흑색으로 변하고 2~5월의 이른 봄이 유독기간이다.

(2) 유독성분

전복류(*Haliotis* sp.)는 독성분이 **중장선**이나 간 등에 축적하여 식중독을 일으킨다. 해조류에서 유래하는 엽록소(chlorophyll a)의 분해산물인 광과민성의 **pheophorbide a**와 pyropheophorbide a가 분명히 밝혀졌으며, 이 성분이 함유되어 있는 중장선을 섭취한 뒤 광선을 쐬면 빨간 피부가 생기며 화상을 입은 것과 같은 **피부염증**이 생긴다.

(3) 중독증상

증상은 식후 1~2일에 안면이나 손끝에 발적, 동통 등이 나타난다.

3. 수산물의 독성 및 중금속 물질의 기준 및 규격

① **마비성 패독** 패류, 피낭류(멍게, 미더덕, 오만둥이 등) 기준 : 80 μg/100 g 이하(단, 가공품은 패류 통조림, 패류 염장품 및 건조가공품)

② **설사성 패독** 이매패류 : 0.16 mg/kg 이하(설사성 패독인 okadaic acid과 dinophysistoxin-1의 합계)

③ **건조수산물의 패독소 잠정기준** 건조과정에서 수분함량이 변화된 경우는 수분함량을 고려하여 적용한다.

④ **패류의 중금속 잔류 허용기준(생물로 기준할 때)**

㉠ 총수은 : 0.5 mg/kg 이하

㉡ 납 : 2.0 mg/kg 이하

㉢ 카드뮴 : 2.0 mg/kg 이하

제 2 장

기생충감염병(寄生蟲感染病)

1. 기생충의 분류

기생충(parasite, worm)에는 이·벼룩·빈대·거머리 등과 같은 부류를 외부기생충, 회충·십이지장충 등과 같이 소화기관·혈관·근육 등에 기생하는 부류를 내부기생충이라 구분한다. 여기서 다루는 내부기생충은 생체 내부에 정착해 살면서 첫째로 여러 가지 장애나 증상을 가하거나, 둘째로 인체에 적으나마 영양 손실을 가져다 준다. 기생충은 소화관이 없는 충으로 수분 및 영양물질의 출납은 체표를 통해서 이루어지기도 한다.

이와 같이 인간이나 동물이 기생당하는 것을 숙주(宿主, host)라고 말하며, 이들은 채소류 및 과일류, 육류, 어류 등을 통한 음식물로부터 감염되어 기생하게 된다. 기생충에 의해 발생하는 장애 내지 질병을 **기생충감염병**(**기생충증**, parasitosis, helminthiasis)이라고 하며, 이들 기생충의 분류는 <그림 3-2-1>과 같다.

다만 여기서 다루고자 하는 기생충은 어디까지나 식품이나 물과 인체에 관련된 기생충만으로 한정하며, 다음과 같이 채소류, 수육류, 어패류로 나누어 설명한다.

- 기생충
  - 편형동물(扁形動物, Plathelminthes)
    - 흡충류(trematoda) : 간흡충, 폐흡충, 요코가와흡충 등
    - 조충류(cestoda) : 무구조충, 유구조충, 광절열두조충, 만손열두조충 등
  - 선형동물(線形動物, Nemathelminthes)
    - 선충류(nematoda) : 회충, 요충, 편충, 십이지장충, 선모충, 아니사키스 등

〈그림 3-2-1〉 식품과 관련된 주요 기생충의 분류

2. 채소류(과일류)로부터 감염되는 기생충

농촌에서 과거 논밭에 채소나 과일을 재배할 때에 사람이나 가축의 분뇨 및 퇴비를 대부분 이용하였으며, 이로 인해 기생충란(蟲卵)이 부착된 채소나 과일을 잘 씻지 않고 생식하거나 덜 익은 채로 먹음으로써 인체에 기생충이 감염되어 장애나 질환을 가져왔다.

더욱이 한국인은 주식인 곡류와 부식 중 배추, 무, 상추, 미나리, 파, 딸기, 당근, 마늘 등 생채식을 많이 이용하여 육류나 어패류보다는 감염률이 높고, 특히 그중에서도 회충란이 가장 많았다. 이 기생충들은 수육이나 어패류와는 달리 중간숙주를 거의 가지지 않는 것이 특징이다.

그리고 최근 규격에 '김치에는 회충, 구충, 요충, 편충, 동양모양선충이나 이들 기생충알 등이 검출되어서는 안 된다.' 로 되어 있다. 2005년의 중국 김치 파동이 좋은 예라 할 것이다.

1) 회충증(蛔蟲症, *Ascariasis*)

제5군 감염병

(1) 생태 및 생활사

회충은 Hippocrates(B.C. 460~337) 시대에도 그에 대한 기록이 있으며, 전 세계에 분포한다. 회충의 감염은 전국에 걸쳐 발생하였으며 특히 농촌지역 주민에서 감염률이 높다. 회충은 지렁이와 비슷하며 몸길이는 수컷이 15~20 cm, 암컷이 20~30 cm로서 선충류 중 가장 크다. 회충의 자궁내 약 2,700만 개 중 1일에 20~30만 개의 알을 낳는다.

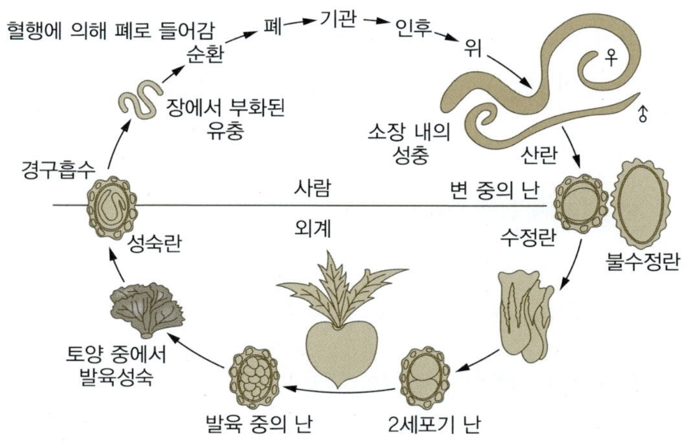

〈그림 3-2-2〉 회충의 형태와 생활사(감염경로)

회충의 생활사, 즉 감염경로는 <그림 3-2-2>에서 보는 바와 같이 분변 중에 배출된 수정란(受精卵)은 1~2주 만에 감염능력을 갖춘 성숙란이 된다. 회충이 폐에서 장으로 이동하면 제반 증세가 자연히 사라지므로 일과성 폐렴이라고 부른다. 성충이 되기까지 약 60~80일이 걸리며 주로 소장에서 생활하는 성충의 수명은 1년 정도이다.

성숙란은 외계 자연환경에서 약 1년간 감염능력을 가지며 저온, 건조에 저항력이 매우 강해 건조상태에서 1개월 있어도 죽지 않지만 열에는 약하여 70℃ 이상에서 수 초, 65℃에서 10분 이상 가열하면 죽는다. 또 크레졸, 페놀, 포르말린, 알코올 등에 담가 놓아도 1주일 이상 생존하여 소독에 매우 강하고 표백분도 충란에는 별 효과가 없다. 또 토양 속에서 2~5년간 영하 15℃ 기온에서도 월동하여 봄까지 생존하였다는 보고도 있다. 염장(鹽藏)이나 산장(酸藏)에도 저항성을 가진다. 여름의 김치 속에서 40일 후에도 약 20%의 회충란이 생존하였다는 보고도 있고, 분변액 중의 회충란은 평균 300일 정도는 생존한다고 한다. 채소를 물속에 담가서 단순히 1회 세척은 67%, 2회 세척은 87%, 4회까지 씻음으로써 충란이 거의 떨어진다.

(2) 주요증상

일반적으로 감염되어도 특별한 증상을 보이지 않으나 성충이 다량 기생하면 복통·설사 등의 소화기 증상, 권태·피로함·두통·현기증 등 신경증상, 식욕부진 등을 일으키고 특히 어린이는 이미증(異味症, geophagia)을 나타내 흙이나 분필가루 등을 먹기도 한다. 소장 외에 다른 기관에 들어가서 특이한 증상도 볼 수도 있는데, 유충의 폐순환에 따른 폐렴과 같은 증상, 담낭·뇌·충수 등에 들어가 담낭염, 뇌막염 같은 증상 또는 충수염 등이 나타나기도 한다.

(3) 예방 및 구제

예방은 채소류를 여러 번 깨끗이 씻고 손을 청결히 한다. 충란은 가열하면 모두 사멸하므로 충분히 익혀 먹으면 예방이 된다. 인분을 소석회(lime) 등 위생적으로 처리한다. 또 가족 내지 집단구제가 요망된다.

인체의 구충약(기생충약) 성분으로는 ① 콤반트린(Pyrantel pamoate, Combandrin) ② 메벤다졸(Mebendazole, 상품명: Vermax) ③ 피페라진(Piperazine) ④ 테트라니졸(Tetranizole, 상품명: 데카리스) ⑤ 티아벤다졸 등이 있다.

그리고 국내에서는 Albendazole(400 mg, 상품명 : 유한양행의 젠텔정, 신풍제약의 알젠탈정)이나 Flubendazole(500 mg, 상품명 : 버미플루정) 1회, 1정만을 먹으면 뛰어난 구충효과가 있어 1년에 최소한 1회 정도는 복용하는 것이 좋다. 따라서 영양사나 조리사 등은 매년 정기적으로 기생충 약을 먹도록 유념해야 할 것이다.

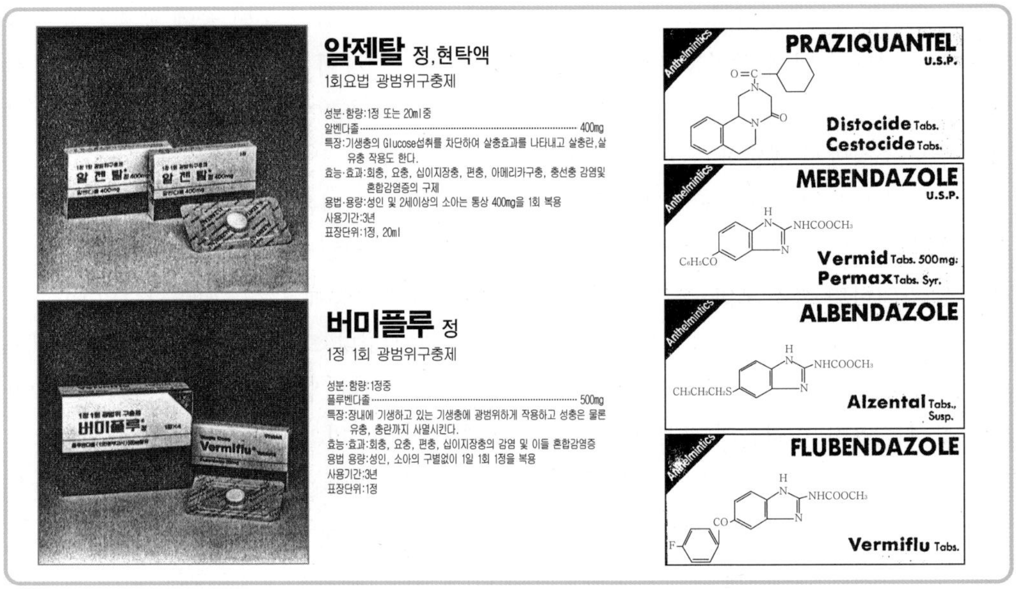

〈그림 3-2-3〉 기생충 약의 Praziquantel, Mebendazole, Albendazole, Flubendazole의 화학구조 및 상품사진

2) 편충증(鞭蟲症, Trichuriasis)

제5군 감염병

(1) 생태 및 생활사

이 편충도 회충과 같이 전 세계적으로 분포되어 있으며 한국의 감염률이 매우 높다. 편충은 그 모양이 채찍질하는 채찍(鞭)과 같은 편상으로 <그림 3-2-4>에서와 같이 크기가 수컷은 7~8 mm, 암컷은 10~13 mm로서 작은 선충이다. 감염양식은 회충과 같아서 성숙란이 경구 섭취되면 소장 상부에서 부화되고 그 유충은 점막을 따라 맹장 근처까지 내려가서 성충으로서 **맹장(盲腸)**과 **대장(大腸)** 상부에 기생한다. 감염하면 10년 이상 사람의 장관 내에 생존한다. 편충은 1일에 보통 5,000~7,000개의 알을 낳는다.

(2) 주요증상

편충에 의한 증상은 거의 없으나 다수(10마리 이상) 기생하면 빈혈이나 탈항(脫肛, proctoptosis)이 생긴다.

(3) 예방 및 구제

예방은 회충에 준한다. 구제는 메벤다졸 기생충약을 복용하면 효과가 크다. 그 외에도 옥산텔 파모에이트(Oxantel pamoate), 즉 Oxantel과 pyrantel pamoate혼합제로서 10 mg/kg 1회 투여로 77% 충란음전율을 나타낸다.

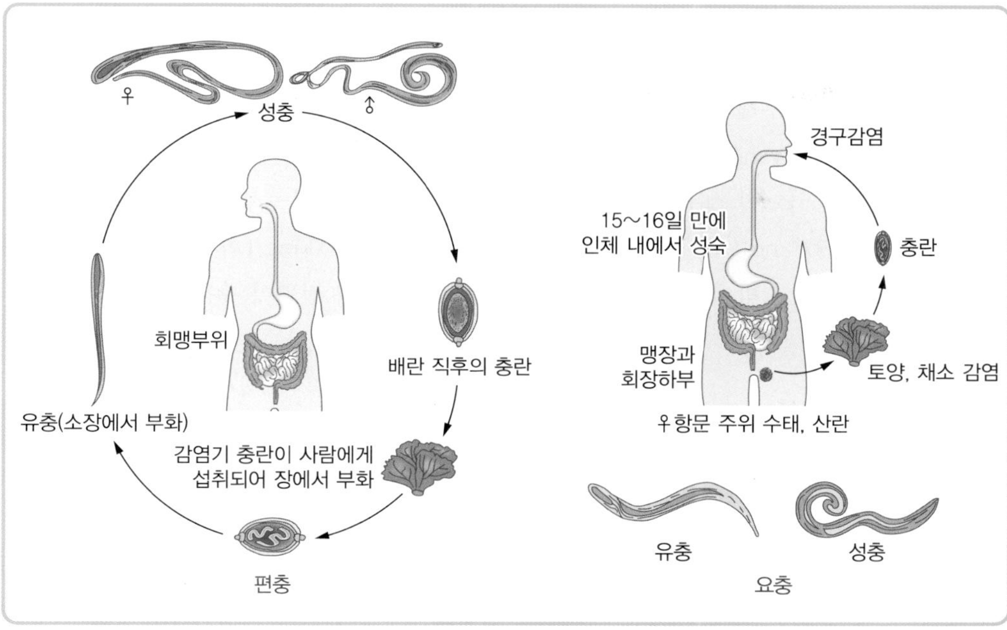

〈그림 3-2-4〉 편충과 요충의 형태와 생활사

3) 요충증(蟯蟲症, Enterobiasis)

제5군 감염병

(1) 생태 및 생활사

요충도 전 세계적으로 분포하여 어린이 또는 가족 내의 감염률이 높다. 아울러 1987년 모의대에서 발표한 한 조사보고서에는 도시보다 농촌 지역의 요충 감염률이 2배 이상 (24.9%) 나타났고 초등학교 어린이 중 연령이 낮을수록 감염률이 높은 것을 볼 수 있다. 요충의 크기와 형태는 <그림 3-2-4>와 같이 수컷은 2~5 mm, 암컷은 8~13 mm로서 매우 작은 기생충이다. 요충의 수명은 1~2개월이다.

감염경로는 채소류, 물, 식기 등을 통해 경구감염되나 몹시 가렵기 때문에 손으로 항문을 긁어서 오염된 손을 거쳐 직접 경구감염되기도 한다. 성충은 주로 **맹장** 내에 기생하나 소장 하부에도 기생하며 암컷은 야간에 기어나와 항문 주위에 산란하여 수 시간 내에 감염, 유충이 되고 항문 근처를 기어다니거나 기어나와 속옷(팬츠)에 붙기도 한다.

(2) 주요증상

항문 주변의 심한 가려움증이 있고 이 때문에 불면과 두통, 피부염 등이 수반된다. 아마도 가장 기분 나쁜 기생충일 것이다.

(3) 예방 및 구제

예방은 회충에 준하나 특별히 손을 식사 전에 씻어 청결히 하고 항문 주변, 속옷 등을 깨끗이 유지하도록 한다. 구제방법으로는 가족 내 감염을 방지하기 위하여 푸르벤다졸, 알벤다졸 등을 사용한다. 방퀸(Vanguin, pyrvinium pamoate suspension)은 기본 용량이 5 mg/kg이다. 시럽을 체중 10 kg당 5 cc(한 스푼)을 단 1회 복용하여도 거의 100%의 충란음절률을 보인다.

푸르벤다졸은 500 mg 1회 투여로 거의 100%, 알벤다졸은 400 mg 1회 투여로 98~100%의 구충효과를 보인다. 그 밖에도 회충약으로 구제되며 특히 가족 전원이 복용하도록 하는 것이 바람직하다.

4) 십이지장충(구충, 鉤蟲, *Ancylostoma duodenale*, Hookworms)

구충류 가운데 인체에서 성충으로 기생할 수 있는 종으로는 두비니구충, 아메리카구충(Necator americanus)이 있다. 한편 유충 형태로 감염되어 병해를 줄 수 있는 것은 개구충(*Ancylostoma caninum*), 브라질구충(*A. braziliense*) 등이 있으나 한국에서의 주된 구충은 두비니구충이다. 아메리카구충은 산발적으로 보고된 바 있고, 두 종류는 형태학적으로 다소 차이가 있으나 감염경로, 병인성은 거의 같다.

(1) 생태 및 생활사

전 세계적으로 분포되어 있다. 1838년 이탈리아의 Angelo Dubini는 한 농부의 십이지장에서 구충을 발견함으로써 장기의 이름을 따거나 발견자의 이름에서 붙여진 명칭이다. 그리고 이 성충은 십이지장의 조금 아래쪽인 **공장(空腸)** 상부에 주로 기생하며, 구강에 있는 갈고리(鉤, hook)로 인해 **구충(鉤蟲)**이라 불려지기도 한다. 이 기생충은 과거 편충, 회충 다음으로 많은 기생충 중의 하나이며, **경구감염(經口感染)**은 물론 **경피감염(經皮感染)**도 되므로 채소밭에서의 감염에 특히 유의하여야 한다.

십이지장충은 <그림 3-2-5>에서 보는 바와 같이 몸길이가 수컷이 2~3 mm, 암컷이 10~13 mm로서 매우 작은 기생충이다. 특히 입에는 갈고리형의 이빨(치아) 2개가 있어 장점막에 고착하여 물고 늘어져 흡혈(吸血)하므로 회충보다 건강장애가 심하다. 암컷 한 마리가 1일 7,000~28,000개의 알을 낳고 분변과 함께 배출된 충란은 외부환경조건(30℃ 전후)이 좋으면 2일 정도면 부화되어 자충이 되며 약 1주일 정도 지나면 감염 가능한 유충(幼蟲)이 된다.

이 알 또는 유충이 채소류, 물의 매개로 경구감염되며, 손, 발 등의 피부로부터 경피감염되기도 한다. 경구감염은 ① 입 → 위 → 소장에 이른 다음 장점막을 뚫고 ② 혈류 또는 림프관 → 폐 → 기관지 → 식도 → 위 → 장에 되돌아와서 성충이 된 후 공장점막에 붙어 영양분을 섭취한다. 그러나 경피감염은 유충이 체내로 뚫고 들어가 ②의 과정만을 거친다. 십이지장충

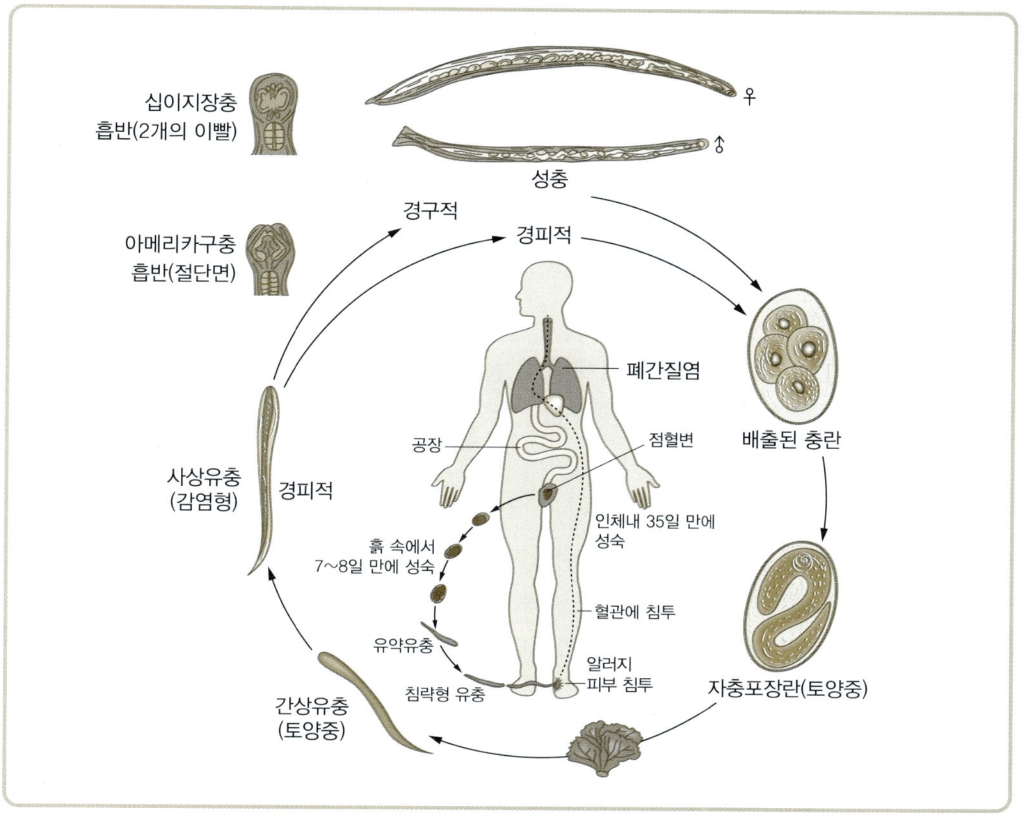

〈그림 3-2-5〉 십이지장충과 아메리카구충의 형태와 생활사

알은 회충알보다 저항력이 약하여 분변 중에 2개월 정도 생존하고 겨울철에는 13~14일 정도 생존한다. 또 가열에 대해서는 회충보다 약해 70℃에 1초면 죽고 직사광선을 쬐면 짧은 시간 내에 사멸한다.

(2) 주요증상

인체 내에 일정 수 이상 기생하면 성충은 흡혈이 강하므로 주증상은 **빈혈증상**이 일어나고 이와 더불어 현기증, 헐떡임, 두근거림, 식욕부진 등과 때로는 회충과 같이 이미증을 일으키는 등 소화기 장애, 순환기 장애를 일으킨다. 경피감염의 경우 침입 부위에 피부염을 일으키는 경우도 있다. 과거 채독증의 원인이 되는 기생충이라고도 하였다.

(3) 예방 및 구제

예방에서 경구감염은 회충과 같은데 경피감염이 있으므로 오염된 지역의 논밭에서 작업을 할 때 맨발, 맨손으로 하는 일이 없도록 주의해야 한다. 인분의 적절한 처리는 소석회(lime) 등으로 사멸시킨다. 밭에 석회질소 0.3%의 비율로 섞으면 유충은 2일 안에 죽는다.

구제약은 콤반트린이 유효하다. 그 외에 메벤다졸 등이 상용되나 빈혈은 구충 후에도 문제가 되므로 철제, 혈액 및 조혈장기제 등을 섭취한다.

5) 동양모양선충(**東洋毛樣線蟲**, Trichostrongylus orientalis)

(1) 생태 및 생활사

한국, 중국, 일본 등 동양(東洋) 각처에 특히 분포하는 기생충으로 명칭에서 보는 바와 같이 털 모양으로 아주 가늘고 수컷은 4~6 mm, 암컷은 5~7 mm로서 매우 작은 선충이다. 동양모양선충은 초식동물의 장관에도 기생한다.

감염경로는 감염될 때까지의 외계생활은 십이지장충과 거의 같다. 채소 등에 감염유충이 부착하여 주로 **경구감염**이 되지만 피부를 통하여 **경피감염**도 된다. 경구감염된 유충은 식도, 위를 지나 소장에 이르러 25일 이상이면 성충이 되고 **소장(小腸)** 상부에서 장기간 기생한다. 장점막 내에 일시적으로 침입하는 일은 있으나 체내의 이행성은 없다.

(2) 주요증상

특별한 자각증상이나 병변은 없으나 다수가 기생하면 장점막에 염증을 일으키고 더 나아가 장염 등의 소화기증상과 빈혈을 수반한다.

(3) 예방 및 구제

예방과 치료는 십이지장충에 준한다.

6) 분선충(**糞線蟲**, *Stongyloides stercoralis*)

(1) 생태 및 생활사

원래 아열대 또는 열대지역의 저습한 지대에 분포하지만 한국에서도 약 70예(1990 이전)의 기록이 있다. 성충은 인체 내 분열도 있지만 흙 속에서도 자란다. 암컷 성충은 약 5.6 mm의 길이로 작은 기생충인데 소장점막 내에 생활한다.

감염은 채소류 등에 의한다. 난자는 수 시간 내에 유충기까지 발육 부화하여 분변과 같이 배출된다. 유충이 발가락, 피부, 땀구멍 등을 통해 들어온다. <그림 3-2-6>에서 보는 바와 같이 외계에 나온 유충은 암컷(1.0 mm), 수컷(0.7 mm)의 성충으로 구별되어 성숙된다. 또 다시 배출된 난자는 온대지방에서는 약 2일 내에 감염능력을 가진 필라리형 유충(Filariform lava

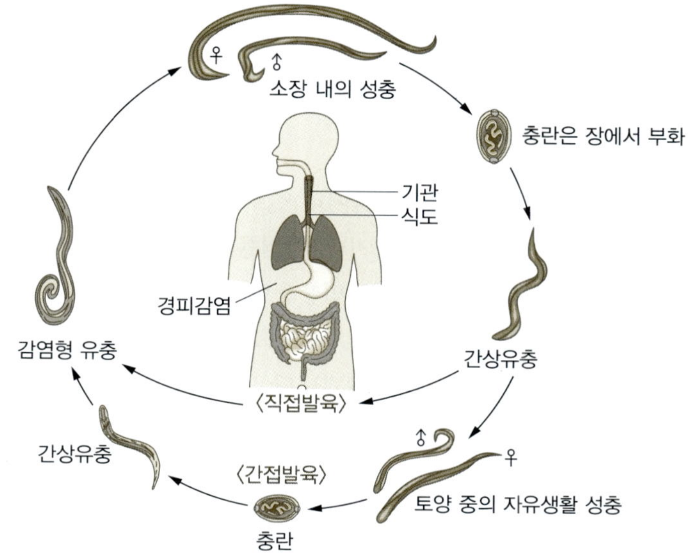

〈그림 3-2-6〉 분선충의 형태와 생활사

0.4 mm)이 **경구감염** 또는 **경피감염**으로 인체에 감염된다. 항문 주위에서 발육된 유충은 요충과 같이 감염될 수 있다.

(2) 주요증상

소수 기생일 때는 별 이상이 없지만 시간이 경과해 다수 기생할 때는 급성증상과 만성증상으로 나타난다. 급성증상은 감염 6일 후부터 3일간 기침이 나고 2주가 지나면 변비, 복통과 아울러 기침도 재발하며 4주 후에는 대변에서 분선충의 유충이 섞여 나오기 시작하여 우측 하복부에는 선통(仙痛)발작이 있다. 대개 급성증상이 만성으로 된다.

(3) 예방 및 구제

예방은 십이지장충에 준한다. 구제는 티아벤다졸, Pyrvinium pamoate 등이 이용된다.

3. 수육(獸肉)으로부터 감염되는 기생충

수육은 가축이나 야생동물 등의 고기를 가리키며, 소, 돼지, 양, 토끼 등이 중간숙주가 된다. 수육이 조리, 가공 과정에서 열처리가 불충분하거나, 육회 등의 생식에 의해 근육에 기생하는 낭충이 인체에 감염된다.

1) 무구조충(**無鉤條蟲**, 민촌충, *Taenia saginata*, Beef tapeworm)

(1) 생태 및 생활사

전 세계적으로 쇠고기를 먹지 않는 회교국이나 힌두교 국가를 제외하고는 널리 분포되어 있다. 이 조충은 유구조충보다 기생률이 높지만, 감염률은 높은 편이 아니다. 이 기생충은 머리 흡반에 갈고리(鉤)가 없어 무구조충 또는 **민촌충**이라고 하며, 중간숙주가 소이기 때문에 일명 쇠고기 촌충이라고도 부른다.

그러나 낭충은 사슴, 노새 등에서도 가끔 발견된다. 기생충의 크기는 몸길이가 수컷은 4~10 m로서 매우 큰 대형 기생충이며 특히 선충류와는 달리 1개 충에 편절(마디)이 1,500~2,000개로 이루어져 편절이 끝에서부터 차례로 분변 속으로 떨어져 나간다. 머리부분은 구형으로 4개의 흡반을 가지고 있으며 갈고리를 가지고 있지 않은 것이 특징이다.

감염경로와 형태는 <그림 3-2-7>과 같고 충체 발판부 편절 내의 자궁에서 발육한 충란은 편절과 분변이 함께 체외로 배출되어 목초 등에 묻은 것을 중간숙주인 소가 먹으면 감염되고 알 밖으로 나온 유충은 장벽을 뚫고 혈류를 따라 소의 근육(筋肉) 속에 침입하여 약 60~75일이면 **무구낭충(cysticercus bovis)**이 된다. 이 낭충은 소의 허리, 엉덩이, 혀, 심장 등의 근육에 주로 기생하지만 림프샘, 식도, 신장 등에도 있으면서 약 9개월 정도 존재하는데 이때 사람이 섭취하면 감염된다. 충은 **소장**(小腸) 상부에 기생하면서 2개월 후면 성충이 된다.

한편 낭충은 71℃, 5분이면 죽을 수 있으나 저온에서는 비교적 강하다. 1℃ 내외에서는 40일이 지나도 완전히 죽지 않는다고 하며 −10~−13℃에서 쇠고기 내 낭충은 3일 후 44%, 5일 후 5%로 감소되고 6일 후에는 전멸한다. 구충류의 수명은 수 개월에서 약 10년이나 된다.

(2) 주요증상

이 성충은 충체가 커서 피해도 크다. 증상이 없는 경우도 있지만 사람에 따라 복통, 소화불량, 메스꺼움, 구토 등 소화기 장애와 빈혈을 일으킨다. 아울러 영양소의 손실도 가져온다. 가끔은 편절이 떨어져 항문으로 기어나오므로 불쾌감을 준다.

(3) 예방 및 구제

예방은 도살 직후 철저한 위생검사와 쇠고기를 철저히 가열하여 생식을 금지하는 것이 좋다. 축산법령에서와 같이 −9.6℃ 이하의 냉장고에 6일간 저장한 후 판매하도록 하는 예방도 좋은 방법이다. 또한 목초, 채소류, 사료 등에 인분 사용 및 오염을 피하고 위생적으로 소의 사육을 잘 관리해야 할 것이다.

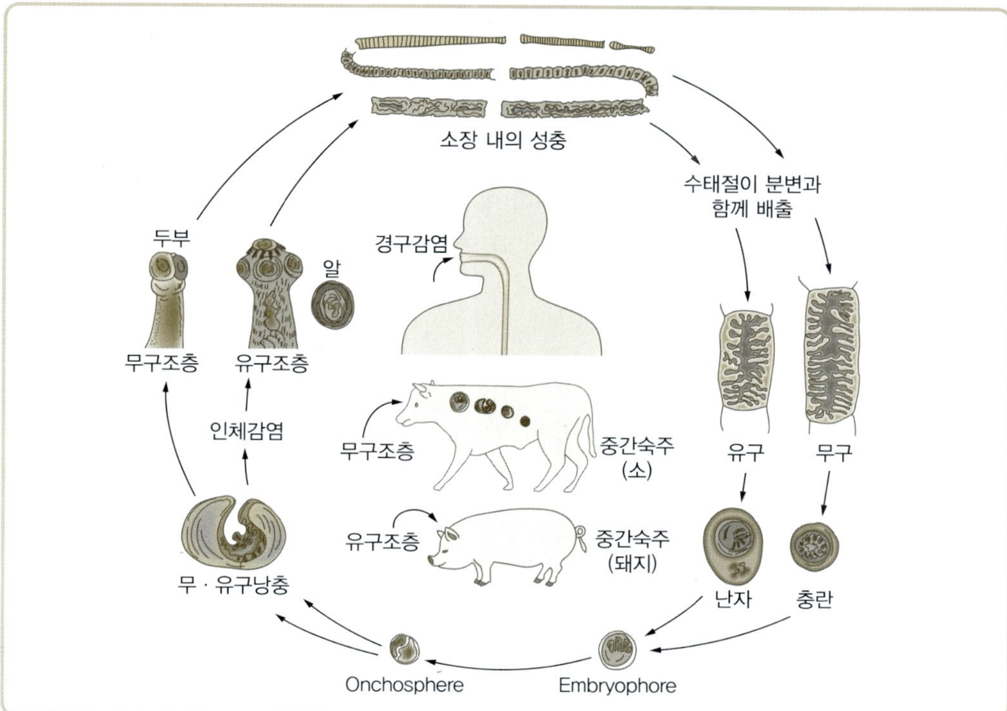

〈그림 3-2-7〉 무구조충(소)과 유구조충(돼지)의 생활사 및 두부

구제에서 무구조충의 구충제(기생충약)는 다른 장내기생충의 조충에도 공통적으로 구충력을 발휘한다. 대부분의 조충 구충제를 사용한 후 장관벽에 고착되어 붙어 있는 두절(頭節)을 마비시키기 위해서 장운동을 돕기 위한 수단으로 설사약의 투여를 원칙으로 한다. 또한 구충제를 투여하기 전에 가급적 장내를 공복상태로 한 후 구충약을 투여하면 더욱 효과를 얻을 수 있다.

구충제로는 ① 민간요법의 하나로 예부터 비자나무(전라남도, 제주도 분포)의 열매인 비자(榧子, torreya nut)를 구제에 이용 ② 비티오놀(bithionol) ③ 타에니아(Niclosamide) ④ 아타브린(Atabrine, Mepacrine, Quinacrme HCl) ⑤ 면마엑스(Ext. filicis, Oleoresin of aspidium) 등이 이용되고 있다.

2) 유구조충(**有鉤條蟲**, 갈고리촌충, Taenia solium, porktapeworm)

(1) 생태 및 생활사

전 세계적으로 돼지고기를 먹지 않는 회교국을 제외하고는 널리 퍼져 있다. 이 기생충은 흡반에 갈고리(鉤)가 있어 유구조충, 즉 갈고리 촌충이라고 이름지어졌으며 돼지를 중간숙주로 하기 때문에 일명 **돼지고기 촌충**이라고도 한다. 몸길이는 2~4 m로서 대형 기생충의 하나이며 800~900개의 편절(마디)을 가지고 있다. <그림 3-2-7>과 같이 머리에 4개의 흡반과 22~32개의 갈고리를 가지고 있는 것이 특징이다.

감염경로는 무구조충의 경로와 똑같으며 다만 돼지의 근육에 유구낭충이 존재하여 돼지고기를 사람이 섭취하면 감염되어 소장에서 성충이 된다. 낭충이 사람의 장기나 여러 조직, 즉 뇌, 근육, 피하조직, 간, 신장 등에 기생하는데 이를 **낭미충증(cysticercosis)**이라고 한다. 낭미충증이 많은 부위는 피하조직이고, 그 다음이 뇌, 안구, 근육, 심장, 간의 순서로 나타난다.

(2) 주요증상

인체에 무증상인 경우가 많지만 다소의 소화장애가 따르고 복통, 메스꺼움, 구토, 두통, 빈혈을 일으킨다. 또 인체의 근육, 피하조직, 뇌, 안구, 심장, 신장 등에 낭충이 기생하면 부위별에 따른 위험한 질환을 일으킨다.

(3) 예방 및 구제

예방은 무구조충에 준하되 돼지, 돼지고기에 적용된다. 구제에서 성충은 무구조충에 준하나 낭충은 외과적으로 제거하는 수밖에 없다. 그러나 플라지칸텔(Praziquantel)을 체중 1 kg당 25 mg을 1일 3회 3~4일 계속 복용하면 피낭유충이 사멸된다는 연구보고가 있으며, 뇌기생 낭충증에는 부작용을 고려하여 주의가 필요하다.

3) 선모충(**旋毛蟲**, *Trichinella spiralis*)

(1) 생태 및 생활사

전 세계적으로 분포되어 있는데 특히 돼지고기를 제조가공(햄 등) 및 조리해서 먹는 유럽, 미국, 중국 등에 가장 대표적인 기생충의 하나이다. 그러나 한국에서는 감염이 거의 없을 정도로 감염률이 낮은 기생충이기도 하나, 앞으로는 육가공 및 육조리 식품의 섭취 증가로 확산될 것으로 추정된다. 또 선모충의 성충은 포유동물인 돼지(산돼지 포함), 개, 고양이, 쥐, 곰 등의 소장의 점막 내에 기생하기도 한다. 이 성충은 몸길이가 수컷이 1~2 mm, 암컷이 3~4 mm로서 <그림 3-2-8>과 같이 선충류 중에서 가장 작은 기생충의 하나이다. 수컷은 암컷에 비해 약 1/2 정도로 더 작다.

감염경로에서 선모충은 한 숙주에서 성충과 유충을 발견할 수 있는 것이 특징이며, 다른 기생충과 다른 점이기도 하다. 다시 말해, 충란이나 유충이 일단 체외로 배출되는 것이 일반적이지만 이 선모충의 성충은 **장관(소장)**에, 유충은 **근육** 내에 존재하며, 이 유충을 가지고 있는 근육을 다른 숙주가 섭취함으로써 감염된다. 가령 돼지가 피낭유충이 있는 죽은 쥐를 먹었을 때 감염되는 경우가 한 예라고 하겠다. 동물은 잡히고 먹히는 상호관계에서 감염이 발

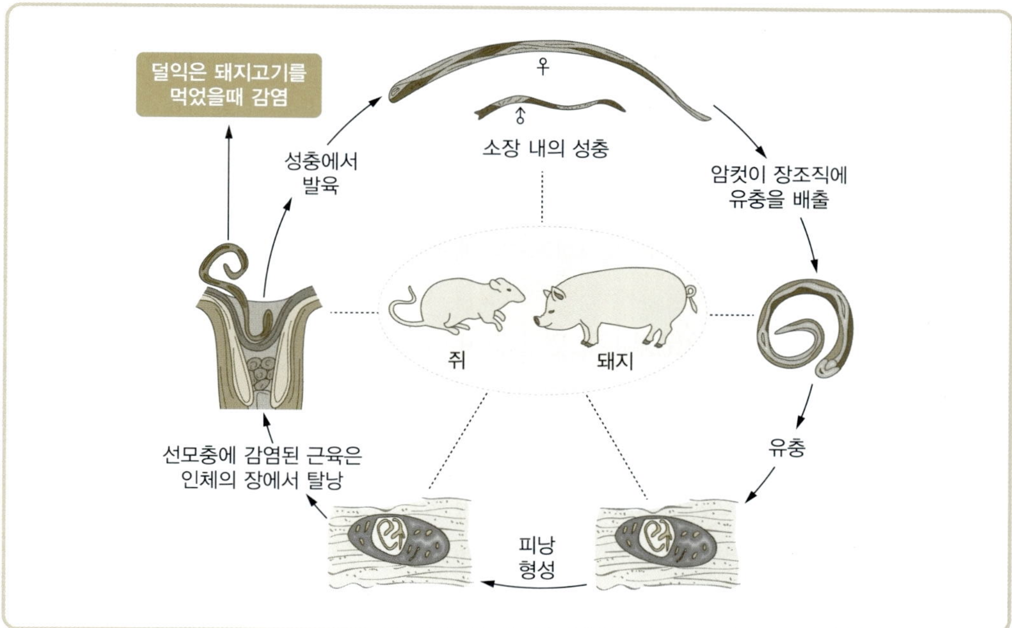

〈그림 3-2-8〉 선모충의 생활사와 근육 중의 피낭유충

생된다. 성충은 유충을 낳는데 보통 1마리가 1,500마리 정도의 유충을 낳는다. 대부분의 유충은 1~3주 내에 혈관과 림프관을 통하여 이동하며 전신의 횡문근, 즉 근육과 근섬유 간에 피낭하여 기생한다. 이 피낭유충을 가지는 돼지고기는 가열 불충분으로 발생된다. 아울러 피낭유충은 사람에게서 25~31년간 생존한다는 보고도 있다. 또 피낭유충은 저항력이 비교적 강하여 부패된 돈육에서 2~3개월 살아 있는 경우도 있고, 상온 24시간에서 생존하며 냉장, 염장, 건조에서도 저항력이 강하며 훈제육에서도 생존한다.

(2) 주요증상

증상은 두 가지로 나누어 볼 수 있다. 하나는 피낭유충이 있는 생고기를 먹은 사람이 얼마 되지 않아서 침범부위의 점막상피에 자극과 염증이 유발되어 설사, 복통, 메스꺼움, 발한 등의 위장증상과 전신의 반점구진(maculo papule)이 나타난다.

또 하나는 탈피한 유충이 전신의 근육에 옮겨가기 시작한 2~6주 이후부터 40~41℃의 **발열**과 심한 **근육통**을 일으키고 또한 얼굴 등에 부종이 오며 호흡곤란, 발성장애, 사지에 경직성 마비가 나타나기도 한다.

그 외에도 림프샘 증대와 압통이나 호산구증다증(eosinophilia)도 나타나는 경우도 있다. 이들 증상의 심한 정도는 기생충 수와 비례한다고 한다.

(3) 예방 및 구제

예방은 유구조충에 준한다. 그 외에도 죽은 쥐를 돼지가 먹지 못하도록 하는가 하면 개, 고양이의 애완동물도 위생적으로 관리하여야 한다. 특별히 피낭유충의 저항력이 냉동, 염장, 건조 및 훈제육 등에도 강하므로 충분히 가열하여 먹도록 하는 것만이 예방의 첨병일 것이다. 아울러 -27℃에서 36시간 이상 보관하면 자충은 사멸된다. 구제는 티아벤다졸(Thiabendazole)을 체중 1 kg당 25 mg을 1일 2회 5~7일 계속 복용한다.

4) 만손열두조충〔고충증(孤蟲症), 만손스파르가눔증 : Sparganum mansoni, Ligula mansoni)〕의 유충

(1) 생태 및 생활사

이 기생충의 명칭은 1882년 만손(Manson)이 중국 아모이(Amoy : 廈門, 샤먼)에서 신장으로부터 리본형 충체를 발견한 데서 만손(Ligula mansoni)의 이름이 유래되었다. **스파르가눔(sparganum)** 또는 고충증이란 열두조충과에 속하는 조충의 유충(幼蟲)을 말하며, 이것이 인간의 장(腸) 이외의 조직에 기생하여 증상을 나타날 때를 **스파르가눔증(sparganosis)** 또는 고충증이라고 한다. Diphyllobothrium(열두조충)에는 *D. mansoni* 이외에도 *D. mansonoides, D. decipiens, D. erinacei, D. ranurum* 등의 성충이 개나 고양이의 장에 기생한다. 우리나라에서 1924년에 이 충이 최초 발견된 이래 65건 이상이 사람에게서 발견되었다.

감염경로를 보면 개, 고양이의 장에 기생하는 성충에서 산란된 충란은 제1중간숙주인 물벼룩에 먹히고 제2중간숙주는 주로 **담수어**, **뱀(구렁이, 물뱀)**, **개구리**, **닭** 등인데 조류나 포유류 또는 인간에서도 유충형태로 존재한다. 사람에 기생하는 유충인 **플레로세르코이드**〔**plerocercoid : 의충미충(擬充尾蟲)**〕는 유백색의 편편한 리본 모양의 충체인데 크기는 1 cm 정도로부터 약 10 cm까지 여러 종류가 있다. 인체 내에 들어온 유충은 기생부위가 일정하지 않으나 성충으로 발육되지 않은 채 주로 피하결체조직, 지방조직에 원형의 종류(腫瘤)가 형성하면서 기생하고 그 외에도 복벽, 서혜부, 흉벽, 음낭, 경부, 유방, 안와(눈구멍), 요도 등에 무통성 종양을 형성한다. 사람의 체내에서는 더 크게 발육하는 일은 없다. 사람에게 감염되는 원인은

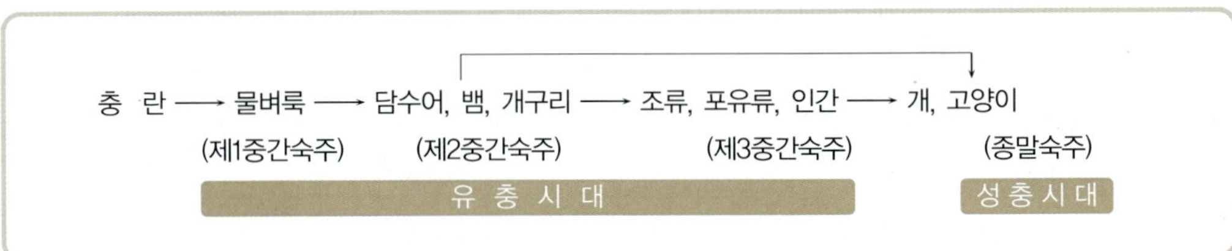

〈그림 3-2-9〉 만손열두조충의 생활사

주로 뱀, 개구리 등의 생식 내지 충분히 가열하지 않은 고기의 섭취인 경우가 많고 그 밖에 물벼룩이 있는 물(담수)을 함께 마실 때 감염된다. 드물게는 감염된 닭 근육의 생식에서도 온다.

(2) 주요증상

각 기생부위 조직에 무통성 종양이 생기고 소양성(搔痒性), 즉 이 유충이 비뇨에 기생할 때는 요통, 혈뇨 또는 소변을 자주 보고 싶거나 안와 내에 기생하면 안구돌출, 운동장애, 현기증, 두통 등을 느낀다.

(3) 예방 및 구제

개구리, 뱀 등을 생식하지 말고 충분히 가열해서 먹는다. 개울, 강, 호수 등의 민물고기를 먹지 않는 것이 바람직하다.

5) 톡소플라스마(*Toxoplasma gondii)*

(1) 생태 및 생활사

전 세계적으로 사람은 물론 각종 포유동물인 고양이, 토끼, 개, 양, 쥐 및 조류 등 인수공통감염증으로 광범위하게 분포되어 있으며 우리나라에서도 상당히 보고된 예가 있다. 최근에

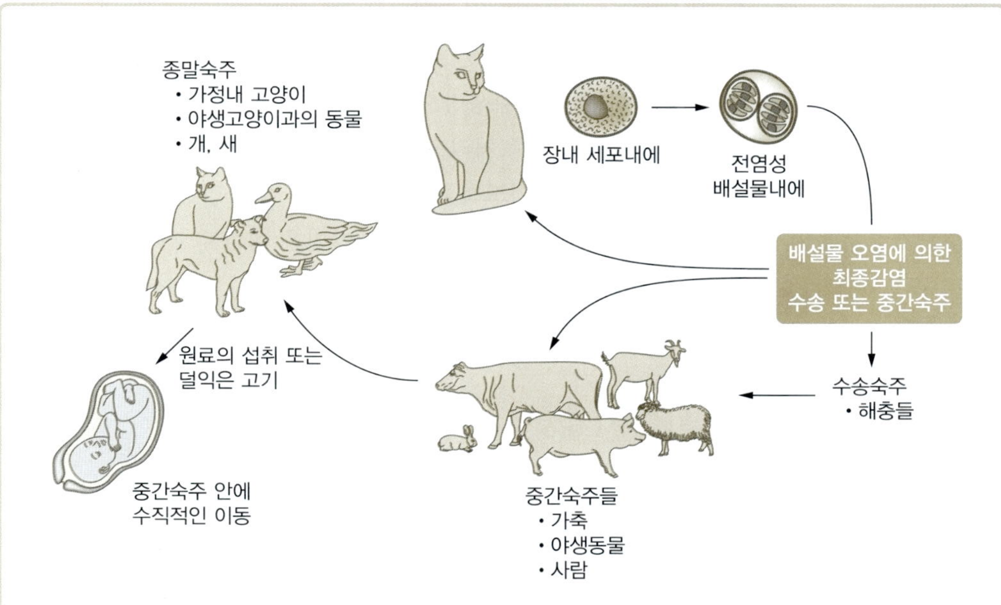

〈그림 3-2-10〉 톡소플라스마의 생활사

자료 : Y. H. Hui, Foodborne Disease Handbook Vol.2

는 돼지, 닭, 소 등에도 번지고 있으며 달걀에도 충체가 들어 있어 감염되기도 한다. 톡소플라스마는 원충류(原蟲類)의 하나로 몸길이가 3~7 μm로서 극히 작고 운동성도 없으며 동물체 내에서 여러 **장기**의 망상내피 **세포 내**에서 기생하여 증식한다.

이와 같이 증식형 충체(proligerative form)가 있는가 하면 포낭형 충체(syst form)도 있다. 이 포낭형 충체는 조직 내에서 2,000~3,000개의 증식형 충체가 집결하여 둥근주머니인 포낭(낭자, cyst)에 가득 싸여서 형성하는데 주로 사람의 뇌와 근육에서 발견된다. 포낭는 위액에서 파괴되지 않지만 80℃ 20분간 가열로 사멸된다.

감염경로에서 인체감염은 직접적인 낭포체나 포낭이 파리나 바퀴벌레 등이 관여하거나 오염된 음식물, 중간숙주의 생고기 섭취 등에 의해 후천적으로 감염되는 경로와 태반을 통한 감염으로 선천적인 경로로 이루어지는 것을 <그림 3-2-10>에서 볼 수 있다. 또 하나는 원충이 장점막에 머물면서 콕시듐으로서 발육증식하는 것을 볼 수 있다. 인체내 기생장소는 주로 림프샘, 뇌, 폐, 심장근육, 간, 비장, 골수, 신장, 부신, 신경계 등이다.

(2) 주요증상

사람의 경우 불현성 감염자가 많다고 알려져 있으며 임산부가 감염되면 유산, 조산, 사산의 원인이 된다. 신생아는 뇌수종, 맥락망막염(脈絡網膜炎, chorioretinitis), 각막염을 일으키며 어린이는 뇌염상 증상, 어른은 폐렴 같은 증상을 나타낸다.

(3) 예방 및 구제

예방은 고양이, 개, 돼지 등 동물의 사육을 위생적으로 관리하고 저항력이 약한 어린이, 임산부는 고양이, 개 등의 접촉을 피하며 배설물 처리도 잘해야 한다. 도살 직후 철저한 위생검사와 달걀, 돼지고기 등은 충분히 가열해서 먹도록 해야 할 것이다. 아울러 매개 가능한 파리, 바퀴 등 접촉동물의 구제도 열심히 하여야 할 것이다. 구제방법은 설파제, 하상제인 스피라마이신을 4~8주간 장기 투여하면 효과를 본다.

4. 어패류로부터 감염되는 기생충

1) 간흡충증(肝吸蟲症, 간디스토마, Clonorchiasis) 제5군 감염병

(1) 생태 및 생활사

간흡충은 중국, 한국, 일본, 베트남, 타이완, 필리핀 등 동남아시아 지역에 분포되어 있다. 우리나라는 낙동강, 영산강, 섬진강, 금강 등과 호수, 개울 등 민물고기가 서식하는 지역에서

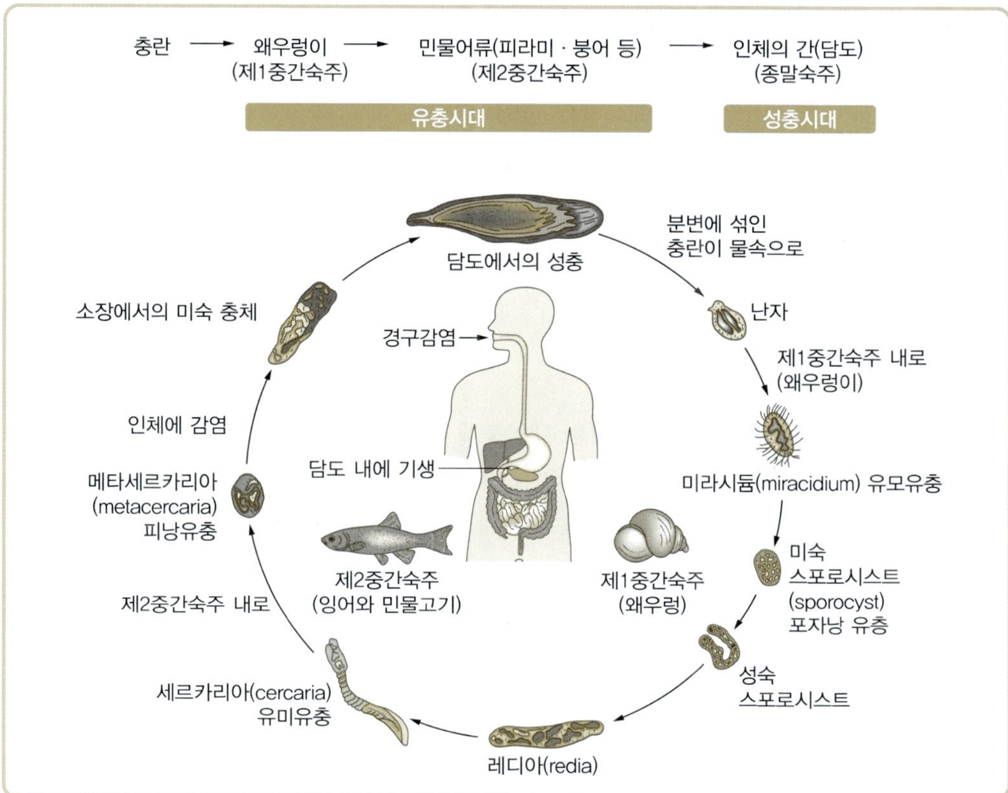

〈그림 3-2-11〉 간디스토마(간흡충)의 생활사

감염이 많으나 2012년 조사에서 낙동강 유역의 감염률이 가장 높고 그 다음이 섬진강이다. 이 간흡충은 간에 성충이 존재함으로써 붙여진 이름이다. 이 기생충은 1874년 Mc Connel이 인도의 캘커타에서 중국인 목공의 담도에서 처음 발견되었다. 이 기생충은 <그림 3-2-11>과 같이 몸길이가 6~25 mm로서 주걱 모양의 작은 흡충류 중의 하나로 간흡충이라고도 한다.

감염경로에서 간의 담관에 성충이 산란한 충란은 담즙과 같이 장으로 내려와 분변에 섞여 배출된다. 그림에서와 같이 밖으로 나온 알이 물속에 들어가서 제1중간숙주인 **왜우렁이 (parafossarules striatulus)**에 먹힌 다음 부화하고 유모유충(miracidium) → 포자낭유충(sporocyst) → 레디유충(redia) → 유미유충(cercaria)의 다양한 발육과정을 거쳐 다시 물속으로 빠져나와서 제2중간숙주인 **민물어류(淡水魚)**, 즉 참붕어, 피라미, 모래무지, 몰개 및 긴몰개, 큰납지리, 잉어 등(국내 48종)의 비늘 밑으로 해서 어육의 피하조직이나 아가미를 통해 그 체내로 들어가면 피하조직 근육 내에서 피낭유충(被囊幼蟲, 포낭유충, metacercaria)이 된다.

사람이 이러한 민물어류를 생식하면 감염되어 유충은 장관 내에서 탈낭하고 간의 담관(膽管)에 기생하여 성충이 된다. 이러한 민물어류를 사람이 생식하면 감염되는데 십이지장이나 소장에서 껍질을 벗고 장내를 탈출 후 어린 유충은 담즙이 흐르는 통로를 반대로 거슬러 올라가 6~20시간 내에 **간**의 **담관**〔때로는 췌관(膵管)〕으로 들어가 약 1개월 후에 성충이 된다. 이렇게 충란에서 성충이 되기까지는 약 3개월이 걸린다. 성충의 수명은 5~10년이다. 한편 민물고기 내에 있는 유충은 저항력이 강해서 식초 내에서 25시간, 간장에서 19시간까지 살 수 있으며 소금에 절여도 또 포화식염수 내에서 48시간 이내에 완전 사멸되지 않는다. 10℃ 정도에서도 수 개월간 생존한다. 열에는 약하여 55℃, 15분, 또는 100℃ 1분 이상 가열하면 죽는다. 사람 이외에 고양이, 개, 돼지 등에도 감염된다.

(2) 주요증상

간디스토마 감염으로 나타내는 증세는 감염충체 수 및 숙주의 저항력에 좌우된다. 기생충의 수가 적으면 별 증상이 없으나 1,000쌍 이상 다수가 기생하면 증세가 나타난다. 주요증상은 **간비대**(肝肥大), 비장비대, 복수(腹水), 소화기 장애, 황달, 빈혈 및 야맹증 등이 나타나고 때로는 기생성 간경변을 일으켜 사망할 수도 있다. 간비대는 간이 커지는 현상을 말하는데 가장 중요한 임상 증상이다.

(3) 예방 및 구제

예방에서 ① 민물고기를 회 등으로 생식하지 말 것이며 꼭 가열해서 먹도록 한다. ② 인분을 위생적으로 처리하도록 한다. 0.7% 황산암모니아 1을 분변 10의 비율로 혼합하면 30분 내에 충란을 죽일 수 있다. ③ 민물어류의 처리시 손이나 도마, 행주, 칼 등을 깨끗이 씻거나 소독해야 한다. ④ 제1중간숙주인 왜우렁이를 산란기 때 수초를 베든가 투어(鬪魚, macropodus opercularis)나 게(cambarus clarki) 등을 방사시켜 포식함으로써 박멸하면 도움이 될 것이다. ⑤ 지역주민에 대한 기생충의 보건교육이 중요하다.

구제에서 만약 간디스토마에 걸렸다 해도 이제는 전혀 걱정할 필요가 없다. 과거에는 수술을 했으나 이제는 **디스토마 기생충 약**이 1984년 독일에서 최초 개발된 이후 1988년 국내에서도 '디스토시드정'이란 이름으로 신풍제약㈜과 KAIST의 공동연구로 개발되어 1~2병만 복용하면 완치된다. 그 외에도 클로로퀸(chloroquine)이 과거 항말라리아제이던 것이 제2차 세계대전 후 간디스토마 구충제로도 사용되었다. 성인은 0.05 g정을 아침, 저녁 1개씩 2일 복용하고 환자가 견딜 만하면 그 반분량을 수일간 계속 복용한다.

2) 폐흡충증(肺吸蟲症, 폐디스토마, Paragonimiasis) 제5군 감염병

(1) 생태 및 생활사

한국, 일본, 중국, 동남아 등 동양에서 많으며 중남미, 아프리카 등지에 분포되어 있고 산간

지역에서 주로 발생한다. 폐흡충도 인체의 부위, 즉 폐에서 성충이 존재하므로 붙여진 이름이다. 1878년 Kerbert가 인도산 호랑이의 폐에서 발견하였다. 기생충의 크기는 7~16 mm로 매우 작은 흡충류이다. 우리나라에는 사람 외에도 개, 고양이, 돼지에 기생하는 paragonimus iloktuensis(怡樂村, 폐흡충)도 있다.

감염경로를 보면 <그림 3-2-12>에서 보는 바와 같이 간흡충의 발육경로 및 형태 변화와 비슷하다. 폐에 있는 성충이 산란한 충란은 가래(객담)나 분변 중에 섞여서 외계로 나와 물속에서 2~4주 내에 부화하여 유모유충(miracidium)이 된 뒤 물속을 떠돌아다닌다. 제1중간숙주인 **다슬기**(*semisulcospira libertina*, 대사리)류에 섭취되면 그 체내에서 포자낭 유충(sporocyst) → 레디유충(redia) → daughter redia유충 → 유미유충(cercaria)의 다양한 형태로 변한다.

다시 제2중간숙주인 **민물게(참게)**나 **가재(참가재, 말똥가재, 동남가재)** 등의 아가미, 간, 근육 내에 침입하여 6주 후 원형인 피낭유충(metacercaria)이 된다. 사람이 가재나 게를 생식하면 유충은 소장 상부에서 탈낭하여 소장의 장점막을 뚫고 복강(腹腔)에 들어간 다음, 횡격막을 통해서 흉강(胸腔)을 거쳐 **폐(lung)**에 침입하여 기생한다. 또 유충이 이동하는 도중에 본래

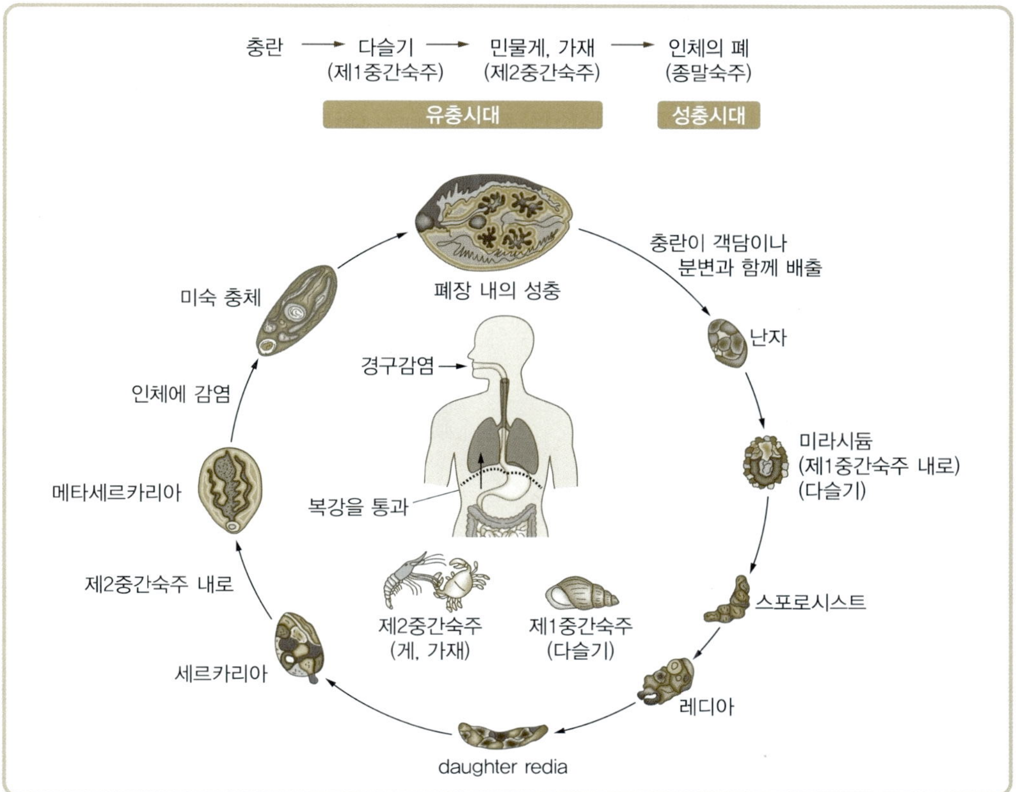

〈그림 3-2-12〉 폐디스토마(폐흡충)의 생활사

의 기생 부위에서 벗어나 뇌, 복강, 흉강, 음낭, 안구 등에 이소기생(異所寄生, heterotopic parasitism)하는 경우도 있다. 폐에 기생하는 성충은 약 10년은 살 수 있으나 다른 기관에서는 오래 살지 못한다.

게의 체내유충은 55℃, 30분 생존하지만 유리된 유충은 55℃에서 10분, 70℃에서 5분 생존한다. 식초, 간장 속 게의 몸에 들어 있는 유충은 20~30시간까지 산다. 10% 식염수 내에선 48시간까지 생존한다. 유리된 유충이 냉장고 안에서 7일간도 생존한다.

(2) 주요증상

폐에 기생할 때의 증상은 만성적인 경과를 보여(일종의 풍토병 같은 것) 폐결핵 초기같이 기침, 객담, 객혈 등의 증세를 나타나고 가벼운 복통, 흉통 등을 일으킨다. 폐 이외에 다른 기관의 기생부위에 따라 증상을 흉부, 복부, 뇌부, 전신성 폐흡충증의 4형으로 나누기도 한다.

(3) 예방 및 구제

예방은 ① 중간숙주인 게, 가재의 생식을 금하며 충분히 가열해서 먹을 것 ② 산간유행지역에서 유충이 떠다닐 수 있기 때문에 강물, 개울물 등의 음용을 피하고 끓여 마시도록 할 것

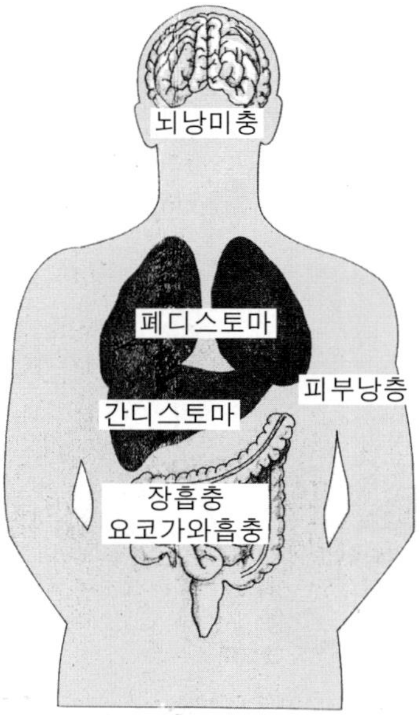

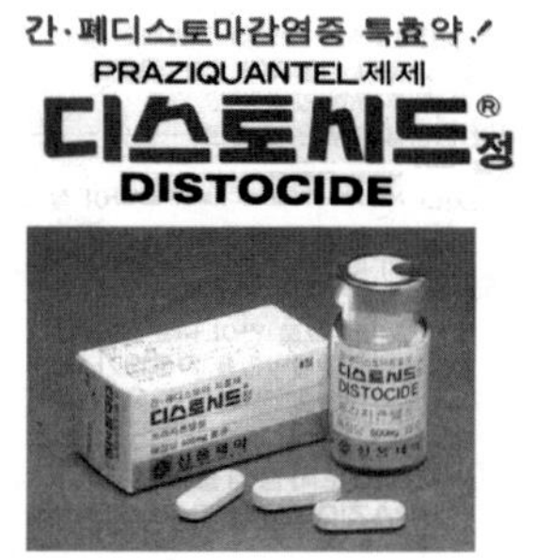

• 간디스토마:1회 25mg/ kg씩 1일 3회 1일간 복용
• 페디스토마:1회 25mg/ kg씩 1일 3회 2일간 복용
• 주혈흡충:40mg/ kg 1회 1일,또는 20mg/ kg씩 2회 1일간 복용
• 장흡충, 요코가와흡충:10mg/ kg 1회 복용
• 각종촌충:10mg/ kg 1회 복용

몸무게(kg)	처음복용정제수량	2회, 3회
45~50	2정	처음과 같은 양 매회 복용
51~56	2정 1/4	처음과 같은 양 매회 복용
57~62	2정 반	처음과 같은 양 매회 복용
63~68	2정 3/4	2정 반씩
69kg이상	3정	2정 반씩

〈그림 3-2-13〉 간 및 폐디스토마, 요코가와흡충 등의 인체 기생부위와 기생충 약의 상품과 용량

③ 민물게나 가재의 처리시 손이나 도마, 행주, 칼 등을 깨끗이 씻거나 소독할 것 ④ 이환자 객담을 위생적으로 처리할 것 ⑤ 감염된 개, 고양이 등의 가축동물의 위생관리 ⑥ 기생충에 대한 보건교육이 필요하다.

구제는 간디스토마와 같이 국산 '디스토시드정'을 복용하면 완치된다. 특히 비티오놀(Bithionol)은 무미, 무취한 결정〔2,2′-thiobis(4,6′-dichlorophenol)〕으로, 50 mg/kg (1.5~3.0 g)을 3등분하여 1일 3회씩 격일로 투여한다. 약 5~10일 계속하면 충란음전, 혈담소실 등을 볼 수 있다. 구역, 설사, 복통 등 일과성 부작용이 나타나기도 한다.

3) 장흡충증(요코가와흡충증, 橫川吸蟲症, Metagonimiasis) 제5군 감염병

(1) 생태 및 생활사

한국, 일본, 중국, 시베리아, 발칸반도에 분포되어 있다. 한국은 1914년 최초 발견된 이래 섬진강, 보성강, 낙동강 상류의 밀양, 동해안의 삼척(오십천 일대), 제주도 서귀포 등이 만연하는 지역으로 알려졌다. 우리나라에 분포하는 장흡충의 종류는 14종으로 알려져 있다.

1912년 5월 일본인 가쓰라다[桂田]가 *Heterophyes yokogawai*라고 명명하였으나 같은 해 10월에 요코가와[橫川]가 인체에서 채집한 것을 보고 가쓰라다가 *Metagonimus yokogawai*로 개칭하였다. 이 흡충은 사람 이외에 개, 고양이, 돼지 등의 동물과 pelican 같은 어식조류(魚食鳥類)의 소장점막에도 기생한다. 그래서 일명 **장흡충**이라고도 한다. 이 기생충은 몸길이가 1~3 mm로서 그 모양이 간디스토마와 극히 비슷하며 장내에 기생하는 극히 작은 흡충이다.

감염경로에서 체내에서 배출된 알은 산란시 이미 난각 내에 유모유충(miracidium)이 형성되어 있으며, 물속에서 부화되지 않고 제1중간숙주인 다슬기에 섭취되어 부화된 다음 간디스토마와 같이 유모유충 → 포자낭 유충 → 레디유충 → 유미유충 등의 발육과정을 거쳐 다시 물속에서 빠져나온다.

그 다음 제2중간숙주인 **민물어류**인 **은어**, **숭어**, **붕어**, **미꾸라지**, **잉어**, **농어**, **문절망둑**, **참굴** 등에 섭취되어 피낭유충(metacercaria)이 된다. 그중 은어에서 가장 많이 발생된다.

이러한 민물고기를 사람이 생식하면 감염되어 **공장(空腸)** 상부에 기생한다. 수명은 2~3개월 정도로 짧고 생활사를 보면 <그림 3-2-14>와 같다. 피낭유충은 열이나 화학약품에 저항성이 강하여 70℃에 15분 가열하여도 피낭유충은 사멸되지 않는다. 식초에서 1시간, 0.3% 염산 및 간장에서 6시간 두어도 죽지 않는다.

(2) 주요증상

보통은 무증상이지만 다수가 감염되면 장점막 등의 조직 파괴가 때로 수반되며 만성장염, 설사, 복통, 식욕감퇴, 소화불량 등을 일으킨다. 변 속에서 충란이 발견된다.

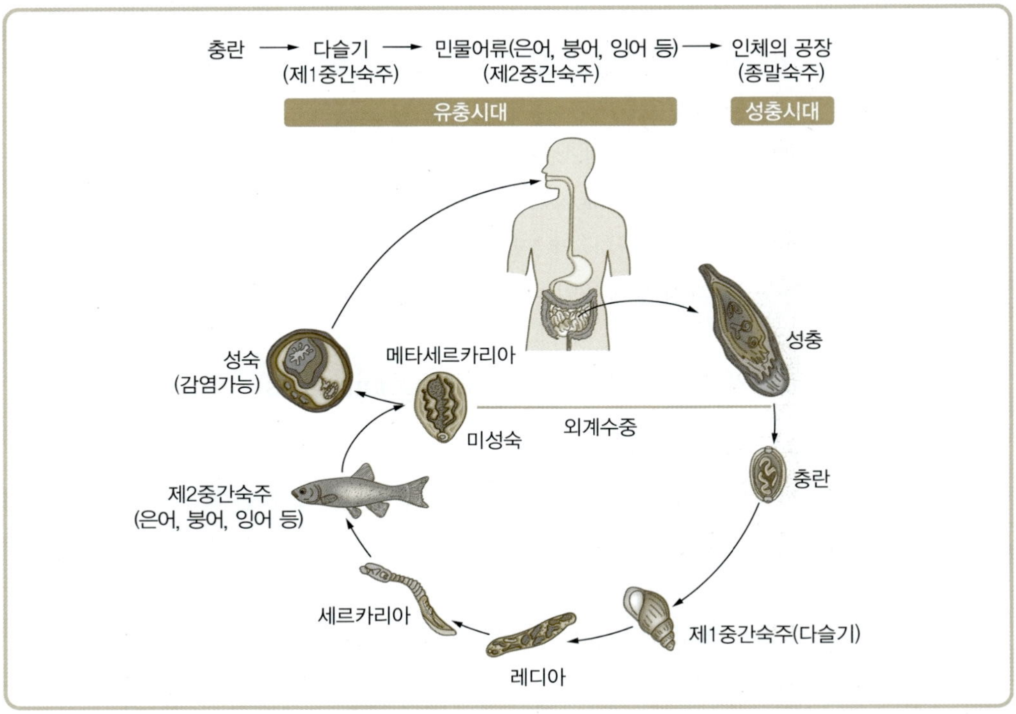

〈그림 3-2-14〉 장흡충(요코가와흡충)의 생활사

(3) 예방 및 구제

예방은 앞서 민물어패류 등의 생식을 금하고 충분히 가열하는 등의 일반적인 방법을 적용, 실시하여야 할 것이다. 구제에는 간디스토마와 같은 방법에 준한다.

4) 광절열두조충(廣節裂頭條蟲, *Diphyllobothrium latum,* fish tape worm)

(1) 생태 및 생활사

유럽 북부, 미국 북부, 시베리아, 일본 북부 등에 분포한다. 한국은 남해안, 북한의 동해안 등 산발적으로 약 50여 사례가 보고되었다. 1920년대 국내에서 처음 충란이 발견된 이래 보고가 없다가 1970년대에 들어와서 환자가 계속 발견되고 있다. 사람 외에 개, 고양이는 물론 여우, 곰, 족제비 등에도 기생한다. 이 기생충은 충의 모양을 따서 지어진 이름으로 광절은 체절의 한 마디가 길이(2~3 mm)보다 폭(10~12 mm)이 넓어서 또 열두는 곤봉 모양의 머리부분이 2개의 흡구(吸構)로 갈라져 있기 때문에 붙여진 명칭이다. 이 충은 몸길이가 3~10 m, 체절이 3,000~4,000개나 되어 대형 기생충으로 일명 **'긴촌충'**이라는 이름으로도 불린다. 기생충 중 발육이 가장 왕성한 이 조충은 매일 7~5 cm씩 성장한다.

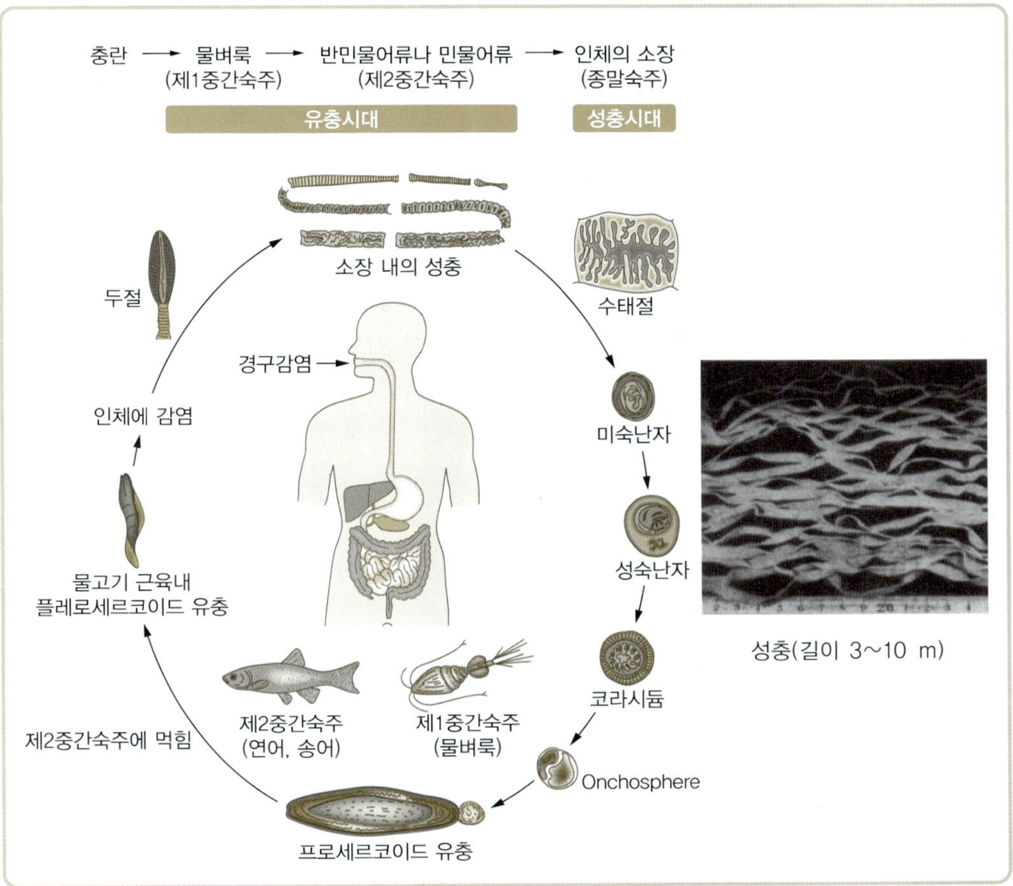

〈그림 3-2-15〉 광절열두조충의 생활사와 성충 사진

감염경로를 보면 외계(분변)에 배출된 충란은 물속으로 들어가서 약 2~3주 정도 발육하여 육구구충(六鉤球蟲, coracidium : 코라시듐)으로 되어 부화한 뒤 물속으로 나온다. 제1중간숙주인 **물벼룩**(copepods, *cyclops* ssp., *diaptomus* ssp.)에 섭취되면 약 2~3주 내에 전의미충(前擬尾蟲, procercoid : 프로세르코이드)까지 발육한다. 이 벼룩을 제2중간숙주인 **연어**, **송어**, **농어**, 꼬치어인 반민물어류(반담수어)나 **민물어류**에 먹히게 되면 그 체내에서 의충미충(擬充尾蟲, plerocercoid : 플레로세르코이드)이 된다. 이렇게 기생한 어류를 사람이 날로 먹을 때 유충은 **소장(小腸)** 상부에 기생하여 약 3주 후면 성충이 되어 산란한다. 이 기생충은 약 6년 이상도 살며 한 마리의 어류에 기생하는 유충 수는 보통 1~5마리, 많게는 15마리 정도이다. 어육 중의 유충은 저항력이 상당히 강해서 냉동에서 영하 10℃, 24시간 이내에서 죽고, 염장, 훈연 등에는 죽지 않으나 가열에는 약해서 50℃에서 수 분 내에 죽는다. 충란은 2% formalin 내에서 사멸한다.

(2) 주요증상

자각증세 없이 지나는 경우도 있으나 가장 많은 증상은 소화기 장애로서 식욕감퇴, 복통, 설사, 위염 등에 이어 빈혈, 영양장애, 구내염 등을 일으킨다. 특히 **빈혈**은 악성형 빈혈일 경우가 많은데, 이는 이 기생충이 Vit B_{12}를 많이 흡수하기 때문인 것으로 알려져 있다. 배변시 충체의 일부가 항문으로부터 축 늘어지는 것이 불쾌하다고 한다.

(3) 예방 및 구제

예방에서 ① 반민물어류나 민물어류를 생식하지 말고, 가열해서 먹도록 하는 등 일반 어패류의 예방에 준하되 특히 회로 먹는 연어, 숭어, 농어 등에 충분한 검사와 주의가 요망된다. 광절열두조충의 구충방법은 무구조충의 구제에 준한다. 예로부터 민간요법에서 비자열매의 이용도 있었다.

5) 유극악구충(有棘顎口蟲, *Gnathostoma spinigerum*)의 유충

(1) 생태 및 생활사

인도, 타이, 말레이시아, 중국 남부, 일본 등 동남아시아 지역에 주로 분포되어 있는 선충이다. 1836년 Owen은 런던 동물원에서 폐사한 호랑이의 위벽 종양에서 이 충을 최초로 발견하여 보고하였다.

종말숙주는 **개**, **고양이**(산고양이 포함) 등이다. 성충은 <그림 3-2-16>에서 보는 바와 같이 작은 기생충으로 사람에게는 성충으로 존재하지 않고 유충 형태로 기생하는 것이 다른 기생충과는 다른 큰 차이점이며 이 유충의 크기는 2~12 mm이다.

감염경로는 개나 고양이 등의 분변 중에 배출된 충란이 물속에서 부화하여 제1기 유충으로 물속을 떠다니다가 제1중간숙주인 **물벼룩(Cyclops)**에 섭취되면 제2기 유충으로 발육한다. 이러한 물벼룩을 제2중간숙주인 **가물치**(주로 많음), **메기**, **뱀장어** 등의 민물어류 또는 양서류, 파충류, 조류에 먹히면 근육으로 이행하여 제3기 유충이 되고 이것을 종말숙주인 개, 고양이가 먹으면 감염된다. 사람은 제3기 유충이 기생한 민물어류를 생식하면 감염되는데 유충이 근육 또는 피하조직에 기생하여 피부유종(皮膚乳腫, 피부젖멍울)을 일으킨다.

(2) 주요증상

인체에 근육, 피하조직에 기생하여 파행증〔爬行症, 포행진(匍行疹) creeping disease, creeping eruption, 기어다니거나 미끄러져 내려오는 것 같은 증상〕을 일으킨다. 이 유충은 이동도 하는데 피하에서는 시간당 약 10 mm, 근육 사이에서는 약 5 mm씩 이행하며 기계적 손상을 일으킨다.

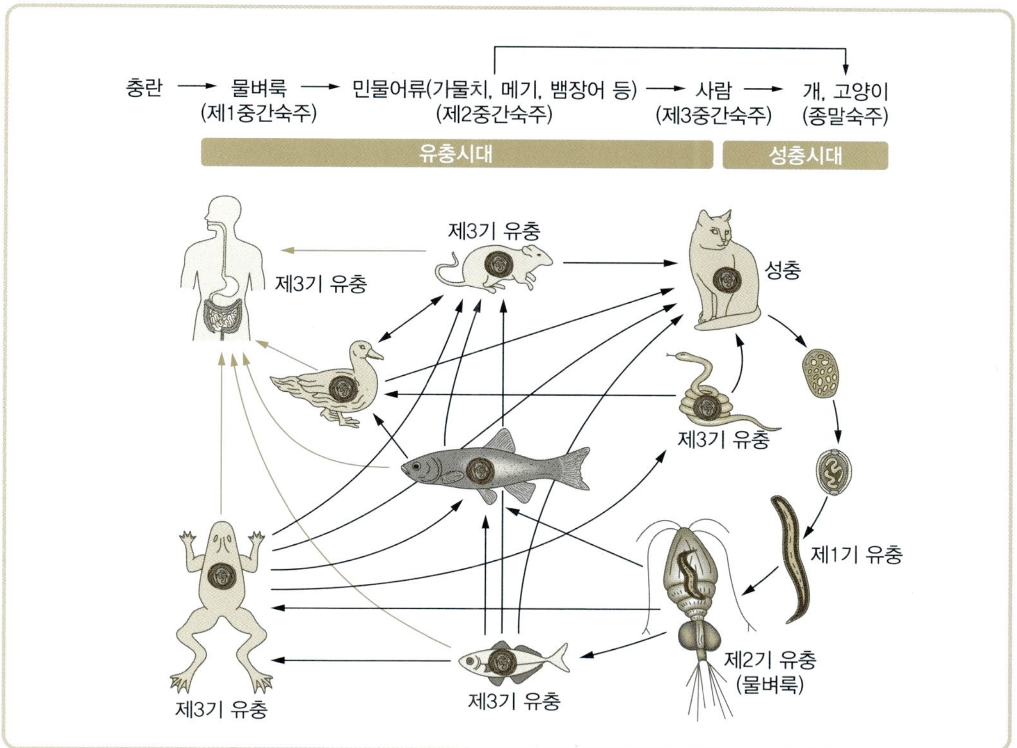

〈그림 3-2-16〉 유극악구충의 생활사

이 유충이 있는 부위에는 파행성 **홍반**(붉은 반점), 종창(腫脹)이 보이며 소양감(瘙洋感, 가려운 느낌), 동통(疼痛)도 수반한다. 내장을 옮겨 다닐 때는 복통, 메스꺼움, 구토, 발열 등의 증세도 보인다. 때로는 국부적 농양(膿瘍, 고름), 부종(浮腫, 붓는병), 혈뇨를 일으키기도 한다.

(3) 예방 및 구제

예방에서 가물치나 메기 등 민물어류의 생식을 금하고 충분히 가열해서 먹도록 하는 것이 중요하며, 이것 이외에는 상기 선충류의 예방과 구제에 준한다.

6) 아니사키스(Anisakis)의 유충

(1) 생태 및 생활사

아니사키스는 1955년 네덜란드에서 인체감염 11예의 보고가 처음 있었다. 일본에서는 1980년까지 1,823예의 보고가 있었고 한국에서는 1970년 국내에서 처음 보고된 뒤 1987년까지

7예의 보고가 있으나 생선회의 대중화로 점점 환자가 늘어날 것으로 예상된다. 아니사키스 속(屬)에는 *Anisakis simplex, A. physeteris, A. typica* 등이 바다포유동물인 고래, 돌고래 등에 기생하는 회충의 일종으로서 일명 **고래회충**이라고도 하며, 인체에는 그 유충만이 감염된다. 성충은 길이가 7~20 cm로서 회충의 절반 크기이며, 유충은 1~3 cm 길이이고 앞 끝에 가시 모양의 돌기(boring tooth)가 있는 점이 특징이다.

감염경로는 **고래**, **돌고래**, **상괭이**, **물개** 등 바다서식 포유류 동물의 소화관에 기생하면서 충란을 배출한다. 바닷물에서 부화된 제1기 유충은 제1중간숙주인 **크릴(krill)** 등의 소형갑각류 또는 동물플랑크톤에 섭취되며, 제2중간숙주인 **고등어**, **대구**, **청어**, **조기**, **전갱이**, **갈치**, **가자미**, **오징어**, **명태**, **낙지** 등의 해산어류가 먹게 되면 내장이나 근육 내에서 제3기 유충이 되는데, 이러한 감염된 물고기를 사람이 회나 초밥 등을 생식하게 되면 인두, 식도, 위, 소장점막에 침입하여 유충 상태로 병변을 일으킨다. 한편 인체 내에서는 성충이 되지 못한다.

어체 내의 아니사키스 유충의 분포는 복부의 복강(腹腔), 장기근육 내에 95% 이상이 기생하고 있고 그 외의 일반근육에 기생한다. 또 이 충은 50℃에서 10분, 55℃에서 2분, -10℃에서 6시간 생존한다. 사람은 고래와 마찬가지로 감염된 해산어패류 등에 의해 유충이 기생하는데, 사람은 종숙주가 아니므로 그 이후 발육이 일어나지 않아 조직 등에서 사멸한다.

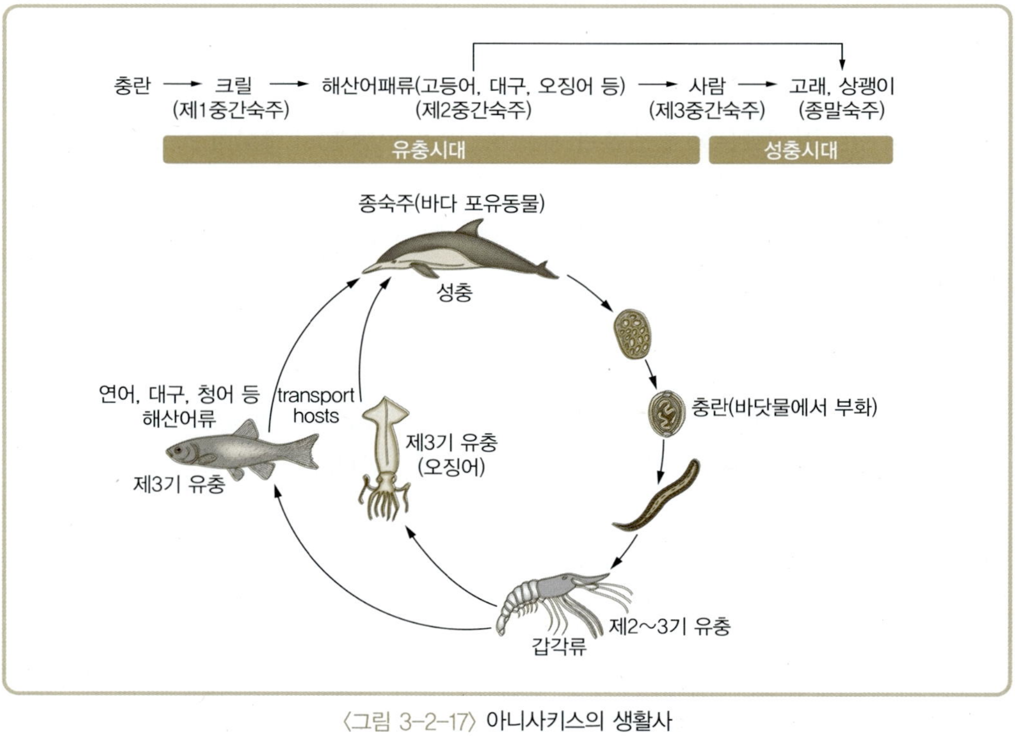

〈그림 3-2-17〉 아니사키스의 생활사

(2) 주요증상

증상은 침범 부위의 병변에 따라 다양하다. 대개 해산어류 생식 후 2~6시간 내에 상부복통, 구토, 메스꺼움 및 설사 등이 나타난다. 인체에 아니사키스 유충이 식도, 위장벽 등의 점막에 부착하면 콩알 크기의 호산구성 **육아종**(好酸球性肉芽腫, eosinophile granuloma)을 형성하여 복통, 메스꺼움, 구토, 발열 등을 일으킨다. 특히 위벽이나 장벽에 침입하여 심한 복통을 일으키는 것을 **Anisakis증**이라 한다.

(3) 예방 및 구제

예방에서 민물어패류는 통상 생식하지 않는 것이 상식으로 되어 있으나 해산어류는 생식하는 것이 일반화되어 있는데, 이것도 가급적 생식을 금하고 가열해서 먹는 것이 최선의 방책이다. 또한 해산어류를 −20℃로 1일 이상 냉동하면 감염은 사라지게 될 것이다. 또 한 방법은 바다에서 어류를 포획한 즉시 내장을 꺼내면 냉동할 때 유충이 근육으로 이동하는 것을 막을 수 있다고 한다.

구제에서 티아벤다졸은 체중 1 kg당 25 mg을 1일 2회 수일 복용한다. 그 외에도 헤트라진도 구충제로 사용한다.

7) 이형흡충(異形吸蟲, *Heterophyes heterophyes*)

(1) 생태 및 생활사

이형흡충은 아프리카, 터키, 일본, 필리핀과 한국의 전남지역 주민에서 10예 정도 보고되었다. 이 충은 1.0~1.7×0.3~0.4 mm 크기로 아주 작은 기생충으로 흡반을 가지고 있다. 충란이 제1중간숙주인 갯고동과의 **비틀고동**에 먹히면 유모유충(miracidium) → 포자낭 유충(sporocyst) → 레디유충(redia) → daughter redia유충 → 유미유충(cercaria)을 거쳐 제2중간숙주인 **숭어** 체내에서 피낭유충(metacercaria)이 되며 **개**, **고양이**, **사람**의 종말숙주의 **소장점막**에 기생하면서 7~10일 내에 성충이 된다.

충 란 ⟶ 비틀고동 ⟶ 숭 어 ⟶ 사 람, 개, 고양이의 소장

(제1중간숙주) (제2중간숙주) (종말숙주)

유 충 시 대 | 성충시대

〈그림 3-2-18〉 이형흡충의 생활사

(2) 주요증상

증상은 장점막에 염증성 병변과 괴사가 나타나며, 임상적으로 선통(腺痛, adenalgia : 분비기관인 눈물샘, 땀샘, 젖샘의 통증)과 점액성 설사를 유발한다. 부위별 장애도 있다.

(3) 예방 및 구제

예방은 제2중간숙주인 숭어의 생식을 금한다. 구충제로는 플라지칸텔 25 mg/kg을 1일 3회 복용한다. 그 외 niclosamide, tetrachlorethylene 등도 사용된다.

5. 원충류(protozoa)로부터 감염되는 감염병 및 기생충

1) 아메바성 이질〔이질(痢疾)아메바, *Entamoeba histolytica* : 감염병〕

(1) 생태 및 생활사

전 세계적으로 분포하지만 특히 열대와 아열대 지역에 많이 발생하는 원충형 감염병(原蟲形感染病, 한국 법정2군 감염병) 내지 기생충증이라고 한다. 온대지방에서는 아메바를 보유하면서도 증세가 나타나지 않는 불현성 감염(inapparent infection)이 많다. 병원체는 **이질아메바(*Entamoeba histolytica*)**이며, 한국에도 **포낭(包囊**, 낭자)보유자가 1% 정도 있으나 위생환경에 따라 그 감염률에 차이가 있다. 발육기와 형태에 따라 영양형(vegitative form : 12~60 ㎛), 포낭전기형(precystic form) 및 포낭형(cyst form : 5~20 ㎛)으로 나누어진다.

감염경로는 환자나 포낭보유자의 분변 중에 배출된 원충이나 포낭이며, 감염원인 포낭이 채소, 음료수 또는 음식을 경구 섭취하면 포낭은 소장(회장) 하부에 탈낭하고 분열증식(핵중세포분열)하여 4개의 영양형의 아메바가 되면서 결국 이질아메바 원충은 대장(大腸)점막조직의 기생부위에 침입하여 분열 증식한다. 포낭은 상온(20℃)에서 1개월 이상 살 수 있으나 55℃에서 5분 내에 사멸되므로 열에 약하다. 또 포낭은 운동성은 없으나 저항성 및 항원성이 강하여 분변 중에 12일간, 물속에서 1개월(9~30일) 정도 생존한다. 포낭은 3% 석탄산수에 5분, 5% cresol에 15분이면 죽는다. 아메바성 이질의 생활사를 보면 <그림 3-2-19>와 같다.

2) 주요증상

잠복기는 보통 수일에서 3~4주일이며 감염되어도 증세 없이 포낭보유자(cyst carrier)로 지나는 경우가 많다. 대장의 표층 점막이 괴사, 탈락되어 궤양이 생기며, 아메바가 증식함에 따라 병소가 확대되어 이질증상이 나타난다. 열은 없으나 분변에는 점액이 많고 분량도 많다. 그러나 급성일 경우는 특유의 점혈변(粘血便)을 배설하고 심한 설사, 복부산통(심한 발작성

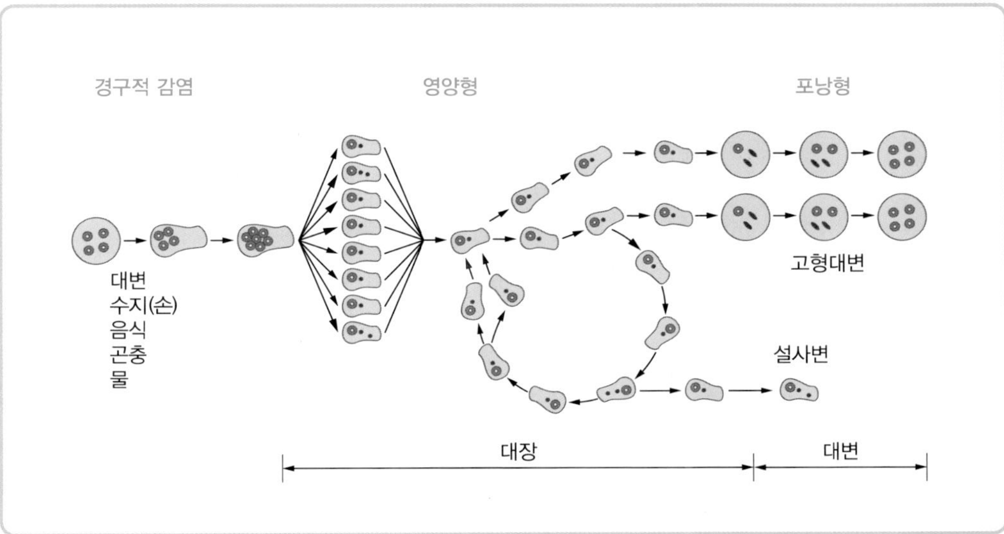

〈그림 3-2-19〉 아메바성 이질의 생활사

의 간헐적 복통, 내장의 여러 질환에 따르는 증후)과 이급후중(裏急後重, tenesmus : 대변이 잦고 무직하고, 대변을 본 뒤에는 항문의 언저리나 아랫배가 아픔) 등이 나타난다. 때로는 간, 폐, 뇌 등 여러 병변도 볼 수 있는데, 심하면 한국에서는 간농양(肝膿瘍)의 거의 50%가 이질 아메바 감염에 기인하므로 가장 많은 합병증이 간농양이다. 설사는 세균성 이질보다는 덜 심하고 변 중의 점액이 혈액보다 많은 것도 세균성 이질과의 차이점이다.

3) 예방 및 구제

예방은 ① 환자나 포낭보유자를 격리시켜야 하며, 배설물 등 철저히 소독을 실시해야 한다. ② 채소 및 과일, 음식물, 물, 식기 등을 끓여서 먹거나 소독해서 사용해야 한다. 소독은 표백분 등 염소 소독을 한다. ③ 토양의 소독은 위생시설이 불량한 지역에서 포낭의 토양오염을 고려해서 실시한다. 토양에서 5~8일간 살 수 있으나 5% 초산을 뿌리거나 표백분을 적용하면 사멸할 수 있다. ④ 감염지역에서는 곤충, 쥐 등을 전이되지 않도록 구제를 철저히 하여야 한다.

구제 내지 치료제로는 ① 에메틴(Emetine hydrochloride)과 Dehydroemetine HCl(Ro-1-9334) ② 티베랄(Tiberral) ③ 파시진(Fasigyn, Tinidazole) ④ 다이요오드퀸(diiodquin) ⑤ 그 외 키니오픈(야토렌) 등이 있다.

그 외 톡소플라스마도 이 원충에서 다루어야 하나 동물의 수육과도 관계가 깊어 수육으로부터 오는 기생충에서 설명하였다.

2) 람블편모충(*Giardia lambria*)

(1) 생태 및 생활사

세계적으로 분포되어 있다. 한국에도 이질아메바 다음으로 주요 장내 원충으로 유·소아기 아이들에 감염률이 높다. 숙주는 사람 외 집쥐에서도 발견된다. 영양형은 9~21×5~15 μm 크기, 낭자는 8~12×7~10 μm 크기를 갖는 매우 작은 기생 원충이다.

감염경로는 대변에 섞여 외부에 나온 포낭(cyst)들이 탈낭하여 **소장** 상부에 주로 많이 기생하나, 담관 또는 대장에서도 발견된다. 또 포낭은 오염된 음식물을 통하여 감염된다. 포낭은 일반김치에서 27~36시간까지 생존한다. 파리, 손 등을 통해 또는 물, 하수 등에 감염되어 사람에게 전이하게 된다.

(2) 주요증상

증상이 없는 경우도 있으나 상복부 선통(腺痛, adenalgia), 구역질, 식욕부진, 설사 또는 묽은 변을 가지는 위장증세를 볼 수 있다. 원충이 직접 장점막조직을 침입하지는 않고, 다만 자극을 줌으로써 염증을 일으킨다.

(3) 예방 및 구제

예방은 이질아메바 예방법에 준한다.

제 3 장

식품과 위생동물

1. 쥐류

1) 쥐의 종류와 생태

쥐는 전 세계적으로 약 2,000여 종이 있다고 알려져 있고 우리나라는 약 20여 종이 서식하고 있다. 그중에서 국내에서 식품위생상 문제가 되는 쥐류에는 집쥐(시궁쥐, *rattus norvegicus*, 몸무게 300~400 g), 생쥐(*mus musculus*, mouse, 몸무게 20~50 g), 곰쥐(지붕쥐, *rattus rattus*, 몸무게 150~250 g)가 주로 우리가 살고 있는 가옥 내 또는 집 주변에 살고 있으면서 직접적으로 피해를 주고 있다.

또 논, 밭 또는 산야에 서식하는 들쥐의 일종인 등줄쥐(*apodemus agarius*)는 땅속동굴을 만들어 살고 있으며 우리나라에서는 등줄쥐가 들쥐의 74%를 차지하나 식품위생면에서는 간접적인 피해를 준다고 볼 수 있다.

2) 쥐에 의한 피해

쥐들은 연간 4~6회 정도 출산을 하여 번식력이 아주 왕성하며, 잡식성이면서 야행성으로서 그 피해가 크다. 예를 들어, FAO에 의하면 아시아에서 생산된 곡물의 20%는 쥐들이 손상 내지 손실시키고 있다고 한다.

쥐에 의한 피해를 구체적으로 요약하면 <표 3-3-1>과 같다. 특히 등줄쥐는 유행성 출혈열(epidemic hemorrhagic fever)을 일으킨다. 더불어 간접적인 피해로 쥐의 사체를 발견 시에는 식품위생법상 **이물질**로써 혐오감과 불결함을 갖게 된다.

〈표 3-3-1〉 쥐에 의한 인체의 피해

종 류	피 해 내 용
집 쥐 생 쥐 곰 쥐	① 세균성 식중독 및 부패 : *salmonella*균, 포도상구균 등 ② 감염병 발생 : 이질, 결핵, 장티푸스, 발진티푸스, Weil씨병, 페스트, 서교증, 리케차병, 쯔쯔가무시병 등 ③ 기생충증 : 선모충, 왜소조충, 일본 주혈흡충 등 ④ 농작물 및 식량(식품)의 손상과 손실 등
등줄쥐	① 감염병 : 유행성 출혈열, 페스트, Weil씨병 등 ② 농작물 및 식량의 손상과 손실 등

3) 쥐의 예방과 구제방법

(1) 쥐의 예방

① 가옥이나 건물 주변에 대한 생활 환경개선이다. 쥐들이 침입할 수 없도록 가옥이나 화장실(야외 해후소)의 구조를 철저히 차단하고 먹이를 제거하며, 또 원료식품, 음식물, 그릇, 기구 등을 밀폐된 보관장에 넣도록 하며 특별히 변소나 쓰레기통의 뚜껑을 철저히 덮도록 신경을 써야 할 것이다. 특히 식품공장 같은 곳은 쥐가 향내 등으로 인해 뚫고 들어오지 못하도록 바닥을 두껍게 콘크리트를 하고 창문, 망 등을 빈틈이 없도록 설치하여야 한다.

② 농어촌 또는 가축을 기르는 농가에서는 개, 고양이, 가축 등은 물론 분뇨 처리를 위한 위생적인 소독 등을 실시해 사전에 예방하도록 힘써야 할 것이다.

③ 감염병이나 기생충의 감염을 예방하기 위해 사람이나 가축에 예방접종이나 기생충약을 복용하도록 해야 할 것이다.

④ 그 외에 특히 유행성 출혈열을 예방하기 위하여 vaccine 주사를 맞는다. 가을에 산이나 잔디밭 같은 풀밭에 눕거나 담요 및 이불 등을 말리지 말고, 개울물이나 호수 및 강물 등을 가급적 마시지 말고, 야외활동 후 목욕 등을 실시하는 것이 바람직하다.

(2) 쥐의 구제방법

① 농약(쥐약)에 의한 살서법 이용 : 만성출혈독제(慢性出血毒劑)로서 인축에 안전성이 크고 사망률도 좋은 coumarin계의 warfarin쥐약이 사용되고 있다.

급성독제(急性毒劑)로는 모노 플루오로아세트산나트륨(sodium monofluoroacetate, 불화초산소다)인 fratol쥐약은 급성중추신경독으로 호흡마비를 일으킨다. 독성이 극히 강하므로 개, 고양이 등이 먹으면 죽게 되므로 각별히 매몰 등의 처리를 실행하여야 한다.

또 독성이 강한 ANTU(Alpha-naphthyl thiourea)쥐약이나 norbormide쥐약은 집쥐(시궁쥐)나 곰쥐에 특이적 독성이 강하다. 과거 황인제, 비소제, 인화아연 등이 급성독제로 사용되었다.

창고나 선박 등 밀폐된 실내에는 methyl bromide, chloropicrin, 청산 및 인화수소 등의 훈연제(燻煙劑)로 분사하거나 증발시켜 죽게 한다. 아울러 기피제(忌避劑)인 cyclo-heximide(상품명 Actidion)의 0.005% 용액을 창고에 분무하면 효과가 있다.

독성이 있는 추적가루(tracking powder)를 땅바닥이나 벽에 뿌려 놓으면 쥐가 지나가면서 몸에 묻히거나 호흡으로 독성이 퍼져 죽게 된다.

② 포서기구(捕鼠器具, 쥐덫)와 초음파장치(20 KHz), 기피포장지, 점착지 등을 설치하거나 사용 ③ 고양이 이용 ④ 주변환경의 철저한 소독과 청결 등으로 상당히 구제효과를 얻을 수 있다.

2. 곤충류(Insect) 중 파리류

1) 파리의 종류와 생태

파리류(flies)는 그 종류가 전 세계적으로 수만 종에 이르지만 우리 주변에 자주 볼 수 있는 파리는 집파리(*Musca domestica*)류, 쉬파리(*Sarcophaga* sp.)류, 금파리(*Lucilia caesar*)류, 큰검정파리(*Musina stabulans fallen*)류 등이 있다. 그 외에도 똥쉬파리, 쇠파리, 과실파리 등을 지역에 따라 다수 볼 수 있다. 그중 집파리가 국내에서 가장 많고 음식물에 많이 모이며 생선 등에는 금파리, 쉬파리가 많이 모인다.

파리의 생활사는 파리의 종류, 계절, 온도 등의 환경에 따라 차이가 있으나 주로 변소, 퇴비, 쓰레기 및 그 처리장, 인분이나 가축의 분변, 동물의 시체, 하수구, 축사, 농축수산물 시장 등 불결한 곳에 5월부터 10월까지 대개 산란하여 성충까지 2~3주에 이른다. 집파리의 경우 산란 → 유충(부화 후) → 번데기(2회 탈피) → 성충의 과정을 거쳐 생활하며 다른 파리류도 비슷한 과정을 거친다.

2) 파리에 의한 피해

파리는 불결한 곳에서 수백 마리의 알을 낳고 번식하면서 사람이나 가축 및 농수축산의 음식물 등에 병원 미생물이나 기생충 등을 몸이나 발에 묻혀, 옮겨 매개함으로써 식중독, 감염병, 기생충 등을 일으킨다. 파리에 의한 피해는 <표 3-3-2>와 같다. 더불어 간접적인 피해로 파리의 사체를 발견 시에는 식품위생법상 **이물질**로서 혐오감과 불결함을 느낀다.

〈표 3-3-2〉 파리에 의한 인체의 피해

종 류	피 해 내 용
집 파 리 쉬 파 리 큰검정파리 금 파 리 똥파리 등	① 세균성 식중독 : *Salmonella*, 포도상구균 등 ② 소화기계 감염병 : 세균성 이질 및 아메바성 이질, 장티푸스, 콜레라, 파라티푸스 등 호흡기계 감염병 : 결핵 바이러스계 감염병 : 급성회백수염(소아마비) 기타 감염병 : 나병 ③ 기생충증 : 회충, 십이지장충, 편충, 요충, 촌충(유구, 무구 등) ④ 파리유충증(파리구더기증 : myiasis)*

* 유충이 인체의 피하나 식품과 섞여 소화관에 침입하여 기생하면 구토, 복통, 설사, 발열, 혈변의 증상이 나타난다. 파리의 종류에는 사람피부파리, 소파리, 말파리,양파리 등이 있다.

3) 파리의 예방과 구제방법

(1) 파리의 예방

① 환경적 개선으로 원천적인 서식처를 제거하도록 최선 : 가옥, 식당, 변소나 축사의 위생적 관리, 쓰레기나 퇴비의 위생적 처리 및 관리, 하수구의 청결 등이 철저히 요망된다. 파리들이 침입할 수 없도록 식당이나 변소 등의 구조나 시설, 즉 자동출입문, 창문과 그 방충망 등, 그리고 부엌이나 변소의 쓰레기통의 뚜껑 관리(자동 덮개)가 보다 철저히 이루어져야 한다. 특히 농촌의 변소를 수세식으로 설치하는 것도 예방에 효과가 있다.

② 감염병이나 기생충의 피해로부터 예방 : 접종 및 기생충약을 복용한다. 특히 접종시기를 준수하는 것도 중요하다.

③ 방충을 위한 소독제인 생석회(CaO) 등을 사전에 변소에 살포

(2) 파리의 구제방법

파리 구제방법은 ① 물리적 방법으로 파리채, 파리통, 파리잡이 접착테이프(끈적이) 등의 이용과, 식품공장이나 대량조리업장의 출입문에 에어커튼(air curtain)을 설치하여 외부로부터 해충이 따라 들어오지 못하도록 하는 구제가 있다. ② 화학적 방법으로는 저독성 유기농약인 diazinon, malathion, sumithion, DDVP(dichloves, 훈증제)나 방충제인 piperonyl butoxide, pyrethrin의 주성분인 PGP(pyrene grain protectant)의 접촉독제 등의 살충제 농약 등 화학약품의 구제는 모든 해충을 발생초기에 농촌의 변소나 축사에 뿌려 사멸시키고 있다. ③ 전기살충 요법은 전기살충기를 통상 야간에 330~350 nm 파장영역의 자외선살균등(紫外線殺菌燈)에 철그물망 내로 장치하고, 가옥이나 축사, 식품공장, 가든음식점 등의 주위 지상에 2~3 m로

설치하여 구제하되 곤충의 순간 전기불꽃과 소리로 화재의 위험성에 노출될 수 있어 주의가 필요하다. ④ 생물학적 구제방법으로는 유전자조작에 의해 곤충이 싫어하는 인자(因子) 및 특정 병원 미생물이나 바이러스를 동식물에 주입하든가, 아주 유해한 특정해충에 대항하는 천적곤충을 다량 생육시켜 구제하는 방법 등이 연구, 이용되고 있다.

3. 곤충류 중 바퀴류

1) 바퀴의 종류와 생태

바퀴(cockroaches)는 전 세계적으로 약 4,000여 종이 있다고 알려져 있는데, 그중에서 약 30여 종이 위생상 문제가 되고 있다. 우리나라에는 10여 종이 있으며 대부분이 야생용이고 가옥 내에 상주하는 바퀴벌레는 독일바퀴, 이질바퀴, 검정바퀴(먹바퀴), 일본바퀴 등의 4종으로 볼 수 있다. 이 중 국내에서 가장 많이 서식하는 종이 독일바퀴이며 일본바퀴도 다소 서식한다.

바퀴는 어둡고 25~30℃의 고온 다습한 곳을 좋아하며 음식점, 과자점, 여관, 아파트나 가정 등의 주방 벽틈, 찬장 뒤, 서랍 밑 등 어디든지 숨어서 군거생활을 하며 낮에도 활동하지만 주로 야간에 활동한다. 또 이들은 순수한 잡식성이어서 음식찌꺼기, 인분, 쓰레기, 벽지에 붙은 풀, 가래, 각종 식품 등 무엇이든 먹어치운다.

바퀴의 생활사는 바퀴의 종류에 따라 차이가 있는데, 독일바퀴의 경우 알(즉시 부화) → 유충(8령, 3~4개월) → 성충이 되며 불완전변태로 번데기는 없다. 독일바퀴의 성충 수명은 약 100일 정도이다. 그러나 이질바퀴, 검정바퀴는 산란된 알이 2개월 후에나 부화되어 유충이 되므로 독일바퀴와 차이가 난다.

2) 바퀴에 의한 피해

앞에서 언급했듯이 바퀴는 불결한 곳을 돌아다니므로 부엌의 식품원료는 물론 식기나 그릇, 도마, 행주 등 접촉이나 바퀴에 의한 피해를 살펴보면 다음 <표 3-3-3>과 같다. 간접적인 피해로는 바퀴의 사체를 발견 시에 식품위생법상 **이물질**로서 혐오감과 불결함을 느낀다. 이외에도 자극성 물질을 분비하여 피부병이나 알레르기를 일으키는 경우도 있다.

3) 바퀴의 예방과 구제방법

바퀴벌레도 더러운 곳에 사는 파리와 같은 예방법을 선택하여 이용하면 된다.

바퀴는 껍질층[殼層]이 두꺼워서 직접 살충제로 처리하는 것보다는 바퀴가 좋아하는 먹이

〈표 3-3-3〉 바퀴에 의한 피해

종 류	피 해 내 용
독일바퀴 이질바퀴 검정바퀴 일본바퀴	① 세균성 식중독 : *salmonella*, 포도상구균 등 ② 감염병 : 장티푸스, 콜레라, 세균성 및 아메바성 이질, 결핵, 디프테리아, 파상풍, 페스트, 뇌척수막염, 나병, 폐렴 등 ③ 바이러스 : 급성회백수염(소아마비), 간염 등(단, 간염은 실험상에서 증명) ④ 기생충증 : 회충, 드비니 및 아메리카구충(십이지장충), 무구조충, 디스토마 ⑤ 기타 : *Asp. fumigatus*, *Asp. nigar*, 장트리코모나스 등

에 약품을 혼합 처리하여 사멸시키는 **독먹이유살법(毒餌誘殺法)**이 많이 이용되어 왔다. 가령 삶은 감자나 전분 6 : 붕산(H_3BO_4) 2 : 설탕 1.5 : 식용유 0.5 비율로 혼합 또는 찐 감자나 전분에 유기인제 농약인 Dipterex 또는 Pheno-thiazine 20%+아비산석회 5%+붕산 5%의 혼합액 등 독먹이를 먹고 죽게 한다.

그러나 최근에는 접착제를 천이나 종이 등에 도포시켜 잡는 방법과 훈연법으로서 fenitrothion(MEP), diazinone, bytex 등의 유제(乳劑)를 물로 10배 희석하여 뿌리는 방법, Pyrethrine이나 DDVP농약 등을 완전 밀폐된 실내에 놓아두고 가스를 증발시켜 죽게 하는 방법 등이 사용되고 있다. 대형건물에는 DDVP농약을 살충기로 분무하여 사멸시킨다.

또 바퀴벌레는 유인호르몬 물질이 똥에 섞여 나오는데 이것에 의해 모여 산다고 한다. 이를 이용하여 곤충포집기에 유인호르몬 물질인 **페로몬**(Pheromone)을 넣어 바퀴벌레를 유인한 후 포집하여 사멸시킨다. 또 생물학적 방법의 하나로 이질바퀴의 알에 기생하는 천적인 벌레살이호리벌(*Evania appendigaster*, 체장 : 7.5 mm, 흑색)을 생육하여 바퀴를 잡는 방법도 있다.

4. 진드기류(응애류, Tickes, Mites)

1) 진드기의 종류와 생태

진드기류는 진드기(응애목)목에 속하는 마디발동물(절족동물)로서 세계적으로 3만여 종 이상이 알려져 있다. 진드기는 곤충 중에 몸집이 아주 작은 부류에 속한다고 볼 수 있고, 식품과 관련된 대표적인 진드기에는 **가루진드기류**가 있고, 그 외에 **먼지진드기류**가 있다. 진드기류는 20~28℃, 습도 75~85%에서 식품 내의 수분함량이 13% 이상에서 잘 번식한다. 진드기의 생활사는 알 → 유충 → 약충 → 성충의 단계로 진행되는 것이 일반적이지만 약충(若蟲,

hypopus) 시기를 거치지 않는 것도 있다. 대략 조건이 좋을 경우 10일 정도 되면 성충이 된다. 30℃가 넘으면 급격히 번식력이 떨어진다.

(1) 가루진드기류(Cheese mites)

① 긴털가루진드기(*Tyrophagus puterscentiae*) : 우리 주위에서 여름 장마 때면 가장 흔히 볼 수 있는 진드기로 몸길이가 0.3~0.5 mm인 유백색~황백색의 진드기이다. 식품에는 곡류나 곡분, 과자, 빵, 건조과일, 분유, 치즈, 초콜릿, 비스킷, 건어물 등에서 다양하게 발견되고 그 외에 집안의 가구나 매트 등과 심지어는 인체 배설물에서도 발견된다.

② 수중다리가루진드기(*Tyrophagus farinae*) : 유럽에서 가장 많이 발생하는 종류로서 몸길이가 0.4~0.6 mm의 타원형인 유백색의 진드기이다. 식품에는 종자, 건조과일, 각종 저장식품 등에 발생하고 대량 서식하면 곰팡이와 더불어 나쁜 냄새가 발생한다.

③ 보리가루진드기(*Aleuroglyphus ovatus*) : 몸길이가 0.4~0.6 mm인 유백색의 진드기로서 곡류나 건어물 등에서 발견된다.

④ 설탕진드기(*Carpoglyphus lactis*) : 전 세계적으로 널리 분포되어 있으며 몸길이는 대략 0.4 mm로서 유백색의 달걀형 진드기이다. 식품에는 특별히 조제 및 흑설탕은 물론 된장의 표면에 많이 발견되고 건조과일 등에서도 발견된다. 특히 인체내 진드기증의 원인이 되는 식신혈충(食腎血蟲)의 일종으로 보고되고 있다.

⑤ 기타 진드기 : 그 외에 송곳다리고기 진드기, 집고기 진드기, 작은가루진드기, 특히 건어물에서 많이 볼 수 있는 고노수수랭이 진드기, 또 곡분이나 배합사료에서 자주 볼 수 있는 가루살갗진드기 등이 있다.

(2) 먼지진드기류(Heterostigmata)

먼지진드기류는 가루진드기류보다 더 작은 소형의 진드기로서 크기는 0.1~0.2 mm 정도이며 식품 중에는 보리먼지진드기(*Tarsonemus floricolis*)가 특히 곡류나 곡분 중에서 많이 볼 수 있다.

그 외에 전기문류(*prostigmata*)로써 굵은 발톱진드기(*Chelyletus fortis*), 장다리 발톱진드기(*Cheletomor phalepidopterorum*) 등이 발견되는 것을 볼 수 있다.

2) 진드기에 의한 피해

식품 중이나 식품과 함께 진드기가 인체 내에 침입하여 피해를 주는 경우에 식품 중의 존재 및 손상을 보면 식품을 식해(食害)하여 손상이나 변질시켜 식품가치를 저하시키고, 식품 중에 존재하면 불쾌감을 준다.

또 식품 중에 사체 등으로 발견되면 **이물질**로서 식품규격에 위배된다. 한편 인체내 진드기증으로는 기생부위에 따라 다음과 같은 증상을 나타난다.

① 신장계 진드기증 : 신장이나 오줌에서 검출됨으로써 일명 **식신혈충증(食腎血蟲症)**이라고도 한다.

② 비뇨기계 진드기증 : 혈뇨, 부종, 일과성 발열 등을 일으킨다.

③ 호흡기계 진드기증 : 급성기관지 천식이나 폐렴과 같은 증상을 일으킨다.

④ 소화기계 진드기증 : 복통, 설사 등을 일으킨다.

⑤ 간장계 진드기증 : 간장을 손상시키는 경우도 있다.

3) 진드기의 예방과 구제방법

① 환경적 방법 : 진드기의 침입, 발생, 증식을 방지하기 위하여 ㉠ 주위환경은 청결히 하도록 힘쓴다. ㉡ 식품을 보관시 개폐를 철저히 하고 곡분, 과자 등 건조식품은 방습포장 및 용기포장을 한다. ㉢ 온도, 습도의 관리에서 잘 번식할 수 없는 영역, 즉 60℃ 이상, 20℃ 이하, 또는 습도는 60% RH 이하, 식품의 수분함량은 13% 이하로 하면 상당히 억제된다.

② 물리적 방법 : 방충망, 주광성을 이용한 포충기 등을 사용한다.

③ 화학적 방법 : 가옥, 축사, 식품공장, 식품저장창고 등의 환경 주변과 실내를 철저히 소독제 내지 살충제, 기피제로 소독 등을 실시한다. 파리나 바퀴벌레에 준한다.

그 외에 생물학적 방법으로 천적, 병원미생물 등으로 사멸하게 하는 방법이 있으나 아직 사용되지는 않고 있다.

5. 바구미류와 나방류

1) 바구미류와 나방류의 종류와 생태

몸길이가 약 4 mm 정도인 **바구미류**(Weevils)에는 바구미(*Sitophilus oryzae*), 꼬마쌀바구미, 콩바구미, 팥바구미 등이 있으며 알 → 유충 → 번데기 → 성충의 생활과정을 거치고 30~50일이면 일생을 마친다. 생활에 가장 적당한 온도는 31℃ 내외이고 쌀, 보리, 콩, 팥 등에서 많이 발견되고 있다.

나방류(Moths)에는 화랑곡나방의 곡식얼룩좀나방, 곡식나방 중 잎말이패나방, 보리나방, 외점백이곡식나방 중 곡식점부채나방, 쌀겨얼룩좀나방, 곡식비단명나방, 홍점비단명나방, 제분반점나방 등이 대표적으로 쌀, 보리 등의 곡류에 존재하며 알 → 유충 → 번데기 → 성충의 생활사를 가지고 있으며 25~29℃에서 잘 번식한다. 대략 30~80일 정도의 일생을 마친다.

그 외에도 딱정벌레목 머리대장과의 톱날머리대장 등도 곡류 등에서 발견되고 있다. 이들 해충은 온도에 매우 민감하여 20℃ 이하 33℃ 이상이 되면 다음 대(代)의 발생충이 현격히 줄어든다.

2) 바구미류와 나방류의 피해와 예방 및 구제방법

① 식품을 식해(食害)해 손상이나 변질시켜 식품 가치를 저하시킨다.

② 식품 중에 유충, 번데기, 성충 등이 존재하면 불쾌감을 준다.

③ 식품 중에 사체 등이 발견되면 **이물질**로서 식품규격에 위배된다.

이들은 식품위생상 인체 내에 직접적인 피해는 거의 없으나 독나방 등에 의해 피부질환 등이 수반되는 경우가 있다. 예방 및 구제방법은 진드기류의 구제에 준한다.

6. 동물성 이물의 식품에의 혼입

1) 동물성 이물의 정의와 종류 및 피해

『식품공전』에서 식품 등의 기준 및 규격 중에 "이물"이라 함은 정상식품의 성분이 아닌 물질을 말하며 동물성으로 절족동물 및 그 알, 유충과 배설물, 설치류 및 곤충의 흔적물, 동물의 털, 배설물, 기생충 및 그 알 등이 있고, 식물성으로는 종류가 다른 식물 및 그 종자, 곰팡이, 짚, 겨 등이 있으며, 광물성으로 흙, 모래, 유리, 금속, 도자기 파편 등이 있다.

「식품위생법」 제46조(식품 등의 이물 발견보고 등)와 동 시행규칙 제60조(이물 보고의 대상 등)에서 "정상적으로 사용된 원료 또는 재료가 아닌 것으로서 섭취할 때 위생상 위해가 발생할 우려가 있거나 섭취하기에 부적합한 물질[이하 이물(異物)이라 함]을 발견한 사실을 신고받은 경우 지체 없이 이를 식품의약품안전처장, 시·도지사 또는 시장·군수·구청장에게 보고하여야 한다."라고 규정하고 있다. 그리고 보고하여야 하는 **이물질**은 ① 금속성 이물, 유리조각 등 섭취과정에서 인체에 직접적인 위해나 손상을 줄 수 있는 재질 또는 크기의 물질 ② 기생충 및 그 알, 동물의 사체 등 섭취과정에서 혐오감을 줄 수 있는 물질 ③ 그 밖에 인체의 건강을 해칠 우려가 있거나 섭취하기에 부적합한 물질로서 식품의약품안전처장이 인정하는 물질이 있다.

앞에서 언급했듯이 동물성 이물 중 절족동물인 파리, 바퀴, 나방, 바구미, 진드기 등의 성충, 번데기, 유충, 충란과 그 파편, 배설물과 소, 돼지, 개, 쥐, 다람쥐, 닭, 오리, 새 등의 동물에서 체모, 털, 배설물(쥐똥 등) 심지어 기생충 및 기생충란 등을 볼 수 있다.

식품위생상 이물의 혼입경로를 보면 첫째가 식품원재료의 생산지역이 어느 곳이냐에 따라 많은 영향을 받는다. 가령 곡류, 곡분에는 논, 밭 등에서 존재하는 나방, 바구미 등의 곤충, 쥐나 설치류, 소, 돼지, 닭 등에 의해 우리나 둥지에 서식하는 파리, 바퀴, 기생충 등이 혼입되며, 제조공장에서는 출입구나 창을 통해 날아들어오는 곤충, 진드기 등, 보관유통 중에는 침입하는 쥐의 사체가 혼입된다. 둘째는 사람, 즉 작업자로부터 모발 등이 식품에 혼입되는 경우이며, 문제가 된 적이 종종 있었다.

피해는 언급한 위생동물에 준하고, 사람, 소, 돼지, 개, 새, 오리 등은 식중독, 감염병 등의 피해가 예상된다.

2) 동물성 이물의 예방과 구제방법

예방과 대책도 위생동물의 예방과 구제방법에 준한다. 우선 제일 중요한 것은 원료식품의 이물질을 제거하는 기술과 방법이 원료식품에 따라 적합하게 이루어져야 한다는 것이다. 또한 표준이물검사법에 준해 이물질 검사가 시행되어야 하며, 식품공장이나 급식소의 작업자나 조리사 등은 머리카락 등의 혼입 방지를 위하여 위생모를 착용하여야 한다.

4

식물인자로 인한 식품위생

제 1 장

식물성 자연독(Poisonous plant)

전 세계 식물이 대략 50여만 종으로 분포되어 있다고 알려져 있지만 식중독을 일으키는 경우는 매우 적다.

식물성 식중독은 식용 식물과 비슷한 유해성 식물을 잘못 오인하여 채취해 섭취하는 과정에서 일어나는 경우가 대부분이고, 유독성분은 물론 발암성 성분을 가지고 있는 유독식물을 식용화하는 과정에서 잘못 처리 및 제거가 불충분하거나, 식용시 가열을 충분히 하지 않았을 경우이거나, 간접적으로 독성화된 야생 벌꿀에 유독성분의 함유로 인해 식중독이 발생한다. 식물성 자연독은 식물의 종류, 생육하는 계절, 장소 및 서식 대상물, 기온, 습도 등 여러 환경 조건에 따라 유독성분의 종류, 함량 등이 달라 중독증상도 차이가 난다. 가령 동일종의 버섯이라도 산지에 따라 그 함량이 다르게 나타나는 경우를 볼 수 있다. 유독성분의 함량이나 독성의 강약은 독성이 비록 약하더라도 그 식물을 다량 섭취하면 식중독을 일으키게 된다. 그러나 맹독성 성분이 아닌 경우는 독성물질이 있더라도 미량으로는 중독이 안 되는 경우가 많다.

한편 식물성 식중독(poisonous plant) 중 어떤 종류나 성분은 독성의 양이나 정도에 따라 한약이나 양약에서 인체에 유익하게 이용되는 경우도 있으나(atropine은 진정제 등), 과량을 섭취할 경우에는 식중독을 일으킨다. 또 유독식물 중에는 임상적으로 식중독을 일으키기는 하나 독성분이나 메커니즘이 밝혀지지 않은 것이 많아 더 많은 연구와 확인이 필요하다.

우리나라에서 발생되는 식중독 중 사망자 수에서 자연독 식중독(自然毒食中毒, naturally occuring poison)이 1990년대 이전에는 가장 많이 발생한다. 그리고 동식물성 식중독은 산촌, 농촌, 어촌 지역의 주민에게서 가족 단위로 주로 발생하는 경우가 많다. 이 기회에 산야에서 나는 버섯 및 식물은 함부로 채취 및 섭취하지 않는 것이 안전하다.

1. 독(毒)버섯류

지구상의 버섯류는 약 1만여 종, 식용으로 이용되는 것은 약 1,000여 종, 그중 즐겨 먹는 버섯은 약 100여 종인 데 비해 독버섯은 약 50여 종으로 밝혀져 있고, 그중에서 생명과 관계되는 맹독버섯은 대략 20~30여 종에 지나지 않는다고 한다. 한국에는 약 1,000여 종의 버섯이 자생하고 있다고 알려져 있으며, 그중 약 30여 종이 독버섯인 것으로 보고 있다.

독버섯의 중독증상은 버섯의 독함량, 섭취량, 혼재하는 독버섯의 종류, 환자의 체격, 열량, 건강상태, 체질 등에 따라 다르다. W.W. Ford는 독버섯의 증상은 위장장애형 증상(화경버섯 등), 콜레라형 증상(알광대버섯 등), 신경장애형 증상(광대버섯 등), 뇌증형 증상(갈황색미치광이버섯 등), 혈액독형 증상(마귀곰보버섯 등), 기타 등으로 분류하였다. 예방 및 치료에서 예방은 올바른 감별법을 숙지하여 채취하도록 한다. 가령 일례로 벌레 먹은 버섯은 식용버섯에 해당되므로 채취해도 괜찮은 것으로 구별된다. 치료는 신속한 구토나 위세척을 빠르게 실시하거나 해독제 등을 투여하여야 한다. 치료병원은 가까운 각 도의 지정병원을 찾아 치료를 해야 할 것이다.

1) 화경버섯(*Lampteromyces japonicus*)

화경버섯은 식용하는 표고버섯이나 느타리버섯과 유사하며 잘못 알고 채취함으로써 식중독이 발생되고 있다. 일본에서는 버섯 식중독 중 가장 많이 발생하는 버섯으로 알려져 있다.

유독성분　**일루딘**〔**illuden** S($C_{15}H_{20}O_4$, 일본에서는 **lampterol**로 최초 명명)〕로, 이 **illuden**은 항종양성을 가지고 있는 것이 확인되었으며, 항생물질로 사용되기도 한다.

중독증상　식후 30분~3시간 후 격심하게 위장을 자극하여 복통, 설사, 구토, 오한 등 **위장장애**를 일으킨다.

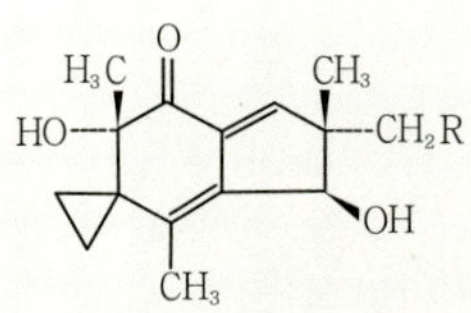

illuden S M R=H
illudens S R=OH

화경버섯의 독성분 구조

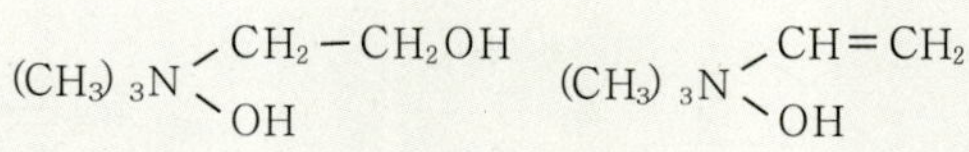

choline　　neurine

굽은외대버섯의 독성분 구조

2) 굽은외대버섯(*Rhodophyllus sinuatus*)

굽은외대버섯은 황갈색~갈자색의 표면을 나타내며, 여름~가을에 너도밤나무 등에 무더기로 발생한다.

유독성분 **콜린(choline**, muscarine과 비슷한 작용), **뉴린(neurine**, neurine은 choline으로부터 부패작용에 의해 생성) 등이 있다.

중독증상 choline은 독성이 약하지만 과량을 섭취하면 복통, 구토, 설사 등 심한 **위장염증상**을 일으킨다. choline은 체내에서 효소에 의하여 acetylcholine으로 되어 심하면 신체에서는 생선 비린내 같은 냄새가 난다. neurine은 신경장애를 가져온다. choline은 adrenaline이 해독제이다.

3) 삿갓외대버섯(*Rhodophyhus rhodopolius*)

삿갓외대버섯은 채취시 식용하는 외대덧버섯, 방망이버섯, 방패외대버섯으로 잘못 오인해 식중독을 일으킨다. 삿갓외대버섯은 일본에서 화경버섯 다음으로 식중독이 많이 발생한다.

유독성분 **무스카린(muscarine)**과 **무스카리딘(muscaridine)** 등이 있다.

중독증상 주증상은 심한 **위장장애**를 일으킨다. 초기 부교감신경에 작용하여 발한(땀), 눈물이나 침흘림, 심한 구토, 설사, 혈압강하, 경련수축, 호흡곤란을 일으키는 **신경장애**도 있으며, 보통 24시간 내에 회복되나 심하면 사망한다. 특히, 구토에는 muscaridine이 muscarine보다 강하다. muscarine의 해독제로는 atropine을 사용한다.

4) 솔땀버섯(*Inocybe fastigiata*), 하얀땀버섯(*Inocybe umbratica*), 보라땀버섯(*Inocybe geophylla*), 삿갓땀버섯(*Inocybe asterospora*)

유독성분 **L-muscarine, muscaridine**으로서 맹독성을 가진다.

중독증상 식후 15~30분 정도가 되면 부교감신경 말초를 자극, 흥분시켜서 타액의 분비(침

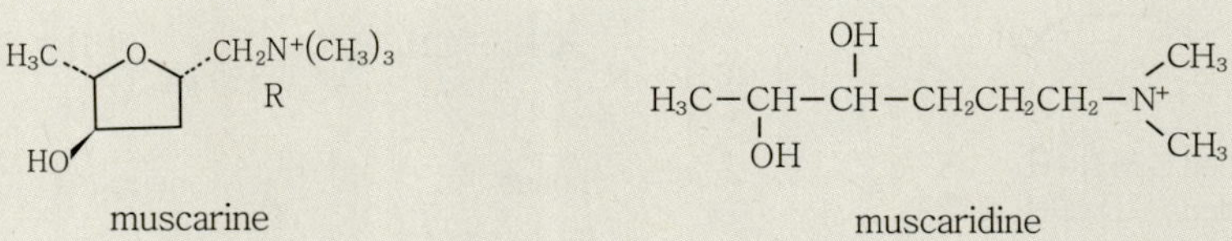

삿갓외대버섯, 땀버섯속의 독성분 구조

흘림)와 심한 발한, 구토, 설사, 동공수축, 혈압저하, 눈물흘림, 호흡곤란, 위장의 경련성수축, 자궁수축, 환각 등과 심장마비를 일으켜 죽는다. 따라서 이 증상은 **소화기 장애**도 수반하지만, 대체로 심하면 **신경계 장애**에 의한 것으로 보고 있다. 치료는 위세척, atropine 피하주사가 특효가 있어 부교감신경의 차단약으로 투여된다.

5) 알광대버섯(*Amanita phalloides*, Death cap, 일명 녹알광대버섯), 흰알광대버섯(*Amanita verna*), 독우산광대버섯(*Amanita virosa*, Destroying angel), 독덩굴버섯, 개나리광대버섯(*Amanita subjunguillea*)

이들 버섯은 갓 아래에 턱받이가 있는 것이 특징이다. 특히 알광대버섯은 지금도 유럽 지역에서 제일가는 공포의 맹독성 버섯으로 알려져 있고, 유럽의 바르샤바의 어린이 헬스센터에서 1988년에 중독으로 치료받은 어린이 64명 중 16명이 사망하였다고 보고된 것을 볼 때 중독사고가 자주 있음을 짐작하게 한다.

이 독우산광대버섯은 식용버섯인 흰주름버섯(서양요리), 흰우산버섯, 흰송이버섯, 알버섯, 달걀버섯으로 잘못 오인하여 채취함으로써 식중독 사고의 원인이 된다.

한편 일본의 중독사고의 주된 원인은 독덩굴버섯에 의하여 일어나고 있다고 한다. 이 버섯의 중독은 미국의 동해안, 스웨덴, 프랑스 중부 등에서도 일어나고 있다. 그러나 알광대버섯과 독덩굴버섯은 많은 점에서 공통되어 독물학적으로 구별할 필요가 없다고 한다. 얼마 전 경북지역에서 개나리광대버섯을 꾀꼬리버섯으로 알고 오식하여 1명이 사망하고 여러 명이 중독된 사례가 있다.

치료는 신속하게 처치하지 않으면 이미 독성이 퍼져 생명을 잃게 되므로 신속한 토제(吐劑), 하제(下劑) 투여, 위내세척, 관장 등에 의해 소화관으로부터 독성분의 배제가 이루어져야 한다. 체내 장간순환의 중단효과가 있는 시리빈 유도체를 사용하면 효과적이라는 보고도 있다. 또 간장장애의 치료제로 사용되는 thiotic acid 해독제도 유효하다고 알려져 있다.

유독성분 버섯류 중 가장 맹독성인 버섯 중의 하나로 일명 '죽음의 천사'라고 불리기도 한다. 유독성분은 아마니타톡신(amanitatoxin)계로서 일반 가열로는 파괴가 어려운 내열성(耐熱性) 독이다. 이 아마니타톡신계는 팰로톡신(phallotoxin)군(群)과 아마톡신(amatoxin)군으로 구분된다.

① **팰로톡신군** **팰로이딘(phalloidin), phalloin, phallacin, phallacidin, phallisin** 등이 있으며, 치사작용은 속효성(速效性)이어서 주사로 치사량이 투여되면 1~2시간이면 죽는다. 그러나 경구투여 시에는 독성 정도가 크지 않다.

② **아마톡신군** **알파-아마니틴**(α-amanitine, 아미노산의 일종)은 팰로톡신군에 비해 10배 이상 강하지만 지효성(遲效性)이어서, 치사량이 투여된 동물은 2~4일이나 걸려 죽고,

β-amanitin, γ-amanitin, δ-amanitin, amanin, amaninamide 등이 있으며, 경구투여 시에는 독성이 보통 15시간 정도 지나야 나타난다.

유럽, 북미산 알광대버섯의 건조한 자실체(dried fruit bodies)에는 β-amanitin이 가장 많이 함유되어 있다. 알광대버섯의 총독소량은 7~9 mg/g으로, 이 양이면 사람의 치사량에 해당한다. 흰알광대버섯 중 amatoxin량은 1~4.5 mg이다.

또 amanitin류는 RNA-polymerase Ⅱ 효소와 특이적으로 결합하여 효소활성을 저해함으로써 단백질의 생합성을 저해한다. amatoxin군은 소변으로의 배설이 전 섭취량의 80%에 이르고 나머지 20%가 체내에 분포하여 간세포를 손상시키고 있다. 또 소화관의 점막세포와 신장의 요세관에도 영향을 준다. 이외에 phaline(용혈작용을 함), haline 등에도 함유되어 있다.

중독증상　섭취 후 6~24시간의 잠복기를 거친 후 심한 메스꺼움, 구토, 설사, 혈변, 토혈, 침흘림(수연) 등 소화기 위장장애와 더불어, 경련과 신경마비증상을 가지는 **콜레라 증상**을 수반하면서 간장의 비대, 황달, 혼수상태 후 1~3일 내에 사망한다. 그래서 phallotoxin군과

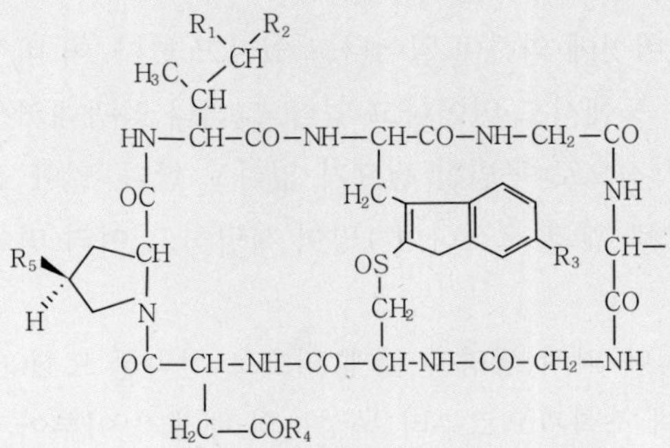

	R_1	R_2	R_3	R_4	R_5	LD_{50}
α-amanitin	CH_2OH	OH	OH	NH_2	OH	0.3
β-amanitin	CH_2OH	OH	OH	OH	OH	0.5
γ-amanitin	CH_3	OH	OH	NH_2	OH	0.2
ε-amanitin	CH_3	OH	OH	OH	OH	0.3
amaninamide	CH_2OH	OH	H	NH_2	OH	0.3
amanin	CH_2OH	OH	H	OH	OH	0.5
amanullin	CH_3	H	OH	NH_2	OH	>20
amanullinic acid	CH_3	H	OH	OH	OH	>20
proamanullin	CH_3	H	OH	NH_2	H	>20

(LD_{50} : mg/kg 마우스, *IP*)

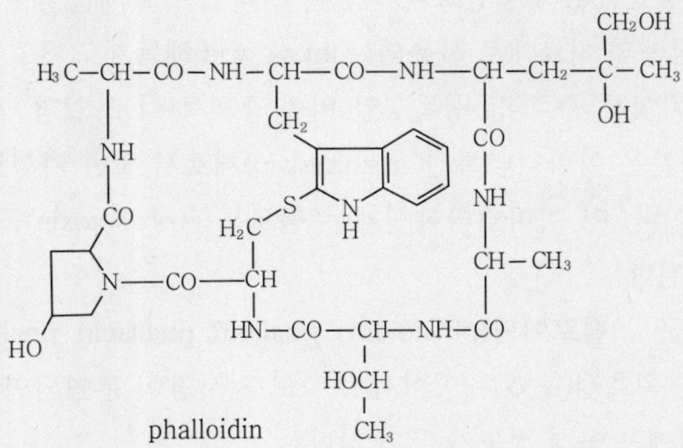

phalloidin

알광대버섯, 독우산광대버섯 등의 독성분 구조

amatoxin군은 인체의 세포를 파괴하고 모두 간장, 신장조직에 크게 장애를 주어 치사하게 한다.

6) 광대버섯(*Amanita muscaria* : Fly agaric, Fly amanita), 마귀광대버섯(*Amanita pantheria* : False blusher, Panther cap), 파리버섯(*Amanita melleiceps*)

광대버섯속에도 붉은점박이광대버섯, 잿빛가루광대버섯은 식용하는 것도 있다. 마귀광대버섯은 채취시 식용인 붉은점박이광대버섯으로 잘못 오인해서 식중독이 발생한다.

유독성분 **이보텐산(ibotenic acid)**과 그 분해물인 **무시몰(muscimol), muscazone** 등과 **트리콜로민산(tricholomic acid), bufotenine, 필즈톡신(pilztoxin, 균독소)** 및 미량의 muscarine이 함유되어 있다. 원래 광대버섯의 'Amanita muscaria'란 명칭은 처음 이 버섯이 발견될 당시 muscarine이 검출된 데서 학명이 유래되었다. 그러나 그 함량이 적어 중독에는 관여하지 않는 것으로 보고 있다. 주최가 되는 ibotenic acid와 tricholomic acid는 감칠맛을 가지고 있는 아미노산 성분이지만 그 함량이 많을 때 독성을 발휘하며 소량이면 오히려 맛이 좋은 버섯이다.

예로부터 시골에서는 이들 버섯을 밥알과 함께 비벼서 파리를 잡는 살충제로 이용해 왔다. 이 ibotenic acid는 50℃ 이상에서 탈탄산반응에 의해 급속히 muscimol로 분해하며 실온에서도 서서히 분해한다. 이보텐산을 섭취할 경우 체내에서 muscimol로 변화한다. 광대버섯에 muscarine이 0.0025% 정도 함유로 극히 미량 들어 있다. 이 버섯은 건조 또는 염장한 후 3개월 이상이 지나면 무독하기 때문에 식용으로서 저장하며 이용하는 지방도 있다.

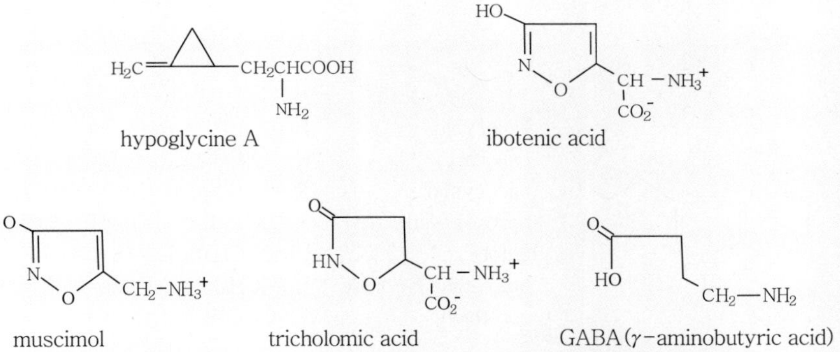

광대버섯, 마귀광대버섯, 파리버섯 등의 독성분 구조

중독증상 식사 후 최초 구역질, 구토 등에 이어 현기증, 술에 취한 것 같은 이상한 흥분상태가 되고 정신착란, 환각, 시력장애 등 **뇌증형**과 **신경계 장애**를 일으킨다. 이러한 흥분상태가 4시간 이상 계속된 다음 깊은 잠에 빠져 수일 후에 회복되고 치명적으로는 되지 않아 맹독성에는 해당되지 않는다. 그러나 때로는 난폭해지는 경우가 있다. 치료로는 신속한 위세척 등을 실시하고, 해독제로는 physostigmine이 사용된다.

7) 갈황색미치광이버섯(*Gymnopilus spectabilis*), 좀환각버섯(*Psilocybe copropyla*), 환각버섯(*Psilocybe venenata*), 레이스말똥버섯(*Panacolus sphinctrinus*), 목장말똥버섯(*Panaeolus papilionaceus*)

갈황색미치광이버섯은 식용하는 뽕나무버섯류와 비슷하여 잘못 오인해 채취함으로써 식중독 사고가 나는 경우가 있다. 좀환각버섯은 여름~가을에 소똥 또는 퇴비더미 위에 다수 무리지어, 환각버섯은 벼나 볏짚을 쌓아 둔 곳에서, 레이스말똥버섯은 말똥이나 퇴비더미 주위, 목장의 부식질이 많은 곳에 무리지어 발생한다. 환각버섯속 중 50여 종이 환각성이 있다고 한다.

유독성분 **프시로시빈(psilocybin)**, **프시로신(psilocin**, 프시로시빈의 분해물로서 독성이 10배나 강함) 등이 있다.

이것은 마귀광대버섯, 애광대버섯, 암회색광대버섯 등에 함유되어 있는 **bufotenine**의 입체이성체로서 모두 환각작용을 나타낸다. 환각버섯속의 프시로시빈 함유량은 0.1~2% 정도이다. 이 프시로시빈은 좀환각버섯 이외에도 웃음버섯, 모적버섯류에도 함유되어 있다. 그 외에 choline이 갈황색미치광이버섯에 함유되어 있다.

중독증상 중추신경의 자극으로 체온, 혈당, 혈압이 상승되며 눈의 산란, 마음의 위화감, 경

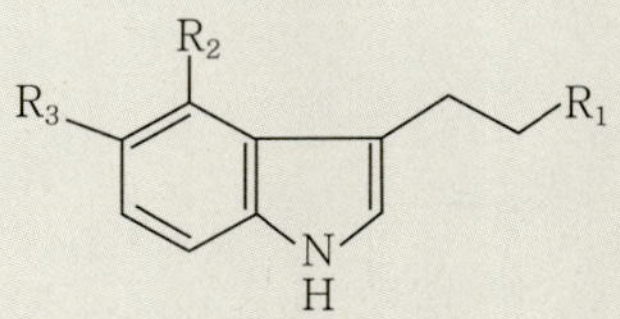

psilocybin	: $R_1=N(CH_3)_2$, $R_2=OPO(OH)_2$, $R_3=H$
psilocin	: $R_1=N(CH_3)_2$, $R_2=OH$, $R_3=H$
baeocystin	: $R_1=NHCH_3$, $R_2=OPO(OH)_2$, $R_3=H$
norbaeocystin	: $R_1=NH_2$, $R_2=OPO(OH)_2$, $R_3=H$
bufotenine	: $R_1=N(CH_3)_2$, $R_2=H$, $R_3=OH$
bufotenine N-oxide	: $R_1=(CH_3)_2N \rightarrow O$, $R_2=H$, $R_3=OH$
serotonin	: $R_1=NH_2$, $R_2=H$, $R_3=OH$

갈황색미치광이버섯, 환각버섯 등의 독성분 구조

련, 광란 등을 나타냄으로써 전형적인 **환각증상**을 보인다. 다량 섭취하면 실신상태에 빠지지만 회복은 빠르다. pilztoxin은 평형장애, 반사항진, 강직성 경련을 일으킨다.

치료에서 신속한 위세척 등과 chloropromazone이 해독제로 사용되나 더 악화시키는 경우도 있다.

8) 마귀곰보버섯(*Gyromitra esculenta,* False morel)

마귀곰보버섯은 조리법에서 가열하면 독이 제거되므로 유럽 사람, 특히 독일사람들은 맛좋은 식용버섯이라 하여 통조림으로 대량 시판하고 있기도 하다. 또 건조법을 이용하여도 좋다. 곰보버섯은 어릴 때 식용하나 성숙하면 독성분이 다량 생산된다.

유독성분 **자이로미트린**〔gyromitrin, 분해물인 **모노메틸하이드라진**(monomethyl hydrazine, MMH)이 독성이 더 강함〕으로서, MMH는 주로 인체의 세포를 파괴하고 간장, 신장, 장, 방광 등에 장애를 주어 치사하게 한다. gyromitrin은 가열하여 잘 끓이거나 건조하면 분해되어 무독화한다.

중독증상 식후 2~24시간 후에 구토, 설사, 위경련, 심한 두통이 생기고 체내에는 적혈구가 파괴되어 용혈작용을 하며 허탈 상태에 빠져 사망에 이르게 된다. 그래서 특이한 **혈액독형**의 버섯중독으로 보고 있다. 특히 요리 중 솟아오르는 김(증기)을 흡입하여 요리사가 쓰러진 일도 있다. 독성분은 포자 중에 다량 함유되어 공중에 방출되어 눈에 들어가면 눈에 이상이 온다.

치료는 신속한 위세척과 혈액투석 등을 실시하며, 아울러 해독제로는 pyridoxine 등을 사용한다.

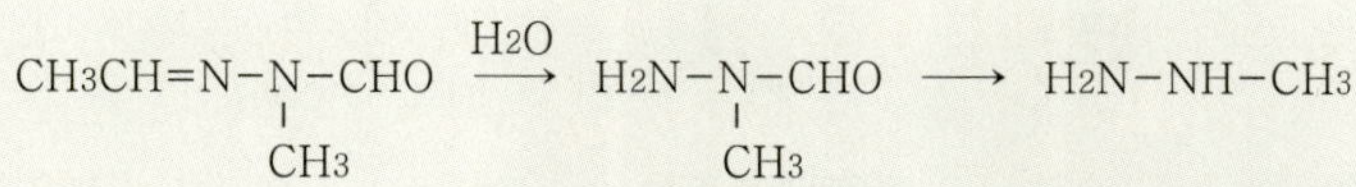

gyromitrin　n-methyl-n-formylhydrazine　monomethyl hydrazine

마귀곰보버섯의 독성분 구조

9) 독깔때기버섯(*Clitocybe acromelalga*), 비단빛깔때기버섯(*Clitocybe candicans*)

독깔때기버섯, 비단빛깔때기버섯은 성장하면 깔때기 모양을 한다. 독깔때기버섯은 9~10월경 대나무숲에 주로 무리를 지어, 비단빛깔때기버섯은 활엽수림 내의 낙엽 위에서 자란다.

깔때기버섯 중 흑깔때기버섯, 하늘깔때기버섯, 흰삿갓깔때기버섯은 식용한다.

유독성분 **크리티딘(clitidine), 아크로메린산(acromelic acid) A형, B형, C형**과 **clithioneine** 및 관련아미노산, 4-aminoquinolic acid, β-cyanoalanine, illudins 등이나 그 주요증상을 일으키는 성분은 아직 결론이 나 있지 않다. clitidine은 acromelic acid A, B보다 독성이 약한 것으로 추정된다.

acromelic acid는 강한 **신경독성**을 나타낸다. 다시 말해 교감신경을 흥분시켜서 혈관수축을 일으켜 말초에서 혈관순환이 심하게 장애되는 것으로 생각되며 그에 따라 손끝, 발끝이 빨갛게 부어서 통증을 느끼게 된다.

중독증상 식후 4~8일 후에 발병하며, 증상은 손과 발의 끝이 붉어지며 부풀고 불에 덴 것 같은 통증을 느끼며, 통증이 1~2개월 지속되나 치명적인 것은 아니다. 때로는 신경통 형태의 통증도 수반된다.

치료는 특효약이 없지만 ATP나 nicotinic acid의 주사가 유효하고, 어떤 의사는 손끝을 칼로

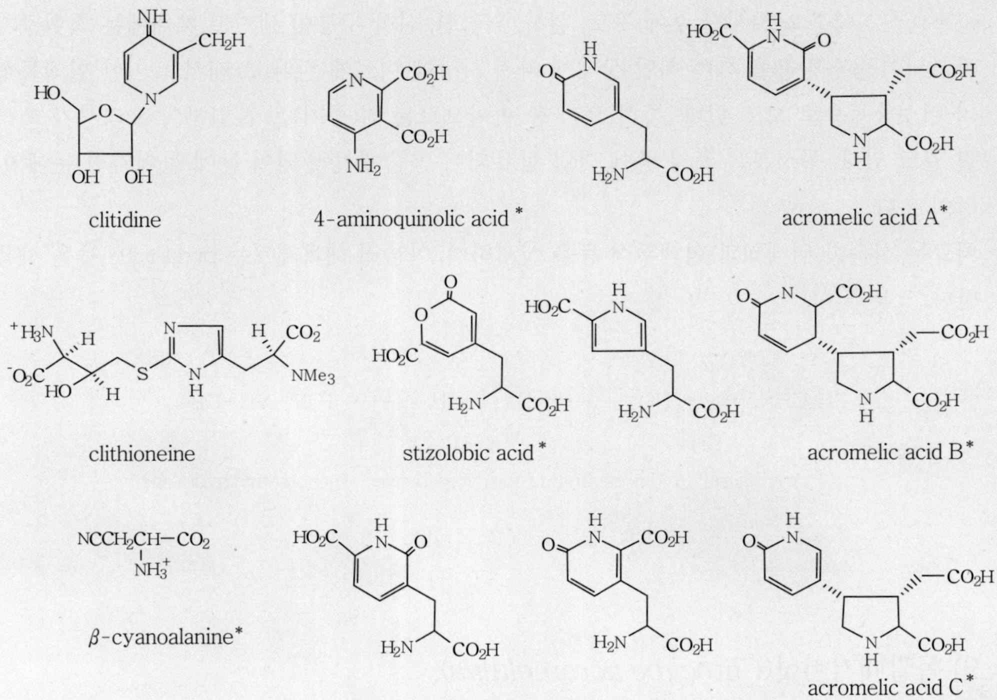

* 표시는 신경계에 대한 작용이 알려져 있는 것을 나타냄.

독깔때기버섯 등의 독성분 구조

갈라 피를 빼는 것이 좋다고 한다.

10) 노란다발버섯(*Naematoloma fasciculare*)

노란다발버섯은 보통 침엽수의 고사목이나 그루터기에서 군생하나 활엽수에서도 군생한다. 식용하는 개암버섯과 혼동하여 잘못 채취로 식중독 사고를 일으킨다.

유독성분　**패시큐롤(fasciculol) E형, F형**과 그 외 심장독성을 나타나는 naematolin 등이 있다.

중독증상　식후 6~8시간 후에 혀가 빳빳해지고 심한 구토, 설사, 경련, **신경마비**를 일으키며 의식이 몽롱하게 되어 사망한다. 중독사망자의 온몸, 특히 복부에서 목에 이르는 부위에 **자색반점**이 생기는 특징이 있다. 일본에서는 어린아이들의 사망예가 있다.

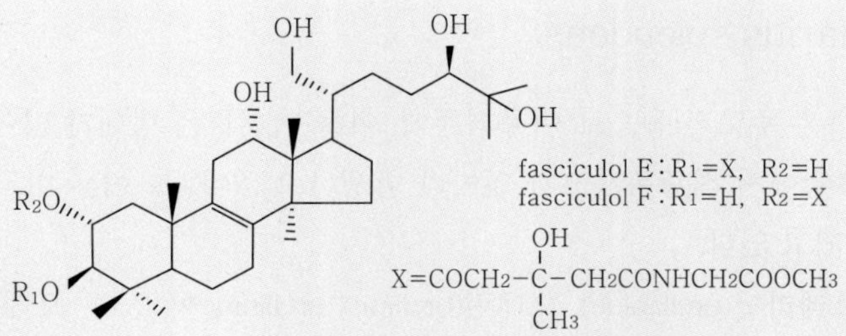

노란다발버섯의 독성분 구조

11) 두엄먹물버섯(*Coprinus atramentarius*, Inky cap), 배불뚝이 깔때기버섯(*Clilocybe clavipes*)

두엄먹물버섯은 정원이나 화전지(火田地)의 부식질(腐植質)이 많은 곳 또는 활엽수의 썩은 나무에서 군생하거나 발생한다. 두엄먹물버섯은 채취시 식용하는 먹물버섯 등으로 잘못 오인해서 식중독 사고가 난다.

유독성분　**코프린(coprine)**이 보고되었다. 이것은 가수분해하면 amino cyclo propanol이 되고 아세트알데히드의 탈수소효소를 저해한다.

중독증상　주로 자율신경계에 작용하며, 섭취 후 20분~2시간 후에 중독증상이 나타난다. 특히 coprine의 중독증상은 **알코올**과 함께 섭취할 때만 발생한다. coprine은 혈액 중의 알코올 분해를 저지하므로 술과 함께 먹거나 버섯을 먹은 후 수일 후에 음주하면 혈액 중에 acetaldehyde가 축적되어 땀이 나고 얼굴, 목, 가슴이 붉어지고 심장박동이 빨라지면서 구토, 호흡곤란 등의 증상을 일으킨다. 이 상태는 만성 알코올중독의 치료약인 혐주약(嫌酒藥)으로 사용되는 disulfiram의 작용과 비슷하다. 이와 같은 증상은 배불뚝이 깔때기 버섯에

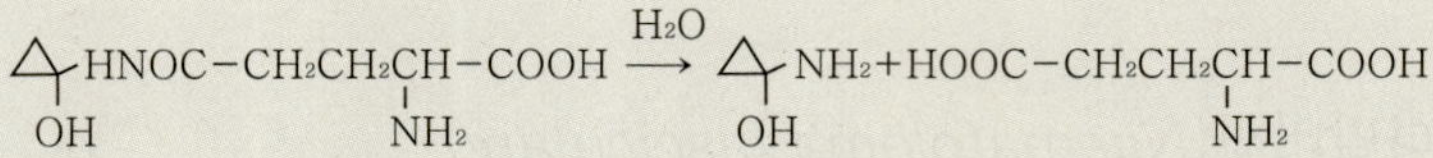

coprine 1-aminocyclopropanol

두엄먹물버섯, 배불뚝이 깔때기버섯 등의 독성분 구조

서도 볼 수 있다.

예방은 버섯을 식용 후 술을 삼간다.

12) 끈적이버섯속(*Cortinarius orellanus, Cortinarius speciocisissnus,* Cortinarius splendens)

끈적이버섯속은 주로 식용으로 이용되는데, 이들 버섯들은 형태가 많이 닮아 채취 오인으로 최근 북부유럽에서 식중독사고가 잇따라 발생하고 있다. 그 이후 미국, 프랑스, 이탈리아 등에서도 발견되고 있다.

유독성분 **오레라닌(orellanine)**, **오레린(orelline)**, **orellinine**이 있다. 오레라닌은 불안정하여 가열로 무독성의 orelline으로 변한다. 다량의 orellanine을 투여한 경우 상피세포에 나타나는 현저한 효과는 2일 후이며, 신장의 세뇨관 괴사는 5일째가 되어서야 확실해진다. 이 독의 주된 표적은 세뇨관으로 사구체나 간에는 병변이 인정되지 않는다.

중독증상 섭취 후 2주간 이상의 긴 잠복기를 거쳐 증상이 나타나는 것이 특징이다. 초기에 피로감, 심한 갈증, 탈수증, 입안에 타는 통증, 복통, 심한 메스꺼움과 구토, 두통, 오한, 요통, 경미한 설사, 근육통, 관절통이 있고 혈중 요소나 크레아티닌이 증가한다. 후기에는 이뇨부전과 요폐가 인정되고 중증이 되면 고치기 어려운 신부전을 일으킨다. 치료는 최근 발증 메커니즘이 밝혀져 혈액관류법이나 신장이식으로 치료하게 되었다.

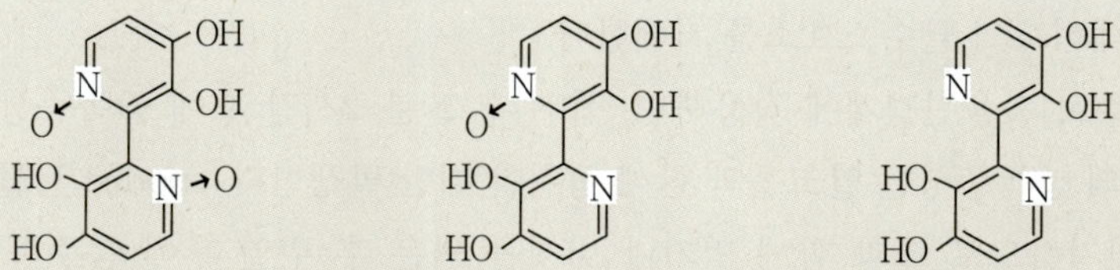

orellanine orellinine orelline

끈적이버섯속의 독성분 구조

화경버섯

굽은외대버섯

독우산광대버섯

삿갓외대버섯

삿갓땀버섯

알광대버섯

파리버섯

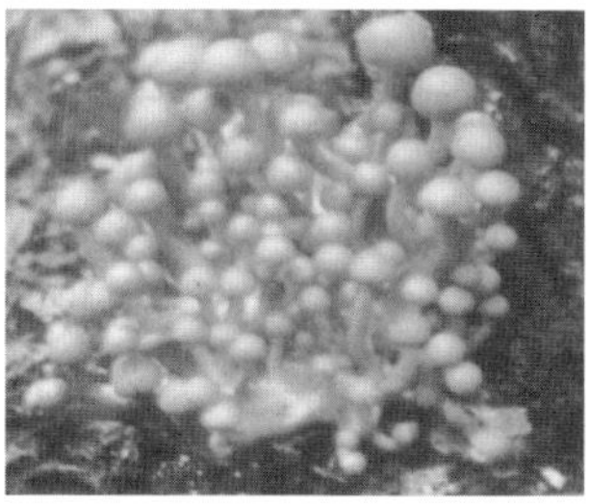

갈황색미치광이버섯

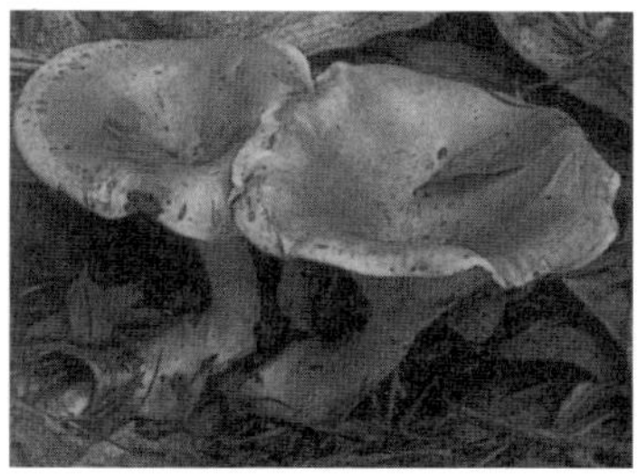

독깔때기버섯

노란다발버섯

두엄먹물버섯

끈적이버섯속

〈그림 4-1-1〉 화경버섯 등 독버섯류

13) 발(말)굽잔나비버섯, 긴안장버섯 등

(1) 발(말)굽잔나비버섯(*Fomitopsis officinalis*)

독성분은 **아가리신산(아가릭산, agaricic acid, agaricin)**으로 독성은 그다지 강하지 않다. 증상은 위장카타르(위장조직 파괴를 일으키지 않는 점막의 염증), 설사, 두통, 구토, 발한 등을 일으키는 **위장장애형**이다.

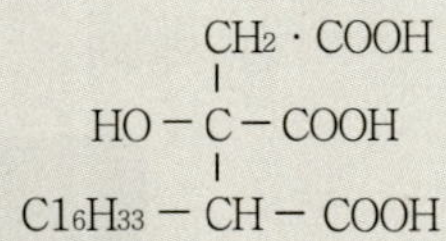

agaricic acid

발굽잔나비버섯의 독성분 구조

(2) 긴안장버섯(*Hevella esculenta*)

독성분은 **헬벨산(helverllic acid)**로서 건조시키거나 가열된 착즙을 버리면 독성이 없어진다. 인체의 **용혈독**을 일으킨다.

(3) 기타 무우자갈버섯(*Hebeloma crustuliniforme*)

끈적이버섯과로서 독성분은 **헤벨롤리신(hebelolysin)**으로 강력한 **용혈독**이 발견되고 있다.

이 외에도 붉은싸리버섯은 식용하는 싸리버섯과 흡사해 잘못 알고 채취하면 설사, 복통, 구토를 유발한다.

또 양파광대버섯, 애기무당버섯, 절구버섯아재비는 맹독성으로 알려지고 갈색고리갓버섯, 노란싸리버섯, 삼색도장버섯 등에서 식중독을 일으키는 것들이 많이 있지만 구체적인 성분이 규명되지 않은 것이 많아 연구가 요망된다.

2. 일반식물류

1) 감자(**馬鈴薯**, *Solanum tuberosum*, potato)의 덩이뿌리

감자는 며칠간 햇빛을 쬐면 푸르게 되므로 저장시 냉암소에 두는 것이 좋다. 부위나 녹색부분을 제거하고 껍질을 벗겨 조리하여야 한다. 또 감자를 가열할 때 충분히 삶도록 하여야 한다.

유독성분 독성분에는 α-, β-, γ-**solanine**(solanidine -glucose -galactose -galactose 배당체), solanidine, α-, β-, γ-**chaconine**, solamarine, chacomarine 등 다수의 알칼로이드 배당체가 확인되었으며 그중 약 96%가 -solanine과 -chaconine이다. **솔라닌(solanine)**과 **차코닌(chaconine)**의 존재비는 약 1 : 2로 chaconine 쪽이 높다. 보통 감자는 0.005~0.1%의 solanine을 함유하고 있으나 이 정도는 해가 없다. 또 chaconine은 chacotriose로 존재한다. solanine은 solanidine이라는 알칼로이드에 포도당과 **갈락토스** 및 람노스가 결합된 배당체이다.

Solanine의 함량은 눈 부분에 가장 많고 다음이 껍질부분, 그 외 다른 부분은 아주 극소량으로 존재한다. 특히 감자의 싹난 부위나 녹색부분에 독성 함유량이 매우 많다. 독소가 다량 들어 있으면 쓴맛이 난다. 가령 싹이 난 감자의 경우 100 g당 80~100 mg(또는 0.04~0.116 g/kg) 또는 그 이상의 solanine을 함유하는 경우도 있어 장기저장 시 그 함량이 증가하므로 푸르거나 싹이 나오는 감자는 먹지 않는 것이 안전하다. 품종에 따라 다르나 생감자 100 g 중 독성분이 2~13 mg 들어 있고 껍질을 벗기면 약 70%가 제거된다.

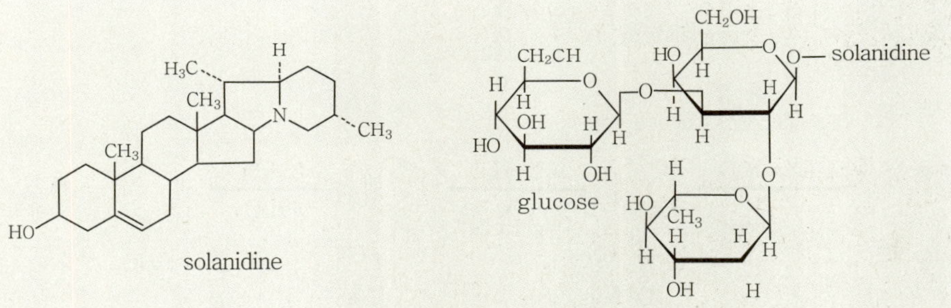

감자의 solanine

사람은 solanine함량이 원료 100 g당 20~40 mg(0.2~0.4 g)이 되면 중독증상을 일으키고, 가열하면 대부분 분해가 된다. 한편 부패된 감자에는 **셉신(sepsine** : C_5, H_{11}, N_2, O_2)이 생성되어 중독을 일으킨다. Solanine은 농업용의 제충제로도 사용되고 있다.

중독증상 섭취 후 수 시간 후에 복통, 설사, 구토로 인한 위장장애와 현기증, 졸음들의 증상도 일으키나 발열은 없다.

2) 미숙한 매실(靑梅, *Pruns mume,* plum), 살구씨(杏仁, *Pruns armeniae,* apricot), 복숭아씨(桃, *Prunus persica,* peach), 비파씨(枇杷, *Eriobotrya japonica,* loquat), 버찌열매

오래전부터 시골에서 꿩을 잡기 위하여 구멍을 뚫은 콩에 청산가리(KCN : 속명 싸이나)를 넣고 겉에 밀가루 반죽한 것으로 막아, 야산이나 밭둑에 뿌려 놓으면 이것을 먹고 꿩이 죽게 된다. 이것이 바로 CN물질에 의한 독성분의 작용이다. 심지어 과거에는 청산가리가 자살에 쓰이기도 했다. 그리고 식품별 기준 및 규격에서 매실추출물식품에서는 시안(CN)화합물은 검출되어서는 안 된다고 규정하고 있다.

유독성분 **아미그달린(amygdalin)**이나 **푸르나신(prunasin)**은 cyan(CN)배당체로서 효소에 의해서 분해되면 시안화수소(청산, HCN hydrocyanic acid)가 생겨서 cytochrome 산화효소를 저해하여 조직호흡을 급속히 저하시켜 중독을 일으키게 된다. 이 청산은 휘발성이어서 원료를 파쇄(배당체의 효소분해), 수세, 데치거나 끓이면 HCN을 제거할 수 있다. 미숙한 버찌열매에는 prunasin이 함유되어 있다. 소금에 절이거나 술에 담그면 독이 사라지고 약효가 생긴다고 한다.

중독증상 두통, 구토, 소화불량, 설사, 복통 등의 소화기계 증상과 심하면 호흡곤란, 전신의 경직성 경련을 일으키고, 중증인 경우에는 호흡중추마비로 사망에 이르게 된다.

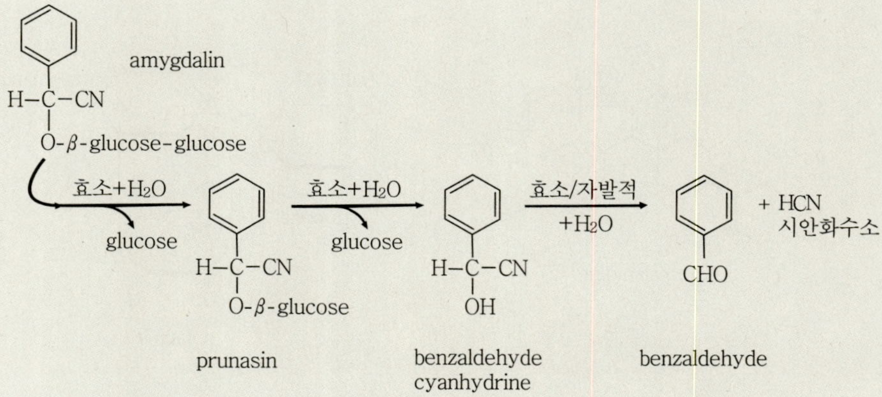

매실 등의 amygdalin의 분해에 의한 시안화수소의 생성

3) 수수(高粱, *Sorghum bicolor*, greet millet)의 열매와 잎, 죽순(*Phyllostachys*)

유독성분 수수는 **듀린(dhurrin : durrin**, −CN배당체로서 aglycon의 입체배치가 S체)이고 죽순은 탁시피린〔**taxiphyllin**(−CN배당체의 aglycon이 R체)〕이다. taxiphyllin은 열에 약한 것으로 알려져 있다. 수수에는 이 성분이 많이 들어 있어 생초(生草)를 많이 먹으면 중독된다. 그 예로 아프리카 각지에서 가축의 피해가 발생하고 있다. 그리고 죽순은 대나무가 많은 동남아 각 지역에서 식중독이 발생되고 있다.

중독증상 청매씨, 살구씨 등과 같이 CN배당체의 중독증상에 준한다.

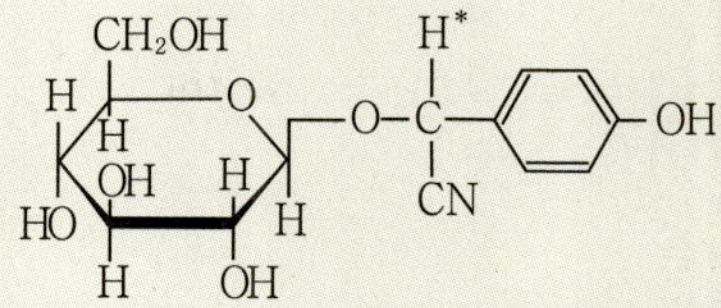

수수의 dhurrin과 죽순의 taxiphyllin

4) 미얀마콩(오색콩, 五色豆, *Lima bean* : Butter bean / *Phaseolus lunatus*), 이집트콩(*Vicia sativa*), 소라콩(*Vicia faba*), 콩류(대두, *Glycine max,* soybean, red kidney bean)의 열매

미얀마콩이라는 강낭콩은 미얀마, 미국 등지에서, 이집트콩은 옛날부터 지중해 연안 및 중동 부근에서 인도에 걸쳐, 소라콩(누에콩, 잠두)은 지중해 연안으로부터 중동에 걸쳐 자생하는 콩으로 생식에 의해 식중독을 일으킨다. 보통 이용되는 일반콩(대두)의 원산지는 만주, 한국, 중국 북동부를 비롯하여 전 세계에서 다량 재배되고 있다. 예방은 수세(水洗), 침지, 삶거나 볶아 충분한 가열을 하면 대부분 예방할 수 있다.

유독성분 ① **미얀마콩은 파세오루나틴(phaseolunatin : linamarin)과 lotaustralin**과 공존하는 CN배당체이다. phaseolunatin은 linamarase에 의하여 가수분해되면 HCN, acetone, glucose로 된다. lotaustralin은 oxynitrilase에 의하여 가수분해되면 HCN, methyl ethyl, ketone, glucose로 된다.

② **이집트콩은** β-**cyanoalanine**을 중심으로 한 일련의 유독성 아미노산이다.

③ **소라콩은 vicine, convicine**으로 pyrimidine 배당체이다.

④ **일반의 대두**, **붉은강낭콩**, **땅콩**, **완두콩**의 콩류는 **트립신 억제물질(trypsin inhibitor)**, **사포닌(saponin)** 및 **사포제닌(sapogenin)**, **헤머글루티닌(hemagglutinin, 또는 phytagglutinin)**, **sojin**, **phytate** 등의 유독성분이 들어 있다.

이외에도 Ca, Mg, Fe, Zn 등의 무기물의 흡수를 저해하는 phytate가 있다. 이 중 saponin은 그 양이 적어 문제가 되지 않으며 적혈구를 응집하는 hemagglutinin은 효소나 가열에 의하여 분해된다. 그러나 phytate는 물에 잘 용해되고 열에 안정하여 제거하기 힘들다.

또 콩류는 가열하면 trypsin inhibitor가 급속히 파괴된다. 그리고 끓는 물에 10분간 가열하면 trypsin inhibitor가 약 80%가 불활성화되어 단백질 이용률이 최대치에 도달하지만 독성면에서 그 이상 가열하는 것이 바람직하다.

중독증상 미얀마콩 등 CN물질에 의한 중독증상은 두통, 구토, 설사, 복통 등의 소화기계

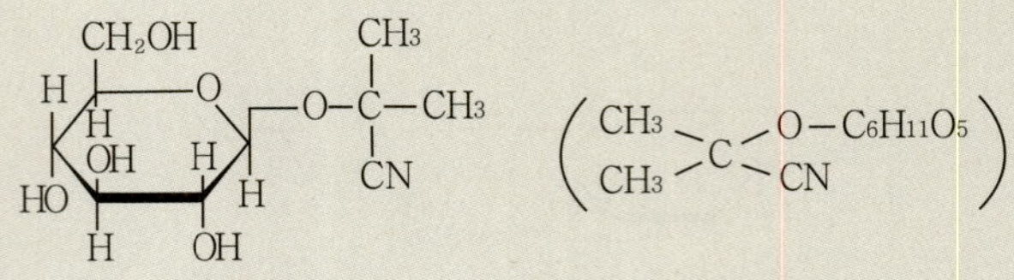

linamarin = phaseolunatin

미얀마콩과 카사바의 phaseolunatin

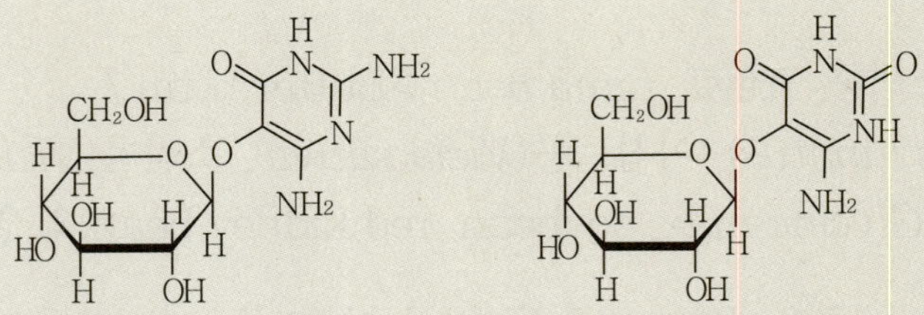

vicine convicine

소라콩의 vicine

증상과 호흡곤란, 전신의 강직성 경련을 일으키고 심하면 호흡중추마비를 가져와 사망에 이른다. 이집트콩의 독성분인 β-cyanoalanine에 의해 일으키는 **lathyrism증상**은 허약한 남성의 신경마비장애, 특히 하체의 경련마비로 인한 앉은뱅이, 방광 및 직장마비 등을 일으키는 매우 비참한 증상 중의 하나이다. 특히 인도 지역에서 많이 발생하였다.

소라콩은 생식하면 **favism증상**(급성의 혈액성 빈혈증)을 일으키는데 이는 glucose-6-phosphoric acid dehydrogenase 효소의 활성이 선천적으로 극히 저하된 사람에게만 발생하는 질환으로 발열, 혈색소오줌, 황달, 빈혈 등의 증상이 나타나고 심하면 급사한다.

또한 콩류에 존재하는 trypsin inhibitor는 단백질 소화효소의 활성억제 및 췌장(지라)에 비대증을 일으키고 함유황아미노산의 결핍으로 동물의 성장에 저해를 준다. 또 떫고 쓴맛의 saponin은 적혈구세포를 용해시키는 강한 용혈작용(hemolytic activity)을 하는 한편, 혈액 등 각종 체액의 지방도를 낮게 하고 지방축적을 방지하는 것도 보고되고 있다. 그와 반대로 hemagglutinin(적혈구응집소)이나 sojin은 적혈구를 응고시키는 역할을 한다.

5) 카사바〔*Manihot N. palmata*(苦味종) 또는 *M. aipi*(甘味종), cassava, tapioca〕의 뿌리

카사바의 원산지는 중남미나 열대 지역으로, 탄수화물(전분)의 공급원으로 고구마, 감자에 버금가는 뿌리계통의 서류이다. 반관목의 다년생 식물로서 2,000여 종이 있으나, 실제로

*M. palmata*와 *M. aipi*가 대표로 이용된다. 우리나라에서는 타이 등 열대지역에서 수입해서 전분, 술의 원료, 과자, 풀 등으로 이용한다. 뿌리에서 채취된 전분을 **타피오카**라고 한다. 미얀마콩 등의 예방 및 치료에 준한다. 또 볶아서 제독하기도 한다.

유독성분　미얀마콩과 같이 **phaseolunatin(linamarin), lotaustralin**의 CN배당체가 유독성분으로 들어 있다. 그런데 phaseolunatin은 고미종인 *M. palmata*에는 전체에 들어 있으나, 감미종인 *M. aipi*에는 대부분 껍질부분에 들어 있다는 것이 차이점이다.

중독증상　phaseolunatin 등을 함유한 미얀마콩 등의 증상에 준한다. 그런데 카사바를 일상적으로 섭취하는 서아프리카 지역에서 시력 저하가 많은 것은 청산의 만성중독에 의한 것이 아닌가 의심된다.

6) 독(毒)미나리(*Cicuta nirosa,* water hemlock)의 풀과 뿌리

독미나리는 일반 식용미나리 또는 산미나리와 비슷하므로 잘못 오인하여 채취 후 섭취하면 식중독을 일으킨다. 예방은 미나리 채취시 정확한 지식을 가지고 채취하여야 하며, 독성분의 흡수가 빠르므로 신속히 구토를 시키든가 하제를 투여하여 설사시키고 마비에 대비한 완화제를 써야 한다. 또한 옛날에는 사형시킬 때 사약으로 사용하기도 하였다.

유독성분　**시큐톡신(cicutoxin), cicutoxinin**으로 맹독성을 가지고 있으며, 풀 전체가 독성을 함유하고 있다.

중독증상　신경중추작용으로 복부에 동통(疼痛), 구토, 현기증과 대체로 경련성 중독증상이며, 중증일 때는 호흡곤란, 정신착란과 호흡마비로 사망한다. 뿌리(根莖) 1개면 죽음에 이르게 할 수 있다고 한다. 독미나리에 의한 중독을 **water hemlock poisoning**이라고 한다.

$$CH_3CH_2CH_2\overset{\displaystyle OH}{\overset{|}{C}}H(CH{=}CH)_3(C{\equiv}C)_2CH_2CH_2CH_2OH$$

독미나리의 cicutoxin

7) 꽃무릇(석산, *Lycoris radiata*)의 덩이뿌리

일반 무릇(scilla sinsis, 물구, 물굿)은 우리나라의 구황식품으로 뿌리를 불에 장시간 고아서 물엿처럼 된 흑갈색 물질로 매우 가난할 때 농촌의 간식용으로 이용되기도 하였는데, 이를 잘못 오인하여 채취하거나 불완전 가열로 섭취시 식중독을 일으킨다.

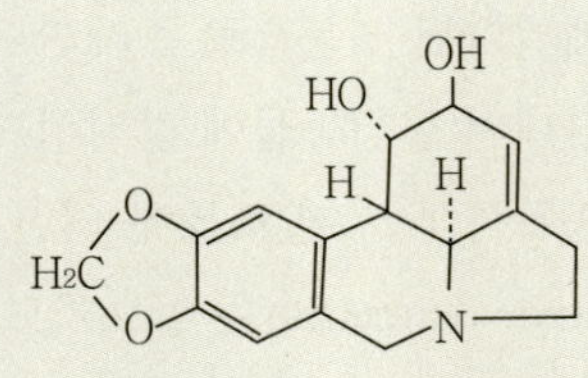

꽃무릇의 lycorine

유독성분 **리코린(lycorine)**으로 최토작용(催吐作用)이 강한 맹독성 알칼로이드이다.

중독증상 섭취 후 구토를 일으키며, 중증인 경우 경련, 호흡마비를 일으켜 사망하는 수도 있다. 피부에 접촉되면 홍반과 가려움증을 일으킨다.

8) 목화씨(木花 棉實, *Gossypium indicum,* cotton seed) 기름

부산물인 씨는 기름이 많이 함유되어 있어 면실유, 마가린 등에 이용되고 있다. 그러나 최근에는 gossypol이 들어 있지 않은 품종이 개발되었다. gossypol은 묽은 NaOH 용액에 용해되므로 쉽게 기름에서 분리, 제거할 수 있고 가열에 의해서도 어느 정도 분해되나 독성분을 완전히 제거하는 길만이 예방이 된다.

유독성분 목화씨기름(면실유) 속에 존재하는 **고시폴(gossypol)**은 유독물질이면서 천연 항산화제이기도 하다. 그러나 이 목화씨기름을 식용으로 할 때에는 반드시 정제(精製)과정을 거쳐야 하는데 이때 정제가 불충분하면 식중독을 일으킬 수 있다. 아울러 정제된 박(찌꺼기)에는 0.7~1.5%의 독성분이 함유되어 있어 동물사료로 사용시 주의가 요망된다.

중독증상 출혈성 신염(腎炎)과 신장염(신부전), 심장비대, 간장해, 황달, 장기출혈 등이 수반된다.

9) 은행(銀杏, *Ginkgo biloba*)의 열매

은행 열매의 외종피(外種皮)는 연한 과육의 청황색으로 썩으면 악취가 나고, 내종피(內種皮)는 단단한 껍질을 가진 핵과(核果)와 비슷하며 그 내부가 식용이고 황록색을 띤다. 생은행을 가열하거나 삶으면 분해되나 다량을 섭취하는 것은 좋지 않다는 보고도 있다.

유독성분 생은행 열매의 외종피에 존재하는 육질(肉質)의 과육(果肉) 중에 옻나무의 우루시올(urushiol : $C_{21}H_{30}(OH)_2$)과 유사한 **빌로볼(bilobol** : $C_{21}H_{31}(OH)_{12}$)이라는 유독성분이 있고, 내종피 내의 육질인 생은행은 **메틸피리독신(4-O-methylpyridoxine)**이 경련을 일으키는 유독성분으로 알려져 있다. 그 원인물질은 청산(HCN)배당체로서 과거 알려져 왔으나 은행에는 청산이 전혀 검출되지 않고 유독성분으로 vitamin B_6인 pyridoxine의 4번 위치가 메틸화된 성분으로 존재한다. 이 물질은 pyridoxine의 합성중간체인 항vitamin B_6 작용을 나타내어 실험동물에 강직성 경련을 일으킨다는 것이 오래전부터 알려져 왔다.

중독증상 빌로볼에 의한 중독은 옻나무와 같이 알레르기성 피부염, 즉 독물성 피부염(toxic dermatitis)을 일으키므로 은행알을 벗길 때 피부에 닿지 않도록 주의해야 한다. 또한 내피 내의 식용할 생은행은 구토, 심한 간질 형태의 경련을 반복한다.

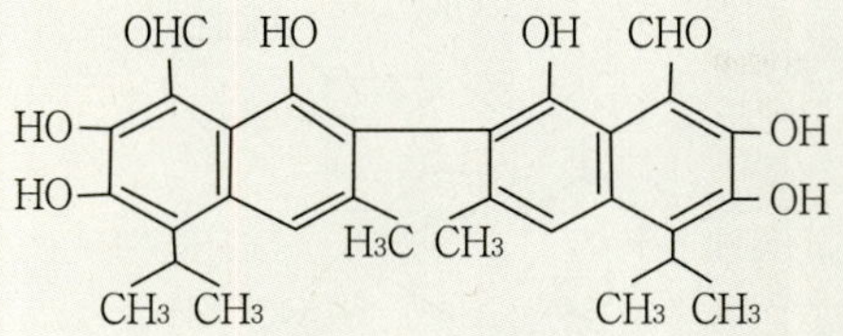

목화씨의 gossypol

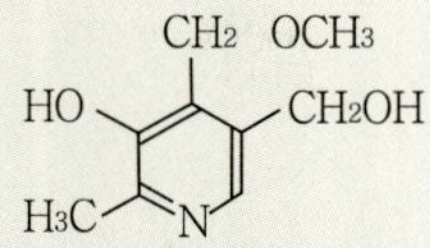

4-O-methylpyridoxine

은행의 4-O-methylpyridoxine

10) 피마자(蓖麻子, 아주까리, Ricinus communis) 종실의 기름

예로부터 우리 농가 주변에 1년생 초본인 피마자를 심어 그 종실에서 피마자기름(castor oil)을 짜서 머릿기름, 등잔기름이나 또는 민간 상비약으로 변비가 심하면 설사약(下劑)으로 이용하였다.

유독성분 **리시놀레산(ricinoleic acid : 다량 함유), 리신(ricin), 리시닌(ricinine), allergen, hemagglutinin** 등이 있다. 그 원리는 주성분인 리시놀레산이 십이지장에서 lipase의 작용에 의해 triricinoleic acid로 분해되면서 소장을 자극하며 설사를 일으키는 이른바 자극성 설사약이 되는 것이다. 그러나 부작용은 적은 편이다. 또 종자에는 지방유 외에 유독성 단백질인 ricin, 유독 알칼로이드인 ricinine이 있으며, 성인 치사량은 리신이 7 mg, 리시닌이 0.16 g 이지만 가열에 의해 쉽게 분해되며 리시닌은 그 양이 극소량으로 별 문제가 되지 않는 것으로 보고 있다. allergen은 비교적 내열성이 강해 불활성화하기 어려우나 hemagglutinin은 피마자기름을 용매로 추출시 그 용매를 제거하는 과정에서 제거되는 것으로 알려져 있다.

중독증상 복통, 구토, 심한 설사를 일으키며 그 외 알레르기 증상도 나타낸다. 또 일부 사람에게는 알레르기 증상을 일으키는 allergen, 적혈구를 응고시키는 hemagglutinin(적혈구 응집소)도 미량 함유되어 있다.

11) 바꽃〔바곳, 원앙국, 초오(草烏), 부자(附子), 오두(烏頭), *Aconitum chinese*〕, 노랑투구꽃(Lycoctonum gmelini)의 꽃, 뿌리와 새순

바꽃류와 투구꽃류의 뿌리를 '초오'라고 한다. 한방에서는 건조한 덩이뿌리를 '부자' 또는 '오두'라 하고 곁에 달린 것을 '누람자'라고 하며, 단 한 개로만 된 덩이뿌리를 '천웅(天雄)'이라 한다. 이들은 신경통과 류머티즘의 진통제, 부종 등 치료에 이용되어 왔다. 아울러 수인삼(藪人參), 이륜초(二輪草), 창출(蒼朮)과 백출(白朮) 등으로 잘못 알고 채취, 식용하여 급성중독을 일으킨다. 특히 일본에서는 동북지방에 바곳의 꽃, 즉 화밀(花蜜)을 모은 야생벌꿀에 의

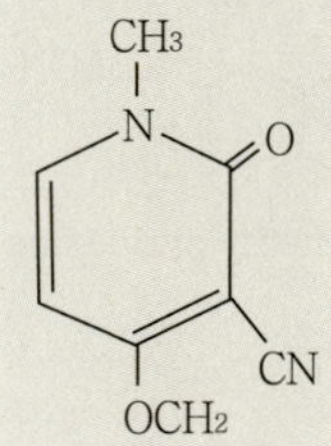

피마자의 ricinine

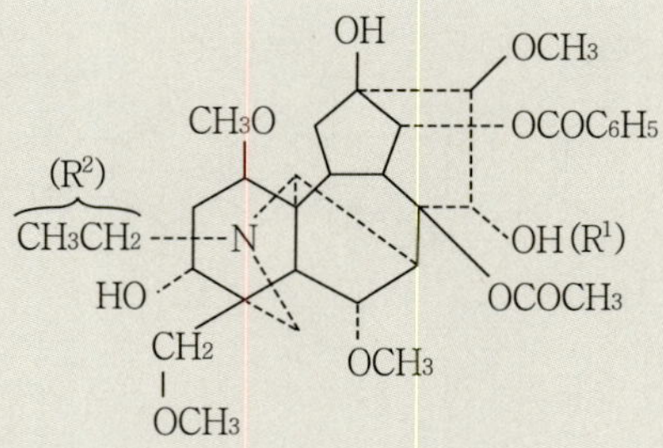

aconitine R^1=OH, R^2=C_2H_5
delphinin R^1=H, R^2=CH_3

바꽃의 aconitine 등

한 식중독이 산발적으로 일어나고 있으나 사망자는 없다고 한다. 또 바곳의 새순은 다른 식물의 새순으로 오인하여 식중독을 일으킨다. 특히 바곳의 뿌리는 독성이 강하여 아이누족이 화살촉 독물로 이용했으며 손으로 다룰 때 장갑을 낀다. 이들은 한국, 일본 및 북반구의 온대지방에 분포되어 있다. 노랑투구꽃은 강원도에서 다년초로 자생한다.

유독성분 **아코니틴(aconitine), mesaconitine**의 맹독성분이 함유되어 있다. 바꽃의 일종인 *Aconitum zuccarium*에는 **jesaconitine**($C_{35}H_{49}NO_{16}$), **hypaconitine**($C_{33}H_{45}NO_{10}$) 등이 함유되어 있다. 치사량은 대체로 바곳의 뿌리 2~4 g, 정제한 aconitine으로는 약 3~5 mg이다. 초오류의 독성분은 예로부터 화살독으로, 또는 조선시대 사약으로 사용되던 맹독성 물질이다.

중독증상 마비성 신경중독으로 초기에는 입술과 혀가 아프고 입과 얼굴이 저리며 위통, 눈물 흘림(流涎), 구토, 사지마비, 언어장애 등을 일으키고, 중증인 경우에는 3~4시간 후에 호흡이 마비되어 죽는다.

12) 독말풀(*Datura stramonium*), 가시독말풀(*Datura alba*), 흰독말풀(*Datura metel*), 미치광이풀(개별꽃, *Scopolia parviflora* 또는 *Pseudostellaria heterophylla*)의 잎과 뿌리 및 씨

독말풀들의 잎은 진통제 또는 천식용 담배로도 사용되며 종자에는 달걀 모양의 가시로 쌓여 건조되면 쪼개져 종자가 흩어져 나온다. 이들 독말풀의 뿌리를 우엉으로 잘못 오인하거나 또는 이들 종자를 참깨로 잘못 알고 사용해서 식중독이 일어난다. 강원도, 경기도의 가평, 포천에 자생하는 미치광이풀 중 지하뿌리는 먹는 산마로, 잎의 새싹은 머위 같은 나물로 잘못 알고 채취하여 식중독을 일으킨다.

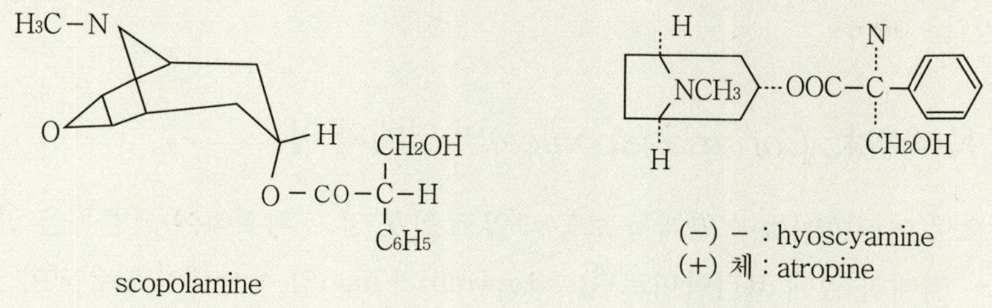

가시독말풀과 미치광이풀의 hyoscyamine, scopolamine 등 구조

유독성분 **하이어사이아민(hyoscyamine), 스코포라민(scopolamine), 아트로핀(atropine)** 등의 알칼로이드 성분이 함유되어 있다.

중독증상 구토, 두통, 권태감과 더불어 주요증상은 뇌흥분, 두근거림(心悸亢進), 광란상태를 나타낸다. scopolamine은 부교감 신경차단제로 스코폴리아제로, 요즈음엔 붙이는 멀미약 성분의 하나로 사용하기도 한다. 또 atropine은 아프거나 고통 시에 진정제 주사(아트로핀 주사)로 전쟁이나 사고가 일어났을 때 많이 이용되는 약품이기도 하다.

13) 붓순나무(*Illicium anisatum*)의 열매

상록활엽관목(높이 3~5 m)으로 제주도, 경상남도 진도, 전라남도 완도에 자생하며, 이 열매는 향신료로 사용되는 회향(茴香)과 비슷하므로 그것을 잘못 알고 채취하여 사용하면 식중독을 일으킨다.

유독성분 쓴맛물질인 **시키미톡신(shikimitoxin), 시키민(shikimin, shikimene),** anisatin, **하나노민(hananomin), 시키미산** [shikimic acid, $(OH)_3C_6H_2$ COOH] 등이 있다.

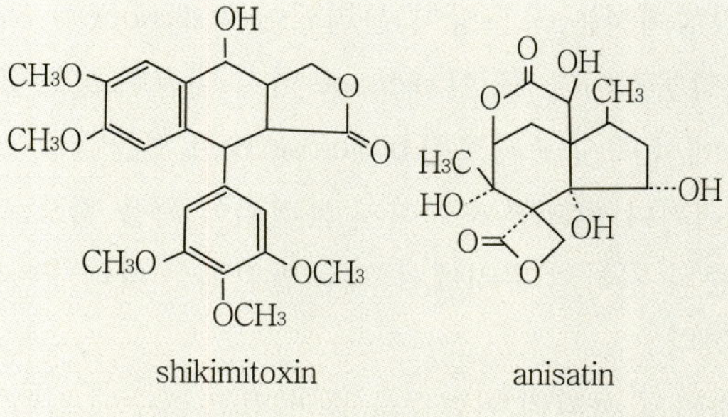

붓순나무의 shikimitoxin 등

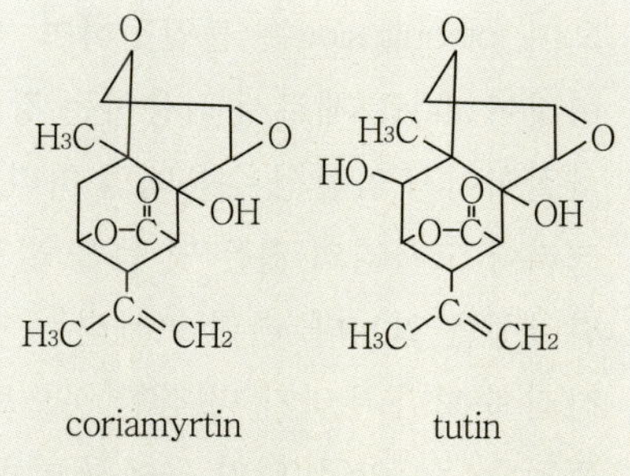

독공목의 coriamyrtin 등

중독증상 구토, 현기증, 경련 등을 일으키고 심하면 허탈, cyanosis(紫籃症)을 거쳐 사망하는 수도 있다.

14) 독공목(**毒空木**, *Coriaria japonica*)의 열매와 잎

낙엽관목으로 어린아이들이 열매를 보통 과일로 잘못 알고 채취하여 식중독을 일으킨다.

유독성분 열매와 잎에 **코리아미르틴(coriamyrtin)**과 **tutin**의 독성분이 함유되어 있다. 토끼에 coriamyrtin 0.08 g을 경구투여하면 죽는다.

중독증상 구토와 더불어 특히 경련작용을 일으킨다.

15) 독보리(**毒麥**, *Lolium temulentum*)의 열매

귀화식물인 독보리는 밀보다 작고 일반 보리와 유사한 잡초인데, 유럽이 원산지이고 미국 등지의 밀밭에 섞여 성장하는데 이 독보리가 밀에 혼입되어 섭취하면 중독을 일으킨다.

유독성분 종피와 배유 사이에 균이 기생하여 **테물린(temuline, 또는 loline)**이라는 유독 알칼로이드를 만든다. 독보리에는 약 0.06% 독성분이 함유되어 있다. 이에 반해 식물 자신이 독성분을 생산한다는 설도 있다.

중독증상 두통, 메스꺼움, 현기증, 귓소리, 구토, 위통, 설사 또는 변비 등을 나타내며, 중증일 때는 소변 곤란, 허탈, 경련, 혼수 등을 일으키며 사망하는 수도 있다. 독보리 중독은 미국, 캐나다, 유럽 등지에서 많이 발생한다.

16) 고사리(*Pteridium aquilinum*)의 어린순과 뿌리

한국, 일본, 중국에서는 오래전부터 산나물로 식용되어 왔으나 옛 조상들이 해왔던 것처럼 예방은 고사리를 충분히 물로 깨끗이 씻거나 또는 삶아서 사용하는 것이 바람직하다.

유독성분 **프타퀼로사이드(ptaquiloside**, norsesquiterpene 배당체)가 그 원인물질로 밝혀졌으며, ptaquiloside는 불안정하여 약알칼리성에서는 포도당이 분리되어서 **dienone**이 되고 이것이 alkyl화제로서 작용하는 강력한 발암물질이다. 또 이 dienone 역시 대단히 불안정한 물질이어서 약산성 수용액의 처리로 실온에서 즉시 **프테로신 B(pterosin B)**로 변한다. 그러나 고사리의 떫은 맛 등을 물로 우려내거나 삶으면 용이하게 분리되어 독을 뺌으로써 발암성을 잃는다. 한편 고사리는 지상의 순과 지하의 뿌리에서 모두 발암성을 나타내며 고사리 순보다 뿌리가 더 강한 것으로 밝혀졌다.

중독증상 영국, 터키 등에서 방목하던 소가 고사리의 어린순을 뜯어 먹고 골수에 강한 급성독성과 모든 장관점막의 출혈로 빠른 시간 내에 죽은 예가 있다. 또한 소의 비뇨기인 방

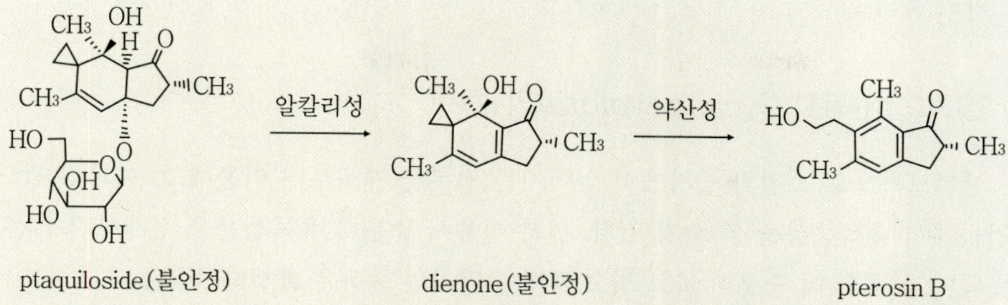

고사리의 ptaquiloside 등 구조와 분해

광이나 장관 중 회장에 종양이 발생함으로써 발암을 일으킨다. 쥐, 생쥐, 모르모트 등에서도 발암이 확인되었다.

17) 마취목(馬醉木, *Pieris japonica*, Japanese andromeda)의 꽃과 잎

상록활엽 관목으로 온대지방의 산지에서 자란다. 소나 말이 이 잎을 먹으면 마취된다는 데서 이 명칭이 유래되었다고 한다.

유독성분 꽃에는 **아세보톡신(asebotoxin) I~Ⅶ**(고미물질)가, 잎과 꽃에는 **그레이이애노톡신(grayanotoxin) Ⅲ**가 함유되어 있으며 이외에도 **아세보틴(asebotin), aseboquerctin, asebopurpurin**이 유독성분으로 밝혀졌다. 바곳에서 보듯이 이들의 꽃에서 모은 야생벌꿀을 섭취하면 grayanotoxin Ⅲ에 의해 식중독을 일으킨다. 건조한 잎에 독성이 높다. 식품 등의 기준 및 규격에서, 벌꿀에서는 그레이아노톡신 Ⅲ가 검출되어서는 안 된다고 규정하고 있다.

중독증상 중독시 명정감(술에 취한 느낌), 메스꺼움, 구토 및 특이한 경련 등을 일으킨다.

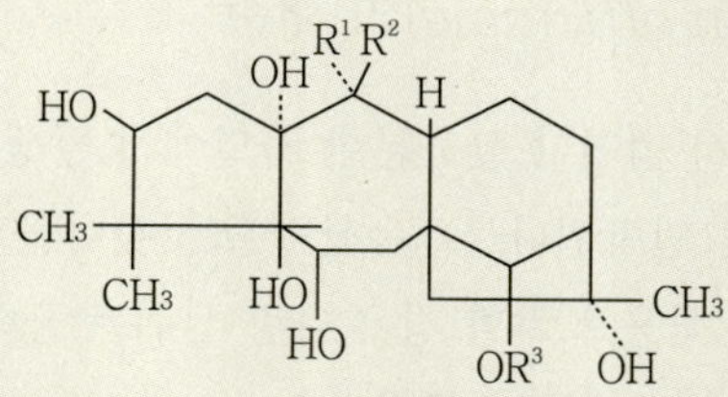

grayanotoxin Ⅰ R^1= OH : R^2= CH_3 R^3= $COCH_3$
grayanotoxin Ⅱ R^1= R^2= CH_2 : R^3= H
asebotoxin Ⅰ R^3= COC_2H_5

마취목의 asebotoxin

파리 등의 살충약, 소나 말의 피부기생충, 농작물의 해충방제 등에 이용되기도 한다.

18) 소철(蘇鐵, *Cycas revoluta*)의 종자

상록교목으로 소철의 종자에서 얻어지는 전분을 예로부터 이용해 온 미국령 괌도의 인디언들에서 중독증상을 볼 수가 있다. 전분 이용시 충분히 유독성분을 정제하지 않은 데서 비롯되며, 채취할 때 충분히 물로 씻고 햇빛에 말리면 중독은 발생하지 않는다.

유독성분 **사이카신(cycasin, methylazoxymethanol β-glucoside)**이란 배당체로 밝혀져 있다. aglycon 부분인 methylazoxymethanol을 분해하면 formaldehyde와 methanol을 생성한다.

중독증상 미량의 cycasin을 장기간 투여하면 만성중독에 의해 장관, 간장, 신장에 암을 발생시키는 것이 확인되었다.

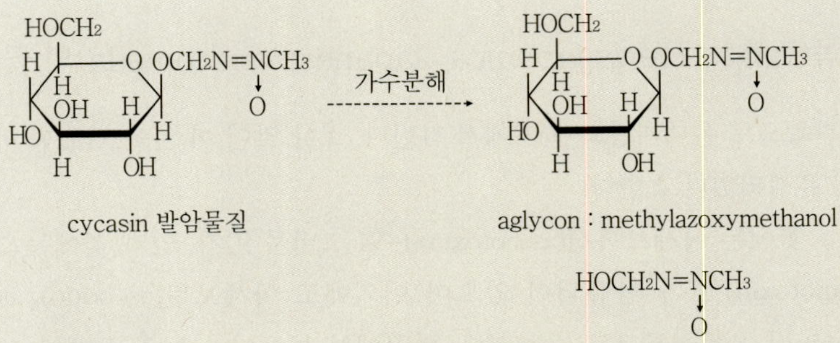

소철의 cycasin

19) 개쑥갓(*Senesio vulgaris*), 삼입나물(*Senecio palmatus*), 민박쥐나물(*Cacalia hastata*), 우산나물(*Syneilesis palmata*), 머위(*Petesites japonicus*), 민들레(*Tussilago farfara*), 컴프리(*Symphytum officinale*)의 새순

산나물로 잘못 오인 채취해서 먹거나 불충분한 가열에서 발생된다. 개쑥갓은 유럽이 원산지로서 귀화한 식물, 박쥐나물(민박쥐나물), 우산나물(삿갓나물)은 전국에 산재하며 어린순은 식용하기도 한다. 컴프리는 식용으로 할 경우 다량 섭취는 금하는 것이 좋다.

유독성분 pyrrolizidine alkaloids계통인 **세네시오닌(senecionine)**이 유독성분으로 arylester의 부분구조를 가지는 것이 강한 간독성을 띤다. 그 외에 머위의 새순에는 **petasitenine (fukinotoxin)**이라는 발암성 물질이 있다. 민들레, 컴프리에도 pyrrolizidine alkaloids계통의 간경변 유발물질인 레트로르신**(retrorsine)**이 미량 존재한다.

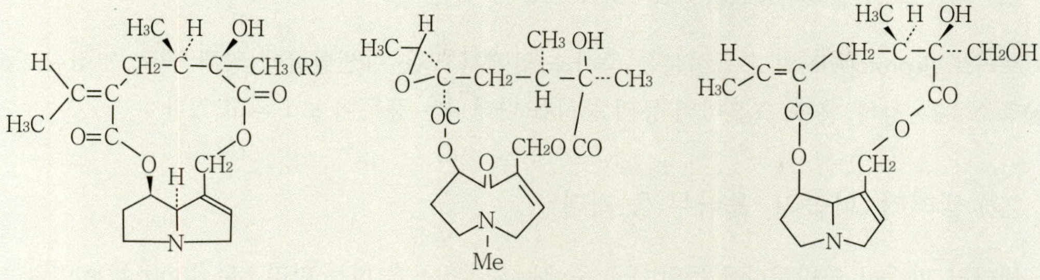

senecionine　　petasitenine　　retrorsine

개쑥갓, 민박쥐나물　　머위　　민들레, 컴프리

개쑥갓 등의 senecionine 등

중독증상　황달과 간경화를 일으키며, 만성중독 시 간암을 발생시킨다. 그래서 2001년 10월 식품원료로 금지시켰다.

20) 디기탈리스(*Digitalis purpurea L., Foxglove*)의 잎과 꽃

디기탈리스는 우리가 먹는 컴프리(comfrey) 잎과 비슷해 잘못 채취로 인해 사고가 난 경우가 있다. 꽃은 손지갑과 비슷해 컴프리와는 차이가 있다. 유럽이 원산지로서 전국에 관상용으로 식재하는 다년초이다.

유독성분　이 식물의 잎은 강심장약으로 사용되며, 중독성분은 **디지톡신(digitoxin)**이라는 배당체로서 **purpurea glycoside A, luteolin glycoside, digitonin** 및 **gitonin 등의** saponin을 함유하고 또한 purpurea glycoside를 가수분해하면 digitoxigenin이 생긴다.

중독증상　강심이뇨제로 예로부터 약용으로 사용되어 왔지만, 잘못 오용하면 부정맥(不整脈)이나 심근(心筋)의 떨림을 거쳐 순환장애를 일으켜 사망한다.

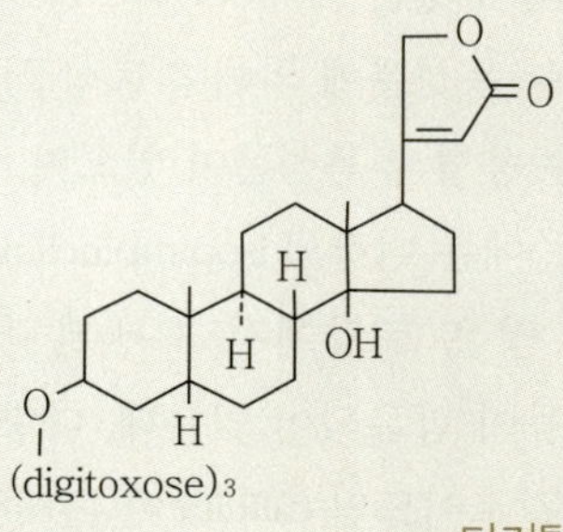

디기탈리스의 digitoxin

21) 죽사초(竹似草, *Macleya cordata*)의 꽃

프러토핀(protopine)의 유독성분은 죽사초 꽃에서 모은 야생벌꿀에 의해 구토, 명정감, 동공축소, 체온강하, 혼수, 호흡마비 등의 증상을 나타나는 중독이 보고되고 있다.

22) 셀러리, 파슬리, 옻나무 등 기타

셀러리, 파슬리, 양방풀나물 등의 채소 중에는 환각작용을 하는 **미리스티신**(myristicin)이라는 성분이 함유되어 있어 다량 이용시 주의가 요망된다. 옻나무는 예로부터 가정에서 닭 속에 찹쌀과 옻나무 등을 넣어 푹 삶아 먹어왔던 음식이고 오늘날 음식점에서 팔고 있다. 이 옻나무 속에는 **우루시올**(urushiol)이라는 성분에 의해 알레르기성 피부염을 일으키는 경우도 있다.

식품 등의 기준 및 규격에서 '옻나무를 함유한 제품의 경우에는 옻닭 또는 옻오리 조리용도로만 사용할 수 있다. 다만, 사용되는 옻나무는 우루시올 성분이 검출되어서는 아니 된다'고 규정하고 있다. 또 시금치, 팥, 도라지(*Platycodom glaucom*)는 **saponin**을 다량 함유시 메스꺼움, 구토, 복통, 설사를 일으키므로 수침을 오래하는 것도 예방의 하나라 생각된다.

양귀비(*Papaver somniferum*, 또는 *P. setigerum*)의 덜 익은 열매를 상처내면 흑색의 침출물이 나오는데, 이에는 대표적인 알칼로이드인 **모르핀**(morphine) 성분이 포함되어 있다. 소위 마약으로 불려지지만 이 성분은 과거 낮은 농도로 중추신경을 자극, 마비시키므로, 아플 때 진통제로 의약에서 유용하게 이용되어 왔다. 그러나 오늘날 마약으로 잘못 사용해 엄격한 관리가 요망된다. 꽃양배추(caulifiower), 고추냉이, 겨자 등의 **시니그린**(sinigrin)도 다량 섭취하면 갑상선 기능이 저하되어 갑상선종이 된다고 알려져 있다. 또 녹나무과 식물인 *Sassafras albidum*의 뿌리에서 정유인 sassafras oil 중 **safrole**이 향료로 사용되었으나 간암의 발암성이 인정되어 금지되었다.

쥐방울풀(Snake root)을 먹은 젖소에서 분비되는 우유를 먹으면 우유병(milk sickness) 증상, 즉 전율증(戰慄症)이 생기는데 이는 **benzofuran toxol**이라는 유독성분에 기인한 것으로 알려져 있다. 우리나라 전국의 산속에 분포되어 있는 박새(*Veratrum oxysepalum*)는 산나물로 오인하여 스테로이드계인 **veratramin**이라는 독성분에 의해 최토성 식중독을 일으킨다.

또 쌀에는 인지질인 **lysolecithin**이라는 용혈성 독성분이 있으며, 백미에 0.25%가 들어 있으나 가열하면 파괴된다. 감귤류 중 레몬즙에는 미량의 **isopimpinellin**, **furocoumarin** 등의 독성분을 가지고 있다. selenium의 함량이 많은 토양에서 재배된 식물에서는 Se아미노산인 **selenomethionine**, **methylselenocysteine** 등이 함유되어 있는데, 다량 섭취시 Se중독과 같은 증상이 나타난다. 찻잎, 커피콩 등에는 알칼로이드인 **caffeine**이 존재하는데 홍차에 약 3%, 커피에 약 1%가 들어 있으나 다량 섭취 시에는 흥분작용, 이뇨 등을 일으키므로 너무 많이 먹으면 유해한 것으로 알려져 있다. 성인 카페인 권장량은 400 mg/일 이하이다.

코코아나무 잎에는 **cocaine**($C_{17}H_{21}O_4N$)이 들어 있는데, 마취제로서 마약성분의 일종이다. 또 열대성 나무인 *Blighia sapida*의 미숙한 열매에는 **hyphoglicin A** 독성분이 혈액 중 당분을 비정상적인 감소현상을 일으키며 지방산의 β-산화과정을 억제한다. 그러나 성숙한 과일은 카리브 지역이나 나이지리아 사람들이 즐겨 먹는다. 고추의 매운 맛 성분인 **capsaicin**도 다량 섭취하면 전신경련, 호흡곤란, 피부발적 등이 나타난다.

채종유의 주지방산(C_{22})인 **에루크산(erucic acid)**은 십자화식물의 열매에 다량 들어 있으며 심장과 근육에 지방을 축적하고, 간과 심장에 독성을 나타낸다. 시금치, 파슬리, 완두, 코코아, 홍차 등에 많이 들어 있는 **옥살산(oxalic acid,** oxalate)은 Ca과 결합하여 칼슘 흡수를 방해한다. 또 옥살산 Ca이 결합한 불용성염은 신장결석을 생성한다. 또 견과류나 곡류에 다량 함유된 **피트산(phytic acid,** phytate)도 미량금속원소(아연, 칼슘, 철 등)의 흡수를 방해한다.

이들 독성식물의 독성분과 형태는 다음과 같다.

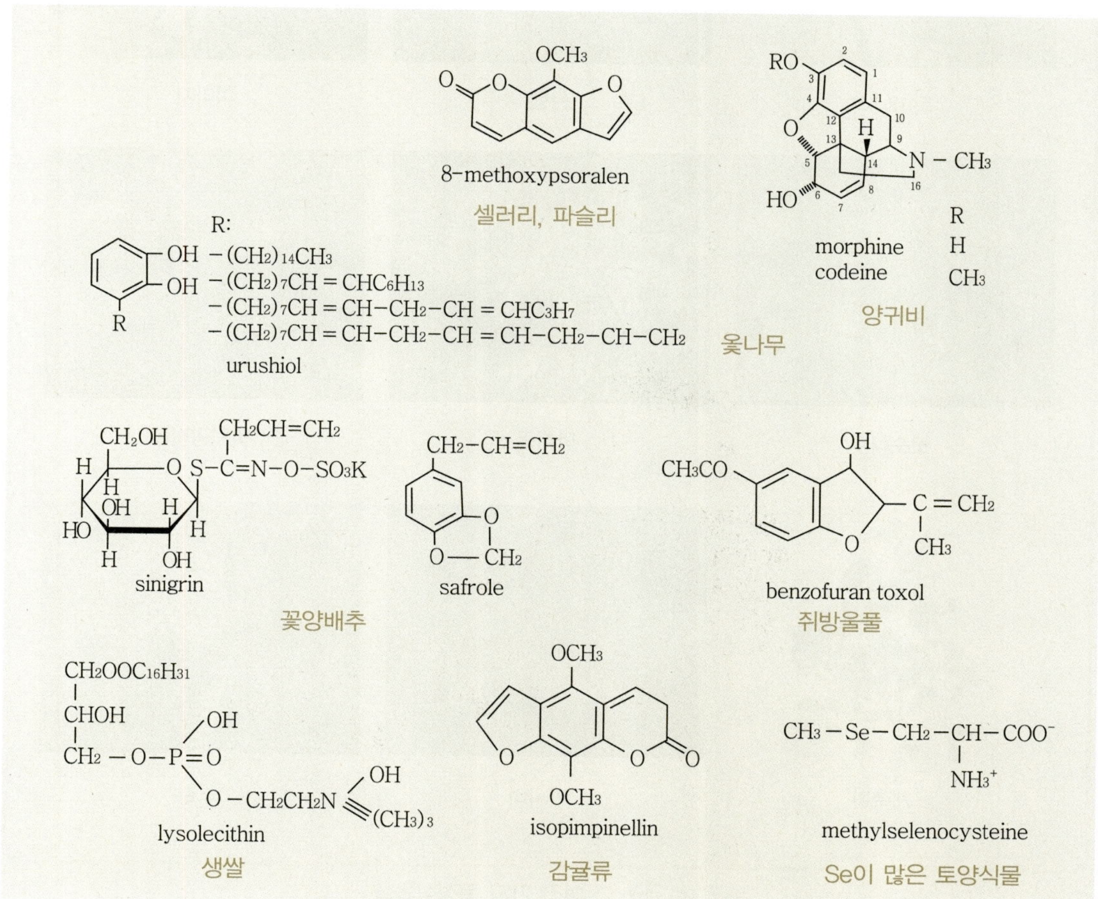

〈그림 4-1-2〉 여러 가지 독성식물들

제 2 장

식물성 이물의 식품에의 혼입

1. 식물성 이물의 종류와 피해

『식품위생법』 중 식품 등의 기준 및 규격에서 이물에 대한 정의와 종류는 본서의 제3편 제3장 '6. 동물성 이물의 식품에의 혼입'에서 언급했으므로 그 부분은 생략한다. 다만, 여기에서는 식물성 이물에 대해 간략히 살펴보고자 한다. 식물성 이물은 그 종류가 매우 다양하여 식품에 따라 선별해서 이물을 제거해야 할 것이다. 서로 다른 곡물의 종자나 잡초종자의 혼입, 다양한 종류의 나뭇조각, 껍질, 지푸라기, 왕겨, 종이류, 천 등 섬유의 부스러기 등 다종다양하다.

식품에 **식물성 이물**이 혼입될 경우 이물질로서 혐오감을 가질 뿐만 아니라 위생적 처리가 제대로 되지 않았다는 것을 의미한다. 특히 식물성 이물(곡물 등)에 곰팡이가 퍼지면 곰팡이 독인 mycotoxin을 만들어 독성의 피해를 가져올 수도 있다.

2. 식물성 이물의 예방과 대책

식품가공 원료의 선별 및 세척 과정에서 이물질 제거는 응당 필수적이며, '식품일반에 대한 공통기준 및 규격'에 이물에 대해 "식품은 원료의 처리과정에서 그 이상 제거되지 아니하는 정도 이상의 이물과 오염된 비위생적인 이물을 함유하여서는 아니 된다."라고 명시되어 있다. 다만, "제조·가공상 잔존하는 이물로서 그 양이 적고 일반적으로 인체의 건강에 해할 우려가 없는 정도는 제외한다."라고 정하고 있다. 이물질 제거방법에는 크기 차이에 의해서 분리하는 체 분리방법과 바람이나 송풍에 의해 이물질을 제거하는 방법 등이 있다. 곡물의 원료를 선별할 때 가정에서 체의 사용은 전자에 해당되고, 키를 가지고 이물을 제거하는 방법은 후자에 해당된다.

그러나 오늘날은 기술의 발달로 체 분리장치에는 회전식 드럼체나 평면체를 사용하는데, 보다 짧은 시간 내에 대량으로 이물을 제거한다. 후자는 송풍기의 강한 바람으로 쌀의 정미과정에서 왕겨를 분리하거나 보리의 정맥과정에서 외피를 제거한다. 더욱 더 미세한 이물까지 분리하고자 할 경우에는 세척과정까지 거치게 된다.

5

화학적 유해물질 및 오염물질에 대한 식품위생

제 1 장

화학적 식중독에 대한 동식물의 연쇄와 생물농축 및 대사

1. 동식물의 연쇄와 생물농축

자연 생태계에서는 어떠한 물질이든간에 생태환(生態環, C- & N-cycle)을 가지고 동식물 **연쇄(連鎖, 먹이사슬**, food chain)에 의해서 인체에까지 축적되어 영향을 미친다. 오늘날 화학공업의 발달로 인해 인공적으로 합성되는 화학물질은 계속 증가하고 있다. 이들 화학물질은 식품첨가물, 의약품, 농약, 공업용 제품, 가정용품 등에 이르기까지 직간접으로 현재 우리 사회에 크게 기여하고 있다. 그러나 그것을 이용하거나 관리가 적절히 이루어지지 않을 경우 식품에 이행 또는 오염물질이 발생하여 사람의 건강에 심각한 영향을 미치게 된다.

화학물질 중에 어떤 것은 체내에 들어가 배설되지 않고 특정한 세포나 조직에 축적되는데, 이러한 현상을 **생물농축(生物濃縮, biological concentration)**이라고 한다. 가령 지상에서 서식하는 육상생물(陸上生物)의 경우 물, 대기, 토양 등의 유해물질이 식물 자체에 부착 또는 흡수, 축적하는 것을 시작으로 해서, 여러 단계의 식물연쇄를 거쳐 점차 농축되어 식용동물(食用動物)에 이르게 된다. 또 수생생물(水生生物)의 경우는 미소한 plankton 및 수초 등 먹이사슬을 거쳐 식용 동식물에 먹히고, 또 이것들을 이용한 음식물을 섭취함으로써 인간에게 이어져 농축된다. 가령 농약인 DDT, BHC 등과 Hg, Cd 등의 농수산물의 농축, 잔류 PCB가 어패류의 지방층에 농축되어 이를 먹게 되면 결국 사람에게도 축적되어 생물농축과 먹이연쇄에 의해 중독증상이 나타나는 것을 볼 수 있다.

특히 일본에서 일어난 Hg에 의한 minamata병과 Cd에 의한 Itai itai병은 대표적인 생물농축에 의한 중독 사고라고 할 수 있다. <그림 5-1-1>은 동식물 연쇄에 의한 유해물질의 이행과 축적경로를 나타낸 것이다.

이와 같이 지구상에 수많은 산업들이 발전함으로써 수백만 종의 화학물질이 생겨나고 목적에 따라 인간에게 유용한 물질로 이용되어 왔으나 어떤 물질은 후일에 유해물질로 분류되

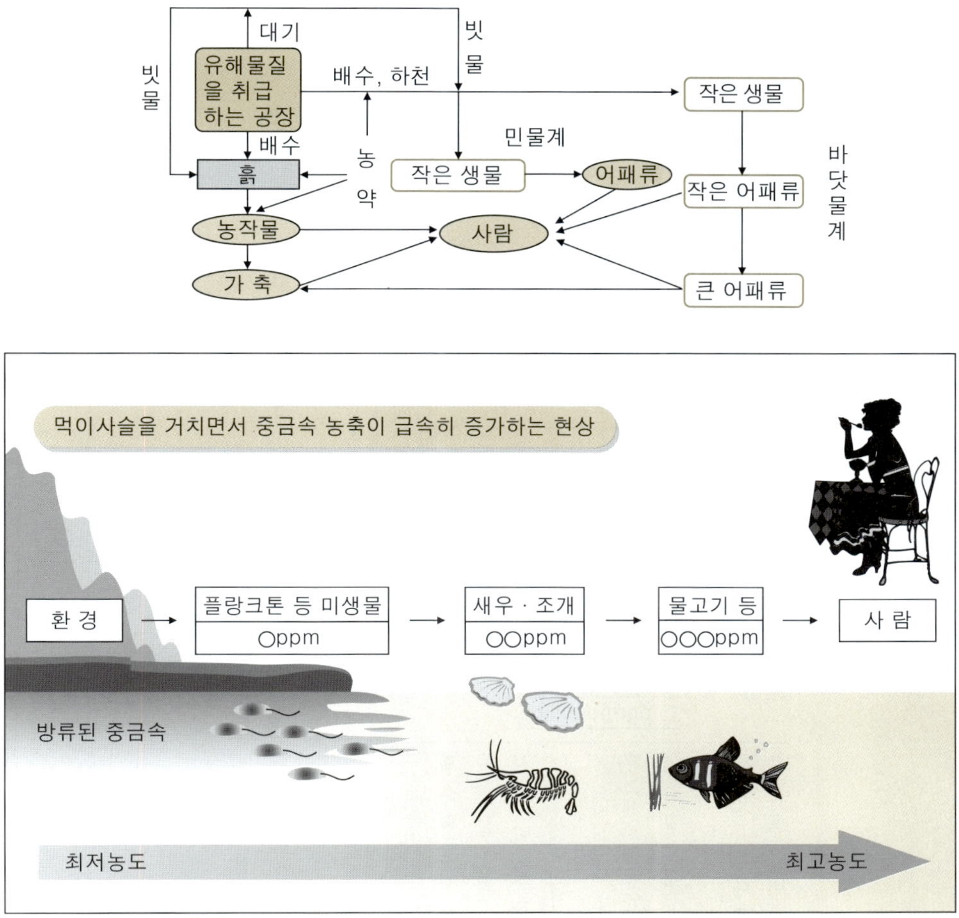

〈그림 5-1-1〉 동식물 연쇄(먹이사슬)에 의한 유해물질의 이행과 축적경로

기도 하고 잔류물질로 남기도 한다. FAO/WHO합동의 식품오염물위원회에서는 **식품오염물질(食品汚染物質)**을 "식품 중 어느 일정량 수준 이상 존재하여 부적합하다고 생각되는 물질로서, 보통의 상태에서는 동식물 체내에서 자연히 생성되는 것 또는 의도적으로 첨가되는 식품첨가물(intentional food additive)을 제외한 물질"이라고 정의하고 있다.

이러한 유해물질의 환경 오염경로는 수질오염, 토양오염 및 대기오염 등을 거쳐 식품에 이행되고 우리가 이들을 섭취함으로써 중독 내지 질병에 걸리게 되는 것이다. 따라서 유해물질의 독성발현까지의 운명 flow-chart를 보면 <그림 5-1-2>와 같다. 그리고 이웃 일본의 경우는 특정물질로 지정되었다. 그리고 그 이후 1987년경에는 일부 개정으로 인해 축적성은 낮으나 난분해성이어서 포유동물에 만성중독이 인정되며, 그 사용상태에 따라 환경오염을 통해 사

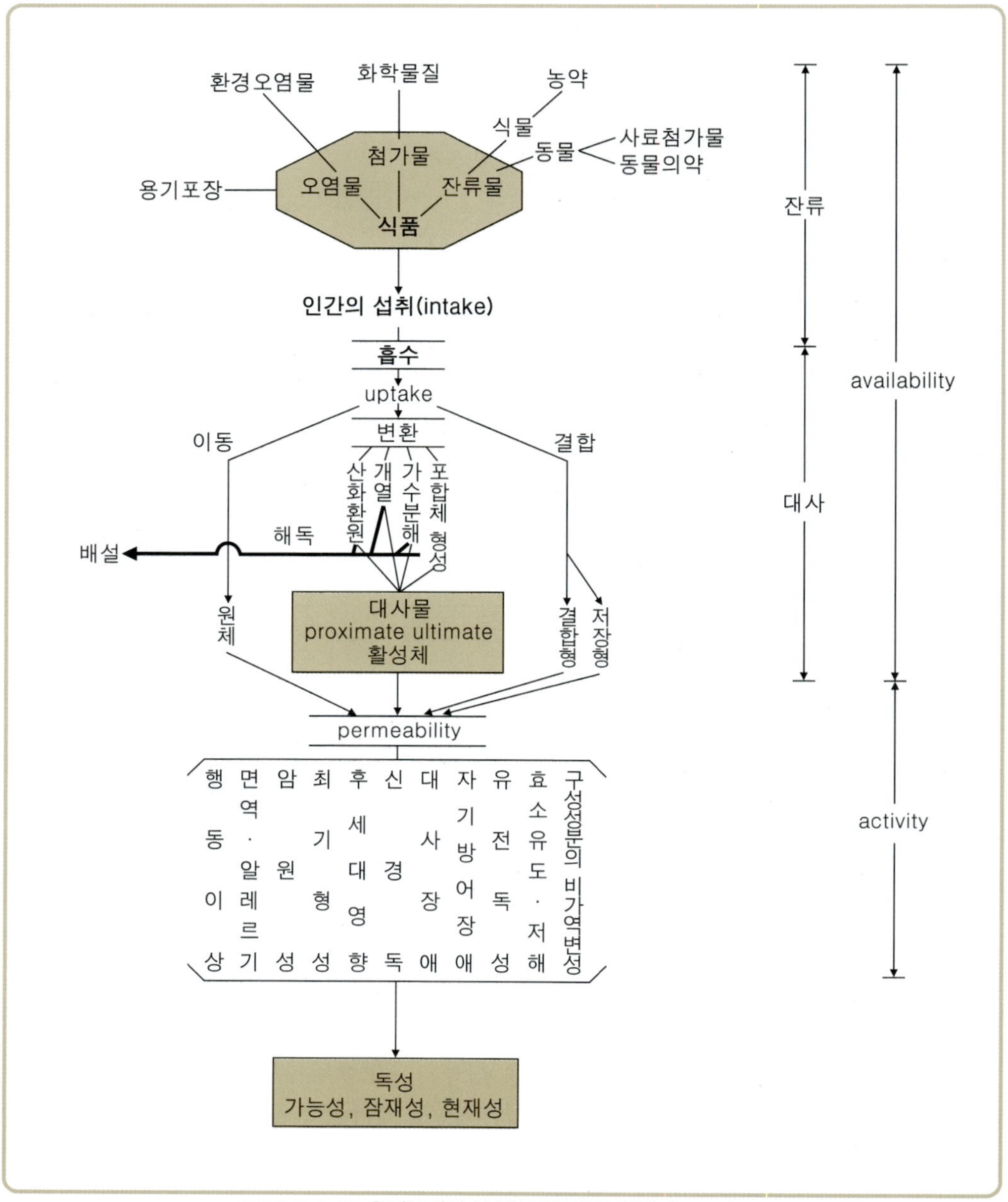

〈그림 5-1-2〉 유해물질의 독성발현까지의 운명 flow-chart

자료 : 山內充, 化學과 生物, 16,180(1978)

람의 건강에 영향을 줄 수 있는 화학물질 및 기존의 화학물질을 포함한 특정물질을 **제1종 특정화학물질**, 그리고 증명되지 않았거나 의심이 가는 화학물질 등은 **제2종 특정화학물질**로 지정하였는데, 그 내용은 <표 5-1-1>과 같다

〈표 5-1-1〉 제1종과 제2종 특정화학물질 및 지정화학물질(1993, 일본)

지정구분	성 상	지 정 물 질	주 용 도	규 제 내 용
제1종 특정 화학 물질	난분해성, 축적성, 계속 섭취에 의해 건강장애가 있는 것	PCB, PCN(폴리염화나프탈렌, 염소수 3 이상인 것) aldrin, dieldrin endrin, DDT HCB(hexachlorobenzene) chlorten류 TBTO[bis(tributhylantimone)oxid] 합계 9종 물질	절녹유 기계유 살충제 살충제 살충제 등 원료 흰개미 구제제 어망방오제 선저도료	허가 이외의 제조·수입금지 특정용도 이외의 사용금지(일부를 제외하고는 원칙적으로 제조·수입 사용이 인정되지 않음)
제2종 특정 화학 물질	난분해성, 계속 섭취에 의해 건강장애가 있는 것 제조 등의 상황에서 광역의 환경에 머무르면서 건강피해가 발생할 수 있는 것	trichloroethylene tetrachloroethylene 사염화탄소 tributhylantimon화합물(13종) triphenylantimon화합물 등 합계 23종 물질	공업용 용제 섬유제품 세정제 등 원료	제조·수입 예정 수량의 신고, 필요에 따라 수량의 제한
지정 화학 물질	난분해성, 계속 섭취에 의해 상기 유해성이 의심스러운 것	trichloroethan($CHCl_3$) 1,2 dichloroethan 1,4 dioxan tributhylantimon화합물 13종 triphenylantimon화합물 7종 기타 합계 56종 물질	냉매 원료 용매안정제 어망방오제 선저도료	제조·수입 실적 수량의 신고, 실적수량이나 환경오염 상태에서 장기독성의 조사 필요하면 제2종 특정화학물 지정

2. 식품오염물의 건강에 미치는 대사양식

식품오염물질이 식품과 함께 섭취되면 인체에 미치는 영향의 정도는 오염물의 양, 섭취기간, 공존물질 등에 따라 다르며 또 흡수, 대사, 배설되는 속도에 따라서도 달라진다. 인체가 오염물에 폭로될 때 그 농도가 크고 흡수량이 많으면 생체가 가지고 있는 독성방어인자(修飾因子)의 작용이 발휘되지 않고 정도에 따라 급성독성 또는 만성독성을 나타내며, 반면에 낮을 경우에는 방어인자의 영향이 강하게 나타나 독성이 일어나지 않고 끝나는 경우가 많다.

〈표 5-1-2〉 식품오염물질의 대사양식

대 사 형 식	유 해 물 질
A. 약물대사계에 의한 대사〔산화, 환원, 가수분해, 포합(抱合)반응 등〕	다환방향족 탄화수소〔benzo(α)pyrene 등〕, 유기염소계 화합물(DDT, BHC 등), N-nitroso화합물(NDMA 등), 유기금속(alkyl수은 등)
B. 체내격리(비대사)	뼈에 침착(Pb 등), 지방조직에의 저류(貯留)(PCB, DDT 등), 핵내봉입체(核內捧入體) 형성(Pb, Bi, Au 등)
C. 특수결합물질(특수생체기구)	metallothioneine의 생성(Cd, Hg, Cu, Zn 등), 1 : 1 결합물의 형성(Hg-Se), 저분자결합물의 형성(Cr함유 저분자물질 등)
D. 비대사(또는 대사물로서의 배설)	호기로서 배설(gas체, 휘발성 물질 등), 담즙-장관-변으로서의 배설, 요로의 배설 및 땀, 모발, 박리(剝離) 세포로의 배설

또한 유해물질이나 오염물질이 인체 내에 들어왔다 하더라도 생체 내 생리학적 상태, 영양학적 상태 등 개인의 건강상태에 따라 다른 경우도 있다. 식품의 오염물질의 흡수와 대사는 일반적으로 의약품 등의 화학물질과 그다지 다르지 않으며 흡수 후에는 그 화학적 성질에 따라서 다음 <표 5-1-2>에서 보는 바와 같이 4가지 대사 형태로 변화가 나타나는 것을 볼 수 있다.

이러한 변화는 단순히 해독만으로 결정되는 것이 아니고 어떤 경우에는 대사산물(代謝産物)이 보다 강한 독성을 나타내기 때문에 오히려 역으로 독성발현이 연결되는 경우도 있다. 대사산물이 원래의 화합물에 비해 생체조직 내 고분자화합물, 즉 핵산이나 단백질과 같이 보다 강하게 결합하는 경우도 있고, 세포막의 지질과 산화반응을 유도함으로써 생체에 여러 가지 장애를 일으키는 것으로도 알려져 있다. 가령 유기인제 농약인 schradan에서는 원래보다 독성이 10만 배나 강한 schradan N-oxide가 생긴다고 한다.

제2장

수질기준 및 수질오염과 공장폐수의 환경오염

1. 먹는 물의 수질기준

1) 한국

우리 인체는 생명을 유지하기 위하여 매일 약 2 L의 물이 요구되며 인체는 약 70% 정도의 물을 함유하고 있다. 물은 음식으로부터도 많은 양을 얻지만 상당량은 먹는 물에서도 얻고 있다. 그래서 먹는 물은 매우 위생적이어야 한다.

우리나라는 과거 1984년 3월 보건사회부령으로 「음용수의 수질기준 등에 관한 규칙」이 신설된 이래 1995년 5월과 2010년 환경부령의 「먹는 물 수질기준 및 검사 등에 관한 규칙」이 새로 개정, 보완되어 '먹는 물의 수질기준'이 아래와 같이 정해졌다.

아울러 「먹는 물 관리법」의 총칙 3조(정의)를 보면 ① **'먹는 물'**이란, "먹는 데 통상 사용하는 자연상태의 물과 자연상태의 물을 먹기에 적합하도록 처리한 수돗물, 먹는 샘물, 먹는 염지하수 등을 말한다."라고 정하고 있다. 염지하수란 물속에 녹아 있는 염분 등의 함량이 환경부령으로 정하는 기준 이상인 암반대수층(岩盤帶水層) 안에 지하수로서 수질의 안전성을 계속 유지할 수 있는 자연상태의 물을 먹는 용도로 사용할 원수를 말한다. ② **'샘물'**이란, "암반대수층 안의 지하수 또는 용천수 등 수질의 안전성을 계속 유지할 수 있는 자연상태의 깨끗한 물을 먹는 용도로 사용할 원수(原水)를 말한다."라고 하고 ③ **'먹는 샘물'**이란, "샘물을 먹기에 적합하도록 물리적으로 처리하는 등의 방법으로 제조한 물을 말한다."라고 하며, 이는 시판되고 있는 생수가 이에 해당된다. ④ 먹는 **해양심층수**란 「해양심층수의 개발 및 관리에 관한 법률」 제2조 제1호에 따른 해양심층수를 먹는 데 적합하도록 물리적으로 처리하는 등의 방법으로 제조한 물을 말하고, ⑤ **'먹는 물 공동시설'**이란, "여러 사람에게 먹는 물을 공급할 목적으로 개발하였거나 저절로 형성된 약수터, 샘터, 우물 등을 말한다."라고 정의하고 있다.

아울러 환경부장관 또는 특별시장, 광역시장, 도지사는 먹는 물검사에 대한 수질검사를 실시하여야 하고, 상기 부서는 물론 일선 시, 군, 자치구까지 먹는 물 수질감시원을 두도록 정하고 있다.

또 표 <5-2-1>과 같이 매일, 매주, 매월, 매년의 1회 이상을 수질검사의 최소 횟수로 정하고 있으며, 정수장, 수도꼭지, 간이상수도, 전용상수도 및 소규모 급수시설은 특별시장, 광역시장, 군수(광역시 군수 제외)가 하며, 먹는 물 공동시설은 특별시장, 광역시장, 도지사가 실시한다. 그 만큼 먹는 물은 식품에 못지않게 위생적으로 다루어져야 한다.

수질 항목 중 그 필요성을 간단히 요약하면 다음과 같다.

〈표 5-2-1〉 먹는 물의 수질기준〔먹는 물, 샘물(원수), 먹는 샘물 모두 해당〕(2015년 5월)

항 목	수 질 기 준	정수장	수도꼭지	수돗물 급수과정별 시설	먹는 물 공동시설
1) 미생물에 관한 기준	① 먹는 물의 일반세균은 1 mL 중 100 CFU 이하(표준한천 배지내에서 성장하여 집락을 형성할 수 있는 중온성균을 말함)(WHO, 일본과 동일) 단, 샘물 및 염지하수의 경우에는 저온일반세균이 20 CFU/mL, 중온일반세균은 5 CFU/mL 이하이어야 하며, 먹는 샘물, 먹는 염지하수 및 먹는 해양심층수는 병에 넣은 후 4℃를 유지한 상태에서 12시간 이내에 검사하여 저온일반세균(21℃)은 100 CFU/mL, 중온일반세균(35℃)은 20 CFU/mL 이하로 할 것	매주 1회 이상 (이하에서 '이상'은 생략)	매월 1회 이상 (이하에서 '이상'은 생략)	매분기★ 1회 이상 (이하에서 '이상'은 생략)	매분기 1회 이상 (이하에서 '이상'은 생략)
	② 총대장균군은 먹는 물 중 100 mL에서, 샘물·먹는 샘물, 염지하수·먹는 염지하수, 먹는 해양심층수는 250 mL에서 검출되지 아니할 것 단, 제4조 제1항 제1조의 나목 및 다목에 따라 매월, 매분기 실시하는 총대장균군의 수질검사 시료 수가 20개 이상인 정수시설의 경우에는 검출되는 시료 수가 5%를 초과하지 아니할 것	주1회	월1회	분기1회★	분기1회
	③ 대장균, 분원성 대장균군은 100 mL에서 검출되지 아니할 것. 단, 샘물·먹는 샘물, 염지하수·먹는 염지하수 및 먹는 해양심층수의 경우에는 적용하지 아니한다.	주1회	월1회	분기1회★	분기1회
	④ 분원성 연쇄상구균·녹농균·살모넬라 및 시겔라균은 샘물 및 먹는 샘물의 경우 250 mL에서 검출되지 아니할 것(샘물·먹는 샘물, 염지하수·먹는 염지하수 및 먹는 해양심층수에만 적용)	월1회	월1회		연1회
	⑤ 아황산환원 혐기성 포자형성균은 샘물·먹는 샘물, 염지하수·먹는 염지하수 및 먹는 해양심층수의 경우 50 mL에서 검출되지 아니할 것	월1회			연1회
	⑥ 여시니아균은 먹는 물 공동시설의 경우에 한하여 2 L에서 검출되지 아니할 것	월1회			연1회

(계속)

항 목	수 질 기 준	정수장	수도꼭지	수돗물 급수과정별 시설	먹는 물 공동시설
2) 건강상 유해영향 무기물질에 관한 기준	① 납은 0.01 mg/L 이하(일본과 동일)	월1회			연1회
	② 불소는 1.5 mg/L(샘물·먹는 샘물 및 염지하수·먹는 염지하수는 2.0 mg/L) 이하(일본 0.8, WHO 1.5, 미국 4 mg/L)	월1회		분기1회★	연1회
	③ 비소는 0.01 mg/L 이하(샘물·염지하수는 0.05 mg/L 이하) (미국 0.05, 일본, WHO는 동일)	월1회			연1회
	④ 셀레늄은 0.01 mg/L 이하(샘물·염지하수는 0.05 mg/L 이하) (일본, WHO는 동일, 미국 0.05 mg/L)	월1회			연1회
	⑤ 수은은 0.001 mg/L 이하 (WHO와 동일, 일본 0.0005, 미국 0.002 mg/L)	월1회			연1회
	⑥ 시안은 0.01 mg/L 이하 (일본과 동일, WHO 0.07, 미국 0.2 mg/L)	월1회			연1회
	⑦ 크롬은 0.05 mg/L 이하 (일본, WHO는 동일, 미국 0.1 mg/L)	월1회		분기1회	연1회
	⑧ 암모니아성 질소는 0.5 mg/L 이하(WHO 1.5 mg/L)	주1회	월1회#	분기1회★	분기1회
	⑨ 질산성 질소는 10 mg/L이하 (일본, 미국 동일, WHO 50 mg/L)	주1회		분기1회★	분기1회
	⑩ 카드뮴은 0.005 mg/L 이하 (일본과 동일, WHO 0.003, 미국 0.005 mg/L)	월1회			연1회
	⑪ 보론은 1.0 mg/L 이하(염지하수는 적용 안 함) (WHO 0.5, 일본 0.2)	월1회		분기1회★	
	⑫ 브롬산염은 0.01 mg/L 이하(먹는 샘물, 염지하수·먹는 염지하수, 먹는 해양심층수 및 오존으로 살균·소독 또는 세척 등을 하여 음용수로 이용하는 지하수만 적용)				연1회
	⑬ 스트론튬은 4 mg/L 이하(먹는 염지하수 및 먹는 해양심층수의 경우에만 적용)				연1회
3) 건강상 유해영향 유기물질에 관한 기준	① 페놀은 0.005 mg/L 이하 (일본과 동일)	월1회			연1회
	② 다이아지논은 0.02 mg/L 이하 (일본 0.005 mg/L)	월1회			연1회
	③ 파라티온은 0.06 mg/L 이하 (일본, WHO, 미국 없음)	월1회			연1회
	④ 페니트로티온은 0.04 mg/L 이하 (WHO, 미국 없음, 일본 0.003 mg/L)	월1회			연1회
	⑤ 카바릴은 0.07 mg/L 이하 (일본, WHO, 미국 없음)	월1회			연1회
	⑥ 1,1,1트리클로로에탄은 0.1 mg/L 이하 (일본 0.3, WHO 2, 미국 0.2 mg/L)	월1회			연1회
	⑦ 테트라클로로에틸렌은 0.01 mg/L 이하 (일본과 동일, WHO 0.04, 미국 0.05 mg/L)	월1회			연1회
	⑧ 트리클로로에틸렌은 0.03 mg/L 이하 (일본과 동일, WHO 0.07, 미국 0.005 mg/L)	월1회			연1회

(계속)

항 목	수 질 기 준	정수장	수도 꼭지	수돗물 급수 과정별 시설	먹는 물 공동시설
3) 건강상 유해영향 유기물질에 관한 기준	⑨ 디클로로메탄은 0.02 mg/L 이하 (일본, WHO와 동일, 미국 0.005 mg/L)	월1회			연1회
	⑩ 벤젠은 0.01 mg/L 이하 (일본, WHO와 동일, 미국 0.005 mg/L)	월1회			연1회
	⑪ 톨루엔은 0.7 mg/L 이하 (일본 0.6, WHO와 동일, 미국 1 mg/L)	월1회			연1회
	⑫ 에틸벤젠은 0.3 mg/L 이하 (WHO와 동일, 미국 0.7 mg/L)	월1회			연1회
	⑬ 크실렌은 0.5 mg/L 이하 [WHO와 동일, 일본 0.4, 미국 10(total) mg/L]	월1회			연1회
	⑭ 1,1 디클로로에틸렌은 0.03 mg/L 이하 (WHO와 동일, 일본 0.02, 미국 0.007 mg/L)	월1회			연1회
	⑮ 사염화탄소는 0.002 mg/L 이하(미국 0.005 mg/L)	월1회			연1회
	⑯ 1,2-디브로모-3-클로로프로판은 0.003 mg/L 이하	월1회			연1회
	⑰ 1, 4-다이옥산은 0.05 mg/L 이하	월1회			연1회
4) 소독제 및 소독부산물질에 관한 기준 (샘물·먹는 샘물·염지하수·먹는 염지하수·먹는 해양심층수, 먹는 물 공동시설의 물에는 적용 제외)	① 잔류염소(유리잔류염소를 말함)는 4.0 mg/L 이하	매일1회	월1회	분기1회★	연1회
	② 총트리할로메탄은 0.1 mg/L(일본, 미국 동일)	월1회	분기1회	분기1회	연1회
	③ 클로로포름은 0.08 mg/L 이하	월1회			연1회
	④ 브로모디클로로메탄은 0.03 mg/L 이하	월1회			연1회
	⑤ 디브로모클로로메탄은 0.1 mg/L 이하	월1회			연1회
	⑥ 클로랄하이드레이트는 0.03 mg/L 이하	분기1회			연1회
	⑦ 디브로모아세토니트릴은 0.1 mg/L 이하	분기1회			연1회
	⑧ 디클로로아세토니트릴은 0.09 mg/L이하	분기1회			연1회
	⑨ 트리클로로아세토니트릴은 0.00 4mg/L이하	분기1회			연1회
	⑩ 할로아세틱에시드(디클로로아세틱에시드와 트리클로로아세틱에시드 및 디브로모아세틱에시드의 합)는 0.1 mg/L 이하	분기1회			연1회
	⑪ 포름알데히드는 0.5 mg/L 이하				
5) 심미적 영향물질에 관한 기준	① 경도는 1,000 mg/L 이하(수돗물은 300 mg/L 이하, 먹는 샘물은 500 mg/L, 먹는 염지하수 및 먹는 해양심층수는 1,200 mg/L 이하, 다만, 샘물 및 염지하수는 적용 안 함(일본과 동일)	월1회			연1회
	② 과망간산칼륨 소비량은 10 mg/L 이하 (일본과 동일)	주1회			분기1회
	③ 냄새와 맛은 소독으로 인한 냄새와 맛 이외의 냄새와 맛이 있어서는 아니될 것. 다만 맛의 경우는 샘물, 염지하수, 먹는 샘물 및 먹는 물 공용시설의 물에는 적용 안 함	매일1회		분기1회★	연1회
	④ 동은 1 mg/L 이하(일본, WHO와 동일), 미국 TT(1.3)	월1회	월1회#	분기1회	연1회
	⑤ 색도는 5도 이하(일본과 동일, WHO 15 CTU)	매일1회			연1회

(계속)

항 목	수 질 기 준	정수장	수도 꼭지	수돗물 급수 과정별 시설	먹는 물 공동시설
5) 심미적 영향물질에 관한 기준	⑥ 세제(음이온계면활성제)는 0.5 mg/L 이하 단, 샘물·먹는 샘물, 염지하수·먹는 염지하수 및 먹는 해양심층수의 경우에는 검출되지 아니할 것 (일본 0.2 mg/L)	월1회			연1회
	⑦ 수소이온농도는 pH 5.8~8.5이어야 할 것. 다만, 샘물, 먹는 샘물 및 먹는 물 공동시설의 물에는 pH 4.5 이상 pH 9.5 이하이어야 함 (일본 pH 5.8~8.6), 미국 pH 6.5~8.5	매일1회		분기1회	
	⑧ 아연은 3 mg/L 이하 (WHO 동일, 미국 5, 일본 1.0)	월1회	월1회#	분기1회	연1회
	⑨ 염소이온은 250 mg/L 이하(염지하수는 적용 안 함) (일본, 미국, WHO 동일)	월1회	월1회#	분기1회★	연1회
	⑩ 증발잔류물은 수돗물의 경우 500 mg/L 이하(미국, 일본과 동일). 단, 샘물의 경우에는 적용하지 아니하며, 먹는 샘물, 먹는 염지하수 및 먹는 해양심층수는 미네랄 등 무해성분을 제외한 증발잔류물이 500 mg/L 이하, WHO 1000 mg/L	주1회			분기1회
	⑪ 철 0.3 mg/L 이하, 단, 샘물 및 염지하수의 경우 적용하지 아니할 것(철 : 일본, 미국, WHO 동일(망간 : 미국, 일본 0.05 mg/L, WHO 동일)	월1회	월1회#	분기1회	연1회
	⑫ 망간은 0.3 mg/L(수돗물의 경우 0.05 mg/L) 이하, 다만, 샘물 및 염지하수는 적용 안 함	월1회	월1회#	분기1회★	
	⑬ 탁도는 1 NTU* 이하, 단, 지하수를 원수로 상용하는 마을 상수도, 소규모 급수시설 및 전용 상수도를 제외한 수돗물은 0.5 NTU 이하 , 일본 2도	매일1회		분기1회★	연1회
	⑭ 황산이온은 200 mg/L 이하. 다만, 샘물, 먹는 샘물 및 먹는 물 공동시설의 물은 250 mg/L 이하 (WHO 250, 미국 500 mg/L)	월1회			
	⑮ 알루미늄은 0.2 mg/L 이하 (일본, 미국, WHO와 동일)	월1회		분기1회	연1회 연1회
6) 방사능에 관한 기준 (염지하수에만 적용)	① 세슘(Cs-137)은 4.0 mBq/L 이하 ② 스트론튬(Sr-90)은 3.0 mBq/L 이하 ③ 삼중수소는 6.0 Bq/L 이하, 단, 염지하수는 적용 안 함				

* NTU : Nephelometric Turbidity Unit 약자　이하 : 넘지 아니할 것　# : 노후지역　★ : 마을상수도, 전용상수도 및 소규모 급수시설의 경우 표시(분기 1회 이외는 매년 1회), CFU(colony forming unit)

(1) 미생물에 관한 기준

모든 물은 세균 등 미생물의 오염수준에 따라 변질되어 식중독 내지 감염병에 관여할 수 있기 때문에 수질검사를 가장 철저히 힘써야 할 항목이다.

일반세균수(total bacteria, SPC), 대장균군(coliform) 검사는 먹는 물이라면 꼭 검사해야 하며,

다른 항목은 샘물, 먹는 샘물, 먹는 물 공동시설에 선택적으로 검사가 이루어짐으로써 사전에 예방 가능성을 가지게 한다. 물은 특히 병원미생물로 인해 이질, 장티푸스, 콜레라 등과 바이러스로 인한 감염 등이 물을 매개하여 수인성 감염병을 가지게 한다.

정수장에서 실시하는 소독효과를 확인할 수 있는 지표로는 일반 세균검사를 하고 있다. 대부분 잡균으로 알려진 일반세균에는 대장균보다도 높은 염소저항성을 가지고 있고 분변 이외의 오염에도 민감하게 반응하는 균도 많기 때문에 오염지표로의 감도는 대장균보다 훨씬 높은 것으로 알려져 있다. 그리고 표에서 저온이나 중온 일반세균수의 저온은 21℃이고 중온은 35℃이다.

먹는 물 수질기준상 **일반세균수**라 함은 물속의 모든 세균을 지칭하는 것은 아니며, 표준한천배지에서 36±1℃에서 24±2시간 배양할 때 집락을 형성하는 호기성, 통성혐기성 등의 종속 영양세균을 말한다. 다시 말해 **일반세균수**의 기준은 검수 1 mL에서 형성된 집락수(colony count)가 100 CFU(colony forming unit) 이하로 정하여져 있는데 이는 세균이 너무 작기 때문에 일일이 하나씩 셀 수가 없어 우리가 볼 수 있는 집락수를 세균 단위로 세는 것이다.

또 **대장균군**에 속하는 세균들을 살펴보면 *E. coli*(대장균)과 *Klebsiella pneumonia* 등을 비롯하여 자연환경 중에 존재하는 *Enterobacter aerogenes, E. cloacae, E. intermedium, Erwinia carotovora, Citrobacter freundii, Kl. oxytoca* 등 많은 세균이 포함되어 있다. 그러나 *E. coli* (I형) 이외는 원래 토양이나 물속을 서식장소로 하는 균종이 대부분이기 때문에 분변오염과 직접적으로 관계없는 경우가 많은 것으로 알려져 있다. 또 대장균군 검사의 시료량에서 먹는 물이 50 mL인 데 비해 먹는 샘물은 250 mL에서 검출되어서는 아니 된다는 차이점이 있다.

한편 기준치 설정근거는 일반세균수의 경우 병원미생물에 의해 오염된 것으로 의심되지 않을 정도의 지표로서 정해져 있고, 대장균군에서는 사람과 동물의 배설물 등에 의한 오염도를 나타내는 지표이므로, 병원미생물에 의해 오염되어 있다는 것을 의심하지 않는 수치로 한다고 정하였다.

분원성 연쇄상구균(*faecal streptococcus* : 장구균)은 연쇄상구균 중 Lancefield group D에 속하였던 *S. faecalis, S. faecium, S. bovis, S. equinus* 중 ***streptococcus faecalis***, ***streptococcus faecium***을 말한다. 이 두 종은 사람과 온혈동물의 장관 내에 상재하는 균으로 넓은 온도 범위에서 증식이 가능(10℃ 및 45℃에서 발육)하다는 점 등 여러 가지 성상이 다른 연쇄상구균과 다르다. 분원성 연쇄상구균은 주로 생식비뇨기계 감염증을 일으키며, 노인남자나 중년층 여자에게서 잘 생긴다.

분변 중에서 분원성 연쇄상구균은 대장균수보다 적다. 외계에서의 증식률이 대장균보다 낮으므로 분뇨 오염지표로서의 의미가 매우 높다. 더욱이 저온, 고온, 건조 등에 저항성이 강하므로 대장균군이 사멸되었다거나 적은 수로 감소되었다고 하더라도 분원성 연쇄상구균은 냉동식품, 냉장식품, 건조식품, 가열식품 및 환경수 등에 생존할 가능성이 있으므로 오히려 대장균군 검사보다 더 의의가 크다고 생각된다. 특히 이 균은 통상 **냉동오염지표균**으로 이용되고 있다.

또 **녹농균(綠濃菌,** ***pseudomonas aeruginosa*****)**은 아포를 형성하지 않는 세균 중에서 가장 안정된 균으로 건조나 고온에서도 비교적 안정되게 생존할 수 있는 균이다. 이 균은 그램음성 간균으로 나쁜 영양조건에서 호기적으로, 넓은 온도범위에서 발육한다. 하수, 해수, 호수, 하천수, 토양 등의 환경 중에 존재하며, 사람을 포함한 동물의 장관 내에서도 많이 볼 수 있다. 이 균은 청록색의 pyocyanin과 형광성의 fluorescein 등의 색소를 생산하고 생산량이 많으면 배지가 녹색으로 착색된다. 이 균은 주로 병원내 감염 원인균의 하나로, 면역력이 떨어진 환자에서 패혈증이나 폐렴 등의 감염증을 일으키는 것으로 알려져 있다. 이 균의 설정근거는 병원 미생물에 의하여 오염된 것으로 의심되지 않을 정도의 지표로서 정해져 있다. 특히 *pseudomonas*는 각종 질병을 유발하기 때문에 질병예방 차원에서 기준치가 설정되었다. 이 균은 열에 약하므로 가열처리하는 정수방법이 가장 이상적이라고 한다.

아황산환원 혐기성 포자형성균(sulfate reducing spore forming anerobe)이란 그램양성의 아포를 형성하는 ***clostridium perfringens***를 말하고 이 균은 편성 혐기성 내지 미호기성에서, 환경조건이 나빠지면 아포를 형성, 장시간 생존한다. 이 균은 사람의 분변에서 10^6/g 이상 존재하는 경우도 있다. 또 이 균은 흙, 하수, 물, 사람이나 동물의 장관에 살고 있으며, 식중독은 육류를 많이 먹거나 조리한 후 저장하였다가 먹는 습성이 있는 서구인에게 많다. 그리고 이 균은 생존율이 매우 높아 자연계의 수질오염 정도를 과대평가하는 경향이 있으나 먹는 샘물과 같이 긴 유통기간을 가지는 물에서는 안전성을 높이기 위하여 기준지표로서 설정되어 있다.

살모넬라(salmonella)와 시겔라(shigella : 이질)도 장내세균과에 속하며 그램 음성 무아포 간균이다. 그러나 이미 앞에서 언급하였듯이 살모넬라는 식중독에서, 시겔라는 경구감염병에서 설명하였으므로 생략하고, 다만 기준치 설정의 근거는 법정감염병으로 감염속도가 빠르며, 수인성 감염을 가지므로 검출되어서는 안 되도록 기준이 설정되어 있다.

(2) 건강상 유해영향 무기물질에 관한 기준

납, 수은, 카드뮴 등의 중금속물질은 인체에 축적성이 크고 장기간에 걸쳐 만성중독이 일어나므로 검사에 중요성을 가지며 비소도 매우 유해한 물질로 지목되고 있다. 한편 암모니아성 질소나 질산성질소는 생활하수, 공장폐수, 분뇨, 오염수, 부패한 채소나 동물, 쓰레기 등의 혼입에 의하여 생성된다. 특히 논밭에 뿌려진 요소비료나 질소비료 등도 질산이온의 원인이 되며 그 자체 유독성보다 오히려 음료수 오염의 한 지표가 된다.

암모니아성 질소(NH_3-N)란 물에 녹아 있는 암모늄 염의 질소를 의미하며, 암모니아를 총 질소로 표시하므로 NH_3-N으로 표시한다. 암모니아 생성과정은 유기물 중의 단백질, 핵산 등의 질소화합물이 미생물에 의해 분해 및 부패될 때에 아미노기{(-NH_2)n} 또는 amine류가 암모니아(NH_3)로 분해되어 악취를 나타난다.

질산성 질소(NO_3-N)는 보통 질산염 또는 질산이온(NO_3)으로 표현되지만, 그 양을 질소량으로 표시하는 것이므로 NO_3-N으로 표시한다. 이는 각종 질소화합물, 즉 동물성 유기물질의 산화, 분해된 최종 산화물이므로 유기물질에 의한 과거의 오염을 나타내고 그 원인이 되는 NH_3, NO_2, 유기성 질소화합물을 경유하여 반응함으로써 위생상 주의가 요망된다. 아울러 산성 질소가 많으면 혈장 중에 헤모글로빈이 비정상적으로 증가하는 유유아(乳幼兒)의 (메트)헤모글로빈혈증(hemoglobinemia)이 생긴다.

우리나라에서 1993년에 질산이온이 많은 물을 섭취한 어린이가 청색증(cyanosis)에 걸린 blue baby 사례, 또 1994년 1월 낙동강의 정수장의 암모니아농도가 기준치 이상이 되어 부산, 경남지역에서 문제가 되었던 예들이 있다.

(3) 건강상 유해영향 유기물질에 관한 기준

phenols, benzene, toluene, ethyl benzene, xylene, 사염화탄소는 주로 공업화학물질 계통으로 이들이 공장 폐수형태로 물을 오염시킨다. 특히 **phenol**은 소독제, 합성수지, 의약품, 농약 등의 제조원료나 공장폐수에 포함되어 나오고 악취의 원인이 되기도 한다. **톨루엔(C_7H_8)**은 액체, 증기로 피부, 눈, 인후를 자극한다. 심하면 두통, 현기증, 마취상태 등에 이르기도 한다.

벤젠(C_6H_6)은 조혈기 발암성 및 빈혈과 혈소판 감소에 대한 평가를 고려하여 기준치가 설정되었다. **에틸벤젠(C_8H_{10})**은 휘발유와 같은 냄새가 나는 무색의 액체로 석유, 휘발유(2%), 콜탈, 페인트, 잉크, 살충제 등에서 발견된다. 미국에서는 평생 동안 먹어도 아무런 건강상의 문제를 일으키지 않는 수준으로 0.68 mg/L로 설정하였다. **크실렌(xylene : C_8H_{10})**은 자연계에 가솔린과 같은 석유성분에 존재하고 용제, 염료, 안료, 향료, 텔레프탈산 등에 사용된다. 물속의 크실렌은 주로 대기로 휘산되어 제거된다. 미국 EPA는 매일 0.4 mg/L의 크실렌을 함유한 물을 평생 마신 성인은 암을 일으키지 않는다고 추정하였다. **사염화탄소**는 프레온가스의 원료로, 또는 염소용 유기용제로서 널리 적게 사용된다. 특히 사염화탄소는 토양에 흡착되지 않고 곧바로 지하수로 들어가 수 년간 잔류한다.

다이아지논, 파라티온, 페니트로티온($C_9H_{12}NO_5PS$)은 유기인제 농약으로 우리나라는 1990년대 전후 당시 벼농사, 채소, 과수, 담배 등에 멸구류, 나방류, 진딧물, 파리 등과 소나무의 솔나방을 제거하기 위해 독성이 강한 유기인제 살충제농약을 많이 사용하여 하천, 호소 등에 유입되어 상수원을 오염시켰다. 또 카바릴(carbaryl, $C_{12}H_{11}NO_2$)은 카바메이트제 농약으로 벼의 흰등멸구, 사과의 잎말이나방, 배추의 배추흰나비의 살충제로서 효과는 물론 사과의 적과제(赤果劑)로서 특징 있는 효과로 쓰여 상수원을 오염시켰고, 이 외에 농약으로 1,2-디브로모-3-클로프로판이 사용되어 위와 같이 상수원을 오염시켜 규제하게 되었다.

1,1,1 트리클로로에탄, 테트라클로로에틸렌, 트리클로로에틸렌, 디클로로메탄, 1,1디클로로에틸렌은 주로 드라이이클리닝, 금속탈지세정 등의 세정제로 사용되면서 물에 오염되는 경우이다.

1,1,1 트리클로로에탄(CH_3-CCl_3)에는 간장에 대하여 유해작용이 있으나 기준치는 맛과 냄새가 나는 것을 방지하는 관점에서 설정한 것이다. **테트라클로로에틸렌($CC_{12}=CC_{12}$), 트리클로로에틸렌($CHC_1=CCl_2$), 디클로로메탄(CH_2Cl_2), 1,1 디클로로에틸렌($CCl_2=CH_2$), 사염화탄소(CCl_4)**는 발암성 평가를 고려하여 수질기준치를 설정하였다. 다이아지논, 파라티온, 페니트로티온, 카바릴은 농약으로서 농촌 등의 지하수를 음용시 문제가 되었던 항목들이다.

(4) 소독제 및 소독부산물질에 관한 기준 (샘물·먹는 샘물 및 먹는 물 공동시설의 물에는 적용 제외)

염소소독 후에는 살균력을 유지시키기 위하여 적절한 양의 유리염소, 즉 **잔류염소**가 있는지를 주기적으로 검사해야 한다. 먹는 물에 함유되어 있는 염소는 유리잔류염소(HOCl)와 hypochlorite(OCl^-)로 결합한 잔류염소가 있다. 전자인 유리잔류염소는 살균효과가 크고, 물속에 존재하는 비율은 pH에 따라 달라지는데, 알칼리성으로 되면 급격히 이온화해서 hypochloride(OCl^-)가 증가한다. 그러므로 물의 염소소독은 약산성~약알칼리의 범위에서 하는 것이 효과적이고 pH 9 이상에서는 효과가 감소한다.

결합잔류염소는 보통 클로라민(Chloramine, NH_2Cl, $NHCl_2$)이다. 이것은 물속에 NH_3 화합물이 포함되는 경우 주입한 염소와 결합해서 만들어지면 살균은 유리염소에 비해 낮다. 따라서 잔류염소의 검사는 매우 중요하다. 총 트리할로메탄은 수돗물의 소독시 생성되는 물질이며 주로 염소(Cl)와 자연에서 유래하는 유기물과 반응하여 생성한다.

(5) 심미적 영향물질에 관한 기준

경도(硬度, hardness)는 물속에 녹아 있는 주 이온이 Ca, Mg인데 그 외 Fe, Mn, Cu, Ba 등도 경도를 조금 증가시켜 준다. 주로 지질에서 연유되나 해수, 공장폐수, 하수 등의 혼입도 문제가 된다. 경도가 낮은 물을 연수(단물), 경도가 높은 물을 경수(센물)라고 하나 그 경계값은 나라마다 조금씩 다르다. 일반적으로 우리나라 물은 경도가 낮은 데 비해 유럽 쪽의 독일, 프랑스 등의 물은 높아, 연수에 익숙한 한국인 여행자들은 이 물을 마시면 설사하는 경우가 많다. 특히 경도는 비누를 많이 소비해 문제가 된다.

과망간산칼륨 소비량($KMnO_4$ consumed)이란, 물속에 피산화성 물질에 의해서 소비되는 과망간산칼륨의 양을 말하고 하수, 공장폐수, 분뇨 등의 혼입에 의하여 증대된다. 다시 말해 산화되기 쉬운 피산화성 물질은 주로 유기물질인데 종류에 따라 차이가 있고 무기물질로서는 제1철이온, 아황산이온, 아산화물 등이 $KMnO_4$를 소비시킨다.

세제는 비누와 합성세제로 구별되고, 합성세제는 고급지방산염 이외에 계면활성제(LAS, AS, AOS 등)를 주성분으로 하되, 세정보조제, 향료 등이 구성된다. 계면활성제로는 **음이온계면활성제**의 사용이 가장 많으며 다음으로 비이온성 계면활성제이다. 음이온계면활성제는 음료수 중에 혼입되면 발포나 이미취의 원인이 된다.

염소(Cl)이온은 먹는 물에 사용되는 차아염소산나트륨, 표백분 등으로 살균소독 후 잔류되는 염소를 말하며, 기준량 이상이면 냄새, 부식 등이 발생될 우려가 있다. **증발잔류물(residues on evaporation)**은 탁한 시료를 증발시켜 건조하면 가용성 고형의 잔류물, 즉 물속에 함유되어 있는 부유물질과 용해물질의 총량이 되고, 유기물이 있음으로써 가열하면 흑색으로 변한다. 물 속으로 각종 불순물이 혼입하면 그 양이 증가한다. 증발잔류물이 다량 함유하면 물맛이 나쁘기 때문에 미각의 관점에서 500 mg/L 이하로 기준을 설정하였다.

또 **철(Fe)**과 **망간(Mn)**이 자연에 존재하므로 세탁, 식품, 음식의 조리에 좋지 않은 영향을 주며 급배수시설 중 철성분은 공기와 접촉되면 산화철이 생겨 녹물같은 침전물을 만들기도 한다. 철의 기준치 설정근거는 세탁물을 착색시키지 않거나 이미, 이취 등이 나지 않는 수준으로 설정하였다. 망간은 물의 색이 검게 되는 것을 방지하기 위한 관점에서 설정하였다. 고농도의 망간이 함유되면 이미나 이취가 난다.

황산이온(sulfate, SO_4^{-2})은 자연계의 황산염 광물성분으로 존재하며 해수, 광천수 등에 광범위하게 함유되어 있다. 또 단백질의 함황아미노산의 대사산물로서 일반적으로 존재한다. 미각과 설사 등을 고려하여 200 mg/L 이하로 정하고 있다.

탁도는 물에 떠 있는 미세한 입자의 탁한 정도를 도 또는 NTU로 표시한 것이다. 수도원수의 탁한 원인은 점토나 토사에 의한 경우가 많고 수도꼭지에서는 배관의 녹, 생활배출수, 토사, 화학물질 등이다. 탁도의 표준검사에서 카오린 1 g을 탁하지 않은 물 1 L(1,000 mL)에 현탁시킨 것을 1,000도라고 한다. 즉 카오린 1 mg/L이 1도가 된다.

알루미늄의 기준치 설정은 백탁이나 이미(異味)에 의해 수돗물을 사용하는 데 문제가 없는 수준을 목표치로 하였다.

2) 세계보건기구(WHO)와 미국

유엔 산하의 WHO에서는 1958년 음료수의 국제 수질기준을 제시한 이래, 1984년에 음료수 수질기준의 가이드라인 44개 항목을 제시했고, 1993년에는 음료수 수질기준의 가이드라인을 무려 120여 종 넘는 항목(잠정치 포함)의 출판물을 각국에 권고했다.

미국의 경우는 1974년 환경보호국(EPA)이 「**안전음료수법(SDWA, safe drinking water act)**」을 제정했으며, 이 법에는 제1종 음료수 규칙과 제2종 음료수 규칙을 구분하여 정했다.

(1) 제1종 음료수 규칙(National Primary Drinking Water Regulation)

① MCLG(maximum contaminant level goal) : 화학물질이 가지고 있는 독성을 고려해서 충분한 안전성을 가지고 설정된 목표치이며, 법적 영향을 주지 않는 수준에서 설정되었다.

② MCL(maximum contaminant level) : 음료수 중 물질의 최대한 허용할 수 있는 수준으로, 법적 강제력을 가지고 있다. 가능한 한 MCLG에 근접해서 설정되어 있다.

(2) 제2종 음료수 규칙(National Secondary Drinking Water Regulation)

수도사용의 장해가 되는 물질에 대한 기준이며 수도사업자에 대한 수질상의 목표이기 때문에 법적 강제력을 가지지 않는다. 다시 말해, secondary maximum contaminant level의 수준으로 1992년까지 83종 화합물이 제정되었다.

2. 수질오염의 지표

수질오염의 지표로 중요한 것은 DO, BOD, COD, SS, PH, 맛, 냄새 등을 들 수 있으나 아래 몇 가지만 설명하고자 한다.

1) 용존산소(**容存酸素**, dissolved oxygen, DO)

물에 용해된 산소를 용존산소(DO)라고 하며 mg/L 또는 ppm 단위로 표시한다. 물에 용해되는 산소량은 온도와 기압에 의해 좌우된다. 유기질의 분해성 물질이 많으면 물에 용해된 산소가 소비되어 용존산소량이 적어진다. 용존산소의 측정은 BOD 측정과 관계가 있어 병행하여 실시한다. 위생하수(衛生下水)의 용존산소의 최소량은 **4 ppm 이상**으로 되어 있다. 우리나라에서 어패류가 생존하려면 최소한 DO가 5 ppm 이상이어야 하며 환경보존법상 담수(민물)의 경우 6.5 ppm 이상, 해수(바닷물)는 5 ppm으로 규정되어 있다.

한 예로 어항에 공기를 불어넣는 공기방울을 볼 수 있는데, 이것은 물고기가 살 수 있는 용존산소의 결핍을 막기 위한 수단이다.

2) 생화학적 산소요구량(biological oxygen demand, BOD)

미생물이 호기성 상태에서 물속에 오염된 분해 가능한 유기물질을 분해시키는 데에 요구되는 산소의 양, 즉 산화 및 환원성 물질이 생물학적인 산화를 받아서 주로 무기성의 산화물〔$-NO_3$기($Pb(NO_3)_2$, $-SO_4$기{$CuSO_4$, $(NH_4)_2SO_4$}, $-Cl$기($HgCl_2$) 등〕과 가스로 분해되는데, 여기서 소비되는 산소량을 생화학적 산소요구량(生化學的 酸素要求量)이라고 하며, ppm으로 표시한다.

폐수 내의 오염물질의 종류 및 양을 일일이 분석하지 않고 호기성 미생물을 생육하는데 소모된 산소량을 추정함으로써 그 유기물의 양을 간접적으로 추정하는 것이다. 즉, 미생물이 유기물을 분해할 때 소비하는 산소의 양을 근본으로 한다. 그러므로 BOD가 높으면 유기물질이 많은 것을 의미한다. 그러나 유기물질 중 경성세제(硬性洗劑)나 lignin과 같이 생물분해가 곤란한 유기물은 BOD에 포함되지 않는다.

물속에 부패성 물질이 많으면 BOD값이 커지는데 이것은 부패성 물질이 산화하는 데 생물학적 산소가 필요하기 때문이다. 일반 하천이나 도시하수, 강물은 BOD값으로 나타난다. BOD값(BOD_t)은 20℃에서 5일간 반응시켜 얻는데 완전히 반응시키는 데 시간이 너무 길게 걸리기 때문에 실무현장에서는 20℃에서 5일간 반응시켰을 때 소요되는 산소량을 BOD_5로 표시하고 보통 BOD값으로 통용한다.

BOD의 측정은 시료를 부란병에 취하여 5일 동안 20℃로 방치한 후, 전과 후의 시험물의 측정은 DO를 측정하여 그 차이로부터 BOD를 산출한다. 특히 BOD가 높은 폐수를 가지는 것은 양조장(맥주 등), 통조림공장, 위스키 등의 증류주공장, 우유제조, 가죽무두질공장, 직물공장 등이 있다. 그리고 통상 위생하수의 최소량은 **20 ppm 이하**로 보고 있다.

아울러 폐수가 표준 가정하수의 몇 사람 분에 해당되는지를 산업폐수의 인구당량(population epuivalent of individual waste, PEIW)으로 나타낸다.

$$\text{BOD (mg/L)} = \frac{(D_1-D_2)-(B_1-B_2)\times f}{P}$$

D_1(DO) : 희석시료의 15분간 방치 후 DO량
D_2 : 5일간 배양 후의 식종 희석수의 DO량
B_2 : 5일간 배양 후의 식종 희석수의 DO량
B_1 : 배양 전의 식종 희석수의 DO량
f : 식종 희석수에 대한 시료의 식종비
(f = D_1에서의 식종/B_1에서의 식종)
P : 희석 시료 중의 희석수의 비율

3) 화학적 산소요구량(chemical oxygen demand, COD)

물속의 오염유기물인 산화 가능성물질과 선택적으로 반응하는 산화제의 소비량을 산소 당량으로 환산하여 mg/L 또는 ppm으로 표시한 것을 화학적 산소요구량이라고 한다. 즉 유기물을 처리할 때 들어가는 화학약품의 양을 근본으로 한다. 보통 산화제로는 국내에서는 $KMnO_4$(CODmn으로도 표시)을, 미국이나 유럽에서는 $K_2Cr_2O_7$(CODcr 표시)을 사용한다. 일반적으로 CODcr값이 CODmn값보다 0.235배 높게 나타난다. 따라서 이 COD가 높을수록 유기물오염도가 높은 것을 볼 수 있다. 보통 도시하수의 CODmn값은 약 50~100 mg/L이고 공장의 폐수는 폐수에 함유되어 있는 성분에 따라 큰 차이를 보이고 있다.

아울러 그 외에도 전(全) 산소요구량은 시료물을 고온의 백금 촉매하에서 연소시켜 그에 필요한 산소량을 직접 측정함으로써 산화제를 쓰는 경우보다 완전한 산화가 이루어지기 때문에 COD보다 높은 값을 나타낸다. 그 외에 물속 유기물 양을 직접 측정한 수치로 나타나는 총유기성 탄소량(total organic carbon, TOC)은 고온 코발트 촉매하에서 CO_2량을 측정하는 방법도 있다.

4) 부유물질량(suspended solids, SS)

일명 현탁물질이라고도 하는데, 하수나 폐수 등의 혼합도는 부유물질(浮遊物質)에 의하여 이루어진다. 이 물질은 점토광물에서 유래되는 미립자, 하수나 공장폐수로 인한 미립자, 유기의 colloid성 물질, 플랑크톤이나 미생물 등으로부터 이루어진다. 이들 물질 중에 용존산소를 소비하고 심하면 물속에 빛 투과를 방해하여 식물에 장애를 일으키기도 한다.

5) 어류의 TLm치(medium tolerance limit)

수질오염의 지표로 쓰이지 않지만 수산어패류의 수질오염시 공장폐수에 의한 어류의 치사량을 구하는데 TLm치(値)를 미국에서 채택되어 이용하고 있다. Doudoroff의 제안에 따라 동물의 반수치사량은 LD_{50}으로 표현하는 반면, 어류는 반수생존한계농도 TLm치로 나타내는데 48시간의 반수치사농도가 급성물질의 기준, 즉 어류 주위의 수중에 있는 독성물질의 양으로 표시한다.

3. 공장폐수의 배출 허용기준

먹을 수 없는 어패류의 근원은 가정, 축사 및 양식장, 공장, 선박 등에서 발생되는 오염된 폐수가 대부분의 원인이므로 제1차적인 방지는 원인 장소에서부터 오폐수 처리시설의 설치 등으로 철저한 관리가 이루어져야 하천(河川) 및 호소(湖沼) 등의 수질환경이 좋아질 것이다. 아울러 조류(algae)에 대한 번식을 방지하는 관리도 중요하다.

따라서 폐수의 오염원인으로 전국 각지의 공장에서부터 근본적으로 오염물질을 줄이지 않으면 우리의 식수난을 비롯한 농업용수, 공업용수 등 물의 부족은 불가피할 것이다.

결국 하천, 강물, 호소 심지어 연근해 바다를 오염시켜 양식어업을 비롯한 어패류의 오염은 심각해질 것이다. 또한 가정의 오폐수도 예외는 아니므로 결국은 국민 각자가 노력을 기울이지 않으면 물 부족 국가로 전락하게 될 것이다.

우리나라 환경보전법 중 「수질 및 수생태계 보전에 관한 법률」 제32조(배출허용기준)과 동

시행규칙 제34조(배출허용기준)의 규정에 의한 공장폐수의 배출 허용기준은 <표 5-2-2>와 같다. 그리고 서울특별시장, 직할 및 광역시장, 도지사가 공해를 우려할 오염물질이 규제될 필요가 있다면 환경부장관의 승인을 얻어 기준을 정할 수 있다.

〈표 5-2-2〉 우리나라 공장폐수의 배출 허용기준(2014년 1월 1일부터 적용)

단위 : mg/L

항목 / 지역구분	1일폐수 배출량 2000 m^3 이상			1일폐수 배출량 2000 m^3 미만			수소이온농도	노말핵산 추출물질 함유량		페놀류 함유량	시안 함유량	크롬 함유량	용해성철 함유량	아연 함유량	구리(동) 함유량	카드뮴 함유량	수은 함유량	유기인 함유량	비소 함유량	납(연) 함유량	6가크롬 함유량	용해성망간 함유량	플루오르(불소)함유량	PCB 함유량	총대장균군수(mL)	색도(도)	온도(℃)	총질소	총인	트리클로로에틸렌	테트라클로로에틸렌
	BOD	COD	SS	BOD	COD	SS		광유류	동식물유지류																						
청정	30 이하	40 이하	30 이하	40 이하	50 이하	40 이하	5.8 8.6	1 이하	5 이하	1 이하	0.2 이하	0.5 이하	2 이하	1 이하	1 이하	0.02 이하	0.001 이하	0.2 이하	0.05 이하	0.1 이하	0.1 이하	2 이하	3 이하	불검출	100 이하	200 이하	40 이하	30 이하	4 이하	0.06 이하	0.02 이하
가	60 이하	70 이하	60 이하	80 이하	90 이하	80 이하	5.8 8.6	5 이하	30 이하	3 이하	1 이하	2 이하	10 이하	5 이하	3 이하	0.1 이하	0.005 이하	1 이하	0.25 이하	0.5 이하	0.5 이하	10 이하	15 이하	0.003 이하	3,000 이하	300 이하	40 이하	60 이하	8 이하	0.3 이하	0.1 이하
나	80 이하	90 이하	80 이하	120 이하	130 이하	120 이하	5.8 8.6	5 이하	30 이하	3 이하	1	2 이하	10 이하	5 이하	3 이하	0.1 이하	0.005 이하	1 이하	0.25 이하	0.5 이하	0.5 이하	10 이하	15 이하	0.003 이하	3,000 이하	400 이하	40 이하	60 이하	8 이하	0.3 이하	0.1 이하
특례	30 이하	40 이하	30 이하	30 이하	40 이하	30 이하	5.8 8.6	5 이하	30 이하	5 이하	1 이하	2 이하	10 이하	5 이하	3 이하	0.1 이하	0.005 이하	1 이하	0.25 이하	0.5 이하	0.5 이하	10 이하	15 이하	0.003 이하	3,000 이하	400 이하	40 이하	60 이하	8 이하	0.3 이하	0.1 이하

*1. 상기 표의 “폐수 배출허용기준”의 총 47개 항목 중 나머지 16개 항목은 음이온계면활성제, 벤젠, 디클로로메탄, 생태독성, 셀레늄함유량, 사염화탄소, 1, 1-디클로로에틸렌, 1, 2-디클로로에탄, 클로로포름, 니켈, 바륨, 1, 4-디옥산, 디에틸헥실프탈레이트(DEHP), 염화비닐, 아크릴로니트릴, 브로모포름의 기준은 “수질 및 수생태계 보전에 관한 법률 시행령 제34조(배출허용기준) 별표 1의 제3호(2010. 10. 개정) 참조.

*2. 이 표에서 “청정,” “가,” “나,” “다,” “특례” 지역은 각각 다음의 지역을 말한다.

1) 청정지역 : 「환경정책기본법 시행령」 별표 1 제3호에 따른 수질 및 수생태계 환경기준(이하 “수질 및 수생태계 환경기준”이라 한다) 매우 좋음(Ⅰa)등급 정도의 수질을 보전하여야 한다고 인정되는 수역의 수질에 영향을 미치는 지역으로서 환경부장관이 정하여 고시하는 지역

2) 가지역 : 수질 및 수생태계 환경기준 좋음(Ⅰb), 약간 좋음(Ⅱ)등급 정도의 수질을 보전하여야 한다고 인정되는 수역의 수질에 영향을 미치는 지역으로서 환경부장관이 정하여 고시하는 지역

3) 나지역 : 수질 및 수생태계 환경기준 보통(Ⅲ), 약간 나쁨(Ⅳ), 나쁨(Ⅴ) 등급 정도의 수질을 보전하여야 한다고 인정되는 수역의 수질에 영향을 미치는 지역으로서 환경부장관이 정하여 고시하는 지역

4) 특례지역 : 환경부장관이 법 제49조 제3항에 따른 공동처리구역으로 지정하는 지역 및 시장·군수가 「산업입지 및 개발에 관한 법률」 제8조에 따라 지정하는 농공단지

비고 : 1. 색도항목의 배출허용기준은 별표 4 제2호 18)의 섬유염색 및 가공시설, 같은 호 19)의 기타 섬유제품 제조시설 및 같은 호 23)의 펄프·종이 및 종이제품(색소첨가 제품만 해당한다) 제조시설에만 적용한다.

2. 생태독성 배출허용기준은 물벼룩에 대한 급성독성시험을 기준으로 하며, 별표 4 제2호의 3), 12), 14), 17)부터 20)까지, 23), 26), 27), 30), 31), 33)부터 40)까지, 46), 48)부터 50)까지, 54), 55), 57)부터 60)까지, 63), 67), 74), 75) 및 80)에 해당되는 폐수배출시설에만 적용한다. 다만, 해당 사업장에서 배출되는 폐수를 모두 폐수종말처리시설 또는 「하수도법」 제2조 제9호에 따른 공공하수처리시설에 유입시키는 폐수배출시설에는 적용하지 아니한다.

제 3 장

유해금속류에 의한 식품오염

1. 유해금속의 개요

1) 금속류의 분류와 분포

원소 중 금속원소는 86종에 달하며, 대개 비중이 4.0 이상인 것을 **중(重)금속**(heavy metals), 4.0 이하인 것을 경(輕)금속(light metals)이라고 한다. 금속은 생체의 작용에 따라 필수(必須)금속, 불활성(不活性)금속, 독성을 나타내는 유해(有害)금속으로 나누어 볼 수 있다.

일반적으로 **필수금속**은 약 27종으로 생체의 기능 유지를 위해서 필요하고, 필요량에서 부족하게 되면 건강장애가 일어나고, 필요량 이상 다량일 때도 건강장애를 일으킨다. Zn, Cu, Mn, Ni, Co, Mo, Se, Cr, Fe, Sn, V. 등은 다량일 때 유해원소가 된다.

불활성금속은 생체 내에 함유되어 있으나 생리작용은 현재 분명하지 않으며, 독성을 나타내는 **유해금속**은 어릴 때는 미량밖에 함유되어 있지 않지만 나이가 들수록 증가해서 장기간의 축적에 의해, 때로는 한 번에 다량 섭취함으로써 장애를 일으킨다.

그러나 일반적으로 동식물에 유해성이 큰 유해금속으로는 대부분 중금속으로서 수은, 납, 카드뮴, 비소, 주석, 크롬, 구리 등과 그 외 셀렌 등이 생체와 친화성이 큰 것으로 알려져 있다. 금속원소에 대한 각 식품군의 관련성(%)은 <그림 5-3-1>에서 보는 바와 같다.

아울러 금속이 생체에서의 유해여부는 금속량의 농도, 존재하는 화학성, 배설속도, 건강상태 등 다양한 인자에 따라 차이가 난다.

그런데 중금속은 자신이 가지고 있는 독성뿐만 아니라 축적성이 있어 먹이연쇄에 따라 크게 농축된다. 식품의 중금속 오염은 우발적인 경우도 있지만 더 큰 문제는 오염된 물이나 토양 그리고 대기오염이 심한 지역에서 재배되는 농작물과 또 오염된 수역이나 해역에서 양식하거나 어획한 수산물의 생물농축이 그대로 인간에 적용되는 것이 큰 문제가 된다.

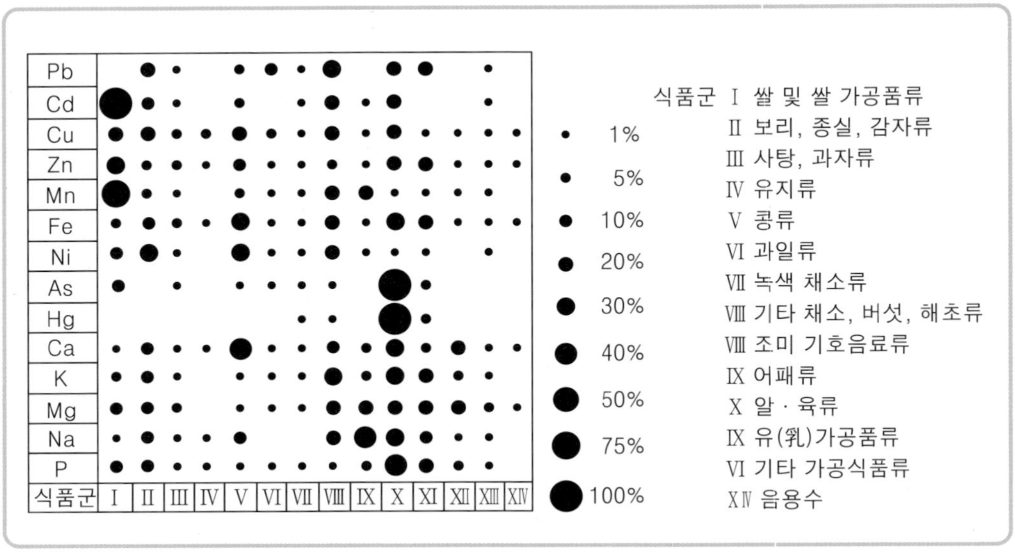

〈그림 5-3-1〉 주기율표상의 금속과 비금속의 유해독성

자료 : 河村太郎, 食料·營養·健康 188, p.64, 醫齒樂出版, 1988

2) 중금속의 흡수와 대사

중금속의 공통적인 성질을 살펴보면 다음과 같다.

① **중금속은 일반적으로 단백질의 침전제(沈澱劑)이다.** 특히 단백질의 SH기와 결합하여 구조단백질을 변화시키고, 효소단백질의 활성을 잃어버리게 한다. 그래서 매우 낮은 농도에서 중금속은 여러 작용을 생체에 미치는 것이 보통이다. 무기중금속은 산화물, 황화물, 염화물로서 우선 여러 종류의 염(鹽)으로 존재한다. 유기산의 염도 생체 내의 행동은 다른 무기물과 동일하다. 한편 유기금속에는 금속이 탄소와 공유결합을 하고 있기 때문에 alkyl Hg, phenyl Hg, alkyl Pb, alkyl Sn 등이 있다.

또 유기금속은 지용성이 높기 때문에 체내에서는 지질이 풍부한 뇌신경세포에 분포하여 중추신경에 독성을 나타낸다. 그러나 무기금속은 실질 장기(臟器)에 분포하며 특히 신장이나 뼈조직에 영향을 미친다. 또 많은 중금속은 heme단백질의 대사(porphyrin의 합성 중간체의 대사)에 영향을 받는 것으로 알려져 있다.

② **소화관으로부터 흡수에 대하여 극히 적으며 차단성(遮斷性)을 가지고 있다.** 정상적인 Fe이나 Cu는 부족 상태로 되어 있지 않는 한 흡수율이 낮다. 그러나 Cd이나 Pb에는 투여량의 수 %가 흡수되고 있다.

③ **체내의 이동은 무기, 유기를 막론하고 단백질과 결합형으로서 행동하고 있다.** Fe에 대하

여는 혈중에 특이적인 운반체 단백질(carrier)로서 trans ferrin(분자량 약 9만, 1분자당 $2Fe_3$ 결합)이 있지만, Cd이나 Hg에 대하여도 SH에 많은 저분자의 단백질인 metallothionein 같은 것도 알려져 있다.

④ **배설은 분변에 미량으로 나가는 것이 보통이지만 주로 담즙뇨 배설을 한다**. 오줌에서의 중금속의 배설은 정상 시에는 거의 볼 수 없다. 중금속이 축적하여 신장으로부터 오줌 중에 단백질이 있는 경우라든가, 납(Pb)의 중독자는 EDTA-Ca(ethylene diamine tetraacetic acid)과 같이 chelate제를 치료나 진단의 목적으로 투여하는 경우에 오줌 중 배설이 증가한다.

3) 중금속의 해독

중금속의 해독에 사용되는 약을 **중금속 길항약(重金屬拮抗藥)**이라고 하며, 중금속과 결합하기 쉽고 중금속을 체외로 배설하기 쉽게 한다. 중금속은 단백질과 결합하여 불용성화합물을 만들고 국소작용으로서 피부, 점막의 수렴(收斂)작용과 부식작용을 나타낸다. 중독증상으로는 대개 소화기 장애, 빈혈, 신장장애, 중추신경장애 등이 나타난다. 중금속 길항약으로는 에틸렌디아민 테트라아세트산(EDTA), D-페니실아민 및 철의 배설에 이용되는 디플록사민 등이 있다.

최근 국내에서 묵류(아콘산물질이 있는 도토리, 상수리 등)를 먹으면 중금속을 배출한다는 보고도 있다.

2. 각종 유해금속류

1) 수은(水銀, Mercury, Hg)

수은은 중금속(비중 13.5)으로, 상온에서 유일한 액체금속으로 무기수은(Hg^0, Hg^+, Hg^{2+})과 유기수은(CH_3Hg^+, $C_6H_5Hg^+$ 등)의 형태로 존재한다. 그리고 자연계에서 수은의 변화는 <그림 5-3-2>와 같다.

(1) 무기수은 중독(mercury poisoning)과 증상

무기수은 중 염화 제2수은($HgCl_2$, 승홍)은 과거 강력한 살균작용이 있어서 방부제로 주류 등의 부정식품에 사용된 바가 있다. 요즈음 수은광산, 화학공장, 아말감, 체온계, 수은전지 등에서 수은증기를 호흡기나 피부로부터 흡입되어 중독이 문제가 되고 있다. 사람의 경구치사량은 0.5 g 정도이고 오줌 중 수은량이 1 L 당 300 μg을 초과하면 중독증상이 나타난다. 특히

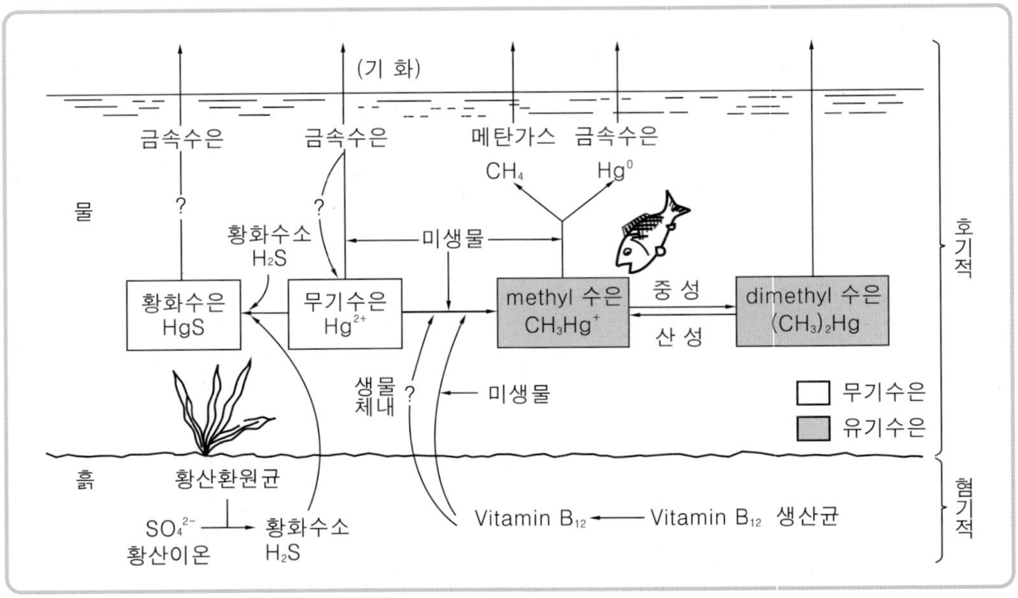

〈그림 5-3-2〉 자연계에서의 수은의 변화

자료 : 澤村良二 外 2, 食品衛生學, 南江堂

이들은 최근 환경오염의 사회문제로 크게 대두되고 있다. 섭취에 의한 급성중독은 구내염, 눈물을 흘리거나 복통, 구토, 설사 등으로부터 안면창백, 혈압강하와 더불어 2일 정도 내에 무뇨증상까지 오면서 신부전(腎不全)을 가져온다. 수은 증기의 대량 흡입 시는 기침, 가래, 호흡곤란으로부터 폐수종(肺水腫)에까지 이른다.

만성중독의 경우는 수은을 다루는 직업에서 발생하는 경우가 많다.

(2) 유기수은 중독 – Minamata병(水俣 病, 수오병)

① Minamata병의 유래와 증상 유기수은 중독은 1940년 D. Hunter와 D.S. Russel 이 몇 가지 증상을 보고함으로써 주목을 끌기 시작했다. 그 이후 1952년 일본 최남단 규슈[九州]지방의 구마모토[熊本]현 미나마타[水俣] 만 근처 어촌의 바다는 검붉게 변했고 해변가에서 물고기를 먹은 까마귀는 퍼덕대며 날다 떨어졌으며 개 등의 동물들이 바다에 뛰어드는 괴사건이 발생했다. 그 1년 뒤 1953년에 연안에서 채취한 어패류를 먹은 주민들이 처음에는 저리고 마비증상을 보이다가 **중추신경증상**이 나타났다.

그 이후 1956년 5월에 가서야 미나마타 만에서 가까운 acetaldehyde 제조공장인 칫소 사의 부속병원에서 '원인불명의 중추신경환자가 30명 발생'이란 보고서를 낸 뒤, 1959년 구마모토 대학이 역학조사와 연구결과 '오염원이 수은(mercury)으로 추정된다'는 첫 보고서를 내놓았다.

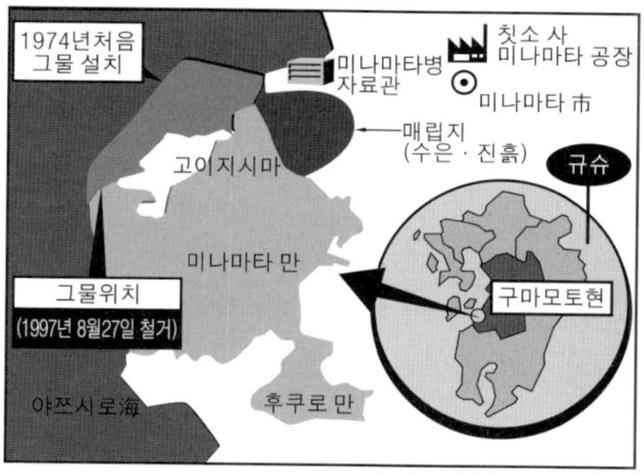

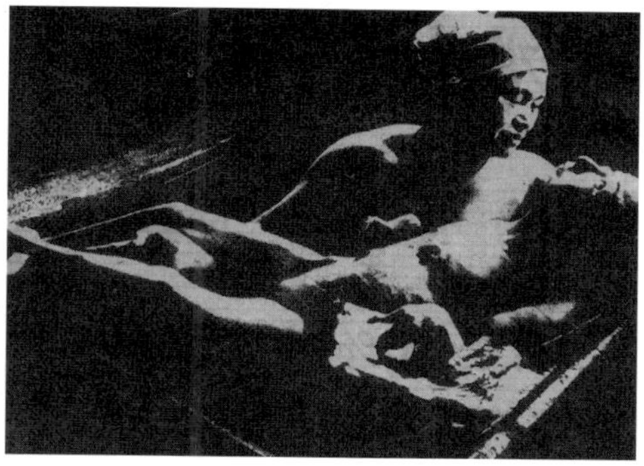

〈그림 5-3-3〉 미나마타 만 오염지도와 minamata 환자 목욕 사진

또 1964년 5월에 일본의 니가타[新瀉]현 아가노강[阿賀野川] 하류지역에서 제2의 중추신경계 질환이 발생하였다. 이것도 강하구 근처의 농업창고에 있던 농약의 수은제가 지진에 의한 건물 붕괴로 인해 대량 유실되면서 발생한 사건이었다.

결국 첫 발병으로부터 12년 후인 1968년이 되어서야 일본 정부에서 공장폐수에 함유된 수은중독에 의한 minamata병을 인정하게 되었다. 그 후 주민과 회사 간 소송들이 이어졌고 야쯔시[八代] 대해로 나가는 미나마타 만 어구에는 어패류의 확산을 막기 위해 1974년에 길이 2.1 km, 깊이 30 m의 격리용 대형그물이 쳐졌다. 1977년부터 인체에 영향을 미치는 25 ppm 이상의 수은진흙을 파내 <그림 5-3-3>과 같이 미나마타 만 안쪽에 매립하였으며 사진작가 유진 스미스(고인)는 1972년부터 현장을 찾아가 2년간 활동하면서 찍은 사진을 1974년에 뉴욕에서 『MINAMATA사진첩』을 발간하여 환경오염의 끔찍한 참상을 전 세계에 알렸다. 또 미나마타 시는 미나마타병의 자료관도 세웠다. 발병 41년 후인 1997년 8월에 공해병의 발원지인 미나마타 만의 그물은 걷히고 안전지대로 선포되는 사건이 있었다.

미나마타병의 발생현황을 보면 1965년 12월 31일까지 발생환자 수 111명 중 사망자 수가 41명이나 집계된 것을 볼 수 있다. 아울러 1971년에는 이라크에서 알킬수은에 오염된 밀가루 음식을 먹고 6,000명 이상이 중독된 사건도 있다.

② 독성경로와 메커니즘 및 증상 수은의 오염경로를 살펴보면 acetaldehyde 제조공장에서 촉매로 사용한 무기수은 화합물로부터 생긴 미량의 alkyl 수은이 무기수은과 함께 공장폐수로 배출되어 바닷물과 바다 밑바닥을 오염시키고 근처 토양과 하천, 바다 밑에 존재하는 세균(*methanobacterium* MOH주 : *Clostridium cochlearium*), 진균(*Neurosphora crassa*)에 의해 **메틸수은(CH_3Hg^+)**이 생성되었다. 이것을 어패류가 먹고 생물농축된 어패류를 다시 사람이 섭취함으로써 먹이연쇄에 의한 minamata 중독이 일어난 것이다. 또한 메틸수은은 장내세균에 의해서도 생기는 것으로 알려져 있다.

세균과 진균에 의한 무기수은에서 메틸수은의 생성구조는 아직 충분히 밝혀져 있지 않으

$$CH_3\text{-Vit.}B_{12}(Co^{3+}) \xrightarrow{Hg^{2+}} CH_3Hg^{+} \text{ 또는 } (CH_3)_2Hg + \text{Vit.}B_{12}(Co^{2+})$$

〈그림 5-3-4〉 메틸수은 생성에 대한 methyl Vit. B_{12}의 관여

나 <그림 5-3-4>에서 보는 바와 같이 생성단계의 일부에 methyl Vit. B_{12}가 관여하는 것으로 추정되고 있다. 또 무기수은으로부터의 메틸수은의 생성은 어류나 포유동물의 간(肝)에서도 일어나는 것으로 알려져 있으며 특히 메틸수은 함량이 많은 황다랑어와 방어에서 그 활성이 높다. 이 활성은 가열처리에 의하여 손실되지도 않고 광선조사(照射)에 대한 감수성이 강하다는 것이 Vit. B_{12}가 촉매적으로 작용하는 것이 아닌가 추정하고 있다.

반대로 메틸수은(다른 유기수은 포함)을 무기수은으로 변환시키는 것으로는 미생물과 포유동물의 체내에 존재하는 것으로 알려져 있다. *Clostridium cochearium*에 의해 메틸수은의 분해는 일단 SH화합물이 되어, 이것이 FAD를 보효소로 하는 MMR(metallic mercury releasing) 효소에 의해 환원을 받아서 무기수은(Hg°)이 된다고 생각된다. <표 5-3-1>에서 보는 바와 같이 어패류에서는 무기수은에 비해 메틸수은의 양이 압도적으로 많다. 무기수은에 비해 메틸수은 휘발성이 높으므로 적어도 어떤 종의 미생물(*Cl. conchlearium*)에서는 무기수은을 메틸수은으로 바꿔 외계에 방출하기 때문에 무기수은의 독성을 연화시킨다.

〈표 5-3-1〉 어패류의 수은 함유량

종 류	총수은량 (A)(ppm)	methyl 수은량 (B)(ppm)	B/A %
황다랑어	0.80	0.68	85
실갯지렁이	0.72	0.60	96
인도참치	0.75	0.62	83
Xiphas	1.01	0.96	95

어느 것이든 메틸수은은 이와 같이 미생물에서 동식물 플랑크톤 그리고 어패류의 생물농축(bioconcentration)이 되므로 앞의 <그림 5-1-1>에서 보는 바와 같이 특히 어패류에 그 함량이 높고, 사람이 어류를 먹을 경우 인체의 축적성은 커질 수밖에 없다.

메틸수은의 독성은 Se의 공존에 의해 약해지는 것을 볼 수 있는데, 메틸수은을 경구투여한 rat의 체중증가의 억제가 sodium selenite(Na_2O_3Se)의 피하주사에 의해 완전히 해제되었다는 보고가 있다. 특히 메틸수은이 많은 참치에 Se함량이 높은 점은 흥미로운 일이다.

중독증상은 Minamata병의 유래에서 언급되었듯이 **사지신경마비**, 난청, **언어장애**, 정신장애 등이 나타나고, 만성중독 중 소뇌성(小腦性) 운동실조, 언어장애, 시야협착(視野狹窄) 등

은 헌터러셀(Hunter Russel)증후군과 같이 유명하다. 임산부에 축적된 수은은 태아에 영향을 미쳐 자폐증, 기형아의 원인이 된다.

(3) 식품, 먹는 물, 농약 등의 수은 규격

① **식품, 먹는 물**　우리나라는 식품 중의 수은에 대한 규제를 콩나물, 어패류, 농수산물 재배 등에서의 규정 이외에 식품별 개별 규격에서는 정해진 바가 없다. 또 먹는 물에 대한 수은은 0.01 mg/L를 넘지 아니할 것으로 규정되었다. 또 콩나물에서도 과거 썩는 것을 방지하기 위하여 살균제 농약인 페닐초산수은(PMA) 등을 사용한 수은제 농약사건이 자주 발생하여 1981년에 규제하기 시작하였는데, 콩나물 등 두채류의 수은함량에 대한 잠정규정(2001년 현재)에는 총 수은이 0.1 mg/kg 이하로 규정하고 있다.

그리고 필자가 2004년 8월경 채취한 국내산 채소엽채류(깻잎, 근대, 미나리, 땅두릅, 애호박 등) 8종과 근채류(무, 순무, 당근, 생강, 우엉, 토란, 마, 연근) 8종에 대한 분석 결과 수은의 평균함량(최대함량)은 각각 0.0021(0.0054) mg/kg, 0.0019(0.0062) mg/kg으로 보고된 바 있으며, 우리나라의 콩나물 잠정규격이었던 0.1mg/kg보다는 안정된 수준이라고 볼 수 있다.

그리고 식품일반의 중금속 규격에 대한 식품이 『식품공전』에서 중금속에 대한 규격이 따로 정하여지지 아니한 식품은 일반시험법 중 유해성 금속시험법인 '중금속'의 시험방법에 따라 시험할 때 10 mg/kg을 초과하여서는 아니 된다고 명시되어 있다. 다만, 그 식품에 원래부터 함유되어 있는 중금속의 양은 제외한다고 규정되었다. 그러나 한국의 수산물중 수은의 중금속 기준은 <표 5-3-2>와 같이 수은과 메틸수은이 각각 0.5 mg/kg 이하와 1.0 mg/kg 이하로 정해져 있다.

〈표 5-3-2〉 한국의 수산물 중 수은의 중금속 기준

분류	대상식품	수은 mg/kg	메틸수은 mg/kg
어류	심해성 어류, 다랑어류 및 새치류는 제외	0.5 이하	
연체류		0.5 이하	
어류	심해성 어류, 다랑어류 및 새치류는 포함		1.0 이하

출처 : 식품공전(2015)

또 2008년 환경부가 발표한 한국인 전국 18세 이상 성인 2,342명의 평균 혈중 수은농도는 3.8 ㎍/L로 미국의 0.82, 독일의 0.58보다 4배~6배가 높았다. 그리고 2009년 환경부가 발표한 한강수계 등 전국 4대강에 서식하는 민물고기 57종의 체내 수은농도는 쏘가리가 kg당 163.2 ㎍으로 가장 높았고, 참몰개 123.8 ㎍, 치리 116.6 ㎍ 등의 순이었으며, 식품의약품안전처가 정한 수산물 총수은 기준 500 ㎍/kg보다는 낮았다.

1988년 대중음식점의 설렁탕, 갈비탕 등에서 수은이 검출되어 말썽이 난 경우도 있다.

한편 우리나라 「수질환경보전법」에서는 중금속 오염의 방지를 위해 농경지와 수역의 오염 방지와 농수산물 재배 등을 제한할 수 있는 오염기준이 정해져 있으며, 또한 사료에도 허용 기준을 설정하고 있다.

또, 농약으로 유기수은제(mercury preparation)는 살균제, 살충제로서 낮은 농도로도 강력한 살균력을 나타내기 때문에 종자소독, 토양살균 및 도열병방제 등에 널리 사용된 대표적인 농약이지만 축적성이 크고 만성독성이 강하여 현재는 사용 금지된 것들이 있다.

또 WHO/FAO의 합동식품규격 위원회에서는 <표 5-3-3>에서 보는 바와 같이 8종의 금속류에 대한 섭취허용량과 미국인 1일 권장량을 추정, 안전 및 적정섭취량(estimated safe and adequate daily intake)을 보면 다음과 같다. 즉, 섭취허용량은 총 수은이 43 ㎍/day, 메틸수은이 29 ㎍/day로 되어 있다.

〈표 5-3-3〉 금속류의 식품 중의 섭취허용량 (WHO/FAO)

금 속	식품 중의 허용량(mg/kg, 식품)	섭취허용량(mg/kg, 체중)
비 소	1.0	2/일
구 리	0.1 ~ 50	0.05~0.5/일
주 석	150 ~ 250	20/일
아 연	5.0	0.3~1.0/일
철	1.5 ~ 50	0.8/일
카드뮴	미정	0.0067~0.0083/주
납	0.1 ~ 2.0	0.05/주
수 은	미정	총수은 0.005/주 메틸수은 0.0033/주

(4) 예방과 치료

예방은 우선 전 세계적으로 제품 사용에서 불가피한 경우를 제외하고 수은의 사용은 최대한 억제하여야 한다. 무기수은인 염화 제2수은의 중독은 신속히 위세척을 하도록 하여야 한다.

신부전인 경우는 인공투석이 필요하다. 무기수은의 중독은 BAL(British antilewisite) 치료가 가장 효과적이다.

2) 카드뮴(Cd) : Itai itai(痛い痛い)병

(1) Itai itai병의 유래와 증상

카드뮴은 지각의 구성성분으로 150~500 ppb가 보통 Cd^{+}의 형태로 아연과 함께 공존하며,

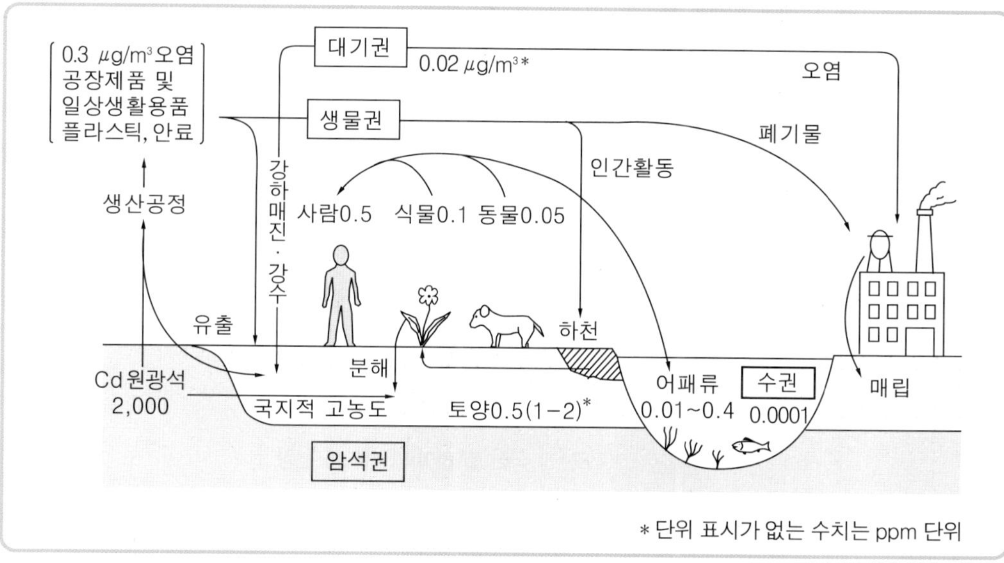

〈그림 5-3-5〉 자연계에서의 카드뮴의 순환

자료 : 澤村良二 外 2, 食品衛生學, 南江堂

자연계에서의 카드뮴 순환을 보면 <그림 5-3-5>와 같다. 카드뮴은 식품용 기구나 용기는 물론 많은 기구나 기계의 도금, 콘덴서, 건전지 제조, 도료 제조 등 그 용도가 다양하다. 이들로부터 용출, 토양, 폐수를 거쳐 식품에 이행되어 우리에게 중독된다.

카드뮴의 대표적인 중독사건이 일본의 Itai itai병의 유래이다. 이타이이타이병은 일본 도야마[富山] 현 신쯔우가와[神通川] 상류에 있던 미쓰이[三井] 금속광업제련소의 금속광산의 채굴 현장 잔사에서 나온 폐수 중 카드뮴이 하류지역의 토양과 물을 오염시켰다. 그 결과 어류와 관개용수로 사용한 쌀을 비롯한 농작물이 카드뮴 수준을 높여 장기간에 걸쳐 섭취해 온 지역 주민 사이에서 발생했다. 환자의 총수는 130명이었고 사망자는 30명이나 되었다. 이 괴병은 다른 수역에서는 1명도 발견되지 않았고 또 40세 이상 임신 출산 횟수가 많은 여성에게서 대부분 발생한 것이 특징이다.

이 증상은 허리, 무릎, 어깨 등의 둔통이 시작되며 심하면 무릎관절 부위의 통증으로 오리 궁둥이 흔들듯이 뒤뚱걸음(waiding gait)을 한다. 더 심하면 사지는 문어다리 모양으로 구부러지고 충격을 받으면 쉽게 골절이 되며 웃음, 기침, 심호흡 등에 의해서도 온몸에 **통증(痛症)**을 느끼며, 밤낮 없이 아프기 때문에 "아프다, 아프다"[痛い(いたい), 痛い(いたい)]라는 말을 연발한 데서 그 이름이 붙여졌다. **언어장애가 없는** 특징을 보인다.

카드뮴의 급성중독은 일반적으로 식중독과 같이 구토, 설사, 복통, 오한, 두통 등 소화기장애를 주로 하지만 그 외에 신장과 카드뮴 분진의 흡입 시에는 폐에서의 장애가 보고되고 있다. 또한 암에 있어 육종, 전립선암에도 관여한다는 보고도 있다.

토양에 Cd이 존재하는 요인으로는 대기로부터의 낙진, 관개용수, 비료 등이다. 인산비료에는 상당량의 카드뮴이 함유되어 있다. 토양의 Cd 농도와 쌀(찹쌀 포함) 중 Cd 농도에서 상관성이 인정되어, 1967년도 산 찹쌀의 일반적 농도는 0.1 ppm 정도(토양 중의 농도는 0.5 ppm 이하)인 데 비해 신쯔우가와 유역의 것은 0.3 ppm 이상(토양 중의 농도는 1.0 ppm)인 것이 보고되었다. 아울러 1978년산 국산 쌀의 카드뮴 함량은 <표 5-3-4>와 같고 그 후 감소하였다.

육류, 어류, 과일에는 1~50 μg/kg 되어 있는데, 특히 동물의 간과 신장에 많다. 조개, 가리비, 굴과 같은 어패류에는 100~1,000 μg/kg으로 특히 많다. 어패류의 카드뮴은 peptide와 결합하여 농축시킨다.

〈표 5-3-4〉 1978년산 국산 쌀(현미)의 카드뮴 함량

단위 : ppm

채취장소	시료수	카드뮴 함량 범위	비 고
경 기 도	7	불검출 ~ 0.118	총시료수 48종 최고치 0.153 최저치 불검출 검출률 95.8%
강 원 도	2	0.018 ~ 0.029	
충 청 북 도	2	0.018 ~ 0.024	
충 청 남 도	7	0.006 ~ 0.153	
전 라 북 도	6	0.005 ~ 0.060	
전 라 남 도	9	불검출 ~ 0.115	
경 상 북 도	9	0.003 ~ 0.116	
경 상 남 도	6	0.011 ~ 0.109	

자료 : 보건사회부 1979년 2월 28일 발표

(2) 카드뮴의 흡수와 대사

오랫동안 섭취해서 오는 만성중독으로 인해 신장(腎臟)의 세뇨관에 이상이 생겨서 당, 아미노산 및 저단백질이 오줌 중에 배설되고 오줌이 자주 마려우며 이어서 기능장애로 인해 2차적으로 Ca과 P 등이 오줌으로 새어나가 칼슘과 인이 결핍되어 결국 인체 내에 **뼈연화증(骨軟化症)**을 일으킨다. 카드뮴의 신장독성의 초기증상은 오줌으로 단백질이 배설된다. 뼈조직에 Ca, P의 불균형으로 **골다공증과 골조송증**(Osteomalacia)을 일으킨다. 카드뮴은 주로 대변으로 배설된다. 그러나 오줌 중 카드뮴 농도는 저농도의 만성폭로의 좋은 지표이다.

카드뮴의 소화관에서의 흡수율은 약 5~8%이며 식사중의 Ca, Fe의 결핍 때나 저단백 식사에서 증가된다. 혈중 페리틴 농도가 낮은 경우에도 Cd 흡수를 증대시킨다. 흡수된 카드뮴은 주로 신장과 간장에 축적된다. 신장 및 간장에 축적된 카드뮴의 대부분은 thionein이라고 하는 금속결합성 단백질인 적혈구와 알부민에 결합해서 존재한다. thionein은 동물에 여러 가지의 금속을 투여시 신장과 간장에서 유도, 생성되어 금속의 체내조직에서의 분포와 독성의 경

감에 중요한 역할을 하고 있다.

사람의 간이나 신장에서 분리 정제된 metallothionein(Zn 98%, Cd 1%, Cu 1%를 함유)의 1차 구조는 <그림 5-3-6>과 같다. 이를 구성하고 있는 아미노산 중에서 cystein이 가장 많은 것이 특징이다. 카드뮴은 메탈로티오네인과의 복합체로 오줌으로 배설된다. 아연(Zn)은 카드뮴 흡수를 감소시킨다. 우리나라는 1978년도 산의 현미쌀에서 최고 검출이 0.153 ppm이었고 평균이 0.035 ppm으로 카드뮴의 쌀 환경오염지표 0.4 ppm에는 훨씬 낮으므로 크게 우려할 상황은 아니다.

N-Acetyl-Met-Asp-Pro-Asn-Cys-Ser-Cys-Ala-Ala-Gly-Asp-Ser-Cys-Thr-Cys-Ala-Gly-Ser-Cys-Lys-Cys-Lys-Glu-Cys-Lys-Cys-Tyr-Ser-Cys-Lys-Lys-Ser-Cys-Cys-Ser-Cys-Cys-Pro-Val-Gly-Cys-Ala-Lys-Cys-Ala-Gin-Gly-Cys-Ile-Cys-Lys-Gly-Ala-Ser-Asp-Lys-Cys-Cys-Ser-Cys-Ala-OH*

* 말, 간, 신에서 분리된 metallothionein과 공통의 아미노산

〈그림 5-3-6〉 metallothionein의 1차 구조

(3) 식품, 먹는 물, 기구 등의 카드뮴의 규격

① **식품, 먹는 물** 우리나라의 식품별 카드뮴의 중금속 기준은 <표 5-3-5>와 같다. 그리고 건조농산물의 건조과정으로 인하여 수분함량이 변화된 경우는 수분함량을 고려하여 중금속 잠정기준을 적용한다. 우리나라는 「수질환경보전법」에서 농경지 등의 오염방지와 농수산물 재배 등을 제한할 수 있는 오염기준을 정하고 있다. 또 WHO/FAO에서 카드뮴의 음료 중 허용량과 한국의 농산물 중 카드뮴의 기준은 <표 5-3-3>에 나타내었다.

필자가 2004년 8월 채취한 국내산 채소엽채류(깻잎, 근대, 미나리, 땅두릅, 애호박 등) 8종과 근채류(무, 순무, 당근, 생강, 우엉, 토란, 마, 연근) 8종에 대한 분석 결과 카드뮴의 평균함량(최대함량)은 0.0035(0.0377) mg/kg, 0.0088(0.0402) mg/kg으로 보고된 바 있으며, 무, 배추, 시금치 등의 기준이 0.1~0.2 mg/kg보다는 안정된 수준이라고 볼 수 있다. 그러나 2001~2004년 우리나라의 일부 폐광지역에서 생산된 쌀에서 Cd농도가 기준치 0.2 ppm을 초과하여 폐기처분(82톤)된 사실이 보고된 바 있다. 또 2008년 환경부가 발표한 한국인 전국 18세 이상 성인 2,342명의 평균 혈중 카드뮴농도는 1.02 ㎍/L로 미국의 0.47, 독일의 0.44보다 2배 이상 높은 것을 볼 수 있다.

또 먹는 물 중의 카드뮴에 대한 규정은 앞장의 표에서 언급된 바와 같이 먹는 물의 수질기준 중 '카드뮴은 0.01 mg/L을 넘지 않을 것'으로 규정되어 있다.

〈표 5-3-5〉 한국의 식품별 카드뮴의 중금속 기준#

분류	대상식품과 드뮴 기준	mg/kg
농산물	버섯류 : 양송이, 느타리, 표고, 송이, 팽이, 목이 등	0.3 이하
	곡류 중 밀, 쌀, 콩류 중 대두, 엽채류(결구엽채류 포함), 근채류 중 인삼, 산양삼, 도라지, 더덕, 참깨	0.2 이하
	곡류(현미 제외), 서류, 콩류(대두 제외), 근채류(양파, 인삼, 산양삼, 도라지, 더덕 제외), 과채류 중 고추, 호박	0.1 이하
	엽경채류, 근채류 중 양파, 과채류(고추, 호박 제외)	0.05 이하
축산물	소 신장, 돼지 신장	1.0 이하
	소간, 돼지간	0.5 이하
	가금류 고기*, 쇠고기**, 돼지고기**	0.05 이하
수산물	갑각류(꽃게과에 속하는 꽃게 종)	5.0 이하
	연체류 중 내장을 포함하는 낙지	3.0 이하
	연체류	2.0 이하
	갑각류(꽃게종 제외)	1.0 이하
	해조류(조미김을 포함하며, 생물기준 적용)	0.3 이하

건조농·임·축·수산물의 중금속 기준 적용에서 건조과정에서 수분함량이 변화한 경우 수분함량을 고려하여 적용

* 가금류 고기 : 부착된 지방 및 표피를 포함하는 가금류 도체의 근육조직으로 닭, 오리, 꿩, 거위, 칠면조 등의 고기를 말함

** 쇠고기, 돼지고기 : 근육 내 지방 및 피하지방과 같이 부착된 지방조직을 포함하는 도체(혹은 이를 자른 덩어리)의 근육조직을 말함

출처 : 식품공전(2015)

② **기구 및 용기, 포장** 1966년 Cd 등 중금속으로 도금된 기구나 용기로부터 일본 도쿄[東京]지역에서 우동을 먹고 약 370명이 집단식중독을 일으켰는데, 그 이유는 양동이(bucket) 표면에 도금된 카드뮴이 삶은 물에 함유된 명반과 소금의 영향을 받아 용출해서 우동에 혼입되었기 때문이었다.

그리고 우리나라에서 도자기, 법랑도포, 옹기류 및 기구, 용기의 카드뮴은 과거 0.5 ppm 이하로 일괄 규정되어 왔으나, 2000년 2월 현재 도자기, 법랑도포, 옹기류 및 유리제의 규격은 용량에 따라 제7편 제2장에서와 같이 변경되었다.

(4) 예방과 치료

카드뮴이 치사량에 이르기까지 폭로될 때 신속히 polyamino carboxylates을 투여하면 보호작용을 나타낸다. 디메르카프롤(BAL)과 카르밤산, sodium diethyl dithiocarbamate는 신장 내의

카드뮴 농도를 크게 저하시킨다. 그러나 만성폭로의 경우에서와 같이 카드뮴이 이미 메탈로티온네인과 결합한 뒤에는 착화합물(chelate)은 별 효과가 없다.

3) 납(鉛, Lead, Pb) : Lead poisoning

(1) 납의 분포와 흡수

납은 선사시대부터 알려져 이집트인이 B.C. 7000~5000년에 금은과 같이 사용한 중금속(비중 16.3)이다. 특히 중세 유럽 지역은 그릇 등 용기, 욕조, 술잔을 납으로 만들었다.

납(lead)은 융점이 낮고 연질이므로 가공하기 쉽고 부식성(부식성이 좋음)이 매우 적은 것이 장점이나, 습기가 많은 공기 속에서는 표면이 산화(PbO)되기도 한다. 납정련공장, 상수도용 납관, 납판(鉛版), 활자합금, 통조림 등의 납땜 및 용접, 도료나 안료 등의 화학공장에서의 납화합물, 납유리(25~35% 산화납 : PbO 함유)공장, 축전지의 전극(과산화납), 살충제 농약의 납(비산납), 유연(有鉛)휘발유(4 에틸납), 도자기, 법랑제품, 옹기류의 유약 및 무늬용 도금, 총탄 등 납이 생활용 기구나 용기로부터 장난감에 이르기까지 쓰이지 않는 것이 없을 정도로 과거 널리 활용되어 왔으며, 지금도 도처에서 많이 사용되고 있다. 특히 공업적으로 납은 안티몬이나 주석과 각각 합금 또는 납, 안티몬, 주석 3가지 합금 등이 대부분 만들어지고 있다. 일본 식품 중 납의 호흡에 의한 흡수율이 14~45%로 높고, 소화관에서의 흡수율은 1.3~16%로 낮다. 그리고 일상식에서의 Hg, Cd, Pb, As의 1일 섭취량의 변화를 보면 <그림 5-3-7>과 같

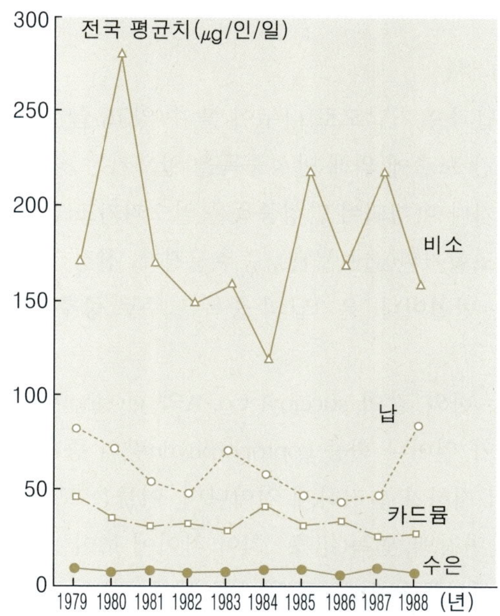

〈그림 5-3-7〉 일상식에서의 Hg, Cd, Pb, As의 1일 섭취량의 변화(1988년, 일본)

〈표 5-3-6〉 건강인 및 납중독자의 기관 내 납중독

기 관	건강인 (mg/kg)	납중독 환자 (mg/kg)	
		무기납	유기납
뼈(骨)	0.67～3.57	5.60～17.6	2.90
간(肝)	0.04～0.28	1.80～8.00	2.35～3.40
신(腎)	0.02～0.16	0.60～5.50	0.79
비	0.01～0.07	1.13	0.29
심	0.04	0.20～0.80	-
뇌	0.01～0.09	0.24～1.20	0.74～1.90

다. 흡수된 납은 주로 신장을 지나서 오줌 중에 배설되고 땀, 체모 또는 모유에서는 배설이 극히 작다. 건강인 및 납중독자의 기관내 납 농도는 <표 5-3-6>에서 보는 바와 같이 뼈에 축적량이 아주 높고 그 다음이 간(肝)이다.

사람(전체)에 대한 납의 생물학적 반감기는 약 1,460일(4년), 뼈에서의 반감기는 3,650일(10년)로 생각되고 있다. 혈중 납의 90% 이상이 적혈구 안에 있다. 사람에서 혈중 납의 반감기는 약 1개월이다. 혈중의 납은 주로 신장과 간으로 수송되며 신체의 납은 뼈로 재분포되거나 배설된다. 납중독은 태아나 어린이의 뇌 손상에 심각하다. 임신한 어머니의 혈중 납농도가 감소하는데 이는 납이 태아에게 전이됨을 의미한다.

(2) 납중독의 증상과 대사

납에 의한 중독은 무기납과 유기납으로 나누어 볼 수 있고, 급성중독보다는 공장에서 증기 호흡과 같은 형태로 장기간 노출에 의해 만성중독을 일으키는 경우가 있고, 용기, 기구, 식품 및 음료수 등에서 용출되거나 이행되어 만성중독을 일으키기도 한다.

무기납(Pb^+)의 중독은 조혈기관(造血器官), 중추신경계, 신장, 소화기계의 장애를 주며 특히 가장 일반적인 증상은 **빈혈**이나, 유기납의 중독은 주로 **중추신경계 장애**로 증상에 다소 차이가 난다.

<그림 5-3-8>에서 보는 바와 같이 succinyl Co, A와 glycine에서 δ-aminolevronic acid와 coproporphyrin량의 증가가 일어나 혈중 coproporphyrin량의 증가가 인정된다. 또 납중독에 의한 δ-ALA탈수소 활성의 저하가 현저하게 일어나며, 이들은 모두 납폭로의 지표로 이용된다. 납중독이 진행되면 안면창백, **연녹**(鉛綠 : 치아 사이에 보이는 흑록색의 띠상 착색), 말초신경염, 신근(伸筋)마비, **연산통**(鉛山痛) 등의 중증 납중독증상이 나타난다. 다시 말해 납에 중독되면 혈구를 만드는 산화효소가 억제되어 빈혈을 일으킨다.

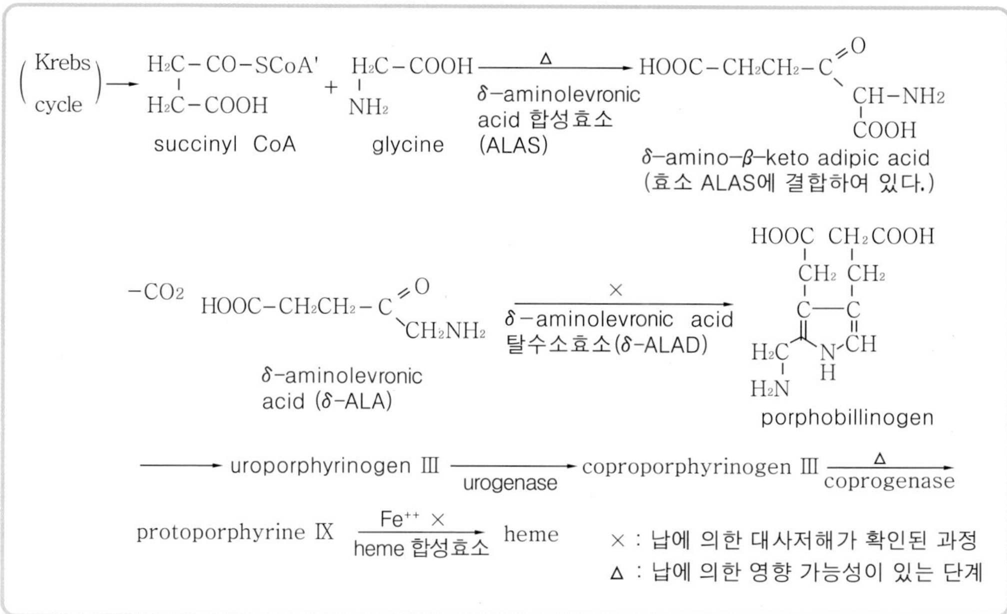

〈그림 5-3-8〉 납에 의한 heme의 생합성 저해

한편 유기납 계통에서 원천적으로 문제되는 것은 납정련공장, 납제품이나 납화합물합금, 도료 등을 제조하고 생산하는 과정에서 인체에 흡수함으로써 오는 피해가 크다고 할 수 있다.

또 과거 자동차의 휘발유 엔진기관에 노킹(knocking, 異狀燃燒)을 방지하기 위하여 antiknocking제로 4메틸납〔$Pb(CH_3)_4$〕이나 4에틸납〔$Pb(C_2H_5)_4$, tetraethyl lead, TEL〕을 휘발유에 첨가하여 유연휘발유로 사용되었는데 이것은 무기납과 달리 상온에서 액체로 휘발성이 높다. 그러나 이것은 자동차엔진 내에서 연소하면 상당히 무기납이 되어서 방출한다. 그러므로 기도(氣道) 또는 피부로부터 흡수되기 쉽고 또 다량 흡수시 많은 장기, 특히 뇌에 축적되므로 중추신경계에 대해 강한 급성독성을 일으킨다. 가벼운 증상의 경우는 두통, 안면장애, 많은 꿈, 식욕부진 등, 또 중증인 경우는 흥분, 불안, 환각, 구토 등을 일으키며, 심각한 중증이면 중추신경계의 이상으로 정신착란, 고민, 혼수를 일으켜 사망하기도 한다. 그러나 무기납 중독의 경우와 달리 조혈기관에 미치는 영향은 적다. 특히 어린이는 심리적 불안, 집중력 장애를 갖는다.

이상에서 대기오염으로 인한 납보다는 오히려 토양오염이나 수질오염으로부터 생산되는 농수축산물로부터 생물농축과 먹이연쇄에 의해 인체에 많은 양의 납이 축적되어 만성중독을 초래하는 것이 매우 큰 문제로 지적된다.

(3) 식품, 먹는 물, 농약, 기구, 옹기 등의 납의 규격

① **식품, 먹는 물** 식품을 통한 납의 일일 섭취량은 평균 약 300 ㎍으로 추산되고 있다. 과

일과 채소가 중요한 급원인데 이들 식품은 무게로 따져서 전체 식사 중 약 23%를 차지하지만 전체 납 섭취량의 78%를 차지한다. 식사 중의 칼슘, 철, 아연 결핍은 납독성을 증대시킨다. 담수어나 해산어패류(生物로 기준)의 잔류허용기준은 2.0 mg/kg 이하로 규정되어 있다.

그리고 우리나라 「보건범죄단속에 관한 특별조치법」 시행령이 '부정식품의 유해기준' 중 '인체에 현저한 유해기준'에서 과자류, 식육 및 어육제품은 허용 외 납이 3 ppm 이상 함유, 청량음료수, 분말청량음료(수용상태에서)는 허용 외 납이 0.5 ppm 이상 함유된 경우는 부정식품의 유해기준에 해당되어 최고의 처벌과 벌금을 물게 된다.

아울러 한국의 식품별 납의 중금속 기준을 보면 <표 5-3-7>과 같다. 그리고 건조농산물은 건조과정으로 인하여 수분함량이 변화된 경우에는 수분함량을 고려하여 납의 감정기준을 적용한다.

먹는 물 중 WHO의 권장허용량은 0.05 mg/L이며 우리나라와 같다. 아울러 상수도관(鉛管)에는 납이 함유되어 있어 오래되면 부식되어 극미량이라도 수돗물에 이행될 우려가 있으므

〈표 5-3-7〉 한국의 식품별 납의 중금속 기준#

분류	대상식품과 납의 기준	mg/kg
농산물	근채류 중 인삼, 산양삼, 도라지, 더덕	2.0 이하
	엽채류(결구엽채류 포함), 버섯류 중 양송이, 느타리, 새송이, 표고, 송이, 팽이, 목이	0.3 이하
	곡류(현미 제외), 콩류, 과일류 중 사과, 귤, 장과류, 과채류 중 고추, 호박	0.2 이하
	서류, 과일류(사과, 귤, 장과류 제외), 근채류(인삼, 산양삼, 도라지, 더덕 제외)	0.1 이하
축산물	소간, 소 신장, 돼지간, 돼지 신장	0.5 이하
	가금류 고기*, 쇠고기**, 돼지고기**	0.1 이하
	원유 및 우유류	0.02 이하
수산물	연체류, 꽃게류(꽃게과에 속하는 꽃게 종)	2.0 이하
	갑각류	1.0 이하
	어류	0.5 이하
가공식품	식용유지류	0.1 이하
	영아용 조제식, 성장기용 조제식, 영·유아용 곡류조제식, 기타 영유아식 영·유아용 특수 조제식품, 조제분유, 조제우유, 성장기용 조제분유, 성장기용 조제우유, 기타 조제분유, 기타 조제우유(분말제품의 경우 희석하여 기준 적용)	0.01 이하

건조농·임·축·수산물의 중금속 기준 적용에서 건조과정에서 수분함량이 변화한 경우 수분함량을 고려하여 적용

* 가금류 고기 : 부착된 지방 및 표피를 포함하는 가금류 도체의 근육조직으로 닭, 오리, 꿩, 거위, 칠면조 등의 고기를 말함

** 쇠고기, 돼지고기 : 근육 내 지방 및 피하지방과 같이 부착된 지방조직을 포함하는 도체(혹은 이를 자른 덩어리)의 근육조직을 말함

출처 : 식품공전(2015)

로 어느 시점에서는 교체가 요망된다. 일찍이 로마제국이 멸망한 원인 중의 하나가 이 납관이었다는 설도 있다.

그리고 필자가 2004년 8월에 채취한 국내산 채소엽채류(깻잎, 근대, 미나리, 땅두릅, 애호박 등) 8종과 근채류(무, 순무, 당근, 생강, 우엉, 토란, 마, 연근) 8종에 대한 분석 결과 납의 평균함량(최대함량)은 각각 0.0191(0.0928) mg/kg, 0.0210(0.1070 mg/kg으로 보고된 바 있으며 WHO/FAO에서 규정된 pH의 수치는 0.1~2.0 mg/kg으로 안정된 수준이라고 볼 수 있다. 또 2008년 환경부가 발표한 한국인 전국 성인 2,342명의 평균 혈중 납농도는 1.72 mg/L로서 미국의 1.56, 독일의 3.07과 비교할 때 미국보다는 미미하게 높고 독일보다는 상당히 낮은 것을 볼 수 있다.

② **농약** 농약 중에는 드물게 납을 함유한 비산납 등이 살충제로 사용되었다. 그러나 비산납($PbHAsO_4$, lead arsenate)은 독성이 강해서 1979년 11월 24일부터 공장에서 생산을 금지시켰고 1980년 4월 8일부터 모든 농작물에 사용이 금지되었다.

③ **기구·용기, 포장, 도자기, 옹기류 및 유리제품 등** 제7편 제2장에 언급되어 있으므로 참조하기 바란다.

(4) 예방 및 치료

예방에서 식품과는 직접적 관련이 적지만 제조공장 등에서 납 증기, 납 분진이 발생하지 않도록 작업방식, 작업환경 등을 적극 개선하도록 하고, 종사자는 작업시 마스크, 장갑 등을 착용하고 작업 후 양치질, 손 등을 깨끗이 씻도록 한다. 혈액 속의 납성분은 1~2개월이면 없어진다.

식품과 관련된 환경오염은 치료법에서 복통에는 글리세린산, 칼슘, 아트로핀(atropine) 등을 사용하고, 체내에서 납을 씻어 내기 위해서는 요오드화칼륨(KI)을 사용하거나 우유를 다량으로 섭취하는 것이 좋다. 또 최근 도토리나 상수리 묵의 섭취로 납 등 중금속이 배출된다는 연구결과도 있다. 그리고 섬유질이 많은 농산물, 해조류 등이 배출에 도움을 준다.

4) 비소(砒素, As)

(1) 비소의 분포

비소는 B.C. 4세기경 아리스토텔레스가 안료로 사용한 기록으로 보아 일찍부터 알려진 중금속(비중 5.73)이다. 비소는 대부분 광석에 활화합물로 존재하며 유리 제조, 방부제, 화학공업, 농약, 합금, 반도체, 섬유, 염료, 황산제조, 의약품 등에 널리 사용되고 있다. 과거 암과 매독치료에도 사용되었다.

비소는 자연계에서 주로 As^{3+}, As^{5+}의 원소로 **3산화비소(아비산, As_2O_3**, 수중에서는 $HAsO_2$로 존재), **5산화비소**(As_2O_5, 수중에서는 비산 H_3AsO_4으로 존재) 및 이들 염류로 존재하는데

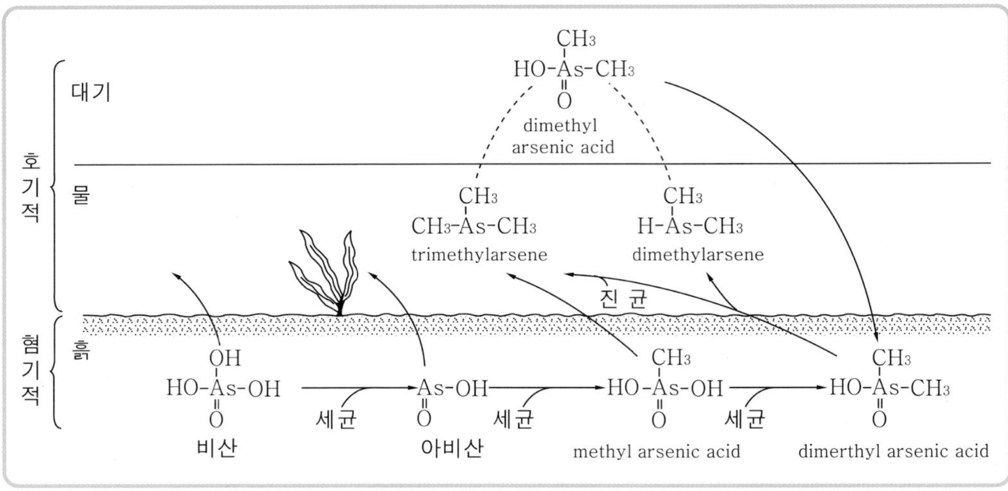

〈그림 5-3-9〉 자연계에서의 비소의 형태변화

아급성, 만성중독을 일으키는 것으로 식품위생에서는 아비산(As_2O_3)이 가장 문제가 된다.

<그림 5-3-9>에서 보는 바와 같이 자연계에서 분포하고 있는 비소는 비산으로부터 토양미생물에 의해 메틸화를 받아, methyl arsenic acid($CH_3AsO_3H_2$)와 dimethyl arsenic acid, arsene 〔$(CH_3)_2AsO_2H$〕은 대기중에서 dimethyl arsenic acid 형태로 증발하고 다시 순환에 의해 흙으로도 돌아온다. 이와 같이 수질오염, 토양오염을 가져오게 된다.

(2) 비소 및 비소화합물의 흡수와 배설 및 증상

정상인의 1일 비소 섭취량은 70~170 ㎍이며, 이는 음식물에서의 섭취가 대부분이고 호흡기와 피부로의 흡수는 적다. 비소(As_2O_3)의 소화관에서의 흡수율은 약 3%이고 호흡기로부터의 흡수율은 27%이다.

흡수된 비소는 주로 신장을 통해서 오줌으로 배설된다. 땀, 체모 또는 모유로 배출되는 것은 적다. 비소(화합물)는 골, 피부 외에 간장, 신장, 폐, 비장 등의 장기에 많이 존재하고, 심장과 뇌에는 적다.

비소이온은 미토콘드리아의 heme 합성효소, ALA 합성효소를 저해하여 오줌으로 porphyrin을 증대시킨다. 비소 함량이 특히 높은 것은 모발(0.047~0.97 ppm)과 손발톱(0.64~1.39 ppm)이므로 이들은 비소중독의 진단에 유효하게 이용된다.

비소화합물에 의한 급성중독은 처음에 목이나 식도의 수축, 연하곤란 등의 증상이 나타나며 이어서 위통, 구토, 심한 설사 등의 소화관 장애를 일으킨다. 더구나 단백뇨, 혈뇨에 이어서 오줌량의 감소 등 신장장애가 나타난다. 중독량은 아비산(As_2O_3)으로서 50 mg 이상이며,

사람의 최소치사량은 70~180 mg이다. 비소에 의한 중독은 광석이 연소될 때 아비산을 함유한 가루를 흡입하여 발생한다. 이때 여러 가지 호흡기 장애 외에도 피부에 홍진, 습진, 약진 등의 발진을 동반한다.

또 경구 섭취의 경우도 소화관 장애가 인정되고 있다. 만성중독의 경우에는 위에 기술한 **피부발진** 외에 피부의 각질화, 색소침착 이상, 궤양과 손발톱이나 머리카락의 위축과 결손, 비중격천공(鼻中隔穿孔) 등이 나타나며, **위장증상**으로는 메스꺼움, 구토, 설사, 변비 등이 나타난다. 또 **신경증상**으로는 손떨림, 말초신경염 등이 나타난다. 또한 비소화합물은 발암성이 있어 피부암뿐 아니라 폐암, 황달증상을 수반하는 간암의 원인물질의 하나로 생각되고 있다. 비산석회, 비산납 등 농약으로 이용되기 때문에 농산물에는 잔류기준이 있다. 또 작업장의 허용농도는 0.5 mg/m³/(As로서)이다.

이외에도 비소에 의한 중독으로서 비화수소(AsH_3)에 의한 예가 알려져 있다. 비화수소는 특히 혈색소와 친화성이 강하여 적혈구를 파괴해서 용혈성 빈혈은 일으킨다. 또 흡입에 의해 폐수종을 일으켜 사망할 수도 있다. 허용농도는 0.05 ppm이다. 비소화합물은 어느 때나 피부에 홍진(紅疹), 구진(丘疹), 습진성 피부염 등의 발진이 나타나는 것이 특징이다.

(3) 비소에 의한 중독사건과 규제

① **비소 분말우유(분유) 사건**　1955년 일본의 서부지역(히로시마 현)에서 발생한 일로 출생 후 2월~2년 정도된 유아들이 비소가 많이 든 모리나카[森永] 분유(건조우유)를 먹고 일어난 유명한 사건이다. 다시 말해, 분유에 비소가 아비산(As_2O_3)으로 따져 약 30 ppm 이상 함유되어 있었는데 이는 유아 1일 섭취량의 약 8배가 되는 양이었다. 그 원인은 분유에 유질안정제(乳質安定劑)인 제2인산나트륨(Na_2HPO_4) 중에 불순물로서 비산나트륨(Na_3AsO_4)의 무기비소가 다량 함유되어 있는 것을 모르고 사용해서 일어난 사건이었다. 제2인산나트륨의 비소 함량은 3~9%이었고, 총환자 수도 무려 1만 2,159명이 발생해 131명이 사망하였다. 그 결과 일본에서는 1957년에 화학적 합성품인 식품첨가물의 규격기준이 만들어졌다.

② **비소의 간장 사건**　광복 이후 우리나라나 일본에서는 간장에 의한 집단 식중독사건이 발생하였다. 간장에는 양조(발효)간장, 산분해간장(일명 화학간장) 등으로 나누는데, 산분해간장은 콩단백질인 gluten을 염산(HCl)으로 가수분해하여 조미료인 글루타민산나트륨(MSG)을 제조하고, 폐액으로 나오는 단백질 분해물을 탄산나트륨(Na_2CO_3)으로 중화하여 아미노산간장이라고 하는 산분해간장을 얻는 것이다. 이 과정에 사용된 공업용 염산이나 탄산나트륨 중에 불순물인 비소(As)가 다량 함유함으로써 일어났던 사건이었다.

1985년 8월에 우리나라의 주부클럽연합회는 간장에 진한 염산(conc. HCl)과 양잿물(NaOH 등)을 사용했다고 문제를 제기해서 말썽이 된 사건이 있었다. 만약 이들이 순도가 높은 것이 아니면 불순물로서 비소 등이 들어 있을 가능성이 있어 안정성에 문제가 될 수 있으나 그렇지 않다면 잘못된 무지에서 온 사건이라고 볼 수 있다. 이 기회를 빌려 묽은 염산은 우리 인체의 위장에서 위산으로 존재하고 있기도 하다. 따라서 이들 분해제나 중화제는 1급 이상의 순정품을 사용해야 할 것이다.

③ **고의 또는 오용으로 인한 농약사건** 농촌가정에서 농업용 살충제나 쥐약인 농약으로 사용되는 비소화합물은 밀가루나 베이킹파우더와 비슷하여 이것을 잘못 알고 먹어 식중독을 일으키거나, 비산납을 살포한 농작물을 잘 씻지 않고 식용으로 제공함으로써 중독된 예가 자주 있다. 비소는 원래 맹독성이므로 과량을 일시에 복용하면 위험에 처하게 된다. 그 외 앞서 언급한 비산납은 금지되어 있지만 비산석회(Ca arsenate), 비산망간, methyl arsenate의 농약이 이용되므로 잔류량이 없도록 해야 할 것이다.

(4) 식품과 먹는 물, 옹기 등 비소의 규격

① **식품과 먹는 물** 먹는 물의 비소는 0.05 mg/L를 넘지 아니할 것으로 규정되어 있다. 필자가 2004년 8월 채취한 국내산 채소엽채류(깻잎, 근대, 미나리, 땅두릅, 애호박 등) 8종과 근채류(무, 순무, 당근, 생강, 우엉, 토란, 마, 연근) 8종에 대한 분석 결과 비소의 평균함량(최대함량)은 각각 0.0757(0.5294) mg/kg, 0.0401(0.1732) mg/kg으로 보고된 바 있으며, WHO/FAO에서 규정된 AS의 수치는 1.0 mg/kg으로 안정된 수준이라고 볼 수 있다. 그리고 「보건범죄단속에 관한 특별조치법」 시행령의 부정식품 유해기준 중 '인체에 현저한 유해'에서 청량음료수, 분말청량음료(수용상태에서)는 0.3 ppm 이상 함유, 과자류는 허용 외 비소가 2 ppm 이상 함유, 장류는 허용 외 5 ppm 이상 함유된 경우는 부정식품의 유해기준에 해당되어 최고의 처벌과 벌금을 물게 된다.

② **도기, 법랑, 옹기, 보통 및 착색 유리** 제7편 제2장에 준한다.

〈표 5-3-8〉 한국의 식용유지류 중 비소의 중금속 기준

분류	대상식품	비소 (mg/kg)
유지류	식용유지류	0.1 이하

출전 : 식품공전(2015)

5) 주석(朱錫, Tin, Sn)

주석은 아주 오래전 청동기시대에 구리와 합금으로 주조된 청동(靑銅)이 용기 등으로 사용된 중금속〔비중 5.80(α형), 7.28(β형) 20℃〕이다.

천연광물로는 주석석(SnO_2), 황석석(Cu_2FeSnS_4)으로 존재하며, 제련용 주석은 주석석이 대

부분이다. 정제된 주석의 용도로는 활자합금, 양철, 식기, 캔, 땜납 등 각종 합금원료로 사용되며 특히 유기주석 화합물로서는 안정제, 살균제 등의 원료로도 사용된다. 이들로부터 환경오염, 식품오염 등이 이어지고 있다.

원래 주석은 독성이 낮은 것으로 보는데 가끔 **통조림**에서 식중독이 발생되고 있다. 과일이나 채소류의 통조림 주스에서 주석이 용출되어 일어난다. 1963년 8월 일본에서는 수학여행 중 기차 안에서 96명의 학생들이 과즙통조림을 섭취 후 30분~1시간에 메스꺼움, **구토**, **복통**, **설사** 등을 일으킨 중독사고가 발생하였는데, 그때 주석이 300~500 ppm 용해되어 있었다. 1965년도에도 일본에서 과일통조림을 먹고 828명의 중독사고가 일어났는데 그때는 주석이 158 ppm을 함유하고 있었다.

그러한 원인은 사용된 물이나 내용식품 중에 질산염(질산이온)이 많이 함유되어 있으면 주석이 유기산(과일, 채소 중)과 물에 잘 녹는 착화합물(錯化合物, chelate)을 형성하여 용출되기 쉬워지기 때문인 것으로 밝혀졌다. 주석의 중독량은 0.1~0.3 g이다. 깡통주스의 질산이온 농도에 따른 주석의 용출량은 <표 5-3-9>와 같다.

〈표 5-3-9〉 깡통주스의 질산이온 농도에 따른 주석의 용출량

질산이온(ppm)	온 도	pH	일수			
			1	3	5	10
0	실 온	2.93～3.05	2.1	4.8	7.1	10.0
1	실 온	3.00～3.07	2.3	9.7	14.3	37.5
5	실 온	2.90～3.10	2.6	20.1	31.0	85.0
10	실 온	3.10～3.15	4.7	27.3	57.0	148

유기주석 화합물 중 TPT(triphenyl tin) 주석 화합물 및 TBT(tributhyl tin) 주석 화합물은 수생생물(조류, 어류, 갑각, 연체동물)에 대한 활성이 있으므로 주로 배 밑바닥에 갑각류 등이 부착되는 것을 방지하기 위한 도료나 어망의 오염방지제 등 세계적으로 널리 사용되어 왔다.

그러나 근년에 영국, 프랑스 등에서 패류의 성장불량, 폐사, 기형의 출현 등이 문제되어, 생태계의 오염 또는 그것을 통한 식품오염에 관심이 향하게 되었다. 일본의 경우 환경청이 실시한 1989년의 생물모니터의 결과 triphenyl 주석 화합물이 각종 어류에서 검출됨으로써 어패류로부터 조류에의 오염이 연결되는 식물연쇄가 진행되고 있는 것이 분명하고, 한편 tributhyl 주석 화합물도 농어, 홍합 등 대상 검체의 45%가 검출되었다.

이들 주석화합물은 장기간 섭취하면 면역기능을 저하시키거나, 혈류계에 영향이 있는 것으로 알려져 있다. 이 때문에 triphenyl 주석화합물은 일본에서 1990년에 사용금지 조치가 취해짐과 동시에 제2종 특정화합물은 일본에서는 각종 가정용품(섬유제품, 가정용왁스, 도료,

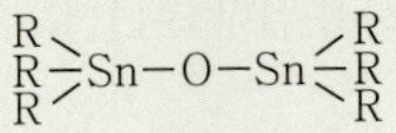

R = C_6H_5 bistriphenyl tin oxide
R = C_4H_9 bistributhyl tin oxide

유기주석 화합물의 구조

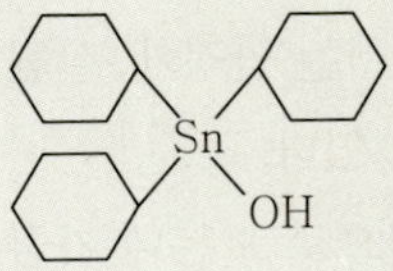

tricyclohexyl tin hydroxide

(rat 경구 LD_{50} 250~650 mg/kg)

잔류기준이 있는 주석계 농약

〈표 5-3-10〉 식품별 주석의 성분규격(2001년 8월)

중금속명	식 품 명	함 량
주석(Sn)	통·병조림 식품 (식품일반에 대한 공통기준 및 규격)	150.0 mg/kg 이하(알루미늄캔을 제외한 캔제품에 한함) 단, 산성통조림*은 200 mg/kg 이하
	캔제품(추출차, 과실차, 커피, 과실·채소음료, 탄산음료수, 혼합음료, 추출음료, 음료베이스, 인삼음료)	150.0 mg/kg 이하(추출차, 과실차, 커피액상캔제품에 한함)
	인삼통·병조림	150 mg/kg 이하
	김치류 통조림	150 mg/kg 이하(단, 산성통조림은 200 mg/kg 이하)

*1986년 전에 산성통조림은 250 mg/kg 이하로 규정되어 있었음.

구두약 등)에 사용이 금지되었다. 따라서 TPT, TBT는 독성을 가진 유기주석화합물이다.

이외에 농약으로 이용되고 있는 유기주석 화합물로 트리시클로헥실틴(tricyclohexyl tin) hydroxide의 잔류기준은 사과 및 배에서는 모두 2.0 ppm으로 규정되어 있다. 현재 한국에서 2001년도 식품에 대한 주석의 기준과 규격을 보면 <표 5-3-10>과 같다.

아울러 국내의 「기구 및 용기·포장의 기준·규격」에 "동제 또는 동합금제의 기구 및 용기·포장은 그 식품에 접촉하는 부분을 전면 주석도금 또는 광택 처리를 하여 위생상 위해가 없도록 적절한 처리를 하지 아니하면 아니 된다."고 규정되어 있다.

필자가 2004년 8월 채취한 국내산 채소엽채류(8종)과 근채류(8종)에 대한 분석 결과 크롬의 평균함량(최대함량)은 각각 0.1535(0.4982) mg/kg, 0.1210(1,2030) mg/kg으로 보고된 바 있다.

6) 크롬(Chromium, Cr)

(1) 크롬의 분포

자연계에서는 Cr^{3+}, Cr^{6+}의 화합물로 존재한다. 크롬은 금속공업이나 화학공업에서 도금,

합금, 염료, 페인트, 피혁가공, 요업, 시멘트 제조 등의 공장에서 폐기물이나 폐수로부터 오염되고 있다. 또 대기 중의 크롬은 광석의 정제, 화석의 연소, 주로 페로크롬을 생산하는 산업공장, 화학공정, 시멘트공정 등에서 생성된다.

환경적인 폭로는 대개 **3가크롬화합물**이며 직업적 폭로는 주로 **6가크롬화합물**이다. 성인의 1일 크롬 섭취량은 200~300 μg 정도이고 이는 음식물, 과실류, 어패류, 해조류 등의 섭취가 대부분이고 대기에서는 0.2 μg, 음료수에서는 2.2 μg 정도이다.

필자가 2004년 8월 채취한 국내산 채소엽채류(8종)와 근채류(8종)에 대해 분석한 결과 크롬의 평균함량(최대량)은 각각 0.1535(0.4982) mg/kg, 0.1210(1.2030) mg/kg으로 보고된 바 있다.

(2) 크롬의 흡수와 대사 및 증상

Cr를 사용한 실험에서 3가크롬(Cr^{3+})에 비해 6가크롬(Cr^{6+})의 흡수가 크다는 것이 분명하게 밝혀졌다. 6가크롬화합물은 폐와 소화관으로 흡수가 잘 되고 피부로도 경미하게 흡수된다. 식품의 크롬 약 10%는 소화관으로 흡수되지만 크롬 자체로 투여할 경우에는 2% 미만으로 흡수된다.

크롬산염은 3가크롬화합물보다 폐에서 훨씬 흡수가 더 잘되고 3가크롬은 크롬산염보다 배설이 빠르다. 섭취된 크롬은 간, 비장, 골수, 신장에 농축되고 흡입된 크롬은 폐와 머리카락에 농축된다.

3가크롬은 rat를 이용한 실험 결과 당을 유지하고 견디는 능력(耐糖能力)의 내당인자(耐糖因子, glucose tolerance factor, GTF)로 알려졌는데 이는 인슐린(insulin)이 그 수용체(receptor)에 결합하는 것을 촉진하기 때문이라고 생각하고 있다.

한편 6가크롬은 강한 산화성이 있어 특히 산성영역에서 유기물을 산화하고 자신은 3가크롬으로 환원된다. 6가크롬은 경구, 경피, 기도로 흡수되어 3가크롬으로 환원(크롬산)되는데 이때 궤양, 피부염, 알레르기성 습진, 결막염, 비염 등을 일으킨다. 6가크롬의 계속적인 흡입(크롬산)은 비중격천공(鼻中隔穿孔)과 폐암 발생률을 상승시킨다.

7) 아연(亞鉛, Zine, Zn)

B.C. 수천 년 전부터 알려진 아연은 구리와 합금한 황동(놋쇠)으로서 각종 용기에, 아연도금 철판인 함석판은 지붕, 연통 등에 사용되어 왔다. 아연은 필수영양원소 중의 하나이며 식품, 곡류, 어패류, 육류, 견과류, 두류는 아연 함량이 높으나 과일, 채소는 매우 낮거나 없다. 한국의 일일 권장량은 성인 남자는 15 mg/kg, 여자는 12 mg/kg이다. 섭취한 아연의 30~40% 정도만이 흡수된다.

아연은 체내에 많은 효소 약 70여 종에 관여하는 필수원소이다. 도정하지 않은 곡류에 있는 피틴산, 칼슘, 철분은 아연의 흡수를 방해하고 피리독신, 트립토판 결핍은 아연의 흡수를 저해한다. 아연은 신장에서 여과되어 배설한다.

가끔 식품계에서는 음식물용 기구 및 용기에서 일어난다. 그 예로 일본에서는 아연으로 도금한 양동이에 담아 두었던 유산균 음료를 마시고 60명 중 22명이 중독된 사건이 있었다. 그러한 이유는 음료가 산성이기 때문에 오래 두면 용기에서 다량의 아연이 용출되기 때문인 것으로 밝혀졌다. 그 외에도 양철지붕의 빗물을 마시고 중독된 예도 있다. 아연의 중독량은 체중 kg당 400~500 mg이다.

아연중독(Zinc poisoning)은 산화아연(ZnO)의 안개상 분말을 흡입함으로써 발생되는 **아연열(亞鉛熱)**은 대표적인 중독으로 인플루엔자 증상과 비슷하다. 중독증상은 식후 20분~4시간 정도에 메스꺼움, 구토, 설사, 복통, 식은땀 등을 흘리고 심하면 호흡곤란, 경련, 허탈감 등을 나타낸다. 우리나라의 먹는 물 수질기준은 위생상 문제보다는 맛을 고려하여 1 mg/L를 넘지 아니할 것으로 정해졌다(5 mg/L 정도를 끓이면 미끈미끈한 막이 생김).

WHO/FAO나 미국은 식품 중의 아연 허용량이 식품 kg당 5.0 mg이며 사람의 섭취 허용량은 1일에 0.3~1.0 mg/kg(체중)으로 정해졌다. 따라서 아연은 우리에게 필수원소이면서도 한꺼번에 다량 흡입하거나 지속적인 과잉 섭취로 인해 중독증상이 나타난다.

8) 구리(銅, Copper, Cu)

구리는 청동기시대부터 기구 및 용기 등 다방면에 사용된 필수금속이다. 근세에 구리는 전열성이 좋아 주로 전기의 동선, 동파이프, 가열장치 소재, 합금용기 등에 널리 사용되고 있다.

구리는 **다량 섭취** 시에는 중독으로 인해 식품위생에서 다루지만 결핍 시에는 영양학에서 다루게 된다. 일반적으로 구리는 주로 식품으로 섭취되고, 구리의 50% 정도는 소화관으로 흡수되며 그 흡수율은 체내 저장량에 의해 조절된다. 혈청 중의 정상농도는 120~145 μg/L이다. 조직내 농도는 10세 정도까지 점차 증가하나 그 이후에는 거의 일정하게 유지된다.

구리는 알부민 등에 결합되며 많은 효소, 즉 tyrosinase, superoxide dismutase(SOD), amine oxidase, uricase 및 cytochrome 등의 필수성분이다.

음식물용 구리제 기구나 용기에서 물이나 탄산에 의하여 부식되어 생긴 유독성 녹청(綠靑, $Cu(OH)_2CuCO_3$)에 의해서 식중독을 일으킨 바가 있다. 1935년 일본 도쿄에서 2명의 어린이가 시판 식빵을 먹고 잠시 후에 심한 중독증상을 나타내고 1명이 사망하였다. 그 원인은 제빵용 구리제 냄비가 교반기에 의해서 많이 깎여 나와서 빵 속의 팽창제와 작용하여 녹청이 생겼기 때문이며 빵 1 kg에서는 2 g의 구리가 검출되었고 빵은 진한 청색을 띠었다.

구리의 독성중독량은 3~10 g, 치사량은 15~20 g으로 보고 있다. 증상은 구강의 작열감, 다량의 타액분비, 메스꺼움, 구토, 설사, 복통, 두통, 발한, 경련 등이고, 다량 섭취 시에는 체내의

–SH화합물과 결합하여 효소작용을 저해하고 간의 색소침착, 간세포의 괴사 등과 더불어 사망에 이르게 된다.

9) 안티몬(Antimon, Sb)

안티몬은 산화물, 황화물 등으로 존재한다. 성인에는 약 7~9 mg이 들어 있고, 그중 뼈와 혈액에 각각 약 25%씩 들어 있다. 일본에서 주스의 자동판매기 등에서 식중독사고가 발생했다. 법랑이나 캔에도 안티몬이 들어 있는 경우도 있다. 즉 산성식품에서 문제가 된다.

안티몬의 중독은 대부분 **토주석**(吐酒石, 산성주석산나트륨과 산화안티몬의 화합물)에 의한 것이다. 독성은 중독량이 0.01 g, 치사량이 0.5~1 g이다. 중독증상은 메스꺼움, 구토, 입술의 종양(腫瘍), 침이 잘 안 넘어가고, 복통, 콜레라상 설사, 경련, 실신, 심장마비에 의한 사망도 있다.

3. 비금속 오염

1) 셀렌(Selenium, Se)

셀렌은 비금속물질로서 황화물 광산으로부터 화석연료의 연소로 환경 중에 방출되며 전자, 유리, 안료, 고무산업, 사료첨가제 등에 사용된다. 셀렌의 일일 섭취량은 주로 식품, 즉 해산물, 육류, 유제품, 곡류 등에서 섭취된다.

셀렌은 항암효과가 뛰어난 물질이기도 하지만 셀렌을 5 ppm 이상 섭취하면, 독성이 일어나 식품위생에 관계되지만 0.1 ppm 이하에서는 셀렌 결핍증이 일어나 영양학에서 다루게 된다. 인간의 셀렌 중독은 대개 셀렌 농도가 높은 지역의 **다량 섭취** 식품에서 일어난다.

중독증상은 치아착색, **피부발진**, 위장관 장애, 권태, 탈모와 손톱의 부분적 손실 등이다. 가축에 약 25 ppm의 사료를 섭취시키면 알칼리증(alkali disease)을 나타낸다. 그리고 간에 지방간, 간괴사도 빈번히 보인다. 또 먹는 물에 3 ppm 셀렌으로 쥐에 투여하면 셀렌산염보다 아셀렌산염의 독성이 더 크다. 황화셀렌은 간세포암, 선암(腺癌)의 증대를 초래한다. 1991년 우리나라에서 먹는 물 기준에 셀렌은 0.01 mg/L를 넘지 말도록 규정하고 있다. 최근 미국 남성 3만 4,000명을 대상으로 조사한 바에 따르면, 셀렌 섭취가 부족한 사람은 그렇지 않은 사람에 비해 전립선암 발생율이 3배 이상 높은 것으로 나타났다.

4. 광물성 이물의 식품에의 혼입

「식품위생법」 중 식품 등의 기준 및 규격에서 이물에 대한 정의와 종류는 이미 앞서 '동물성 이물' 항에서 언급했으므로 생략한다. 다만 광물성 이물은 흙, 모래, 돌 등의 자연광물조각, 조개껍질 등의 동물유래 광물조각, 시멘트, 유리, 도자기, 금속 및 그 녹편 플라스틱을 포함하거나 합성섬유를 포함한 광물성 가공품 등이 있다. 과거 각종 기구, 기계 등의 파손된 쇳조각, 못, 부품, 녹 등의 혼입에 유의해야 한다. Al 등의 포장재료나 서류 등에서 혼입된 클립, stapler 핀 등의 금속성 이물이 들어올 수 있어 주의가 요망된다.

가장 대표적인 예로는 과거 가정에서 절구통이나 물레방아에서 찧거나 또는 소규모 방앗간에는 이물 제거시설이 열악하여 쌀에 돌 같은 이물질이 있어, 쌀을 바가지에 일어서 밥을 지었다. 그런데 쌀을 잘못 일어 밥에 돌이 들어가 이빨이 조각 난 예가 많았다. 연세가 있으신 분은 누구든 경험 안 해 본 사람이 없을 정도이다. 『식품공전』의 식품일반의 기준 및 규격에서 금속성 이물로서 쇳가루는 금속성 이물시험법에 따라 식품 중 10.0 mg/kg 이상 검출되어서는 아니 되며, 또한 크기가 2.0 mm 이상인 금속성 이물이 검출되어서는 아니 된다고 규정되어 있다.

제 4 장
공업약품에서 오는 식품오염

1. 유해염소화합물

염소화합물은 의약품, 농약, 식품첨가물, 수돗물, 화공약품, 공업용품 및 가정용품으로서 직간접적으로 다양하게 사용되어 왔다. 그러나 PCB, 농약 등 일부 염소화합물질은 인체의 건강에 심각한 영향을 미치고 있는 것들이 있다. 따라서 선진 각국에서는 축적성, 난분해성, 환경오염 등의 가능성 물질들을 우선 특정화학물질로 지정, 즉 제1종, 제2종으로 지정하여 세계적으로 계속 조사, 연구하고 있다.

1) 폴리염화비페닐(polychloride biphenyls, PCB, **米糠油 또는 油症사건**)

PCB가 식품오염 문제에서 중요하게 거론되게 된 이유는 1968~1969년에 걸쳐 일본 서부지방에서 **미강유(가네미 : 쌀겨기름) 유증중독**에 의한 환자 발생사건 때문이다. 그 원인은 미강유를 탈취하는 과정에서 열교환을 위한 순환파이프 중 열매체로 이용된 PCB(kanechlor, 카네클로 400)가 파이프에 생긴 미세한 구멍을 통해서 누출되어 미강유에 혼입됨으로써 이 미강유를 먹은 사람에게서 발생하였다. 유증으로 인정된 환자는 1982년까지 1,788명이고 그중 사망자가 112명에 달하였다.

biphenyl의 염소체는 이론적으로는 1부터 10염소화물까지 210개의 이성체가 가능하지만 실제로 시판되었던 것은 2-6염소화합물이다. 일본에서 제품 중 카네클로 400은 4염소화물(54%)이 주로 많고 5염소화물(20%), 3염소화물(16%), 2염소화물(7%)이 섞인 혼합물이고, 카네클로 300은 3염소화합물이 주된 혼합물이다.

PCB는 유용성이며 불연성, 불건성, 양호한 절연성 등 많은 특징을 가지므로 가열용 열매체, 인쇄용 잉크, 윤활유, 전기절연유(변압기, 콘덴서 사용) 가소제, 도료 복사지 등으로 넓게 이용되었으며, 생산이 중지되기 전인 1971년 한 해 동안의 PCB 생산량은 10,000~12,000톤으로

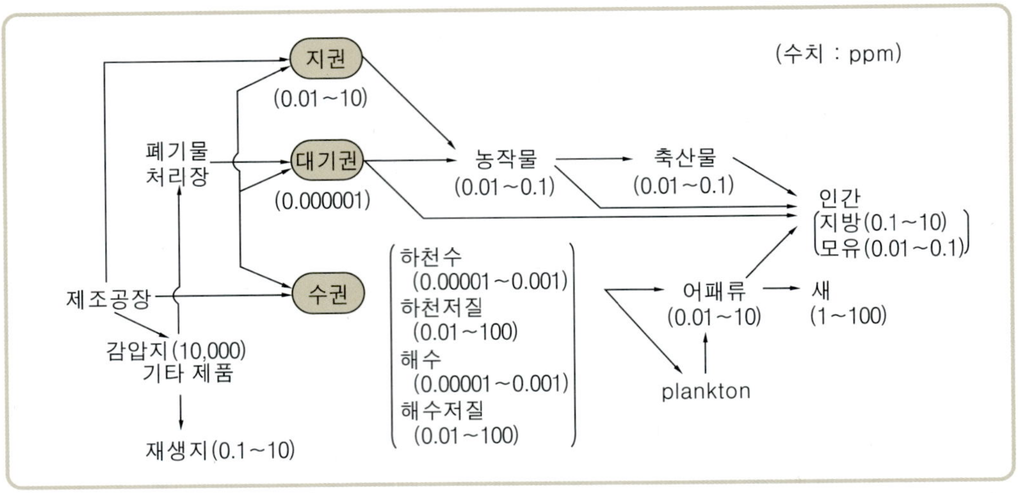

〈그림 5-4-1〉 PCB의 환경내 분포와 농도변화

〈표 5-4-1〉 식품 중 PCB 잠정규제치(일본)

식　품　명	규제치 ppm
우유(전유 중)	0.1
육아용 분유(전량 중)	0.2
육류(전량 중)	0.5
육제품(전량 중)	1.0
알류(전량 중)	0.2
어패류 : 원양·외해어패류(가식부)	0.5
: 내해·내만어패류(가식부)	3.0
어분, 기타 동물질 사료	5.0
배합사료	0.5
식품용 용기포장	5.0

〈표 5-4-2〉 식품 중 PCB 잔류규제치(미국)

식　품　명	허용한계치 ppm
우유(지방 base)	2.5
유유아식품	0.1
유제품(지방 base)	2.5
가금류(지방 base)	5.0
알류	0.5
어패류(가식부)	5.0
어분 등 가축사료 원료	5.0
가축사료	0.5
식품용 용기포장	5.0

추정되었다. 이 사건과는 별도로 1966년 스웨덴의 Jensen에 의해 카우카마스(꼬치고기)와 소의 체내에 PCB의 존재가 보고되어, PCB에 의한 **환경오염**이 전 세계적 규모로 진행되고 있음이 확인되게 되었다. 오염은 축산계통의 우유, 육제품, 알류와 수산계의 어패류 등에 많이 축적되어 문제가 되고 있다. PCB의 환경내 분포와 농도변화는 <그림 5-4-1>과 같다. 일본에서는 1972년부터 생산이 중단됨과 동시에 잠정적인 규제가 이루어졌다. 이 규제치는 <표 5-4-1>, <표 5-4-2>와 같고 rat에 대한 만성독성 연구에서 얻어진 최대 무작용량 500 ㎍/kg/day은 100배의 안전율을 곱해서 얻어진 값을 당시의 PCB에 의한 오염 실태를 고려하여 결정된 것으로, 현재에도 그 기준이 지켜지고 있다.

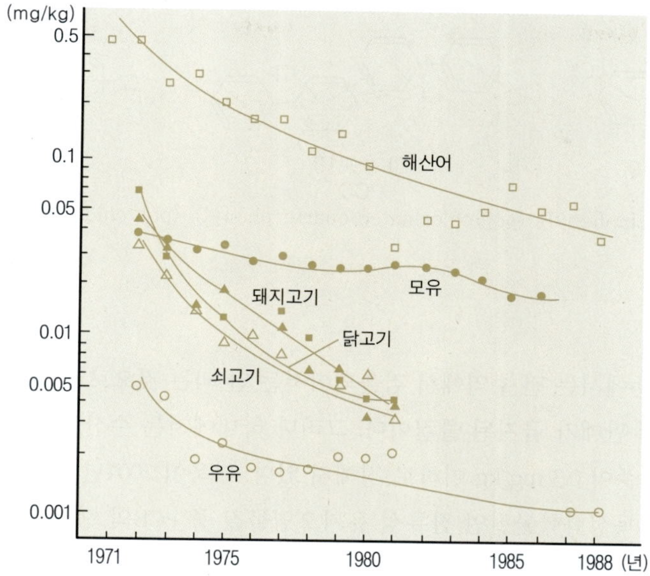

〈그림 5-4-2〉 주요 식품 중의 PCB농도의 추이(1983년 발표, 일본)

PCB는 지용성이어서 인체 내에 들어오면 **지방조직**에 축적되고 염소(Cl)수를 다르게 가진 혼합물이므로 그 독성, 체내에서의 분포 및 대사는 일정하지 않다. 카네클로 400(2, 5, 2′, 5′-TCB)의 쥐(rat)에서의 대사 연구에서 약 50%가 미변화체로서 분변 중에 배설되는 것으로 보아 나머지는 대사산물로서 담즙 및 기타로 배설됨이 분명하다. 대사물의 대부분은 biphenyl의 어느 한쪽에 수산화체(3-수산화체)가 있다. 주요 식품 중의 PCB농도의 추이를 보면 <그림 5-4-2>와 같다.

PCB에 의한 급성독성은 rat에서는 체내, 특히 간장에 과산화지질의 증량에 따라 간기능 이상, 갑상선 장애, 면역기능 장애와 lipofuscin양 색소의 침착이, 또 사람에서는 유증환자의 임상 소견으로 얼굴, 가슴 등에 부스럼과 **피부발진**, **손·발톱의 색소침착**, 두통, 관절통 및 흑색화가 인정되고 있다. 한편, 태아성 유증환자에서는 출생시 피부색이 검고, 발육이 약간 불량하며 치아 발육시기에 발육부진이 관찰된다.

1968~1969년에 발생한 일본의 미강유 중독사건의 유증(油症)에 많은 양의 **PCQ(polychlorinated quarterphenyl)**와 미량이지만 독성이 강한 **PCDF(polychlorinated dibenzofuran)**가 함유되어 있었던 것이 판명되었다. PCDF 중, 특히 2,3,4,7,8-pentaCDF가 유증과 관계가 깊다고 알려져 있다. 식품 중의 PCB농도는 그 사용이 1972년도에 금지된 이래 차츰 감소되고 있다. 아울러 PCB와 그와 관련 물질인 PCQ, PCDF의 구조를 보면 다음과 같다. 우리나라의 환경보전법에서는 공장폐수와 방류수에서의 PCB는 0.003 mg/L(ppm) 이하로, 사람의 건강보호를 위

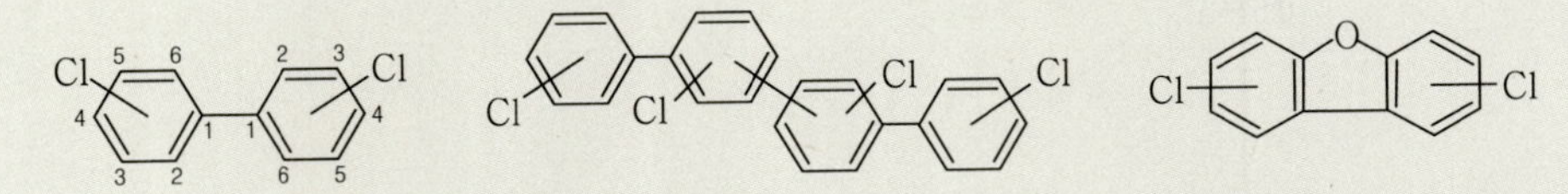

Cl 수~10 PCB (polychlorinated biphenyl) | Cl 수~18 PCQ (polychlorinated quarterphenyl) | Cl 수~8 PCDF (polychlorinated dibenzofuran)

PCB와 관련 화합물의 구조

한 수질의 환경기준에서는 전 수역에서 검출되어서는 안 되는 것으로 규정하고 있다. 우리나라에서는 1979년에 판매가 금지된 물질이다. 그러나 국내에서는 수산물 중 어류에서 폴리염화비페닐(PCBs) 기준이 0.3 mg/kg 이하로 정해져 있다. 더욱이 2004년 5월에 발효된 「스톡홀름협약」에 의하여 독성화학물질인 잔류성 유기오염물질 중 PCB의 생산과 사용을 금지하거나 배출을 규제하도록 규정하고 있다.

2) 내분비교란물질인 다이옥신류(dioxin : 폴리염화디벤조 다이옥신)와 푸란류(furan : 폴리염화디벤조 푸란)

흔히 '다이옥신'으로 불리는 폴리염화디벤조 다이옥신(polychlorinated dibenzo-*p*-dioxins, **PCDD**)은 염소의 수와 위치에 따라 염소체로서 75개의 이성체가 있고, 폴리염화디벤조푸란(polychlorinated dibenzofurans, **PCDF**)은 210종의 이성체가 있다. 특히 **2,3,7,8-tetrachloro dibenzo-*p*-dioxin(2,3,7,8-TCDD, dibenzodioxin, tetrachlorodioxin)**은 매우 강한 독성, 특히 최기형성이 있는 것으로 알려져 있다. 4-염화다이옥신은 제초제(고엽제)인 2,4,5-trichlorophenoxy acetic acid(2,4,5-T)와 벼농사용 제초제인 2,4,6-trichlorophenyl-4′-nitrophenylether(CNP)에 미량이지만 불순물로 함유되어 있음이 알려졌다. TCDD, 2,4,5-T, CNP의 화학구조는 다음과 같다.

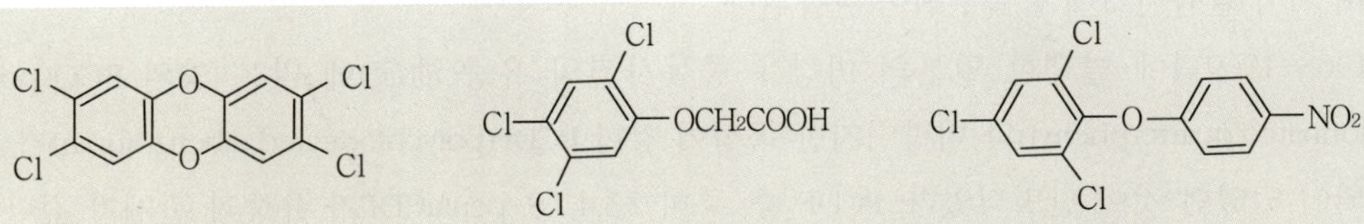

2, 3, 7, 8-TCDD | 2, 4, 5-T | CNP

다이옥신인 TCDD, 2,4,5-T, CNP의 구조

또 2,4,5-T와 CNP의 제초제 외에 PCB와 chlorobenzene 등의 가열과 불완전연소, 염화비닐 수지 등을 함유하는 것을 소각할 때나 펄프의 염소계 약제에 의한 표백공정에서도 생성되는 것으로 알려져 있다. PVC, PVDC, 유기염소계 농약 등, 염소계 폐기물을 태울 때 **850℃** 이하에서는 다이옥신이 발생하는 것으로 보고 있다. 소형 소각로에서는 300~600℃에서 다이옥신이 가장 많이 발생한다.

미국은 5대호에서 잡힌 빙어에서 2,3,7,8-TCDD가 검출되어 문제된 적이 있었으며, 일본에서도 환경청이 실시한 1986년도 '유해 화학물질 오염실태 추적조사' 결과, 도쿄 만의 숭어와 오사카 만의 농어로부터 1 ppt 수준으로 처음 검출되었다. 일본 후생성은 1984년에 2,3,7,8-TCDD의 잠정 섭취 허용량을 100 pg/kg/day로 정하였다. EPA(미국 환경보호청)의 섭취 허용량은 이 수치의 1/100인 1 pg/kg/day(WHO 1~4 pg/kg/day)이다. 다이옥신류는 지방함량이 높은 식품에 많이 들어 있다.

증상으로는 동물 중 대부분은 흉선림프구의 감소현상이 공통적으로 나타나고, 사람의 대표적인 증상은 **염소여드름증**(염소좌창, chloracne)을 비롯하여 말초신경장애, 간 및 부신의 이상장애 등이다. 발암성 및 기형아를 유발하며 생식과 면역력이 떨어지는 내분비계 장애물질로도 알려졌다.

2004년 발효된 「스톡홀름협약」에 의하여 한국도 식품 등의 기준 및 규격에서 2007년도 신설한 식육 중의 다이옥신 허용기준을 보면 ㉠ 쇠고기 : 4.0 pg TEQ/g fat 이하 ㉡ 돼지고기 : 2.0 pg TEQ/g fat 이하 ㉢ 닭고기 : 3.0 pg TEQ/g fat 이하로 규정되어 있다.

3) 세척제인 트리클로로에틸렌, 테트라클로로에틸렌류(tri-, tetrachloroethylene) 및 트리클로로에탄 (trichloroethane)의 오염

다음과 같은 구조의 **trichloroethylene(TCE), tetrachloroethylene** 및 **1,1,1-trichloroethane**은 모두 섬유제품 드라이크리닝이나 금속, 기계부품 탈지세정 등의 세척제로 널리 사용되어 왔다. 일본의 경우 1982년에 실시한 실태조사 결과 지하수의 오염이 분명해졌으며, 1984~1987년까지 4년간의 실태조사 결과도 16,000여 개의 우물 중 3~4%가 음용수 수질 기준치를 넘어 검출되었다.

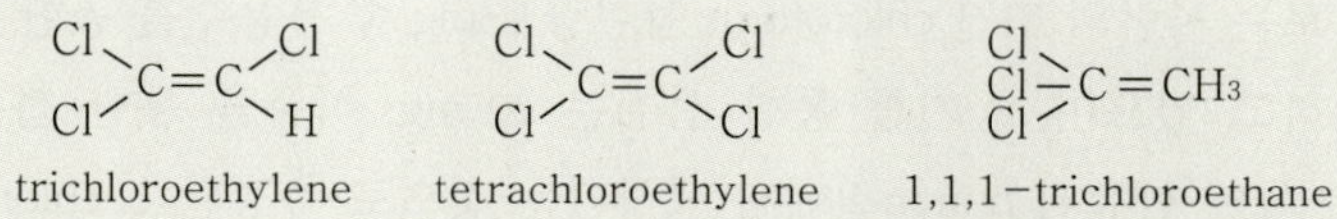

tri-, tetrachloroethylene, 1,1,1-trichloroethane의 구조

최근 이들 물질이 지하수 중에 거의 분해되지 않고 일상 식품 중에 존재하는 것으로 밝혀져 인체에 축적되면 **간장**, **신장 장애**와 **중추신경장애**를 일으키는 것으로 밝혀졌다.

trichloroethylene 및 tetrachloroethylene에 대한 동물실험에서 매우 약하나 발암성이 있다는 보고와 피부질환 등도 있으므로 더 이상의 지하수 오염을 방지하기 위해서 1989년에 「수질오염방지법 시행령」이 개정되어 이들 2가지 물질은 유해물질로서 폐수 규제의 대상이 되었다. 이들의 배출수 기준은 각각 0.3 mg/L, 0.1 mg/L이다. 트리클로로에탄은 간장과 신장에 대해 유해작용을 한다. 또 이들 화합물은 제2종 특정화학물질로 지정되어 제조, 수입 등에 대해서 감시를 받고 있다. 수돗물에 있어서 일본의 기준(잠정)은 <표 5-4-3>과 같다.

〈표 5-4-3〉 수돗물 중 트리클로로에틸렌 등의 기준

trichloroethylene	30 μg/L 이하
tetrachloroethylene	10 μg/L 이하
1,1,1-trichloroethane	300 μg/L 이하

4) 수돗물 중 트리할로메탄류(trihalomethane : THM, 트리클로로메탄, 트리브로모메탄, 브로모디클로로메탄 등) 검출

trihalomethane(THM)은 methane의 3개의 수소가 할로겐으로 치환된 화합물로서 클로로포름(chloroform : **trichloromethane, $CHCl_2$**), **bromoform($CHBr_2$)**, **bromodichloromethane ($CHBrCl_2$)**의 총칭이다. 이들 물질은 물의 염소 소독시 **유기물질(humin)**과의 반응에 의해 생성되는 것으로서 1974~1975년 EPA(미국 환경보호청)의 조사에 의하면 미국 80개 도시의 모든 수돗물의 검사결과에서 $CHCl_3$ 0.1~311 μg/L, $CHBr_3$ 0~92 μg/L, $CHBrCl_2$ 0~116 μg/L, $CHBr_2Cl$ 0~100 μg/L의 농도로 검출되었다. 이들은 음료수 중의 **발암물질**로 알려져 있다.

일본의 수돗물에서도 도쿄에서는 $CHCl_3$로서 평균 41 μg/L, 오사카는 10~80 μg/L로 검출됨으로써, 1981년에 수돗물 중의 trihalomethane의 억제목표치가 0.1 mg/L(총 trihalomethane으로서 연간 평균치)로 설정되었다. 이 규제치는 미국의 규제치와 동일하고 캐나다의 규제치(0.35 mg/L)에 비해 낮다.

WHO는 1984년 수돗물 중의 chloroform은 0.03 mg/L 이하로 규제하여야 한다는 보고치를 내놓고 있으며, 일본에서도 총 trihalomethane 0.1 mg/L, chloroform 0.03 mg/L, halomethane은 0.1 mg/L 이하로 규제하고 있다.

EPA의 계산으로는 사람의 연간 chloroform 섭취량 93mg 중 음용수를 통한 섭취가 64 mg으로 69%를 차지하고 있으며, 공기를 통한 섭취는 20 mg, 식품을 통한 섭취는 9 mg이다. trihalomethane은 물에 함유된 humin질에서 생성되는 것으로 측정된다. chloroform에는 약한 발암성이 있는 것으로 보고되고 있다.

그 외에 유기염소제 농약은 농약 항에서 자세히 언급하므로 생략하기로 한다.

〈표 5-4-4〉 원수(原水)와 정화된 물에서 검출된 트리할로메탄류의 함유량
[미국 환경보호청(EPA) 국립 유기물 예비 검사]*

화 합 물	원수(Raw water) 분석		정화된 물(Finished water) 분석		
	검출한 장소의 수	농도의 범위(μg/L)	검출한 장소의 수	농 도(concentration) 범위(μg/L)	중간치
chloroform	49	<0.1~0.9	80	<0.1~311	21
bromodichloromethane	7	<0.2~0.8	78	0.3~116	6
dibromochloromethane	1	3	72	<0.4~110	1.2
bromoform	0	-	26	<0.8~92	5
carbon tetrachloride	4	<2~4	10	2~3	-
1,2-dichloroethane	11	<0.2~3	26	<0.2~6	-

* 1975년 Washington, D.C., 미국 EPA(Environment Protection Agency)회의의 보고서에서 먹는 물 중 의심이 되는 발암물질의 예비조사로부터 얻은 데이터

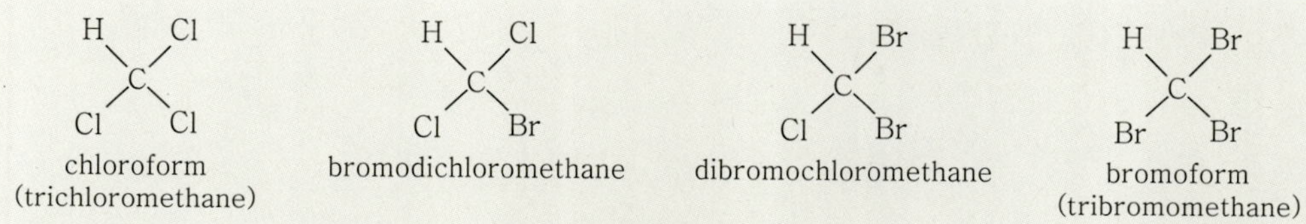

트리할로메탄의 구조

2. 프탈산에스테르류

프탈산에스테르류(phthalates)는 과거 PVC 등 플라스틱의 안정제(과거 血液袋), 접착제, 인쇄잉크, 염료, 락카, 살충제 등 광범위하게 사용되어 왔으나 토양, 수질, 심지어 대기 등 환경오염에 문제가 되고 있다.

프탈산에스테르의 종류로는 프탈산디메틸(디메틸프탈레이트, dimethyl phthalate, DMP), 프탈산디에틸(diethyl phthalate, DEP), **프탈산디부틸**(dibuthyl phthalate, DBP), **프탈산디옥틸**(diocthyl phthalate, DOP), 프탈산디라우릴(dilauryl phthalate, DLP), 프탈산부틸벤질(butyl benzyl phthalate, BBP) 등 십여 종이 있으나 가장 문제가 되는 것은 〈표 5-4-5〉에서 보는 바와 같이 DBP 및 DOP이다. DOP는 농약의 parathion과 같이 5 ppm의 금붕어 치사농도를 볼 수 있어 가장 강력한 독성을 나타낸다.

식품오염은 식품의 제조, 가공, 보존 및 유통 등에 사용되는 식품용 기기, 기구, 용기 및 포장으로부터 식품 중에 직접 용출, 이행되거나 또는 오염된 환경으로부터 동식물체에 이행, 축적되어 그 농수축산물의 원료나 그 가공제품(특히 어패류, 유제품 등)을 섭취함으로써 우

〈표 5-4-5〉 금붕어에 대한 각종 화합물의 독성

화합물 종류	치사농도(24시간)	화합물 종류	치사농도(24시간)
DMP (프탈산디메틸)	84 ppm	시안화 칼륨(청산가리)	4 ppm
DEP (프탈산디에틸)	25 ppm	parathion	5 ppm
DBP (프탈산디부틸)	8 ppm	alkylbenzene-sulfonate (ABS)	60 ppm
DOP (프탈산디옥틸)	5 ppm		

리에게 유해성을 가져다 준다. 프탈산에스테르는 장기경구독성에서 인체에 최기형성이 인정되었고 생식(生殖)기능(착상과 분만)과 번식에 영향을 주는 것으로 보고되고 있다. 우리나라는 식품용 기구, 용기 및 포장의 제조에 프탈산디옥틸(디옥틸 프탈레이트 : DOP)을 사용하지 못하도록 금지하고 있다. 2006년도에 병음료 뚜껑에서 프탈레이트류의 가소제인 디이소데실 프탈레이트(diisodecyl phthalate, DIDP)가 다량 국내에서 검출되어 문제가 된 바 있다.

제 5 장

농약의 잔류오염

1940년을 전후해서 본격적으로 농약이 사용된 이래 농산물 증대에 기여했지만, 1960년대를 전후해서 농약에 의한 환경파괴(環境破壞)와 식품오염(食品汚染)이 표면화되었고 장래 지구상에 인류의 생존에 위기가 올 것이라는 설이 대두되었다. 따라서 농약의 구비조건이 잔효성(殘效性, persistence)과 안정성(安定性, stability)을 중시하는 경향을 보이기 시작하였다.

그래서 1959년 FAO와 WHO에서는 식품의 잔류독성(殘留毒性)에 대하여 재평가를 받기 시작하였고, 그 대책이 활발히 연구 검토되었으며 각 나라마다 사용상의 규제(規制)를 가하기 시작하였다. 그 이후 1962년에 FAO/WHO의 잔류농약합동전문위원회(殘留農藥合同專門委員會)를 열고 'Expect Committee on Pesticide Residues'에서 소비자의 안전보호의 여러 원칙을 발표하였다. 그리고 일생 동안 섭취하여도 위해가 발생하지 않는 양, 즉 식품 중 농약의 섭취허용량(acceptable daily intake for man, ADI)을 정하고 각국에 권고하였으며 최대허용량, 분석방법 등도 결정하였다.

그 이후 FAO/WHO 잔류농약합동전문위원회는 1972년 11월 제6회 회의에서 잔류기준(residue limits)을 발표하였으며, 특히 장기간 잔류하는 염소계 농약 등의 화합물은 사용을 중지하기에 이르렀다.

우리나라는 1970년 이전에는 외국에서 유기합성농약을 완제품으로 수입하여 사용하였으며 1969년에 parathion원제(原劑)가 최초 합성되고 1970년에는 BHC원제가 합성되었으나 그 후 금지되었고, 2000년에 55개사에서 61종의 농약원제를 생산하였으나 이들은 특허가 만료된 물질을 합성했으며, 독자 개발로는 1955년에 flupyrazofos(S화학), 1998년에 pyribenzoxim(L화학) 등이 실용화되었다. 최근에는 전 세계적으로 잔류성이 없는 미생물 농약이 개발되고 있다.

우리나라에서는 1981년 1월 「농약관리법」시행령(대통령령 1015호)에 의해 최초로 농림축산식품부(당시 농수산부)에서 고시되었고, 그 이후 국내의 농약의 종류는 수백 종에 이르고 있다.

그리고 이미 금지되어 있지만 2004년 5월에 발효된 「스톡홀름협약」에 의하여 독성화학물질인 잔류성 유기오염물질 중 농약으로는 살충제 7종, 즉 DDT, 알드린, 디엘드린, 헵타클로르, 톡사펜(toxaphen), 미렉스(mirex)와 살균제인 헥사클로르 벤젠(hexachloro benzene), 쥐약과 살충제로 쓰이는 엔드린이 생산과 사용을 금지하거나 배출을 규제하도록 규정하고 있다.

1. 농약의 분류와 목적

1) 목적에 따른 농약 분류

① **살충제(殺蟲劑, Insecticide)**

㉮ **식독제(食毒劑, stomach poison)** – 곤충이 식품을 섭취함으로써 효과를 나타내는 것 : 비산납, 비산석회, 불소제, cryolite 등

㉯ **접촉제(接觸劑, contact poison)** – 곤충의 표면, 피부 등으로부터 체내에 흡수되어 효력을 나타내는 것 : DDT, BHC, Drin제, Derris제, parathion 등

㉰ **훈증제(燻蒸劑, fumigant)** – 가스화시켜 곤충의 호흡기에 침입시키는 것 : methyl bromide, chloropicrine, 청산 등

㉱ **침투성 살충제(systematic insecticide)** – 식물의 뿌리, 잎, 줄기 등에서 침투한 약제가 식물 전체로 이행 분포하여 살충력을 나타내는 것 : schradan, pestox–3, metasystox 등

㉲ **유인제(誘引劑, attractant)** – 곤충이 좋아하는 먹이나 홍분제로 유인하는 것 : metaaldehyde, 곤충 phermon 등

② **살균제(殺菌劑, Fungicide)**

㉮ **보호살균제** – 병충해 발생 전에 사용하여 균의 생육을 저해하는 것 : bordeaux(구리제), 유황제 등

㉯ **직접살균제** – 발육 중에 균을 죽이는 것 : 유기수은제, 석유유황합제, blastricidin 등

③ **제초제(除草劑, Herbicide)**

㉮ **선택성** – 제거하고자 하는 식물만 사멸시키는 것 : 2.4.D, M.C.P.

㉯ **비선택성** – 모든 식물을 사멸시키는 것 : 염산나트륨, T.C.A, 아비산나트륨

④ **살서제(殺鼠劑, Rodenticide)**

쥐를 죽이는 쥐약을 말함 : 황인제, 인화아연, 무수아비산, ANTU, warfarin, flatol 등

⑤ **식물생장조정제(植物生長調整劑)**

hydrazine malate(발아 억제), indole acetate(발근 억제), gibberellin(성장 촉진), NAA 등

⑥ **살비제(殺蜱劑, Acaricides)**

진드기류(응애류) 살충

⑦ **생물농약(Biotic pesticide)**

㉮ **미생물 살충제** – 세균[*Bacillus*류(*B.thuringiensis*의 δ-toxin), *Streptococcus*의 abamectin 등), 사상균, 바이러스의 선택적 살충제

㉯ **천적 살충제** – 해충의 천적곤충(가루깍지벌레의 천적 기생벌 등, 기생선충 등)을 대량 사육하여 방사함으로써 해충을 사멸

⑧ **곤충의 호르몬과 페르몬(Hormone &Pheromone) 이용 사멸**

㉮ **호르몬** – 내분비선에서 합성된 호르몬 중에 살충제(유충 유지 유약호르몬 등)로써 선택적 이용하여 사멸

㉯ **페르몬** – 페르몬은 생합성된 성물질(누에의 bombykol)을 체외로 배출하여 유인, 집합 등의 선택적 이용하여 사멸

⑨ **포스트하비스트(Postharvest) 농약**

수확 후 저장, 수송, 판매 중에 병충해 방제를 위한 살충제, 살균제 등으로 농산물을 훈증처리한 농약으로 알루미늄포스트파이드(에피흄) 등이 있다.

2) 화학성분에 따른 농약의 분류와 증상

(1) 유기염소제 농약(有機鹽素劑農藥)

제1차 세계대전에 최루성가스로 이용되었던 chloropicrine을 1917년 W. Moor가 해충 방제에 효과적이라 한 사실은 있었으나, 1938~1950년경에 유기합성품인 DDT, 2,4-D, BHC 등의 개발로 본격적으로 시장에 널리 공급되기 시작하였다.

염소(Cl)원자를 구성하는 유기물질인 농약의 종류는 <표 5-5-1>과 같으며, 농약 중 유기염소제 농약은 대표적으로 **잔류성**이 크다. 유기염소제의 작용 메커니즘은 여러 설이 있는데 그 중 하나는 1954년에 Mullins가 제창한 인지질로 형성된 세포막간극(intermolecular spaces)에 유기염소제 농약이 끼이게 되므로 세포막을 통한 ion교환 등 물질이동이 비정상적이 됨으로써 이들의 주요작용 site인 신경계에 이상을 초래하게 된다고 보고 있으며, 또 하나는 가령 DDT가 체내에 축적되면 steroid hormon합성을 저해하여 간장에 변성을 가져와서 암을 유발한다고 하며, β-BHC는 동물 모체에 축적된 60~64%가 태생자(仔)에 이행되어 동물의 간암을 유발한다고도 한다.

증상은 식욕부진, 구토, 두통이 시작되며 이상감각, 운동마비, 경련증상 등 신경마비의 주요 증상을 지나 혼수상태에 이른다. 그리고 토양 중 유기염소제 농약의 잔류와 소실을 살펴보면 <표 5-5-2>와 같다.

〈표 5-5-1〉 유기염소제 농약의 종류와 급성독성

목 적	농 약 명	구 조 식	급성경구독성(mg/kg)
살충제류	**DDT** (dichloro-diphenyl-trichloroethane)	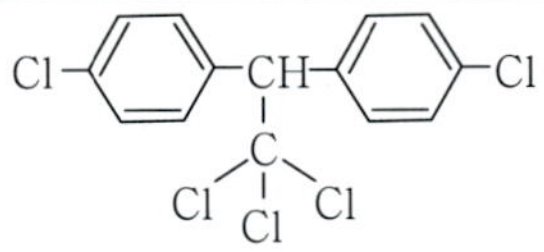	LD_{50} 300(생쥐)
	γ-BHC (benzene-hexa-chloride)	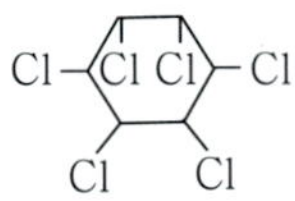	LD_{50} 74
	Endrin Dieldrin 입체이성	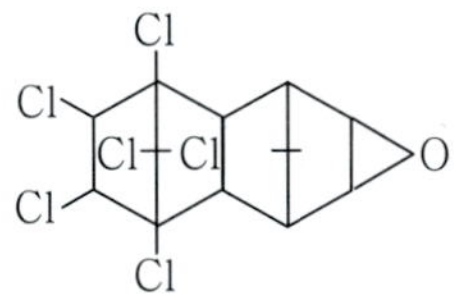	LD_{50} 5~8
	Aldrin	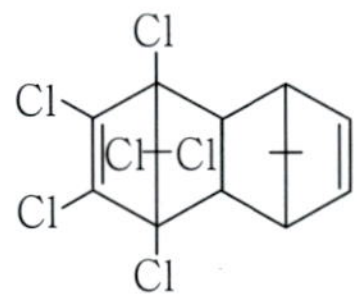	LD_{50} 55
	Heptachlor	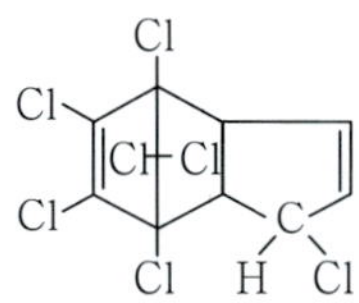	LD_{50} 90(쥐)(특독)
살균제류	Captafol	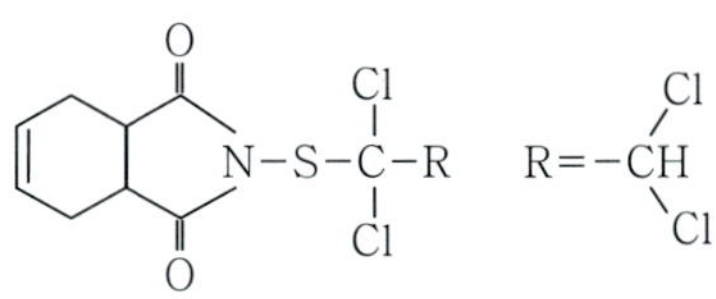	LD_{50} 6,000(쥐)
	Captan	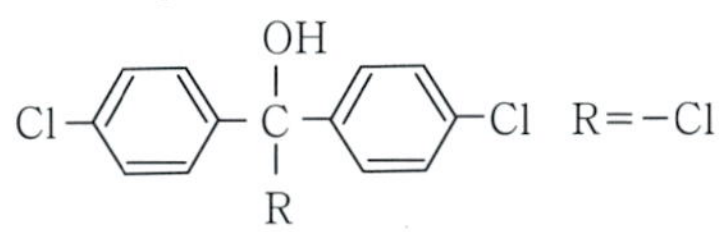	LD_{50} 9,000(쥐)
제초제류	PCP (pentachloro phenol)	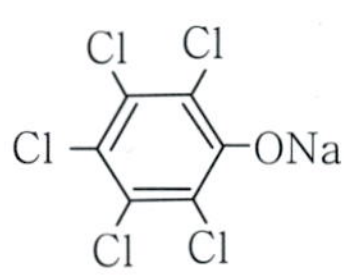	LD_{50} 80
	2, 4-D (2, 4-dichloro phenoxy acetic acid)	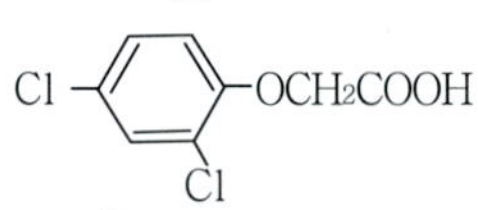	LD_{50} 400 (흰쥐)
	2, 4, 5-T	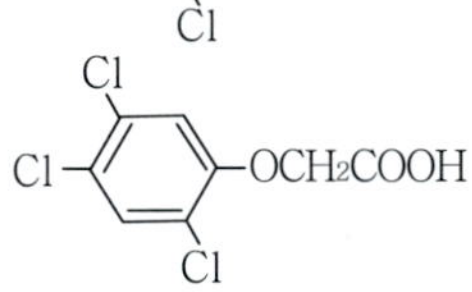	LD_{50} 300~500 (흰쥐)

〈표 5-5-2〉 토양 중 유기염소제 농약의 잔류 및 소실(평균치)*

농 약 명	통상 사용량 (kg/a)	잔 류 량 (%)		95 % 소실되는 소요 연수
		1년 후	3년 후	
DDT	0.1～0.25	80	50	10
γ-BHC	0.1～0.25	60	25	6.5
Dieldrin	0.1～0.3	75	40	8
Chlordane	0.1～0.2	55	15	4
Heptachlor	0.1～0.3	45	10	3.5
Aldrin	0.1～0.3	26	5	3

* 여러 토양의 평균치로서 Edward의 보고서임.

(2) 유기인제 농약(有機燐劑農藥)

농약성분 중에 인(P)원자를 구성하는 유기물질로서 농약의 종류와 독성은 <표 5-5-3>과 같이 매우 강한 독성을 가진다. 이 농약은 식물체 표면에서 광선이나 자외선 또는 식물체 내에서 효소적으로 분해되기 쉽기 때문에 농약의 잔류성이 적다.

이 농약의 작용 메커니즘은 체내에 흡수하면 cholinesterase 작용을 저해하고 acetylcholine이 축적되면서 choline 작동성 부교감신경을 자극하여 두통, 발한, 복통, 시청력 감퇴, 창백, 경련 등 신경독을 일으켜 사망하는데, 이는 급성독성으로 다량 섭취 시의 경우라 할 수 있다. 특히 cholinesterase는 ribosome의 막 표면에 존재하고 있어 이것이 저해되면 ribosome막이 파괴를 일으켜서 다른 효소가 배출되면 이들 효소작용은 억제된다.

(3) 중금속제 농약(重金屬劑農藥)

이 부류는 수은제, 비소제, Cu제, Pb제 등 유기물이나 무기물이 중금속독(重金屬毒)에 분류되고 있다(<표 5-5-4> 참조).

이 중금속독의 메커니즘은 금속이 생체 내에 들어가서 단백질의 변성을 일으키고 세포원형질(細胞原形質)을 침해하며 SH기와 결합해서 단백질의 일반기능이나 특정 효소의 작용을 저해한다고 한다.

증상으로는 금속제 농약 중 제일 축적성이 강한 것이 유기수은제(有機水銀劑)로서 만성중독이 문제인데, 이미 언급된 바와 같이 유기Hg중독은 minamata병의 중추신경계 질환을 일으키는 유명한 금속독 중의 하나이다. 또 흡수된 일부는 간에서 Vit. B_{12}와 반응하여 methyl Hg이 되면서 신경조직을 마비시킨다. 그 외에도 납제가 그 축적성이 강하며 장기 급성중독의 증상과 비슷하다. 비소제도 이미 언급한 중금속의 증상과 같다.

〈표 5-5-3〉 주요한 유기인제 농약

농 약 명	구 조 식	급성경구독성(mg/kg)
EPN (ethyl-*p*-nitrophenyl thionobenzene phosphate)	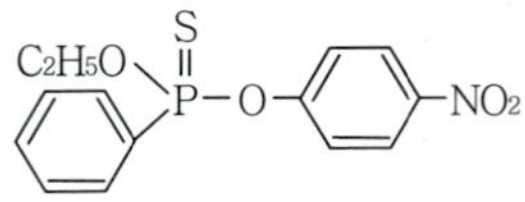	생쥐, LD_{50} 24(毒)
Parathion (*O*-*O*-diethyl-*O*-*p*-nitrophenyl-thiophosphate)	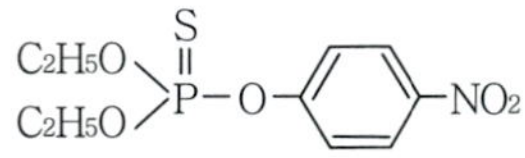	6 (특독)*
Methylparathion	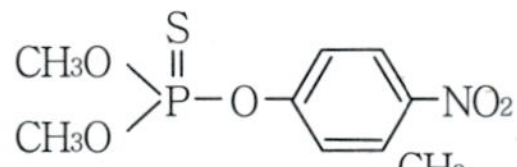	21 (특독)*
Sumithion	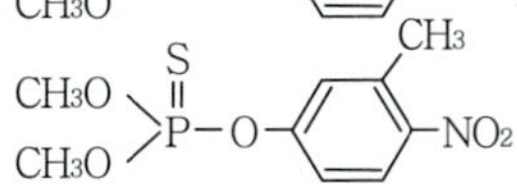	700～900
Schradan	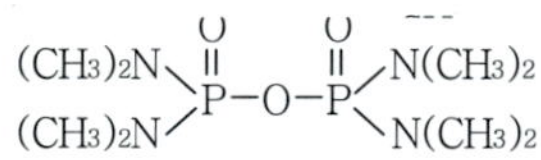	10 (특독)*
Diazinon	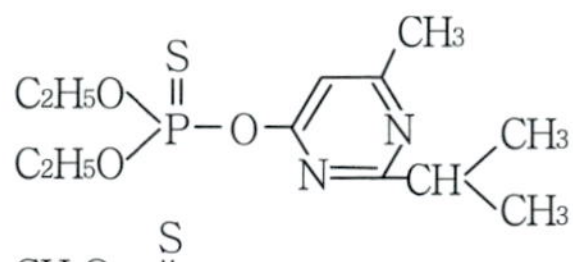	88 (1% 以上劇)**
Malathion	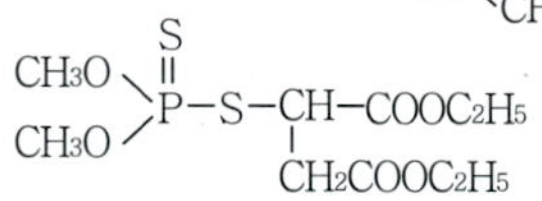	369
DDVP (dimethyl dichloro vinyl phosphate)	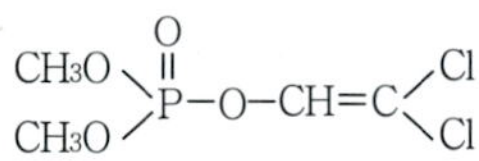	75 (5% 以上劇)**

* 독성이 특히 큰 독성물질(특독)로 사용상 각종 규제
** % 이상에서의 극약(劇藥)

(4) 카바메이트제 농약(Carbamate)

카바메이트제($CH_3NHCOO-$)의 등장(<표 5-5-5>)은 잔류성이 큰 유기염소제의 사용금지로 인해 개발된 농약으로 유기인제와 같은 cholinesterase의 저해작용을 함으로써 중독을 일으킨다. 벼, 채소, 과수, 담배 등의 멸구류, 나방류, 진딧물 등의 살충제, 제초제 등에 사용된다.

중독증상은 유기인제 농약의 증상과 같이 급격한 발현에서부터 생체대사, 회복에 이르기까지 경과가 빠른 것이 특징이다. 가령 cholinesterase활성이 다시 부활하여 회복하는 데 24시간 정도면 된다. 일반적으로 다른 농약보다 잔류성이 낮은 편이다.

(5) 유기불소제 농약(有機弗素劑農藥)

불소(F)제 농약의 대표적인 것으로 fussol(monofluoroacetamide : $F \cdot CH_2 \cdot CONH_2$)과 nissol〔*N*-methyl-*N*-(1-naphyl)monofluoroacetamide〕는 진딧물, 깍지벌레 구제에 이용되고

〈표 5-5-4〉 주요한 유기수은제와 금속계 농약

사용목적	농 약 명	화 학 식
토양살균	메틸요오드화수은 (methyl mercuric iodide)	CH_3HgI
토양살균	메틸염화수은 (methyl mercuric chloride)	CH_3HgCl
종자소독	염화메톡시에틸렌수은(MMC) (methoxyethyl mercuric chloride)	$CH_3OC_2H_4HgCl$
종자소독	인산에틸수은 (EMP) (ethyl mercuric phosphate)	$(C_2H_5Hg)_2HPO_4$
도열병 방제	페닐초산수은 (PMA) (phenyl mercuric acetate)	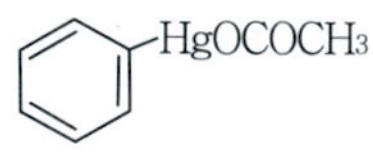
토양살균	페닐요오드화수은 (phenyl mercuric iodide)	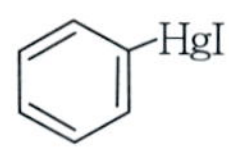
종자소독	*p*-toluene sulfone aniline phenyl 수은 (PMTS) (phenyl mercuric *p*-toluene sulfonaniline)	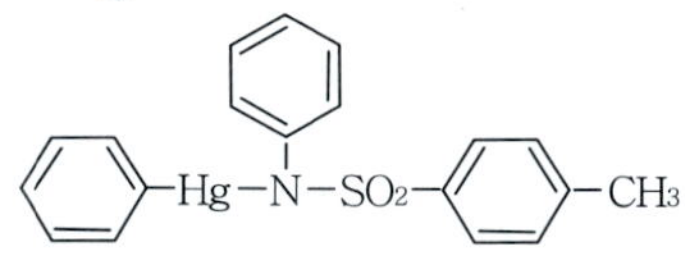
종자소독	픽스탄페닐수은 (PMF) (phenyl mercuric dinaphthyl methane disulfonate)	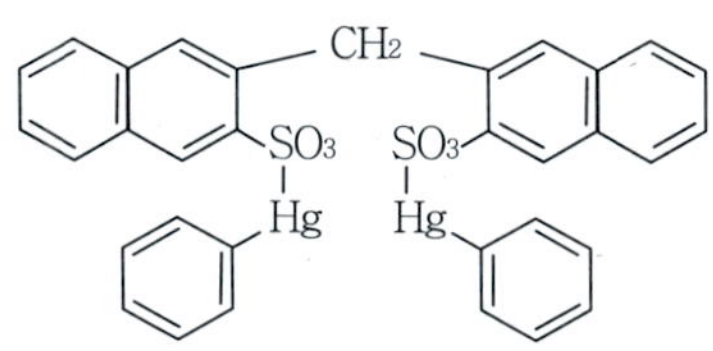
살 충 제	비산납(lead arsenate)	$PbHAsO_4$ LD_{50} 100mg/kg (흰쥐, 경구)
	비산석회(calcium arsenate)	$3Ca_3(AsO_4)_2Ca(OH)_2$와 $Ca_3(AsO_4)_3$와의 혼합물 LD_{50} 50mg/kg (흰쥐, 경구)
	비산망간(manganese arsenate)	$MnHAsO_4 \cdot H_2O$
살 균 제	methylarsine sulfide	$CH_3As{=}S$ LD_{50} 180mg/kg (생쥐, 경구)
	methyl arsonic acid	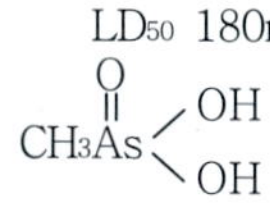
	urbacid(methylarsine bis dimethyl dithiocarbamate)	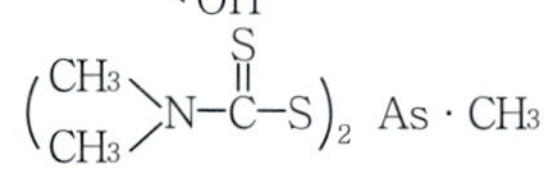 LD_{50} 100mg/kg (생쥐, 경구)
	석회 Bordeaux (Bordeaux mixture)	$CuSO_4 \cdot xCu(OH)_2 \cdot yCa(OH)_2 \cdot xH_2O$
	8-옥시키놀린구리염 (copper 8-quinolinolate)	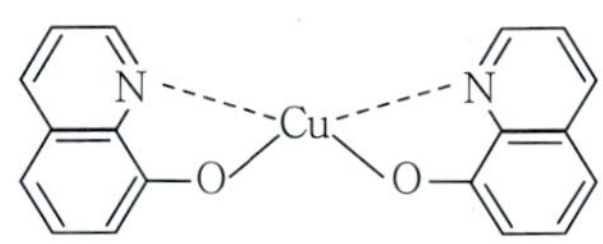

〈표 5-5-5〉 카바메이트제 농약

사용목적	농약명	화학식명	화학구조
살충제	NAC(엔에이시)제	1-naphthyl-*N*-methyl carbamate	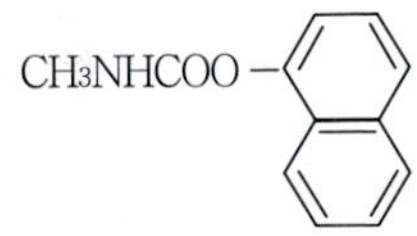
	PHC(피에이치시)제	2-isopropylphenyl-*N*-methyl carbamate	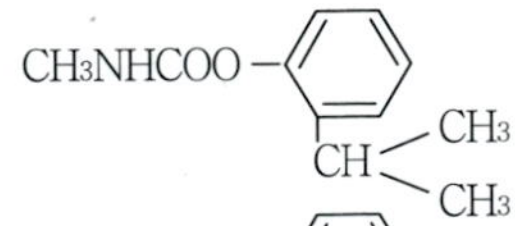
	CPMC(시피엠시)제	2-chlorophenyl-*N*-methyl carbamate	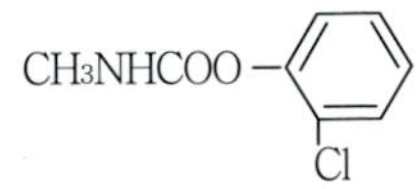
	MPMC(엠피엠시)제	dimethylphenyl-*N*-methyl carbamate	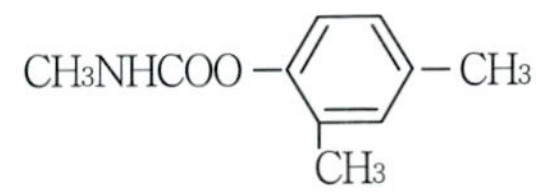

flatol(monofluoro초산Na : F·CH_2COONa)은 쥐약으로 모두 인체에 독성이 강하다.

작용 메커니즘은 생체 내에서 monofluorocitric acid를 생성하는데 이 물질은 aconitase에 대한 저지작용이 대단히 강력하여 Kreb's cycle 중에서 구연산이 *cis*-aconitic acid로 진행하는 것을 차단하므로 체내에 구연산이 축적하여 독성을 나타난다.

중독증상은 심장장애와 중추신경증상으로 30분~2시간 지나면 구토, 복통, 경련 등을 일으켜 장, 방광의 점막을 침해하며 뼈의 성장을 저지시킨다. 심하면 보행 및 언어 장애 등 마비성 경련과 심장장애로 죽게 된다.

2. 농약의 환경오염 잔류와 실태

1) 토양의 오염

토양이나 수분에 포함되는 농약은 휘산, 유실도 있지만 산소, 자외선 등의 산화, 가수분해에 의하여 화학변화와 함께 토양미생물에 의한 적극적인 분해를 일으킨다. 그러나 토양에 오염된 농약은 종류, 수분, 온도, 미생물의 분포상태에 따라서 분해속도가 차이가 있지만 토질이 메마른 토양, 즉 건조한 밭에 비하여 수분이 많고 비옥한 토양 중에 분해가 빠른 것을 <그림 5-5-1>에서 보는 바와 같이 농약의 소실이 빠르다.

그리고 유기인제는 <표 5-5-6>의 반감시간에서 보는 바와 같이 분해가 빠르나 유기염소제는 Edward의 보고에서 보듯이 <표 5-5-2>와 같이 상당히 장기간 잔류하는 것을 볼 수 있다.

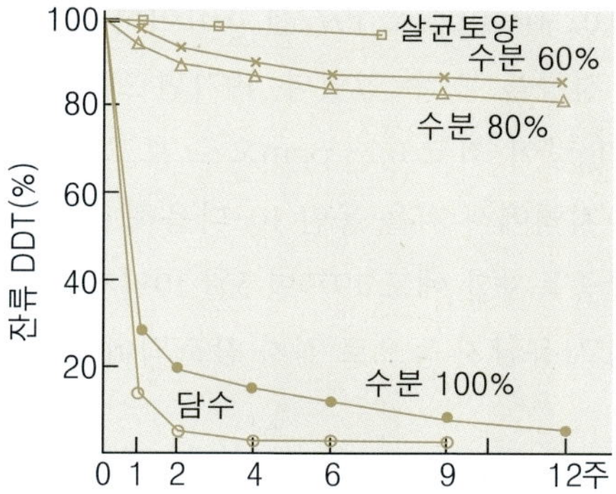

〈그림 5-5-1〉 pp′-DDT 분해에 미치는 수분의 영향(37℃) (愛媛大, 立川)

〈표 5-5-6〉 유기인제의 반감시간 (완충액 pH 6)

농 약 명	반감시간
DDVP	1.35 시간
Methyl parathion	8.4 시간
Sumithion	11.2 시간
Thiometon	17.0 시간
Ethyl thiometon	32.0 시간
Diazinon	37.0 시간
Parathion	43.0 시간

또한 중금속 중 다량 사용되는 초산페닐수은 등의 유기수은제 농약도 실온에서 약간 증발하지만 토양에 오랫동안 잔류되는 것으로 큰 문제가 되고 있으며, 비산납(砒酸鉛)도 1892년부터 농약으로 사용되었으나 토양 중에 분해되어 유독한 납화합물과 비산 등이 되어 잔류하고 극히 일부는 농작물에 흡수되는 것으로 독성문제가 대두되어 점차 사용하지 않는다.

2) 식물체의 오염잔류와 실태

식물체는 농작물과 목초의 사료식물로 나누어 생각할 수 있다. 농작물의 잔류형태는 표면에 부착오염과 체내 흡수에 의한 잔류로서 많이 사용했던 DDT나 BHC 등의 잔류도 있지만 최근 진드기의 dicofol, chlorobenzilate나 dithiocarbamate계의 살균제도 소실이 비교적 지연되는 부류로 지목되고 있다.

가령 ethylene *bis*-dithiocarbamate로부터 ethylene thiourea가 생기고 유기인제에서 thiourea 결합을 가지는 대사물 sulfoxide, sulfone이 독성이 강한 잔류성이 증대되어 원래 잔류제와 대사물 잔류가 병행하므로 더욱 문제가 가중된다. 한 예로 유기염소제인 heptachloro부터는 살포 후 epoxy체가 생기는데 이것은 발암성이 의심되고, schradan으로부터는 schradan으로 인한 cholinesterase 독성이 schradan보다 10만 배나 강한 *N*-oxide가 생성된다는 것이다.

우리나라에서 가장 많이 먹고 있는 식품 중 쌀과 콩나물에 대하여 논해 보면 다음과 같다.

콩나물의 경우 업자 중에는 콩나물 기르는 데 병충해 방지와 발육촉진을 목적으로 유기Hg제를 사용하는데, 1971년 서울시 보건연구소에서 콩 10종 중 원료 콩은 0.035~0.160 ppm, 이 콩으로 펌프물을 사용하여 기른 콩나물은 0.020~0.085 ppm이었고 시판 콩나물은 0.036~0.180 ppm까지의 Hg 함량을 볼 수 있었다.

쌀의 경우 연세대학교 환경공해연구소(1971~1972)에서 불검출 내지 0.350 ppm이었고, 국립보건연구원에서 4년에 걸쳐 조사한 바에 의하면 1971년부터 수은제 농약의 사용금지가 있으면서부터 1970년 0.05~0.27 ppm, 1971년 0.02~0.08 ppm, 1972년 0.01이하~0.05 ppm, 1973년 0.02~0.07 ppm으로 점차 Hg은 감소하는 경향을 볼 수 있었다. 1971년 2월 가톨릭의과대학 발표에서는 uspulun정 사용에 의한 총 Hg량이 최고 0.28 ppm으로 보고된 바도 있다. 또 우리나라 경상남도 마산, 창녕, 함안, 고성 지역에서 겨울 동안(10~다음해 4월) 농약으로 오염된 볏짚을 사료로 먹고 소 60여 두가 집단중독사한 예도 1979년 5월 10일자 동아일보에 발표된 것을 볼 수 있다. 그러나 1971년 DDT의 사용금지 등으로 점차 감소되어 왔다.

3) 축산물의 오염잔류와 실태

농약을 다량 살포한 식물이나 그런 목초사료를 섭취하는 동물의 체내에 축적된 잔류농약은 식육이나 우유, 달걀에도 전달된다. 일본의 경우 잔류성이 강한 염소농약에 대하여 1971~1975년까지 우육을 비롯한 식품의 농약을 보면 <표 5-5-7>과 같다. 또 일본의 전국조사에서도 우리가 가장 많이 먹는 우유의 염소제의 감소추이를 보면 <표 5-5-8>과 같다.

우리나라에서도 1971년 DDT의 사용금지와 더불어 제한 사용해 오던 BHC제제가 1979년 7월에 농수산부의 지시에 의하여 생산이 중지되었다. 따라서 점차 국내는 1970년대 초부터 감소 추세가 여러 문헌에서 보고되고 있다. 더 나아가 「식품위생법」 제7조의 규정에 따라 '식품 중 농약 및 동물용 의약품의 잔류허용기준 설정지침'을 만들어 관리를 강화하였다.

〈표 5-5-7〉 시판 식품 중 염소농약 예(일본 岡山縣 衛硏年報)

단위 : mg/kg. as is fat base

	총 HCH			총 DDT			Deildrin		
식품명	1971	1973	1975	1971	1973	1975	1971	1973	1975
우 육	0.454	0.332	0.001	0.575	0.040	0.003	0.004	0.007	nd
닭고기	0.024	0.009		0.016	0.022	0.034			
붕 어	0.048					0.022			0.004
사 과	0.007		0.001	0.059		0.001			
쌀	0.003	nd	nd	nd	nd	nd	nd	nd	nd
배 추	nd	nd	nd		nd	nd		nd	nd

〈표 5-5-8〉 우유 중 염소계 농약 추이(일본 전국 조사)

단위 : 평균치 : mg/kg. fat base

연 도	총 DDT	총 HCH	Dieldrin
1971	0.38	2.23	0.055
1973	0.11	0.30	0.026
1975	0.05	0.19	0.022

4) 수산물의 오염잔류와 실태

농약은 농경지에서 강이나 호수 또는 바다에 흘러 들어가서 수산물에까지 오염시키고, 심하면 어족들이 대량 멸종되며 특별히 유기수은제 같은 중금속 중의 Hg이 어패류에 축적되어 문제를 야기시킨 사실들은 이미 미나마타(Minamata) 중독에 의해 증명되었다.

일본에서 어패류를 먹은 미나마타 만 주민들이 중추신경계 질환 발생사건도 있었지만 농약으로는 1965년도에 니가타 현 아가노강 하류에서 methyl Hg에 의해 26명 중 5명이 사망한 사실도 볼 수 있다.

우리나라에서도 1971년 6월 입하된 북양산 생태를 삼척, 속초 등지의 주민들이 명태 건조시 디프레렉스 등의 살충제를 사용한 사건이 있었고, 연세대학교 환경공해연구소가 일본 환경청과 담수어 등 잔류농약을 비교 검토한 것을 보면 <표 5-5-9>와 같다. 이는 1일 섭취허용량에 접근 내지 초과하고 있어 대책이 요망되고 있다.

〈표 5-5-9〉 담수어 등의 잔류농약 분석치 비교

단위 : ppm

담수어	PCB	BHC	DDT	HCB
붕 어	1.42 (0.05)*5	4.67 (0.23~0.36)*1	1.414 (0.079)*2	0.003
미꾸라지	1.453 (0.9)*5	1.991 (0.39)*3	2.56 (1.16)	0.018
우렁이	3.784	6.572	1.278	0.023
토양 A	0.014～0.033 (0.10 이하 56%)*5	0.004～0.021		
개구리	2.155	1.477	0.431	0.035
물 뱀	3.144	1.929	1.324	0.005

*1, *2 일본 담수어 분석치(1969~1971년); *3, *4 연세대학교 환경공해연구소 조사(1972년); *5 일본 환경청 조사치(1972년)

5) 인체의 오염잔류와 실태

농·축·수산물을 섭취한 인간에게 있어 농약의 잔류는 불가피한 현상이다. Kroger는 1970년 펜실베니아 주 부인 63명의 모유지방 중에서 평균 7.4 ppm의 DDT를, 0.08 ppm의 γ-BHC를, 0.16 ppm의 heptachlor epoxide를 검출하고 같은 지역의 우유 중의 동일 농약잔류량과 비교한 결과 모유 중의 그것이 월등히 높다는 연구결과를 발표하였다. 각국의 모유 중 DDT의 추이를 보면 <표 5-5-10>과 같다.

한국의 경우 임로장(林路漳)은 1972년에 농부 213명과 비농부 241명의 전 모유 중의 각종 유기염소 잔류농약을 조사한 바, 총 BHC의 전 평균은 0.1258 ppm, 농부의 평균은 0.0986

〈표 5-5-10〉 각국의 모유 중 DDT의 추이

단위 : mg/kg. "as is" base

연 도	일 본	캐나다	미 국	스웨덴
1971	0.045	-	0.091(1971~72)	0.078
1973	0.071	-	0.220(1973~74)	0.080(1972)
1975	0.054	0.034	-	0.066(1974)

ppm, 비농부의 평균은 0.0635 ppm, 총 DDT는 전 평균이 0.0607 ppm, 농부의 평균은 0.0563 ppm, 비농부의 평균은 0.0635 ppm, Dieldrin은 전 평균이 0.0037 ppm, 농부의 평균이 0.0032 ppm, 비농부의 평균은 0.0042 ppm으로 BHC와 DDT는 농부가 높았고 Dieldrin은 비농부가 농부보다 다소 높다는 연구결과를 발표하였다.

또한, 1974년 연세대학교 의대 예방의학교실에서 실시한 모유 중 유기염소계 농약 함유량의 조사에 의하면 서울특별시 연희동 거주 23~34세 수유부 23명의 모유를 대상으로 조사한 결과 BHC 및 그 이성체가 22명 중 21명의 모유에서 평균 0.070 ppm 검출되었다. 1978년 8월에는 전라북도 군산지방과 경상남도 김제지방에서 각각 5명의 농약살포 경험이 있는 자와 살포 중인 농민의 혈액을 채취하여 분석한 결과 0.001~0.068 ppm의 diazinone, Parathion이 검출되었는데, 전라북도의 평균은 0.0143 ppm, 경상남도는 0.0196 ppm이었다.

3. 농약의 문제점과 규제방법

1) 농약의 문제

(1) 해충과 병균의 내성 및 돌연변이 증대

해충과 병균 등은 해가 거듭될수록 저항성이나 면역성, 즉 내성(耐性)이 생기고 심지어 돌연변이의 면역 유해충이나 저항균이 발생된다는 것이다. 그럼으로써 농약의 개발로 인해 그 수가 많아지고 농약의 과다 사용이 늘어나게 되어 식품 내에 농약성분의 침투가 커지며 또한 식품 표면에 부착오염이 많아지고 뿌려진 농약은 토양에 자연히 다량으로 잔류성이 커진다.

또한 수중에 유실된 농약은 수중식물(水中植物) 또는 어패류(魚貝類)에 축적되고, 토양에서 흡수된 식물인 채소나 과실 또는 가축이 먹는 풀이나 사료에 다량 함유된 것이 동물의 유즙(乳汁)이나 달걀 등에 축적되어 결국 인간의 섭취로 문제가 발생되는 과정을 볼 수 있다.

(2) 인체의 중독성이나 발암성 증가

급성중독인 경우는 그 질환을 쉽게 알 수도 있지만 체내축적이 서서히 증가하는 만성중독인 경우는 기간이 장기화되어 그 질병을 조기에 방지할 수 없는 문제를 볼 수 있다.

또 제2단계의 인체 위험성(human hazard)으로서 발암성(發癌性)의 위해 문제이다. 그 자체의 발암성 병발은 염소제가 동물실험에서 간종양(肝腫瘍)이 발생한다는 사실과 특정조건하에서 일부 살충제나 제초제는 발암작용이 나타난다는 사실도 있다. 특히 훈증제(燻蒸劑)인 chloropicrin이 그 분해물로부터 생성된 후, 아질산이 식품에 존재하는 amino 화합물과 작용하여 nitrosoamine을 생성시킴으로써 간접으로 제2차적인 발암성을 가져다 준다는 것은 큰 문제로 지적되지 않을 수 없다.

2) 농약의 규제방법

이상의 문제점에서 보는 바와 같이 농약의 대량사용 또는 남용을 막기 위해 세계 각국에서는 농약사용을 규제하고 있다. 그 규제방법에는 다음 두 가지가 있다. 그리고 농약의 잔류실태를 파악하기 위한 조사기관으로는 식품의약품안전평가원, 지방식품의약품안전청, 시도보건환경연구원에서 잔류농약검사를 수행하고 농작물에 대해서는 출하되기 전에 국립농산물품질관리원에서 잔류농약을 검사하고 있다.

(1) 수확 전 휴약기간 설정법〔사용제한기간 설정법(preharvest interval)〕

농약의 살포는 적정품종, 적정시기, 적정농도의 3원칙으로 이루어져야 하는데, 이 중 이 방식은 농작물의 수확시기에서 역산하여 최종사용일수, 사용횟수, 사용방법 등을 규정한 농업상의 제한으로 이는 영국, 독일, 스위스 등 유럽과 우리나라에서도 채택하고 있으며 최초 농수산부가 1981. 2. 25일부로 ‘농작물별 농약의 안전사용기준’을 발표한 이래 수정 보완이 <표 5-5-11>에서와 같이 이루어져 왔으며, 그 이후 환경부로 이관되어 유해농약뿐만 아니라 농약을 과다 살포하는 행위, 살포대상작물, 살포시기 및 횟수 등이 규제를 받아 왔다.

(2) 수확물의 잔류허용량 설정법(Tolerances of residues)

농수산물을 채취 즉시 그 식품에 대하여 분석한 결과치를 잔류량으로 규정하는 방식으로 식품위생상의 규제방법이며, 일본과 미국, 캐나다 등에서 채택하고 있다. 1981년 3월 <표 5-5-12>의 ‘농산물의 농약 잔류허용기준’(고시 제2010-102호 개정)이 마련된 이후 <표 5-5-13>의 ‘식육의 농약 잔류허용기준’(고시 제1996-10호), 또 <표 5-5-14>의 ‘인삼의 농약 잔류허용기준,’ 그리고 최근 ‘콩나물(숙주나물 포함)의 농약 잔류 허용기준’에서 “카벤다짐, 티아벤다졸, 치람, 캡탄, 이산화황이 검출되어서는 아니 된다.” 라고 규정하였다.

아울러 우리나라의 농약 잔류허용기준 중 해당농산물에 기준이 설정되어 있지 아니한 농약검출시 적·부판정에 대한 잠정기준은 CODEX 기준을 적용하나, 여기에도 적용되지 아니

〈표 5-5-11〉 농약의 안전사용기준의 일부 발췌(한국 농수산부 고시 이후 환경부)

농약명	품목명(품목기호)	사용대상 및 제한 농작물	사용방법	사용시기	사용횟수
도열병약	가스신액제 (액제3호)	벼	살 포	수확 14일 전 한 사용	5회 이내
	가스신분제 (분제3호)	벼	살 포	수확 14일 전 한 사용	5회 이내
	아이비유제 (유제1호)	벼	살 포	수확 21일 전 한 사용	4회 이내
	아이비입제 (입제1호)	벼	살 포	출수 7일 전 한 사용	4회 이내
	아이비분제 (분제1호)	벼	살 포	수확 7일 전 한 사용	5회 이내
	에디펜유제 (유제4호)	벼	살 포	수확 20일 전 한 사용	3회 이내
	에디펜분제 (분제4호)	벼	살 포	수확 3일 전 한 사용	6회 이내
	베나솔입제 (입제5호)	벼	살 포	출수 21일 전 한 사용	2회 이내
잎집무늬 마른병약	네오진액제 (액제1호)	벼	살 포	출수 후 사용금지	3회 이내
	네오진분제 (분제1호)	벼	살 포	출수 후 사용금지	3회 이내
이화명나방	메프유제 (유제1호)	사과	살 포	수확 15일 전 한 사용	4회 이내
		벼	살 포	수확 15일 전 한 사용	4회 이내
	파프유제 (유제2호)	뽕나무	살 포	수확 15일 전 한 사용	1회 이내
		벼	살 포	수확 3일 전 한 사용	6회 이내
		배추	살 포	수확 14일 전 한 사용	4회 이내
	칼탑수용액 (수용제5호)	감귤	살 포	수확 14일 전 한 사용	6회 이내
멸구약	다수진유제 (유제3호)	벼	살 포	수확 15일 전 한 사용	4회 이내
		배추	살 포	수확 14일 전 한 사용	2회 이내
	비피유제 (유제4호)	벼	살 포	수확 15일 전 한 사용	3회 이내
	비피분제 (분제4호)	벼	살 포	수확 3일 전 한 사용	6회 이내

한 경우는 우리나라의 유사한 농산물의 최저기준을 적용한다. 한국은 상기의 두 가지 설정법을 채택함으로써 병용하고 있는 실정이다. 그리고 『식품공전』에 식품에 잔류하는 농약의 허용량을 식약처장이 정할 때 통상 ppm단위로 표시한다. 즉 1 kg(1000 g)의 농산물에 대하여 잔류하는 농약의 양적한도를 mg으로 하며 그 표시는 mg/kg(ppm)으로 표시된다. 예를 들어 어떤 농약의 쌀에 대한 기준치가 3.0 ppm이라고 할 때 그 농약은 쌀 1 kg에 대하여 3 mg을 초과해서는 안 된다는 뜻이다.

4. 식품 중 농약오염의 안전시험단계와 대책

1) 잔류성분의 안전성 시험단계

농약은 종류가 많지만 그 유효성, 잔류성, 안전성으로 실시하지 않으면 안 된다. 그래서 농

〈표 5-5-12〉 농산물의 농약 잔류허용기준(한국 보건복지부 고시, 식품공전 2015)

단위 : ppm

농약명*	쌀	대두	감자	사과	포도	배	딸기	토마토	배추	고추	상추	무뿌리	오이	당근	마늘	양파	차
이민옥타딘 (Iminoctadine)	0.05			0.3	0.5	0.05	1.0	0.3		1.0			0.3		0.5		1.0
글루포시네이트 [Glufosinate(NH_4)]				0.05	0.05	0.05											0.05
다이아지논 (Diazinon)	0.1	0.1	0.1	0.5	0.1	0.1	0.1	0.3	0.1	0.5	0.1	0.1	0.1	0.5	0.1	0.5	
디디티 (DDT, DDD, DDE)	당근 0.2, 곡류 0.1, 기타 농산물 0.05																
디크로보스 (DDVP)				2.0					0.5				1.0				
말라치온 (Malathion)	0.3	0.5	0.5	0.5	2.0	0.5	0.5	0.5	0.5	0.5		0.5	0.5	0.5	2.0	2.0	
비 에치 씨(BHC : α, β, δ-BHC의 합계)	곡류 0.02, 땅콩 또는 견과류 0.01, 유지 종실류 0.02, 서류 0.01, 과실류 0.01, 기타 농산물 0.01, 콩류 0.01, 채소류 0.01																
엔드린(Endrin)	과채류 0.05, 기타 농산물 0.01																
2,4-D	0.05	0.1	0.2	2.0	0.5	2.0	0.05	0.1		0.1		0.1		0.1			
캡타폴(Captafol)	감자 0.02, 기타 농산물 0.02																
캡탄(Captan)		2.0		5.0	5.0	5.0	5.0	5.0		5.0		2.0	5.0	2.0	5.0	5.0	
파라치온 (Parathion)	0.1	0.05	0.05	0.3	0.3	0.3	0.3	0.3	0.3	0.3		0.3	0.3	0.3	0.3	0.3	
페니트로치온 (Fenitrothion : MEP)	0.2	0.1	0.05	0.5	0.5	0.2	0.2	0.2		0.1		0.2	0.05	0.2	0.03	0.05	0.2
피레쓰린 (Pyrethrine)	3.0	1.0		1.0	1.0	1.0	1.0	1.0	1.0		1.0	1.0	1.0	1.0	1.0	1.0	
피페로닐부톡사이드 (Piperonylbutoxide)	아몬드 8.0, 건조과실류 0.2, 기타 농산물 0.05																
린단 (Lindane, γ-BHC)	보리 0.01, 밀 0.01, 옥수수 0.01, 기타 농산물 0.01																
싸이할로쓰린 (Cyhalothrin)	0.2	0.02	0.2	1.0	0.2	0.5	0.5	0.2	0.5	2.0	0.5	0.5	0.5	0.5	0.5	2.0	

*** 지정 농약 총계 : 440종 중 일부만 수록**

지정 농산물 총계 : 총 87종 중 일부(17종)만 수록

※ 이민옥타딘 : 지정된 식품 총 23종, 글루포시네이트 : 15종, 다이아지논 : 63종, DDT : 3종, DDVP : 11종, 말라치온 : 67종, BHC : 8종, 엔드린 : 2종, 2,4-D : 35종, 캡타폴 : 2종, 캡탄 : 39종, 파라치온 : 57종, 페니트로치온 : 58종, 피레쓰린 : 77종, 피레로닐부톡사이드 3종, 린단 4종, 싸이할로쓰린 87종

약에 관한 안전시험단계로는 크게 셋으로 나누어 볼 수가 있다.

첫째는 잔류농약 자체의 시험으로 정성과 정량시험

둘째는 인축의 독성학적인 시험으로 급성과 만성 독성시험

셋째는 안전 사용기준 설정과 1일 섭취허용량의 계산으로 나누어 농약으로부터 1일 섭취허용량까지로 볼 수 있다.

〈표 5-5-13〉 축산물의 농약 잔류허용기준(식품공전 2015)

단위 : ppm

농약명	가금류고기 부산물 지방	쇠고기, 부산물, 소지방	돼지고기, 부산물, 지방	닭고기, 부산물	양고기 부산물 지방	염소고기 부산물 지방	포유류고기 부산물 지방	알(달걀)	유
감마-비에치씨 (γ-BHC)	2.0(f) - -	2.0(f) - -	2.0(f) - -		2.0(f) - -	2.0(f) - -		0.1	
다이아지논 (Diazinon)		0.7 - -	0.7 - -	0.02 0.02	0.7(f) - -			0.02	0.02(f)
디디티 (p, p&o, p-DDT, DDD, DDE)	0.3(f) - -						5.0(f) - -	0.1	0.02(F)
메티다치온 (Methidathion)	0.02 0.02 0.02	0.02 0.02 0.02	0.02 0.02 0.02		0.02 0.02 0.02	0.02 0.02 0.02		0.02	0.001
알드린 및 디엘드린 (Aldrin & Dieldrin)	0.2(f) - 2.0(f)						0.2(f) - -	0.1	0.006(F)
2, 4-D	0.05 - -						0.05 - -	0.01	0.01
2, 4, 5-T		0.05 - -	0.05 - -		0.05 - -	0.05 - -			
카바릴 (Carbaryl)	0.5(육) 5.0(피부)	0.2 - -	0.2 - -		0.2 - -	0.2 - -		0.5	0.1 0.1(유가공품)
카벤다짐 (Carbendazim)	0.1 - -	0.1 - -			0.1 - -			0.1	0.1
헵타크로(Heptachlor 및 Hep-epaxide합)	0.2(f) - -						0.2(f) - -	0.05	0.006(F)
디메토에이트 (Dimethoate)	0.05 0.05 0.05	0.05 0.05 -	0.05 - -		0.05 0.05 -	0.05 - -	- - 0.05	0.05	0.05
펜프로파스린 (Fenpropathrin)	0.02(f) 0.01 -	0.5(f) 0.05 -						0.01	0.1(F)

(f) : 고기 중 지방에 대한 기준

(F) : 지용성 농약, 2% 이상의 지방을 함유하는 유제품의 잔류기준은 유의 잔류기준에 25배를 하여 지방에 대한 기준으로 적용하며, 2% 미만의 지방을 함유하는 유제품의 잔류기준은 유의 잔류기준에 50%를 적용함

지정농약 : **총 82종**, 상기 품종/총 축산물품종 : 9종/11종(사슴고기, 말고기 포함)

〈표 5-5-14〉 인삼의 농약잔류허용량(식품공전 2015)

단위 : ppm

농약명	인삼명	잔류기준	농약명	인삼명	잔류기준
디디티[DDT(p,p`+op) DDD, DDE의 합]	수삼	0.01	엔드린 (Endrin)	수삼	0.01
	건삼, 홍삼	0.05		건삼, 홍삼	0.05
	인삼농축액 홍삼농축액	0.1		인삼농축액 홍삼농축액	-
메타락실 (Metakaxyl)	수삼	0.5	카벤다짐 (Carbendazim)	수삼	0.2
	건삼, 홍삼	0.5		건삼, 홍삼	0.5
	인삼농축액 홍삼농축액	2.0		인삼농축액 홍삼농축액	2.0
비에치씨 ($\alpha, \beta, \gamma, \delta$-BHC의 합)	수삼	0.01	헥사코나졸 (Hexaconazole)	수삼	0.5
	건삼, 홍삼	0.05		건삼	0.5
	인삼농축액 홍삼농축액	0.1		-	-
알드린 및 디엘드린 (Aldrin, Dieldririn)	수삼	0.01	포세틸·알루미늄 (Fosetyl-aluminium)	수삼	2.0
	건삼, 홍삼	0.05		-	-
	인삼농축액 홍삼농축액	0.1		-	-

지정농약 : 8종/총 69종

2) 농약오염의 대책

① **취급 및 과다 사용량과 횟수 제한(availability)** 대부분의 농약은 독성이 강하므로 취급자는 독성이 적은 것 이외는 취급에 제한을 가지도록 하여야 하며, 농촌연구원의 과거 조사에 의하면 63.7%의 농민이 농약 표시량 이상으로 많이 사용하고 있다는 보고가 있으므로 과다 사용이 없도록 할 것이며 살포횟수도 제한하도록 노력해야 할 것이다.

② **농약의 포장과 운반(transportation)** 농약은 새거나 파손될 염려가 없는 통에 넣어서 잘 포장하여 운반하고 농산물과 함께 운반하다가 오염시키는 일이 없도록 해야 한다. 1979년 어린아이의 번데기 농약사건은 농약취급 포대에서 연유된 것으로 밝혀졌다.

③ **농약의 표시(labelling)** 농약 표시는 약품명, 제조원, 포장상자, 사용법, 보호구, 중독증상, 응급처치법 등 취급상의 주의사항을 표시하여야 하고, 병마개의 색깔을 달리하여 살충제, 살균제, 제초제를 파랑색, 분홍색, 노란색 등으로 구분하는 것이 좋다.

④ **농약의 저장(storage)** 독성이 강한 농약일수록 일정한 곳에 저장하고 표시하며 특히 어린아이들이 접근하지 못하게 하고 또 농약을 담았던 용기를 음식물용기 등으로 전환 사용하는 일이 없도록 유의해야 하며, 산이나 공기(습기 등)의 접촉에 관계되는 농약(청산염은 산과 접촉하여 청산가스 생성, DDVP는 공기접촉)에 유의를 하여야 한다.

⑤ **사용상의 주의점**

가. 교육과 훈련 : 농약취급자는 각종 농약에 대한 교육과 훈련을 받도록 한다.

나. 혼합 : 농약의 혼합과정이 가장 위험하므로 교육과 훈련을 받은 특정한 사람 이외에는 혼합작업에 관여하지 못하게 해야 한다.

다. 살포 : 농약을 뿌릴 때에는 보호구, 즉 비옷, 장갑, 장화, 마스크 등을 착용하고 기후를 고려하여 바람이 불 때는 바람을 등지고 살포할 것이며 가급적 폭로시간을 줄여 1시간 이내에 살포를 끝내는 것이 바람직하다.

라. 농약 및 용기의 폐기 : 농약이나 용기 등을 폐기할 때 액체농약은 증발하게 하고 고체, 분말은 흡입청소기로 제거한다. 용기나 포장의 재활용, 재사용 시는 수거하되 그렇지 않으면 불에 태우거나 땅에 묻어야 하나 공기 및 수질 등 환경오염을 고려해야 한다.

마. 공중위생 및 개인위생 : 상수도나 음료수에 오염되지 않도록 오염된 의복을 세탁하고 농약의 잔류물을 없애야 하며, 농약을 뿌린 지역의 출입제한과 뿌린 농작물에 잔류가 없도록 해야 한다. 또 몸에 묻었을 때는 즉시 목욕, 손을 씻도록 하고, 해독제를 항시 준비하는 한편 주기적으로 건강진단을 받아야 한다.

바. 소비자의 식품세척 : 소비자는 식품구입 후 물로 여러 번 수세하여 부착된 오염이 없도록 항시 노력해야 한다.

제 6 장

식품 중 동물용 의약품의 잔류오염

항생물질(抗生物質, antibiotics), 합성항균제(合成抗菌劑) 및 성장호르몬제는 사람이나 동물의 의약품으로 상처나 질병 등의 치료나 예방에 미량 사용되어 왔으나, 1986년대 이후 가축이나 가금류 그리고 양식 물고기 등의 사료에 첨가물로서 배합하거나 심지어 농작물에 사용됨으로써 식품 중의 잔류문제가 크게 대두되고 있는 실정이다. 이 약제들을 2009년 5월부터 동물용의약품으로 바꾸어 명칭을 사용하고 있다.

1. 식품이나 사료첨가물로서 동물용 의약품의 종류 및 잔류

1) 식품 중의 동물용 의약품의 잔류원인

(1) 동물의 질병치료에 사용되는 경우

동물 질병치료에 많이 사용되는 항생물질로는 penicillin계의 penicillin, ampicillin 등, aminoglycoside계의 streptomycin, fradiomycin, neomycin, hygromycin 등, tetracycline계의 tetracycline, oxytetracycline 등, phosphopolysaccharide계의 macarbomycin, quebemycin 등, macrolide계의 oleandomycin, tylosin, erythromycin 등, peptide계의 bacitracin, verginiamycin, thiopeptin 등, 기타 novobiocin, monensin, chloramphenicol 등의 종류가 있다. 특히 감염병이 농어촌마을이나 목장 등에 퍼질 경우 대량 사용 내지 동물체내 항생제의 잔류로 인한 착유 등은 어린아이, 노약자 등이 섭취하면 문제가 아닐 수 없다.

(2) 동물의 사료에서 유래되는 경우

동물의 성장촉진이나 질병예방 등의 목적으로 동물사료에 첨가되는 항생제로는 상기에서와 같이 tetracycline계나 tylosin, thiopeptin, virginiamycin, macarbomycin, novobiocin 등이 있다. 항생물질의 효능에 따라 차이가 있으나, 대개 20 ppm 정도면 충분하다고 하나 경우에 따라서는 100 ppm 정도까지 과량 사용함으로써 문제가 되고 있다.

(3) 농작물에 항생물질을 사용한 것이 잔류하는 경우

농작물의 병충해 방제에 사용되는 항생물질은 <표 5-6-1>과 같다.

〈표 5-6-1〉 농작물의 병충해 방제에 사용되는 항생물질

구 분	항 생 물 질	적 용 목 적
항균제	streptomycin	배추 등 채소의 연부병(무름병), 복숭아의 천공병(穿孔病 : 세균성 구멍병), 감자의 역병, 감귤류의 궤양병(潰瘍病)
	cellocidin	벼의 흰잎마름병
	chloramphenicol	벼의 흰잎마름병
항곰팡이제	blasticidin-S	벼의 도열병의 예방과 치료
	kasugamycin	벼의 도열병의 예방과 치료
	polyoxin	벼의 잎집무늬마름병, 사과의 반점낙엽병, 배의 검은점무늬병, 토마토의 잎곰팡이병, 식물의 흰가루병이나 회색곰팡이
	cycloheximide	파의 녹병, 양파의 노균병(露菌病)
	griseofulvin	딸기의 회색곰팡이병, 사과의 monilia병, 오이의 덩굴쪼김병

(4) 식품이나 사료제조에서 자연적으로 생성되는 경우

식품 중에서는 치즈 제조시 젖산균의 종균(starter)으로 사용되는 *Streptococcus lactis*에는 항생물질인 nisin(polypeptide계)을 생성하는 변종이 있어서 자연적으로 치즈 중에 nisin이 함유하는 경우가 있다.

사료 중에서는 볏짚, 풀 등 천연 사료를 silo 등에서 발효하는 과정에서 항생물질이 생성되어 잔류하는 경우가 있다.

2) 잔류 동물성 의약품의 위생상 문제점

잔류 항생물질인 동물성 의약품은 식품에 관련되는 동식물, 인체에 이르기까지 위생상 문제점으로는 첫째가 **급성**이나 **만성 독성**으로 나타날 수 있고, 둘째가 **내성균**(耐性菌)의 출현, 셋째가 **균교대증**(菌交代症), 넷째가 **allergy**의 생성 등을 지적할 수 있다.

특히 항생물질 등을 자주 사용하다 보면 생태계가 교란되어 농작물에서 사는 미생물의 균이나 곤충 등은 이들 물질에 견디는 성질이 조금씩 강해져 내성이 커지게 되고 그로 인해 내성균이나 내성곤충 등이 출현하게 된다.

그리하여 가축이나 가금류도 항생물질 등의 잔류가 많아지거나 만약 질병치료를 해야 할

경우 낮은 단위로는 치료가 어려워 고단위의 항생물질을 투여하여야 한다. 그래서 농약을 비롯한 항생물질, 합성항균제 등을 사용 시에는 규정량을 지키는 것이 무엇보다 중요하다. 더욱이 젖소의 경우 질병치료를 위해 항생제를 다량 사용할 경우 자칫 유즙에서 기준 이상 검출되면 연약한 어린아이들에게도 영향을 미칠 수 있기 때문에 매우 조심하여야 한다. 그 외에도 균교대증이나 알레르기 등이 나타날 것이다.

따라서 농림축산식품부는 항생제 등의 내성을 줄이고 항생제 오·남용을 막기 위해 최근 타이로신 등 항생제 8종과 설파치아졸 등 9종을 2011년 7월부터 가축사료에 사용금지할 것을 발표했다.

2. 동물용 의약품의 잔류허용기준

우리나라는 축산, 수산용 배합사료에 항생물질 등을 첨가함으로써, 1986년 6월에 농수산부 고시로 이들 첨가제의 사용량, 사용방법, 도살 전 휴약기간 등이 규정되었다. 이어 「식품위생

〈표 5-6-2〉 동물 근육 중 동물용 의학품의 잔류허용기준(식품공전 2015)

단위 : mg/kg 이하

구 분	소근육	돼지근육	닭근육	칠면조근육	오리근육	양근육	염소근육	사슴근육	토끼근육	말근육	가금근육
겐타마이신(항생제)	0.1	0.1	0.1								
네오마이신(항생제)	0.5	0.5	0.5	0.5	0.5	0.5	0.5				
디히드로스트렙토마이신/스트렙토마이신(항생제)	0.5	0.6	0.6			0.6					
모넨신(항원충제)	0.05	0.05					0.05				0.05
알벤다졸**(구충제)	0.1	0.1	0.1	0.1	0.1	0.1	0.1	0.1	0.1	0.1	
에리스로마이신(항생제)	0.05	0.05				0.05	0.05		0.05		0.1
옥시테트라싸이클린/클로르테트라싸이클린/테트라싸이클린 합(항생제)	0.2	0.2	0.2	0.2		0.2	0.2	0.2	0.2		
제라놀*(합성호르몬제)	0.002										
티아벤다졸**(구충제)	0.1	0.1				0.1	0.1				
플루벤다졸**(구충제)		0.01	0.2	0.2	0.2						
플루아주론*(살충제)	0.2										
페닐부타존(항염증제)	불검출	불검출									불검출
트리메토프림(합성항균제)	0.05	0.05					0.05			0.1	0.05

* : 성장호르몬제, ** : 기생충약 **지정동물용의약품 : 14종/총 130종, 동물품종 11종/총 11종**

★ : 타이로신, 버지니아마이신 등 항생제 8종과 설파치아졸 등 항균제 9종은 2011년 7월부터 가축사료에 사용금지 (이하 동물 부위도 적용)

법」에도 '식품 등의 기준 및 규격'의 식품일반에 대한 공동기준 및 규격에서 항생물질 등의 잔류허용기준이 정해졌다.

1) 식육 중의 잔류허용기준

『식품공전』에서 발췌된 동물근육 중 동물의약품의 잔류허용기준은 <표 5-6-2>, 부위별 항생물질 잔류허용기준은 <표 5-6-3>과 같다.

〈표 5-6-3〉 동물의 부위별 동물용 의약품의 잔류허용기준(식품공전 2015)

단위 : mg/kg

동물 / 부위 / 의약품	소	돼지	닭	오리	양	염소	사슴	토끼	칠면조	말	가금육
	간 지방 신장	간 지방 신장	간 지방 신장	간 지방 신장	간 지방 신장	간 지방 신장	간 지방 신장	간 지방 신장	간 지방 신장	간 지방 신장	간 지방 신장
네오마이신 (항생제)	0.5 0.5 10.0	0.5 0.5 10.0	0.5 0.5 10.0	0.5 0.5 10.0	0.5 0.5 10.0	0.5 0.5 10.0			0.5 0.5 10.0		
모넨신 (항원충제)	0.05 0.05 0.05	0.05 0.05 0.05				0.05 0.05 0.05					0.05 0.05 0.05
알벤다졸 (구충제)	5.0 0.1 5.0	5.0 0.1 5.0	5.0 0.1 5.0	5.0 0.1 5.0	5.0 0.1 5.0	5.0 0.1 5.0	5.0 0.1 5.0	5.0 0.1 5.0	5.0 0.1 5.0	5.0 0.1 5.0	
아미트라즈 (살충제)	0.2 0.2 0.2	0.2 0.4 0.2			0.1 0.4 0.2						벌꿀 0.2
프레드니솔론 (항염증제)	0.01 0.004 0.01	0.01 0.004 0.01			0.01 0.004 0.01	0.01 0.004 0.01		0.01 0.004 0.01		0.01 0.004 0.01	
초산멜렌게스트롤 (합성호로몬제)	0.01 0.018 0.002										
트리메토프림 (합성항균제)	0.05 0.05 0.05	0.05 0.05 0.05			0.05 0.05 0.05	0.05 0.05 0.05				0.1 0.1 0.1	0.05 0.05 0.05
아자페론 (진정제)		0.1 0.06 0.1									

* 식품일반에 대한 공동기준 및 규격에서 식품 중 동물용 의약품의 잔류허용기준 중 지정된 의약품은 총 130종이다. 여기에서는 8종만 대표적으로 수록

2) 유(乳)와 알 중의 잔류허용기준

유(乳)는 겐타마이신 등 54종의 동물용 의약품 중 일부의, 알은 네오마이신 등 35종 중 일부의 잔류허용기준이다. 제조, 가공직전 원유, 우유류, 분유류(탈지분유, 전지분유)에 기준을 적용한다.

〈표 5-6-4〉 동물의 유(乳)와 알(달걀) 중 동물용 의약품의 잔류허용기준(식품공전 2015)

단위 : mg/kg

동물용 의약품	잔류허용기준		동물용 의약품	잔류허용기준	
	유	알		유	알
겐타마이신	0.2	-	티아벤다졸	01	-
네오마이신	0.5	0.5	타이로신	0.05	0.2
디히드로스트렙토마이신 / 스트렙토마이신	0.2	-	플루벤다졸	-	0.4
			노르플록사신	불검출	불검출
모넨신	0.01	-	독시싸이클린	불검출	불검출
알벤다졸	0.1	-	콜리스틴	0.05	0.3
에리스로마이신	0.04		델타메쓰린	0.03	0.03
엔로플록사신(시프로플록사신과 합으로)	0.05	불검출	티아물린	-	1.0
옥시테트라싸이클린	0.1	0.4	트라클로르폰	0.05	-

지정 동물용 의약품 : 17종/총 130종

3) 벌꿀 중의 잔류허용기준

벌꿀은 네오마이신 등 8종의 동물용 의약품의 잔류허용기준을 보면 <표 5-6-5>와 같다. 그리고 식품의 기준 및 규격과 국제식품규격위원회에도 잔류기준이 없는 동물용 의약품 중 항생물질 및 합성항균제에 대하여 축·수산물(유, 알 포함) 및 벌꿀(로얄제리, 프로폴리스 포함)의 잔류기준은 0.03 mg/kg으로 적용한다고 규정하고 있다.

〈표 5-6-5〉 벌꿀 중 동물용 의약품의 잔류허용기준(식품공전 2015)

단위 : mg/kg

동물용 의약품	잔류허용기준	동물용 의약품	잔류허용기준
네오마이신	0.1	아미트라즈	0.2
디히드로스트렙토마이신 / 스트렙토마이신	불검출	코마포스	0.1
		플루메쓰린	0.01
옥시테트라싸이클린/클로르테트라싸이클린/테트라싸이클린 합으로	0.3	플리발리네이트	0.05
		시미아졸	1.0

4) 어류(魚類), 갑각류 중의 잔류허용기준

어류, 갑각류 중의 동물용 의약품의 잔류허용기준은 <표 5-6-6>과 같다.

〈표 5-6-6〉 어류, 갑각류 중 동물용 의약품의 잔류허용기준(식품공전 2015)

단위 : mg/kg

동물용의약품	잔류허용기준		동물용의약품	잔류허용기준	
	어류	갑각류		어류	갑각류
설파제(sulfonamides의 총합으로 설파클로르피리다진) 등의 합	0.1	-	옥시테트라싸이클린/ 클로르테트라싸이클린/ 테트라싸이클린 합으로	0.2	0.2
스파라마이신	0.2	0.2	플루메퀸	0.5	0.5
아목시실린	0.05	0.05	독시싸이클린	0.05	-
암피실린	0.05	0.05	노르플로사신	불검출	불검출
에리스로마이신	0.2	0.2	오플록사신	불검출	불검출
엔로플록사신 (시프로 플록사신과 합으로)	0.1	0.1	페플록사신	불검출	불검출
			린코마이신	0.1	0.1
옥소린산	0.1	0.1	콜리스틴	0.15	0.15
			델타메쓰린	0.03	-

* 지정 동물용 의약품 16종/ 어류, 갑각류 총 22종 중

5) 식품 중 검출되어서는 아니 되는 동물용 의약품

잔류동물용 의약품의 기준적용 중 관련 법령에서 안전성 및 유효성에 문제가 있는 것으로 확인되어 제조 또는 수입품목 허가를 하지 아니하는 동물용 의약품(대사물질 포함)은 검출되어서는 아니 된다. 이에 해당되는 주요 물질은 아래와 같으며, 아래의 표에 명시하지 않은 물질에 대해서도 관련 법령에 근거하여 본 항을 적용할 수 있다.

〈표 5-6-7〉 축산물 및 동물성 수산물과 그 가공식품 중 검출되어서는 아니 되는 물질

단위 : mg/kg

번호	식품*[1] 중 검출되어서는 아니 되는 물질들
1	니트로푸란[푸라졸리돈(Furazolidone), 푸랄타돈(Furaltadone), 니트로푸라존(Nitrofurazone), 니트로푸란토인(Nitrofurantoine), 니트로빈(Nitrovin) 등] 제제 및 대사물질*[2]
2	클로람페니콜(Chloramphenicol)
3	말라카이트 그린(Malachite green 및 대사물질
4	디에틸스틸베스트롤(Diethylstilbestrol, DES)
5	디메트리다졸(Dimetridazole)
6	클렌부테롤(Clenbuterol)
7	반코마이신(Vancomycin)
8	클로르프로마진(Chlorpromazine)
9	티오우라실(Thiouracil)
10	콜치신(Colchcine)
11	피리메타민(Pyrimethamine)
12	메드록시프로게스테론 아세테이트(Medroxyprogesterone acetate, MPA)

*[1] 축산물 및 동물성 수산물과 그 가공식품에 한한다.

*[2] 니트로푸라존의 대사물질인 세미카바자이드(Semicarbazide, SEM)는 비가열 축산물 및 동물성 수산물(단순절단 포함)에 한하여 적용한다.

제 7 장

방사능 오염물질

1. 방사능 물질의 오염원과 관련된 핵종의 종류

방사능 물질의 오염원은 ① 방사능 물질 함유 광산에서의 채취 및 핵연료 제조 가공 처리, ② 핵폭발실험에 의한 방사성 낙진 강하물, ③ 원자력발전소의 핵연료 이용 및 재처리시설, 그리고 지진에 의한 쓰나미 영향(일본 후쿠오카 원자력 발전소), ④ 방사선 동위원소의 의학, 농학 등 산업에의 이용 등으로부터 유출 및 방출되어 토양 오염, 물의 오염, 원료 농축수산물의 오염 등과 더 나아가 인체에까지 오염시켜 우리에게 지대한 영향을 미친다.

제2차 세계대전 때 미국이 일본의 히로시마[廣島]와 나가사키[長崎]에 각 1발의 원자폭탄을 투하함으로써 연합군에 항복하게 되었으나, 그 방사능에 의한 인체 후유증으로 유전적 장애 등 질병은 매우 컸다. 그 이후 1954년도에 태평양 미국령 마셜 군도의 비키니에서 실시된 핵발전 폭발실험으로부터 오염된 물고기(다랑어)를 발견하고 일본에서 폐기 처분한 사건의 시작으로부터 식품에 대한 방사능 오염의 심각성이 알려지게 되었다.

대기 중에 방출된 핵분열 생성물(fission products)은 성층권이나 대기권에 확산되어 지구상 각지의 지표나 해수면에 낙진(落塵)이 강하함으로써 토양이나 해수 등을 오염시키고 있다. 그 이후 낙진이 일부 국가, 즉 이웃 중국의 핵폭발실험으로 우리나라도 그 낙진의 영향을 받은 바와 같이 실험들이 행해져 왔으나 현재는 금지된 상태다.

한편으로 세계는 전력수급의 일환으로 원자력발전소를 많이 건설해 왔는데, 1979년 3월 미국의 Three Mile섬과 1986년 4월 구 소련의 우크라이나 공화국 Chernobyl에서 발생한 원자력발전소의 큰 사고는 더욱 방사능 오염을 가중시켰으며 이에 대한 우려의 소리가 전 세계로 확대되었다. 아울러 원자력발전소의 폐기물 처리도 우리나라는 물론 각국마다 지하 저장시설 확충에 의한 안전성에 신경을 쓰고 있는 실정이다. 이와 같이 세계 각지의 원자력 발전소나 핵연료 재처리시설로부터 배기, 배출수 등에 의해 어느 정도의 오염은 있을 것으로 생각된다.

원자력발전소에서 방출되는 액체폐기물에는 Co^{60}, Co^{58}, Cr^{51}, Fe^{59}, Mn^{56} 등이 있고 핵연료 재처리시설로부터는 Cs^{137}, Ce^{144}-Pr^{144}, Pu^{239}, Ru^{103}, Ru^{106}, Sr^{89}, Sr^{90}, Zr^{95}-Nb^{95} 등이 함유되어 있다고 한다. 방사성 핵분열 생성물 중에 물, 토양, 식품 등을 오염시켜 문제가 되는 것은 **스트론튬-90(Sr^{90})**, **세슘-137(Cs^{137})** 및 **요오드-131(I^{131})** 등이 있다.

2. 방사능 물질과 방사선 조사에 의한 인체와 식품의 영향

방사능 물질이나 그 동위원소가 위험을 결정하는 요소를 살펴보면 다음과 같다.

① 방사능이나 생물학적으로 반감기(半減期)가 길수록 위험하다.

② 생체기관의 감수성(感受性)이 클수록 위험하다.

③ 혈액 흡수율이 높을수록 위험하다.

④ 조직에 침착(沈着)하는 정도가 클수록 위험하다.

⑤ 방사선의 종류와 에너지의 세기에 따라 위험도의 차이가 있다.

⑥ 동위원소의 침착 장기의 기능 등에 따라 위험도의 차이가 있다.

이와 같이 Sr^{90}은 물리적 반감기(half-life)가 28년이고 그 화학적 성질이 Ca과 비슷하다. 인체에 흡수되면 **뼈(骨)**에 침착하고 잘 배설되지 않기 때문에, 즉 사람 전체에서의 반감기가 35년인 데 비해 뼈는 약 50년으로 Sr^{90}이 체내에 흡수되는 경우 골수는 장시간 β선에 노출되면 조혈기능에 장애를 주어서 백혈병이나 골육종(骨肉腫) 등의 질병에 걸리기 쉽다. 또 Cs^{137}은 물리적 반감기가 30년이고 그 화학적 성질이 K과 비슷하여 인체에 들어가면 **전신근육**에 분포하여 β선과 γ선을 장기간 방사함으로써 체세포, 특히 생식세포에 장애를 준다고 한다.

한편 I^{131}은 반감기가 8일로 아주 짧지만 비교적 생성량이 많아서 피폭 직후 **갑상선**에 축적하여 β선, γ선을 방사하므로 갑상선장애를 일으킨다.

음식물의 오염에서 중요한 의미를 가지는 방사성 핵종과 주(主)방사선, 유효반감기, 결정기관(決定器官) 및 음료수 중의 '주목하여야 할 농도'는 <표 5-7-1>과 같다. 이 주목하여야 할 농도는 국제방사선 방호위원회(International Commission on Radialogical Protection, ICRP)가 물 중의 최대허용농도의 1/10을 일반 사람들이 경계하여야 할 오염농도로 하자는 사고방식에 따라 결정한 것이다. 그리고 각종 식품의 방사능 오염에서 핵폭발 후 수일 동안 방사성 강하물이 대부분의 먼지와 같이 비가 오면 빗물에 방사성 물질을 많이 함유하므로 음료수로 마시는 것은 삼가야 할 것이다. 농작물의 오염은 낙진이 식물의 표면에 부착하거나 직접 흡수되고 일부는 토양에 축적된 후 뿌리에 흡수되어 일어난다. 특히 이삭이나 열매가 생길 때 부착

〈표 5-7-1〉 주요 식품오염 방사성 핵종과 그 성질, 표적장기, 주목할 농도

방사성 핵종	방사선	유효반감기* (일)	결정기관b	주목하여야 할 농도(pBq/ℓ)c
Co^{60}	β, γ	86.4	소화관	18.5×10^2
Sr^{90}	β	4.8×10^2	뼈	3.7
Zr^{95}	β, γ	22.9	소화관	22.2×10^2
Ru^{106}	β	1.2×10^2	소화관	37.0×10
I^{131}	β	3.1a	갑상선	74.0
Cs^{137}	β	1.3×10^2	전 신	74.0×10
Ce^{144}	β	51.6a	뼈	37.0×10
Ra^{226}	β	1.8×10^2	뼈	3.7×10^{-1}
Pu^{239}	β	22.0a	뼈	18.5×10

a : rat에 있어서 생물학적 반감기를 기초로 하여 계산, 다른 것은 사람에 대한 것을 기초로 하여 계산

b : 피폭 시에 신체장애의 주원인이 되는 장기기관(critical organ)

c : ICRP가 설정한 농도, 음식물 중의 '주목하여야 할 농도'는 이들 수치에 2.2/a를 곱한 값(pBq/kg 또는 L)이 된다. 단 a는 음식물의 일일 평균섭취량(kg 또는 L)

* : 물리적 반감기×생물학적 반감기 / 물리적 반감기＋생물학적 반감기

하면 오염이 커져 문제가 된다.

축산물의 방사능 오염은 먹이사슬을 따라 토양 → 목초, 쌀겨나 밀기울 → 가축이나 가금류 → 우유나 달걀 → 인체를 경유하여 문제가 된다. 특히 I^{131}의 경우는 반감기가 짧기 때문에 젖소가 피폭 후 직접 오염된 목초를 섭취하면 쉽게 흡수되어 우유 중에 바로 나타나기 때문에 문제가 된다. 그러나 우유는 Sr^{90}의 경우 6~10일간이면 0.003~0.006%, 20일 후에는 큰 영향이 없었다고 한다. 또 달걀노른자위는 8일이 지나면 전혀 문제가 없다고 한다.

그리고 수산물의 경우는 방사능 강하물 이외에도 발전소, 원자력병원, 방사선 동위원소를 이용한 사업장 등 원자력에 관계되는 시설물에서 배출되는 방류수에 의해 발생할 수 있다. 앞서 언급한 바와 같이 여러 종류의 방사성 생성물이 어패류의 입이나 아가미 및 체표면을 통해 흡수 내지 흡착되는데 특히 오염된 plankton, 해조류, 미세동물을 먹이로 섭취하여 간접적으로 오염되는 경우가 많다. 수산물의 방사성 물질은 주로 내장에 밀집하여 농축하게 된다. 수산물은 농작물에 비하여 일반적으로 오염도가 낮고 수산물 중에서 해산어류가 민물어류에 비하여 낮다.

아울러 방사선(γ선) 조사에서 식품에 미치는 영향을 살펴보면 탄수화물, 단백질, 지방의 거대분자의 영양물은 10 KGy까지는 비교적 안정하다는 것이 그동안 포괄적인 연구로 증명되었다. 분자량이 적은 비타민의 경우는 1 KGy 이상 처리시 높은 온도 및 산소 존재하에서는 약

〈표 5-7-2〉 해충 및 미생물의 식품조사에 대한 감수성

감수성	해충>대장균군>무아포 형성균>아포 형성균>아포>바이러스				
종 류	화랑곡나방 권련벌레 가루진드기 바퀴벌레 딱정벌레 바구미 등 저곡해충류	대장균 살모넬라 장티푸스균 리스테리아 이질균 폐렴균 (레지오넬라)	비브리오균 녹농균 탄저균 고초균 포도상구균 연쇄상구균 각종 곰팡이	포 자 endotoxin exotoxin mycotoxin (aflatoxin) botulinum 독소생성억제	구제역 에볼라 각종 바이러스

간의 비타민 손실이 생기며 비타민 종류에 따라 차이가 있다.

수용성 vitamin의 손실순서는 Vit. B_1 > Vit. C > 피리독신 > Vit. B_2 > 엽산 > 코발라민 > 니코틴산이고, 지용성 vitamin의 손실순서는 Vit. E > 카로틴 > Vit. A > Vit. K > Vit. D이다. 멸균에 필요한 선량 30 KGy와 같은 고선량에서는 많은 화학적 변화가 일어나지만 그 양은 소량이며 조사하지 않은 식품에서도 이런 화합물들이 검출되기도 한다. 아울러 해충 및 미생물의 식품조사에 대한 감수성을 보면 <표 5-7-2>와 같다. 그리고 모든 식품은 고선량 이상 조사 시에는 철저한 연구결과 후 이용되는 것이 바람직할 것이다.

따라서 우리나라도 25종의 '식품별 방사선 조사 처리기준(照射處理基準)'이 『식품공전』 중 식품일반의 기준 및 규격에 정해져 있다. 아울러 우리나라에서 사용되는 방사선의 선원 및 선종은 Co^{60}의 감마선으로 식품의 발아억제, 살충, 살균 및 숙도조절의 목적에 한하여 식품에 방사선을 조사할 경우 다음의 허용대상 식품별 흡수선량의 기준에 적합하여야 한다(<표 5-7-3>). 그리고 '일단 조사된 식품은 다시 조사하여서는 아니 되며 조사식품을 원료로 사용하여 제조, 가공한 식품도 다시 조사하여서는 아니 된다'고 규정하고 있다.

3. 식품의 오염기준과 대책

우리나라는 2014년 현재 식품 중 방사능 기준이 다음 <표 5-7-4>와 같다. 그리고 방사성 물질 누출사고 발생 시 관리해야 할 방사성핵종은 대표적 오염지표물질인 방사성 요오드와 세슘을 우선 선정하고 방출사고 유형에 따라 플루토늄, 스트론튬 등 그 밖의 핵종에 대한 오염 여부를 추가적으로 확인한다.

따라서 빗물은 반드시 정화시설이나 명반 등의 응집제에 의해 흡착, 제거하여 마시도록 하

〈표 5-7-3〉 허용대상 식품별 흡수선량 조사 처리기준

품 목	조사목적	선량 (kGy)
감자, 양파, 마늘	발아 억제	0.15 이하
밤	살충·발아 억제	0.25 이하
생버섯 및 건조버섯	살충·숙도 조절	1 이하
난분	살균	5 이하
곡류, 두류 및 그 분말	살균·살충	5 이하
전분	살균	5 이하
건조식육	살균	7 이하
어류, 패류, 갑각류 분말	살균	7 이하
된장, 고추장, 간장 분말	살균	7 이하
건조 채소류	살균	7 이하
효모·효소식품	살균	7 이하
조류식품	살균	7 이하
알로에 분말	살균	7 이하
인삼(홍삼 포함) 제품류	살균	7 이하
건조 향신료 및 이들 조제품	살균	10 이하
복합조미료 식품	살균	10 이하
소스류	살균	10 이하
침출차	살균	10 이하
분말차	살균	10 이하
환자식	살균	10 이하

※ 한번 조사 처리한 식품은 다시 조사하여서는 아니 되며 조사식품(Irradiated food)을 원료로 사용하여 제조, 가공한 식품도 다시 조사하여서는 아니 된다.

〈표 5-7-4〉 식품 중 방사능 기준

핵 종	대 상 식 품	기 준 (Bq*/kg, L)
^{131}I	유 및 유가공품	100 이하
	영아용 조제식, 성장기용 조제식, 영·유아용 곡류조제식, 기타 영·유아식, 영·유아용 특수조제식품	100 이하
	기타 식품★	300 이하
$^{134}Cs + ^{137}Cs$	모든 식품	370 이하

* Bq(베크렐 : becquerel)
★ 기타 식품은 영아용 조제식, 성장기용 조제식, 영·유아용 곡류조제식, 기타 영·유아식, 영·유아용 특수조제식품, 유 및 유가공품을 제외한 모든 식품을 말함.

고, 방사능 낙진이 예상되면 미리 장독대, 우물물 등의 뚜껑을 철저히 덮도록 하는 것이 바람직하다. 과일이나 채소 등 농작물 등 방사능 오염을 방지한다는 것은 매우 어려우나 가능한 한 표면에 오염된 것은 물이나 중성세제로 철저히 씻어서 먹도록 하여야 한다.

제 8 장

제조·가공 및 조리 과정 중 혼입 및 보존에서 생성되는 유해물질

1. 다환방향족 탄화수소류와 헤테로고리 아민류

1) 다환방향족 탄화수소류의 벤조피렌, 벤조안트라센 등

다환방향족 탄화수소(polycyclic aromatic hydrocarbons, PAH) 등은 <표 5-8-1>과 같이 석유나 석탄 등의 화석연료나 목재, 연료가스, 가솔린, 중유, 종이 등의 불완전연소 또는 식품에 있어서도 숯불구이와 훈제육 등의 열분해물에서도 생성되며 더욱이 대기 중의 공기나 배기가스나 최근 가속되는 해양오염에 의해 굴과 해조류에도 검출되어 오염의 지표가 되고 있으며, 심지어 담배 피울 때에도 생기고 미생물, 플랑크톤, 식물 등에 의해서도 합성된다.

다환방향족 탄화수소에서 환경성분이 확인된 것만도 약 100여 종에 이르며, 다음 화학구조에서와 같이 **발암성**으로 확인된 것은 **benzo(α)pyrene** [B(α)P], **benzo(α)anthracene**, **chrgsene**

〈표 5-8-1〉 다환방향족 탄화수소가 검출된 환경성분

구 분	세 부 내 용
공 기	도시대기, 실내공기, 차고나 각종 공장내 공기(tar나 gas공장)
매 연	각종 연소로(난로, 보일러, 소각로), 폐기물의 소각, 농촌의 짚다발 연소, 화산 등에 의한 연기
배기가스	가솔린엔진, 디젤엔진, 항공기 등의 배기가스
그을음	목탄, 석탄, 석유, carbon plag, 커피나 전분의 볶음
tar상 물질	coal tar, asphalt, coal pitch
기 름	중유, 등유, 광유, 가솔린, 엔진오일, 크레오소트오일
식품, 기호품	훈연제품, 생선구이, 태운 스테이크, 식용유, 소맥분, 채소류, 오염해역의 굴(조개), 이끼류, 해조류, 위스키, 커피, 차, 담배
기 타	토사, 페슬러지, 눈, 실내먼지, 화학비료, 공장폐수, 하천

등 20여 종류가 알려져 있다. 각종 식품 중의 PAH의 함량을 보면 <표 5-8-2>와 같다.

이 가운데서도 강한 발암성을 가지고 있는 benzo(α)pyrene이 대부분의 식품에서 미량으로 검출되고 있지만 훈제육에서는 0.2~107 ㎍/kg 정도로 다른 식품보다 월등히 높은 것을 알 수 있다. 식품에서의 B(α)P섭취량은 1일 약 0.5 g이라고 하며 그중 적어도 50%는 구운 생선에서 유래한다고 보고 있다. 그러나 PAH는 광화학반응에 의해서 분해되기도 한다.

『식품공전』 중 식품 등의 기준 및 규격에서 <표 5-8-3>에서 보는 바와 같이 벤조피렌(benzo(α) pyrene)의 경우 조제분유류, 특수용도식품은 1.0 ㎍/kg 이하, 식용유지는 2.0 ㎍/kg 이하, 숙지황 및 건지황은 5.0 ㎍/kg 이하, 훈제어육 5.0 ㎍/kg 이하(다만, 건조제품은 제외), 훈제건조어육 10.0 ㎍/kg 이하〔생물기준적용(건조로 인하여 수분함량이 변화된 경우 수분함량을 고려하여 적용), 그리고 물로 추출한 추출물에서는 벤조피렌이 검출되어서는 안 됨〕로 규정되어 있다.

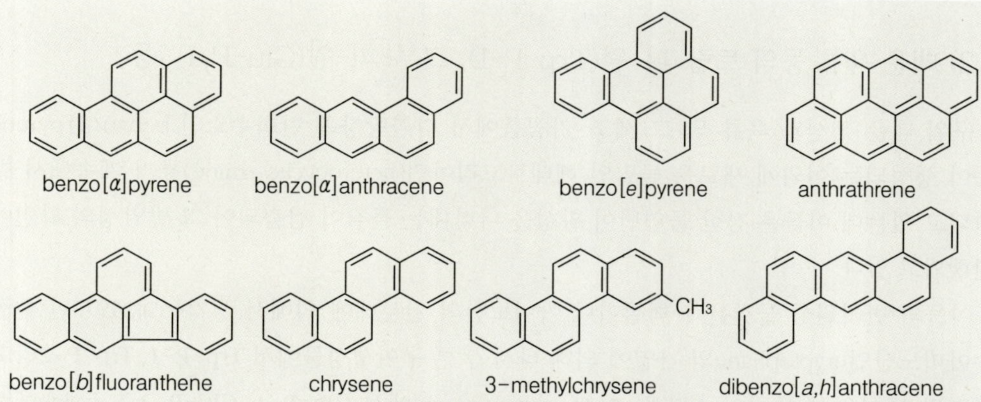

암원성 방향족 탄화수소

〈표 5-8-2〉 각종 식품 중의 PAH의 함량

식 품 명	benzo(α)pyrene (㎍/kg)	benzo(α)anthracene (㎍/kg)	chrysene (㎍/kg)
곡 물	0.25~0.84	0.4~6.8	0.8~14.5
시금치	7.4	16.1	28.0
토마토	0.22	0.3	0.5
정제유지	0.9~15	0.5~13.5	0.5~129
구운고기, 어육	0.2~11.2	0.2~31	0.5~25.4
어육 훈제	0.2~107	0.02~189	0.3~123
커 피	0.1~4.0	0.5~14.2	0.6~19.1
홍 차	3.9~21.3		4.6~6.3

〈표 5-8-3〉 식품 중의 벤조피렌(Benzo(*a*)pyrene) 기준 및 규격

식품의 종류	기 준
조제분유, 성장기용 조제분유, 기타 조제분유, 특수용도식품(영아용 조제식, 성장기용 조제식, 영·유아용 곡류조제식, 기타 영·유아식, 영·유아용 특수 조제식품)	1.0 ㎍/kg 이하
식용유지, 어류, 흑삼(분말 포함)	2.0 ㎍/kg 이하
흑삼농축액	4.0 ㎍/kg 이하
훈제어육(단, 건조제품은 제외), 훈제식육제품 및 그 가공품, 숙지황 및 건지황	5.0 ㎍/kg 이하
훈제건조어육* 패류	10.0 ㎍/kg 이하

* 생물기준적용(건조로 인하여 수분함량이 변화된 경우 수분함량을 고려하여 적용. 만약 물로 추출한 추출물에서는 벤조피렌이 검출되어서는 안 됨)

2) 태운 육류 등의 트립-피-원(Trp-P-1), 그루-피-원(Glu-P-1) 등

구워 태운 생선과 육류 및 그 제조·가공품에서 다환방향족 탄화수소인 benzo(*α*)pyrene 등이 생성되는 이외에 새로운 물질인 헤테로고리아민(heterocyclic amine)류가 계속해서 발견되고 있는데 이들은 강한 돌연변이 활성을 나타내는 물질이 검출되어 그 발암성의 확인이 진행되고 있다.

이들의 변이원성 물질은 단백질이나 아미노산의 열분해에 의해서 생기는데, 1977년에 필수아미노산인 tryptophane의 가열에 의해 타서 누른 구이생성물에서 **Trp-P-1, Trp-P-2**라고 명명된 변이원성 물질이 분리된 이래, glutamic acid에서 **Glu-P-1, Glu-P-2**로, lysine에서 **Lys-P-1**이 각각 생기는 것이 밝혀졌다.

또 콩의 단백질인 globuline이나 말린 정어리 및 쇠고기 등의 가열연소물에서는 <표 5-8-4>에서 보는 바와 같이 **AαC, MeAαC, IQ, MeIQ** 또는 **MeIQx** 등이 얻어지고 있다. 현재까지 약 17종의 **변이원성 물질**이 밝혀졌으며 그중 10종류에서 발암성이 확인되었다. 아울러 조리식품 중의 heterocyclic amine류의 함량은 <표 5-8-5>와 같다.

이들 변이원성 물질은 250℃에서 생기기 시작하고 300~400℃에서 최고에 이르며, 그 생기는 양은 식품 중의 단백질 함량에 비례하고 수분 함량에 반비례한다. 그리고 오징어나 날치 등의 건어물은 250℃로 가열하면 변이원성 물질이 생기게 되며, 특히 일상에 먹는 쇠고기, 닭고기, 갈치 등은 400℃로 가열하면 대단히 강한 변이원성 물질이 생기는 것으로 밝혀졌다.

헤테로고리 아민류 중 IQ, MeIQ, MeIQx 등은 구운 어·육류 등의 가열, 분해에 의해서 생기는 이외에도 Maillard(amino-carbonyl)반응에 의해서도 생성된다는 사실이 최근 밝혀졌다. 가

〈표 5-8-4〉 아미노산과 식품의 가열분해물 중에서 분리된 변이원성 물질

약칭명	화학물질명	구 조 식	가열재료	존재하는 식품	발암성
Trp-P-1 (R : CH_3) Trp-P-2 (R : H)	3-amino-1,4-dimethyl-5H-pyrido (4,3-b)indole 3-amino-1-methyl-5H-pyrido(4,3b) indole	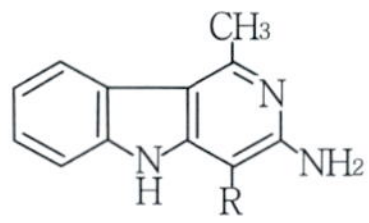	DL-tryptophane DL-tryptophane	우육(구이), 담배, 정어리(구이) 정어리(구이), 담배	+ +
Glu-P-1 (R : CH_3) Glu-P-2 (R : H)	2-amino-6-methyldipyrido-(1,2-α : 3′,2′-b) imidazole 2-aminodipyrido(1,2-α, 3′, 2′-b) imidazole	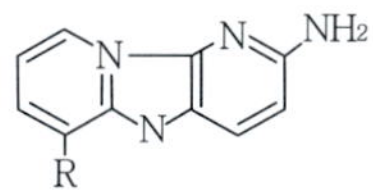	L-glutamic acid L-glutamic acid	오징어(구이)	+
Lys-P-1	3,4-cyclopentenopyrido(3,2-α) carbazole	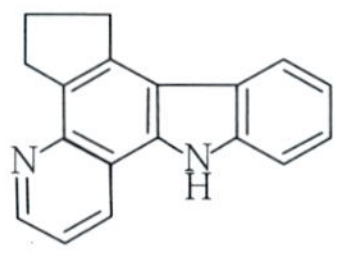	L-lysine		
IQ (R : H) MeIQ (R : CH_3)	2-amino-3-methylimidazo-(4,5-f) quinoline 2-amino-3,4-dimethylimidazo-(4,5-f) quinoline	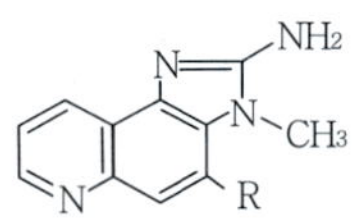	말린정어리 말린정어리	우육(함박스테이크), 말린정어리(구이) 담배, 말린정어리(구이)	+ +
AαC (R : H) MeAαC (R : CH_3)	2-amino-9H-pyrido(2,3-b)indole 2-amino-3-methyl-9H-pyrido-(2,3-b)indole	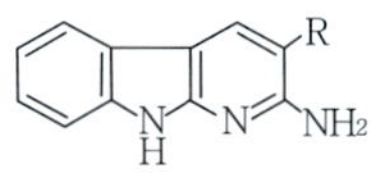	대두 globulin 대두 globulin	우육(구이), 대두 닭고기(구이) 우육(구이), 대두, 담배, 닭고기(구이), 파(구이), 표고버섯(구이) 우육(함박스테이크), 식용우육엑기스	+ + +
MeIQx (R^1:H, R^2:H, R^3:CH_3) Phe-P-1	2-amino-3,8-dimethylimidazo-(4,5-f) quinoxaline 2-amino-5-phenylpyridine	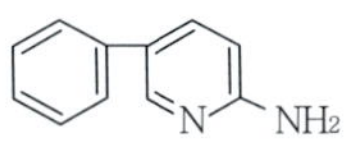	우육(튀김) phenylalanine		

〈표 5-8-5〉 조리식품 중의 헤테로고리 아민류의 함량

시 료	함량(ng/g 조리식품)							
	Trp-P-1	Trp-P-2	IQ	MeIQx	4,8-DiMeIQx	PhIP	AαC	MeAαC
우육(구이)	0.21	0.25	0.19	2.11		15.7	1.20	
우육(튀김)	0.19	0.21		0.64	0.12	0.56		
닭고기(구이)	0.12	0.18		2.33	0.81	38.1	0.21	
양고기(구이)		0.15		1.01	0.67	42.5	2.50	0.19
식용육엑기스				3.10		3.62		
세균배양용 육엑기스			41.6	58.7	10.0			

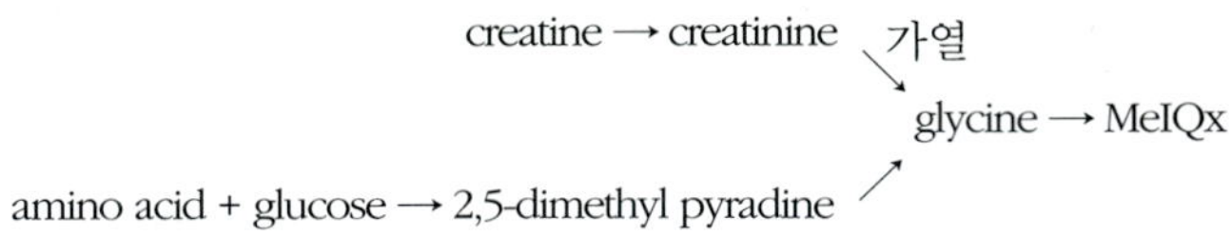

〈그림 5-8-1〉 MeIQx의 추정 생성경로

령 아미노산인 glycine과 포도당의 반응생성물에 creatine과 반응하여 MeIQ가 생기고 creatinine과 proline의 반응에 의해 IQ가 생기며 MeIQx는 <그림 5-8-1>과 같다.

그러나 이들 헤테로고리 아민의 식품 중 함량은 극히 낮은 수준이며, 과산화수소-peroxidase계, 차아염소산이나 또는 일부의 것에 대해서는 아질산에 의해 불활성화되는 것도 생각되므로, 어느 정도 암 발생이 관여하는지는 분명하지 않다.

2. 단백질의 니트로사민(N-nitrosamine)과 니트로사미드(N-nitrosamide) 생성

제2급 amine과 아질산염($NaNO_2$ 등)은 산성하에서 반응하여 *N*-nitrosamine을 <그림 5-8-2>와 같이 생성한다. 이 화합물들은 대부분 강한 발암작용 또는 어떤 유해작용을 나타난다는 많은 연구보고와 사실을 고찰해 보면 다음과 같다.

1954년 Barnes와 Magee에 의해 최초로 **니트로소디메틸아민**〔**nitrosodimethylamine (NDMA)**〕이 **발암성**과 **간장애**를 일으킨다는 것이 제기된 이후, 1956년 Magee와 Barnes는 NDMA 50 ppm을 함유하는 사료로 흰쥐를 1년간 사육한 결과 거의 100%의 간암이 발생함을 보고한

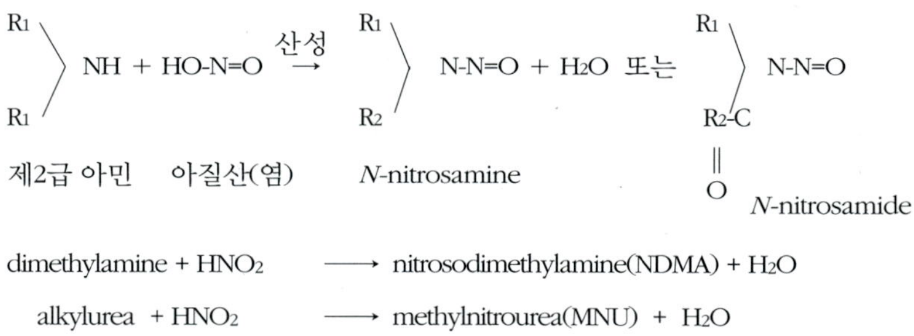

〈그림 5-8-2〉 아민 및 urea와 아질산의 *N*-nitrosamine 및 *N*-nitrosamide의 생성과정

이래, 각종 nitrosamine에 대한 발암성이 계통적으로 연구되었다.

또 1957년 Norway에서는 원인 모르게 죽은 가축에서 심한 간장장애가 발견되었는데 그 원인이 사료용 청어 어분으로 밝혀졌다. 그것은 *Botulinus*균의 억제를 위하여 보존료로 첨가한 아질산나트륨이 어분 중의 dimethyl amine과 반응하여 생긴 NDMA의 독성 때문이다. 그 어분에서는 NDMA가 30~100 ppm이나 검출되었다. 이를 계기로 하여 각종 가공식품을 조사한 결과 밀가루, 유제품, 식육제품, 어육제품 등에서도 미량의 NDMA가 검출되었다.

N-nitroso화합물은 nitrosamine과 nitrosamide로 대별된다. **니트로사민(nitrosamine)**을 생성할 수 있는 아민은 dialkylamine, alkarylamine, diarylamine 등의 제2급 아민과 trimethylamine, trimethylamine oxide 등의 제3급 아민과 4급 암모늄화합물 등이 있다. **니트로사미드(nitrosamide)**를 생기게 할 수 있는 아민은 *N*-alkylurea, *N*-alkyl guanidine, *N*-alkyl unethane 등이 있다.

여기서 생성되는 nitrosamine과 nitrosamide의 대부분은 강한 발암성을 나타내며, 화합물에 따라 장기특이성(臟器特異性)을 가진다. 주요 *N*-nitroso화합물과 그 표적장기를 보면 <표 5-8-6>과 같다.

N-nitroso화합물의 전구물질 중에서 아질산염이나 질산염($NaNO_3$)은 그 사용량이 모든 식

〈표 5-8-6〉 주요 *N*-nitroso 화합물과 그의 발암표적 장기(rat)

구 분	화 합 물 질 명	표적장기
Nitrosoamines	**nitrosodimethylamine(NDMA)**	간
	nitrosodiethylamine(NDEA)	간, 식도
	nitrosodibuthylamine(NDBA)	간, 식도, 방광
	nitrosopyrolidine(NPy)	간
	nitrosopyperidine(NPi)	간, 식도
	nitrosomorphorine(NM)	간
	nitrosopyperadine(NPp)	간, 식도
Nitrosoamides	**methylnitrosourea(MNU)**	전위(前胃), 신경
	ethylnitrosourea(ENU)	적아구성 백혈병
	buthylnitrosourea(BNU)	골수아구성 백혈병
	N-methyl-*N*-nitro *N*-nitrosoguanidine(MNNG)	선위(腺胃)
	N-ethyl-*N*-nitro *N*-nitrosoguanine(ENNG)	전위
	methylnitrosourethane(MNUT)	신(腎), 전위, 폐

품에서 문제가 되지 않을 정도로 적기는 하지만 식품첨가물로서 식육, 어육, 어란 등 제품에 우리나라는 육색을 고정시키기 위한 발색제(發色劑)로 허용되어 있어 논란의 대상이 되고 있다. 아질산염은 그 자체에 독성이 있어서 methemoglobin을 생성하게 하여 cyanosis를 일으킨다.

이 NDMA는 휘발성이어서 다른 불휘발성 nitroso화합물에 비해 분석이 조금 용이하므로 더욱더 많은 조사 연구가 행하여져 <표 5-8-7>에서 보듯이 각종의 식품, 생체시료, 환경시료 중 함량이 보고되고 있다. 중독증상으로 혈액, 신경독으로서 cyanosis, 구토, 발한, 오심 등을 일으키기도 한다.

〈표 5-8-7〉 Nitrosodimethylamine이 검출된 식품과 그 농도(일본)

식 품 군	검출농도(ppb)	식 품 군	검출농도(ppb)
해산어류(바다새우)	3.0~3.3	냉 동 식 품	0.7~1.3
건어포류(가다랭이포)	2.0~6.8	조미료(간장, 된장, 향신료, 염)	ND~2.3
가공어패류(전갱이 등)	ND~36.8	마 가 린	0.1~2.9
어육훈제품(어육)	ND~1.7	김 가 루	1.0~5.1
구이(구워 말린 어류)	0.6~152.0	맥 주	ND~6.2
저 장 육	ND~0.9	정 종	N.D
채소, 어육·축육 통조림	0.2~12.2	위 스 키	ND~2.0

dimethylamine은 동식물에 광범위하게 존재하고 있다. 특히 해산어류는 5~15 ppm과 생선알(대구알)은 무려 100~300 ppm으로 많고 가열 조리와 가공처리하면 그 양이 증가한다. 예를 들면 어육 중에 많은 trimethylamine oxide 등의 전구체에서 용이하게 생성되며 아질산의 존재로 NDMA가 되어 식품오염물로 존재하게 된다.

한편 일본에서는 보존하는 동안 NDMA가 생기는 것을 고려하여 아질산은 식품첨가물로서 햄, 소시지 등에 70 ppm(0.07 g/kg) 이하, 어육햄, 어육소시지에 50 ppm(0.05 g/kg) 이하, 또 디메틸아민(dimethylamine) 양이 많은 연어알, 송어알, 명란젓과 같은 젓갈류에는 5 ppm (0.005 g/kg) 이하로 규제하고 있다.

우리나라는 식품의약품안전처의 2009년도 연구사업에서 nitrosamine류가 유통 중인 식육가공품 3품목(베이컨 등 51건)에서 평균 1.57 ppb로 미국의 평균 1.7 ppb, 스웨덴의 평균 2.3 ppb 보다는 낮았으나 캐나다 0.7 ppb보다는 높은 수준이었다.

또 어육가공품 3품목(맛살 등 62건)에서는 평균 1.15 ppb로 미국과 캐나다 각각 평균 검출량은 4.2 ppb, 3.6 ppb보다는 낮은 수준이다. 그리고 젓갈 5품목(명란젓 등 20건)에서는 평균 0.68 ppb 이었으며 보리음료 2품목(맥주 등 21건)에서는 0.27 ppb로 상당히 낮게 검출되었다.

〈표 5-8-8〉 한국 식품 중 니트로사민의 실태조사 결과(2009)

구분	품목	평균 (최소~최대) 오염도 (μg/kg)							
		NDMA	NDEA	NMOR	NDPA	NPYR	NPIP	NDBA	합계
식품 가공품 (51건)	베이컨 (7)	2.36 (1.21~3.92)	0.11 (ND~0.77)	ND	ND	ND	0.07 (ND~0.50)	ND	2.54 (ND~3.92)
	소시지 (16건)	1.32 (ND~3.28)	0.11 (ND~1.78)	ND	ND	ND	0.06 (ND~1.02)	0.04 (ND~0.60)	1.53 (ND~3.28)
	햄 (28)	1.27 (ND~3.45)	0.07 (ND~0.77)	ND	ND	ND	ND	ND	1.35 (ND~3.45)
어육 가공품 (62건)	맛살 (18)	1.45 (ND~9.36)	0.05 (ND~0.74)	ND	ND	ND	0.09 (ND~1.01)	ND	1.54 (ND~9.36)
	어묵 (28)	0.94 (ND~6.44)	ND	ND	ND	ND	0.05 (ND~0.80)	ND	1.04 (ND~6.44)
	어육소시지 (16)	0.86 (ND~2.71)	ND	ND	ND	ND	ND	ND	0.86 (ND~2.71)
젓갈 (20건)	명란젓 (3)	2.19 (ND~4.08)	ND	ND	ND	ND	ND	ND	2.19 (ND~4.08)
	어류젓 (10)	0.61 (ND~2.13)	ND	ND	ND	ND	ND	ND	0.61 (ND~2.13)
	어패류알젓 (2)	0.30 (ND~0.59)	ND	ND	ND	ND	ND	ND	0.30 (ND~0.59)
	어패류액젓 (3)	ND	ND	ND	ND	ND	ND	ND	ND
	패류젓 (2)	0.29	ND	ND	ND	ND	ND	ND	0.29 (ND~0.57)
주류 및 음료류 (21건)	맥주 (16)	ND	0.07 (ND~1.14)	ND	ND	ND	0.22 (ND~0.84)	ND	0.29 (ND~1.14)
	보리음료 (5)	ND	0.11 (ND~0.54)	ND	ND	ND	0.15 (ND~0.73)	ND	0.26 (ND~0.73)

이상에서 한국 식품 중 니트로사민의 실태조사 결과는 <표 5-8-8>과 같다.

그러나 보존 시의 NDMA의 생성을 고려해서 첨가허용량이 제한되어 있으나, 아질산염을 사용하지 않는 식품에서 사용한 식품보다 오히려 고농도의 NDMA가 검출된 적이 있다. 이러한 현상은 맥주에서 볼 수 있는 것처럼 대맥을 처리하는 과정에서 연소가스 중의 NO_2가 아질산의 공급원으로 작용하기 때문이다.

nitrosamine의 폭로량에 관한 최근 조사에서 1일 평균 1.8 μg의 *N*-nitrosamine을 섭취하고 있으며, 그중 약 80%가 구운 어패류 절임에 의한 것이라고 한다. *N*-nitroso화합물이 식품 등에 존재하고 있으며 이를 섭취함으로써 문제가 발생한다고 하는 단순한 상황이 아니고 nitroso (-NO)화되는 물질(nitroso 전구체)이 위(산성)에서 아질산과 반응하여 *N*-nitroso화합물이 될 가능성이 있으므로 문제는 복잡하다. 실제로 rat에 아질산과 dimethylamine을 동시에 투여할

〈표 5-8-9〉 아질산과 질산염의 공급원별 1일 섭취량(일본인)

공급원	질산염 mg	(%)	아질산 mg	(%)
곡물과 감자	18.7	(6.0)	0.33	(1.9)
채소	281.3	(89.9)	0.33	(1.9)
과물	2.8	(0.9)	0.05	(0.3)
식육과 그 제품	4.0	(1.3)	0.40	(2.2)
유(乳)와 그 제품	0.2	(0.1)	0.01	(0.0)
음료	0.8	(0.2)	0.06	(0.3)
기타	5.2	(1.6)	0.03	(0.2)
타액	68.9*		16.50	(93.2)
합계	313.0	(100)	17.71	(100)

* 합계에 포함되지 않음.

때 NDMA가 생성됨이 확인되었다.

아질산은 그 자체가 많은 식품에 함유되어 있을 뿐만 아니라 질산 함량이 많은 배추, 무 등의 섭취에 의해 타액 중에 분비된 질산이 구강 내의 세균에 의해 환원되어 생성된다. 사람의 아질산(염)의 최대 공급원은 <표 5-8-9>에서 일본인의 경우 타액으로 16.5 mg/day이며, 총섭취량은 17.71 mg/day이다. 또 질산염의 총섭취량은 313.0 mg/day로서 이는 미국인의 99.8 mg/day를 분명하게 웃돈다.

한편 nitroso 화합물의 생성저해제(生成沮害劑)에 관한 연구도 진행되어 vitamin C, vitamin E, polyphenol류, amino acid류 등이 효과가 있는 것으로 보고되고 있다. 고온에서 식품을 가열, 조리할 때 nitrosiamine이 생성되는 것을 방지하는 데는 수용성의 Vit. C, 에리소르빈산(erythorbic acid)보다는 유용성인 Vit. E, 아스코르빈산 팔미테이트(ascorbyl palmitate), ascorbyl stearate 등이 효과적이고, 아미노산 중에는 methionine, threonine, lysine, cysteine 등이 있고, 이 아미노산은 식품 중의 산성조건하에서 아질산을 신속히 소비함으로써 nitroso 화합물이 생기는 것을 효과적으로 저해한다. 또 사람의 위 속에서 nitroso화를 저해하는 데에는 아황산, 탄닌산, catechol류, polyphenol 등이 효과가 있는 것으로 보고 되었다.

이러한 연구결과 미국 FDA에서는 햄, 소시지, 베이컨 등 아질산염을 첨가하는 식육제품에 nitroso화합물이 생기는 것을 방지하기 위하여 500 ppm의 Vit. C 또는 에리소르빈산을 첨가하도록 규정하였다.

일본은 앞에서 언급한 바와 같이 저해제를 첨가하고 있으나 우리나라는 식육 및 경육제품과 어육햄·어육소시지에 대해서만 일본과 같은 수준으로 규제하고 있다.

3. 메틸알코올(Methyl alcohol, Methanol)

순수한 메틸알코올(CH_3OH)은 첫째 무색 투명한 액체로, ethyl alcohol과 외관상 똑같기 때문에 잘못 알고 섭취해서 식중독이 발생하는 경우가 있다. 둘째로 주류의 발효과정에서 메틸알코올이 미량 생성되는데 이는 과일 등의 원료 중에 pectin질이 존재함으로써 술의 발효과정에서 메탄올이 생성되기 때문에 포도주, 사과주 등의 과일주에는 미량 생기므로, 식품위생규격에서도 주류의 메탄올 허용량은 0.5 mg/mL 이하이고 과일주는 1.0 mg/mL 이하로 규정되어 있다. 그 이상은 판매를 금지한다.

메틸알코올의 중독량은 개인차에 따라 다르나 5~10 mL 정도이며, 치사량은 30~100 mL로서 사망에 이르게 된다.

메틸알코올의 중독증상은 **실명(失明)**이 특징적이라고 볼 수 있는데, 급성일 때는 두통, 현기증, 구토, 복통, 설사 등을 일으키며 더 나아가서는 시신경장애를 일으켜 실명하는 수가 많다. 중증일 때는 마취상태에 빠지고 호흡장애, 심장마비 등으로 사망에 이르게 된다. 만성일 때는 두통, 흉통, 신경통 등을 나타낸다.

우리는 가끔 개인차에 따라 다르지만 과일주 등을 먹고, 자고 난 후 두통을 호소하는 경우가 있는 것은 이러한 원인도 있다. 메틸알코올의 독성이 체외로 배설 또는 체내에서의 산화가 불충분해 formaldehyde나 formic acid가 생기기 때문이다.

4. 볶은 커피 등의 메틸글리옥살(methylglyoxal) 등

볶은 원두커피와 인스턴트 커피에서 변이원성이 확인되었는데 **methylglyoxal**이 그 변이원성 물질의 하나이다. 유사한 **glyoxal**과 **diacetyl**에도 약한 변이원성이 있으나 발암성이 확인되어 있는 것은 methylglyoxal이 있다. 이들은 주류, 간장에서도 검출되며, 당류의 분해와 유지의 과산화 등에 의해 생성된다고 생각되고 있다.

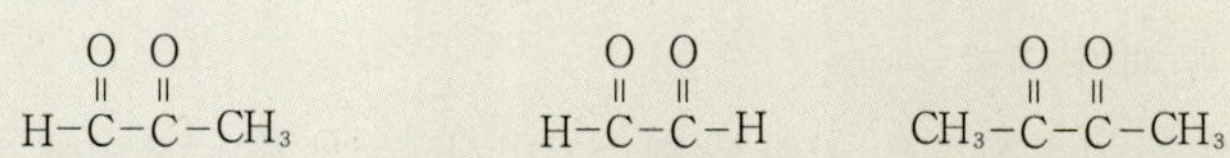

methylglyoxal glyoxal diacethyl

dicarboxyl 화합물의 구조

5. 지질의 과산화물(Hydroperoxide)과 산화생성물

식품 중의 지질은 산소나 효소, 그리고 미생물 등의 요인에 의해 산화 내지 변질되어 산패(rancidity)나 부패를 일으킨다. 식용유지는 공기 중의 산소에 의해 자동산화(autoxidation)과정을 거친다. 즉 유지(triglyceride, 인지질, sterol, 지용성 비타민 등)에서 지방산(불포화지방산, 포화지방산 등)으로 분해되고 지방산은 과산화물을 거쳐 중합물이나 분해생성물 등이 생성된다. 유지 산패는 산소에 의한 불포화지방산의 자동산화로부터 진행되는데 가열, 광 등에 의해 산화가 더욱 촉진되는 것을 볼 수 있다. 유지의 자동산화는 불포화지방산 중에서도 올레인산처럼 이중결합이 1개인 경우에는 발생하기가 어렵고, 리놀렌산과 같이 이중결합이 2개인 경우에도 심하게 일어나지 않으며, 이중결합이 3개 이상인 불포화지방산에서 일어나기 쉽다. 대두유, 채종유, 어유, 라드 등은 고도의 불포화지방산을 많이 함유하므로 공기 중에 방치하면 변패취를 발생한다. 이런 지방산은 중성지방, 인지질 중에도 존재한다.

유지의 열산화는 유지를 공기와 접촉하에서 160~180℃로 가열할 때 산화, 중합하여 수산기를 가지는 C-C결합의 이량체를 주로 하는 중합체가 생기고 분해생성물인 저급지방산, hydroxy산, aldehyde, ester류 등이 생성된다. 가수분해에 의한 변패는 유지가 산, 물 또는 lipase에 의하여 유리지방산과 글리세롤로 분해되어 불쾌한 냄새와 맛을 형성하며 변질되는 것이다. 가수분해에 의한 유지의 변패는 수분함량이 비교적 많은 낙농제품 등에서 문제가 되며, 보통의 기름에서는 가수분해에 의한 변패보다 산패에 의한 변질이 문제가 된다.

유지의 자동산화는 유지의 불포화도, 산소(공기), 빛 , 열, 금속이온, 수분, 미생물 효소 등에 의하여 촉진된다.

1) 유지 자동산화 생성물의 유해성

자동산화의 생성물인 알데히드, 알코올, 케톤 등의 카르보닐 화합물은 유지의 풍미에 영향을 미치고 2차 산화생성물과 hydroperoxide 등의 과산화지질은 유지의 점도를 증가시켜 품질을 저하시킨다. 또한 생체 내에서는 단백질과 반응하여 영양가를 저하시키고 각종 효소의 활성을 저해하며, DNA의 가교, 노화물질인 lipofuscin을 생성하여 발암의 성장적 단계에서 활성화 인자로 작용하여 문제가 된다.

식용유지나 지방함유 가공식품은 지방산(필수지방산 등)까지는 우리에게 유익한 성분이지만, 불포화지방산은 노출되면 늘 공기 중의 산소와 작용하여 과산화물의 함량이 증가하게 되고 이 불안정한 과산화물은 상기와 같이 중합, 분해되어 영양가의 저하가 일어난다.

이 지질들의 산화생성물은 독성이 강해서 식중독의 원인이 될 뿐만 아니라 간장의 효소계

〈표 5-8-10〉 linoleic acid methyl ester의 산화생성물의 급성독성

산 화 생 성 물	LD50 (mg/kg 쥐, 경구)	산 화 생 성 물	LD50 (mg/kg 쥐, 경구)
n-hexanal	8,292	4-hydroperoxy-2-enal	52
2-hexenal	685	4-hydroperoxynona-2-enal	78
2-hydroxyhexanal	589	methyl linolate hydroperoxide	12,760

를 저해하고 일부는 활성화되어서 생체막을 구성하는 인지질 중의 불포화지방산을 과산화물로 변화시켜 생체막에 이상을 초래함으로써 노화나 동맥경화 등을 일으키게 한다. 그 예로 불포화지방산인 linoleic acid의 산화생성물의 급성독성을 보면 <표 5-8-10>과 같다.

위의 표에서 과산화물의 2차 생성물인 **하이드로퍼옥시엔알(4-hydroperoxy-2-enal)**의 독성이 가장 강한 것을 볼 수 있다. 식품 중 과산화지질이 문제가 되는 경우는 대부분이 가공식품으로 라면, 포테이토칩, 기름에 튀긴 과자 외에도 말린 생선 등이 대상이 된다. 1964년경 일본에서는 과산화물가(POV)가 300~500인 라면에서 중독된 사건이 있었다. 이때 그 증상은 식후 1~3시간 정도에 메스꺼움, 구토, 복통, 설사 및 권태감 등 소화기계의 이상이 발생하였다. 증상은 일과성이어서 2~3일이면 대부분 회복되었다. 원인이 된 라면은 특유한 냄새와 산가 및 과산화물가가 높았으며 산가가 높은 것일수록 설사가 심한 것 같았다. 아마도 이는 장기간 튀김기름을 완전히 교환해 주지 않은 데서 기인된 것으로 추정된다. 또 생쥐에 식중독 검체를 1주간 투여한 결과 모두 죽었다고 한다.

또 지질의 산화생성물로 생기는 **마론알데히드(malonaldehyde, OHC-CH_2-CHO)**는 아미노기와의 반응성이 높은 DNA와 반응하는 **돌연변이** 및 **발암성**을 나타내는 물질이며 장기간 지나치게 가열된 유지에서 다량으로 검출되는 물질이다. 그리고 육류식품의 가열 중에 malonaldehyde의 함량이 크게 증가하는 실험도 보고된 바 있다.

그 외에 2000년도 초에 **트랜스지방(trans fats)** 또는 **트랜스지방산(trans fatty acids)**이 유해성으로 논란이 되어 왔다. 역학조사에서 트랜스지방은 심혈관질환, 즉 심장병, 동맥경화증 등의 유발에 밀접한 관계를 보고하고 있는데 이는 혈액내 나쁜 콜레스테롤(LDL) 수치를 증가시키고 동시에 좋은 콜레스테롤(HDL) 수치를 낮춰 포화지방산보다 건강에 더 좋지 않은 것으로 알려져 있으며, 기타 면역력 저하, 알레르기, 암, 당뇨병 등 다른 질병과도 연관성이 제기되고 있으나 아직 더 연구되어야 할 것이다.

트랜스지방은 유지의 이중결합에 수소(H)가 결합하여 서로 반대방향에 위치한 분자구조의 지방산을 가진 지방을 말하며, 자연계에 존재하는 유지의 이중결합은 대부분 cis 형태로 수소가 결합되어 있다. 그러나 유지를 경화(硬化)하기 위하여 수소를 첨가하는 과정에서 유지의 일부가 트랜스 형태로 이중결합의 수소로 위치가 전환된다. 그러한 식품으로는 버터,

라드, 마가린, 쇼트닝, 기름에 튀긴 튀김식품(즉석조리식품, 스낵류, 닭튀김, 감자튀김 등) 등이 있다.

따라서 덴마크(트랜스지방 함량 2% 이상 금지), 캐나다와 미국은 영양표시 항목에 함량을 표시하도록 하는 등, 국제적으로 식품 표시에 트랜스지방을 영양표시 항목으로 표시하도록 의무화하고, WHO는 하루 섭취열량 중 트랜스지방에서 기인되는 열량이 1%를 넘지 않도록 권고하고 있으며, 우리나라도 1일 섭취열량의 1% 이하로 제한하고 있다.

따라서 오늘날 유지나 유지를 함유한 식품에는 산가(AV)와 과산화물가(POV)가 「식품위생법」의 '식품 일반에 대한 공통 기준 및 규격'에서 "유탕·유 처리 시에 사용하는 유지는 산가 2.5 이하, 과산화물가가 50 이하여야 한다."라고 정해져 있다. 아무튼 고도 불포화지방산이 많이 함유된 식물성 기름이나 어류에서 얻은 어유나 이미 가열된 기름에 대하여 제조가공 시나 포장 및 저장 시 공기 중의 산소나 미생물 등의 차단이 매우 중요하고, 진공이나 불활성가스로 충진한 상태에서 생산하거나 포장하면 매우 효과적이다.

2) 유지 변패 지표

유지의 변패를 판별하는 지표로는 다음과 같은 것이 있다.

① **산가(acid value, AV)** 유지류 1g 중에 있는 유리지방산을 중화하는 데 필요한 KOH의 mg 수가 산가이다. 유지류의 정제도, 순도, 변패의 정도와 달리 신선함을 표시하는 지표이다. 산가가 높을수록 유지는 변질된 것이다. 통상 유지류의 산가는 0.1~0.3 정도이다.

② **과산화물가(peroxide value, POV)** 유지류에 요오드화칼륨을 가하여 과산화물의 활성산소가 나타내는 산화력에 의해 유리된 요오드를 티오황산나트륨으로 적정하여 유지 1 kg 중 hydroperoxide의 밀리당량(meq)으로 표시하는 것이며, 유지류의 변패 초기에 생성되는 과산화물을 측정한다. POV가 클수록 독성이 강하다. 통상 유지류의 POV는 0.5~4.0 정도이다.

③ **TBA가(Thiobarbituric acid value)** TBA와 변패유지 중의 말론알데히드(malon aldehyde)가 축합하여 색소를 형성하는 것을 이용하여 흡광도를 측정함으로써 유지의 변패 정도를 평가하는 방법이다. 약간의 변패취를 내는 유지는 흡광도가 0.12~0.4, 변패유지는 0.2~1.2 정도이다. 이외에 카르보닐가, 요오드가, 공역(共役) diene을 측정하는 방법, polarograph법 등이 있다. 일반적으로 유지의 변패과정에서 POV는 일정시기에 극대치를 나타낸 후 감소하고 산가, 카르보닐가, TBA는 서서히 증가하며 요오드가는 점차 감소한다.

6. 엽록소의 페오포르바이드 등 분해물과 갈변 등 생성

1) 엽록소의 페오포르바이드 등 분해물

채소류, 해조류, 과일류 등에 다량 함유되어 있는 엽록소(cholophyll)는 산이나 가열 처리하면 <그림 5-8-3>과 같이 갈색성분인 pheo-phytin이나 페오포르바이드(pheophorbide)가 생긴다. 이와 같이 채소 등에서 생긴 **페오포르바이드(pheophorbide)**와 **피로페오포르바이드(pyro-pheophorbide)**의 광여기물질(光勵起物質)을 함유한 것을 다량 섭취하면 **햇빛과민증(光過敏症)**을 일으켜서 햇볕을 쬐면 피부의 노출부위에 염증이 생긴다. 1977년 봄, 일본 도쿄를 중심으로 20여 명이 광과민증에 걸린 적이 있는데, 그 원인은 조류의 일종인 chlorella의 제재를 다량 섭취한 때문으로 판명되었다. 클로렐라는 3~4% 고농도의 엽록소를 함유하고 있으므로 그 가공과 보존 과정에서 pheophytin과 chlorophyllide를 거쳐서 pheophorbide가 된다.

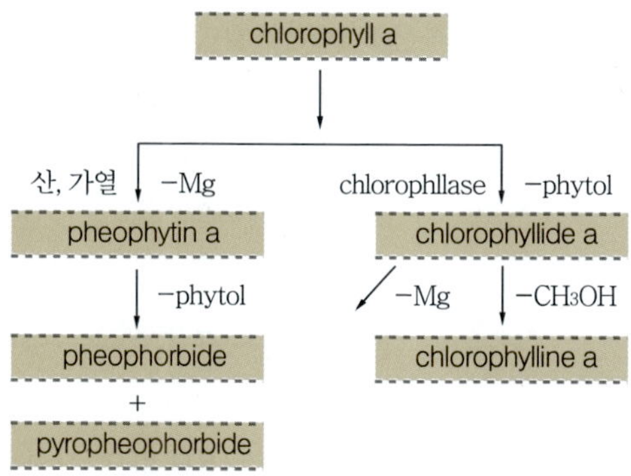

〈그림 5-8-3〉 엽록소에서 pheophorbide 등의 분해과정

pheophorbide의 최저 작용량은 사람에게 1일 25 mg 정도로 추정되고 있다. 그리고 일본에서는 클로렐라 가공품에 있어서 pheophorbide의 함유 허용기준은 100 mg% (chlorophyllase에 의해 pheophorbide로 전환되는 전구체를 포함한 총 pheophorbide로서는 160 mg%)로 규정하고 있다. 우리나라는 식품별 기준 및 규격에서 엽록소 함유식품의 경우 총페오포르바이드가 맥류약엽 가공식품(원말 포함)과 알파파 가공식품(원말 포함)에서는 각각 30.0 mg/100 g 이하로 규정되어 있다. 아울러 채소장아찌의 잎, 줄기 중의 pheophorbide a의 양은 잎은 108~150 ppm, 줄기는 2.0~3.0 ppm이며, pheophorbide의 가수분해산물이며 pheophorbide에 비해서 특히 광과민작용이 강하다고 알려진 pyropheophorbide a의 양은 각각 212~254 ppm, 1.2~1.9 ppm이라는 보고도 있다.

2) 식품의 갈변과 아크릴아미드(acrylamide) 생성

식품의 갈변이란 식품을 저장, 가공, 조리하는 과정에서 식품의 색이 갈색으로 변하거나 본래보다 짙어지는 것을 말한다. 식품이 갈변하면 외관, 향미 및 영양가의 변화를 초래하여 품질이 저하되는 경우가 많으나, 한편 일부 홍차, 홍삼, 빵, 비스킷, 간장 및 된장과 같은 식품의 경우에는 오히려 바람직하게 작용하기도 한다.

갈변반응이 문제가 되는 식품은 과일주, 과즙류, 잼류, 토마토케첩, 퓨레 및 튀김감자 등이며, 식품의 외관이 손상되고 아미노산의 손실, 소화율의 저하, 효소활성 저해 등 영양적인 문제가 발생한다. 또 갈변물질 중에는 돌연변이 유발 가능성이 높은 것도 생성된다.

그 예로 전분질의 분해물인 포도당(glucose)과 단백질의 분해물인 아미노산의 아스파라긴(asparagine)을 가열하여 작용하면 **아크릴아미드(acrylamide)**가 생성된다. 이 물질은 신경독소로 최근 남성의 생식저하 및 암을 유발하는 것으로 추측되고 있다. 이 과정은 감자튀김에서 볼 수 있다. 최근 2006년 5월에 서울 환경연합의 발표에 의하면 2002년 식품의약품안전청 발표 때보다 감자칩, 감자튀김 등에서 국내 유명 외국기업인 M사, B사가 제품내 아크릴아미드가 다량 함유되어 전보다 증가하였다는 예를 발표한 바도 있다.

7. 간장류, 장류의 모노클로로프로판디올(MCPD) 등 생성

콩의 단백질을 강산인 염산(HCl)으로 가수분해할 때 원료에 공존하는 지방질이 다음 〈그림 5-8-4〉와 같이 분해되어 모노클로로프로판디올(3-monochloro-1, 2-propane diol, 3-**MCPD**), 디클로로프로파놀(1, 3-dichloro-2-propanol, DCP)가 주로 생성되고 소량의 2-**MCPD**와 2, 3-**DCP**가 생성된다. 이 물질을 결정하는 요인은 원료 중의 지방함량과 염산의 농도이다.

대두박의 조지방 함량은 0.3~3%로 다양하며 원료선택에 따라 MCPD 및 DCP의 생성량이 10배까지 달라질 수 있다. 또 분해 시 사용되는 염산농도가 20% 이상인 경우에 chloro-

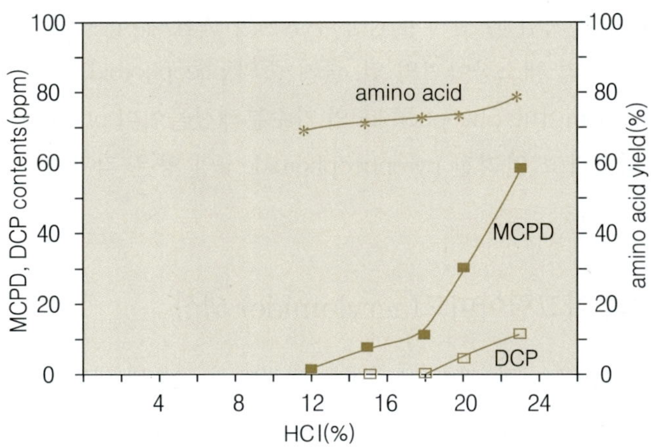

〈그림 5-8-4〉 대두박 중의 조지방에서 염산농도별 분해과정

propanol계 물질이 급격히 증가한다. MCPD의 독성은 쥐 체중 1 kg당 MCPD 1.2 mg씩을 음용수와 함께 2년간 투여한 결과 신장의 절대무게를 증가시켰다. 원숭이는 매일 체중 kg당 MCPD 30 mg씩을 6주간 섭취시켰을 때 빈혈, 백혈구 감소증, 혈소판 감소증세가 나타났다. MCPD는 대부분 *in vitro*에서는 유전독성을 보였으나 *in vivo*시험에서는 음성이었다. 또 최근 2년간의 독성/발암 연구에서 쥐에게 매일 체중 kg당 MCPD를 1.1, 5.2, 28 mg씩을 음용수와 함께 경구투여한 결과 **발암성 효과**(carcinogenic effect : 장기에서 투여군 중 적어도 50% 이상에서 악성종양이 발생하는 것)가 나타났다. 또 DCP함유 음용수에서도 쥐에게 매일 2.1, 6.3, 19 mg/kg을 투여한 결과 발암성 효과가 인지되었다.

따라서 이들 물질은 식품에서 바람직하지 않은 오염물질로 보고되었으며 가수분해된 식물단백질 내의 이들 물질은 기술적으로 가능한 한 최소한으로 감소시켜야 한다는 결론에 도달했으며, 우리나라의 규격의 잠정허용기준은 〈표 5-8-11〉과 같다.

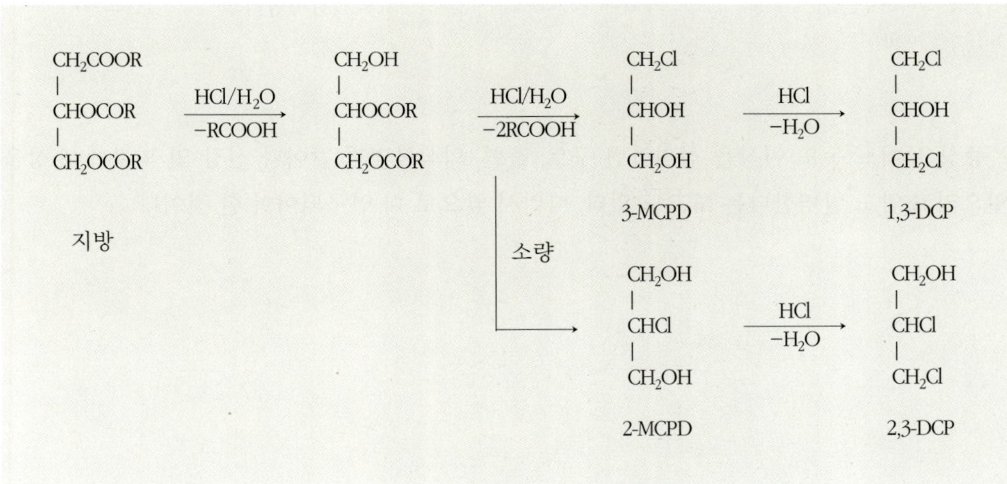

〈표 5-8-11〉 3-MCPD(3-Monochloropropane-1, 2-diol)의 기준

대 상 식 품	기 준(mg/kg)
산분해간장, 혼합간장(산분해간장 또는 산분해간장 원액을 혼합하여 가공한 것에 한함)	0.3 이하
식물성 단백가수분해물(HVP : Hydrolyzed vegetable protein)*	1.0 이하 (건조물 기준으로서)

* 식물성 단백가수분해물(HVP) : 콩, 옥수수, 또는 밀 등으로부터 얻은 식물성 단백질원을 산가수분해와 같은 화학적 공정(효소분해 제외)을 통해 아미노산 등으로 분해하여 얻어진 것을 말한다.

8. 발효식품의 에틸카바마이트 생성

에틸카바마이트는 동서양의 발효식품에서 발생하는데, 동양에서는 주로 발효된 간장, 된장, 청주, 김치 등에서, 서양에서는 위스키, 포도주 등의 알코올 음료 및 요구르트, 치즈 등에서 발견되고 있다. 이는 단백질 함유식품에서 분해된 아미노산의 argine 등을 이용한 효모의 발효과정에서 생성된 요소(urea)가 당으로부터 분해된 알코올과 반응하여 아래와 같이 에틸카바마이트가 생성되는 것을 보고 있다.

에탄올　　요소　　에틸카바마이트　　암모니아

증상은 어느 농도 이상을 섭취하면 구토, 출혈, 의식불명과 같이나 신장 및 피부에 손상을 일으키고 암도 발병한다는 보고도 있다. 따라서 앞으로 더 연구되어야 할 것이다.

제 9 장

식품과 알레르기 및 유전자 재조합

1. 알레르기의 정의와 반응형태

1) 알레르기의 정의

인체에 이물질인 항원(antigen)이 침입하면 인체는 그 항원에 대하여 특이하게 반응하는 항체(antibody)를 만들고 항원의 파괴·배제 등을 행하는데, 이와 같이 이물질에 의한 장애를 방어하는 생체작용을 면역(immunity)이라고 하며 이미 면역 항에서 언급하였다.

그러나 이와는 반대로 항체반응이 면역의 경우와는 다르게 피부, 생체내 국소 등에 염증과 급격한 쇼크증상 등을 유발 및 상해작용이 나타나거나 강하게 발현되는 경우를 볼 수 있다. 이러한 과민반응이 일어나는 현상을 **알레르기(allergy)**라고 하며 알레르기반응을 일으키는 항원을 **allergen**이라고 한다.

일반적으로 **알레르기**는 <그림 5-9-1>에서와 같은 메커니즘에 의해 발생한다. 다시 말해 우선 생체가 allergen 항원에 폭로되면 생체는 항체를 생산한다. 거기서 다시 항원이 침입해오면 항원·항체 반응이 일어나, 그 결과 세포로부터 화학전달물질(일례로 histamine 같은)이 유리되어 그것이 조직에 장애를 일으켜 알레르기증상을 일으킨다.

화학전달물질에 의한 국소작용으로는 일반적으로 평활근의 경직, 모세혈관 투과성의 항진, 점액선의 기능항진, 혈관확장 등을 들 수 있다.

항원자극 → 항체생산 → 항체가 조직에 부착 → 항원의 재폭로 →

항원 · 항체 반응 → 화학전달물질의 유리 → 조직의 장애 → 발증

〈그림 5-9-1〉 알레르기의 발생 메커니즘 순서

allergen으로는 국수, 달걀흰자위와 같이 경구적으로 소화관을 통해서 침입하는 식이성 항원 외에 화분, 먼지, 곰팡이 등과 같이 기도를 통해 호흡과 함께 체내에 침입하여 흡입하는 흡입항원, 옻나무나 화장품 등과 같이 피부를 통해 침입하는 접촉항원, 약물투여에 의한 약물항원 등이 있다.

2) 알레르기의 반응형태

allergy반응은 allergen과 접촉에서부터 증상이 발현하기까지의 속도에 따라서, 즉시형 과민반응(卽時型 過敏反應)과 지연형 과민반응(遲延型 過敏反應)으로 나눌 수 있고, 발현 메커니즘과 증상의 변화에 따라 4가지형(I ~Ⅳ型)으로 구분하기도 한다.

즉시형 과민반응에서 **아낙피락시스(anaphylaxis)성 알레르기반응(I형)**은 IgE 항체의존형 알레르기라고도 부르며, 우선 항원(allergen)이 체내에 침입하면 이에 대한 **IgE항체(reagin)**가 생성된다. IgE항체는 조직의 비만세포(mast cell), 또는 혈중의 호염기구(好鹽基球)의 세포막 표면에 IgE receptor가 존재하여 부착한다. 거기에 동일한 항원(allergen)이 다시 침입해오면 그 항원에 의해 가교를 형성하면서 일련의 생화학반응을 일으켜 화학전달물질을 분비하는데, 이는 두 가지 방식에 의해 행하여진다.

그 결과 하나는 세포에 포함되어 있는 과립이 탈과립을 일으켜 과립 중의 histamine 등의 화학전달물질이 유리되는 방식(저류형)이 있고, 또 하나는 arachidonic acid 등에서 새로운 화학전달물질의 생성이 유도되어 prostagrandin과 leukotriene 등을 생산하는 방식(자극생산형)이 있다.

이러한 화학전달물질이 유리되면 그 작용에 의해 혈관의 투과성 항진에 의한 세포의 팽창화, 평활근 수축과 말초혈관 확장 및 액성분의 조직내 침출(탈분비 항진)에 의한 부종 등의 반응이 일어나는 I형 알레르기반응(reagin성 반응이라고도 함)이 형성된다. 동시에 분비세포를 공격해서 기능의 이상항진(천식에서는 농이 폐포에 차는 증상)이 일어나는 평활근(기관지 등)을 경련시켜 수축시킨다. 즉, 기관지 평활근의 수축은 천식을 가져오고, 장관평활근의 수축은 설사를, 혈관확장이나 부종은 두드러기를 가져온다.

I형에 속하는 질환으로는 기관지천식, 알레르기성 비염, 소화관 알레르기, anaphylaxis-shock, 두드러기 등이 있다. 또 I형 알레르기의 원인이 되는 항원으로는 많은 식이항원과 더불어 흡입항원의 실내 먼지(주로 진드기), 화분, 곰팡이 등이 있고 약물항원의 페니실린, 설파제 등이 알려져 있다. 아울러 사람 비만세포 중 주요 화학전달물질의 화학구조를 보면 그림과 같다.

그 밖에 즉시형의 세포장애반응(Ⅱ 형 : 일례로 서로 맞지 않은 혈액형에 의한 수혈 부작용, 항체는 통상 IgE와 IgM)과 면역복합체형(Ⅲ 형 : 미세혈관내 또는 그 주변의 조직간극에 항원,

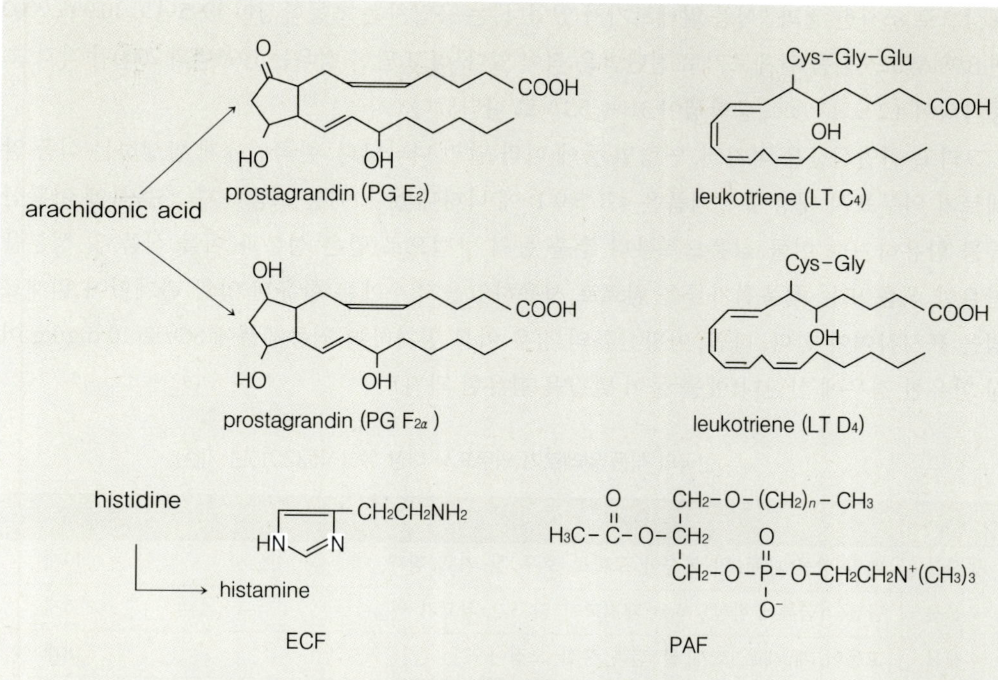

주요 화학전달물질의 구조

항체, 보체가 반응해 혈관벽에 부착, 활성화함. 항체는 IgE와 IgM), 그리고 지연형의 지연과민증반응형(Ⅳ형 : 항체가 혈청에서 의하지 않고 세포(T세포 림프구)에 의해 중계됨, 예로 tuberculin반응)이 있지만 이 장에서는 식품(식이성) 알레르기에 대하여 논하고자 한다.

2. 식품 알레르기

1) 식품 알레르기의 대상 유발식품과 성분

음식물에 의한 과민반응을 **식품(식이성) 알레르기(食餌性 allergy)**라고 한다. allergen으로서 동물성 식품으로는 일반적으로 달걀, 우유, 고등어, 굴 등이, 식물성 식품으로는 국수, 가지, 토마토 등이 잘 알려져 있다.

우리나라의 식품 알레르기는 「식품위생법」 제10조 '식품 등의 표시기준'에서 식품 알레르기 의무표시 대상과 그에 따른 식품 알레르기 표시제도가 법제화되었다. 우리나라의 식품 알레르기의 발생빈도를 1995년과 2000년도 전국적으로 초등학생(6~12세)과 중학생(13~15세)을 대상으로 조사한 결과 "식품 알레르기가 있었다"는 응답자는 초등학생이 1995년도 10.9%, 2000년 8.9%였고, "식품 알레르기로 진단받은 적이 있다"라고 답한 경우는 1995년과 2000년 각각 초등학생이 4.2%, 4.7%로, 중학생이 3.8%, 5.1%로 나타났다.

그리고 원인식품은 국가별, 연령별 등에 따라 달리 나타났다. 한국인에게 발생하는 식품 알레르기 의무표시 대상 유발식품은 <표 5-9-1>에 나타내었다. 이들 24품목 중 23품목에 아황산류를 함유하거나 이들 식품으로부터 추출 등의 방법으로 얻은 성분과 이들 식품 및 성분을 함유한 식품 또는 식품첨가물을 원료로 사용하였을 경우에는 함유된 양과 관계없이 원재료명을 표시하여야 한다. 다만, 아황산류의 경우 이를 첨가하여 최종제품에 SO_2로 10 mg/kg 이상 함유한 경우에 한한다(예를 들어 달걀을 함유한 과자).

〈표 5-9-1〉 한국의 식품 알레르기 의무표시 대상 유발식품(2015년 기준)

분류	의무표시 대상 유발식품(품목)	지정품목수
농산물	메밀, 땅콩, 대두, 밀, 복숭아, 토마토, 호두, 잣, 키위, 참깨	10개
축산물	난류(가금류에 한함), 우유, 돼지고기, 닭고기, 쇠고기	5개
수산물	고등어, 게, 새우, 조개, 굴, 전복, 홍합, 오징어	8개
기타	식품 중의 아황산류(SO_2) 잔류량으로 10 mg/kg 이상 함유	1개
합계		24개

우유 알레르기는 1세 이하의 유아에서 많이 나타나는데 이는 모유 대신 조제유가 원인이 되는 경우가 많다고 한다. 이러한 우유 알레르기의 원인물질은 우유 단백질인 카제인, α- & β-lactoglobuline이 모두 allergen이지만 β-형에 의한 빈도가 높다고 한다.

달걀 알레르기도 우유 다음으로 소아에서 발생빈도가 높은데 달걀 흰자에 대한 피부시험에서 소아의 아토피성 피부염이 45.9%, 소아천식이 20.3%가 양성이었다고 한다. 달걀흰자위의 주요 성분인 overmucoid, overalbumin이 allergen활성이 높다고 한다.

그러나 일반적으로 식품 allergen은 장관 내에서 소화분해되어 분해산물이 새로운 allergen으로 작용할 경우도 있어 식이성 알레르기의 원인물질에 관해서는 아직도 불명한 것이 많다.

일반적으로 강한 항원성을 나타내기 위한 단백질의 구조적 특징을 보면 다음과 같다. ① β-lactoglobuline, overmucoid처럼 소화되기 어려운 구조를 가질 것 ② 가열처리에 의해 항원성을 잃는 것이 많기 때문에 열변성(denaturation)이 쉬운 구조일 것 ③ 표적세포막상의 IgE에 가교하기 위해 필요한 1만 이상의 분자량을 가질 것 ④ 소화관 흡수에 견디기 위해 7만 이하의 분자량이 없을 때는 flagment에서 분리되는 것일 것 등이다. 식이성 알레르기의 반응은 일반적으로 즉시형 반응으로 일어나는 경우가 많다.

2) 식품 알레르기의 증상

(1) 소화기 증상

식품 알레르기 중에서도 가장 나타나기 쉬운 증상은 소화기증상이다. 이 증상은 메스꺼움, 복통, 설사 등이 많고, 또 설사와 변비가 번갈아서 나타나며 점액변이 보이기도 한다. allergen이 침입하면 위평활근의 경련에 의해 연동운동이 소실되어 빠른 속도로 장을 통과하여 점액분비의 항진, 흡수의 장애에 의한 설사와 수분의 탈수가 일어난다. 그러나 식중독과 비슷하므로 주의 깊게 구별하여야 한다. 이 소화기 증상은 유아의 설사성 증상이 많은 식품으로는 우유를 비롯해서 달걀, 고등어, 죽순, 국수 등이 있다.

(2) 피부증상

① **두드러기** 식품 알레르기 중에는 소화기증상 다음으로 두드러기가 많다. 이는 흡수된 식품항원이 피부조직의 비만세포에 부착한 항체와 반응해 histamine을 유리한 결과이다. 일반적으로 과민성은 정상인의 100배 이상인 경우가 많다고 한다. 두드러기는 식후 30분 정도에서 수 시간 사이 발생하며 주로 가슴, 배, 등, 허리에서 많이 발생한다. 처음 국부적에서 피부가 부어오르면서 가려움증도 동반한다. 두드러기 외에 복통과 설사도 많다.

② **습진(아토피성 피부염)** 아토피성 피부염도 많다. 특히 어린아이는 음식물과 관계가 깊다고 한다. allergen이 되는 음식물은 주로 우유, 달걀 등이 있으며 어류, 곡류가 원인인 경우도 있다.

(3) 호흡기증상

호흡기증상으로는 흡입성 알레르기로 보이는 알레르기성 비염과 천식이 나타난다. 그러나 식품 알레르기에 의해 천식이 생기는 경우는 그다지 많지 않다. 천식은 기관지가 화학전달물질에 대해 민감한 경우에 나타나는 것으로 생각된다.

(4) 기타 증상

그 밖의 증상으로는 두통, 특히 편두통, 미열, 두근거림 등의 자율신경 자극증상이 나타난다. 혈뇨와 단백질뇨도 나타날 수도 있다고 한다.

3) 식품 알레르기의 진단과 치료

(1) 식품 알레르기의 진단

식품 allergen을 확인하는 방법에는 식이시험 중에서 제거시험과 유발시험의 두 가지 가 있다. 제거시험은 매일의 식사표로부터 항원식품으로 의심되는 식품을 제한하면서 증상의 소실 여부를 보는 방법이고, 유발시험은 이와 반대로 우선 의심스러운 식품을 제거하고 기준식품을 섭취해서 증상을 완전히 없앤 뒤 의심가는 식품을 차례로 가하면서 증상의 발생을 조사하는 방법이다.

이러한 방법들은 allergen으로서 더욱더 의심스러운 것부터 순서대로 하지 않으면 명확한 결과가 나오기 어려운 점도 있으므로 시험실시 전에 식사일지를 첨부하거나 피부반응 등에 의해 의심스런 식품을 선택해 둘 필요가 있다.

(2) 식품 알레르기의 치료

치료방법은 원인요법과 대증요법으로 나눈다. 원인식품이 분명하지 않을 경우에는 증상에 따라 처치하는 대증요법을 실시한다.

원인요법(原因療法)은 어떤 특정식품에서 allergen이 확인되면 그 음식물을 피하든지 또는 제한함으로써 발생을 피할 수 있다. 가령 국수, 고등어, 게 등의 특정식품에 의해 알레르기가 발생하였다면 섭취하지 않으면 된다. 그러나 우리가 늘 널리 이용되는 달걀, 우유 등은 피하기가 어렵기 때문에 이런 경우 우유는 수백, 수천 배로 희석, 여리게 한 후 서서히 증가하여 섭취하는 방법을 이용해 가는 것이 좋으나 끈기가 필요하므로 실제로는 실행하기가 어렵다.

대증요법(對症療法)은 알레르기를 일으키는 항원·항체 반응이 발현한 후에 치료로서 이용된다. 주로 사용되는 약제는 항히스타민제, 교감신경흥분제, steroid제 등이 있다. 항히스타민제는 항원·항체 반응이 진행하는 과정에서 유리되는 화학전달물질인 histamine의 작용을 억제하는 약물이다. 교감신경흥분제는 알레르기증상이 자율신경계, 특히 부교감신경계의 긴장과 밀접한 관계를 가지고 있으므로 교감신경계를 흥분시켜 상대적으로 부교감신경계의 운동을 억제하는 효과를 이용하고 있다. 대표적인 것으로는 epinephirine, ephedrine이 있다. 스테로이드는 부신피질호르몬인 당질 corticoid가 사용되나 장기간이나 다량 사용시 부작용이 있을 수 있어 전문가의 상담이 필요하다.

3. 유전자 재조합식품(遺傳子再組合食品 : 유전자 변형식품)

1) 유전자 재조합의 정의와 방법

인구증가와 경지면적의 감소 등으로 전 세계는 식량증산의 한계를 점차 우려하기 시작하였다. 그간 육종학자들이 식량자원의 증대를 위해 천연식물에서 우수한 인자들을 뽑아 합성, 품질개량을 하여 상당한 성과를 이루어 왔으나 세계의 생명공학자들에 의해 그것보다는 더

획기적인 새로운 품종기법인 **유전자 재조합**(genetically modified organism, GMO, **유전자변형**) 기술이 1990년대에 들어와 미국에서 실용화되기에 이르렀다.

우리나라에서는 「농수산물품질관리법」 제1장 총칙 제2조(정의) 1항 11호에 "유전자변형 농·수산물이란 인공적으로 유전자를 분리하거나 재조합하여 의도한 특성을 갖도록 한 농·수산물을 말한다."라고 규정하고 있다. 그리고 「식품위생법」 제12조의 2(유전자 재조합식품 등의 표시) 제1항에서 "생물의 유전자 중 유용한 유전자만을 취하여 다른 생물체의 유전자와 결합시키는 등의 유전자 재조합기술을 활용하여 재배·육성된 농·축·수산물 등을 주요 원재료로 하여 제조·가공한 식품 또는 식품첨가물(이하 "유전자 재조합식품 등"이라 함)은 유전자 재조합식품임을 표시하여야 한다."고 규정하고 있다.

즉, **유전자 재조합기술**이란 어떤 생물의 유전자에서 목적하는 유용한 유전정보를 가지는 부분을 효소 등을 절단, 연결하여 재조합 DNA를 만들고 이것을 생세포에 이입하여 신품종을 만들거나 이 신품종을 이용하여 유용한 물질을 생산하는 기술을 말한다.

이러한 기법에는 **아그로박테리움법**(*Agrobacterium* 미생물 이용), **protoplast법**(원형질세포법 : 식물체 세포벽을 효소나 화학물질로 용해시켜 쉽게 미생물 유전자를 이입), particle-gun법(입자총법 : 금속의 미립자에 유용한 유전자를 결합, 고압가스 등의 힘으로 작물잎에 이입) 등이 이용되고 있다.

이 법은 식물에서의 내성(耐性), 즉 미생물균, 바이러스, 해충, 추위, 항생제 등을 증가시키거나 영양학적, 기능적으로 가치를 높이는 등의 다양한 목적 아래 연구되고 있다.

현재 이 기술을 이용하여 생산된 원료로는 옥수수, 감자, 콩, 토마토, 면실, 사탕무, 쌀 등을 들 수 있다. 도입된 유전자균과 상품을 살펴보면 *Bacillus thuringiensis*(*Bt*)류의 유전자나 효소를 이용한 해충저항성의 옥수수와 감자, 해충/바이러스 내성 감자 및 hygromycin(하이그로마이신)/제초제(glyphosate) 내성 토마토, *S. hygroscopicus*의 유전자나 효소를 이용한 제초제(gluphosinate) 내성 옥수수와 쌀, 하이그로마이신/제초제(glyphosate)/불임의 내성 콩과 옥수수, *A. tumefaciens*류의 유전자를 이용한 제초제 내성 옥수수, *K. pneumoniae*의 효소를 이용한 제초제(bromoxynil)/해충 내성의 면실, *E. coli*의 효소유전자를 이용한 숙성변형 토마토 등을 들 수 있다.

현재 우리나라는 콩, 옥수수를 미국 등지에서 식용과 사료용으로 수입하여 사용하고 있다. 한편 유전자 재조합식품에 대한 표시는 안전성이 확인된 경우에는 표시할 필요가 없다고 보고 있으나 알레르기를 일으킨다고 알려진 생물의 유전자는 필요하다는 미국의 주장이 있는가 하면 유럽연합(EU)에서는 의무화하는 국가도 있다. 우리나라는 농림축산식품부의 경우 수입하여 원료상태로 판매되는 콩, 옥수수, 콩나물콩을 표시하며, 식약처의 경우 식용으로 수입하여 직접 가공하는 가공식품을 표시하여 관리한다. 식약처는 '유전자 재조합 ○○포함

가능성 있음' 또는 제품에 사용된 당해 제품 원재료명 바로 옆에 괄호로 '(유전자 재조합 ○○포함 가능성 있음)'으로 표시한다(2000년 7월 개정).

2) 유전자 재조합식품의 안전성 평가

「식품위생법」 제18조 '유전자 재조합식품 등의 안전성 평가 등' ①항에는 "식품의약품안전처장은 유전자 재조합식품 등을 수입하는 경우 식용으로 수입·개발·생산하는 자에게 안전성 평가를 받게할 수 있다."고 규정하고 있다. 그리고 안전성 평가자료 심사위원회를 구성하고 심의·의결 등을 거쳐 표시하도록 되어 있다. 평가내용들은 다음과 같다.

(1) 신규성

신품종으로 개발된 유전자 재조합식품이 장구한 세월 속에서 섭취해 온 기존의 식품이나 식품첨가물과 비교하여 성분 종류, 그 함량의 차이가 없다면 1993년 OECD가 제안한 '실질적 동등성'에 입각하여 동일하게 취급하여 안전하다고 본다. 그러나 어떤 성분이 기존의 품종에는 없는 것이나 양이 크게 다른 경우는 신규성에 입각하여 안전성 평가의 필요한 범위와 정도를 제시하여 유전자 재조합식품으로의 여부를 가늠한다.

(2) 알레르기성

앞에서 언급한 바와 같이 식품 알레르기에 민감한 사람에게 문제가 되는 식품으로 달걀, 우유, 콩, 땅콩, 어패류 등 주로 단백질이 알레르기를 많이 일으키는 것으로 알려져 왔다. 그런데 유전자 재조합식품에서 알레르기가 유발된 사례가 있다. 실제로 사료용 콩의 영양가를 높이기 위하여 알레르기급원을 원래 가지고 있느 브라질 너트(nuts)의 유전자를 도입한 실험 결과, 유전자 재조합 대두에서도 나타나는 것이 확인됨으로써 개발이 중단된 예가 있다. 이와 같이 어떤 성분의 특성에 의해 알레르기의 유발이 나타날 수 있어 그 위험성은 충분히 검증되어야 한다. 그러나 알레르기를 유발하지 않는 유전자에서는 지금까지 발현성이 없는 것으로 알려져 있다.

(3) 항생제 내성

항생물질 등에 내성(耐性)을 가지는 유전자를 함께 삽입하여 식품에 유전자 재조합체를 만든다. 그럴 경우 우리가 먹는 식품에의 항생제 남용을 우려하지 않을 수 없다.

그런데 대표적인 항생제 내성 표식유전자로 가나마이신 내성 유전자가 사용되고 있다. 그러나 이 내성 표식유전자를 가진 농작물이 실험 결과 건강에 유해한 결과가 발견되었다는 보고는 없다. 또한 미국 FDA에서는 가나마이신 내성 유전자를 식품첨가물로 인정하고 있다.

한편 이 내성 유전자들에 의해 장내 세균들이 항생물질의 내성을 가지지 않을까 우려도 있다. 그러나 동식물 원료가 가지고 있는 유전자는 대부분 위장에서 위산이나 효소에 의해 분해되고 식물과 미생물의 유전자 간에는 제어하는 메커니즘이 서로 다르므로 발현 가능성은 없다고 한다.

(4) 해충 저항성과 독성

해충 내성 유전자 조합 농작물은 유전자 재조합물질이 해충의 소화관 내의 효소에 의하여 해충에 유해한 독소로 전환되어 살충효과를 나타낸다. 그러나 이들 물질을 식품으로 섭취했을 때 사람에게 유해할지도 모른다는 우려가 있다. 해충 내성 단백질에 대한 것이 인체의 건강에 나쁜 영향을 주지 않는다는 것이 확인되었다고 하나 옥수수의 상품명인 Starlink(스타링크)는 해충 저항성의 특성을 가지는 Cry9C 단백질을 생산한다. 이 Cry9C 단백질은 인공소화에서 소화가 느리고 열에 비교적 안정적이어서 미국 환경청의 외부전문패널들이 알레르기성을 우려한 바가 있다. 그런데 200 m 내에 재배된 모든 옥수수(기존 품종까지)는 가축사료용 및 공업용으로 한정하여 허가하였다. 모든 재배자는 동의서약서까지 서명하여야 했다.

그러나 미국은 2000년 이것을 문제 삼아 유통 중 회수하였고, 일본, 한국도 수입을 불허한 바 있다. 더 나아가 신규성이 있는 물질에 대해서는 식품 등으로 이용되기에 앞서 충분한 독성시험을 거쳐 안전성을 확인하는 것이 중요하다.

제 10 장

유해성 식품첨가물과 부정 · 불량 식품 등

1. 유해성 식품첨가물의 개요

유해성 식품첨가물이란, 과거에는 식품첨가물로 식품에 사용이 허용되었으나 그 후 동물시험 결과, 유해성이 입증되어 사용 금지된 첨가물과 사용해서는 안 되는 공업약품 등을 사용하여 인체에 유해를 끼치는 것을 말하는 것으로 고의 사용에 의하여 식중독을 일으킨다.

2. 유해성 보존료와 살균료

(1) 포름알데히드(Formaldehyde, Formalin)

살균력과 방부력이 강하여 formalin이 주류, 간장, 시럽 및 육제품에 부정, 사용된 적이 있으나 독성으로 사용이 금지되었다.

0.002%의 formaldehyde 용액은 세균발육 억제효과가 있으며 0.1% 용액에서는 포자형성균의 발육을 억제시킨다. 증상은 소화작용의 저해, 두통, 위경련 및 위나 식도의 괴사 및 순환장애 등을 유발하며 신장에 염증을 유발한다.

(2) 붕산(H_3BO_3), 붕사($Na_2B_4O_7 \cdot 10H_2O$), 과붕산나트륨($NaBO_3 \cdot 4H_2O$)

햄, 베이컨과 같은 육제품 및 과자류의 보존에 사용된 것으로 방부작용은 약하며 그 독성이 인정되어 사용 금지되었다. 체내 축적성이 있으며 acidosis 현상과 소화효소의 작용을 억제하여 식욕감퇴 및 소화불량을 일으킨다. 지방분해의 촉진으로 체중의 감소를 유발하며 장기출혈을 일으키기도 하는데 사람에 대한 중독은 약 1~3 g이며 8~17 g 정도 섭취하면 사망한다고 알려져 있다.

(3) 불소화합물

불화수소(HF), 불화나트륨(NaF) 등의 불소화합물은 강력한 방부효과를 나타내며, 육류, 우유 및 알코올 음료 등에 있어서 보조 및 이상발효억제 등의 목적으로 사용되었으나 강한 독성 때문에 사용 금지되었다. 세포에 작용하여 칼슘의 대사를 저해하며 급성중독의 경우 구토와 복통, 경련 호흡장애 등을 유발하고, 만성중독시 반상치나 골연화, 체중감소 및 빈혈 등과 같은 불소증을 일으킨다.

(4) 유로트로핀〔Urotropin(Hexamethylene tetramine)〕

Formaldehyde와 ammonia가 결합하여 생성되는 백색의 비늘 모양 결정으로 물에 녹아 formaldehyde가 유리되어 방부효과를 나타낸다. 피부발진이나 신장염, 방광염 등을 일으킨다. 식품에 사용은 금지되어 있으며 의약용으로 요도 살균제로 이용되기도 한다.

(5) 승홍(염화 제2수은, $HgCl_2$)

살균력과 방부력이 강하여 주류 등에 사용되었으나 독성이 강하여 식품에는 사용이 금지되었다. 체내의 −SH기와 결합하여 세포의 대사기능을 저해하며 사구체, 세뇨관에 변성을 유발한다. 증상은 구토, 복통, 요독증 및 신장장애와 구내염 등을 유발하는데 사람에 대한 치사량은 약 0.2~1.0 g 정도이다.

(6) 로단초산에스테르(로단아세트산에스테르)

간장의 곰팡이 발육억제에 이용되었으나 강한 독성 때문에 일본에서 1952년에 사용이 금지되었으나 국내에서는 첨가물로 지정된 바 없다.

(7) 베타-나프톨(β-naphtol)

백색결정으로 물에는 난용성이며 알코올과 에테르와 같은 유기용매에는 잘 녹는다. 0.005%의 농도로 곰팡이의 생육을 억제하기 때문에 간장 등의 방부제로 사용되었으나 강한 독성 때문에 사용이 금지되었다. 증상은 구토, 복통, 경련 및 현기증 등을 유발하며 단백질 변성이나 점막이나 방광의 괴사를 일으키기도 한다.

(8) 살리실산(salicylic acid)

백색 침상 또는 결정성 분말로 물에 난용이고 알코올 및 에테르 등과 같은 유기용매에 잘 녹는다. 방부작용이 강하며 약산성 조건에서 곰팡이, 효모, 세균 등의 발육을 억제하며 유산균 및 초산균 등에 대하여 항균작용을 나타내어 청주, 과일주 및 식초 등에 보존료로 사용되었으나 대량 섭취 시 메스꺼움, 구토, 두통 등과 같은 중독증상을 나타내어 1973년 사용이 금지되었다.

(9) 니트로푸라존〔Nitrofurazone(5-Nitrofural semicarbazone)〕

황색의 결정성 분말로 물과 알코올 및 에테르에 불용으로 약간의 쓴맛을 나타내며 낮은 농도로 포도상구균, 장티푸스균 및 *Salmonella*균에 대하여 살균력을 나타내고 0.02~0.0001% 농도에서 호기성 포자형성균의 발육을 억제한다. 어육연제품 등에 살균제로 사용되었으나 간장장애, 구토 및 식욕부진 등의 증상을 나타내어 1972년 사용이 금지되었다.

(10) AF-2 [2-(2-furyl)-3-(5-nitro-2-furyl)acrylamide]

AF-2는 *Salmonella*균, 장염 *Vibrio*균, 포도상구균, *Botulinus*균 등 발육저지의 목적으로 축육의 햄, 베이컨, 소시지나 어육의 햄, 소시지, 어육연제품 및 두부 등에 사용되었으나 돌연변이원성으로 발암성이 밝혀져 1975년에 미국에서 사용이 금지되었다.

(11) Nitrofurylacrylamide(Z-Furan)

담황색의 결정성 분말로 약간의 쓴맛을 나타낸다. 강한 살균력으로 어묵, 어패류 건제품, 팥앙금 및 두부 등의 방부제로 사용되었으나 만성중독으로 신장종창 등을 유발하는 것으로 밝혀져 1972년에 사용이 금지되었다.

(12) Halazone, Chloramine B & T

이들도 과거 살균료로 지정되어 사용되었으나, 강한 독성과 안전성 때문에 1972년 모두 사용이 금지되었다.

(13) 허용 과산화수소

대장균, 장염 *Vibrio*균, 포도상구균 등의 미생물에 대하여 살균작용을 나타내고 표백작용도 우수하여 국수류, 어묵류 등에 사용되었지만 동물에 약하나 발암성이 밝혀져 최종제품의 완성 전에 제거하도록 사용기준이 정해졌다.

(14) Picric acid

청황색색소로 방부력이 있으며 막걸리, 약주에 첨가하면 톡 쏘는 맛과 노란빛, 탄산과 같은 청량감, 미생물의 억제에 이용되었다. 그러나 독성이 강하여 장기 섭취 시 위복통, 구토, 설사, 신장장애, 황달 등의 증상이 나타난다.

3. 유해성 착색제

식품에서 선명한 색을 내기 위하여 사용되는 첨가물로 인공착색제는 값싸고 색이 선명하며, 그 사용이 편리하므로 많이 사용되고 있으나 식품첨가물로 허용되지 않은 착색제의 사용에 의하여 중독이 발생하기도 한다. 유해성 착색제는 대부분 독성이 강한 염기성 타르색소로 이들에 의한 중독은 그 사용량이 소량이기에 만성중독인 경우가 많다. 유해성 착색제는 각 색소의 화학구조에 따라 독성의 강약이 달라지나 대개 색소 자체에 기인하거나 체내대사에 의해 간, 신장, 신경계 등에 독으로 작용하는 것으로 알려져 있다.

(1) 황색계 아우라민(Auramine), *p*-Nitroanilline, Naphtol yellow 등

아우라민(auramine)은 황색의 염기성 타르색소로 색이 선명하고 햇빛 및 열에 안정하며 값이 싸서 단무지에 대표적으로 사용되었으며 그 외 과자 및 카레 등에 사용되었으나 1950년대에 금지되었다. 다량 섭취 시 피부에 흑색의 반점이 생기며 두통, 구토, 사지마비, 심계항진 및 의식불명 등이 나타난다. **파라니트로아닐린(*p*-nitroanilline)**은 황색의 색소로 합성착색제로 지용성이며 방향족아민이나 nitro 화합물과 같이 혈액독과 신경독 증상을 나타낸다. 중독 시 두통, 청색증(cyanosis), 혼수, 맥박 감소, 심계항진 및 색소뇨가 나타난다.

그 외에 과거 사용되었다가 1966년도에 금지된 황색소로는 naphthol yellow S(결장, 맹장, 신장장애), oil yellow AB(성장억제, 빈혈, 간 등 장애), oil yellow OB(성장억제, 약한 발암성 등)와 그 밖에 마가린에 사용된 butter yellow O, sprit yellow가 있다.

(2) 적색계 로다민(Rhodamin B), 수단(Sudan Ⅲ), Fuchsin 등

로다민(rhodamin B)은 핑크색의 염기성 타르색소로 형광을 띠며 어묵, 과자, 토마토케첩 및 빙과류 등에 사용되었다. 중독 시 색소뇨와 전신착색증 등을 나타내며 심할 경우 메스꺼움, 구토, 설사, 복통 등을 일으킨다. 또 적색의 수단(**Sudan Ⅲ**)은 과거 고춧가루가 비쌀 때 톱밥 등에 물을 들여 혼합하여 부정하게 판매된 사건이 종종 있어 왔다. 과거 사용되었다가 1966년에 금지된 적색의 oil red XO(성장저하, 간, 비장, 심장장애), ponceau 3R(간장애, 간암), ponceau SX(부신 이상)가 있으며 1991년에 금지된 식용적색 3호와 그 밖에 식초 절임류에 사용된 적색의 acid fuchsin D 등이 있다.

(3) 등적색계 실크 스카렛(Silk scarlet), Orange Ⅰ, Orange Ⅱ 등

실크 스카렛(silk scarlet)은 등적색의 수용성 타르색소로 착색이 용이하고 안정성이 좋아 식품에 사용된 예가 있다. 특히 일본에서 착색된 대구알젓을 먹고 21명이 중독을 일으켰다. 중독 시 구토, 복통, 두통, 오한 및 마비 등의 증세가 나타난다. 또 과거 사용되었다가 1966년에 금지된 등색의 orange I(신장출혈), oil orange SS(간, 심장장애) 등이 있다.

(4) 녹색계 말라카이트그린(Malachite green), Guinea green B 등

과거 사용되었다가 1970년에 금지된 **guinea green B**(빈혈, 간장애, 간장), 1972년에 금지된 light green S.F yellowish(종양이 의심)이 있고 발암성으로 알려진 **말라카이트그린(malachite green)**은 알사탕, 과자류 등에 사용되었다.

말라카이트그린(makachite green)은 유해 tar색소 계통의 하나로 청록색을 띠며 수용성물질로서 과거 알사탕, 과자류, 양식어류, 해조류, 완두콩(green pease) 등에 사용된 바 있었으나 장기나 혈액 및 신경 등에 이상 징후와 더 나아가 간과 신장에 대한 독작용 그리고 때로는 발암성이나 최기형성도 나타나고 있어, 한국은 물론 미국을 비롯한 세계 각국에서 사용이 금지된 물질이다.

말라카이트그린은 어류의 체내에 들어가면 leucomalachite green으로 전환되어 축적되는데 이 류코말라카이트그린이 간암 등을 일으킨다고 알려져 있다. 2005년 7월에 수입한 중국산 장어가공품(일부 제품)에서 말라카이트그린이 검출되어 문제가 된 바 있다.

(5) 자색계 메틸바이오렛(Methyl violet), Gentian violet 등

팥앙금에 사용된 발암성 물질인 **methyl violet**와 또 각각 발암성이 의심되는 acid violet 6B, 자색 3호 알루미늄 레이크가 있고, 그 외 gentian violet, crystal violet 등이 있다.

(6) 갈색계 비스마르크 브라운(Bismark brown), 청색계 Methylene blue 등

비스마르크 브라운(bismark brown)은 염기색소로 절임류에 사용된 바 있다. 청황색의 picric acid 는 앞에서 언급했으며, 그 밖에 청색계 methyl blue 등이 이용된 바 있다.

4. 유해성 표백제

(1) 롱가리트(Rongalite)

롱가리트〔**rongalite**(sodium formaldehyde bisulfite)〕는 산성 아황산나트륨을 축합시킨 후 환원시켜 만든 것으로, 수용 상태에서 발생되는 아황산에 의하여 표백작용을 나타내지만 이때 발생되는 formaldehyde가 식품에 축적되어 독성을 나타내는 것으로 밝혀져 1967년 사용금지 되었다. 과거 물엿의 표백제로 사용되었다.

(2) 삼염화질소(NCl_3, Nitrogen trichloride)

노란색의 유성 액상물질로 자극취를 나타내며 물에는 불용이며 휘발성이 크다. 빛에 의해 분해되며 과거 밀가루 표백제로 사용되었으나, 개에서 히스테리증상이 나타나 사용이 금지되었다.

(3) 디아미노스틸벤 설포네이트(Diaminostilben sulfonate) 등 형광표백제

국수, 우유병의 종이마개, 생선묵의 표백 등에 사용되었으나 독성으로 사용이 금지되었다.

5. 유해성 감미료

(1) 둘신(Dulcin)

감미도는 설탕의 약 250배 정도이며 열에 안정하며 찬물에는 잘 녹지 않으나 뜨거운 물에는 잘 녹는다. 사람의 위 속에서 위액에 의해 phenacetin과 *p*-aminophenol로 분해되어 소화기는 장애 및 중추신경계 이상을 유발하며 *p*-aminophenol은 혈액독으로 적혈구의 생성억제 및 간종양을 나타내는 것으로 알려져 1966년 사용이 금지되었다.

(2) 사이클라메이트(Cyclamate)

청량한 감미를 가진 백색 결정성 물질로 감미도는 설탕의 30~50배 정도이다. 1969년 미국 위스콘신 주립대학 연구소에서 이 물질을 실험한 결과 발암성 물질이라는 것을 FDA에 보고함으로써 1970년에 사용 금지되었다.

(3) 파라 니트로 오르쏘 톨루이딘(*p*-Nitro-*o*-toludine)

설탕의 200배의 감미를 가진 물질로 원래는 황색색소 원료로 사용되었으나 상쾌한 단맛 때문에 감미료 대용품으로 부정하게 사용되었다. 다량 섭취 시 위에 통증을 수반하고 구토와 황달, 혼수상태를 야기하여 2~3일에 사망하게 되어 살인당이라고도 불린다.

(4) 페릴라틴(Perillartine)

설탕의 약 2,000배의 감미를 가진 백색의 결정성 물질로, 자소유(紫蘇油) 중의 성분인 perylladehyde의 oxime을 가지고 있어 구조적으로 불안정하여 알데히드로 분해된다. 섭취 시 신장장애를 유발하게 된다.

(5) 에틸렌 글리콜(Ethylene glycol)과 Glucine(Na-amino diphenyl dyhydrophene triadin disulphonic acid)

흔히 자동차 엔진의 부동액으로 사용되는 점조성 액체인 에틸렌 글리콜은 흡습성이 있어 물과 잘 섞이며 단맛을 가지고 있으나 사람의 체내에서 산화되면 수산(oxalic acid)을 생성하여 구토, 호흡곤란에 이어 뇌와 신장에 장애를 일으킨다.

glucine은 담갈색의 분말로서 설탕의 약 300배로 온수에 잘 녹는다. 독성은 dulcin보다 강하다.

6. 증량제(增量劑)

(1) 감미료(설탕 등), 조미료(MSG), 곡분 등 증량

과거 설탕, 조미료(MSG), 고춧가루, 향신료, 곡분, 어분 등이 귀하고 값이 비쌀 때 양을 불리어 판매한 불량업자가 있었다. 그 증량물질로는 산성백토, 규조토, 백도토, bentonite, 탄산칼슘, 탄산마그네슘, 규산알미늄, 규산마그네슘, 석회 등 다양하다. 이들을 과량 섭취하면 소화불량, 복통, 구토, 설사 등의 위장염 증상을 일으킨다.

(2) 멜라민(melamine)의 단백질 증량

멜라민은 1834년에 처음 합성된 흰결정체 물질이면서 질소(N)를 많이 함유하는 화학물질로, 공업용으로 많이 사용하여 인류에게 많이 기여하여 왔다. 멜라민은 질소비료의 원료로, 끈적거리는 특성으로 접착제나 코팅제, 멜라민 용기의 플라스틱용 원료 등으로 다양하게 사용되어 왔다. 멜라민의 질소함량은 67%로 매우 높다.

그래서 중국의 일부 악덕업자들이 몇 년 전에 질소함유물질인 단백질 대신 멜라민을 넣으면 우유나 분유, 과자, 건빵, 사료 등에 단백질 함량 내지 부피가 커지는 것을 이용, 일부러 첨가함으로써 부정·불량 식품으로 적발되어 크게 문제가 된 사건이 있었다.

또 과자나 음료수에 사용된 식품첨가물인 피로인산제이철에서 멜라민이 검출된 바 있고, 건빵은 제조 시 첨가하는 팽창제인 탄산수소암모늄에서 멜라민이 검출되었다.

2007년도에 국내 물고기 사료로 수입한 중국산 추출 밀단백질 중에 멜라민이 함유되어 제품을 회수한 사례도 있다.

멜라민은 약독성(弱毒性)을 가지나 신장기능이 약한 신생아 및 유아들에게서 치명적일 수 있다. 그리고 신장결석도 생길 수 있고 신부전으로 생명을 잃을 수도 있다. 실제로 중국에서는 젖먹이아이가 3명 죽은 사례가 있다. 그러나 소량의 멜라민은 인체의 대사와 관계가 없어 대소변으로 배출된다.

그러나 미국 FDA의 위험기준은 1일 0.63 mg/kg (성인 몸무게 60 kg인 기준은 1일 37.8 mg씩 매일 섭취), 유럽 식품안전청(EFSA)은 1일 0.5 mg/kg(성인 몸무게 60 kg인 기준은 1일 30 mg씩 매일 섭취)으로 정해 그 이상의 검출은 문제시한다.

한편 2007년 이후 2009년에 중국산 제품의 멜라민 파동으로 과자류, 건빵 등을 폐기한 사례가 있다. 우리나라의 특수 용도식품 등의 멜라민 기준은 <표 5-10-1>과 같다.

〈표 5-10-1〉 특수 용도식품 등의 멜라민 기준

대 상 식 품	기 준
• 특수 용도식품 중 영아용 조제식, 성장기용 조제식, 영 · 유아용 곡류조제식, 기타 영 · 유아식, 특수의료용도 등 식품 • 「축산물의 가공기준 및 성분규격」에 따른 조제분유, 조제우유, 성장기용 조제분유, 성장기용 조제우유, 기타조제분유, 기타조제우유	불검출
• 상기 이외의 모든 식품 및 식품첨가물	2.5 mg/kg 이하

7. 부정·불량 식품과 윤리·도덕

부정식품과 불량식품의 한계와 범위를 엄격하게 구분하기는 어렵지만 부정(不正)은 바르거나 옳지 않은 것을 말하여 부정식품은 영어로 'insanitary(harmful) food'이라고 하며, 불량(不良)은 어떤 물건의 질이나 기능이 좋지 못한 것을 뜻하며 불량 식품은 'adulterated food'이라고 구별하여 사용하고 있다. 여기선 이들 모두를 통틀어 부정·불량 식품으로 논하고자 한다.

인간은 마음(가슴)속에 선과 악이 같이 공존하고 있어서 그런지 인간의 탈을 쓰고 파렴치한 행동을 할 때 슬프지 않을 수 없다. 우리가 늘 먹는 식품이나 음식물을 가지고 부정·불량 식품을 만든다는 것은 인간으로서 윤리·도덕적 가치 기준으로는 안 되는 줄 알면서, 일부 사람들 중에는 우연에서 비롯되는 경우도 있겠지만 물질적 욕심과 욕망으로 인해 이러한 악덕을 수없이 저지르는 것을 보아 왔다.

그러므로 이를 방어하기 위한 법적 규제로서 식품에 관련된 「식품위생법」으로부터 각종의 규제법이 제정·공포되어 왔다.

따라서 「식품위생법」 제4조(위해식품 등의 판매 등 금지), 제5조(병든 동물고기 등의 판매 등 금지), 제6조(기준·규격이 고시되지 아니한 화학적 합성품 등의 판매 등 금지), 제7조(식품 또는 식품첨가물에 관한 기준 및 규격), 제8조(유독기구 등의 판매·사용 금지) 등에 위배되었을 때는 부정·불량 식품으로 불리게 된다. 이 중에 대표적으로 「식품위생법」 제4조와 제5조,

제4조(위해식품 등의 판매 등 금지)

1. 썩거나 상하거나 설익어서 인체의 건강을 해칠 우려가 있는 것
2. 유독 · 유해물질이 들어 있거나 묻어 있는 것 또는 그러한 염려가 있는 것. 다만, 식품의약품안전처장이 인체의 건강을 해칠 우려가 없다고 인정하는 것은 제외한다.
3. 병(病)을 일으키는 미생물에 오염되었거나 그러할 염려가 있어 인체의 건강을 해칠 우려가 있는 것
4. 불결하거나 다른 물질이 섞이거나 첨가된 것 또는 그 밖의 사유로 인체의 건강을 해칠 우려가 있는 것
5. 제18조(유전자재조합식품 등의 안전성 평가 등)에 따른 안전성 평가대상인 농 · 축 · 수산물 등 가운데 안전성 평가를 받지 아니하였거나 안전성 평가에서 식용(食用)으로 부적합하다고 인정된 것
6. 수입이 금지된 것 또는 제19조(수입식품 등의 신고 등) 제1항에 따른 수입신고를 하지 아니하고 수입한 것
7. 영업자가 아닌 자가 제조 · 가공 · 소분한 것

제6조에서 규정한 부정·불량 식품의 내용을 열거하면 다음과 같다.

「식품위생법」 제4조에서 규정한 부정·불량 식품은 누구든지 다음 각 호의 어느 하나에 해당하는 식품 등을 판매하거나 판매할 목적으로 채취·제조·수입·가공·사용·조리·저장·소분·운반 또는 진열하여서는 아니 된다.

또 「식품위생법」 제5조에서 규정한 부정·불량 식품은 누구든지 보건복지부령으로 정하는 질병에 걸렸거나 염려가 있는 동물이나 그 질병에 걸려 죽은 동물의 고기·뼈·젖·장기 또는 혈액을 식품으로 판매하거나 판매할 목적으로 채취·수입·가공·사용·조리·저장·소분 또는 운반하거나 진열하여서는 아니 된다고 명시하고 있다.

그리고 앞에서 언급한 유해성 식품첨가물에서와 같이 제6조에서 규정된 부정·불량 식품은 누구든지 다음 각 호의 하나에 해당하는 행위를 하여서는 아니 된다. 다만, 식품의약품안전처장이 식품위생심의위원회의 심의를 거쳐 인체의 건강에 해칠 우려가 없다고 인정하는 경우에 그러하지 아니한다. (1) 제7조(식품 또는 식품첨가물에 관한 기준 및 규격에서 기준·규격에 고시되지 아니한 화학적합성품인 첨가물과 이를 함유한 물질을 식품첨가물로 사용하는 행위와 (2) 식품첨가물이 함유된 식품을 판매하거나 판매할 목적으로 제조·수입·가공·사용·조리·저장·소분·운반 또는 진열하는 행위는 부정·불량 식품으로 간주하게 된다.

또 한편으로는 부정·불량 식품이 인간에게 지대한 영향을 미쳤을 때에는 정부는 1969년부터 일찍이 「보건범죄 단속에 관한 특별조치법」 제2조에서와 같이 제정, 규제하여 과중한 벌금과 무거운 형벌, 즉 최대 무기나 사형을 규정하여 실행해 오고 있다.

> **제2조(부정식품제조 등의 처벌)** ①「식품위생법」 제37조(영업허가 등) 제1항과 제4항의 허가를 받지 아니하거나 신고를 하지 아니하고 제조, 가공한 사람,「건강기능식품에 관한 법률」 제5조(영업의 허가 등)에 따른 허가를 받지 아니하고 건강기능식품을 제조 · 가공한 사람, 이미 허가받거나 신고된 식품, 식품첨가물 또는 건강기능식품과 유사하게 위조하거나 변조한 사람, 그 사실을 알고 판매하거나 판매할 목적으로 취득한 사람 및 판매를 알선한 사람,「식품위생법」 제6조(기준 · 규격이 고시되지 아니한 화학적 합성품 등의 판매 등 금지), 제7조(식품 또는 식품첨가물에 관한 기준 및 규격) 제4항 또는「건강기능식품에 관한 법률」 제24조(기준 · 규격위반 건강기능식품의 판매 등의 금지) 제1항을 위반하여 제조 · 가공한 사람, 그 정황을 알고 판매하거나 판매할 목적으로 취득한 사람 및 판매를 알선한 사람은 다음 각 호의 구분에 따라 처벌한다.
> 1. 식품, 식품첨가물 또는 건강기능식품이 인체에 현저히 유해한 경우 : 무기 또는 5년 이상의 징역에 처한다.
> 2. 식품, 식품첨가물 또는 건강기능식품의 가액(價額)에 소매가격으로 연간 5천만원 이상인 경우 : 무기 또는 3년 이상의 징역에 처한다.
> 3. 제1호의 제를 범하여 사람을 사상(死傷)에 이르게 한 경우 : 사형, 무기 또는 5년 이상의 징역에 처한다.
>
> ② 제1항의 경우에는 제조, 가공, 위조, 변조, 취득, 판매하거나 판매를 알선한 제품의 소매가격의 2배 이상 5배 이하에 상당하는 벌금을 병과(倂科)한다. [전문개정 2011. 4. 12]

매년 수많은 부정·불량 식품 사건이 있지만 지난 과거에 있었던 사례 몇 가지를 요약하면 다음과 같다.

1) 한국의 부정·불량 식품 사건

① **농산물** 농산물 중 1980년대 이전엔 가을 김장철이 되면 가짜 고춧가루 사건이 유명했다. 당해 여름에 태풍이나 병충해가 심해 작황이 아주 나쁜 해일 때엔 비싼 진짜 고춧가루에 적색색소인 Sudan 1, 3, 4를 톱밥에 섞어 가짜 고춧가루로 시장이나 음식점 등에 판매한 것이 자주 발생하여 물의를 일으켜 왔다.

또 비싼 참기름도 값이 싼 다른 기름이나 공장에서 나온 폐유에 향료 등을 섞어 가짜 참기름으로 둔갑하여 판매된 사례도 종종 있어 왔다. 이러한 부정·불량 식품의 사례들은 우리사회에 윤리·도덕을 저버린 악덕상술의 단면이 아닌가 싶다.

② **축산물** 축산물의 경우 가짜한우갈비 사건이 가끔 발생했다. 백화점, 마트 등에서 판매한 비싼 한우갈비가 수입소갈비나 한우갈비에 젖소·비육우 등의 고기를 붙여 대량 납품된 가짜 한우갈비로, 부정·불량 식품으로 걸려 입건·조사받는 사례가 가끔 보도된 바 있다.

최근엔 빵집 주인이 장사가 잘 되지 않으니까 인근에 있는 다른 빵집의 식빵에 몰래 죽은 쥐를 넣어 만든 혐오한 식빵이 판매된 사건이 있었는데, 사람으로서 경악을 금하지 않을 수가 없다. 정말로 윤리·도덕을 상실한 광란의 질주가 아닌가 싶다. 그런데 아이러니하게 일본에서도 이와 똑같은 유형의 사건이 최근에 발생했다는 보도를 접할 때 인간의 비애가 느껴지지 않을 수 없다.

2) 외국의 부정·불량 식품 사건

① 수입된 조기에 납(Pb)덩어리를 넣은 사건 1990년대 이후 중국과 교류하면서 국내에 농수산물의 수입이 급증하기 시작하면서 수산물 중 값비싼 조기에다 중량을 늘리기 위해 납(Pb)덩어리를 인위적으로 넣은 사건은 전형적인 부정·불량 식품의 한 예로, 도저히 상식적으로 납득이 안 되는 파렴치한 행동이 아닌가 싶다.

또 중국인 작가인 저우칭이 『중국 식품이 우리 몸을 망친다』란 책에 실은 생선의 생장을 촉진하기 위하여 피임약을 바닥에 깐 양어장, 머리카락으로 만드는 간장 등 해괴한 사건들을 볼 때 비도덕성의 하나가 아닐 수 없다.

② 우유와 분유, 과자, 건빵 등의 melamine 첨가 사건 2008년도 중국에서 수입한 조제분유, 첨가물 등에서 있었던 사건을 보면 아래와 같다. 물에 탄 우유나 분유, 과자, 건빵, 사료 등에 단백질 함량을 높이기 위해 단백질 대신 다량의 질소(N)를 함유한 melamine 미세분말을 이들 식품에 넣음으로써 한국, 미국 등에서 문제가 되었던 사건이었다. 특히 건빵은 제조 시 첨가하는 팽창제인 탄산수소암모늄에서 멜라민이 검출되었으며, 과자나 음료수는 제조 시 철(Fe)분 강화를 목적으로 첨가되는 피로인산제이철에서 melamine이 검출되어 사회문제가 된 사건이었다. 그러나 분유 등을 매일 먹는 신생아나 어린이들에게는 신장 등에 문제가 되므로 부정·불량 식품은 근절되어야 할 것이다.

따라서 인간의 귀중한 생명을 건강하게 유지·보존하기 위해서는 이와 같은 사고의 윤리와 도덕은 지구상에서 없어져야 될 것이라고 생각된다.

8. 표시위반식품과 윤리·도덕

표시위반식품도 넓게는 부정·불량 식품의 범주에 들어간다고 볼 수 있으나 여기서는 별도로 취급하였다. 표시위반식품은 올바른 정보를 제공하지 않은 식품이라고 볼 수 있다.

「식품위생법」 제10조(표시기준)에서 판매를 목적으로 하는 식품 또는 식품첨가물은 표시하여야 하고 기준·규격이 정하여진 기구 및 용기·포장에도 표시, 유전자 재조합기술을 활용하여 재배·육성한 농·축·수산물 등을 원료로 하여 제조·가공한 식품 또는 식품첨가물인 유

제13조(허위표시 등의 금지) ① 누구든지 식품 등의 명칭 · 제조방법, 품질 · 영양표시 및 식품이력추적관리 표시에 관하여는 허위표시 또는 과대광고를 하지 못하고 포장에 있어서는 과대포장을 하지 못하며, 식품 또는 식품첨가물에는 의약품과 혼동할 우려가 있는 표시를 하거나 광고를 하여서는 아니 된다. 식품 또는 식품첨가물의 영양가 · 원재료 · 성분 · 용도에 관하여도 같다. (개정 2010. 2. 4)

② 제1항에 따른 허위표시, 과대광고 및 과대포장의 범위와 그 밖에 필요한 사항은 보건복지부령으로 정한다. (개정 2010.1.18)

전자 재조합식품에도 표시하여야 하며 표시에 관한 기준이 정하여진 식품 등은 그 기준에 맞는 표시가 없으면 판매하거나 판매할 목적으로 수입·진열·운반하거나 영업에 사용하여서는 아니 된다고 규정하고 있다.

아울러 「식품위생법」 제11조(식품의 영양표시 등)도 하여야 하고 더 나아가 아래와 같이 법 제13조(허위표시 등의 금지)도 준수하여야 함을 볼 수 있다.

다음은 지난 과거의 표시위반식품 등에 대해 몇 가지만 열거한다.

① 원산지 표시가 허위인 경우 과거 우리나라에서도 농·수·축산물의 원산지 표시가 종종 허위 표시가 있어 왔다. 그 원산지에서 생산되는 곳은 이름이 잘 알려진 유명특산지를 인용하는 경우가 많았다. 가령 그 일예로 밤의 경우 전국에서 나는 밤은 시장에서 '공주밤'으로 표시하는 경우라든가 '굴비, 조기' 하면 국산이든 수입이든 대부분 '영광굴비, 조기'로 표시하여 둔갑하는 경우가 많았다. 특히 요즘 음식점의 경우 국내산이나 외국산의 원산지 표시 때문에 식품의약품안전처나 국립수의과학원 및 보건소 등으로부터 지적을 받는 업소가 있어 왔다. 앞으로는 표시위반 식품이 되지 않도록 적극적으로 노력하여야 할 것이다.

② 가공·제조·조리식품의 표시가 허위인 경우 대부분의 식품회사들은 겉포장에 내용이 잘 표시가 되어 있지만 과거 일부 업체에서는 허가 등을 받지 않고 가공·제조 판매하는 경우도 있고, 가공·제조식품 중 건강기능성 식품의 경우는 어떤 사고가 발생했을 경우 원료나 함량 등이 미달되거나 표기가 제대로 안 됨으로써 문제가 된 경우가 많았다.

또 유통기한이 지난 제품을 다시 고쳐 허위로 표시해 판매한 경우도 많이 보도된 바 있었다. 그리고 과대광고도 수없이 많았던 것으로 기억된다. 아무튼 이루 말할 수 없이 많은 사건이 발생된 것을 우리는 반성하며 앞으로는 우리가 먹는 식의약품만은 양심적이고 윤리, 도덕적으로 문제가 없도록 노력하여야 할 것이다.

따라서 해당식품에 대한 불만이나 소비자의 피해가 있는 경우 신속하게 신고하도록 하기 위해 "식품의 용기·포장에 '부정·불량 식품 신고는 국번없이 1399'의 표시를 하여야 한다."라고 식품 등의 표시기준에 명시되어 있다.

F·O·O·D·H·Y·G·I·E·N·E

6

허용된 식품첨가물

제 1 장

식품첨가물의 정의와 분류, 규격 및 기준

1. 식품첨가물의 정의

우리나라 「식품위생법」 제2조 정의에서 **'식품첨가물(食品添加物, Food additives)'**이란, "식품을 제조·가공 또는 보존하는 과정에서 식품에 넣거나 섞는 물질 또는 식품을 적시는 등에 사용되는 물질을 말한다. 이 경우 기구(器具)·용기·포장을 살균·소독하는 데에 사용되어 간접적으로 식품으로 옮아갈 수 있는 물질을 포함한다."라고 규정하고 있다.

1955년도에 설립된 FAO/WHO의 합동 식품첨가물 전문가위원회(The Joint FAO & WHO Expert Committee on Food Additives)에서는 "식품의 외관, 향미, 조직 또는 저장성을 향상시킬 목적으로 식품에 의도적으로 보통 미량으로 첨가되는 비영양성 물질"이라고 정의하고 있다.

그러나 원료농작물의 농약, 가축 사육과 물고기 양식의 약제는 식품 중의 잔류성분(chemical residue)으로, 식품의 제조, 가공, 보존 과정에서 이행되는 오염물질(chemical migrant)은 첨가물로 취급되지 않는다.

미국의 경우 1958년에 개정된 「식품첨가물법」에서 식품에 첨가되는 모든 물질은 GRAS (generally recognized as safe)를 제외하고는 시판되기 전에 그 제조자에 의해 안정성이 증명되어야 한다고 규정하고 있다. 1960년 FDA는 600여 개의 물질을 GRAS로 정해 목록을 만들었다. 그 이후 유엔기구인 JECFA(Joint FAO/WHO Expert Comminittee on Food Additives)에서 식품첨가물 안전과 1996년부터는 세계무역기구(WTO)의 발족으로 국제식품규격위원회(Codex Alimentarius Commission)에 의한 국제식품규격에서 첨가물도 다루게 되었다.

이와 같은 정의를 종합해 볼 때, 식품첨가물이란 식품 원래의 구성성분이 아니면서 식품에 첨가 또는 혼입된 물질로 뚜렷한 사용 목적을 지니며, 식품에 사용했을 때 안전성이 실증되던지 입증되어야 한다.

2. 식품첨가물의 분류

2015년 5월 『식품첨가물공전(食品添加物公典)』의 식품첨가물 종류는 화학적 합성품 408종, 천연첨가물 197종, 혼합제제 7종으로 총 612종이 허용되어 있으며, 여기서는 주로 화학적 합성품을 다루고 천연물 식품첨가물이나 혼합제제는 사용 제한에 한해 다루기로 한다.

식품첨가물은 사용 목적에 따라 식품의 부패와 변질을 방지할 목적으로 사용하는 경우, 식품의 기호성 증대와 관능을 만족시킬 목적으로 사용하거나 식품의 제조 및 품질개량과 유지를 위하여 사용되는 식품첨가물, 사용량 및 농도, 사용 목적, 사용방법 등은 우리나라 『식품첨가물공전』에 규정되어 있다.

식품첨가물을 사용 목적에 따라 분류해 보면 다음과 같다.

① **식품의 변질 및 부패를 방지하는 첨가물** 보존료, 살균제, 산화방지제

② **기호관능을 만족시키는 첨가물** 착색료, 발색제, 표백제, 감미료, 조미료, 산미료, 당료, 소맥분 처리제

③ **식품의 품질개량 및 유지 등 제조에 관한 첨가물** 밀가루개량제, 품질개량제, 품질유지제, 팽창제, 호료, 유화제, 용제, 소포제, 보습제(water holding capacity 증대), pH 조정제

④ **영양 강화에 관한 첨가물** 강화제

⑤ **기타**

또 식품첨가물은 합성 여부에 따라 화학적 합성품과 천연첨가물로 나눌 수 있는데, 우리나라 「식품위생법」 제2조 정의에 의하면 **화학적 합성품(化學的合成品)**이란 "화학적 수단으로 원소(元素) 또는 화합물에 분해반응 외의 화학반응을 일으켜서 얻은 물질"이라고 하고, **천연첨가물(天然添加物)**이란 화학적 합성품 이외의 식품첨가물로서 자연계에 존재하는 천연 물질을 원료로 하여 이것을 분해, 추출, 가열, 증류, 효소처리 또는 발효 등의 수단으로써 제조하여 얻어지는 물질을 의미한다.

그 외 **혼합제제(混合製劑)**란 식품첨가물을 2종 이상 혼합하거나, 1종 또는 2종 이상 혼합한 것을 희석제와 혼합 또는 희석한 것을 말한다.

현재 사용되고 있는 식품첨가물은 현재 그 유해성이 인정되지 않았을 뿐이지 유해성이 입증되면 언제든지 사용 금지될 수 있다. 따라서 허용된 식품첨가물일지라도 잘못 사용하거나 과량으로 사용할 경우에는 식중독을 유발할 수도 있으므로 사용 대상품목 및 사용량, 방법 등에 따라 최소한의 양을 사용하여야 한다.

3. 식품첨가물의 기준 및 규격

식품첨가물의 사용은 대상식품과 사용 목적, 잔존량, 사용방법 등 실제적 효과 및 안전성에 기초를 두고 최소한의 양을 사용해야 하며 규정된 내용에 따라 사용하여야 한다. 사용기준은 식품의 1일 섭취허용량(ADI), 식품의 섭취량, 유효농도 등을 고려하여 결정되는데, 안전성이 큰 식품첨가물은 사용기준에서 제외되어 있다.

또 모든 식품첨가물에는 표시기준이 규정되어 있다. 특히 허위표시를 하여서는 절대 안 된다. 식품의 가공 및 제조 또는 저장 중의 문제점을 감추기 위한 수단이나 방법으로 오용되어서는 안 되며, 식품첨가물의 사용으로 심각한 영양상의 손실을 초래할 경우에도 그 사용은 고려되어야 한다.

식품첨가물의 제조기준에서 천연첨가물의 제조에 사용되는 추출용매는 『식품첨가물공전』에 수재된 것으로서 개별규격에 적합한 것이어야 한다. 개별규격에 적합한 추출용매로는 메틸알코올(methyl alcohol), 아세톤(acetone), 삼염화에틸렌(trichloroethylene) 및 염화메틸렌(methylene chloride)이 있다.

또한 식품가공기술의 발달과 함께 가공식품의 종류와 형태가 다양해지면서 식품첨가물의 사용이 늘어나는 추세이며 그 종류 또한 늘어나고 있어 이들 식품첨가물의 안전성에 대한 관심이 증대되고 있다. 각 나라마다 기준과 규격이 있지만 우리나라는 1973년에 『식품첨가물공전』이 처음 작성, 공포되었고 그 이후 여러 번 개정, 발간되었으며 기준과 규격이 상세히 수록되어 있다.

제 2 장

각종 식품첨가물

1. 화학적 합성품

1) 합성보존료(**保存料**, preservatives, antimicrobial agents)

식품의 변질, 부패의 원인 가운데 특히 미생물의 증식에 의해서 일어나는 식품의 부패나 변질을 방지하고 보존성을 향상시킬 목적으로 사용되는 물질로 미생물의 증식을 억제하는 정균작용을 나타내어 보존기간을 연장시키는 물질이다.

현재 허용된 보존료는 데히드로초산 및 데히드로초산나트륨, 파라옥시안식향산 에스테르류를 제외하고는 모두가 pH가 산성 영역에서 보존효과를 나타내는 **산형보존료(酸型保存料)**이다. 따라서 이들 산형보존료의 사용에는 보존효과를 나타내는 pH로 조정하여 사용기준에 따라 사용하여야 한다. 산형보존료인 경우 pH가 낮을수록 비해리분자가 증가하는데, 이들 비해리분자는 해리분자에 비하여 미생물의 세포막이나 원형질막을 쉽게 통과하기 때문에 보존효과가 나타나게 된다. 파라옥시안식향산 에스테르류의 경우는 에스테르를 구성하는 알코올의 탄소 수가 적을수록 보존효과는 커진다.

보존료의 사용효과는 식품의 pH, 미생물의 오염 정도, 가열, 식품에서의 용해와 분산 정도 및 병용 여부 등에 따라 영향을 받는다. 보존료의 사용기준을 보면 <표 6-2-1>과 같다.

(1) 데히드로초산나트륨(sodium dehydroacetate, DHA-S)

주로 치즈, 버터, 마가린 등의 보존제로 사용되며, 중합인산염과의 병용시 착색방지 등의 효과도 있다. 곰팡이와 효모에 대해서 강한 보존효과를 나타내나 젖산균이나 *Clostridium*속에는 거의 효과가 없는 것으로 알려져 있다.

DHA-S는 수용성으로 물이나 메탄올에 잘 녹으며 유기용매에는 잘 녹지 않는다. 120℃에서 2시간 정도의 가열이나 광선에도 안정한 것으로 알려져 있다.

〈표 6-2-1〉 허용 합성보존료와 사용기준

보 존 료	사 용 기 준	
	사 용 식 품	첨 가 량
데히드로초산나트륨(DHA-S)	치즈, 버터류 및 마가린류 외 사용 금지	데히드로초산으로서 0.5 g/kg 이하
소르빈산(sorbic acid) 소르빈산칼륨 소르빈산칼슘	① 치즈(자연치즈 및 가공치즈) ② 식육가공품(포장육, 양념육류, 분쇄가공육제품, 갈비가공품, 식육추출가공품, 식용우지, 식용돈지 제외), **고래고기제품**, **어육가공품**, **성게젓**, **땅콩버터**, **모조치즈** ③ **염분 함량 8% 이하의 젓갈류**, **된장**, **고추장**, 춘장, **청국장**(단, 비건조제품에 한함), **혼합장**, **어패건제품**, **팥 등 앙금류**, **절임류**(식초절임 제외), 알로에 전잎 및 알로에 겔건강기능식품(단, 두 가지 이상의 건강기능식품원료를 사용하는 경우에는 알로에 건강기능식품에 한함), **플라워페이스트**, **드레싱**, **파인애플 농축과즙**, **망고처트니** ④ **잼류** ⑤ **건조과실류**, **토마토케첩**, **식초절임**, **당절임**(건조당절임 제외) ⑥ **과실주** ⑦ **발효음료류**(살균한 것은 제외) ⑧ **마가린류** ⑨ **저지방 마가린**(지상스프레드) ⑩ **당류가공품**(당류를 원료로 하여 제조한 것으로 건과류, 빵류, 아이스크림 등 식품에 도포, 충전 등의 목적으로 사용되는 시럽상 또는 페이스상에 한함)	소르빈산으로서 ① **3.0 g/kg 이하**(프로피온산, 프로피온산나트륨 및 프로피온산칼슘과 병용시는 소르빈산 및 프로피온산의 사용량의 합계가 3.0 g/kg) ② **2.0 g/kg 이하** ③ **1.0 g/kg 이하**(안식향산, 안식향산나트륨, 안식향산칼륨, 안식향산칼슘, 파라옥시안식향산메틸, 파라옥시안식향산에틸, 파라옥시안식향산프로필, 프로피온산, 프로피온산나트륨 및 프로피온산칼슘과 병용시는 소르빈산, 안식향산, 파라옥시안식향산 및 프로피온산의 사용량의 합계가 1.0 g/kg 이하) 당류가공품(당류를 주원료로 하여 제조한 것으로 건과류, 빵류, 아이스크림류 등 식품에 도포, 충전 등의 목적으로 사용되는 시럽상 또는 페이스트상에 한함) ④ **1.0 g/kg 이하**(안식향산, 프로피온산 등 병용할 때 합계가 1.0 g/kg 이하) ⑤ **0.5 g/kg 이하** ⑥ **0.2 g/kg 이하** ⑦ **0.05 g/kg 이하** ⑧ **1.0 g/kg 이하**(안식향산, 프로피온산 등 병용할 때 합계가 1.0 g/kg 이하) ⑨ **2.0 g/kg 이하**(안식향산, 프로피온산 등 병용할 때 합계가 2.0 g/kg 이하) ⑩ **1.0 g/kg 이하**
안식향산(benzoic acid) 안식향산나트륨 안식향산칼슘 안식향산칼륨	아래의 식품 이외에 사용하여서는 안된다. ① **오이초절임**, **마요네즈** ② **잼류**, **마가린류** ③ **과일·채소류음료**(비가열제품 제외), **탄산음료류**(탄산수 제외), **기타**(분말음료 제외), **인삼음료**, **홍삼음료** , **간장** (한식, 양식, 산분	안식향산으로서 ① **1.0 g/kg 이하** ② **1.0 g/kg 이하**(소르빈산, 소르빈산칼륨, 파라옥시안식향산메틸, 파라옥시안식 향산에틸, 파라옥시안식향산프로필, 프로피온산, 프로피온산나트륨 및 프로피온산칼슘과 병용시는 소르빈산, 안식향산, 파라옥시안식향산 및 프로피온산의 사용량의 합계가 1.0 g/kg 이하)

(계속)

보존료	사용기준	
	사용식품	첨가량
	해 효소 등) ④ **알로에 전잎 및 알로에겔건강기능식품**(단, 두 가지 이상의 건강기능식품원료 또는 제품을 사용하는 경우에는 알로에 건강기능식품에 한함) ⑤ **발효음료류** ⑥ **망고처트니★**(안식향산나트륨, 안식향산칼륨)	마가린류[소르빈산 및 소르빈산칼륨과 병용할 때는 소르빈산 및 안식향산의 사용량의 합계가 1.0 g/kg 이하. 단, 저지방마가린(지방스프레드)의 경우 사용량의 합계가 2.0 g/kg 이하로 그 중 안식향산의 사용량이 1.0 g/kg 이하] ③ **0.6 g/kg 이하** ④ **0.5 g/kg 이하** ⑤ **0.05 g/kg 이하**(안식향산나트륨, 안식향산칼륨, 안신향산칼슘은 발효음료에 사용 안 함) ⑥ **0.25 g/kg 이하**(파라옥시안식향산메틸이나 에틸과 병용할 때에는 안식향산 및 파라옥시안식향산의 사용량 합계가 0.25 g/ kg이하)
프로피온산 (propionc acid) 프로피온산나트륨 프로피온산칼슘	아래 식품 이외에 사용하여서는 아니된다. ① **빵 및 케이크류** ② **치즈**(자연치즈 및 가공치즈) ③ **잼류**	**프로피온산으로서** ① **2.5 g/kg 이하** ② **3.0 g/kg 이하**(소르빈산 및 소르빈산칼륨과 병용시는 소르빈산 및 프로피온산의 사용량의 합계가 3.0 g/kg 이하) ③ **1.0 g/kg 이하**(소르빈산 및 소르빈산칼륨, 안식향산, 안식향산나트륨, 안식향산칼륨, 안식향산칼슘, 파라옥시안식향산에틸, 파라옥시안식향산메틸 및 파라옥시 안식향산프로필과 병용시는 소르빈산, 안식향산, 파라옥시안식향산 및 프로피온산의 사용량의 합계가 1.0 g/kg 이하) 다만, 착향의 목적으로 사용하는 경우는 제한받지 아니한다.
파라옥시안식향산메틸 p-oxybenzoic acid esters 파라옥시안식향산에틸	① **캡슐류, 잼류** ② **망고 처트니, 간장류**(한식, 양식, 산분해·효소 등) ③ **소스류** ④ **과일·채소류음료**(비가열제품 제외), **기타음료**(분말음료 제외) 및 **인삼·홍삼음료, 식초** ⑤ **과일·채소**(표피부분에 한함)	**파라옥시안식향산으로서** ① **1.0 g/kg 이하**(잼류에서 소르빈산, 안식향산 등 병용할 경우 1.0 g/kg 이하) ② **0.25 g/kg 이하**(안식향산나트륨 및 파라옥시안식향산에틸과 병용시에는 각각의 합계가 0.25 g/kg 이하) ③ **0.2 g/kg 이하** ④ **0.1 g/L 이하** ⑤ **0.012 g/kg 이하**
2초산나트륨 (sodium diacetate)	① **빵류** ② **식용유지류**(향미유 제외), **식육가공품**(식육추출가공품 제외), **캔디류, 알가공품** ③ **소스류** ④ **견과류, 스프류**	**2초산나트륨으로서** ① **0.4% 이하** ② **0.1% 이하** ③ **0.25% 이하** ④ **0.05% 이하**

★ 망고처트니는 망고껍질을 벗기고, 자르거나 조각내거나 분쇄한 다음 설탕, 과채류, 식초, 마늘 등을 혼합하여 가열·가공한 것

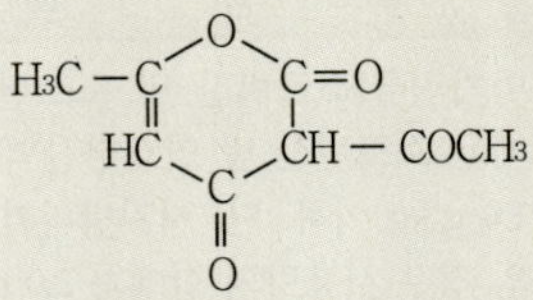

DHA

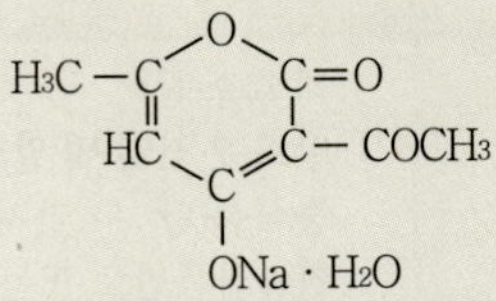

DHA-S

데히드로초산(DHA) 및 데히드로초산나트륨(DHA-S)의 만성독성에 대한 보고도 있어 사용기준에 따라 사용하여야 한다.

아울러 데히드로초산(DHA)과 데히드로초산나트륨(DHA-S)의 첨가량 사용기준이 데히드로초산으로서 0.5 g/kg 이하로 규정되어 있다. 그러나 두 물질은 분자량이 다르므로 만약 DHA-S로 첨가량을 계산하려면 다음과 같이 하여야 한다.

$$\text{DHA-S 상당량} = 0.5\ \text{g} \times \frac{\text{DHA-S 분자량}}{\text{DHA 분자량}} = 0.5 \times \frac{208.15}{168.15} = 0.618\ \text{g}$$

따라서 DHA 0.5 g은 DHA-S 0.618 g에 상당하는 셈이 된다.

(2) 소르빈산(sorbic acid : $CH_3CH=CHCH=CHCOOH$) 및 소르빈산칼륨(potassium sorbate : $CH_3CH=CHCH=CHCOOK$)

곰팡이 및 효모에 효과적인 보존제이나 젖산균이나 혐기성 포자형성균 등에는 효과가 없으며 초산, 젖산, 프로필렌글리콜 및 알코올 등에 녹여서 사용한다. 주로 어육햄, 소시지, 된장, 잼 및 케첩 등에 사용된다. 안전성이 우수하여 우리나라를 비롯하여 세계적으로 널리 사용되는 보존료이나 아질산과 함께 가열하면 발암물질을 생성한다는 보고도 있다.

sorbic acid는 무색의 침상 또는 백색의 결정성 분말로 열이나 광선에 안정하며 물에는 잘 녹지 않으나 열탕에 어느 정도 녹으며 에탄올에 녹는다. potassium sorbate는 sorbic acid보다 물에 녹기 쉬우며 장기간 방치하면 공기 중의 수분 흡수로 산화분해하여 착색이 일어난다. 이외에도 착향료로도 사용된다.

(3) 안식향산(benzoic acid) 및 안식향산나트륨(sodium benzoate), 안식향산칼륨(potassium benzoate), 안식향산칼슘(calcium benzoate)

항균작용이 있으며 benzoic acid는 물에는 잘 녹지 않으나 알코올, ether, acetone 등의 유기용매에는 잘 녹는다. sodium benzoate는 물이나 뜨거운 물에는 잘 녹으나 유기용매에는 잘 녹

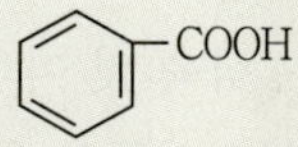

benzoic acid

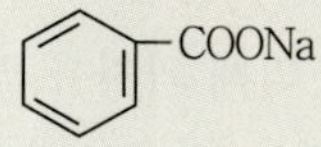

sodium benzoate

지 않으며 pH의 영향을 크게 받는다.

(4) 파라옥시안식향산메틸과 파라옥시안식향산에틸(methyl *p*-hydroxybenzoate & ethyl *p*-hydroxybenzoate)

파라옥시안식향산메틸, 파라옥시안식향산에틸의 2종이 허용되는데 간장이나 식초 등에 사용한다. 파라옥시안식향산부틸은 보존료로서 주류에 대하여 사용 허가되어 있다.

물에는 잘 녹지 않으며 알코올이나 에테르 등의 유기용매에 녹는다. 항균작용은 pH에는 큰 영향을 받지 않고 에스테르를 구성하는 알코올의 탄소 수에 영향을 받아 탄소 수가 많을수록 효과적이다. 안식향산보다 독성은 약하다.

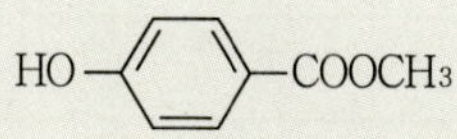

methyl *p*-hydroxybenzoate

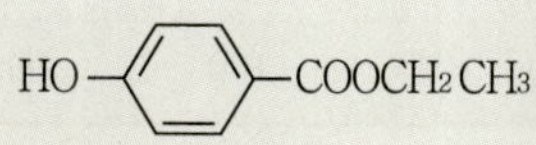

ethyl *p*-hydroxybenzoate

(5) 프로피온산(propionic acid : CH_3CH_2COOH), 프로피온산나트륨(sodium propionate : CH_3CH_2COONa) 및 프로피온산칼슘〔calcium propionate : $(CH_3CH_2COO)_2Ca \cdot 0 \sim 1H_2O$〕

물에 잘 녹고 열이나 햇빛에 안정하며 흡습성을 가진다. 냄새가 없거나 약간의 특이한 산취를 가지며 주로 빵이나 생과자 등에 있어서 곰팡이 및 *Bacillus subtilis*와 같은 호기성 포자형성균의 발육억제제로 사용된다. 산형보존료로 pH가 낮을수록 효과가 증대되기 때문에 제1인산칼슘이나 젖산 또는 초산 등을 pH 조정제로 병용하기도 한다.

calcium propionate는 빵반죽 시 물에 녹여 사용하며 효모와 함께 녹이면 효모의 작용을 약화시킨다. pH의 영향을 받기 때문에 제1인산칼슘과 같은 pH조정제를 병용하면 효과를 증대시킬 수 있다. 그러나 sodium propionate의 경우는 빵효모의 활성을 저하시키기 때문에 빵에는 사용되지 않는다.

sodium propionate는 생과자에 사용되는데 팽창제인 중조(중탄산나트륨)와 반응하여 불용성인 탄산칼슘을 생성하고 탄산을 발생시키지 않는다.

그리고 「보건범죄 단속에 관한 특별조치법 시행령」 제4조 부정식품의 유해기준 중 "인체에 현저한 유해" 기준에 의해 과자류, 빵류, 엿류, 시유, 식육 및 어육제품, 청량음료수, 장류, 주류, 분말청량음료에 허용 외 방부제가 함유된 경우 부정식품의 유해기준에 해당되어 최고의 처벌과 벌금을 물게 된다.

2) 합성살균제(殺菌劑, Bacteriocides)

미생물을 단시간 내에 사멸시키기 위하여 사용하는 것으로 주로 음료수, 채소 및 과일류, 식기류 및 손의 소독에 사용하는 첨가물이다. 현재 사용 허가된 살균제 중에서 차아염소산나트륨은 액체이지만 나머지는 분말이므로 물에 풀어서 사용한다. 이 염소계 살균제에서 살균력은 비해리형의 차아염소산(HClO)에 의해 유래되며 pH의 영향을 받는다. 비해리형 HClO는 pH가 낮아질수록 증가하고 이에 따라 살균력도 커지는 것을 <표 6-2-2> 통해 알 수 있다.

HACCP에서 채소·과일류 소독기준은 염소수 100 ppm에 10분 침지 후 흐르는 물에 행군다.

〈표 6-2-2〉 pH에 따른 비해리형 HClO의 변화량

pH	4.0	5.0	6.0	7.0	8.0	9.0	10.0
비해리형 HClO(%)	100	99.6	95.8	69.7	18.7	2.8	0.2

(1) 차아염소산나트륨(sodium hypochlorite : NaClO : 차아염소산소오다)

무색 또는 엷은 녹황색을 띠는 액체로 유효염소량은 2~15% 정도이다. 살균작용은 물속에서 아래와 같이 반응하여 생성되는 비해리형의 HClO의 농도에 영향을 받는다.

$$NaClO + H_2O \longrightarrow HClO + NaOH \qquad HClO \Longleftrightarrow H^+ + ClO^-$$

pH가 낮아질수록 비해리형의 비율이 증가하므로 살균작용은 증대된다. 그리고 열이나 광선 등에 의해서 분해되어 살균력의 주체인 유효염소가 감소하므로 냉암소에 보관하여야 한다. **유효염소**(有效鹽素, available chlorine)라 함은 차아염소산나트륨이나 표백분에 산을 가할 때 생기는 염소(Cl)를 말한다. 그리고 차아염소산나트륨(수) 및 함유하는 제제는 참깨에 사용해서는 안 되며 과일류, 채소류 등 식품의 살균 목적으로 사용하여야 한다. 한편 최종 식품의 완성 전에 제거하여야 한다.

(2) 고도표백분(calcium hypochlorite)

표백분과 고도표백분은 백색~유백색의 과립 또는 분말로 유효염소량은 표백분이 25~40%

이고 고도표백분이 약 70% 정도이다. 공기, 수분, 일광 및 열에 의하여 유효염소량이 감소된다. 유기물과의 산화분해로 발생되는 염소에 의하여 살균작용을 나타내며 표백작용이 있다. 사용기준이 없다. 그러나 채소나 과일의 소독에는 유효염소 50~100 ppm, 식기나 기구의 소독에는 100~200 ppm의 용액에 수 분간 담가두면 된다. 손은 100 ppm의 용액에 닦으면 소독이 된다. 표백분은 지정되었다가 지금은 삭제되었다.

(3) 이산화염소(chlorine dioxide, ClO_2)

이산화염소는 빵류 제조용 밀가루 이외의 식품에 사용하여서는 아니 된다. 이산화염소의 사용량은 빵류 제조용 밀가루에 있어서는 30 mg/kg 이하이어야 한다. 다만, 이산화염소수 제조장치를 통하여 제조되는 이산화염소수는 과실류, 채소류 등 식품의 살균 목적으로 사용하여야 하며, 최종 식품의 완성 전에 제거하여야 한다. 그 밖에 살균제로도 사용되고 있다.

(4) 오존수(ozone water)

오존수 및 이를 함유하는 제제는 과실류, 채소류 등 식품의 살균 목적으로 사용하여야 하며, 최종 식품의 완성 전에 제거하여야 한다.

(5) 차아염소산수(hypochlorous acid water)

차아염소산수 및 이를 함유하는 제제는 과실류, 채소류 등 식품의 살균 목적으로 사용하여야 하며, 최종 식품의 완성 전에 제거하여야 한다.

3) 산화방지제(酸化防止劑, Antioxidants)

산화방지제는 식품의 가공이나 저장 중 일어나는 변질 가운데 특히 지질 또는 지질을 함유하는 식품의 산패에 의한 변색, 이미, 이취 퇴색 등을 방지하거나 지연시킬 목적으로 사용되는 첨가물로 **항산화제(抗酸化劑)**라고도 한다.

산화방지제는 녹는 특성에 따라 수용성과 지용성으로 나눌 수 있는데, 수용성 산화방지제는 주로 색소의 산화를 방지하기 위한 목적으로 사용되며 erythorbic acid와 ascorbic acid 등이 속한다. 지용성 산화방지제에는 BHT, BHA 및 propyl gallate 등이 속하며, 주로 유지의 산화방지를 위하여 사용된다.

이러한 산화방지제는 유지의 산화과정 중에서 산화가 급격히 진행되는 대수기에는 효과가 없으며 산화의 진행이 느린 유도기 이전에 사용하여야 유지의 산화를 어느 정도 지연시킬 수 있다. 또한 지용성 산화방지제의 경우는 단독으로 사용하는 것보다 두 종류를 병용 사용하는 것이 산화방지 효과를 증대시킨다.

〈표 6-2-3〉 허용 산화방지제와 사용기준

산화방지제	사용기준	
	사용식품	첨가량
디부틸히드록시톨루엔 (dibutyl hydroxy toluene, BHT) 부틸히드록시아니졸 (butylhydroxy anisole, BHA) 터셔리부틸히드로퀴논 (tert-butyl hydroquinone, TBHQ)	① **어패냉동품**(생식용 냉동 선어패류 및 생식용 굴은 제외) **및 고래 냉동품(생식용은 제외)의 침지액** ② **추잉껌** ③ **식용유지, 식용우지, 식용돈지, 버터류, 어패건제품 및 어패염장품** ④ **식육**(가금류에 한함) ⑤ **체중조절용 조제식품 및 시리얼류** ⑥ **마요네즈**	① **1 g/kg 이하**(BHA와 TBHQ 병용시는 사용량의 합계가 1 g/kg 이하) ② **0.75 g/kg 이하**(BHA와 TBHQ 병용시는 사용량의 합계가 0.75 g/kg 이하) ③ **0.2 g/kg 이하**(BHA와 TBHQ 병용시는 사용량의 합계가 0.2 g/kg 이하) ④ **0.1 g/kg 이하**(지방함량 기준) ⑤ **0.0 5g/kg 이하**(부틸히드록시아니솔과 병용시 사용량의 합계가 0.05 g/kg 이하) ⑥ **0.06 g/kg 이하 또는 0.14 g/kg 이하**
몰식자산프로필 (propyl gallate)	**식용유지, 식용우지, 식용돈지 및 버터류**	**0.1 g/kg 이하**
에리소르빈산(erythorbic acid) 에리소르빈산나트륨 (sodium erythorbate)	산화방지 이외의 목적에는 사용 금지	
비타민 C(L-ascorbic acid) L-아스코르빈산나트륨 (sodium L-ascorbate) L-아스코르빈산칼슘 (sodium L-ascorbate)	**사용 제한 없음**	**사용 제한 없음**
아스코르빌파르미테이트 (ascorbyl plamitate) 아스코르빌스테아레이트 (ascorbyl stearate)	아래의 식품 이외에 사용하여서 아니된다. ① **식용유지(향미유 제외), 식용우지, 식용돈지** ② **마요네즈** ③ **영·유아용 곡류제조식, 기타 영·유아식** ④ **조제유류, 영아용조제식, 성장기용조제식** ⑤ **기타식품**	① **아스코르빌팔미테이트나 스테아레이트 0.5 g/kg 이하**(L-아스코르빌스테아레이트나 아스코르빌팔미테이트와 각각 병용시는 사용량의 합계가 0.5 g/kg 이하) ② **0.5 g/kg 이하** ③ **0.2 g/L 이하**(표준조유농도에 대하여) ④ **0.05 g/L이하**(표준조유농도에 대하여) ⑤ **1.0 g/kg 이하**(단, 건강기능식품의 경우 제한받지 아니함)

(계속)

산화방지제	사용기준	
	사용식품	첨가량
비타민 E (DL-α-tocopherol)	사용 제한 없음	사용 제한 없음
이디티에이2나트륨 (disodium ethylenediamine tetraacetate) 이디티에이칼슘2나트륨 (calcium disodium EDTA)	아래의 식품 이외에 사용하여서는 아니된다. ① **통조림 또는 병조림** ② **드레싱, 소스류, 마가린류** ③ **캔 또는 병포장된 음료류** 단, 이디티에이2나트륨은 마가린류에는 해당되지 않고 이디티에이칼슘2나트륨은 마가린류에는 해당되나 소스류에 사용할 수 없다.	**무수이디티에이2나트륨으로** ① **0.25 g/kg 이하**(이디티에이칼슘2나트륨과 병용시는 합계가 0.25 g/kg 이하) ② **0.075 g/kg 이하**(이디티에이 칼슘2나트륨과 병용시는 합계가 0.075 g/kg 이하) ③ **0.035 g/kg 이하**(이디티에이 칼슘2나트륨과 병용시는 합계가 0.035 g/kg 이하)

산화방지제 이외에 자신은 항산화 효과가 없으나 산화방지제와 병용하면 사용된 산화방지제의 효과를 증대시키는 물질이 있는데 이러한 작용이 있는 물질을 **상승제(synergist)** 또는 **효력증강제**라고 한다. 이러한 상승제에는 구연산, 말레인산과 같은 유기산류와 폴리인산염 및 메타인산염 등과 같은 축합인산염 등이 속한다.

현재 사용 허가된 산화방지제는 <표 6-2-3>과 같다.

(1) 디부틸히드록시톨루엔(dibutyl hydroxy toluene, BHT), 부틸히드록시아니솔(butyl hydroxy anisole, BHA), 터셔리부틸히드로퀴논(tert-butyl hydroquinone, TBHQ)

BHT는 지용성으로 다른 산화방지제에 비하여 빛이나 가열에 대하여 안정하며 금속이온에 의한 착색이 일어나지 않는다. 유지에 대한 용해도가 높아 가공이나 저장 중에 효력 이행성이 크다. 대개 BHA와 병용 사용한다. 무색 또는 백색의 결정성 분말로 물이나 글리세린에는 녹지 않고 유지나 벤젠 및 아세톤과 같은 유기용매에 녹으며 무미, 무취이다.

BHA는 2-tert butyl-4-hydroxy anisole(2-BHA)과 3-tert butyl-4-hydroxy anisole(3-BHA)의 혼합물로서 보통 3-BHA가 90% 이상 함유되어 있는데 3-BHA가 2-BHA에 비하여 1.5~2배의 효력을 지닌다. BHT보다 효력 이행성이 크며 다른 항산화제인 BHT, 유기산 및 몰식자산프로필 등과 병용한다. 무색 또는 미황색의 결정으로 물에는 녹지 않고 에탄올이나 프로필렌글리콜 및 식용유 등에 잘 녹으며 약간의 냄새를 가진다. 열에는 안정하나 빛에는 불안정하다. 동물시험 결과 안전성에 문제가 제기되고 있어 대체품으로서의 항산화제의 개발이 시급한 실정이다. TBHQ는 불포화도가 큰 유지에 효과적인 페놀성 항산화제로 튀김유에 대량으로 사용되고 있다.

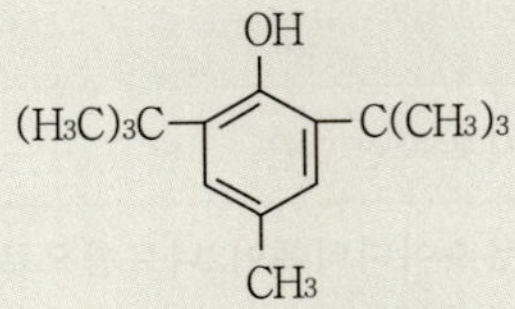

dibutyl hydroxy toluene(BHT)

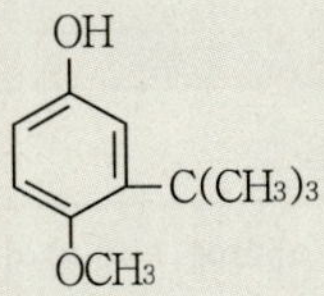

(2-BHA)

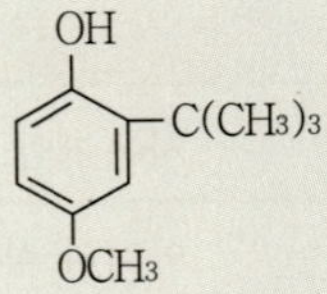

(3-BHA)

butyl hydroxy anisole

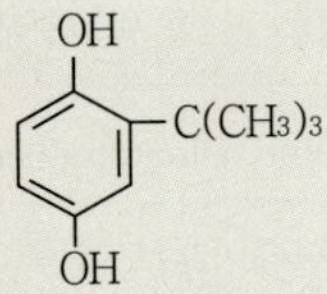

(TBHQ)

ter-tbutyl hydroquinone

(2) 몰식자산프로필(propyl gallate)

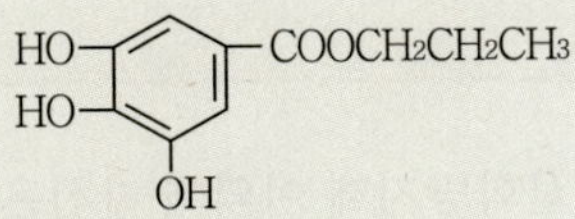

propyl gallate

몰식자산은 몰식자와 오배자의 탄닌을 가수분해하여 얻은 산이다. 유지의 산화방지 목적으로 항산화력은 강하나 유지에 대한 용해도가 낮아 가열식품에서의 효력 이행성은 낮은 것으로 알려져 있으며, 유기산이나 BHA와 병용 시 효력이 증가한다. 백색 내지 담황갈색의 결정성 분말로 약간의 쓴맛을 가지며 물에는 조금 녹고 알코올이나 에테르, 아세톤 등의 유기용매에 잘 녹는다. 열에는 비교적 안정하며 제2가 철이온과 반응시 자색을 나타낸다.

(3) 에리소르빈산(erythorbic acid) 및 에리소르빈산나트륨(sodium erythorbate)

아스코르빈산의 입체이성체로 갈변방지 및 육류의 발색이나 색소고정 등에도 사용된다. 비타민 C 효과는 아스코르빈산의 1/20이며 백색 내지 황백색의 결정성 분말로 냄새는 없으나 약간의 산미 또는 염미를 가진다. 에리소르빈산은 환원성이 강하고 열이나 빛에 약하다. 수용액은 공기 중에서 신속하게 분해되며 중금속이온에 의하여 산화가 촉진된다. 또한 에리소르빈산나트륨은 건조 상태에서는 공기 중에서 안정하나 수용액 상태에서는 금속이나 빛, 열 등에 의하여 분해된다.

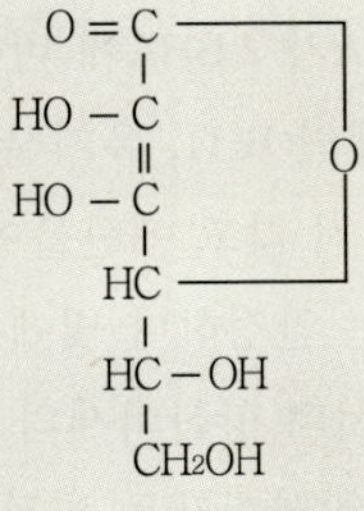

erythorbic acid

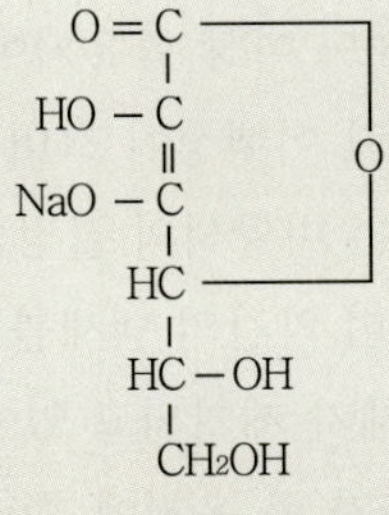

sodium erythorbate

(4) 비타민 C(L-ascorbic acid), L-아스코르빈산나트륨(sodium L-ascorbate)

주로 색소를 비롯한 유지 또는 유지 함유식품의 산화방지에 널리 사용되며, 비타민 C로서 강화제로도 사용된다. 이들 산화방지제는 사용기준이 없어 어떤 식품이나 첨가량이든 무한정 첨가할 수 있으나, 신맛이 있으므로 다량 첨가하면 기호관능상 제품에 문제가 생길 수 있어 적당량을 넣어야 한다.

(5) 아스코르빌 팔미테이트(ascorbyl palmitate), L-아스코르빌 스테아레이트(L-ascorbyl stearate)

백색 내지 담황색의 과일 향이 나는 분말로서 물이나 식물성 기름에는 녹지 않으나 알코올에는 녹는다. 비타민 C의 효력을 가지면서 유지나 유지 함유식품에 사용되며 비타민 C와는 달리 신맛이 없기 때문에 첨가에 따른 맛의 변화가 없는 것이 특징이라고 할 수 있다.

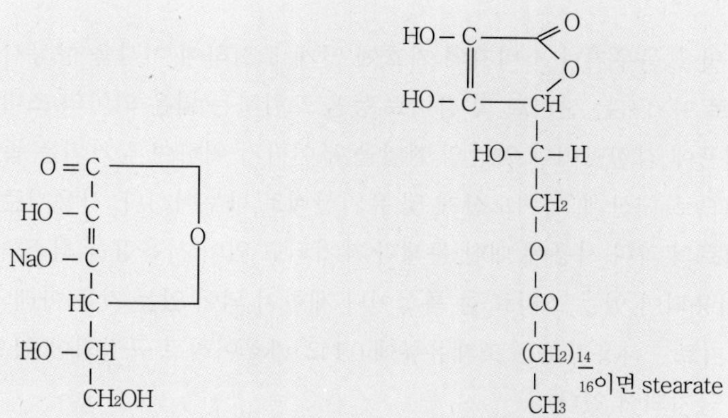

sodium L-ascorbate　　ascorbyl palmitate와 ascorby stearate

(6) 비타민 E (DL-α-토코페롤) α-토코페롤(혼합형)

천연항산화제로 혼합형은 D-α-tocopherol의 함량에 따라 고 α-형과 저 α-형으로 나누어지며 저 α-형인 경우 항산화제로만 사용되나 고 α-형인 경우 비타민 E로서도 사용된다. 투명한 적색을 띠는 점조성의 기름이며, 사용기준이 없다.

(7) 이디티에이 2나트륨(EDTA Na_2) 및 이디티에이 칼슘2나트륨(EDTA Ca Na_2)

산화방지작용은 EDTA가 금속이온과 강한 킬레이트(chelate) 화합물을 형성하여 금속이온을 봉쇄함으로써 유지의 변질이 되는 금속이온에 의한 산화를 방지하기 때문이다. 백색의 결정성 분말로 물에 잘 녹으나 약간의 짠맛이 있다.

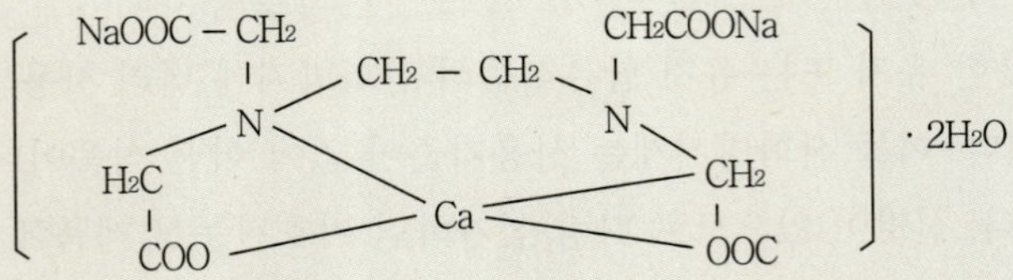

calcium disodium ethylenediamine tetracetate

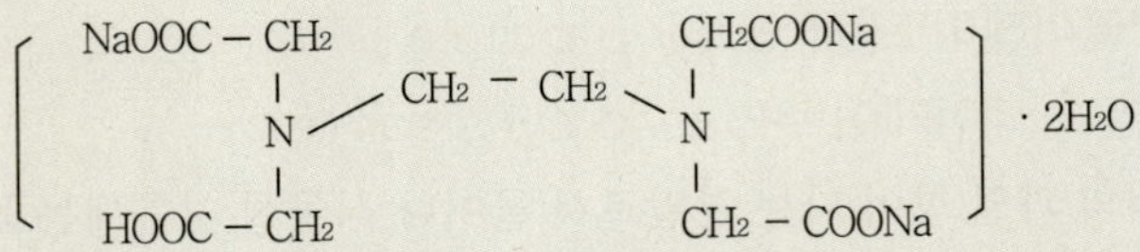

disodium ethylenediamine tetracetate

4) 조미료(調味料, Seasonings)

식품 본래의 맛을 돋우거나 소비자의 기호에 맞게 조절하여 미각을 향상시킬 목적으로 사용되는 첨가물로 여기서는 산미료 및 감미료 등을 포함하는 넓은 의미의 조미료가 아니라 이들을 제외한 식품에 감칠맛이나 약간의 짠맛을 부여하기 위하여 첨가되는 좁은 의미의 조미료를 말하는 것으로 핵산계, 아미노산계 및 유기산계로 나누어진다. 사용기준은 마련되어 있지 않으나 조미료의 과다 사용에 대한 문제가 제기되고 있어 사용량을 최소화하는 것이 바람직하다. 현재 허용되어 있는 조미료 중 특성이나 제한이 되어 있는 것은 아래와 같다.

① **핵산계 조미료**　사용기준은 조제유류에 0.142 g/kg 이하로 규정되어 있으며, 이 식품 이외에는 사용이 금지되어 있다.

그리고 5′-우리딜산이나트륨은 조제유류의 첨가량이 0.099 g/kg 이하로 규정되어 있으며, 이 식품 이외에는 사용이 금지되어 있다.

② **아미노산계 조미료**　L-글루타민산나트륨(MSG)은 1957년 국내에서 최초 생산되어 대표적으로 사용되었던 감칠맛의 조미료로 소위 '미원'이라는 상품명으로 불리어 왔으나 앞으로는 글루타민산나트륨으로 불려져야 할 것이다. 최근 L-테아닌(theanine)도 조미료로 지정되어 있다.

③ **유기산계 조미료**　유기산계는 특징에서 보듯이 감칠맛보다는 오히려 특이한 짠맛이나 신맛을 가지는 조미료가 대부분이다.

5) 합성감미료(甘味料, non-nutritive sweeners)

식품에 단맛을 부여하기 위해 사용되는 첨가물로 인공감미료의 사용이 증가하는 추세에 있는데 이는 대표적인 천연감미료인 설탕에 비하여 값이 싸고 갈변에 의한 식품의 품질변화

요인이 적을 뿐만 아니라 감미도가 크기 때문이다. 대부분 물에 잘 녹는다.

(1) 사카린나트륨(sodium saccharin, 용성사카린)

과거 한때 가장 널리 이용되던 인공감미료의 하나로 문제가 되었지만 1999년 안전성이 입증되어 국제암연구소는 발암물질목록에서, 2010년엔 미국 환경보호청(EPA)의 유해물질 리스트에서 삭제되었다. 물에 매우 잘 녹으며 대개 0.01~0.05%의 농도로 사용한다. 무색 또는 백색의 결정성 분말로 0.05% 이상에서는 쓴맛을 나타낸다.

사용기준은 아래의 식품 이외에는 사용금지되어 있다. 사카린나트륨으로

㉮ **젓갈류, 절임식품 및 조림식품** : 1.0 g/kg 이하

㉯ **김치류** : 0.2 g/kg 이하

㉰ **음료류(발효음료류 및 인삼·홍삼음료 제외)** : 0.2 g/kg 이하(단, 5배 이상 희석하여 사용하는 것은 1.0 g/kg 이하)

㉱ **어육가공품** : 0.1 g/kg 이하

㉲ **건강기능 영양소제품(단 두 가지 이상의 건강기능식품 원료를 사용하는 경우에는 영양소 사용함량 비율에 따름) 식품** : 1.2 g/kg 이하

㉳ **특수의료용도 등 식품(의약품, 치약 등에 첨가)** : 0.2 g/kg 이하

㉴ **체중조절용 조제식품** : 0.3 g/kg 이하

㉵ **시리얼류** : 0.1 g/kg 이하

㉶ **뻥튀기** : 0.5 g/kg 이하 이외에도 어린이용 식품 등 10여 종에 첨가하도록 『식품공전』에 수록되어 있다.

(2) 글리실리진산2나트륨(disodium glycyrrhizinate) 및 감초추출물(licorice extract)

글리실리진산2나트륨은 감초(甘草)의 감미성분인 glycyrrhizinic acid를 Na염과 결합시켜 만든 것으로, 설탕의 200배 정도의 감미를 가지며 물이나 글리세린에는 녹으나 알코올, 에테르 및 유지 등에는 녹지 않는다. **사용기준은 한식된장, 된장 및 간장류(한식간장, 양조간장, 산분해간장, 효소분해 및 혼합간장) 이외의 식품에는 사용이 금지되어 있다.** 아울러 감초추출물도 **간장, 된장, 과자류 및 청량음료 이외의 식품**에 사용하여서는 안 된다고 명시되어 있다.

(3) D-소르비톨(D-sorbitol), D-말티톨(D-maltitol), 아이소말트(isomalt), 자일리톨(xylitol), 만니톨(mannitol)

D-소르비톨 및 그 용액은 설탕의 0.7배로 청량한 감미를 가지는 백색의 분말로 포도당의 환원에 의하여 만들고 과자류의 습윤조정제, 과일통조림의 비타민 C 산화방지제, 냉동품의 탄력

〈표 6-2-4〉 허용 조미료의 종류

분류	조 미 료 명	특 성 등
아미노산계 조미료	L-글루타민산 L-글루타민산나트륨(monosodium L-glutamate, MSG) 및 칼륨 L-글루타민산암모늄	결정성 분말, 밀, 콩, 옥수수 등의 단백질을 가수분해하여 다량 생산, 다시마의 감칠맛 성분
	L-알라닌 DL-알라닌(alanine)	무색·백색 결정성 분말, 단백질 분해, 단맛성 지미, 합성 청주에 이용
	L-아스파르트산(L-aspartic acid)	아스파라긴산(L-asparaginic acid)이라고도 하며 백색의 결정성 분말을 얻음. 상쾌한 신맛과 감칠맛을 가지는 천연아미노산으로 물에는 잘 녹지 않고 산 및 알칼리에는 녹음. 과즙음료나 청량음료의 맛을 조절하는 데 사용
	L-아르기닌(L-arginine)	백색 결정성 분말로서 약한 특이한 냄새와 맛이 있음. 물에는 잘 녹고 에탄올에는 녹지 않음. 녹차의 감칠맛 성분으로, 강화제로 수산가공식품, 영양드링크, 건강식품 등에 사용
	L-티로신(L-tyrosine)	백색의 결정성 분말로서 냄새는 없고 약간 쓴 듯함. 물의 용해가 어렵고 알칼리 수용액에 녹음. 생체호르몬 강화제, 유유아식 강화제 등에 사용
	L-세린(L-serine)	백색의 결정성 분말로서 냄새는 없고 약간의 감미를 가짐. 물에는 녹으나 알코올에는 녹지 않음. flavor의 원료나 풍미 개선, 영양제로서 영양음료, 건강음료 등에 사용
	L-로이신(L-leucine)	백색광택의 박편상 결정의 분말로서 약간의 쓴맛과 독특한 풍미를 가짐. 물에는 약간 녹으나 알코올에는 녹지 않음. flavor의 원료나 풍미 개선, 영양강화제로 사용
	L-프롤린(L-proline)	백색의 결정성 분말로서 냄새가 없으며 약간의 쓴맛을 곁들인 단맛을 가짐. 물과 알코올에 모두 잘 녹는 유일한 아미노산임. 각종 식품의 맛 및 풍미 개선, 과즙음료, 청량음료, 영양강화제로 사용
	L-시스틴(L-cystine)	백색의 결정성 분말이며 냄새가 없고, 알코올에는 녹지 않고 묽은 염산, 수산화나트륨용액에는 녹음. 영양강화의 목적으로 조제분유 등에 첨가. 각종 식품의 풍미 개선 조미료 또는 flavor의 원료로 사용

(계속)

분류	조미료명	특성 등
아미노산계 조미료	글리신(glycine)	백색 결정성 분말, 단백질 분해, 단맛성 지미, 합성 청주, 식초, 간장, 과자 등에 사용
	타우린(taurine)	백색 결정성 분말, 오징어, 문어의 정미성분, 어패가공품의 맛, 풍미 증진
	베타인(beatine)	백색 결정성 분말, 오징어, 문어의 정미성분, 어패가공품의 맛, 풍미 증진
	L-글루타민(L-glutamine)	백색 결정성 분말, 단맛성 감칠맛, 강화제로 사용
	DL-페닐알라닌 (DL-phenylalanine)	백색의 분말, 약한 쓴맛을 가미한 단맛, 알코올에 녹지 않고 영양강화로서, 특히 쌀과자에 첨가함
	L-테아닌(L-theanine)	백색의 결정성 분말, 단맛을 가진 감칠맛 성분으로, 특히 녹차의 고유한 아미노산임
핵산계 조미료	5′-이노신산2나트륨 (disodium 5′-inosinate)	결정성 분말, 가쯔부시[katzuobushi(가다랑어포), かつぶし]의 감칠맛 성분, 효모의 핵산을 효소분해하여 다량 생산
	5′-구아닐산2나트륨 (disodium 5′-guanylate)	표고버섯의 감칠맛 성분, 효모의 핵산을 효소분해하여 다량 생산, 결정성 분말단백질 분해
	5′-리보뉴클레오티드2나트륨 및 칼슘 (5′-ribonucleotide-diNa)	결정성 분말, 감칠맛 성분, 효모의 단백질에서 다량생산, 단일 사용보다는 MSG와 병용하면 좋음
	5′-시티딜2나트륨 (disodium 5′-cytidylate)	무색·백색 결정성 분말, 조제유류에 한하여 0.42g/kg 이하로 사용할 것
	5′-우리딜2나트륨 (disodium 5′-uridylate)	무색·백색의 결정성 분말, 조제유류에 한하여 0.099g/kg 이하로 사용할 것
유기산계 조미료	구연산삼나트륨 (trisodium citrate)	시원한 짠맛 함유, 안정제, 완충제, 유화제, 당화촉진제로도 이용
	DL-사과산나트륨 (sodium DL-malate)	소금같은 짠맛 함유
	D- 및 DL-주석산나트륨 (sodium D-&DL-tartarate)	짠맛 함유, 합성 청주, 청량음료수 등에 사용
	호박산2나트륨 (disodium succinate)	약한 신맛 함유, 산성식품에 효과 강함
	호박산(succinic acid)	조개류의 정미성분, 특이한 신맛, 물에 난용, 합성 청주에 이용
	젖산나트륨(Na lactate)	무색 투명한 시럽상 액체, 합성 청주 등에 사용

과 선도 유지 등에 이용된다. D-말티톨은 0.8배 정도의 청량하고 은은한 감미를 가지며, 자일리톨은 설탕과 같은 정도의 감미를 가진다. 이들의 당알코올은 모두 사용기준이 없어 얼마든지 첨가할 수 있다. 이들도 된장류, 간장류에 사용하고 그 이외의 식품에는 사용해서는 안 된다.

(4) 아스파탐(aspartame)

아미노산계 감미료로 L-aspartic acid와 L-phenylalanine이 peptide결합한 L-aspartyl- L-phenylalanine methylester이다.

상쾌한 감미를 나타내며 감미도는 설탕의 180~200배이다. 약 1% 정도가 물에 녹고 알코올에는 잘 녹지 않는다. 설탕, 과당, D-xylose 및 D-sorbitol 등과 병용하면 상승효과가 있다.

사용기준 중 아스파탐 및 이를 함유하는 제제의 사용량은 빵류, 과자 및 이의 제조용 믹스에서는 0.5% 이하이어야 한다. 단, 기타 식품의 경우 제한 받지 아니한다. 그리고 향미증진제로도 사용된다.

(5) 스테비오사이드(stevioside)

사용기준은 식빵, 이유식, 백설탕, 갈색설탕, 포도당, 물엿, 벌꿀, 알사탕, 우유가공품, 성장기용 조제식에서는 사용해서는 안 된다.

(6) 아세설팜칼륨〔acesulfame potassium : acesulfame K($C_4H_4KNO_4S$)〕

비영양적 감미료로서 희고 냄새 없는 유리결정분말로 물에 잘 녹으나 에탄올에는 매우 천천히 녹는다. 향미증진제로서도 사용된다.

사용기준 : 사용량은

㉮ **과자, 팥 등 앙금류 : 2.5 g/kg 이하**

㉯ **추잉껌 : 5.0 g/kg 이하**

㉰ **잼류, 절임류, 빙과류, 아이스크림류, 아이스크림분말류, 아이스크림믹스류, 플라워페이스트 : 1.0 g/kg 이하**

㉱ **음료류, 가공유류, 발효유류, 조제커피 : 0.50 g/kg 이하**(단, 희석하여 음용하는 제품에서는 희석한 것으로)

㉲ **설탕 대체식품**(커피, 홍차 등에 직접 넣어 설탕을 대체하여 제공하는 것) : 12 g/kg 이하

㉳ **영양보충용 건강기능 식품**(단, 두 가지 이상의 건강기능식품 원료를 사용하는 경우에는 영양소 사용 함량 비율에 따름), **특수의료용도 등 식품, 체중조절용 조제식품 및 시리얼류 : 2.0 g/kg 이하**

㉴ **기타 식품 : 0.35 g/kg 이하**

㉮ **소스류 : 1.0 g/kg 이하**

㉯ **캔디류 : 1.0 g/kg 이하**

(7) 수크랄로스〔sucralose($C_{12}H_{19}Cl_3O_8$)〕

비영양적 감미료, 향강화제(flavor enhancer)로서 희고 부분적 냄새가 나는 분말로서 물, 알코올에 잘 녹고 ethyl acetate에는 서서히 녹는다. 사용기준은 다음과 같다.

㉮ **설탕 대체식품 : 12 g/kg 이하**

㉯ **추잉껌 : 2.6 g/kg 이하**

㉰ **과자 : 1.8 g/kg 이하**

㉱ **영양보충용 식품**(단, 두 가지 이상의 건강기능식품 원료를 허용하는 경우에는 영양소 함량비율에 따름), **특수의료용도 등 식품, 체중조절용 조제식 및 시리얼류 : 1.25 g/kg 이하**

㉲ **잼류 : 1.0 g/kg 이하**

㉳ **음료류, 가공유류, 발효유류, 조제커피 : 0.4 g/kg 이하**(희석하여 음용하는 제품에 있어서는 희석한 것으로서)

㉴ **기타 식품 : 0.58 g/kg 이하**

(8) D-리보오스(D-ribose), L-소르보오스(L-sorbose), D-키실로오스(D-Xylose)

D-리보오스와 L-소르보오스는 포도당 원료로 전자는 *Bacillus* 세균, 후자는 *Acetobacter* 세균을 배양해 발효 생산물을 정제하며 감미성 물질을 얻을 수 있다.

6) 산미료(酸味料, Acidulants)

식품에 알맞은 신맛을 부여하기 위하여 사용되는 첨가물로 사용 허가되어 있는 산미료는 인산을 제외하고는 모두 유기산류이다.

산미료는 신맛을 내는 것 이외에 소화액의 분비를 촉진하여 식욕을 향상시키는 효과도 있는데 산미료의 종류에 따라 맛이나 산미의 정도는 달라진다. 또한 부패세균이나 병원균과 같은 세균의 증식을 억제하는 항균작용도 있어 식품의 보존효과도 나타낸다. 식품첨가물로 허용된 산미료는 사용기준이 없다.

(1) 구연산(citric acid)

밀감, 레몬 등의 과실에 많이 들어 있으며 상쾌한 신맛을 나타내고 결정수가 없는 무수 구연산(citric acid, anhydrous)과 1분자의 결정수를 가지는 결정구연산(citric acid)이 있다. 무수 구연산이 결정 구연산에 비하여 1.1배의 신맛을 가지며 흡습성이 적어 분말주스나 분말음료의 제조에 사용되나 결정 구연산은 흡습성이 있어 청량음료나 주스, 젤리 등의 식품에 널리 사용된다.

(2) 글루코노-δ-락톤(glucono delta lactone)

온화한 산미를 가지며 빵 및 케이크나 과자류의 제조에 있어서 팽창제의 산제나 식육 및 어육연제품의 pH 강화제, 두부응고제 등으로 사용된다.

(3) 빙초산(glacial acetic acid), 초산(acetic acid)

빙초산(氷醋酸)은 16℃ 이하에서 결정성 덩어리를 형성하며 물로 희석하여 초산으로 한 다음 사용하고, 통상 식초로 부르는 주성분은 초산 함유량을 4~7%가 되게 한 것이 식초이다. 채소나 과일의 피클, 사과나 콘의 시럽, 케첩, 케이크 등에 빙초산 0.04% 내외로 첨가한다. 아울러 살균작용이 있어 가정의 저장식품으로 옛날부터 많이 애용해 왔다.

(4) DL-사과산(DL-malic acid)

약간 쓴맛의 산미를 가지고 있으며 주로 마요네즈나 마가린 등과 같은 W/O형의 유화 형태를 가지는 식품에 있어서 유화안정제를 겸한 산미료로 사용된다. L-사과산의 이성체로, 합성에 의하여 만들어지며 물에 잘 녹고 흡습성이 있다.

(5) 아디핀산(adipic acid)

버터나 사탕무즙 등에 미량 존재하며, 백색의 결정성 분말로 물에는 잘 녹지 않고 알코올에 잘 녹는다. 청량음료에 있어서 산미료나 젤리의 겔화, 팽창용 산제 등에도 이용된다.

(6) 이산화탄소(탄산가스, carbon dioxide, CO_2)

청량음료에서 청량감을 주기 위한 산미료로 이용되는데 물에 녹으면 탄산을 생성하여 상쾌한 산미를 나타낸다.

(7) 인산(phosphoric acid, H_3PO_4)

청량음료의 산미료나 양조용 pH조정제로 콜라 등에 이용된다.

(8) 젖산(lactic acid)

방부작용이 있어 발효공업이나 양조식품의 이상발효 억제 및 풍미 개선이나 청량음료에 있어서 산미료를 겸한 혼탁방지제로 이용된다. 떫은 맛을 가지는 산미료로 대개 젖산과 무수젖산의 혼합물로 순도는 젖산으로 85~92% 정도이며, 무색~담황색으로 시럽 형태의 액상이다.

(9) DL-주석산, L-주석산(DL- & L-tartaric acid)

주석산은 상쾌한 신맛을 가지나 약간의 떫은 맛을 나타내는 산미료로 포도나 식물계에 널리 분포하는 L-주석산과 합성품인 DL-주석산이 이용된다. 신맛은 구연산보다 1.2~1.3배의 신맛을 가진다. 다른 산미료와 같이 사용하면 좋다.

(10) 푸마르산, 푸마르산1나트륨(fumalic acid & monosodium fumarate)

말레인산의 이성체이며 모두 백색 결정성 분말로 주로 분말발포음료의 산미료로 이용되거나 다른 유기산과의 혼용에 이용된다.

(11) 호박산, 호박산2나트륨(succinic acid & disodium succinate)

호박산은 패류의 정미성분으로 물에 녹기 어렵다. 특이한 산미가 있으며 주로 청주, 합성청주, 간장, 된장 등에 이용된다. 호박산2나트륨은 용해성이 있으며 산미가 호박산보다 약하다.

(12) 이타콘산(itaconic acid), 글루콘산(gluconic acid)

이타콘산은 일명 methylene 호박산이라고도 하며, 결정성 분말로 냄새는 없고 특이한 산미가 있다. 커피 등 음료의 가미, pH조정제, 금속차단제로 쓰인다. 글루콘산도 냄새가 없고 약간 신맛이 있으나 시럽상의 액체로 샤벳, 젤리, 주류 등에 사용한다.

7) 착향료(着香料, flavoring agents)

착향료는 식품에 향기를 부여하거나 원래 식품이 가지는 향기를 증대 또는 감소시킴으로써 식품의 기호성을 향상시키기 위하여 첨가하는 향기물질로 식품향료라고도 한다. 식품에 사용되는 향료인 착향료(flavor)는 천연향료와 합성향료로 나누어지며, 천연향료와 합성향료를 일정비율로 섞은 조합향료도 있다. 시판되고 있는 식품향료의 형태는 물에 녹지 않는 유상의 방향성분을 알코올, 글리세린, 물 등의 혼합용액에 녹여서 물에 잘 녹게 만든 **수용성(水溶性) 향료(essence)**, 천연의 정유 또는 합성향료를 조합한 유용성의 **유성(油性) 향료(oil)**, 향료에 유화제를 사용하여 물속에 분산 유화시켜 휘발성인 향료의 휘발을 방지하고자 만든 **유화(乳化)향료(cloudy & conc)**, 향료를 유당이나 포도당과 같은 수용성 부형제의 용액과 유화액으로 만든 다음 건조시킨 **분말향료** 및 **paste상 향료**로 나누어지며, 사용용도에 따라 청량음료 및 빙과용, 알코올 음료용, 제과용, 식품가공용 등으로 나눌 수 있다.

천연향료는 일부 동물성 향료도 있으나 식물성 향료가 대부분으로 식물로부터 추출한 정유(精油)의 형태이고, 합성향료는 인공적으로 합성한 향료로 현재 식품첨가물로 허용된 합성향료는 개별(個別)표시품이 73종이 있으며, 식약처에 기록된 착향료는 총 362종이다. 합성착향료는 착향의 목적 이외에 사용하여서는 아니된다.

(1) 개별표시품

개미산, 개미산게라닐, 개미산시트로넬릴, 개미산이소아밀, 게라니올, 계피산, 계피산메틸, 계피산에틸, 계피알데히드, 계피알코올, 낙산, 낙산부틸, 낙산에틸, 낙산이소아밀, γ-노나락톤, 데실알코올, 데카날, 데카논산에틸, 데카놀, 디카논산에틸, 리나롤, 말톨, 메틸 β-나프틸케톤, N-메틸안트라닐산메틸, DL-멘톨, L-멘톨, DL 박하뇌, 바닐린, 벤즈알데히드, 벤질알코올, 살리실산메틸, 시클로헥산프로피온산알릴, 시트랄, 시트로넬랄, 시트로넬롤, 아니스알데히드, α-아밀신나믹알데히드, 아세토초산에틸, 아세토페논, 안트라닐산메틸, 에틸바닐린, 옥타논산에틸, n-옥틸알데히드, γ-운데카락톤, 유게놀, 유칼리프톨, 이소길초산에틸, 이소길초산이소아밀, 이소유게놀, 이소티오시안산알릴, α-이오논, β-이오논, 초산게라닐, 초산리나릴, 초산벤질, 초산부틸, 초산시트로넬릴, 초산신나밀, 초산에틸(초산비닐수지의 용제로 사용하는 경우는 예외), 초산이소아밀, 초산페닐에틸, 카프론산알릴, 파라메틸아세토페논, 페닐초산에틸, 페닐초산이소부틸, 프로피온산벤질, 프로피온산에틸, 프로피온산이소아밀, 피페로날, 헥사논산에틸, 히드록시시트로넬랄, 히드록시시트로넬랄디메틸아세탈, 헵타논산에틸, 트리아세틴

모든 개별표시품의 사용기준은 착향의 목적 이외에 사용하여서는 안 된다. 단, 초산에틸만은 아래의 식품 또는 용도 이외에 사용하여서는 아니 된다.

㉮ 착향의 목적

㉯ 초산비닐수지의 용제

㉰ 건강기능식품의 기능성원료로 0.05 g/kg 이하(다만, 건강기능식품의 기능성 원료에 있어서는 추출 또는 분리 등의 목적으로 사용할 수 있다. 잔류량은 초산에틸로서 규정되어 있으며 가공보조제로도 사용된다.)

그리고 변성 호프추출물(modified hop extract)은 맥주양조에 한하여 사용할 것이며, 황산칼륨(potassium sulfate)은 착향의 목적으로만 청량음료에 0.015% 이하로 사용하도록 규정되어 있다.

8) 색도유지제(발색제, color fixatives)

색도유지제〔발색제(發色劑)〕는 착색제와는 달리 그 자신이 색을 나타내는 것이 아니라 식

품 중에 존재하는 색소단백질과 결합함으로써 그 색을 보다 선명하게 하거나 안정화시키는 데 사용되는 첨가물이다. 색도유지제는 육류 색도유지제와 식물성 색도유지제로 나눌 수 있다.

(1) 아질산나트륨(sodium nitrite), 질산나트륨(sodium nitrate) 및 질산칼륨(potassium nitrate)

주로 육류의 선홍색을 안정화시키는 데 사용되는 색도유지제로 질산염환원세균에 의하여 아질산으로 되고 여기서 생성된 nitroso기와 육색소인 myoglobin이나 혈색소인 hemoglobin과 반응하여 안정한 형태인 nitrosomyoglobin 및 nitrosohemoglobin을 형성함으로써 가열이나 저장 중에도 선명한 선홍색을 유지하게 한다.

또한 식중독의 원인균인 *Clostridium botulinum*의 생육을 억제하는 작용이 있는 것으로 알려져 있다. 그러나 아질산염은 급성독성 및 만성독성 등이 있다고 알려져 있으며 특히 단백질의 분해로 생성되는 아민류와 반응하여 강력한 발암물질의 하나인 NDMA(Nitrosodimethylamine)를 생성하는 것으로 알려져 있어 사용기준 이상으로 사용하여서는 안 된다.

〈표 6-2-5〉 허용 색도유지제 및 사용기준

발 색 제	사 용 식 품	첨 가 량
아질산나트륨 ($NaNO_2$) 질산나트륨 ($NaNO_3$) 질산칼륨 (KNO_3) (육류색도유지제류)	**아래의 식품은 사용하나 그 이외 식품에는 사용금지** ① **대구알염장품** ② **식육가공품**(포장육, 식육추출가공품, 식용우지, 식용돈지 제외) 및 **고래고기제품** ③ **어육소시지 및 치즈** ④ **명란젓 및 연어알젓** 특히 아질산나트륨과 질산나트륨은 대구알염장품에는 사용해서는 안 되고 명란젓 및 연어알젓은 아질산나트륨만 사용되고 질산나트륨과 질산칼륨은 자연치즈 및 가공치즈에만 사용된다.	아질산이온으로 잔존량이 아래 기준 이상 남지 않아야 함 ① 0.2 g/kg(질산칼륨의 경우에 한함) ② 0.07 g/kg ③ 0.05 g/kg ④ 0.005 g/kg
황산제일철, 황산동 (결정 & 건조) 소명반, 소암모늄명반(식물성 색도유지제류)	**된장에는 사용금지**	

$$NaNO_2 + RCOOH \Longleftrightarrow HNO_2 + RCOONa$$

$$\downarrow$$

$$2HNO_2 \Longleftrightarrow NO_2 + NO + H_2O$$

$$\downarrow$$

$$\text{myoglobin(Mb)} + NO \rightarrow \text{Mb-NO}$$

$$\text{Hemoglobin(Hb)} + NO \rightarrow \text{Hb-NO}$$

(2) 황산제일철(결정 및 건조, ferrous sulfate & exsiccated), 소명반(burnt alum), 소암모늄명반(burnt ammonium alum), 황산동(cupric sulfate)

주로 과일이나 채소류의 색소를 안정화시키거나 가지의 광택을 나타내는 데 사용되는 발색제로 철이온이 식물 중에 함유된 anthocyanin계 색소류와 반응하여 선명한 청록색을 나타낸다. 흰색을 띤 연녹색의 결정으로 냄새가 없으며 짠맛이 있다.

소명반은 색도유지제로도 사용되지만 팽창제로도 이용된다. 이 발색제들은 사용기준이 없어 식물성 식품에 다양하게 사용할 수 있다. 황산동은 완두콩 통조림 등 완두콩의 색을 선명하게 하는 데 이용되고 있다.

9) 합성착색료(着色料, coloring matters)

착색료는 식품에 첨가하여 식품이 가지는 색을 보완하거나 인공적으로 착색시켜 식품의 기호적 가치를 향상시키기 위해 사용하는 색소이다. 색도유지제가 식품 중의 색소성분과 결합하여 본래의 색을 선명하게 유지시키는 작용이 있는 것과는 다르게, 착색료는 착색료가 가지는 색깔이 식품에 부여된다는 점이 색도유지제와는 다르다.

현재 착색료로 사용되는 색소는 천연물로부터 추출한 천연색소와 인공적으로 만든 합성색소가 있는데, 합성색소는 천연색소에 비하여 품질이 균일하며 가공상의 안정성이 뛰어나지만 안전성에 의문이 제기되고 있어 최근에는 천연색소의 사용이 증가되고 있는 추세이다.

그러나 천연색소는 합성색소에 비하여 색이 자연스럽고 안전성이 우수한 반면에 품질이 균일하지 못하거나 변색이 쉬운 단점이 있으며, 천연물에서 추출하였다는 점에서 천연색소 자체가 가지는 냄새와 맛이 식품에 이행할 수 있는 문제점이 있어 착색제의 사용에는 제품에 대한 적합성을 살펴보아 사용하게 된다. 현재 사용되고 있는 합성착색제는 타르계 색소가 8종, 타르계 색소 알루미늄레이크 7종 및 비타르계 색소 등이 사용 허가되어 있다.

(1) 타르계 식용색소 및 알루미늄레이크(tar- & tar-Al lake)

사용 허가된 **타르계 색소**는 석탄의 coal tar에서 얻어지는 수용성 산성색소로 화학구조상의 차이에 의하여 내열성, 내광성, 내산성, 내알칼리성 및 염착력 등의 특성이 모두 다르다. 화학구조에 따라 분류하면 azo계 색소인 적색 2호와 40호, 황색 4호와 5호, triphenylmethane계 색소인 청색 1호와 녹색 3호, xanthene계 색소인 적색 3호, 그리고 indigoid계 색소인 청색 2호가 있다.

타르색소 알루미늄레이크는 타르색소 수용액에 다량의 염기성 알루미늄염을 가할 때 생성되는 불용성 화합물로 타르색소의 종류에 따라 서로 다른 알루미늄레이크 색소가 만들어진다. 알루미늄레이크는 타르색소에 비하여 색소의 함량이 30% 이하로 단독 또는 다른 타르색소와 혼합 사용한다. 타르색소 알루미늄레이크는 불용성 색소로 식품에서의 착색은 분산에 의하여 색을 나타내며 내열성이나 내광성 등이 우수하다.

따라서 수용성인 타르색소에 의하여 착색이 어려운 분말식품이나 유지식품의 착색에 용이하며 껌, 알사탕류 등의 식품에도 이용되는데 그 종류는 <표 6-2-6>과 같다.

〈표 6-2-6〉 허용된 합성 tar색소와 tar-Al lake색소

착색료명	사용식품제한	첨가량 및 비고
식용색소 녹색 제3호(Fast green FCF) 식용색소 녹색 제3호 알루미늄레이크 식용색소 적색 제2호(Amaranth) 식용색소 적색 제2호 알루미늄레이크 식용색소 적색 제3호(Erythrosine) 식용색소 적색 제40호(Allura red) 식용색소 적색 제40호 알루미늄레이크 식용색소 적색 제102호 (Food red No.102) 식용색소 청색 제1호(Brilliant blue) 식용색소 청색 제1호 알루미늄레이크 식용색소 청색 제2호(Indigo carmine) 식용색소 청색 제2호 알루미늄레이크 식용색소 황색 제4호(Tartarzine) 식용색소 황색 제4호 알루미늄레이크 식용색소 황색 제5호(Sunset yellow) 식용색소 황색 제5호 알루미늄레이크 (이상은 『식품공전』 제1총칙 1. 일반원칙의 "타르색소란…" 항목임)	**아래의 식품에는 사용금지** ① **면류** ② **단무지** ③ **특수용도식품**(정제의 제피 또는 캡슐류 제외) ④ **건강기능식품**(정제의 제피 또는 캡슐류 제외) ⑤ **유가공품**(아이스크림류, 아이스크림분말류, 아이스크림믹스류 제외) ⑥ **두유류** ⑦ **발효음료류** ⑧ **과일·채소류음료**(과·채음료 제외) ⑨ **인삼·홍삼음료** ⑩ **두부류 또는 묵류** ⑪ **젓갈류** ⑫ **김치류** ⑬ **절임식품**(탈기, 밀봉 및 가열살균 또는 멸균 처리한 절임제품은 제외) ⑭ **조림식품** ⑮ **천연식품**〔식육류, 어패류(고래고기 포함), 채소류, 과실류, 해조류, 두류 등 및 그 단순가공품(탈피, 절단 등)〕 ⑯ **벌꿀** ⑰ **장류** ⑱ **식초** ⑲ **소스류** ⑳ **토마토케첩** ㉑ **잼류**(기타 잼류 제외) ㉒ **고춧가루 또는 실고추** ㉓ **후춧가루** ㉔ **향신료 가공품**〔고추냉이가공품(와사비) 및 겨자가공품 제외〕 ㉕ **카레** ㉖ **식육가공품**(소시지류 제외) ㉗ **어육가공품**(소시지류 제외) ㉘ **식용유지류** ㉙ **버터류** ㉚ **다류 및 커피** ㉛ **식빵** ㉜ **마요네즈** ㉝ **카스텔라** ㉞ **레토르트식품** ㉟ **즉석건조식품** ㊱ **복합조미식품** ㊲ **코코아버터** ㊳ **땅콩 및 견과류가공품** ㊴ **수프류** ㊵ **코코아분말** ㊶ **조미김** ㊷ **과·채가공품류** ㊸ **추출가공식품** ㊹ **알가공품**	식용색소 녹색 제3호, 식용색소 녹색 제3호 알루미늄레이크에서부터 식용색소 적색 제2호, 식용색소 적색 제2호 알루미늄레이크를 빼고는 하단의 모든 색소는 사용금지 식품 44항목으로 지정되어 있다. 다음은 식용색소 적색 제2호와 적색 제2호 알루미늄레이크의 차이점을 열거한다. 식용색소 녹색 제3호나 녹색 제3호 알루미늄레이크를 기준으로 볼때 ㉛ 빵류 이외 떡류가 추가되었고 ㉝ 카스텔라는 삭제된 반면 ㊹ 과자 ㊺ 캔디류 ㊻ 초콜릿류 ㊼ 추잉껌 ㊽ 빙과류 ㊾ 탄산음료 ㊿ 기타음료 ㉛ 시리얼류 ㉜ 엿류는 추가된 것임

(계속)

착 색 료 명	사 용 식 품 제 한	첨가량 및 비고
동클로로필 (copper chlorophyll) 동클로로필린나트륨 및 동클로로필린칼륨 (sodium & potassium copper chlorophyllin)	**아래의 식품에는 사용하나 그 외의 식품에는 사용금지** **① 채소류 또는 과실류의 저장품** **② 다시마(무수물로서)** **③ 추잉껌 및 캔디류** **④ 완두콩 통조림 중의 한천**	**사용량은 동으로** **① 0.1 g/kg 이하** **② 0.15 g/kg 이하** **③ 0.05 g/kg 이하** **④ 0.0004 g/kg 이하**
철클로로필린나트륨 (sodium iron chrolophyllin)		
삼이산화철(iron sesquioxide)	**바나나(꼭지의 절단면), 곤약은 사용하나 그 외의 식품에는 사용금지**	
수용성 안나토 (annatto, water soluble) β-카로틴(β-carotene) β-아포-8′-카로티날(β-apo-8′-carotenal) 카르민(carmine)	아래의 식품에 사용하여서는 아니 된다. ① **천연식품**〔식육류, 어패류(고래고기 포함), 과실류, 채소류, 해조류, 두류 등 및 그 단순가공품(탈피, 절단 등)〕, ② **다류** ③ **고춧가루 및 실고추** ④ **김치류** ⑤ **고추장 및 조미고추장** ⑥ **식초** ⑦ **향신료가공품**〔(고추 및 고춧가루 함유 제품에 한함) β-카로틴만은 영양강화제로도 사용되며 향신료 가공은 착색제로 사용할 수 있다.〕	
이산화티타늄(titanium dioxide)	허용 tar 색소 및 tar 색소 Al-lake의 사용식품의 제한에서 ①번부터 ㊷ 번까지 금지항목이지만 ㉔ 천연향신료(기존 향신료가공품을 대체) ㉖ 식품가공품(식육추출가공품 제외가 추가됨) 그리고 ㊶ 조미김 ㊷ 과·채가공품 ㊸ 추출가공식품은 사용금지 대상 항목이 지정되어 있지 않아 이 착색제를 사용할 수 있음	

그리고 우리나라에서는 6개월 미만의 영·유아가 섭취할 수 있도록 제조·판매하는 식품에서는 타르색소가 검출되어서는 아니 된다고 규정되어 있다.

(2) 동클로로필(copper chlorophyll), 동클로로필린나트륨 및 동클로로필린칼륨 (sodium & potassium copper chlorophyllin)

주로 껌의 착색에 사용되며 탈취작용이 있어 의약품 및 화장품에도 이용이 되는데 동클로로필은 지용성 색소로 식물로부터 클로로필을 추출하여 클로로필의 분자구조 내에 있는 Mg를 Cu로 치환시켜 안정한 녹색을 유지하게끔 만든 것이다. 동클로로필린나트륨 및 칼륨은 지용성인 클로로필을 알칼리 가수분해에 의하여 phytol을 제거시켜 클로로필린으로 만든 다음 Mg를 Cu로 치환시켜 만든 수용성의 녹색색소이다.

(3) 철클로로필린나트륨(sidium iron chlorophyllin)

클로로필의 알칼리 가수분해에 의하여 만들어진 클로로필린의 Mg를 Fe로 치환시켜 만든 갈색색소이다. 가격이 비싸 잘 사용하지 않는다.

(4) 삼이산화철(iron sesquioxide, Fe_2O_3)

황적색~암적색의 색소로 내열성이 우수하며 공기나 수분에 의한 변화가 적다.

(5) 수용성 안나토(annatto, water soluble)

carotenoid계 색소의 일종으로 Bixa orellana L(Bixaceae) 나무종자로부터 추출된 bixin의 가수분해산물인 norbixin의 칼륨염 또는 나트륨염이다. 황색~등적색의 수용성색소로 햇빛에 약하다. 비엔나 소시지의 착색에 주로 이용되며 단독으로 사용하지 않고 적색색소와 병행 사용한다.

(6) β-카로틴(β-carotene)

황색의 지용성 carotenoid계 색소로 천연물에서 추출되나 합성에 의해서도 만들어진다. 수용성으로 만든 것은 수성식품의 착색에도 사용되며 비타민 A의 효과가 있어 영양강화제로도 이용된다. 빛이나 공기에 의하여 산화가 진행되므로 이를 막는 기밀포장을 해야 한다.

(7) β-아포-8′-카로티날(β-apo-8′-carotenal)

치즈 또는 케이크믹스 등에 사용되는 보라색의 결정성 분말로 β-carotin의 산화에 의하여 만들어진다. β-carotin과 병용하여 사용한다.

(8) 카르민(carmine)

선인장에 기생하는 연지벌레 암컷으로부터 추출한 카르민산의 알루미늄 또는 알루미늄레이크로 적색 또는 암적색의 분말 또는 페이스트 형태의 색소이다.

(9) 이산화티타늄(titanium dioxide)

치즈, 초콜릿, 분말 청량음료 및 의약품이나 화장품 등에 사용되는 착색료로 무미, 무취의 백색분말이다. 물이나 유기용제에 불용이며 뜨거운 진한 황산에 서서히 녹는다.

10) 표백제(漂白劑, bleaching agents)

표백제는 그 자체가 가지는 산화작용 또는 환원작용에 의하여 식품 중의 색소를 파괴하여 탈색시켜 식품을 희게 만들거나 가공 저장 중의 갈변 및 착색 등을 방지하기 위하여 사용되는 첨가물이다. 또 제품의 색을 아름답게 만들기 위하여 착색 전에 먼저 표백한 다음 착색시킴으로써 제품이 완성되었을 때의 색을 아름답게 하기 위해서 사용하기도 한다. 표백제는 화학반응에 따라 산화형 표백제와 환원형 표백제로 나눌 수 있다.

(1) 과산화수소(hydrogen peroxide, H_2O_2)

대표적인 산화형 표백제로 발생기 산소에 의하여 표백이 되며 한번 표백이 된 뒤에는 색이 복원되지 않으며 과량 사용시 변색의 우려가 있다. 또한 살균작용도 있어 살균제로도 이용이 되나 현재는 거의 사용되지 않는다.

사용기준은 최종식품의 완성 전에 분해 또는 제거하여야 한다.

(2) 아황산염류

함유된 아황산의 환원작용에 의하여 표백작용을 나타내는 환원형 표백제로 메타중아황산칼륨(potassium metabisulfite), 무수아황산(sulfur dioxide, 이산화황), 아황산나트륨(sodium sulfite, 아황산소다), 산성아황산나트륨(sodium bisulfite, 아황산수소나트륨), 차아황산나트륨(sodium hydrosulfite), 메타중아황산나트륨(sodium metabisulfite) 등 6종이 허용되어 있다. 이들은 표백제가 존재하고 있는 동안에만 표백작용을 나타내며 식품에 사용은 잔존하는 아황산량에 의하여 규제를 받는다.

메타중아황산칼륨, 무수아황산은 산화방지제, 밀가루개량제, 보존료로도 사용한다. 산성아황산나트륨, 아황산나트륨, 메타중아황산나트륨, 차아황산나트륨은 산화방지제, 보존료로도 사용된다.

사용기준은 이산화황으로서 아래 기준 이상 남지 않아야 한다.

㉮ **박고지**(박의 속을 제거하고 육질을 잘라 건조시킨 것) : 5.0 g/kg

㉯ **당밀 및 물엿 : 0.3 g/kg**

㉰ **기타 엿 : 0.4 g/kg**

㉱ **과일주 : 0.35 g/kg**

㉲ **과일주스**(5배 이상 희석시켜 사용하는 것), **농축과일즙, 과·채가공품 : 0.15 g/kg**

㉳ **건조과일류 : 2.0 g/kg**

㉴ **곤약분**(구약나물의 뿌리줄기를 가공하여 만든 것) **: 0.9 g/kg**

㉵ **새우살 : 0.1 g/kg**

㉶ **설탕** : 0.02 g/kg

㉷ **발효식초** : 0.17 g/kg

㉸ **건조 감자** : 0.5 g/kg

㉹ **기타 식품**〔참깨, 두류, 서류, 과실류, 채소류 및 그 단순가공품(탈피, 절단 등) 제외〕: 0.03 g/kg

11) 피막제(皮膜劑, coating agents)

과일 및 채소류의 표면에 피막을 형성시켜 외관을 보기 좋게 하고, 호흡작용을 억제시킴으로써 수분 증발을 방지하여 신선도를 장시간 유지하거나 또는 단순히 외관을 좋게 하기 위하여 사용되는 첨가물로 몰포린지방산염과 초산비닐수지 2종이 허용되어 있다.

몰포린지방산염(morpholine fatty acid salt)의 사용기준은 **과실류 또는 과채류의 표피에 피막제 이외의 용도에는 사용이 금지되어 있고,** 초산비닐수지(polyvinyl acetate)는 **추잉껌 기초제 및 과실류 또는 과채류 표피의 피막제 이외의 용도로는 사용이 금지되어 있다**. 단순히 외관을 좋게 하기 위한 셀락(shellac : 천연물)과 유동파라핀이 있다.

12) 밀가루 개량제(maturing agents, dougs conditioners)

밀가루 개량제는 밀가루의 표백과 숙성기간을 단축시키고 제빵에 있어서 저해물질을 파괴함으로써 밀가루의 가공적성 등을 단기간에 향상시키기 위하여 사용하는 첨가물이다.

스테아릴젖산칼슘(calcium stearoyl lactylate), 스테아릴젖산나트륨(sodium stearoyl lactylate)은 주로 글루텐의 품질을 개량하거나 노화방지를 위하여 사용되는 첨가물로 표백작용은 거의 없다. 밀가루개량제 이외도 유화제, 안정제, 증점제로도 사용된다.

염소(chlorine, Cl_2) 및 이산화염소(chlorine dioxide)는 제조용 소맥분에만 사용되는 첨가물이다. 염소는 살균제로도 사용된다. 과산화벤조일(희석, diluted benzoyl peroxide)은 밀가루의 표백과 글루텐의 질을 개선하여 제빵 적성을 향상시키기 위하여 사용되는 첨가물로 명반, 인산칼슘염류, 황산칼슘, 탄산칼슘, 탄산마그네슘 및 전분을 1~3종을 배합, 희석시켜 만든다. 과량 사용하면 영양소의 파괴나 품질 저하 등을 초래할 수 있다.

과황산암모늄(ammonium persulfate)은 밀가루의 표백과 품질개선을 위하여 사용되는 첨가물로 수용액 중에서 황산수소암모늄과 산소로 가열분해시 생성되는 산소의 산화작용에 의하여 진행된다.

아조디카르본아미드(azodi-carbonamide)는 적색의 결정으로 숙성 및 표백작용이 있다.

〈표 6-2-7〉 허용된 밀가루 개량제의 종류와 사용기준

밀가루 개량제명	사 용 기 준	
	사 용 식 품	첨 가 량
스테아릴젖산칼슘	**스테아릴젖산칼슘은 아래 식품에는 사용하나 다른 식품에는 사용금지 ① 빵류 ② 식물성 크림 ③ 난백**	
스테아릴젖산나트륨	**스테아릴젖산나트륨은 아래 식품에는 사용하고 다른 식품에는 사용금지 ① 빵류 및 이의 제조용 믹스 ② 면류 ③ 식물성 크림 ④ 소스류 ⑤ 치즈 ⑥ 과자(한과류 제외)**	
L-시스테인염산염	**① 밀가루 ② 과일주스 ③ 빵류 및 이의 제조용 믹스에만 사용**	
염 소 이산화염소	**밀가루**(염소나 이산화염소는 밀가루 식품에는 사용하나 그 외의 식품에는 사용금지)	염소 : 2.5 g/kg 이하 이산화염소 : 30 mg/kg 이하
과산화 벤조일	**밀가루**(밀가루 이외 식품에 사용해서는 안 됨)	과산화벤조일 : 0.3 g/kg 이하
과황산암모늄	**밀가루**(과황산암모늄은 밀가루만 사용하나 그 외의 식품에는 사용금지)	과황산암모늄 : 0.3 g/kg 이하
아조디카르본아미드와 그 제제	**밀가루**	아조디카르본아미드 : 45 mg/kg 이하

13) 품질개량제(品質改良劑, Texturizers, texture modifying agents, 일명 결착제)

햄, 소시지 등의 축육 및 어육연제품의 제조에 있어서 결착성 및 탄력을 증대시키고 보수성을 향상시켜 조직의 개선 및 식감 향상을 위하여 사용되는 첨가물로 일명 결착제라고도 한다. 품질개량제로는 주로 인산염 및 축합 또는 중합인산염 등이 이용되는데 단일로 사용하는 것보다는 몇 종을 혼합하여 사용하면 상승효과가 커져 많이 이용한다.

인산염류로는 제1인산나트륨(sodium phosphate monobasic), 제2인산나트륨(-dibasic), 제3인산나트륨(-tribasic) 및 제3인산칼륨이 허용되어 있다. 중합인산염류에는 메타인산나트륨(sodium metaphosphoate), 메타인산칼륨(이상 메타인산염), 폴리인산나트륨(sodium polyphosphate), 폴리인산칼륨(이상 폴리인산염), 피로인산나트륨(sodium pyrophosphate), 피로인산칼륨(이상 피로인산염), 그 외 폴리덱스트로스(polydextrose) 등이 허용되어 있다.

이 품질개량제는 여러 가지 배합제제로 사용하는 경우가 많으며, 사용기준이 없어 제한을 받지 않는다.

14) 품질유지제(品質維持劑, quality keeping agents)

품질유지제는 식품에 습윤성(濕潤性)과 신전성(伸展性)을 가지게 하여 그 식품에 대한 품질의 성질을 유지시키기 위하여 첨가되는 물질을 말하며, 프로필렌글리콜(propylene glycol)이 지정되어 있다. 가공보조제 이외에도 습윤제 및 유화제로도 이용되고 있다.

프로필렌글리콜의 사용기준은 다음과 같다.

㉮ **만두 및 만두피** : 1.2% 이하

㉯ **견과류가공품** : 5% 이하

㉰ **아이스크림류** : 2.5% 이하

㉱ **기타 식품류** : 2% 이하

15) 유화제(乳化劑, Emulsifiers)

유화제는 계면활성제의 일종으로 물과 기름 같이 서로 잘 혼합되지 않는 액체를 혼합시켜 잘 분리되지 않도록 함으로써 가공식품의 제조시 유화성과 안정성을 부여하고자 사용하는 첨가물로, 조직의 균일성 및 형태를 유지하거나 식감의 개선, 유동성 개선, 유화상태의 지속 등을 위하여 사용된다.

유화제는 물 중에 기름을 분산시키는 수중유적형(O/W, 마요네즈)과 기름 중에 물을 분산시키는 유중수적형(W/O, 버터)이 있는데 이는 유화제의 분자에 양성(+이온과 −이온)을 가지고 있기 때문에 H^+와 OH^-가 유화를 가진다.

사용기준은 없으며 대개 0.5% 이하를 사용한다. 유화제의 종류는 다음과 같다.

① **대두인지질(대두레시틴)(soybean phospholipid, soybean lecithin)**

② **글리세린지방산에스테르(Monoglycerine fatty acid ester)**

③ **소르비탄지방산에스테르(sorbitan fatty acid ester)** 지방산의 종류 및 수에 따라 sorbitan monolaurate, sorbitan monopalmitaye, sorbitan monostearate, sorbitan tristearate, sorbitan monooleate 및 sorbitan trioleate 등이 있다.

④ **설탕(자당)지방산에스테르(sucrose fatty acid ester)** 친수성이 큰 유화제로 온수에 잘 녹는다. 약간의 감미와 냄새가 있으며 monoester, diester 및 자당의 혼합물로 palmitate, stearate 및 그 혼합 ester가 사용된다.

⑤ **프로필렌글리콜지방산에스테르(propylene glycol fatty acid ester)** 친유성이 큰 유화제로 온수 및 기름, 알코올 등에 녹는다. 마가린, 쇼트닝, 아이스크림 및 케이크 등에 이용된다.

⑥ **폴리소르베이트 20**〔polyoxyethylene(20) sorbitan monolaurate〕, **폴리소르베이트 60(monostearate), 폴리소르베이트 65(tristearate) 및 폴리소르베이트 80(monooleate)** 소르비탄

지방산에스테르에 에틸렌옥사이드를 축합시켜 친수성을 높인 수중유적형의 비이온성 계면활성제로 Tween이라고도 알려져 있는데 제과, 제빵이나 아이스크림, 초콜릿 등에 이용된다.

⑦ **젖산칼륨용액(potassium lactate solution, $C_3H_5KO_3$)** 무색, 무취의 시럽상 점성액은 50~70% 용액농도로 이루어졌으며, 유화제와 더불어 향강화제(flavor enhancer), flavor agent or adjuvant , humectant, pH control agent로 사용된다.

⑧ **염기성 알루미늄 인산나트륨(sodium Al. phosphate acid)** 흰색, 무취의 분말로서 염산에 녹는다.

⑨ **메틸 에틸 셀룰로오스(methyl ethyl cellulose : modfied cellulose)** 희거나 크림색의 분말로서 가열과 냉각으로 sol이나 gel로 전환된다. 그리고 유화제는 물론 안정제(stabilizer, forming agent)로도 이용된다.

16) 증점제(增粘制, 호료, 겔형성제 : Thickners, gelling agents)

증점제는 식품의 가공이나 저장 중 제품의 형상을 유지시키며 점착성과 유화 안정성을 좋게 하고 나아가 입안에 미끄러운 감각을 부여함으로써 미각을 개선하기 위하여 사용하는 첨가물로 호료(糊料)라고도 한다.

증점제는 천연품과 합성품이 있는데 천연품의 대표적인 것은 해조류에서 만든 한천(agar-agar), 카제인(casein)이 있으나, 카제인은 화학처리를 거치기 때문에 화학적 합성품으로 지정된 것으로 본다.

화학적 합성품에는 현재 순수 합성품으로 폴리아크릴산나트륨이 있고, 그 외 천연물을 화학 처리하여 얻은 알긴산프로필렌글리콜, 메틸셀룰로오스, 카르복시메틸셀룰로오스나트륨, 카르복시메틸셀룰로오스칼슘, 카르복시메틸스타치나트륨, 알긴산나트륨, 카제인 나트륨, 폴리덱스트로스, 변성전분 등이 허용되어 있다.

증점제가 사용되는 목적은 두 가지로, 육류 및 어류 등의 햄, 소시지 등의 결착보수제로서 MC, CMC-Na 등 대부분이 점착성을 증가시키는 것과 오히려 식품의 점착성을 낮추어 붕괴를 빠르게 하는 작용이 있는 분말 주스, 인스턴트 커피, 아이스크림, 수프, 디저트 등 수용성 촉진이나 비스킷 같은 과자류의 치아 점착의 예방 등의 분산안정제로서 CMC-Ca이 있고 그밖에 안정제, 유화제로 증점제는 다양한 용도로 많이 쓰인다.

(1) 메틸셀룰로오스(methylcellulose,MC), 에틸셀룰로오스(ethylcellulose, EC), 카르복시메틸셀룰로오스나트륨(sodium carboxymethylcellulose, CMC-Na), 카르복시메틸셀룰로오스칼슘(calcium carboxymethyl cellulose, CMC-Ca

섬유소글리콜산 칼슘), 카르복시메틸스타치나트륨(sodium carboxymethyl starch)

사용기준 중 첨가량은 식품에 2% 이하로 사용하도록 규정되어 있다. 단, 카르복시메틸셀룰로오스나트륨, 카르복시메틸셀룰로오스칼슘 및 메틸셀룰로오스 의 1종 이상과 병용 시 사용량의 합계가 식품의 2% 이하로 되어 있다.

(2) 알긴산 프로필렌글리콜(propylene glycol alginate)

pH가 산성에서 안정한 호료로 가열에 약한 단점이 있다. 주로 pH가 낮은 산성식품에 이용되는데 물에 녹여서 사용한다. **사용기준 중 알긴산프로필렌글리콜 및 이를 함유하는 제제의 첨가량은 식품에 1% 이하로 사용하도록 규정되어 있다.**

(3) 폴리아크릴산 나트륨(sodium polyacrylate)

점도가 매우 큰 증점제로 가공, 저장 중의 점도변화가 적어 증점제나 안정제 및 조직개량제 등으로 이용된다. **사용기준 중 첨가량은 식품에 0.2% 이하로 사용하도록 규정되어 있다.**

(4) 카제인나트륨(sodium caseinate), 알긴산나트륨(sodium alginate), 폴리덱스트로스(polydextrose)

카제인나트륨은 카제인을 수용화한 것이어서 카제인보다 오히려 용도가 넓으며 더욱이 유화작용이 강하므로 육류연제품에 많이 사용된다. 알긴산나트륨은 알긴산을 나트륨으로 수용성을 가지게 한 것인데 산이나 금속이온에 의해서는 침전 및 응고되는 결점도 있다. 사용식품이나 첨가량의 사용기준은 제한이 없다.

(5) 변성전분(Food starch modified, Modified food starch)

전분의 히드록시기를 화학물질과 반응에 의하여 화학적으로 변형 또는 호화시켜 전분 원래의 물리적 특성을 변형시킨 것으로 다음과 같은 많은 변성전분을 볼 수 있다. 사용기준의 제한은 없다.

아염소산나트륨에 의한 산화반응생성물인 산화전분(oxidized starch), 산화염화인 또는 메타3인산나트륨과 무수초산 또는 초산비닐에 의한 에스테르화 반응생성물인 아세틸인산2전분(acetylated distarch phosphate), 인산1전분반응 및 인산2전분반응 생성물인 인산1전분(monostarch phosphate), 폴리3인산나트륨 및 메타3인산나트륨에 의한 에스테르화반응생성물인 인산화인산2전분(phosphated distarch phosphate), 프로필렌옥시드에 의한 에테르화반응생성물인 히드록시프로필전분(hydroxypropyl starch) 등이 있다.

따라서 과거 호료로 사용되었던 초산전분(starch acetate), 아세틸아디핀산전분(acetylated distarch adipiate), 히드록시프로필 인산전분(hydroxypropyl distarch phosphate)은 고시 제1997-31호(1997. 6. 2)에 의해 변성전분 기준규격으로 통합되었다.

(6) 히드록시프로필 메틸셀룰로오스(hydroxy propyl methyl cellulose : HPMC)

희고 섬유상분말로서 물에 녹는다. 가열과 냉각에 의하여 sol과 gel 상태로 상호전환된다. 일반적으로 가열하면 호화액이 되고 80℃ 근처에서 gel이 된다. 메틸셀룰로오스의 propylene glycol ether인 modified cellulose로서 호료는 물론 안정제, 유화제로도 이용된다. 빵류, 아이스크림류, 샐러드드레싱류 및 sauce mix류 등에 사용된다. 사용기준의 제한은 없다.

17) 이형제(離型劑, release agent)

빵의 제조·가공 과정에서 빵 반죽(生地)을 분할기에서 분할할 때나 구울 때 달라붙지 않게 하고, 모양을 원래대로 유지하게 하기 위하여 사용되는 첨가물을 이형제라고 한다. 이형제로는 유동파라핀(流動 paraffin)만이 허용되어 있다. 사실 중국음식점에서 짜장면을 만들 때 밀가루 반죽한 생지를 가지고 손으로 면발을 만드는 과정에서 달라붙지 않게 하기 위하여 밀가루로 자주 바르는 것을 볼 수 있다. 바로 이 밀가루가 이형제에 해당하는 것이다.

유동파라핀의 사용기준은 아래 식품에만 사용할 수 있고 그 외의 식품에는 사용이 금지되어 있다. 사용량은 다음과 같다.

㉮ 빵 : 0.15% 이하(이형제로서)

㉯ 캡슐류 : 0.6% 이하(이형제로서)

㉰ 건조과실류 및 건조채소류 : 0.02% 이하(이형제로서)

㉱ 과실류 및 채소류의 표피의 피막제로서

18) 추출제(extracting agents) 및 용제(solvents)

(1) 추출제(抽出劑)

식품의 어떤 성분을 용해 추출하기 위해 사용되는 첨가물로서 일종의 용제라고 할 수 있으나 다음 용제와 구분된다. 현재 추출제로는 n-헥산, 이소프로필알코올(isopropyl alcohol)이 지정되어 허용되고 있다.

n-헥산(n-hexane)은 유지성분의 추출에 사용되는 천연첨가물로 특이한 냄새를 가지는 무색 투명한 휘발성의 액체이다. 사용기준은 식용유지 및 건강보조식품에 사용되는 원유에 0.005 g/kg 이하로 사용되어야 한다. 앞의 식품에서 유지성분의 추출목적으로만 사용하여야

하며 잔류량은 최종 제품 완성 전에 제거하도록 규정되어 있다.

이소프로필알코올은 사용기준이 아래의 식품 이외 또는 용도 이외에 사용하여서는 아니 된다.

㉮ **착향의 목적**

㉯ **설탕 : 0.01 g/kg 이하**(잔류량이 이소프로필알코올로서)

㉰ **건강기능식품의 기능성 원료** : 0.05 g/kg 이하(다만, 건강기능식품의 기능성 원료에서는 추출 또는 분리 등의 목적으로 사용할 수 있다. 잔류량은 이소프로필알코올로서) 특히 제당시 정제의 목적에만 사용하며 그 외에 사용해서는 안 된다.

(2) 용제(溶劑)

식품에 식품첨가물을 균일하게 혼합하기 위해서는 적당한 용제(solvents)에 녹여서 첨가하는 것이 효율적이다. 흔히 사용되는 물, 알코올이 여기에 해당되나 식품첨가물에서 사용되는 용제로는 글리세린과 품질유지제로 쓰이는 프로필렌글리콜이 지정되어 있다. 용제는 독성이 낮고 식품첨가물은 물론 물, 유지에 잘 녹으며 식품의 풍미에 영향을 주어서는 안 된다.

글리세린(glycerin)은 무색이고 냄새가 없으나 약한 단맛과 점성이 있다. 그러나 흡습성이 있어 보존시 밀봉을 철저히 하여야 하며 염소산 등 산화제와 접촉시 폭발성이 있다. 글리세린은 주로 착향료, 착색료의 용제로 사용되고 청주, 합성주의 점조성 향상에, 과자류의 결정 석출 방지 등에 사용된다.

또 프로필렌글리콜(propylene glycol)은 무색, 무취, 약한 쓴맛이 있는 단맛을 가지며 흡습성이 있다. 물, 알코올, 아세톤, 초산에틸 등에 녹으나 유지류와는 잘 혼합되지 않는다. 보존료, 착향료, 착색료, 산화방지제 등을 녹이는 용제로 사용되나 앞의 품질유지제의 용도로도 사용된다.

19) 팽창제(膨脹劑, blowing agents, leavening agents, baking powder)

빵이나 카스텔라 등을 만들기 위해 밀가루를 부풀게 하여 조직을 향상시키고 적당한 형체를 갖추게 하기 위하여 사용되는 첨가물을 팽창제라고 한다. 팽창제는 합성팽창제와 발효에 관여하는 천연물의 효모(yeast)가 있다. 반죽과 함께 혼합된 합성팽창제는 가열하면 분해되어 CO_2가스, NH_3가스 등이 조직을 뚫고 나오는 과정에서 반죽이 부풀게 되어 빵이 되는 것이다.

빵이나 과자 등의 제조에 단독으로 사용되는 팽창제에는 탄산수소나트륨(중탄산나트륨 일명 중탄산소다), 탄산수소암모늄(중탄산암모늄), 탄산암모늄이 있는데 가열에 의해 탄산가스나 암모니아가스가 발생하여 팽창작용을 하고 사용하기가 간단하나 탄산가스의 발생이

〈표 6-2-8〉 허용 합성팽창제의 종류와 대상식품

팽 창 제 명	대 상 식 품	작 용 목 적
탄산수소나트륨(sodium bicarbonate)($NaHCO_3$)	빵, 전병, 비스킷 등	
탄산마그네슘(magnesium carbonate)	빵, 과자 등	CO_2
탄산수소암모늄(ammonium bicarbonate)	과자, 비스킷 등	CO_2
탄산암모늄(ammonium carbonate)	과자, 비스킷 등	CO_2, NH_3
염화암모늄(ammonium chloride)	비스킷, 전병 등	CO_2, NH_3
소암모늄명반(burnt ammonium alum)	빵, 과자 등	NH_3, 산제
명반(明礬, alum)	빵, 과자 등	NH_3, 산제
소명반(燒明礬, burnt alum)	빵, 과자 등	산제
D-및 DL-주석산수소칼륨(potassium D-&DL-bitartrate)	빵, 과자 등	산제
산성 피로인산 나트륨 (disodium dihydrogen pyrophosohate)	빵, 과자 등	산제
제 1 인산 칼슘 (calcium phosphate monobasic)	빵, 과자, 비스킷 등	산제
글루코노 델타 락톤(glucono delta lactone)	케이크, 식빵, 도넛, 비스킷	산제
산성 알루미늄 인산나트륨(Sodium Al. phosphate acidic)		
염기성 알루미늄 인산나트륨(sodium Al. phosphate basic)	프로세스 치즈, 유화제	

적다. 특히 탄산수소나트륨은 면류 첨가 알칼리제로서 중국면, 만두 등에 끈기나 쫄깃쫄깃한 맛 개선에 이용된다.

그래서 알칼리성의 탄산수소나트륨 등에 산성물질, 명반 등의 알루미늄화합물 등을 가하여 양자에서 발생하는 가스를 이용한다. 황산알루미늄암모늄에는 결정물(12水鹽)인 암모늄명반과 건조물인 소암모늄명반이 있는데 이들은 각각 황산알루미늄암모늄 및 황산알루미늄암모늄(건조)이라고 부른다. 황산알루미늄칼륨도 결정물(12水鹽)인 명반(칼륨명반, 갈)과 건조물인 소명반이 있는데 이들을 황산알루미늄칼륨 및 황산알루미늄칼륨(건조)이라고 부른다. 이들 황산알루미늄계의 명반, 소명반, 소암모늄명반은 갈변방지제, 청징제로도 사용하나 한식 된장, 된장 및 조미된장에는 사용이 금지되어 있다. 소명반은 색도유지제로도 지정되어 있다. 이들은 안정제, 연화방지제로도 사용되고 있다.

그리고 제1인산칼슘은 무~백색의 결정성 분말로 사용기준 중 사용량이 칼슘으로서 식품의 1% 이하로 규정되어 있으며, 단 특수영양식품 및 건강보조식품의 경우에는 제한을 받지 않는다. 또한 글루코노-δ-락톤은 이미 언급한 바와 같이 산미료 및 두부응고제로도 사용되고 있다. 산성알루미늄 인산나트륨(Sodium Al. phosphate. Acidic)은 흰색, 무취의 분말로서 물에 녹지 않고, 염산에 녹는다. 효모 발효제로 케이크류 등에 이용된다. 염기성 알루미늄 인산나트륨은 백색분말이며 냄새는 없다. 물에 용해되지 않고 염산에 용해된다.

20) 소포제(消泡劑, deforming agent)와 기포제(起泡劑, forming agent)

소포제는 식품의 제조공정 중에 발생하는 거품을 제거하기 위해 사용되는 첨가물로서 규소수지(silicon resin), 옥시스테아린이 허용되어 있다. 규소수지는 무색 또는 엷은 회색의 끈적한 풀모양의 상태로 냄새가 거의 없다. 사용기준은 거품을 없애는 목적에 사용되며 다른 목적에는 사용이 금지되어 있고, 규소수지로서 식품 1 kg에 대하여 0.05 g 이하로 사용되도록 규정되어 있다. 규소수지는 잼, 엿, 과즙 등의 농축공정이나 양조공정에 사용되는데 적가, 살포, 유화 등으로 한다.

기포제는 제조공정 중 거품을 발생하기 위해 사용되는 첨가물로 스테아릴젖산나트륨, 라우릴황산나트륨, 퀼라야추출물이 사용되고 있다.

21) 껌기초제(chewing gum bases)

껌에 적당한 점성과 탄력성을 가지게 하고 풍미를 유지하게 하기 위해 사용하는 첨가물로 허용된 껌기초제는 에스테르껌, 폴리부텐(polybutene), 폴리이소부틸렌(polyisobutylene) 및 초산비닐수지 4종이 허용되어 있다. 에스테르껌(ester gum), 폴리부텐, 폴리이소부틸렌 및 이를 함유하는 제제는 추잉껌 기초제 이외의 용도에 사용하여서는 아니 된다. 다만 탄산 에스테르껌은 탄산음료류 및 기타 음료에 한하여 에스테르껌 및 이를 함유하는 제제의 사용량은 0.1 g/kg 이하이어야 한다로 정해져 있다. 초산비닐수지(polyvinyl acetate)의 사용기준은 추잉껌 기초제 및 과실류 또는 과채류 표피의 피막제에 사용되며 그 외의 용도에는 사용이 금지되어 있다.

22) 강화제(dietary supplements, nutrients, 일명 영양강화제)

식품에 영양을 강화하기 위하여 사용되는 아미노산, 비타민, 무기질 등의 물질을 강화제로서 첨가한다. 원래 식품에는 이들 성분이 함유되어 있으나 제조·가공, 조리 또는 저장 중에 파괴되기도 하고, 또 식품의 종류에 따라서는 함유되어 있지 않거나 부족한 것도 있으므로 부족한 영양소나 함유되어 있지 않은 영양소를 첨가하여 기능성 강화식품으로 영양가를 높여줄 필요가 있다.

따라서 이들 강화제는 사용기준이 있는 제한받는 것과 사용기준이 없는 것이 있다.

(1) 사용기준이 있는 강화제류

① **L-시스테인염산염**의 사용기준은 밀가루, 빵류, 과실주스에는 사용하나 그 외의 식품에는 사용이 금지되어 있다. 그 외에 밀가루개량제로도 사용한다.

② **아스코르빌파르미테이트**의 사용기준은 아래의 식품에는 사용하나 그 외의 식품에는 사용이 금지되어 있다.

㉮ 식용유지(향미유 제외), 식용우지, 식용돈지 : 0.5 g/kg 이하(L-아스코르빌스테아레이트와 병용 시 사용량의 합계가 0.5 g/kg 이하)

㉯ 마요네즈, 에이코사펜타엔산(EPA) 및 도코사헥사엔산(DHA)함유식품 : 0.5 g/kg 이하

㉰ 조제유류 : 0.05 g/L 이하(표준조유농도에 대하여)

㉱ 이유식류 : 0.2 g/kg 이하(지방함량기준)

③ **니코틴산과 니코틴산아미드**의 사용기준은 식육, 선어패류(경육을 포함한 신선한 어패류를 말함)에는 사용이 금지되어 있다. 그 외에 니콘틴산은 색도유지제의 용도로도 사용된다.

④ **비타민 K_1**은 등황색의 투명한 점조성 액체로서 물에 안 녹고 식물성 기름 등에 녹는다. 사용기준은 영양보충용 건강기능식품, 특수의료용도 등 식품에는 사용하나 그 외의 식품에는 사용이 금지되어 있다.

⑤ **제1인산칼슘(산성인삼칼슘), 제2인산칼슘(인산수소칼슘), 제3인산칼슘(인산삼칼슘), 판토텐산칼슘, 글리세로인산칼슘**의 사용기준은 5개 칼슘제 모두, 칼슘으로서 식품의 1% 이하로 사용하고, 다만, 특수용도식품 및 건강기능식품의 경우 제한받지 아니한다. 이들 모두는 강화제 또는 영양강화제로 사용되지만 제1인산칼슘은 산도조절제, 유화제 및 안정제로, 제2인산칼슘은 밀가루개량제로, 제3인산칼슘은 고결방지제로, 그리고 글리세로인산칼슘은 안정제, 증점제 및 겔형성제의 다양한 용도로 사용되기도 한다.

⑥ **글루콘산칼슘**의 사용기준은 칼슘으로서 빵류는 1.75% 이하로, 기타 식품은 1% 이하로 사용하되, 단 특수용도식품 및 건강기능식품의 경우는 제한받지 않는다. 그 외 산화방지제, 안정제, 산도조절제, 증점제, 연화방지제의 용도로도 사용된다.

⑦ **글루콘산철**의 사용기준은 철로서 올리브기름에 0.15 g/kg 이하로, 영양보충용 건강기능식품, 즉 이상의 두 식품은 사용하되 그 외의 식품에는 사용이 금지되어 있다. 그 외에 색도유지제로도 사용되고 있다.

⑧ **황산동, 황산아연**의 사용기준은 영양보충용 건강기능식품, 특수의료용도 등 식품, 체중조절용 조제식품 및 시리얼류, 포도주(1 mg/kg 이하)에는 사용하되 그 외의 식품에는 사용이 금지되어 있다. 황산아연은 맥주에 사용하고 포도주에는 사용하지 않는다. 그러나 황산동은 색도유지제로도 사용한다.

⑨ **글루콘산동, 글루콘산아연**의 사용기준은 ㉮ 조제유류, 영아용 조제식, 성장기용 조제식 ㉯ 영양소보충용 건강기능식품 ㉰ 특수의료용도 등 식품 ㉱ 체중조절용 조제식품 및 시리얼류에는 사용하되 그 외의 식품에는 사용이 금지되어 있다.

⑩ **글루콘산망간**의 사용기준은 아래의 식품에는 사용하되 그 외의 식품에는 사용이 금지되어 있다.

㉮ 빵류 ㉯ 탄산음료류, 기타음료 ㉰ 어육가공제품 ㉱ 식육가공품(식육추출가공품, 식용우지, 식용돈지 제외) ㉲ 유가공품(아이스크림류, 아이스크림분말류, 아이스크림믹스류 제외) ㉳모조치즈 ㉴ 식물성 크림 ㉵ 알가공품 ㉶ 영양소보충용 건강기능식품

⑪ **비오틴(biotin)**은 열이나 광선에는 안정하나 강산이나 강알칼리에는 불안정하다. 영양의 목적에는 사용하나 그 외에 사용해서는 안 된다.

⑫ **5´-시티딜산이나트륨, 5´-시티딜산나트륨** : 아래 식품에는 사용하되 그 외의 식품에는 사용이 금지되어 있다.

㉮ 조제유류, 영아용 조제식, 성장기용 조제식 : 0.142 g/kg 이하

⑬ **5´-우리딜산이나트륨, 5´-우리딜산나트륨** : 상기 5´-시티딜산이나트륨 등과 같다.

⑭ **몰리브덴산암모늄**은 영양소보충용 건강기능식품 이 외에 사용하여서는 아니 된다.

⑮ **아셀렌산나트륨**은 영양소보충용 건강기능식품, 조제유류 이 외에 사용하여서는 아니 된다.

⑯ **염화크롬**은 영양소보충용 건강기능식품 이 외에 사용하여서는 아니 된다.

(2) 사용기준이 없는 강화제

① **아미노산류** L-로이신, L-발린, L-이소로이신, L-시스틴, L-페닐알라닌, DL-페닐알라닌, L-세린, L-알라닌, L-프로린, L-아르기닌, L-티로신, L-라이신염산염, L-메티오닌, DL-메티오닌, L-히스티딘, L-트레오닌, DL-트레오닌, L-트립토판, DL-트립토판, L-히스티딘염산염, L-아스파라진, L-아스파르트산

② **비타민류** 분말비타민 A(dry formed vitamin A), 유성비타민 A 지방산에스테르, β-카로틴, 비타민 B_1 염산염(thiamine hydrochloride), 비타민 B_1 질산염, 비타민 B_1 라우릴황산염, 비타민 B_1 로단산염, 비타민 B_1 나프탈린-1, 5-디설폰산염, 디벤조일티아민, 디벤조일티아민염산염, 이노시톨, 염화콜린, 주석산수소콜린, 비타민 B_{12}, 비타민 B_2(riboflavine), 비타민 B_2 인산에스테르나트륨, 비타민 B_6 염산염, 엽산, 판토텐산나트륨, 비타민 C(L-ascorbic acid), L-아스코르빈산나트륨, L-아스코르빈산칼슘, 아스코르빌스테아레이트, 아스코르빌팔미테이트, 비타민 D_2(calciferol), 비타민 D_3, 비타민 E(DL-α-tocopherol), 비타민 E 초산에스테르, 수용성 비타민 P, L-아스파라긴, L-아스파르트산, 비오틴

③ **칼슘제** 구연산칼슘, 염화칼슘, 젖산칼슘, 탄산칼슘, 황산칼슘, 산화칼슘, 아스코르빈산칼슘, 수산화칼슘(소석회)

④ **철 제** 구연산철, 구연산철암모늄, 인산철, 전해철, 환원철 젖산철, 푸마르산제1철, 황산

제1철, 피로인산제2철, 피로인산철나트륨, 염화제2철

⑤ **기 타** 글루콘산, 글루콘산나트륨, 글루콘산칼륨(potassium gluconate), 구연산 3나트륨, 제1인산나트륨, 제2인산나트륨, 제3인산나트륨, 탄산나트륨, 황산나트륨, 요오드칼륨, 인산, 제1인산칼륨, 제2인산칼륨, 구연산칼륨, 염화칼륨, 탄산수소칼륨, 글리세로인산칼륨, 탄산마그네슘, 염화마그네슘, 황산마그네슘, 산화마그네슘, 수산화마그네슘, 제2인산마그네슘, 제3인산마그네슘, 산화아연, 황산망간, 타우린, 구연산망간, 염화망간

23) 식품제조용제 및 기타

① **이온교환수지(ion exchange resin)** 이온교환의 능력이 있는 합성수지의 총칭으로 가공보조제로 사용되고 있다. 물(경수)의 연화, 당액 중 색소의 탈색과 정제, 소주 중의 퓨젤유나 케톤의 흡착 제거, 단백질, 아미노산, 효소, 유기산, 비타민 등의 농축, 분리, 정제를 위한 흡착, 포집 등에 사용되며, 최종 식품의 완성 전에 제거하여야 한다.

② **염산(HCl), 수산(oxalic acid)** 전분의 가수분해에 의해 물엿, 포도당의 제조나 단백질의 가수분해에 의한 아미노산간장 제조 등에 사용되며, 사용 후 최종 식품의 완성 전에 중화 또는 제거하여야 한다. 즉 염산은 산도조절제, 가공보조제로도 사용되고 있다.

③ **황산(H_2SO_4)** 전분의 가수분해에 의해 물엿, 포도당의 제조나 단백질의 가수분해에 의한 아미노산간장 제조 등 또는 복숭아 통조림이나 밀감 통조림 등을 제조할 때에 박피제(剝皮劑)로도 사용되며, 사용 후 최종 식품의 완성 전에 제거하여야 한다. 가공보조제 이외에 산도조절제로도 사용하고 있다.

④ **수산화나트륨(NaOH, 가성소다)** 복숭아나 밀감 통조림을 제조할 때에 박피제로, 또 식품의 제조과정에서 중화제로 사용되며, 사용 후 최종 제품 완성 전에 중화 또는 제거하여야 한다. 즉 산도조절제로 이용된다.

⑤ **수산화칼륨(KOH)** 식품제조과정에서 중화제로 사용되며, 사용 후 최종 제품 완성 전에 제거하여야 한다. 즉 산도조절제로 이용된다.

⑥ **폴리비닐 폴리피로리돈(polyvinyl polypyrrolidone)과 폴리비닐피로리돈** 폴리비닐폴리피로리돈은 분자량이 70만 이상의 중합물로, 물, 유기용매에는 녹지 않는 백색 내지 회백색의 흡습성 분말이며 약간의 냄새가 있다. 맥주의 장기보존으로 생기는 혼탁을 방지하고 청징제로도 사용된다. 즉 호프나 맥아에서 유래된 폴리페놀화합물을 선택적으로 흡착하여 침전물의 생성을 방지하는 것이다. 사용 후 최종 식품의 완성 전에 제거하여야 한다. 가공보조제 이외에 안정제로도 사용된다.

폴리비닐피로리돈은 아래의 식품 이외에 사용하여서는 아니된다. 사용량은 폴리비닐피로리돈으로서 ㉮ 맥주 : 0.01 g/kg 이하 ㉯ 식초 : 0.04 g/kg 이하 ㉰ 과실주, 리큐르 : 0.06 g/kg 이

하 ㉣ 특수의료용도 등 식품, 건강기능식품 : 정제 또는 이의 제피, 캡슐 제조 시 피막제 이외의 목적으로 사용하여서는 아니된다고 규정되어 있다. 가공보조제 이외에도 증점제, 안정제, 유화제, 피막제로도 사용된다.

⑦ **스테아린산마그네슘(magnesium stearate)** 이 첨가물은 광택제나 활제(滑劑)로서 정제 과자류를 만들 때 사용된다. 사용기준은 스테아린산마그네슘으로 식품의 1% 이하로 첨가하도록 규정되어 있다.

⑧ **실리코알루민산나트륨(sodium aluminosilicate)** Na_2O : Al_2O_3 : SiO_2를 1 : 1 : 13.2의 비율로 함유된 백색의 미세한 분말로서, 설탕, 식염, 조미료, 합성팽창제, 인스턴트 커피 제조과정 등에 응고방지나 분산성 향상을 위하여 첨가된다. 사용기준은 식품에 2% 이상 사용이 금지되어 있다. 즉 고결방지제로 주로 사용된다.

⑨ **규조토(diatomaceous earth), 백도토(kaolin), 벤토나이트(bentonite), 산성백토(acid earth), 탈크(talc), $NaAl(OH)_2CO_3$], 퍼라이트(perlite)** 이들은 탈색, 탈취의 목적으로 흡착제나 여과보조제로 사용된다. 사용기준은 식품의 제조 또는 가공상 필요 불가결한 경우 이외의 식품에 사용하여서는 안 된다. 식품 중의 잔존량은 식품의 0.5% 이하로 규정되어 있다(두 물질을 병용할 때에는 그 합계가 0.5% 이하이어야 한다. 다만 껌에 탈크만을 사용할 때에는 5% 이하이어야 함).

※ perlite는 진주암(眞珠岩), 송지암(松脂岩) 등의 원석을 3 mm 이하의 입도를 분쇄, 800~1200℃ 급열로 하면 미세한 다세포구조의 백색 내지 회색의 분말을 얻을 수 있다. 화학적 조성은 SiO_2 71~75%, Al_2O_3 12~18%, K_2O 4~5%, CaO, Fe, Mg 등의 탄화물이다.

⑩ **2산화규소($SiO_2 \cdot H_2O$, silicon dioxide)** 사용기준은 식품의 제조가공상 필요 불가결한 경우(고결방지제, 안정제, 흡착제, 여과보조제)에 한하여 사용하여야 하고, 그 외의 식품에 사용하여서는 안 된다. 그리고 최종 식품 완성 전에 제거하여야 한다. 다만 고결방지제의 경우 사용량은 식품에 2% 이하로 사용하여야 한다.

⑪ **메톡사이드나트륨(sodium methoxide)** 가공보조제로서 유지의 에스테르 교환반응의 촉매로 사용하며, 사용기준은 정제가공유지에 사용하며 그 외의 식품에 사용하여서는 안 된다. 메톡사이드나트륨은 최종식품 완성 전에 분해하여야 하며, 분해물로 생성된 메틸알코올은 제거하여야 한다.

⑫ **변성호프추출물(modified hop ext.)** 착향료로서 사용기준은 맥주양조에 한한다.

⑬ **피틴산(phytic acid)** 천연계에 존재하는 phytin을 추출하여 묽은 산으로 처리한 피틴산은 식품의 변색과 변질 방지 및 해산물 통조림의 struvite($MgNH_4PO_4 \cdot 6H_2O$)의 방지 등 품질개량의 목적으로 사용된다. 이유식 및 영양 등 식품에 사용하여서는 안 된다.

⑭ **초산칼슘(calcium acetate)** 치즈에 0.02% 이하, 소스류, 당시럽류에 0.15% 이하, 빵류, 젤

라틴, 푸딩, 필링 등에는 0.2% 이하, 기타식품에는 0.0001% 이하로 사용하여야 한다. 금속 봉쇄작용을 이용하여 식품의 변질방지제로 첨가한다.

⑮ **옥시스테아린(oxystearin)** 식용유지(향미유 제외), 식용우지 및 식용돈지에 0.125% 이하로 사용하고 효모제품에 사용되며 그 외에는 사용이 금지되어 있다. 용도는 식용유지, 식용우지 등의 결정화 방지제, 소포제, 산화방지제, 금속봉쇄제로 사용된다.

⑯ **아크릴아미드아크릴산수지(acrylamide acrylic acid resin)** 분자량이 200만~650만인 수용성 음이온의 고분자화합물로서 백색의 분말이며 냄새도 맛도 없다. 설탕액에서 불순물을 제거, 응집제로서 당의 정제에는 사용하나 그 외에는 사용이 금지되어 있다. 당액 1 kg당 10 mg 이하로 사용하여야 한다.

⑰ **규산마그네슘(magnesium silicate)** 고결방지제 및 여과보조제의 목적 이외에 사용하여서는 안 된다. 여과보조제로 사용하는 경우에는 최종 식품 완성 전에 제거하여야 한다.

고결방지제로 사용하는 경우에는

㉮ 분말유크림(자동판매기용에 한함) : 1% 이하(이산화규소와 병용할 때에는 사용량의 합계가 1% 이하)

㉯ 분유류(자동판매기용에 한함) : 1% 이하(이산화규소와 병용할 때에는 사용량의 합계가 1% 이하)

㉰ 식염 : 2% 이하(이산화규소와 병용할 때에는 사용량의 합계가 2% 이하)

⑱ **활성탄(active carbon)** 식품제조 또는 가공상 필요 불가결한 여과, 탈색, 정제 등의 목적 이외에 사용하여서는 안 된다. 다만 사용시 최종 식품 완성 전에 제거하여야 하며 식품 중의 잔존량은 0.5% 이하이어야 한다(만약 규조토, 백도토, 벤토나이트 등과 병용할 때에는 잔존량 합계가 0.5% 이하). 양조 등 식품공업에서 탈색, 탈취의 목적인 흡착제로 이용한다.

⑲ **수산화마그네슘(magnesium hydroxide)** 영양 및 pH 조절, 건조제, 색소보류제(color retention agent)의 목적에만 사용하고, 완두콩 통조림에는 pH 8을 초과하지 않게 사용하여야 한다.

⑳ **지베렐린산(gibberellic acid)** 발효주용 또는 증류주용 또는 증류주용 맥아제조 이외에 사용하여서는 안 된다.

㉑ **구연산칼륨(potassium citrate)** 식품의 제조가공에서 pH조정, 금속억제, 완충 등의 목적에 사용되며 lima bean 등을 가공할 때 조직고결강화용으로 사용되고 젤리, 잼, preserve 등에도 첨가한다. 또 육아용 조제분유나 조제유에 첨가하면 soft curd가 형성되어 소화흡수가 좋아진다.

㉒ **수산화암모늄(ammonium hydroxide)** 이것은 알칼리이므로 산의 중화제(pH 조정제), 팽창제 등으로 사용된다.

㉓ **폴리비닐 피로리돈〔poly vinyl pyrrolidone : PVP : Povidone : poly-{1-(2-oxo-1-pyrrolidinyl) ethylene}〕** 흰색으로부터 황갈색에 이르는 분말로서 물, 알코올, chloroform에 녹고 ether에는 녹지 않는다. 용도로는 가공보조제 이외에도 증점제, 안정제, 유화제, 피막제로 사용된다. PVP 및 이를 함유하는 제제의 사용기준 중 아래의 식품 이외에 사용하여서는 안 된다. 사용량은 폴리비닐피로리돈으로서 ㉮ 맥주 : 0.01 g/kg 이하 ㉯ 식초 : 0.04 g/kg 이하 ㉰ 과실주, 리큐르 : 0.06 g/kg 이하 ㉱ 특수용도식품, 건강기능식품 : 정제 또는 제피, 캡슐 제조시 피막제 이외의 목적으로 사용하여서는 안 된다.

㉔ **인산(H_3PO_4)** pH조정의 목적으로 사용

㉕ **제1인산암모늄($NH_4H_3PO_4$)** N원으로 청주나 합성주의 술밑 등 발효 촉진

㉖ **초산나트륨(CH_3COONa)** 완충제로 초산과 병행하여 그 신맛을 개선

㉗ **탄산나트륨(Na_2CO_3)과 탄산수소나트륨** 면류 첨가 알칼리제로서 면(중국면, 만두 등)에 끈기나 쫄깃쫄깃한 맛 개선

㉘ **탄산칼륨(K_2CO_3)** 면류 첨가 알칼리제로서 면(중국면, 만두 등)에 끈기나 쫄깃쫄깃한 맛 개선

㉙ **제2인산칼륨(K_2HPO_4)** 발효조성의 P원, 면류 첨가 알카리제로 면(중국면 등)의 끈기와 쫄깃쫄깃한 맛 개선

㉚ **황산암모늄〔$(NH_4)_2SO_4$〕** 발효조성의 N원

㉛ **제2인산암모늄〔$(NH_4)2HPO_4$〕** 발효조성의 P원과 N원

㉜ **제1인산칼륨(KH_2PO_4)** 발효조성의 P원

㉝ **염화칼륨(KCl)** 발효조성의 K원

㉞ **염화마그네슘($MgCl_2$)** 두부응고제, 발효조성의 Mg원(源)

㉟ **황산마그네슘($MgSO_4$)** 발효조성의 Mg원

㊱ **제3인산나트륨(Na_3PO_4)** 품질개량제

㊲ **산화칼슘(CaO)** 일명 생석회로 산의 중화, Ca 영양강화, 면류 첨가 알칼리제(밀가루반죽개량제), Yeast food 성분으로 사용

㊳ **황산나트륨(Na_2SO_4)** 식용색소나 과산화벤조일의 희석제로 사용

㊴ **산화마그네슘(MgO)** 흡착제, 고결방지제, 점착방지제, pH조정제 등으로 사용하며, 특히 유동성 향상을 위하여 분말유크림에 첨가하기도 한다.

㊵ **젖산나트륨〔$NaCH_2CH(OH)COOH$〕** 습윤제, 증량제와 산화방지제의 상승효과에 사용

㊶ **세스퀴탄산나트륨(sodium sesqui carbonate)** 낙농제품의 중화제, pH조정제, 가금의 털의 탕침제거제

㊷ **스테아린산칼슘(calcium stearate)** anticaking agent, 접착제(binder), 유화제로 사용

㊸ 규산칼슘(calcium sillicate) 무기산(mineral acids)에서 gel을 형성하며, 고결방지제(anticaking agent), 여과보조제(filter aid)의 목적 이외에 사용하여서는 아니 된다. 다만 여과보조제로 사용하는 경우 최종 식품 완성 전에 제거하여야 한다.

고결방지제의 경우 아래의 식품 이외에 사용하여서는 아니 된다. 사용량은 ㉮ 분말유크림(자용판매기용에 한함) : 1% 이하(이산화규소, 규산마그네슘과 병용할 때는 합계가 1% 이하) ㉯ 분유류(자동판매기용에 한함) : 1% 이하(이산화규소, 규산마그네슘과 병용할 때는 합계가 1% 이하) ㉰ 식염 : 2% 이하(이산화규소, 규산마그네슘과 병용할 때는 합계가 1% 이하)

㊹ 페로시안화 칼륨〔Potassium ferrocyanide, $K_4Fe(CN)_6\ 3H_2O$〕 고결방지제로서 식염 이외의 식품에 사용하여서는 아니 된다. 사용량은 페로시안이온으로서 식염 1 kg에 대하여 0.010 g 이하이어야 한다. 다만, 페로시안화 칼슘 및 페로시안화 나트륨의 1종 이상과 병용할 때에는 각 사용량의 합계가 페로시안이온으로서 식염 1 kg에 대하여 0.010 g 이하이어야 한다.

㊺ 페로시안화 나트륨〔Sodium ferrocyanide, $Na_4F(CN)_6\ 10H_2O$〕 페로시안화칼륨과 같이 고결방지제로 사용되며 나트륨의 황색 시안화물(청산염)로서 황색의 결정성 분말이다. ㊹와 동일한 내용이다.

㊻ 페로시안화 칼슘(Sodium ferrocyanide) 고결방지제로서 ㊹와 동일한 내용이다.

㊼ 아산화질소(Nitrous oxide : nitrogen oxide : dimitrogen monoxide: N_2O) propellant(촉진제 관련 산화제), aerating(공기로 부풀게 하는 매체), gas의 용도로 사용

㊽ 트리아세틴(triacetin) 용제, 습윤제, 착향료(향미유지제) 등으로 빵류, 과자와 같이 구운 제품, 캔디류, 츄잉껌, 디저트류에 보습제, 청량음료, 젤라틴, 푸딩 등 사용

㊾ 폴리글리시톨시럽(polyglycitol syrup)

㊿ 라우릴황산나트륨(sodium lauryl sulfate) 기포제로서 건강기능식품 이외에 사용하여서는 안 된다.

51 메타규산나트륨(sodium metasilicate) 여과보조제로서 메타규산나트륨 및 이를 함유하는 제제는 식용유지류(향미유 제외)에 여과보조제의 목적 이외에 사용하여서는 아니 된다. 다만 사용 시 최종 식품 완성 전에 제거하여야 한다.

52 아세톤(acetone) 가공보조제로서 ㉮ 유지성분의 추출 또는 분리 등의 목적 이외에 사용하여서는 아니 된다. 다만, 사용 시에는 최종 식품의 완성 전에 제거하여야 한다. ㉯ 건강기능식품의 기능성 원료 : 0.03 g/kg 이하(다만, 건강기능식품의 기능성 원료에 있어서는 추출 또는 분리 등의 목적으로 사용할 수 있다. 잔류량은 아세톤으로서)

53 메틸알코올(methyl alcohol) 가공보조제로서 아래의 식품 또는 용도 이외에 사용하여서는 아니 된다. 건강기능식품의 기능성 원료 : 0.05 g/kg 이하(다만, 건강기능식품의 기능성 원료에 있어서는 추출 또는 분리 등의 목적으로 사용할 수 있다. 잔류량은 메틸알코올로서)

2. 천연첨가물

1. 감색소 2. 감초추출물 3. 결정셀룰로오스 4. 고량색소 5. 구아검 6. 국 7. 규조토 8. β-글루카나아제 9. 글루코아밀라아제 10. 글루코오스산화효소 11. 글루코오스이성화효소 12. 디아스타아제 13. 락색소 14. 락타아제(β-갈락토시다아제) 15. 락토페린농축물 16. 레시틴 17. 렌넷카제인 18. 로커스트콩검 19. 리소짐 20. 리파아제 21. 리파아제/에스테라아제 22. 마리골드색소 23. 밀랍(백랍, 황랍) 24. 백도토 25. 베리류색소 26. 베타인 27. 벤토나이트 28. 분말셀룰로오스 29. 비타민 B_{12} 30. 비트레드 31. 산성백토 32. 산탄검 33. 석유왁스 34. 셀룰라아제 35. 셸락(백, 정제) 36. 스테비오사이드 37. 스피룰리나청색소 38. 시클로덱스트린 39. 심황색소 40. 아라비아검 41. α-아밀라아제(비세균성) 42. α-아밀라아제(세균성) 43. 안나토색소 44. 알긴산 45. 올레오레진캡시컴 46. 우유응고효소 47. 유동파라핀 48. 이노시톨 49. 인베르타아제 50. 적양배추색소 51. 젤라틴 52. 젤란검 53. 종국 54. 지베렐린산 55. 천연카페인 56. 치자적색소 57. 치자청색소 58. 치자황색소 59. 카나우바왁스 60. 카라기난 61. 캐러멜색소 62. 카라야검 63. 카제인 64. 카카오색소 65. 카탈라아제 66. 커드란 67. 코치닐추출색소 68. 삭제 69. D-키실로오스 70. 키토산 71. 타라검 72. 타마린드검 73. 타마린드색소 74. 탄닌산 75. 탈크 76. d-토코페롤(혼합형) 77. d-α-토코페롤 78. 트라가칸스검 79. 트립신 80. 파프리카추출색소 81. 퍼라이트 82. 펙티나아제 83. 펙틴 84. 펩신 85. 포도과피추출색소 86. 풀루라나아제 87. 프로테아제(곰팡이성 : SAP) 88. 프로테아제(곰팡이성 : HUT) 89. 프로테아제(세균성) 90. 프로테아제(식물성) 91. 피틴산 92. 헤미셀룰라아제 93. 헥산 94. 홍국적색소 95. 홍국황색소 96. 홍화적색소 97. 홍화황색소 98. 활성탄 99. 효모 100. 효모추출물 101. 효소분해레시틴 102. 향신료올레오레진류 103. 덱스트라나아제 104. 말토게닉아밀라아제 105. G4 생성효소 106. 트렌스글루코시다아제 107. 포스포리파아제A2 108. 글루코만난 109. 로진 110. 뮤신 111. 삭제 112. 알팔파추출색소 113. 오징어먹물색소 114. 유카추출물 115. 자몽종자추출물 116. 자주색옥수수색소 117. 차추출물 118. 천연검 119. 퀼라야추출물 120. 삭제 121. 헴철 122. 가티검 123. 삭제 124. 삭제 125. 삭제 126. 루틴 127. D-리보오스 128. 몰식자산 129. 무궁화색소 130. 미소섬유상셀룰로오스 131. 백단향색소 132. 사일리움씨드검 133. 사프란색소 134. 삭제 135. 시아너트색소 136. 시클로덱스트린시럽 137. 쌀겨왁스 138. 아라비노갈락탄 139. 양파색소 140. γ-오리자놀 141. 이리단백 142. 자주색고구마색소 143. 자주색참마색소 144. 차즈기색소 145. 카로틴 146. 칸델릴라왁스(candelilla wax) 147. 클로로필 148. 키틴 149. 토마틴(thaumatin) 150. 퍼셀레란 151. 포도과즙색소 152. ε-폴리리신 153. 풀루란 154. 피칸너트색소 155. 헤스페리딘 156. 효소처리루틴 157. 천연착향료 158. 담마검(damma gum) 159. 키토사나아제 160. 스모

크향 161. 포도종자추출물 162. 파피아색소 163. 토마토색소 164. 효소분해사과추출물 165. 참깨유불검화물 166. 트랜스글루타미나아제 167. 금박(gold leaf) 168. 삭제 169. 글루코사민 170. 김색소 171. 봉선화추출물 172. 삭제 173. 적무색소(red radish color) 174. 효소처리스테비아 175. 5'-아데닐산 176. 5'-시티딜산(5'-cyticylic acid) 177. 산소 178. 에리스리톨 179. 케르세틴 180. 라우린산 181. 스테아린산 182. 팔미트산 183. 판크레아틴(pancratin) 184. 페룰린산(ferulic acid) 185. 피마자유 186. 미리스트산 187. 올레인산 188. 카프릭산 189. 덱스트란 190. 차카테킨(tea catechin) 191. 질소 192. 카프릴산 193. 나린진 194. 효소처리헤스페리진 195. 말토트리오히드나아제 196. 리신 197. 탄나아제 198. 폴리감마글루탐산 199. 알파갈락토시다아제 200. 베타글리코시다아제 201. 글루타미나아제 202. 수소 203. 히알루론산 204. 나타마이신 205. 조제해수염화마그네슘 206. 아스파라기나아제 207. α-아세토락테이토디카르복실라아제 208. 자일라나아제 209. 5'-디아미나아제 210. α-글루코시다아제 211. 포스포디에스테라아제 212. 우레아제 213. 부탄

3. 혼합제제

1. L-글루타민산나트륨제제 2. 면류첨가알칼리제 3. 보존료제제 4. 사카린나트륨제제 5. 타르색소제제 6. 합성팽창제 7. 혼합제제

7

건물과 설비, 기구, 용기·포장 식품취급자의 위생관리

제 1 장

건물과 설비의 위생관리

1. 식품공장 및 집단급식소의 건물과 시설

1) 건물의 구조와 구획

식품관련 공장이나 급식소의 건물은 철근 콘크리트와 같은 내구성 있는 재질로 건축하여야 하며, 모든 건축자재는 식품의 안전 및 위생에 나쁜 영향을 미치지 않는 것이어야 한다. 왜냐하면 식품은 취급시 물(수증기)이나 불 등을 항상 다루게 되므로 침식, 손상되는 경우가 많기 때문이다.

식품공장의 작업장이나 급식소의 건물은 독립되어 있거나 완전히 구획되어 있어서 식품 이외의 다른 목적이나 용도의 시설과 구분되어 있어야 한다. 왜냐하면 식품이 외부로부터 오염되어 오는 것을 사전에 방지할 수 있기 때문이다.

전처리실과 조리실 면적이 생산 식수(食數)에 적합하여야 한다. 이는 제조하는 음식의 종류, 식재료의 구매방식, 사용하는 조리기구의 종류에 따라 다르다. 식품취급과 조리원의 활동이 원활하게 이루어져야 한다.

건물은 식품제조의 품목과 급식소의 목적에 따라 다르지만 작업장은 <표 7-1-1>과 같이 일반구역과 청결구역(식품의 특성에 따라 청결구역과 준청결구역으로 세분)으로 구분하고, 벽

〈표 7-1-1〉 일반구역과 청결구역별 작업내용의 구분

작 업 구 역	작 업 내 용
일반구역	● 검수실구역 ● 전처리실구역 ● 식기세척실 등 구역
청결구역(식품의 특성에 따라 청결구역과 준청결구역으로 세분)	● 조리실구역(비가열/가열 처리작업) ● 정량 및 배선 구역 ● 식기보관구역 ● 식품절단구역 ● 배식구역 ● 식재료 저장구역(준청결)

등으로 교차오염(交差汚染)이 없도록 구획되어야 한다. 구획된 벽 등은 내부식성 재질로 청소가 용이하여야 한다. 다시 말해, 작업과정 중 미생물의 오염방지를 위하여 작업장을 전처리실, 조리실, 식기구세척실 등으로 구획하여 오염작업과 비오염작업을 분리한다. 이러한 구획이 여의치 않으면 바닥을 색깔 등으로 구분하거나 경계선을 표시한다. 작업장의 바닥, 벽, 천장은 내수성과 불침투성, 방염성(防炎性)이 있고 그 표면이 매끈하여 물로 닦아내거나 청소하기에 편리하여야 한다.

2) 작업장과 조리장의 시설

(1) 바닥과 배수로 및 배수구

바닥은 배수가 잘 되도록 지상에서 20 cm 정도 높게 콘크리트로 구축하고, 표면은 내구성의 재질로서 미끄러지지 않고 쉽게 균열이 가지 않는 재질로 하여야 한다. 식품취급자의 피로도를 감안해 탄력성, 내수성, 방염성이 있는 아스팔트, 리놀륨 등을 입히는 것이 바람직하다. 또 바닥은 파여 있거나 물이 괴지 않아야 하고 배수구를 향해서 완만한 구배를 두어야 한다. 구배는 업종에 따라 차이가 있으나 2~4%(1.5/100) 정도의 경사가 적당하다.

배수구(排水口)의 덮개는 청소할 때 쉽게 열 수 있는 구조로 하되, 견고한 재질(주물아연도금 등)로 설치한다. 배수구는 내벽에서 15 cm 정도 떨어진 곳에 설치하는 것이 좋고 원통형관의 내경을 10 cm 이상으로 하여 배수가 빠르게 한다. 실외 배수구는 쥐의 침입을 막기 위해 금속망을 설치하는 것이 바람직하다.

배수로는 배수 및 청소가 용이하고 교차오염이 발생하지 않도록 설치하며 폐수가 역류되거나 퇴적물이 쌓이지 않도록 위생적으로 관리하여야 한다. 배수로의 트렌치(trench)는 폭과 깊이가 20~30 cm 정도가 되도록 하고 전체를 스테인리스스틸로 마감 처리한다.

(2) 내벽과 문 및 창문

내벽은 틈새가 없고 내수처리를 하여야 하며, 매끈하며 청소가 용이한 곡면 구조로 만들고 오염 여부를 쉽게 구별할 수 있도록 밝은색으로 도색한다. 내벽은 전면 타일로 시공하되 내벽측 하부는 부식되기 쉬우므로 바닥으로부터 1.5 m 이상 높이까지 타일, 방수시멘트 등과 같은 불침투성으로 마감한다. 불침투성 재료는 내수성, 내열성, 내침성이 있어야 한다. 벽면과 기둥의 모서리 부분은 타일이 파손되지 않도록 보호대로 마감 처리한다.

문은 견고한 내수성 재질로서 청소가 용이하며 밀폐 가능한 구조로 되어 있어야 한다. 출입구는 식품종사자와 식재료 반입을 위하여 별도로 설치한다. 출입구 문은 가급적 자동출입문을 설치하고 위생해충 등의 진입을 방지하기 위한 방충망, 방어시설 또는 에어커튼 등을 설치하여야 한다.

출입구에는 조리실이나 작업장의 전용신발로 갈아 신기 위한 신발장 및 신발 소독조와 수세시설을 갖추어야 한다. 출입문에 설치된 상하개폐식 경우는 바닥과 닿는 부분이 파손되지 않도록 필요한 안전장치를 하여야 한다. 바닥과 벽의 코너(hospital corner)는 <그림 7-1-1>과 같이 먼지가 끼지 않고 청소하기가 좋도록 둥글게 하여야 한다.

창은 청소가 용이하고 완전히 밀폐될 수 있어야 한다. 공기정화설비를 갖춘 작업장이나 조리실은 창문을 고정식으로 해야 한다. 다만 개폐식 창문의 경우에는 해충침입 방지를 위해 방충망을 설치하여야 한다.

내벽과 창문의 아래 접속부분은 <그림 7-1-2>와 같이 먼지가 쌓이는 것을 방지하기 위하여 90° 직각의 모서리로 하지 말고 대략 45° 경사를 가지게 하여 물을 뿌리면 쉽게 먼지 등이 흘러내려 청소가 잘 되게 한다.

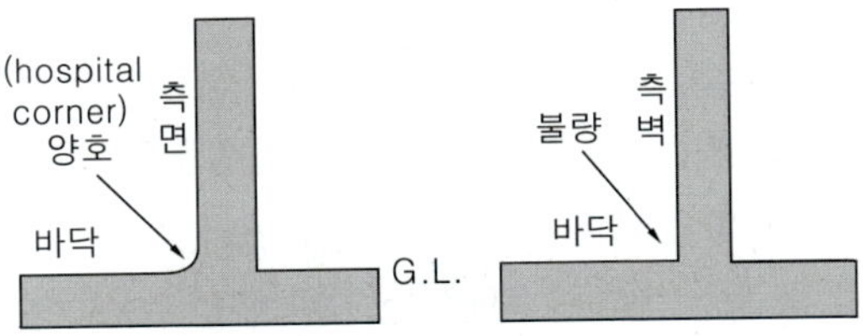

〈그림 7-1-1〉 내벽과 바닥의 접속부분

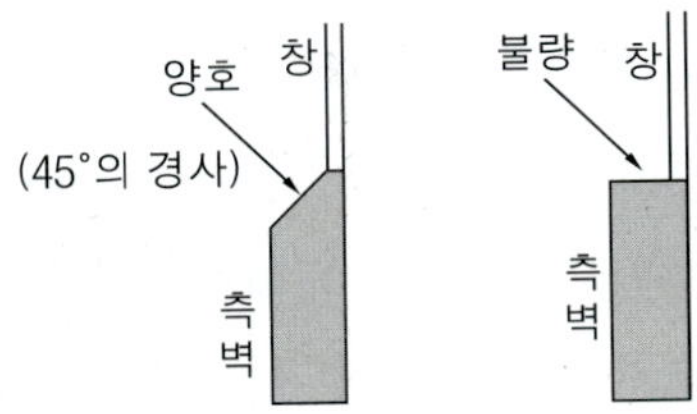

〈그림 7-1-2〉 내벽과 창문의 접속부분

(3) 천장

천장의 높이는 작업자의 작업환경에 영향을 주기 때문에 바닥에서부터 최저 2.4 m에서 보통 3 m 이상으로 하는 것이 바람직하다. 또한 실내의 온·습도를 조절하는 데에도 천장의 높이는 중요하다. 온·습도의 조절이 잘 안되면 천장에 결로현상(응결수 : 수증기가 응축한 물방울)이 생겨 세균, 곰팡이 등의 발생원인이 되기 때문에 특히 증기를 많이 사용하는 공장이나 아이스크림과 같이 외기와의 온도차가 큰 공장에는 시공시 주의가 요망된다.

천장은 청소가 용이한 재질과 구조로, 재질은 내수성, 내화성을 가진 Al 재질, 단열재 등으로 시공하고, 표면이 고르고 매끈하여 청소하기 쉬워야 한다. 혹시 쥐, 벌레 및 공중낙하세균이 천장 위에서 떨어지지 않도록 틈새나 균열이 없어야 한다. 천장의 색도 밝은색으로 도색하여 실내를 밝고 쾌적한 환경에서 작업할 수 있게 한다.

배기닥트, 전기설비 등은 위생적인 조리실 환경을 위해 천장의 내부에 설치하는 것이 바람직하다.

(4) 채광·조명

자연채광을 위하여 창문 면적은 바닥 면적의 1/4 이상이 되도록 한다. 또 자연채광이 곤란한 경우, 인공조명시설을 갖추어야 하며 효과적으로 실내를 점검, 청소할 수 있어야 한다. 채광 또는 조명은 식품관계의 영업시설에서 작업 능률을 향상시키고 재해를 예방하기 위하여 적절한 밝기이어야 한다. 채광, 조명 설비 등의 파손으로부터 식품의 오염방지를 위해 보호장치를 설치하여 항상 위생적인 상태로 관리하여야 한다.

즉, 천장의 전등은 함몰형(陷沒型)으로 하되, 반드시 물이나 가스로부터 안전한 기구(방수, 방폭 등)이어야 하며 파손시 유리조각의 오염방지장치를 갖추든가, 식품이나 조리표면 직상부(直上部)에 벌레들이 유인되어 떨어질 수가 있어, 조명등을 직상부에 다는 것은 피하는 것이 바람직하다.

HACCP에서 조도는 검수 및 선별의 경우 선별·검수 위치에서 측정하고 그 이외의 작업장은 바닥에서 80 cm 되는 곳에서 측정했을 때, 검수 전체의 구역, 즉 검수대와 조리장의 선별작업대에서 조리사의 안전이 필요한 칼, 슬라이서, 톱 등이 사용되는 곳과 배식구역 등 육안확인 구역은 광원의 밝기를 540 lux 이상으로, 일반작업실, 성형실, 내포장실은 220 lux, 원료 및 제품창고, 화장실, 탈의실, 휴게실 등 부대시설은 110 lux 이상의 조도를 유지하여야 한다고 규정하고 있다.

일본의 경우, 가공공장의 밝기는 바닥으로부터 80 cm의 작업대에서 조도가 100 lux 이상이 되도록 규정되어 있다.

(5) 환기와 통풍 및 후드(닥트)

식품의 제조, 가공, 조리 등에는 불이나 물, 가스 등을 늘 사용하므로 환기시설은 악취, 유해가스, 매연, 증기 및 열 등을 제거하는 데 충분하도록 설치되어야 하며 위생적인 상태로 관리하여야 한다. 가령 작업장 내의 CO_2 가스량이 1.5% 이상이 되면 작업능력이 저하되어 피로할 뿐만 아니라 작업장을 오염시키는 원인이 된다.

특히 불을 이용하는 장소의 주위 2 m 이상은 방화구조(防火構造)로 하여야 하며, 불, 기름 증기가 발산하는 곳에는 통풍장치를 하여야 한다.

공기의 흐름은 비오염구역에서 오염구역 방향으로 흘러가도록 해야 한다.

조리실은 체적 1 m^3당 20~30 m^3/hr, 식품보관실은 체적 1 m^3당 5 m^3/hr의 흡인력이 있는 환기시설을 설치하고 증기, 열, 연기 등의 발생원 윗부분에 0.25~0.5 m/sec의 흡인력을 가진 후드(hood)를 설치한다.

후드의 형태는 열기기보다 사방 15 cm 이상 크게 한다. 튀김기, 부침기 등 기름을 많이 취급하는 조리기구 위에 설치하는 후드는 청소가 용이한 구조로 하고, 기름받이 및 기름입자제거용 필터를 설치하되, 후드의 재질은 스테인리스스틸을 사용하도록 한다.

닥트(duct)는 조리실 내의 증기 등 유해물질을 충분히 바깥으로 배출시킬 수 있는 크기와 흡인력을 갖추어야 한다. 닥트와 배기후드의 연결시 외부의 오염물질이 유입되지 않도록 자동개폐시설을 설치하도록 한다. 외부에 개방된 기구 등에는 위생해충 및 쥐의 침입을 방지하기 위하여 방충, 방서 시설을 하여야 한다.

3) 화장실과 수세시설 및 샤워장, 탈의실

화장실의 위치는 가급적 작업장이나 조리장 또는 우물로부터 15 m 이상 떨어져 있는 것이 좋으며 우물보다 높은 위치에 있어서도 안 된다.

화장실의 구조는 수세식으로 하고 벽과 바닥은 콘크리트 등 내수성 재질로 두껍고 구멍이나 균열 없이 만들어 분뇨의 침식에 견뎌야 하며, 뚜껑이 있는 휴지통을 비치하여야 한다. 다만, 환경친화적인 제품으로서 물에 용해되는 화장지를 비치하는 경우에는 휴지통을 비치하지 않을 수 있다. 출입문과 창도 완전히 밀폐할 수 있도록 하고 방충, 방서용 금속망을 설치하며, 출입문은 자동개폐식으로 하여 손잡이를 돌리지 않아도 출입할 수 있는 구조여야 한다.

화장실, 탈의실 및 수세시설은 작업자가 위생적으로 이용할 수 있도록 충분한 시설을 갖추어 작업실과 분리하여 위생적으로 관리하여야 하며, 수세시설은 화장실과 가깝게 있는 것이 좋다.

작업실과 화장실의 출입구에는 온수가 공급되는 세척시설, 손을 말릴 수 있는 시설 및 소독설비를 갖추어야 한다. 수세 후 건조장치는 종이타올이나 전기건조기, 1회용 타올장치를 사용하며 보통타올을 다수인이 공동으로 사용하도록 해서는 안 된다.

탈의실 및 휴게실은 외부로부터 조리실을 통하지 않고 출입이 가능하여야 한다. 조리종사원의 수를 고려한 옷장과 필요한 설비를 갖추어야 한다. 외부로 통하는 환기시설을 갖추어야 한다. 조리종사원의 수를 고려한 적정한 면적을 확보하고, 바닥에는 난방시설을 설치하여야 한다.

4) 식품보관실, 급식관리실 등

식품보관실의 바닥은 조리실로부터 물의 유입을 방지하기 위해 조리실 바닥보다 약간 높게 시공하여야 한다. 조리실을 통하지 않고 식품 반입이 가능하여야 하며, 출입문은 항상 내부에서만 개폐할 수 있도록 한다. 환기시설과 충분한 보관선반 등이 설치되어야 하며, 보관선반은 청소 및 통풍이 용이하도록 바닥과 벽으로부터 15 cm 이상을 띄워야 한다. 바닥의 재질은 물청소가 용이하고 미끄럽지 아니하며, 배수가 잘 되어야 한다.

급식관리실은 외부로부터 조리실을 통하지 않고 출입이 가능하여야 하며, 외부로 통하는 환기시설을 갖추어야 한다. 급식관리실에서 조리실의 내부를 잘 볼 수 있도록 바닥으로부터 1.2 m 높이 윗면은 전면을 유리로 시공하여야 한다. 급식관리실에는 책걸상, 전화, 컴퓨터 등 사무장비를 갖추어야 한다.

전기 배전반 등은 급식관리실에 배치하여 관리가 용이하도록 하여야 한다.

2. 설비 및 기구, 용기·포장, 수송차량의 구비와 유지

1) 설비 및 기구, 용기·포장의 적절한 구비와 취급

작업동선(作業動線)을 고려하여 조리기구, 용기 등을 적절한 장소에 적정 개수만큼 비치하여야 한다. 즉 식판, 그릇, 칼, 도마, 수저 및 젓가락 등을 비치하고 세척, 살균 및 소독을 하여 보관함이나 보관실에 보관하여야 한다. 또 조리기계나 기구를 설치할 때는 쉽게 접근하여 청소가 용이하게 이루어질 수 있도록 설치하여야 한다. 항상 정밀한 온도계, 습도계를 사용개수보다 여유 있게 비치하여, 식품의 온도나 냉장고, 수송차량 등의 온도를 체크하도록 한다.

업소 내에서 배송차, 배선차 및 컨베어벨트의 음식 이송장비는 위생적인 관리와 요구되는 온도 유지기능이 있는 것이 요망된다. 음식을 만들어 급식할 때까지 열장식품(熱藏食品)은 최저 60℃ 이상 유지되도록 단열성(斷熱性)의 보온기능이 있는 기구(대형 보온밥통, 대형 PS 통 등)를 사용하여야 한다.

냉각, 냉장 및 냉동 설비의 구조와 기능은 작업장별 작업 특성에 적합하여야 하며, 원료 및 제품을 효과적으로 수용할 수 있고 오염시킬 우려가 없어야 한다. 냉장, 냉동실에 설치되어 있는 온도장치는 냉각원으로부터 가장 멀리 떨어진 곳(가장 온도가 높은 곳을 말함)에 설치되어야 한다.

냉장, 냉동 기기나 수송차량은 적절한 주기로 온도상황을 기록, 유지하여야 하고 외부에서 온도를 관찰할 수 있어야 하며, 관리조건에 따라 자동온도기록장치 또는 자동경보장치를 부착하여야 한다. 냉장, 냉동 설비 등에 대하여는 정기적으로 점검, 정비 및 청소를 실시하고 그 결과를 기록, 유지하여야 한다.

원료와 제품의 처리, 가공 등에 사용되는 기구 및 용기는 용도별로 구분, 표시하여 청결하게 관리하여야 한다. 음식을 포장할 경우 오염을 방지할 수 있는 위생적인 조건하에서 실시하여야 한다.

폐기물, 폐수 처리시설은 작업장과 떨어진 곳에 설치, 운영되어야 하며 그 관리기록을 유지하여야 한다.

폐기물은 매일 연속적으로 반출하여 옥외에 방치되지 아니하도록 하고, 폐기물 용기는 자주 소독 및 세척을 하여 위생적으로 관리하여야 한다.

2) 수송차량 내의 청결과 온습도 관리 유지

수송차량 내부는 항상 소독과 살균 등으로 청결을 철저히 유지하여야 한다.

수송차량은 원료를 운반하는 차량과 가공식품 및 음식물을 운반하는 차량으로 구분하여 운반하는 것이 바람직하다. 더 나아가 원료별로 농산물, 축산물, 수산물 등으로 나누어 식품의 성질 및 특성에 따라 운반하는 것이 교차오염을 줄이는 최선의 방법이 될 것이다.

가공식품이나 조리된 음식물도 이동 시에는 그 식품이나 음식물의 성질이나 특성에 따라 구분하여 이동시키는 것이 좋다.

더욱이 수송차량의 냉동, 냉장 시설이나 냉장고, 열장고 등이 정확한 온도와 습도가 유지되는지를 항시 체크하거나 자동기록장치를 설치하여 오염도를 줄여야 한다.

제2장 기구, 용기·포장재의 식품위생

1. 기구와 용기·포장의 정의와 법적 규제

1) 기구와 용기·포장의 정의

「식품위생법」 제2조(정의)에 **기구(器具)**란 다음 각 목의 어느 하나에 해당하는 것으로서 식품 또는 식품첨가물에 직접 닿는 기계·기구나 그 밖의 물건(농업과 수산업에서 식품을 채취하는 데에 쓰는 기계·기구나 그 밖의 물건은 제외)을 말한다.

가. 음식을 먹을 때 사용하거나 담는 것

나. 식품 또는 식품첨가물을 채취·제조·가공·조리·저장·소분(완제품을 나누어 유통을 목적으로 재포장하는 것을 말함)·운반·진열할 때 사용하는 것

용기·포장(容器·包裝)이란 "식품 또는 식품첨가물을 넣거나 싸는 것으로서 식품 또는 식품첨가물을 주고 받을 때 함께 건네는 물품을 말한다."라고 정의하고 있다. 그리고 법적 규제로는 법 제8조에 '유독기구 등의 판매·사용금지'에서 "유독·유해 물질이 들어 있거나 묻어 있어 인체의 건강을 해할 우려가 있는 기구 및 용기·포장과 식품 또는 식품첨가물에 직접 닿으면 해로운 영향을 끼쳐 인체의 건강을 해할 우려가 있는 기구 및 용기·포장을 판매하거나 판매의 목적으로 제조·수입·저장·운반, 진열하거나 영업에 사용하여서는 아니 된다."라고 규정하고 있다. 아울러 제9조에서는 '기구 및 용기·포장에 관한 기준 및 규격'과 그에 따른 법 14조 '식품 등의 공전' 2항에서 기구·용기·포장의 기준과 규격을 작성·보급, 제10조에서는 '표시기준'의 규격과 그에 따른 법 제14조 '식품 등의 공전' 3항에서 표시기준 등을 작성·보급하도록 고시하였다.

2) 기구 및 용기·포장의 공통기준, 용도별 규격

(1) 공동제조기준

① 기구 및 용기·포장의 제조·가공에 사용되는 기계·기구류와 부대시설물은 항상 위생적으로 유지·관리하여야 한다.

② 기구 및 용기·포장의 제조·가공에 사용되는 원재료는 품질이 양호하고, 유독·유해 물질 등에 오염되지 아니한 것으로 안정성과 건전성을 가지고 있어야 한다.

③ 기구 및 용기·포장의 식품과 접촉하는 부분에 사용하는 도금용 주석은 납을 0.1% 이상 함유하여서는 아니 된다.

④ 기구 및 용기·포장의 식품과 접촉하는 부분에 제조 또는 수리를 위하여 사용하는 금속은 납을 0.1% 이상 또는 안티몬을 5% 이상 함유하여서는 아니 된다.

⑤ 기구 및 용기·포장의 제조 또는 수리에 사용하는 땜납은 납을 0.1% 이상 함유하여서는 아니 된다.

⑥ 전류를 직접 식품에 통하게 하는 장치를 가진 기구의 전극은 철, 알루미늄, 백금, 티타늄 및 스테인리스스틸 이외의 금속을 사용하여서는 아니 된다.

⑦ 기구 및 용기·포장 제조 시 식품과 직접 접촉하는 면에는 인쇄를 하여서는 아니 된다. 식품과 직접 접촉하지 않는 면에 인쇄를 하고자 하는 경우에는 인쇄잉크를 반드시 건조시켜야 하며, 이 경우 잉크성분인 벤조페논의 용출량은 0.6 mg/L 이하이어야 한다. 또한 식품과 직접 접촉하지 않는 면이 인쇄된 합성수지 포장재 중 내용물 투입 시 형태가 달라지는 포장재의 경우, 잉크성분인 톨루엔의 잔류량은 2 mg/m^2 이하이어야 한다.

⑧ 합성수지제, 셀로판제, 종이제, 전분제 기구 및 용기·포장에 사용되는 재질은 납, 카드뮴, 수은 및 6가크롬이 100 mg/kg 이하(합계로서)이어야 한다.

⑨ 동제 또는 동합금제의 기구 및 용기·포장은 식품에 접촉하는 부분을 전면 주석도금 또는 은도금이나 기타 위생상 위해가 없도록 적절하게 처리하여야 한다. 다만, 고유의 광택이 있는 것 또는 고온에서 사용하는 것으로서 표면의 도금이 벗겨질 우려가 있는 것은 제외한다.

⑩ 기구 및 용기·포장의 제조 시 「식품위생법」상 허용된 착색료 이외의 착색료를 사용하여서는 아니 된다. 다만 유약, 유리 또는 법랑에 녹이는 방법, 그 밖에 식품에 혼입할 우려가 없는 방법에 의한 경우는 제외한다.

⑪ 기구 및 용기·포장의 제조 시 디에틸헥실프탈레이트(di-(2-ethylhexyl)-phthalate, DEHP)를 사용하여서는 아니 된다. 다만, 디에틸헥실프탈레이트가 용출되어 식품에 혼입될 우려가 없는 경우는 제외한다.

⑫ 식품의약품안전처장은 원재료의 안전성과 관련된 새로운 사실이 발견되거나 제시될 경우 원재료로써 사용 가능 여부를 검토할 수 있다.

⑬ 식품 기계·기구의 윤활 목적으로 사용하는 물질은 식품과 식품첨가물 이외에도 미국연방규격(CFR)에 식품 기계·기구의 윤활 목적으로 등재되어 있는 것을 사용할 수 있다.

⑭ 기구 및 용기·포장 제조 시 폴리에틸렌테레프탈레이트(PET) 및 폴리에틸렌나프탈레이트(PEN)를 가열, 화학반응 등에 의해 원료물질 등으로 분해하고 정제한 후 이를 다시 중합한 재활용 합성수지제는 사용할 수 있다.

(2) 공통규격

① 기구 및 용기·포장은 물리적 또는 화학적으로 내용물이 오염되기 쉬운 구조이어야 한다.

② 식품의 용기·포장을 회수하여 재사용하고자 할 때에는 「먹는 물 관리법」의 수질기준에 적합한 물로 깨끗이 세척하여 일체의 불순물 등이 잔류하지 아니하였음을 확인한 후 사용하여야 한다.

(3) 기구 및 용기·포장의 용도별 규격

① 랩 제조 시 디에틸헥실아디페이트(di-(2-ethylhexyl)-adipate, DEHA)를 사용하여서는 아니 된다. 다만, 디에틸헥실아디페이트가 용출되어 식품에 혼입될 우려가 없는 경우는 제외한다.

② 젖병(젖꼭지 포함) 제조 시 디부틸프탈레이트(di-n-butyl-phthalate, DBP) 및 벤질부틸프탈레이트(benzyl-n-butyl-phthalate, BBP) 및 비스페놀 A(bisphenol A, BPA)를 사용하여서는 아니 된다.

③ 젖병(유리제 및 금속제 제외)의 용량표시 눈금의 간격은 10 mL로 하며 최저눈금의 표시가 곤란한 경우 생략할 수 있다. 또한 젖병의 표시용량(최고 표시눈금) 및 허용차는 『기구 및 용기·포장공전』을 참고하기 바란다.

④ 유리제 중 가열조리용 기구의 사용용도 및 열 충격강도(내열 온도차)는 공전에 수록되어 있다.

3) 기구 및 용기·포장의 재질별 규격

(1) 합성수지제 규격

종 류	정 의	잔류 규격(mg/kg)	용출 규격(mg/L)
1. 폴리염화비닐 (poly vinyl chloride, PVC)	폴리염화비닐이란 기본 중합체(base polymer) 중 염화비닐의 함유율이 50% 이상인 합성수지제	① 염화비닐 : 1.0 이하 ② 디부틸주석화합물 : 50 이하(이염화디부틸주석으로서) ③ 크레졸인산에스테르 : 1,000 이하	① 납 : 1.0 이하 ② 과망간산칼륨소비량 : 10 이하 ③ 증발잔류물 : 30 이하(다만, 침출용액이 n-헵탄인 경우 150 이하) ④ 디부틸프탈레이트 : 0.3 이하

(계속)

종 류	정 의	잔류 규격(mg/kg)	용출 규격(mg/L)
1. 폴리염화비닐			⑤ 벤질부틸프탈레이트 : 30 이하 ⑥ 디에틸헥실프탈레이트 : 1.5 이하 ⑦ 디-n-옥틸프탈레이트 : 5 이하 ⑧ 디이소노닐프탈레이트 및 디이소데실프탈레이트 : 9 이하 ⑨ 디에틸헥실아디페이트 : 18 이하
2. 폴리에틸렌(polyethylene, PE) 및 폴리프로필렌(polypropylene, PP)	폴리에틸렌이란 기본 중합체(base polymer) 중 에틸렌의 함유율이 50% 이상인 합성수지제를 말하며, 폴리프로필렌이란 기본 중합체(base polymer) 중 프로필렌의 함유율이 50% 이상인 합성수지제		① 납 : 1.0 이하 ② 과망간산칼륨소비량 : 10 이하 ③ 증발잔류물 : 30 이하(다만, 사용온도가 100℃ 이하로 침출용액이 n-헵탄인 경우 150 이하) ④ 1-헥센 : 3 이하(폴리에틸렌에 한함) ⑤ 1-옥텐 : 15 이하(폴리에틸렌에 한함)
3. 폴리스티렌(polystyrene, PS)	폴리스티렌이란 기본 중합체(base polymer) 중 스티렌 또는 α-메틸스티렌의 함유율이 50% 이상인 합성수지제(발포폴리스티렌을 포함)	① 휘발성 물질(스티렌, 톨루엔, 에틸벤젠, 이소프로필벤젠 및 n-프로필벤젠의 합계로서) : 5,000 이하 (다만, 열탕을 사용하는 발포 폴리스티렌의 경우 휘발성 물질의 총량은 2,000 이하이어야 하며, 그중 스티렌 및 에틸벤젠은 각각 1,000 이하)	① 납 : 1.0 이하 ② 과망간산칼륨소비량 : 10 이하 ③ 증발잔류물 : 30 이하(다만, 침출용액이 n-헵탄인 경우 240 이하)
4. 폴리염화비닐리덴(poly(vinylidene chloride), PVDC)	폴리염화비닐리덴이란 기본 중합체(base polymer) 중 염화비닐리덴의 함유율이 50% 이상인 합성수지제	① 염화비닐리덴 : 6.0 이하	① 납 : 1.0 이하 ② 바륨 : 1 이하 ③ 과망간산칼륨소비량 : 10 이하 ④ 증발잔류물 : 30 이하
5. 폴리에틸렌테레프탈레이트(poly(ethylene-terephthalate), PET)	폴리에틸렌테레프탈레이트란 기본 중합체(base polymer) 중 테레프탈산 또는 테레프탈산메틸에스테르와 에틸렌글리콜의 중합물질의 함유율이 50% 이상인 합성수지제		① 납 : 1.0 이하 ② 과망간산칼륨소비량 : 10 이하 ③ 증발잔류물 : 30 이하 ④ 안티몬 : 0.04 이하 ⑤ 게르마늄 : 0.1 이하 ⑥ 테레프탈산 : 7.5 이하 ⑦ 이소프탈산 : 5.0 이하

(계속)

종 류	정 의	잔류 규격(mg/kg)	용출 규격(mg/L)
6. 페놀수지 (phenol-formaldehyde resin, PF)	페놀수지란 기본 중합체(base polymer) 중 페놀과 포름알데히드의 중합물질의 함유율이 50% 이상인 합성수지제		① 납 : 1.0 이하 ② 증발잔류물 : 30 이하 ③ 페놀 : 5 이하 ④ 포름알데히드 : 4 이하
7. 멜라민수지 (melamine-formaldehyde resin, MF)	멜라민수지란 기본 중합체(base polymer) 중 멜라민과 포름알데히드의 중합물질의 함유율이 50% 이상인 합성수지제		① 납 : 1.0 이하 ② 증발잔류물 : 30 이하 ③ 페놀 : 5 이하 ④ 포름알데히드 : 4 이하 ⑤ 멜라민 : 30 이하
8. 요소수지 (urea-formaldehyde resin, UF)	요소수지란 기본 중합체(base polymer) 중 우레아와 포름알데히드의 중합물질의 함유율이 50% 이상인 합성수지제		① 납 : 1.0 이하 ② 증발잔류물 : 30 이하 ③ 페놀 : 5 이하 ④ 포름알데히드 : 4 이하
9. 아크릴수지 (Acrylic resin)	아크릴수지란 기본 중합체(base polymer) 중 아크릴산, 메타크릴산, 아크릴레이트 또는 메타크릴레이트 등의 함유율이 50% 이상인 합성수지제		① 납 : 1.0 이하 ② 과망간산칼륨소비량 : 10 이하 ③ 증발잔류물 : 30 이하 ④ 메틸메타크릴레이트 : 6 이(다만, 기본 중합체 중 메틸메타크릴레이트의 함유율이 50% 이상인 합성수지제에 한함)
10. 폴리아미드 (polyamide, PA)	폴리아미드란 기본 중합체(base polymer) 중 락탐, 아미노카르복실레이트 또는 이염기산과 디아민의 중합물질의 함유율이 50% 이상인 합성수지제		① 납 : 1.0 이하 ② 과망간산칼륨소비량 : 10 이하 ③ 증발잔류물 : 30 이하 ④ 카프로락탐 : 15 이하 ⑤ 일차방향족아민(아닐린, 4,4′-메틸렌디아닐린, 2,4-톨루엔디아민의 합계로서) : 0.01 이하 ⑥ 에틸렌디아민 : 12 이하 ⑦ 헥사메틸렌디아민 : 2.4 이하 ⑧ 라우로락탐 : 5 이하
11. 폴리카보네이트(polycarbonate, PC)	폴리카보네이트란 기본 중합체(base polymer) 중 비스페놀 A와 디페닐카보네이트 또는 카보닐클로라이드의 중합물질의 함유율이 50% 이상인 합성수지제	① 아민류(트리에틸아민과 트리부틸아민의 합계로서) : 1 이하	① 납 : 1.0 이하 ② 과망간산칼륨소비량 : 10 이하 ③ 증발잔류물 : 30 이하 ④ 비스페놀 A(페놀, 비스페놀 A 및 p-터셔리부틸페놀의 합계로서) : 2.5 이하(다만, 비스페놀 A는 0.6 이하) ⑤ 디페닐카보네이트 : 0.05 이하

(계속)

종 류	정 의	잔류 규격(mg/kg)	용출 규격(mg/L)
12. 폴리비닐 알코올(poly(vinyl alcohol), PVA)	폴리비닐알코올이란 기본 중합체(base poly-mer) 중 비닐알코올의 함유율이 50% 이상인 합성수지제		① 납 : 1.0 이하 ② 과망간산칼륨소비량 : 10 이하 ③ 증발잔류물 : 30 이하 ④ 비닐아세테이트 : 12 이하
13. 폴리우레탄(polyurethane, PU)	폴리우레탄이란 기본 중합체(base polymer) 중 이소시아네이트와 폴리올의 중합물질의 함유율이 50% 이상인 합성수지제		① 납 : 1.0 이하 ② 과망간산칼륨소비량 : 10 이하 ③ 증발잔류물 : 30 이하 ④ 이소시아네이트 : 0.1 이하 ⑤ 4,4′-메틸렌디아닐린 : 0.01 이하

상기 합성수지제 이외도 에폭시수지 등 25종이 더 있으나 사용 빈도가 낮아 생략한다.

(2) 셀로판제 규격

종 류	정 의	용출 규격(mg/L)
1. 셀로판	재생셀룰로오스 필름제란 펄프를 비스코스화한 다음 응고 재생한 셀룰로오스 필름(regenerated cellulose film)을 말하며, 이에는 기술적 목적을 달성하기 위하여 적절한 물질을 원재료에 첨가하거나 또는 코팅 등으로 표면처리한 것도 포함	① 비소 : 0.1 이하(As_2O_3로서) ② 납 : 1.0 이하 ③ 증발잔류물 : 30 이하

(3) 고무제 규격

정 의	잔류 규격(mg/kg)	용출 규격(mg/L)
고무제란 기본 중합체(base polymer) 중 천연고무, 합성고무(실리콘고무와 부타디엔고무 포함), 이들의 라텍스 또는 열가소성엘라스토머(thermoplastic elas-tomer, TPE)의 함유율이 50% 이상인 것을 말함	① 납 가) 고무젖꼭지 이외의 고무제 : 100 이하 나) 고무젖꼭지 : 10 이하 ② 카드뮴 가) 고무젖꼭지 이외의 고무제 : 100 이하 나) 고무젖꼭지 : 10 이하 ③ 2-머캅토이미다졸린(염소를 함유한 고무제에 한함) : 불검출 ④ 1,3-부타디엔 : 1 이하(부타디	① 납 : 1.0 mg/L 이하 ② 증발잔류물 가) 고무젖꼭지 이외의 고무제 : 60 mg/L 이하 나) 고무젖꼭지 : 40 mg/L 이하 ③ 페놀 : 5.0 mg/L 이하 ④ 포름알데히드 : 4 mg/L 이하 ⑤ 아연 가) 고무젖꼭지 이외의 고무제 : 15 mg/L 이하 나) 고무젖꼭지 : 1 mg/L 이하 ⑥ 니트로사민류(*N*-니트로소디메틸아

(계속)

정 의	잔류 규격(mg/kg)	용출 규격(mg/L)
	엔고무에 한함) 〔다만, 기본 중합체(base polymer) 중 1,3-부타디엔의 함유율이 50% 이상인 고무제에 한함)〕	민 외 6성분 합계로) : 0.01 mg/kg(고무젖꼭지에 한함) ⑦ 니트로사민류 생성 가능물질(*N*-니트로소디메틸아민 외 7성분 합계로) : 0.1 mg/kg (고무젖꼭지에 한함)

(4) 종이제 또는 가공지제 규격

정 의	잔류 규격(mg/kg)	용출 규격(mg/L)
종이제란 펄프를 주원료로 하여 제조한 것을 말하며, 가공지제란 종이제를 주원료로 하여 적절하게 처리한 것을 말함	① PCBs : 5 이하	① 비소 : 0.1 이하(As_2O_3로서) ② 납 : 1.0 이하 ③ 포름알데히드 : 4 이하 ④ 형광증백제 : 불검출

(5) 금속제 규격

정 의	용출 규격(mg/L)
금속제란 금속으로 구성되어 있는 것을 말함	금속제 중 건조한 식품(유지 및 지방성 식품은 제외)을 내용물로 하는 것은 다음 규격을 적용하지 아니할 수 있다. 또한, 식품과 직접 접촉하는 면이 합성수지제로 도장되어 있지 않은 것은 다음 ⑥부터 ⑫까지의 규격을 적용하지 아니할 수 있다. ① 납 : 0.4 이하 ② 카드뮴 : 0.1 이하 ③ 니켈 : 0.1 이하 ④ 6가크롬 : 0.1 이하 ⑤ 비소 : 0.2 이하(As_2O_3로서) ⑥ 증발잔류물 : 30 이하 (다만, n-헵탄을 침출용액으로 사용한 경우 중 천연의 유지를 주원료로 한 도료에서 도료막의 산화아연 함량이 3%를 초과하는 것은 90 이하. 또한 물을 침출용액으로 사용하여 30을 초과한 경우라도 클로로포름 가용물이 30 이하인 것은 이 규격에 적합한 것으로 봄) ⑦ 포름알데히드 : 4 이하 ⑧ 염화비닐 : 0.05 이하 ⑨ 에피클로로히드린 : 0.5 이하 ⑩ 비스페놀 A(페놀, 비스페놀 A 및 p-터셔리부틸페놀의 합계로서) : 2.5 이하(다만, 비스페놀 A는 0.6 이하) ⑪ 비스페놀 A 디글리시딜에테르(비스페놀 A 디글리시딜에테르 이염화

(계속)

정 의	용출 규격(mg/L)
금속제만 금속으로 구성되어 있는 것을 말함	물과 비스페놀 A 디글리시딜에테르 이수화물 포함) : 1 이하 ⑫ 비스페놀 F 디글리시딜에테르(비스페놀 F 디글리시딜에테르 이염화물과 비스페놀 F 디글리시딜에테르 이수화물 포함) : 1 이하 ⑬ 4,4'-메틸렌디아닐린 : 0.01 이하 ⑭ 아연 : 15 이하

(6) 목재류 규격

정 의	용출 규격(mg/L)
목재류란 나무나 대나무로 구성된 것 또는 이에 옻나무(*Rhus Vermici-fera*)에서 얻은 유액을 도포한 것을 말함	① 비소 : 0.1 이하(As_2O_3로서) ② 납 : 1.0 이하 ③ 이산화황 : 12.8 이하 ④ 올쏘-페닐페놀 : 7.3 이하 ⑤ 치아벤다졸 : 1.8 이하 ⑥ 비페닐 : 0.9 이하 ⑦ 이마자릴 : 0.6 이하

(7) 유리제, 도자기제, 법랑 및 옹기류 규격

가. 액체를 채웠을 때 깊이가 2.5 cm 이상인 시료의 용출규격(다만, 법랑의 경우 용량이 3 L 이상인 것은 제외)

㉠ 유리제의 기구 및 용기·포장

용 량		납(μg/mL)	카드뮴(μg/mL)
가열조리용 기구 이외의 것	용량 600 mL 미만	1.5 이하	0.5 이하
	용량 600 mL 이상 3 L 미만	0.75 이하	0.25 이하
	용량 3 L 이상	0.5 이하	0.25 이하
가열조리용 기구		0.5 이하	0.05 이하

㉡ 도자기제·옹기류의 기구 및 용기·포장

용 량		납(μg/mL)	카드뮴(μg/mL)	비소(μg/mL)
가열조리용 기구 이외의 것	용량 1.1 L 미만	2 이하	0.5 이하	0.05 이하 (As_2O_3로서) (옹기류에 한함)
	용량 1.1 L 이상 3 L 미만	1 이하	0.25 이하	
	용량 3 L 이상	0.5 이하	0.25 이하	
가열조리용 기구		0.5 이하	0.05 이하	

㉢ 법랑의 기구 및 용기·포장

용　　량	납(μg/mL)	카드뮴(μg/mL)	안티몬(μg/mL)
가열조리용 기구 이외의 것으로 용량 3 L 미만의 것	0.8 이하	0.07 이하	0.1 이하
가열조리용 기구로써 용량 3 L 미만의 것	0.4 이하	0.07 이하	0.1 이하

나. 액체를 채울 수 없거나 액체를 채웠을 때 깊이가 2.5 cm 미만인 시료 또는 법랑의 경우 용량이 3 L 이상인 시료의 용출규격

<table>
<tr><th colspan="3">용　　량</th><th>납(μg/mL)</th><th>카드뮴(μg/mL)</th><th>안티몬(μg/mL)</th></tr>
<tr><td colspan="3">① 유리제의 기구 및 용기·포장</td><td>8 이하</td><td>0.7 이하</td><td>-</td></tr>
<tr><td colspan="3">② 도자기제 · 옹기류의 기구 및 용기·포장</td><td>8 이하</td><td>0.7 이하</td><td>-</td></tr>
<tr><td rowspan="3">③ 법랑의 기구 및 용기·포장</td><td colspan="2">액체를 채웠을 때 깊이가 2.5 cm 이상으로 용량 3 L 이상의 것</td><td>1 이하</td><td>0.5 이하</td><td>1 이하</td></tr>
<tr><td rowspan="2">액체를 채울 수 없거나 액체를 채웠을 때 깊이가 2.5 cm 미만의 것</td><td>가열조리용 기구 이외의 것</td><td>8 이하</td><td>0.7 이하</td><td>1 이하</td></tr>
<tr><td>가열조리용 기구</td><td>1 이하</td><td>0.5 이하</td><td>1 이하</td></tr>
</table>

(8) 전분제 규격

정　의	용출 규격(mg/L)
전분제란 전분(starch) 70% 이상을 원료로 하여 적절하게 처리한 것을 말함	① 비소 : 0.1 이하(As_2O_3로서) ② 납 : 1 이하 ③ 과망간산칼륨소비량 : 10 이하(다만, 비내수성 용기는 제외) ④ 포름알데히드 : 4 이하 ⑤ 형광증백제 : 불검출

2. 기구와 용기·포장재의 소재별 특성과 유해성

1) 기구 등의 구성성분의 식품 이행관계

식품에 사용되는 기구 및 용기·포장에서 상호작용 및 침식하여 미량성분이 이행되는 관계를 보면 중금속성분의 침출, 단량체의 미반응성분의 잔류, 첨가제의 용출, 용제의 휘발성 등 대략 4그룹으로 나누어 볼 수 있다.

(1) 중금속성분의 침출

대부분 금속계 용기는 중금속성분으로 구성되어 있기 때문에 산(acid)의 작용이나 산성식품에서 금속이 침출되어 식품에 이행되는 경우를 볼 수 있다. 가령 통조림의 경우 주석(Sn)의 이행이다. 또 옹기의 경우 소성온도가 낮음으로써 납성분이 침출되거나 플라스틱의 금속성 안정제 및 안료 등에서 식품에 이행되는 경우를 볼 수 있다.

(2) 단량체(Monomer)의 잔류

합성수지인 플라스틱제품은 주로 단량체나 저분자물질을 중합하여 분자 구조가 큰 제품을 얻는데 때로는 반응하지 않고 남은 미반응물질인 단량체나 저분자물질이 용기나 포장재에 잔류되거나 식품에 이행되어 문제가 발생하는 것을 볼 수 있다. PVC의 vinylchloride monomer(VCM), PS의 styrene monomer, PAN(polyacrylonitrile)의 acrylonitrile monomer 등이 식품에 이행되면 발암성이나 자극성 등의 이취를 내기도 한다.

(3) 첨가제(Additives) 및 도포제(Coating)의 용출

용도에 맞거나 원하는 플라스틱수지나 고무제품을 얻기 위해서는 성질이 다른 수많은 첨가제나 도포제가 사용된다. 첨가제나 도포제로는 가소제, 착색제, 안정제(PVC), 산화방지제(노화방지제), 자외선흡수제, 대전(帶電)방지제, 충전제, 가교제(架橋劑), 접착제, 활제(滑劑), 발포제 등이 있다.

사용 첨가량이 가장 많은 것은 가소제로 유연성을 주기 위해 PVC 필름의 제조시 수지에 약 30~40% 정도까지 다량 첨가하는 것도 있지만 대부분의 첨가제나 도포제는 5% 이하이다. 가소제는 PVC, PVDC나 cellophane 필름 등에 대표적으로 사용되고 있다. 가령 PVC 필름의 가소제로 phthalate산 ester계의 DOP, DBP 등이 식품포장에 위생적으로 문제가 되어 왔었다. 한편 1998년에는 일회용 포장재에서 환경호르몬으로 지칭되는 내부교란물질인 다이옥신이 검출된 사건도 있었다.

4) 용제(Solvent)의 휘발과 흡착

연포장재에 인쇄잉크로 인쇄할 때나 접착시킬 경우에 사용하는 용제인 toluene, ethylacetate, methyl ethyl ketone, methyl isobutyl ketone, isopropanol 등이 불완전한 건조로 인해 잔존성분이 남아 식품에 흡착, 이행되면 이상한 냄새가 발생된다.

2) 합성수지제의 유해성

합성수지류(일명 플라스틱류)는 석유로부터 납사분해에 의해 단량체(團量體, monomer)를 얻고 이것을 열, 가압, 촉매 등에 의해 중합이나 축합 등을 일으켜 중합체(重合體, polymer)인 열가소성 수지나 열경화성 수지를 얻는다.

합성수지류의 위생은 열가소성 수지와 열경화성 수지, 그리고 그 외의 첨가제로 가소제, 안정제, 항산화제, 자외선흡수제 등으로 나누어 생각할 수 있다. 그런데 플라스틱을 합성하는 데 사용되는 화공약품은 수천 종에 달해 이 제조과정에서 미반응된 물질이나 저중합물이 기구, 용기 및 포장에 잔류되어 문제를 일으킨다. 특히 이것이 식품 중 버터, 마가린, 마요네즈, 샐러드유, 라면 등과 같은 지방이 많은 식품이나 수분이 많은 식품에 접촉하거나 가열하게 되면, 잔류성분이 침출 및 이행되어 우리가 그 식품을 섭취하게 되면 축적되어 장기시 만성 독성을 일으키게 된다.

(1) PS수지제품의 잔류 styrene

열가소성 수지 중 문제가 되는 경우는 제품 중에서 단량체나 저분자물질이 검출되는 것이다. PS(polystyrene)수지의 가공제품인 필름(film)이나 시트(sheet) 및 스티로폼(styrofoam)의 styrene 단량체 등이 가스화 내지 흡수, 이행하여 식품에 자극성이 강한 이상한 냄새를 발생시키는 것을 볼 수 있다.

(2) PVC필름 등의 잔류 VCM 등

지금까지 합성수지 중에서 가장 문제가 되었던 수지는 PVC(polyvinyl chloride) film제품이었다. 아래 제법에서와 같이 **염화비닐 단량체(VCM)**는 발암물질로, 1974년 Maltoni 외 1인이 쥐 실험결과 피부, 폐, 골수에 종양이 발생함을 관찰했고, 미국 등의 PVC 공장에서 간종양으로 여러 사람이 사망한 사실이 있다. 특히 공기 중에 VCM가스가 5% 함유되면 포유류 동물은 현기증과 방향감각을 상실한다고 한다. 그런데 PVC수지의 중합과정에서 염화비닐이 미중합 형태로 잔존하여 식품 중에 이행될 수가 있어 문제가 되어 왔다. 따라서 국내에서도 PVC film(wrap) 등에서 VCM 잔류량의 용출문제가 제기됨으로써 잔류허용치를 한국은 1 ppm 이하로, 미국, 유럽은 0.5 ppm(독일은 1 ppm) 이하로 정하였다. 원래 경질성의 PVC수지를 연질

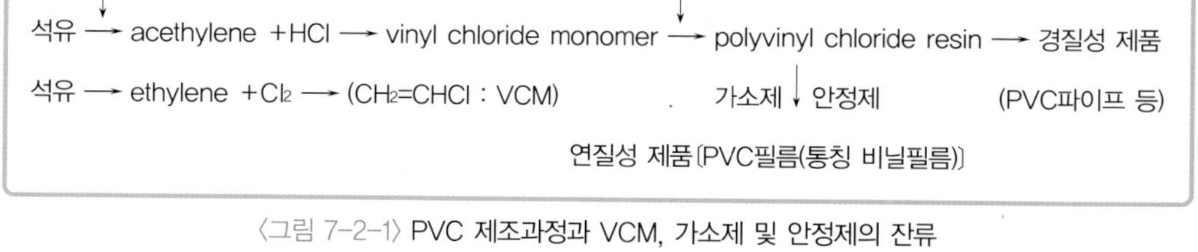

〈그림 7-2-1〉 PVC 제조과정과 VCM, 가소제 및 안정제의 잔류

성의 PVC필름으로 제조하려면 가소제(可塑劑)와 안정제 등을 첨가하여야 부드러운 비닐 필름을 얻을 수 있다. 가소제의 첨가량은 목적 정도에 따라 차이가 있지만, 많으면 많을수록 연질성이 커진다. PVC 수지 100(65%)에 가소제는 40~50(약 26~32%)까지 첨가되고 안정제도 약 3~5%(1.3~2%) 그 외 소량이 첨가되어 연질의 필름이 된다. 그러나 식품포장필름에 가소제나 안정제로 사용되는 유독성 phthalate가 문제된 바 있다. 우리나라는 1989년 중소업체인 PE wrap과 대기업의 PVC wrap 중 가소제와 산화안정제의 유해성 논란이 법정까지 갔었던 사건으로 유명하다.

(3) phenol, urea, melamin 수지용기의 잔류 formaldehyde, melamine 등

열경화성 수지인 **phenol수지**, **urea수지**, **melamine수지**는 다음과 같이 반응하여 각 수지를 얻고 그 수지를 가지고 합성수지의 식기그릇, 바가지, 쟁반, 병뚜껑 등 용도에 맞는 기구, 용기를 만든다. 여기서 제품 중 위생적으로 다음과 같은 phenol, formaldehyde의 잔류가 문제되고 있으나 오늘날은 정밀한 과학의 기술로 크게 문제되지 않고 있다.

그러나 최근 농약(싸이로마진)의 분해산물이나 메라민 용기·포장 등에 의해 식품 중에 비의도적 오염물질로 존재할 수 있는 멜라민(melamine)을 고려하여 유통 혼란 등을 방지하기 위해 식품 일반에 대한 공통기준 및 규격으로 2.5 mg/kg 이하로 하되, 영유아나 환자에게 절대적인 영양소 공급원이 되는 특수 용도식품의 기준은 제5편 10장의 <표 5-10-1>에서 보는 바와 같이 불검출되어야 한다라고 규정하고 있다.

가열, 가압, 촉매 (첫 번째 →) / 가열가공 (두 번째 →)

phenol + formaldehyde → phenol resin → 식기, 찬합, 냄비손잡이(phenol, formaldehyde잔류)

urea + formaldehyde → urea resin → 병마개, 쟁반 등(formaldehyde 잔류)

melamine + formaldehyde → melamine resin → 쟁반, 식기 등(melamine이나 formaldehyde 잔류)

〈그림 7-2-2〉 phenol 등과 formaldehyde 제조과정 및 미반응물질의 잔류

(4) PC수지제품의 비스페놀 A(bisphenol A)

PC(polycarbonate)수지로부터 용출되는 **bisphenol A(BPA)**는 최근 환경호르몬으로 지칭되는 **내분비계 장애물질**(내분비계 교란물질, endocrine disrupter)의 하나로 정상적인 호르몬을 방해하거나 교란시키는 물질로 부상하고 있다. bisphenol A는 유아용 우유병, 음료수병의 내부 코팅제, 급식용 식판 등의 소재로 다양하게 사용되고 있어 문제가 아닐 수 없다.

증상은 노출 시 눈이나 피부에 염증 및 발열이 생기고, 섭취 시에는 수정률 감소, 태아의 발

육이상, 피부알레르기, 조기에 사춘기가 오거나 사춘기의 생식기능의 교란, 최근 연구보고에서는 당뇨병, 심장병 등과 연관되었거나 전립선암, 유방암 등의 가능성을 보고하고 있다. 그리고 1일 섭취허용량은 미국 EPA가 0.05 ppm으로 정하고 있다. 또 국내의 용기용출 기준은 앞에서 언급한 바와 같이 2.5 mg/L 이하로 정하고 있다.

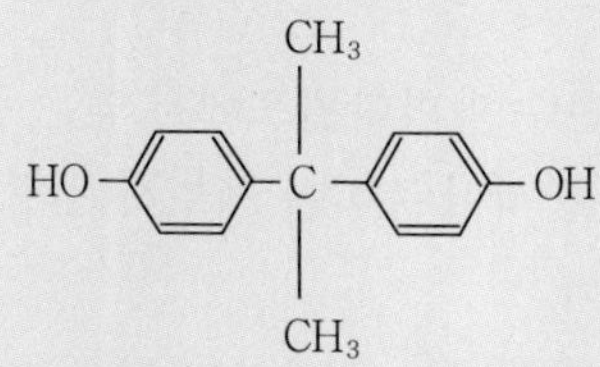

bisphenol A의 구조

그 밖에도 내분비 장애물질은 PCB, 다이옥신, 프탈산유도체, styrene dimer나 trimer, DDT 등이 알려지고 있다.

많은 플라스틱의 규격 및 기준을 고찰해 보면 위의 몇몇 제품에서 보듯이 재질규격의 납(Pb)은 1.0 mg/kg 이하로 모든 제품에 규제되어 있다. 그 외 polycarbonate (PC)수지에서 납, 카드뮴 이외 **비스페놀 A**(페놀 및 *p*-터셔리부틸페놀 포함)와 D-페닐카보네이트가 각각 2.5 mg/L(다만 비스페놀 A만은 0.6 mg/L 이하), 0.05 mg/L 이하, 아민류가 1 mg/L 이하로 규정되어 있고, acrylonitrile-butadiene styrene(ABS) 및 acrylonitrile styrene(AS), polyphenylene ether(PPE), methylmethacrylate-acrylonitrile-butadiene-styrene(MABS) 수지에서 휘발성 물질(styrene 등)이 각각 5,000 mg/kg 이하로 그중에는 특별히 제정된 것은 단량체인 styrene이 강한 자극성 냄새를 가지고 있기 때문이다.

용출규격 및 기준을 살펴보면 앞에 기재된 수지 외에 모든 수지가 중금속 중 납이 1 mg/L 이하로, 과망간산칼륨소비량은 10 mg/L 이하로, 증발잔류물은 30 mg/L 이하로 똑같이 각각 규정되어 있다. 다만 열경화성의 페놀수지, 요소수지, 멜라민수지, polyacetal (polyoxymethylene, POM)만은 과망간산 칼륨($KMnO_4$) 소비량의 규격 및 기준이 설정되어 있지 않다. 또 이것 외에 수지 중 부가된 항목(앞서 언급된 수지 제외)은 『기구 및 용기·포장 공전』에 합성수지의 종류 차이로 수십 가지 성분이 수록되어 있으므로 참조하길 바란다.

그 외에 레토르트 식품에 사용되는 다층필름용 접착제인 urethane 수지원료인 2,4-toluene di-isocynate가 가수분해하면 2,4-toluene diamine이 생겨 이것이 발암성물질로 인정되었다. 그러나 용출량이 1ppb 이하의 극미량인 경우는 어떤 문제도 없는 것으로 보고 있다.

『기구 및 용기·포장 공전』의 기구 및 용기·포장의 제조시 디에틸렉실프탈레이트[di-(2-ethylhexyl)-Phthalate, DEHP, 일명 DOP] 및 디에틸렉실아디페이트[di-(2-ethylhexyl)-adipate, DEHA, 일명 DOA]를 사용해서는 안 된다고 규정하고 있고, 시험방법은 가소제를 함유한 합성수지제에 한한다고 되어 있다.

그밖에도 미국 Dupon사가 개발한 **테프론**〔teflon(상품명), **polytetrafluoro ethylene, PTFE**〕 수지는 테프론코팅조리기구에서 300℃ 이상 고온에서 가열하면 발암성이나 최기형성 유해물질인 헥사플루오로에탄(hexafluoro ethane) 등을 생성해 문제가 되고 있다.

3) 종이제 또는 가공지제 및 셀로판제의 유해성

순수한 화학펄프에서 얻은 종이는 위생적으로 안전하나 새 펄프에 일부의 고지(古紙)나 파지를 섞어 종이를 제조하거나 전부 고지를 재생지로 제조할 때 PCB 등의 문제가 되는 경우가 있다.

또 하나는 종이의 결점이나 특성을 보강하기 위하여 사이즈제(size), 왁스, 방습이나 방수성 수지, 유해성 착색료(특히 셀로판 등) 등을 첨가하거나 종이를 희게 하기 위하여 형광증백제, 즉 형광염료인 **diaminostilben disulfonic acid** 등을 사용하여 문제가 된 경우가 있다. 그러나 규격에는 불검출되어야 한다고 정하고 있다.

그 외에도 미국에서 돼지고기를 파라핀 필름으로 포장하여 27℃, 6~27시간을 보관한 결과 파라핀이 50~80 ppm이 이행된다는 보고도 있으며, 독일에서도 파라핀 중 인체내 발암성이 있는 3,4-benzopyrene 등이 검출되어 문제가 된 바 있다. 공장에서 용수의 순환 중에 세균 등 미생물 발생을 저지하기 위해 slime control제 중에 유해한 것도 문제가 되기도 한다. 식품용 종이 및 가공지의 규격 및 기준은 상기와 같이 비소, 중금속, 포름알데히드, tar색소, 형광증백제, 증발잔류물이 시험항목으로 되어 있다.

4) 고무제의 유해성

우리 주위에 사용되는 고무제품은 고무장갑, 고무마개, 고무젖꼭지 등을 볼 수 있다. 고무의 주재질은 천연고무와 합성고무가 있는데 원하는 제품을 얻으려면 주재질에 가황제(加黃劑)·가교제(架橋劑 : cross linking agent), 가황촉진제, 노화방지제, 충전제 등에 불순물로서 납, 카드뮴 등이 함유하기도 하고 또 첨가제 중 가황촉진제로 사용되는 dithiocarbamate나 thiuram이 분해하면 제2급아민이 생기고 이것이 아질산염과 반응하여 발암성이 인정된 nitrosamine물질이 생기고, 실제로 고무젖꼭지에서 다량의 *N*-nitroso-*n*-butylamine이 검출되어 문제가 되고 있다. 그 밖에 가황촉진제인 2-meraptoimidazoline이 첨가되거나 첨가량이 과다하면 위생상 문제가 되는 경우도 있다.

특히 우리나라에서는 젖먹이 유유아에게서 과거 젖꼭지로 인한 위생문제가 가끔 발생된 예가 있다. 따라서 고무젖꼭지에는 잔류 규격으로 납과 카드뮴이 10 mg/kg 이하, 용출 규격에서 증발잔류물은 40 mg/L 이하, 아연은 1 mg/L 이하로 규정되어 있다.

5) 금속제의 유해성

금속제는 통조림캔의 사용으로 식품저장에서 중요하게 이용되고 있다. 앞서 언급하였듯이 위생에 문제가 되는 것은 주스 등 산성식품에서 주석(Sn)의 용출이다. 일본에서는 열차 타고 수학여행을 가던 여학생들에게서 식중독이 발생한 예를 볼 수 있다. 통조림과 병조림의 성분 규격을 보면 주석은 150 mg/kg 이하로 알루미늄 캔을 제외한 캔제품에 규정되어 있지만 산성통조림 식품은 200 mg/kg 이하이어야 한다고 규정하고 있고, 납은 0.4 mg/kg 이하로 정하여 있지만 수산 통조림과 병조림은 2.0 mg/kg 이하이어야 한다고 규정하고 있다. 또 비스페놀 A만은 0.6 mg/L 이하, 페놀 등을 함유한 비스페놀 A는 2.5 mg/kg 이하로 규정하고 있다.

6) 유리제, 도자기제, 법랑 및 옹기류의 유해성

(1) 유리병류

주로 액상식품에 사용하는 유리병류는 일반적으로 안전하다. 유리제품의 주원료는 규소(Si)나 규석분(SiO_2), 소다회(Na_2CO_3), 석회석($CaCO_3$), 장석 등으로 간혹 납이나 카드뮴, 비소 등이 용출되거나 특히 알칼리 성분이 다량 함유되어 있어 제조 직후 표면에서 알칼리가 용출되는 경우도 있고, 최근 붕산이 함유되는 것이 보고된 바 있다. 아울러 유리제품의 규격은 납과 카드뮴으로 이미 앞에서 언급하였으므로 참고하기 바란다.

(2) 도자기제와 옹기류

도자기제나 옹기류는 예로부터 저장식품 용기 등으로 많이 이용되어 오고 있다. 그런데 원료인 흙속이나 유약에는 중금속 성분이 함유되어 있어 이것이 첫째 소성온도(燒成溫度)가 대략 800℃ 이하일 경우, 둘째 유약(釉藥) 중 **사산화삼납**(Pb_3O_4 : 鉛丹, 光明丹)이나 붕산(H_3BO_4) 그리고 착색제로 배합된 안료의 용출, 셋째 산성식품을 장기 저장할 경우 문제가 제기되고 있다.

도자기는 통상 소성온도가 1,000~1500℃로 굽기 때문에 위생적으로 안전하다. 그러나 간혹 도자기 표면에 그림, 무늬 등을 넣거나 착색할 경우 소성온도가 800℃ 이하로 낮으면 유약이나 착색안료 등에서 중금속물질이 용출되어 식품에 이행, 검출되어 보고된 바 있다.

도자기에 사용되는 안료에는 납, 크롬, 카드늄, 안티몬 등의 유해금속이 함유되어 있기 때문에 고온에서 처리하는 것이 가장 바람직하다.

옹기류의 경우도 도자기와 같이 통상 유약의 Pb_3O_4 등이나 기타 중금속물질이 함유되어 있는데 일반적으로 소성온도가 600~700℃의 경우 유약용액에 침지된 부분은 잘 유리질화되지 못하므로 식품에 장기간 노출될 경우 중금속이 용출될 위험성이 커진다.

도자기, 옹기의 규격은 납, 카드뮴, 비소로 이미 앞에서 기술하였으므로 참고하기 바란다.

(3) 법랑제품

법랑제품(琺瑯製品 : 법랑도포제품이라고도 함)은 철판에 유리질화될 수 있는 성분을 바르고 약 800℃ 전후로 가열하여 융착시켜 제조된다. 그러나 그 이하의 온도에서 법랑의 표면을 매끈하고 아름답게 하기 위하여 붕산(H_3BO_3), 붕사($Na_2B_4O_7$,$10H_2O$), 산화납(PbO), 산화아연(ZnO), 산화비소(As_2O_5) 등을 도포시켜 가열하면 용출되어 문제되거나, 또는 법랑제품을 건열(乾熱)상에 두거나 충격하면 금이 가기 쉽고 알칼리에는 약해서 특히 산성식품에서 성분이 용출되어 문제가 된다. 그래서 산화납을 함유하지 않은 납 없는 법랑(leadless enamel)제품이 최근 생산되고 있다. 법랑제품의 규격은 납, 카드뮴, 안티몬으로 앞에서 기술하였으므로 참고하기 바란다.

제 3 장

식품취급자 등의 위생관리와 위생교육

1. 식품제조 가공 및 조리 종사자 등의 위생

식품의 안전성은 원료의 위생성, 관리자나 식품종사자의 위생적 의식, 그리고 식품취급시설의 위생과 관리 등으로 생각해 볼 수 있고 우선 식품을 취급하는 관리자나 종사자가 위생적인 지식과 생각을 적극적으로 가져야 올바른 위생이 될 것이다.

1) 식품취급자의 건강상태

(1) 건강진단

선진국은 물론 우리나라에서도 식품 관련 종사자나 직접 관계된 관리자는 의무적으로 법적 근거에 의한 신체검사를 받도록 한다. 그 결과 건강진단에 이상이 없어야 한다. 법적 근거로는 「식품위생법」 제40조(건강진단) 제1항과 「식품위생법 시행규칙」 제49조(건강진단 대상자) 제1

〈표 7-3-1〉 건강진단 항목 및 그 횟수(개정 2015)

대 상	건강 진단 항목	횟수
식품 또는 식품첨가물(화학적 합성품 또는 기구 등의 살균·소독제는 제외함)을 채취·제조·가공·조리·저장·운반 또는 판매하는 일에 직접 종사하는 영업자 및 종업원. 다만, 완전포장된 식품 또는 식품첨가물을 운반하거나 판매하는 일에 종사하는 사람은 제외함	① 장티푸스 (식품위생 관련 영업 및 집단급식소 종사자에 한함)	매년 1회
	② 폐결핵	
	③ 감염성 피부질환 (한센병 등 세균성 피부질환을 말함)	

항의 규정에 의하여 총리령(공포)의 '식품위생분야 종사자 등의 건강진단규칙' 제2조(건강진단 항목 등)에서 정기적으로 건강진단을 받아야 하는 자의 진단항목과 횟수는 <표 7-3-1>과 같다.

그 외에도 특별시장, 광역시장, 도지사는 감염병 예방에 필요하다면 수시로 건강진단을 실시할 수 있다. 아울러 건강진단수첩에 건강진단의 기록보유도 중요하다.

아울러 매일 조리작업 전에 영양사는 조리원의 건강상태나 손, 얼굴 등의 종기 및 피부질환을 살펴야 하고 또 그들 가족 중에 식품과 관련된 법정감염병의 보균 및 발병한 사람이 있는지의 여부도 관심을 가져야 한다.

(2) 건강진단 결과 영업에 종사하지 못하는 질병의 종류 (「식품위생법 시행규칙」 제50조)

영업에 종사하지 못하는 사람은 다음의 질병에 걸린 사람으로 한다고 규정되어 있다.

1. 「감염병의 예방 및 관리에 관한 법률」 제2조 제2호에 따른 제1군감염병
   ① 콜레라　② 장티프스　③ 파라티프스
   ④ 세균성 이질　⑤ 장출혈성 대장균 감염증　⑥ A형 간염
2. 「감염병의 예방 및 관리에 관한 법률」 제2조 제4호 나목에 따른 결핵(비감염성인 경우는 제외)
3. 피부병 또는 그 밖의 화농성 질환
4. 후천성 면역결핍증(「감염병의 예방 및 관리에 관한 법률」 제19조에 따라 성병에 관한 건강진단을 받아야 하는 영업에 종사하는 사람만 해당)

2) 개인의 청결유지〔個人衛生〕

(1) 머리, 모발, 위생모자의 위생관리

머리에 기름기가 끼고 비듬 등이 있으면 세균에 오염 내지 증식되므로 자주 감아야 한다. 머리카락은 털이 빠지고 새로 재생하므로 잘못하면 식품 취급하는 제품, 조리된 음식에 들어갈 수가 있어 혐오감을 주므로 반드시 깨끗한 위생모자를 써야 한다. 너무 긴 머리는 가급적 이발을 하고 단정하게, 또 머리카락이 위생모자 밖으로 나오지 않도록 잘 정리하여야 한다. 또 머리핀 같은 장식용은 제거하는 것이 바람직하다. 금속성 이물이 될 수 있다.

(2) 얼굴, 여드름, 피부염 등 위생관리

얼굴에 여드름이 있을 경우 손톱으로 짜거나 또는 어떤 상처, 피부질환이 있을 때는 세수 후 소독 등을 철저히 실시한다. 얼굴의 땀을 맨손으로 닦거나 더러운 손수건으로 닦지 않도록 하는 것이 바람직하다. 그리고 지나친 화장과 향수의 사용을 금한다.

(3) 입과 인후염 및 양치질, 눈 및 안경, 콧구멍, 귓구멍 및 귀걸이 등 위생관리

이들 부위 안에는 세균 등이 잠복할 수가 많기 때문에 청결이 요망되고, 입안의 청결은 식사 후와 아침, 저녁의 양치질의 횟수와 살균, 소독성이 좋은 치약의 선정 등이 잘 이루어지는 노력이 요망된다. 특히 입안에 염증(인후염 등)은 때로는 양치질의 노력이 부족된 것으로 생각된다.

눈병, 코나 귀의 피부상처나 염증 등으로 가려울 경우 손톱 등으로 긁거나 만져서는 안 되며 부득이 긁거나 했을 경우 손 등을 씻고 소독하여야 한다. 또한 안경, 귀걸이 등은 늘 소독수로 청결히 하여야 하고 귀걸이는 작업시 착용하지 않는 것이 바람직하다.

그리고 식품을 나누어 담거나 배식할 때는 청결한 마스크를 착용하는 것도 좋다. 또 조리된 음식 앞에서 담배를 피거나 껌을 씹는 것은 오염원이 될 수 있기 때문에 금지하는 것이 바람직하다. 특히 침을 뱉는 행위는 더욱 삼가는 것이 좋다.

(4) 손, 손톱, 매니큐어, 반지, 장갑, 휴대전화, 시계, 문 손잡이 등의 위생관리

식품의 제조 및 조리에서 자동화 시설이라도 손을 거치지 않는 경우는 거의 없다. 따라서 손은 육안으로 확인되지 않은 미생물들이 존재하여 식중독균과 감염병균 등 오염의 매개 역할을 하는 중요한 경로이므로 반드시 손 씻기와 소독은 철저히 하여야 한다. 아마도 개인위생 중 가장 중요한 위생관리는 항상 손을 깨끗하게 철저히 씻거나 소독하는 것이 식중독이나 감염병 등을 줄이는 첨병일 것이다.

특히 손톱은 주 1회 이상 짧게 깎는 것이 좋고 그렇지 않을 경우 식품취급 전 손톱 브러시로 손톱 사이를 청결히 하고 소독하는 것이 바람직하다. 손톱에는 매니큐어를 칠하지 않는 것이 좋다. 왜냐하면 코팅성분 중 유해성분이 식품취급 시 이행되기 때문이다. 아울러 한국인은 채소 등 나물을 손으로 묻혀 먹기 때문에 다량 조리시 철저한 위생관리가 요망된다.

더욱이 중요한 것은 농산물을 취급한 손, 수산물을 취급한 손, 축산물을 취급한 손은 각각으로 끝내고, 다시 살균·소독을 한 다음 다른 종류의 식품으로 넘어가도록 하여, 식품 사이에 교차오염이 없도록 노력하여야 한다.

만약 고무장갑을 착용하고 조리할 경우도 손에 준하여 관리하여야 하며, 동일 계통의 식품을 취급한 후 다른 식품에 재사용 시에는 다시 세정, 소독을 철저히 한 후 사용하여야 한다. 또 생식품 취급용과 조리된 식품용 장갑으로 구분하며, 매일 전용 소독조에 담가 소독한 후 사용하도록 한다. 아울러 뜨거운 용기나 뚜껑 그리고 튀긴 기름에는 이중장갑을 사용하는 것이 바람직하다. 따라서 한 사람이 2가지 이상의 작업을 해야 할 경우 소독을 한 후 다음 작업을 수행하는 것이 요망된다.

또 손은 지방질 용해 등을 고려하여 가급적 40℃ 정도의 온수를 사용하고 정지된 물보다

〈표 7-3-2〉 손의 세정 효과(숫자는 생균 수)

세정 조건	물의 상태	손 씻기 전	손 씻은 후	제거율(%)
수 돗 물	담아 놓은 물	4,400	1,600	64
	흐르는 물	40,000	4,800	88
우 물 물	담아 놓은 물	2,400	1,520	37
	흐르는 물	30,000	6,400	79
비누 사용, 수돗물	흐르는 물	840	54	93
비누 사용, 충분히 씻음, 수돗물	흐르는 물	3,500	8	99.7

흐르는 물(流水)에 씻는 것이, <표 7-3-2>에 나타난 바와 같이 세균 수를 상당히 줄일 수 있는 방법이다. 또 손가락에 반지, 팔찌, 시계 등을 끼지 않는 것이 좋다. 반지, 시계 사이에 많은 세균이 존재하기 때문이다. 만약 낄 경우 철저한 소독을 한 후 음식물을 다루는 것이 바람직하다. 심지어 여러 사람이 사용하는 문 손잡이도 청결히 소독하는 것도 바람직할 것이다.

이번에는 손을 깨끗이 씻어야 하는 경우에 대해 살펴보자.

손으로 돈, 휴대전화를 만지거나 먼지 낀 더러운 기계, 기구, 포장 또는 작업장 표면과 접촉 시, 쓰레기나 청소도구를 취급한 후, 손으로 휴지를 가지고 코를 풀 경우, 화장실을 다녀온 뒤에는 반드시 철저히 손을 씻어야 한다.

특히 작업자가 작업을 시작하기 전이나 일반구역에서 원재료인 채소, 과일 등의 생식품을 다듬는 작업을 한 후 또는 일반구역에서 청결구역으로 이동하는 경우, 사용한 식기를 닦고 난 후, 오염 가능성이 많은 달걀, 생선 등을 만졌을 경우, 또 식품을 검수하고 난 후, 손가락이나 한 개의 수저로 여러 가지 음식을 맛보는 행위, 식사를 하거나 차를 마신 뒤, 담배를 피운 후에는 철저히 손을 씻어야 한다.

또 작업하는 도중 전화나 휴대전화를 받거나 사용할 경우, 귀·코·머리 등 신체의 일부 또는 피부질환 및 염증부위를 만졌을 때 소독수나 소독수를 적신 종이 등을 이용하여 철저히 닦는 것도 오염을 줄이는 데 기여할 것이다. 또한 더운 한여름에는 손에 땀이 많이 날 경우 수시로 세정하는 것도 바람직하다.

고형비누보다는 소량으로도 효과를 내는 액상비누액이 효과적이다. 손 씻을 때 비누 또는 세정제, 에틸 알코올과 같은 살균·소독제 등과 가급적 충분한 접촉시간을 가지는 것이 필요하다. 손을 씻은 후 기존에 늘 사용하는 수건보다는 온풍건조기나 살균, 소독한 깨끗한 수건이나 종이타월 등을 이용한 후 작업에 들어가야 한다. 아울러 손에 로션을 바르지 않는 것도 세균 등의 증식을 방지하는 데 도움이 된다.

(5) 발, 신(위생화), 장화, 양말 등의 위생관리

평소 발톱, 발의 관리도 청결히 하는 것이 간접 오염을 줄일 수 있다. 특히 신발이나 장화는 밑창이 방수성이 있으며 미끄러지지 않는 재질과 모양으로 하고 굽이 높지 않아야 한다. 그리고 바닥에 기름기나 물기가 있으면 수시로 제거하도록 하여야 한다. 또한 위생화는 두 켤레 이상 여유 있게 준비하여 한 켤레는 사용 후 세정 및 소독하여 두고 한 켤레는 작업장에서 사용한다.

아울러 신발 소독조(消毒槽)는 조리실 외부와의 출입구, 화장실 출입구, 오염구역과 비오염구역의 경계면에 두는 것이 오염을 줄이는 데 크게 기여할 것이다. 소독조 내부에 플라스틱 깔판을 깔고 위생화 바닥의 이물질을 제거할 수 있게 하는 것도 바람직하다. 소독조의 소독액은 락스 희석액이나 액상비누액을 사용한다.

작업장에 들어가기 전에 전용 소독건조기의 소독수로 소독 및 건조하거나 소독된 신발을 바꾸어 신고 작업하는 것이 매우 중요하다. 장화를 신고 도축장 등에서 일할 경우 장화를 철저히 소독한 후 사용하여야 한다. 또한 위생화를 신고 외부로 나가거나 화장실의 출입을 금지하여야 한다.

(6) 인체내 피부질환, 상처, 기생충 등 위생관리

피부는 세균증식의 중요한 장소이므로 인체내 어떤 부위에 피부질환이 있을 경우 철저한 소독 등 위생관리를 하여야 하며, 특히 가려울 때 손으로 긁는 것은 금물이므로 식품가공이나 조리에 직접 참여하지 않는 것이 바람직하다. 특히 화농성 상처나 화상의 경우에는 독소 생성하는 포도상구균 등 미생물의 오염이 될 수 있으므로 절대로 참여해서는 안 된다. 빠른 시일 내에 소독 등을 잘해 완치된 후에 작업에 임하는 것이 바람직하다. 그리고 조리취급자의 기생충 감염 여부 검사도 실시하여야 한다.

(7) 목욕관리

인체의 청결은 목욕으로부터 위생관리가 이루어진다. 식품을 다루기 전에 샤워 등 목욕을 매일 한 번 정도 깨끗이 하는 것도 세균 등의 오염을 최소로 줄일 수 있다.

(8) 가운, 방수 앞치마(에이프런), 방수 작업복, 위생모, 손수건 등의 위생관리

방수 작업복(衛生服), 가운, 방수 앞치마, 위생모, 손수건은 항상 깨끗하고 청결하여야 한다. 위생복의 색상은 더러움을 쉽게 확인할 수 있는 흰색으로 한다. 앞치마는 조리용, 배식용, 세척용으로 구분하여 착용한다.

평상복은 갱의실에서 위생복(작업복)으로 갈아입어야 한다. 그리고 위생복을 입은 채로 밖으로 나가지 않아야 한다. 밖에 나갔다가 다시 작업장을 돌아왔을 때 제조, 가공, 조리 시에는 꼭 갈아입어야 한다. 이는 외부로부터 오염된 균이 내부로 들어올 수 있기 때문이다.

작업 중 화장실에 갈 때는 가운, 앞치마, 장갑, 장화는 벗어야 한다. 전용의 화장실 신발을 이용하는 것이 바람직하다. 만약 방문객이 있을 경우 조리실 입구에 방문객 전용 위생복, 위생모, 위생화를 비치하고 착용하도록 하는 것이 오염을 줄이는 데 바람직하다.

이상에서 집단급식에 종사하는 조리종사원의 개인위생 점검표를 보면 <표 7-3-3>과 같다.

〈표 7-3-3〉 조리종사원 개인위생 점검표(※ 작성요령 : 양호 ○, 보통 △, 불량 ×)

성 명	건강상태	복장 위생상태				손 위생상태			개선조치
	감염성 질환유무	위생복	위생모	위생화	앞치마	손의 상처	손톱상태	반지 등 부착물	
김삿갓									
진달래									
유모어									
관리기준	감염성 질환 : 설사, 고열, 구토, 피부발적/습진, 인후염, 결핵, 눈·귀·코에 진물, 알레르기 질환, 피부감염자(화상, 화농성 질환 또는 상처)								
개선조치	시정, 작업배제, 작업변경, 복장교체 등 조치								

확인자 성명 :

확인일자 : 2017년 월 일(요일)

아울러 조리실이나 작업실에 입실할 때는 위생작업복(가운), 위생모, 위생장화 등을 착용하고, 먼지 등을 제거하는 환풍시설을 거쳐 소독수 발판에 담근 후 손의 살균·소독을 위해 분무식 소독기 등에서 손씻기를 하고 입실한다.

2. 식품취급자 등의 위생교육

1) 위생교육 대상자

1. 보건복지부장관은 식품위생 수준의 향상을 위하여 필요하다고 인정되는 경우 영업장 및 유흥종사자를 둘 수 있는 식품접객업 영업자의 종업원은 매년 식품위생에 관한 교육(식품위생교육)을 받아야 한다고 규정하고 있다. 이는 「식품위생법」 제41조(식품위생교육)에 명시되어 있다. 만약 교육을 받지 않을 경우는 행정처분을 받은 날로부터 3월 이내에 교육을 받아야 한다.

2.「식품위생법 시행령」 제27조 식품위생교육 대상은 ① 식품 제조·가공업자 ② 즉석 판매 제조·가공업자 ③ 식품첨가물제조업자 ④ 식품운반업자 ⑤ 식품소분·판매업자(식용 얼음 판매업자 및 식품 자동판매기 영업자는 제외) ⑥ 식품보존업자 ⑦ 용기·포장류 제조업자 ⑧ 식품접객업자 등으로 미리 위생에 관한 교육을 받아야 한다고 정하고 있다. 영업자는 특별한 사유가 없는 한 위생에 관한 교육을 받지 아니한 자는 그 영업에 종사시키지 못한다.

2) 위생교육내용과 교육시간

1. 식품위생교육의 내용은 식품위생, 개인위생, 식품위생시책, 식품의 품질관리 등으로 한다고 규정하고 있다(「식품위생법 시행규칙」 제51조 식품위생교육기관 등).
2. 영업자 및 유흥종사자를 둘 수 있는 식품접객업 영업자와 종업원이 매년 받아야 하는 식품위생 교육시간은 ① 식품제조·가공업자, 즉석판매 제조·가공업자, 식품첨가물제조업자, 식품운반업자, 식품소분·판매업자(식용 얼음 판매업자 및 식품자동판매기 영업자 제외), 식품보존업자, 용기·포장류 제조업자, 식품접객업자 : 3시간
   ② 유흥주점영업의 유흥종사자 : 2시간
   ③ 집단급식소를 설치·운영하는 자 : 3시간의 교육을 받도록 되어 있다.

<표 7-3-4>에서 보는 바와 같이 위생교육 계획의 예를 보면 다음과 같다.

3. 영업을 하려는 자가 미리 식품위생교육을 받아야 하는 식품으로
   ① 식품제조·가공업, 즉석판매제조·가공업, 식품첨가물 제조업 : 8시간

〈표 7-3-4〉 조리원 등의 위생교육 계획

구 분	주 제	일 시	장 소	비 고
1월	시설·설비의 위생과 안전관리			OHP
2월	개인습관과 위생관리			Video
3월	식재료의 위생관리			OHP
4월	세균성 식중독의 국내외 현황			OHP
5월	경구·인수공통감염병의 국내외 현황			OHP
6월	식품의 독성과 안전성의 최근 경향			OHP
7월	환경오염과 화학성분의 최근 경향			OHP
8월	식품위생관련법 중 추가내용과 신경향			강의
9월	작업위생관리와 기구의 세척과 소독			OHP
10월	식품포장의 표시와 위생관리			포스터, Video
11월	환경위생과 쓰레기의 처리방법			Video
교육	2017년 위생교육(안)			
부록	조리종사원 위생교육 자료(포스터, OHP, Video)			

② 식품운반업, 식품소분·판매업, 식품보존업, 용기·포장류 제조업 : 4시간

③ 식품접객업 : 6시간

④ 집단급식소를 설치·운영하려는 자 : 6시간

3) 영업주와 관리자의 위생의식

식품위생관리와 위생교육은 식품취급자가 직접 식품과 관계되므로 제1차로 해당되는 것은 두말할 나위가 없다. 그러나 그에 못지않게 2차로 중요한 것은 대표자나 영업주 및 상위 직급자, 구매 등의 행정관계자의 위생의식이 지식적으로 함양되고 투철한 의지가 있어야만 보다 훌륭한 위생의 목표와 소기의 목적을 달성할 수 있을 것이다.

다시 말해, 소 잃고 외양간 고치는 식이 되어서는 안 된다. 한 번 사고가 나면 그 식품회사나 그 업소의 이미지와 재정 등의 손해가 엄청날 수도 있기 때문이다. 그러한 예는 전 세계적으로 많이 있어 왔다.

제 4 장

위생관리의 대책

1. 청결작업을 위한 계획과 준비 및 절차

1) 청결작업을 위한 요인과 계획

(1) 청결작업의 의의와 요인

식품위생관리의 중요한 대책은 청결성과 안전성이며 청결과 안전을 위해서는 세정(洗淨)과 살균·소독이 이루어져야 한다. 이러한 식품위생의 목표를 달성하려면 아무리 업무량이 폭주하더라도 반드시 계획적으로 이루어져야 한다.

우선 계획에 앞서 청결작업에 주는 요인을 살펴보면 오물의 종류와 상태(단백성, 지용성 등), 물의 종류(경수, 연수), 온도와 시간(손씻기, 기계세척, 헹굼), 대상표면과 닦는 힘(표면강도, 힘의 강약), 세제의 종류(산성, 알칼리성) 등이 청결시 고려되어야 할 사항이다.

(2) 청결작업을 위한 계획

「식품위생법」 제36조(시설기준)의 규정에 적합하여야 하고 [별표 1]의 '일반위생관리기준'과 관련한 그 관리기준서를 작성 비치하도록 되어 있는데 그 항목을 열거하면 다음과 같으며, 현재는 삭제되고 다른 조목으로 바뀌었다.

그렇지만 「식품위해요소 중점관리기준」 제4조(적용품목 및 시기 등)의 의무적용식품에서 연매출 1~5억, 6~20인 업소 또 1억 이하 5인 이하 업소인 소규모 업소의 경우 "작업장 내부는 정해진 주기에 따라 청소하여야 한다."라고 규정하고 있다. 또한 선행요건에서 작업장의 청정도 유지를 위하여 공중낙하세균 등을 관리계획에 따라 측정 관리하여야 한다고 함으로써 청결작업을 위한 계획을 아래 내용과 같이 세우는 것이 바람직하다.

가. 청소장소 및 청소주기

나. 청소방법과 청소에 사용하는 소독약품 및 도구

다. 작업복장의 규격 및 착용규정

라. 작업원 손씻기 및 소독방법

마. 작업 중 위생에 관한 주의사항

바. 청소상태의 평가방법

사. 작업원의 건강상태 관리사항

아. 소독설비의 소독약품, 점검횟수 및 점검방법

자. 해충의 침입여부 확인방법

차. 사용하는 용수에 관한 사항

카. 화장실 시설 및 사용에 관한 사항

타. 기타 필요한 사항

〈그림 7-4-1〉 공장(작업장) 외부의 재활용 분리수거

<표 7-4-1>과 <표 7-4-2>는 학교의 집단급식실 위생을 위한 예이다. 집단급식실 위생을 위한 청소계획은 적당히 이루어져서는 안 되며 철저히 계획되고 실천되어야 하며, 청소계획은 <표 7-4-1>과 같다.

〈표 7-4-1〉 집단급식실 위생을 위한 청소계획

시기	청소구역		
일 별	• 급식기기 및 배식 기구류 (주걱, 국자, 집게, 대스푼, 수저, 도마 등) • 주방 및 식당 • 벽 및 바닥 청소 • 창고 및 화장실 청소 • 배수구 및 트렌치 청소 • 식품보관실 및 화장실		
주 별	• 각종 기기류 청소 및 소독 • 배기후드, 닥트 청소 • 보일러 및 가스, 기화실 청소 • 조명·환기설비 청소, 식탁 소독	금요일 지정일 지정일 지정일 지정일 금요일	주 1회 이상
월 별	• 유리창 청소 및 방충망 청소 • 식품보관실 대청소(월 1회 실시 쌀 입고 전) ※ 소독·청소시 가스배관 및 밸브부분 유의 점검 후 청소		
년 간	• 급식납품업체 위생상태 점검 • 개학 및 방학대비 대청소(학교의 경우) • 식판 및 기기 스케일 제거(약품 사용) • 위생관련 시설·설비·기기 점검 및 보수	연 1회 이상 연 4회 연 2회 연 2회	방학 중 2월, 7월, 8월, 12월 방학 중 방학 중

2) 집단급식실 위생을 위한 점검사항

1일 위생 점검표는 〈표 7-4-2〉와 같다.

〈표 7-4-2〉 1일 위생 점검표

20 년 월 일 요일

과 정	점 검 내 용	평 가
작업전	1. 오늘 건강상태는 어떠한가요? (감기, 설사 등)	양호, 보통, 불량
	2. 복장은 깨끗한가요? (위생복, 위생모, 앞치마, 위생화)	예, 아니요
	3. 작업시작 전에 손의 상태를 보셨나요? (손톱, 매니큐어, 반지, 시계 등)	예, 아니요
	4. 작업시작 전에 손을 깨끗하게 씻었나요?	예, 아니요
조 리	5. 전처리 된 식품을 바닥에 놓지 않았나요?	예, 아니요
	6. 조리기구(칼, 도마, 싱크대)를 식품별로 분리하여 사용했나요?	예, 아니요
	7. 전처리 작업 후 장갑을 바꾸어 착용했나요?	예, 아니요
	8. 어패류, 식육류, 달걀껍질을 만지고 손을 씻었나요?	예, 아니요
	9. 오늘 급식 중 비가열음식의 위생적 취급에 신경썼나요?	예, 아니요
	10. 조리를 마친 음식과 조리 전의 식품이 섞이지 않도록 조심했나요?	예, 아니요
	11. 조리 중에는 잡담을 하거나 음식을 집어먹지는 않았나요?	예, 아니요
	12. 음식의 간을 볼 때 전용기구를 사용했나요?	예, 아니요
	13. 식품을 보관할 때는 뚜껑을 덮었나요?	예, 아니요
	14. 배식대에 올라간 음식물의 뚜껑은 되도록 열지 않았나요?	예, 아니요
후처리	15. 각종 기계·기구를 깨끗이 세척·소독했나요? (특히 분쇄기, 채소 절단기 등은 분해하여 세척·소독)	예, 아니요
	16. 식기세척기 거름망을 청소했나요?	예, 아니요
	17. 하수구 청소를 했나요?	예, 아니요
	18. 창고 정리 및 청소는 잘 되었나요?	예, 아니요
	19. 급식실의 쓰레기 처리는 잘 되었나요?	예, 아니요
	20. 사용 후 가스, 수도, 전기상태를 확인했나요?	예, 아니요

♥ 작 성 자 : ♥ 확 인 자 :

2. 세정(洗淨, cleaning)

1) 세정의 개요

청결작업을 위해서 세정(洗滌)은 살균·소독에 앞서 모든 오염된 물질을 깨끗하게 씻거나 제거하여 청결을 확보하는 중요한 조치이다. 세정에는 식품류와 설비, 기구 및 용기, 포장으로 나누어 유해요인을 살펴보아야 한다.

원료식품의 경우 위생적으로 유해한 주요 요인을 보면 먼지나 흙모래, 유해한 미생물 부착, 기생충 및 충란의 부착, 농약의 잔류오염, 공업약품의 오염, 기타 이물질 등을 볼 수 있다. 그러나 설비, 기구 및 용기, 포장의 경우는 먼지, 유해한 미생물 부착, 지방성 물질 부착, 여러 복합오염물질, 기타 이물질 등을 볼 수 있어 식품과는 차이가 있다.

2) 세정제 등의 종류와 특징

(1) 물(water)

수돗물이나 음용에 적합한 물은 식품을 깨끗하게 세척하는 가장 대표적이고 다량적으로 사용되는 세정제라고 할 수 있다. 식품은 조리, 제조·가공에 식품원료의 세척으로부터 농약 잔류오염 등을 제거하는 등, 물을 많이 쓰는 업종의 하나이지만 식품 이외 건물, 바닥, 벽, 창 등은 물론 설비, 기구 및 용기, 포장에 이르기까지 청소 및 청결에 물의 공급은 아주 중요하다. 다만 물은 지방성분을 제거하는 데는 결점이 있다.

(2) 정선 모래가루와 철수세미

냄비나 그릇 등에 지방성분의 부착 또는 연기에 그을린 검은 물질의 부착, 녹 등을 물리적인 힘에 의해 닦고 제거하는 데 모래가루(洗沙)나 철수세미가 이용된다. 다만, 기구 및 용기 등에 흠집을 낼 위험이 있어 주의가 요망된다.

(3) 수세미, 목면행주, 플라스틱 행주

지방성분 등을 제거하기 위하여 물, 세제와 함께 수세미나 행주 등을 가지고 여러 번 닦아 청결하게 한다. 사용하고 난 후에는 각종 오염을 방지하기 위하여 철저하게 살균 및 소독하여야 한다.

(4) 비누〔soap, 지방산염 RCOONa 및 potassium stearate, $3CH_3(CH_2)_{16}COOK$〕

비누는 동물지방(stearate 등)을 강염기(NaOH, KOH)로 가수분해시켜 지방산염(RCOONa, –K)으로 제조된다. 비누는 거품을 내는 것이 세정력도 커서, 특히 지방질의 때를 흡착, 제거하고 그 표면활성을 이용하여 접촉부분에 침투하여 때를 제거하므로 손 닦기, 주방기구, 용기, 채소나 과일 등의 세척에 이용된다.

그러나 센물(硬水), 산성액, 소금물 등에서는 거품이 잘 일지 않아 세정력이 떨어지고 pH가 강알칼리로 피부 손상, 세탁물의 마모 및 촉진 등이 있다. 이러한 결점 때문에 합성세제가 등장하였다. 1940년대 **알킬벤젠 설포네이트(alkyl benzene sulfonate, ABS)** 합성세제는 옷감을 손상시키지 않고 낮은 pH조건에서도 강한 세정력을 나타내고 있어, 대표적으로 사용되기 시작하였다.

그리고 세정력을 상승시키기 위하여 피로인산 나트륨($Na_4P_2O_7$)이나 트리폴리인산 나트륨($Na_5P_3O_{10}$)이 다량 사용되었다. 그로 인한 인(P)의 부영양화 현상이 강이나 하천에 나타나 문제가 되었다.

그러나 ABS세제도 그 분자구조의 많은 곁가지(side chain)를 가지고 있어, 비누를 분해시키는 효소를 가진 수중 미생물의 접근을 방해하여 분해가 잘 되지 않아서 많은 하천들이 비누거품으로 뒤덮이고 하수처리시설에 방해를 받기도 하였다. 그 후 유럽, 미국 등에서 금지되었다. 그 이후 1965년경 **선형 알킬벤젠 설포네이트(linear alkyl benzene sulfonate, LAS) 합성세제**가 개발되어 오늘날 하천오염이 적은 세제로 이용되고 있다. 우리나라도 1981년부터 바꾸어 점진적으로 사용되기 시작했다.

3) 세정방법

(1) 건식세정(乾式洗淨)

건식세정은 액체상을 이용하지 않고 실내공간의 공기 중에서 세정하는 방법이다. 청결하게 살균, 소독된 과일 같은 표면에 이물을 제거하는 방법으로 가령 포도알을 종이로 닦아서 먹는 것이 한 예라고 할 수 있으나 완벽한 위생처리라고는 볼 수 없다.

(2) 습식세정(濕式洗淨)

① **침지세정(浸漬洗淨)** 세제를 액상상태로 만들어, 세정하고자 하는 식품이나 기구 및 용기, 포장 등을 넓은 통에 넣고 침지하여 닦고 씻는 방법을 **침지세정**이라고 한다. 그러나 세액의 농도는 반드시 일정한 사용농도를 지켜야 하고, 사용표면적, 온도 등도 참고하여 세정의 효과를 높이는 것이 중요하다. 농산물의 채소류나 과일류는 흙, 모래, 먼지, 농약잔류, 미생물, 기생충, 해충 등의 세척 내지 제거에 가장 많이 이용한다.

② **분사세정(噴射洗淨)** 세정액을 가는 노즐(nozzle)에서 고압으로 분사시켜 세정대상물의 표면에 부딪칠 때 그 충격과 함께 세정력을 가지는 것을 분사세정이라고 한다. 세정대상물은 식품의 경우 일례를 들면 무, 감자, 당근 등과 같은 고형물질이어야 한다. 기구 및 용기 포장 등은 원래 고형물질이어서 주방에서 그릇, 접시 등의 세척에 많이 이용되고 있다.

과거에는 손수 침지세정의 경우가 많았으나 오늘날 규모 있는 음식점이나 집단급식에서는 자동설비로 분사세정을 많이 하고 있다. 특히 분사세정의 장점은 모양의 형태가 일정하지 않은 식품이나 기구 및 용기, 더 나아가 벽, 창문, 천장 등을 여러 모양의 노즐(부채모양, 봉모양 등)을 용도에 따라 사용하는 것이다.

(3) CIP방법에 의한 세정(cleaning in place)과 COP(clean out place)에 의한 세정

식품 생산공장 중 우유회사, 발효음료, 청량음료, 기타 액체음료 등 위생성이 매우 높은 공장에서 이 시설을 설치한다. 식품자동화 생산제조라인의 일부로 구성한 세정장치에서 필요시 자동적으로 세척하도록 조직된 시스템을 **CIP방법**이라고 한다.

다시 말해 CIP(clean in place)는 pump나 pipe line을 분해하지 않거나 분해하지 못하는 pipe 등을 정지된 상태에서 청소하는 방법이다. COP(clean out place)는 파이프 등을 분리해서 청소하는 방법이다. 즉 파이프 등의 크램프를 열어서 전부 분리한 다음 청소하는 방법이다.

낙농유업체의 제조 종료 후에 실시하는 CIP프로그램을 보면 다음과 같다.

수 세 →	세제·세정 →	헹 굼 →	살균제에 의한 살균 →	헹 굼
(소요시간 10분)	(소요시간 20분)	(소요시간 15분)	(소요시간 20분)	(소요시간 5분)
냉수·온수(50℃)	0.2~1.0 % 강알칼리제 **50~80℃는 가온**	잔류세제 **수돗물로 씻음**	유효염소 150~200 **ppm 차아염소산나트륨**	살균제를 수돗물로 씻음

이상과 같이 모든 공정이 약 1시간에 걸쳐 자동적으로 세정과 살균 및 소독이 이루어진다. 따라서 이 방법은 처음 시설비는 많이 드나 인건비의 절약, 사용세제나 살균제의 소모가 적고, 장기적인 경제성 등이 좋은 점이라 하겠다.

3. 살균 및 소독

1) 살균 및 멸균, 소독의 정의

살균이나 소독의 정의는 '식품의 기준 및 규격' 중 공통기준 및 규격에서 **"살균(殺菌, pasteurization)**이라 함은 따로 규정이 없는 한 세균, 효모, 곰팡이 등 미생물의 영양세포를 사멸시키는 것을 말한다."라고 하고, **"멸균(滅菌, sterilization)**이라 함은 따로 규정이 없는 한 미생물의 영양세포 및 포자를 사멸시켜 무균상태로 만드는 것을 말한다."라고 규정하고 있다.

그러나 **소독(消毒, disinfection)**이란 주로 병원미생물을 대상으로 죽이거나 죽이지는 못하더라도 약화 내지 감소시켜 감염을 억제시키는 조작을 말한다. 그리하여 의약품 계통에서 주로 상처나 기구 및 용기 등의 살균을 소독으로 다루어져 왔다. 즉 비병원성균이나 내열성 포자는 남아 있을 수 있다.

2) 살균 및 소독의 방법

살균 및 소독의 처리방법은 다음과 같이 분류한다.

- 살균 소독법
  - 물리적 살균·소독법
    - 전자파 살균(일광 및 자외선, 적외선, 마이크로파멸균, 방사선 살균법 등)
    - 건열계 살균(소각, 화염, 건열살균법 등)
    - 습열계 살균(저온살균, 고온순간살균, 열탕살균, 증기살균, 초고온살균, 간헐멸균, 고압증기멸균 등)
    - 막여과살균법 등
  - 화학적 살균·소독법
    - 염소계 살균(차아염소산 나트륨, 표백분, 이염화이소시아눌산 나트륨, 이산화염소, 염소)
    - 페놀계 살균(석탄산, 크레졸비누액)
    - 산화제계(과산화수소, 과망간산칼륨, 오존, 생석회, 붕산)
    - 알코올계(알코올, 포름알데히드)
    - 수은계 살균(머큐로크롬, 승홍)
    - 기타(역성비누, 요오드 팅크, acrinol 등)

(1) 물리적인 살균·소독법

① **화염법과 소각법**　**화염법(火焰法)**은 오염된 금속제 기구, 유리기구, 도자기 그릇 등 태워지지 않는 오염물체를 알코올램프나 버너의 불꽃 속에서 미생물 등을 제거, 즉 멸균시킨 것이다. **소각법(燒却法)**은 목제, 종이류, 플라스틱 등 태워 버릴 수 있는 오염된 물건, 즉 쓰레기 등을 소각로, 보일러 등에서 아예 태워 없애버려 멸균시키는 것이다.

② **가열살균법, 전자파살균법 등**　이미 제2편 '제6장 미생물에 의한 식품의 변질 및 부패'에서 언급하였으므로 여기에서는 생략한다.

(2) 화학적 살균·소독제

① **살균 소독제의 특성**　살균 소독제(消毒藥)의 특성은 무미, 무취, 무독하고 용해성이 높고 안전성이 있어야 하며 살균력이 강해야 한다. 또 물품에 대한 부식성이 없고 인축이나 소독 대상물에 독성이나 손상을 주지 않아야 하며, 경제적이고 사용법이 간편하여야 한다.

② **소독력의 지표인 석탄산 계수(phenol coefficient)**　장티푸스균이나 포도상구균 등의 시험세균으로 희석한 석탄산을 기준으로, 희석한 어떤 시험소독제 간의 살균성을 비교, 검토하여 소독력의 효능을 숫자로 표시한 것이 석탄산 계수이다. 이때 어떤 일정한 온도에서 시간(분)별로 사멸의 정도로 판정한다.

$$\text{석탄산 계수} = \frac{\text{어떤 시험하려는 소독약의 희석배수}}{\text{석탄산의 희석배수}} = \frac{40,000}{90} = ?$$

〈표 7-4-3〉 어떤 시험하려는 소독제의 석탄산 계수

소독제의 종류	희석 비율	살 균 시 간 (분)					
		2.5	5	10	15	20	25
어떤 시험하려는 소독제	1 : 20,000	+	−	−	−	−	−
	1 : 40,000	+	[+	−]	−	−	−
	1 : 60,000	+	+	+	−	−	−
석탄산	1 : 90	+	[+	−]	−	−	−
	1 : 100	+	+	+	−	−	−

주) + 균이 살아 있음, − 균이 죽어 있음

따라서 석탄산 계수의 숫자가 작을수록 강하고, 클수록 약하다.

③ 살균·소독제의 종류와 소독액 제조 및 살균효과

가. 염소계의 차아염소산 Na(NaOCl), 표백분($CaOCl_2$: 고도표백분 포함), 염소(Cl_2)

식품첨가물로 허가되어 있는 **차아염소산 나트륨**, **표백분** 등의 염소계 살균제는 포자를 형성하지 않는 세균 등의 미생물에는 강력한 살균효과를 나타내지만, 세균포자에는 효과가 적은 편이고 특히 결핵균에는 효과가 없다. 일반적으로 수돗물의 소독이나 식기 등 기구, 용기, 물수건, 가축축사 등의 소독에 사용된다. 그러나 채소나 과일의 소독에 사용할 경우 50~100 ppm의 농도로 사용하는 것이 좋다.

아울러 소독액 제조를 위한 소독제 농도 환산법은 다음과 같다.

$$\text{희석농도(ppm)} = \frac{\text{소독액의 양(mL)}}{\text{물의 양(mL)}} \times \text{소독액의 유효잔류염소농도(\%)}$$

유효잔류염소농도 100 ppm을 만드는 예를 보면 다음과 같다. 유효잔류 염소용도가 5%인 락스로 물 3,000 mL 기준으로 100 ppm을 만들려면 몇 mL의 락스가 필요한가. (단, 1%는 10,000 ppm)

$$100\text{ ppm} = \frac{X\text{ mL}}{3{,}000\text{ (mL)}} \times 5 \times 10{,}000\text{ ppm} \qquad X\text{ mL} = \frac{100 \times 3{,}000}{5 \times 10{,}000} = 6\text{ mL}$$

따라서, 락스 6 mL를 물 3 L에 넣으면 100 ppm 농도의 용액이 된다.

염소(chlorine)는 식품첨가물의 밀가루 개량제로서 밀가루의 저해물질을 산화하여 표백작

용에도 사용되고 있으나 활성산소의 산화로 살균성을 가지기도 한다.

즉, $Cl_2 + H_2O \rightarrow HCl + HOCl \quad HOCl \rightarrow H^+ + OCl^-$

또 냄새의 자극과 금속 부식성이 있기도 하다.

나. 페놀계 석탄산(phenol, C_6H_5OH)수, 크레졸비누액〔cresol soap, $C_6H_4(CH_3)OH$〕

석탄산은 무색의 결정이지만 공기 중에 방치하면 착색되고 용해가 저하되기 때문에 액상(88%)이 시판되고 있다. 강한 냄새가 피부점막의 자극성 및 부식작용이 있지만 가급적 열탕수로 사용하는 것이 용해에 좋고 또 유기물질에 소독력이 약화되지 않고, 살균력이 안정한 장점을 가지고 있다.

살균성은 균체 단백질(효소 포함)의 응고, 세포용해 등에 의하고 일반세균, 결핵균, 곰팡이 등의 진균에 효과가 있으나 포자, virus에는 효과가 적다. 액상의 석탄산은 방역용으로 3~5% 수용액을 만들어 사용하는데 용기, 실험대, 오물, 변소, 배설물 등의 소독에 이용된다.

cresol비누액도 강한 냄새와 물에 용해성이 떨어지는 단점이 있어 약 1~5%의 크레졸비누 수용액을 만들어 용도에 따라 사용하고, 유기물에 의한 소독효과도 떨어지지 않는 장점이 있다. 세균 등의 효과가 있으나 virus는 살균효과가 적다. 소독력은 석탄산보다 매우 강하다. 이것은 배설물, 손소독, 오물, 실내벽, 실험실, 용기 등의 소독에 사용된다.

다. 산화제로서의 과산화수소(H_2O_2), 과망간산칼륨($KMnO_4$), 오존(O_3), 생석회(CaO), 붕산(H_3BO_4)

과산화수소는 일명 '옥시풀'이라도 하는데, 발생된 산소에 의하여 살균작용도 하고 표백작용도 한다. 보통 3~5% 과산화수소용액을 갈색 소형병에 넣어 약국 등에서 판매하여 가정 상비약으로 다치거나 피부상처 등의 소독에 많이 사용한다. 심지어 입안 세척, 구내염, 인두염 등에도 이용된다. 포자 없는 세균 등 미생물의 소독에 사용된다.

과망간산칼륨은 0.1~5% 수용액을 목적에 따라 사용한다. 살균력이 강하여 과거에 피부소독에 많이 이용되었으나 황적색의 표시가 나타난다. 포자 형성균에 4%, 성병에 3%가 이용되었다.

오존은 분해에 의해 발생된 산소에 의해 살균성을 가진다. 공기오염의 소독에 이용된 바 있으나 일반적으로 이용되지 않는다. 다량 노출 시에는 유해하다.

생석회는 흰 분말가루로서 과거 변소소독에 많이 사용되었다. 그 외에 습기가 많은 하수, 오물, 가축분뇨 등에도 사용하였다. 생석회는 수분에 의해 석회유[$Ca(OH)_2$]가 만들어지기 때문에 결핵균, 포자 형성균에도 효과가 있다.

붕산은 2~3% 수용액을 사용하며, 앞에서 이미 언급했으므로 여기에서는 생략한다.

라. 지방족 화합물의 알코올류(alcohols), 포름알데히드(formaldehyde : formalin)

소독에 사용하는 알코올류의 대부분은 **에틸알코올(ethyl alcohol : ethanol)**로, 약 70% 함유의 수용액을 사용하고, 그 외 일부는 **isopropanol** 50~70% 수용액을 사용하기도 한다. 인체의 손, 발, 눈 등을 비롯한 모든 상처나 염증 부위의 소독이나 병원에서 주사 시 소독수로 대표적으로 사용되며 최근 식품 제조나 조리 시 작업 전 소독에 많이 이용되고 그 외 금속성 기구, slide glass 등의 소독에도 사용된다.

formadehyde는 통상 가스 상으로, formalin은 35~40%의 HCHO을 함유하는 수용액으로서 1~1.5% 수용액이 되게 희석하여 가구, 의류, 가죽, 털, 고무, 기구, 실내소독, 서적 등에 사용되었다. 그러나 위생적으로 유해성이 있어 식품에는 사용이 금지되어 있다.

글루타르알데히드(glutaraldhyde)는 최근 2% 용액으로 모든 세균, 효모, 곰팡이, 포자, virus까지 사멸시키는 우수한 살균제로 인정받고 있으며, 인체 이외의 소독에 사용된다.

마. 수은제인 머큐로크롬(mercurochrome)

2%의 **mercurochrome** 수용액으로 피부나 점막의 소독에 많이 사용하며 분말을 물에 녹이면 황적색용액이 되어 피부에 바르면 표시가 나타난다.

바. 역성비누(invert soap : 양성비누 : cationic detergent)

4급 암모늄염으로 계면활성제의 일종이다. 보통비누나 중성세제와는 달리 무미, 무취, 자극성이나 독성이 없고 물에 잘 용해된다. 또 소독작용의 지속성이 뛰어나 10% 용액을 방치해도 안정하며 온도의 변화에도 별 영향을 받지 않는다.

역성비누는 물에 녹아서 그 효력을 발휘하는 부분이 양이온이기 때문에 '양성비누'로 불리며, 이 비누는 세정력이 약하나 살균력이 강한 것이 특징이다. 살균력은 석탄산보다 월등하다.

용도는 손 소독, 주방기구나 용기, 냉장고, 쓰레기통 등의 살균 소독에 사용되며, 음료수나 하수 등에는 적당하지 않다. 주의할 점은 보통비누나 중성세제와 동시에 사용하면 효력이 떨어지고 단백질(+, −이온 공존)과 공존해도 효력이 떨어진다.

아울러 손 소독, 냉장고, 쓰레기통의 소독은 원액 10%를 100~200배로 희석하여 2~3분 이상 씻거나 원액 1~5 cc를 손바닥에 발라 비벼 수돗물로 헹군다. 식기류나 용기류의 소독은 원액을 200~500배로 희석하여 사용한다.

사. 요오드 화합물, 에틸렌옥사이드, 기타

요오드 팅크(iodine tincture)는 과거 '옥도정기'라고 불리기도 했는데, 70% alcohol의 1,000 mL 중에 I_2 60 g, KI 40 g을 녹인 적자색 용액(유효 I_2 1% 전후)인데 피부의 상처 등을 치료하는 가정 상비약으로 많이 애용되고 있다. acronol은 황색결정으로 물에 녹아 수용액은 녹색의 형광을 띠고 0.05~0.2%의 수용액이 피부의 살균 소독에 이용된다.

에틸렌옥사이드〔ethylene oxide, $(CH_2)_2OH$〕 가스는 단백질, 핵산 등의 고분자물질의 $-NH_2$기, −SH기, −OH기 등을 알킬화하여 2분자를 중합 및 변성시키면 살균된다. 살균력과 침투성이 우수하여 식품공장에서 많이 이용하지만 인화성과 독성이 있어 취급시 주의가 요망된다.

살균력은 습도 40% 정도에서 가장 강하고 온도가 10℃ 상승함에 따라 살균력은 약 2배로 증가한다.

항생제 함유 연고의 경우, 상처를 과산화수소수 등으로 소독한 후 시판 마스카솔로 상처를 치유한다.

(3) 주요 물리·화학적 소독방법 및 시설

자주 사용되는 소독의 종류와 방법을 살펴보면 <표 7-4-4>와 같다.

그리고 「감염병의 예방 및 관리에 관한 법률 시행령」 제24조에서 '소독을 하여야 하는 시설'을 보면 다음과 같다.

① 숙박업소(객실수 20인 이상)와 관광숙박업소

② 식품접객업소(연면적 300 m² 이상 업소에 한함)

③ 버스류, 장의자동차, 항공기와 공항시설, 여객선과 여객대합실(300 m² 이상), 여객운송

〈표 7-4-4〉 주요 소독의 종류 및 방법

종 류	대 상	소 독 방 법	비 고
자비소독 (열탕소독)	식기, 행주	• 열탕에서는 100℃ 5분 이상 • 증기소독기 : 100~120℃ 에서 10분 이상 • 재질에 따라 ㉠ 금속제 : 100℃ 5분, 80℃ 30분 ㉡ 사기·토기 : 80℃ 1분 ㉢ 천류 : 70℃ 25분, 95℃ 10분, 160~180℃ 15~16초	그릇을 포개어 소독할 때에는 끓이는 시간을 연장
건열소독	식기	• 160~180℃에서 30~45분간	
자외선소독	소도구, 용기류	• 살균력이 가장 강한 2,537 Å 의 자외선에서 30~60분 조사. 기구 등을 포개거나 엎어 살균하지 말고 자외선이 바로 닿도록 배치	자외선은 빛이 닿는 부분만 살균됨에 유의
화학소독	생채소·과일, 작업대, 기기, 도마	• 염소용액 소독 ㉠ 생채소·과일의 소독 : 100 ppm 이상의 유효염소가 24℃ 이상의 염소용액에 최소 5분간 침지 ㉡ 발판 소독조 : 100 ppm ㉢ 식품 접촉면의 소독 : 200 ppm 1분 이상 • 요오드용액(기구, 용기 소독) : pH 5 이하, 24℃ 이상, 요오드 25 ppm이 함유된 용액에 최소 1분 침지 • 70% 에틸알코올 소독(손, 용기 등) : 분무하여 건조	반드시 세척 후 사용

철도차량과 역사 및 역무실

④ 대형마트, 전문점, 백화점, 쇼핑센터, 복합쇼핑몰, 대규모 점포와 전통시장

⑤ 종합병원, 병원, 치과병원 및 한방병원

⑥ 한번에 100명 이상에게 계속적으로 식사를 공급하는 집단급식소

⑦ 기숙사 및 50명 이상을 수용할 수 있는 합숙소

⑧ 공연장(객석은 300석 이상)

⑨ 초·중·고의 학교

⑩ 학원(1,000 m² 이상)

⑪ 연면적 2,000 m² 이상의 사무실용 건축물 및 복합건축물

⑫ 어린이집 및 유치원(50인 이상)

⑬ 공동주택(300세대 이상)

4. 안전사고의 관리와 응급대책

모든 사고는 안전관리를 소홀히 하여 발생하는 데서 찾을 수 있다. 급식에 종사하는 영양사나 조리원들에게 신체상의 상처를 입게 하고 긴장을 갖게 함으로써 노동력을 감소시키며 금전적 손실을 가져오게 된다. 그러므로 급식에 종사하는 모든 종사자에 대한 안전관리가 필요하다.

다음은 대한영양사회의 HACCP교재에서 발췌한 내용이다.

1) 안전사고의 원인

① 시설적인 요소 : 불완전하거나 노후한 시설

② 인적인 요소 : 조리종사원의 잘못된 작업 행동

2) 조리원의 안전사고 내용과 분석 및 방지대책

(1) 골절, 낙상

① 원 인

㉠ 바닥의 물기, 기름기로 인하여 미끄러운 경우

㉡ 바닥에 놓인 물건에 걸려서 넘어지는 경우

낙하물경고

과도한 물품을 적재하여 운반하지 않습니다.

② 대 책

㉠ 작업 중 물의 배수가 잘 되는 곳에 물을 배출시켜 바닥을 마른 상태로 유지한다.

㉡ 식품재료가 바닥에 떨어지지 않도록 주의하고, 기름을 사용한 조리가 끝난 후에는 즉시 바닥을 청소한다.

㉢ 급식실에서는 뛰어다니지 않는다.

㉣ 미끄럼 방지용 장화를 반드시 착용한다.

(2) 창상, 절상

① 원 인

㉠ 무딘 칼을 사용하는 경우

㉡ 사용한 칼을 작업장 주변에 방치하는 경우

② 대 책

㉠ 예리한 도구는 항상 일정한 장소에 보관하며 사용 후 작업대 가장자리에 놓지 않는다.

㉡ 작업시 항상 주의, 집중한다.

㉢ 칼은 정기적으로 갈아서 사용한다.

(3) 근육통, 요통 및 타박상

① 원 인

㉠ 무거운 물건을 허리를 굽히지 않고 바로 들어올릴 경우

㉡ 작업대, 운반차 등의 모서리에 부딪치는 경우

② 대 책

㉠ 무거운 물건은 이동작업대를 이용한다.

㉡ 무거운 물건 이동 시에는 타인의 도움을 받는다.

(4) 화 상

① 원 인

㉠ 튀김기름 또는 뜨거운 물이 튈 경우

㉡ 스팀을 이용한 기구에서 배출 증기에 직접 노출된 경우

② 대 책

㉠ 스팀기구의 증기가 완전히 배출된 후에 뚜껑을 연다.

㉡ 튀김재료는 가장자리에 살짝 밀어넣는다.

(5) 감전사고

① 원 인

㉠ 전기의 출력이 불완전한 경우

㉡ 전기기구가 습기와 접하는 경우

② 대 책

㉠ 전기기구 취급시 물기가 없는 손으로 다룬다.

㉡ 한 콘센트에 많은 기구를 사용하지 않는다.

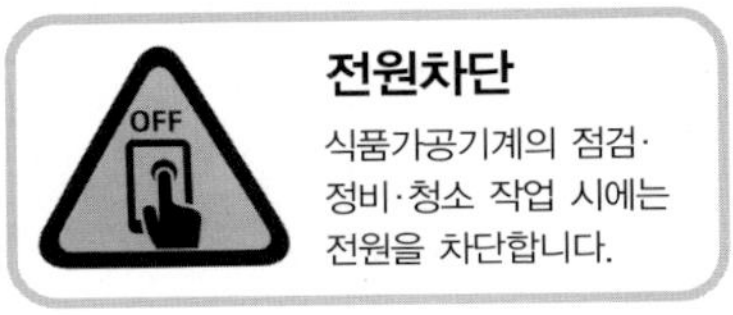

3) 기계·기구 등에 대한 안전사고 내용과 분석 및 방지대책

(1) 채소절단기, 분쇄기, 탈피기 등

① 원 인

㉠ 고무장갑을 낀 상태에서 작업시 손의 감각이 둔하여 동작이 느려지는 경우

㉡ 기계 작동시 손을 넣는 경우

㉢ 기계 분해 시 맨손으로 작업하는 경우

② 대 책

㉠ 재료를 투입구에 넣을 때에는 고무장갑을 벗고 작업한다.

㉡ 재료 투입 시에는 반드시 안전보조기구를 사용한다.

㉢ 부품 분해 시에는(특히 칼날) 보호장갑을 착용한다.

㉣ 스위치의 on, off를 확인한다.

㉤ 기계의 작동이 완전히 멈추었을 때 손을 댄다.

(2) 스팀기구류

① 원 인

㉠ 스팀을 완전히 배출하지 않은 상태에서 문을 열 경우

㉡ 안전핀으로 고정하지 않은 경우(회전식 기기류)

② 대 책

㉠ 압력게이지를 확인한 후 문을 연다.

㉡ 안전핀 고정 여부를 확인한다.

(3) 가스기구류

① 원 인

㉠ 가스점화 순서를 지키지 않은 경우

㉡ 콕, 호스 연결부에서 가스가 누출되는 경우

② 대 책

㉠ 가스점화 순서를 숙지한다.

㉡ 연결부의 가스누출 여부를 비눗물 등을 사용하여 정기적으로 점검한다

㉢ 가스 사용시 냄새를 확인하고, 자주 환기시킨다.

4) 안전사고 발생시 대처요령

① 작업을 중단하고 즉시 관리자에게 보고한다.

② 다른 조리원과의 접촉을 피한 후 조리장소로부터 격리시킨다.

③ 상처부위를 눌러 지혈시킨다.

④ 경미한 상처는 과산화수소수로 소독하고 머큐로크롬액이나 항생제를 함유한 연고 등을 바른다.

⑤ 치료되지 않은 상처는 박테리아균의 원인이 되므로 방부제를 포함한 일회용 방수성 반창고로 상처부위를 감싼다.

⑥ 부득이 작업에 임해야 할 경우, 청결한 음식물이나 식기를 처리하는 작업 대신 다른 작업에 배치한다.

⑦ 출혈이 계속되면 출혈부위를 심장보다 높게 하고 병원으로 이송한다.

5) 안전사고 방지를 위한 작업요령

오늘날 많은 젊은 세대의 남녀들은 무거운 물건이나 어려운 일을 많이 해보지 않았기 때문에 일에 대한 요령이 미숙한 경우가 많다. 이러한 작업의 안전사고를 예방하기 위하여 다음과 같은 내용을 연습해 보는 것도 바람직하다.

① 손잡이가 없는 물건을 옮기기

② 손잡이가 있는 물체를 옮기기

③ 포대류 옮기기

F·O·O·D·H·Y·G·I·E·N·E

8

식품(축산물)안전관리인증기준 제도(HACCP system)

제 1 장

식품안전관리인증기준 제도의 개요

1. 식품안전관리인증기준 제도(HACCP system)의 의의와 목적

심각한 환경오염과 식품의 수출입 증대에 따라 국제적으로 식품의 안전성과 위생적 관리에 대한 관심이 고조되고 있으며, 식생활의 다변화에 따른 가공식품의 다양화와 외식의 증대로 대형화되어 가는 식중독사고의 방지와 식품으로 인한 위해를 방지하기 위해서는 종래의 위생관리방법이나 최종 제품에 대한 검사만을 통해서는 식품의 안전성을 적절하게 보장하기는 어렵다는 인식이 확산되고 있다.

따라서 식품위생의 정의에서 구현하고자 하는 식품의 원재료 생산에서부터 최종적으로 소비자가 소비할 때까지의 모든 단계에서 식품의 안전성을 확보하기 위하여 예방적 차원에서 식품공정을 체계적으로 관리하고자 미국에서 시작된 것이 HACCP system이다.

HACCP는 **'Hazard Analysis Critical Control Point(위해요소 중점관리기준)'** 의 약자(略字)로 우리나라「식품위생법」 제32조의 2(현재 제48조) 제1항에 의거한 식품위해요소 중점관리기준에서 2014년 12월 새명칭으로 변경고시(식약처)한 '식품안전관리인증기준(Hazard Analysis Critical Control Point, HACCP)'에 의하면 "식품의 원료, 제조·가공·조리·소분 및 유통의 모든 과정에서 위해한 물질이 식품에 섞이거나 식품에 오염되는 것을 방지하기 위하여 각 과정의

〈그림 8-1-1〉 위해요소 중점관리기준(현재 안전관리인증기준)의 구성

위해요소를 확인·평가하여 중점적으로 관리하는 기준"이라고 정의하고 식품별로 정하여 이를 고시할 수 있다라고 했다. 즉, HACCP(이하 system은 생략)은 식품의 최종 검사단계에서 발생되는 문제점에 대한 대응이 아니라 식품위생상의 위해요소의 발생을 최소화시키고자 하는 예방적 차원의 관리 시스템인 것이다. 그러므로 HACCP은 식품공정상에서의 위해요소를 완전히 없애고자 하는 것이 아니라 신속하게 최소화시키는 데 그 목적이 있다. <그림 8-1-1>은 위해요소 중점관리기준의 구성요소이다.

2. HACCP제도의 역사적 고찰

HACCP의 근원은 원래 1960년대 초 미항공우주국(NASA)이 우주개발에 따른 우주식의 안전성 확보 차원에서 미생물학적으로 안전한, 특히 병원미생물에 대한 대책을 목표로 개발한 관리방법으로 Pillsbury 사와 미육군 NATICK연구소가 공동으로 위생관리방법의 모델을 제시하였으며, 1971년 미국식품보호위원회(National Conference of Food Protection)에서 처음으로 그 개요를 발표하였다. 그 이후 1973년 미국식품의약청(Food and Drug Administration, FDA)에 의하여 저산성 통조림 식품의 적정제조기준(Good Manufacturing Practice, GMP)에 이 방법을 적용하기 시작하였다.

그 후 1985년부터 1988년 미국과학아카데미(National Academy of Science, NAS)의 식품보호위원회의 권고로 행정기관, 식품과학 및 미생물 관련 전문가로 구성된 식품의 미생물기준에 관한 자문위원회(National Advisory Committee on Microbiological Criteria for Food, NACMCF)가 설치되어 1989년 HACCP의 지침서(HACCP-Principles for Food Production)와 함께 HACCP의 7원칙을 제시하였다.

〈표 8-1-1〉 HACCP의 역사적 고찰 요약

연 도	고 찰 내 용
1960년대	미국 NASA의 Apollo project용 우주식을 육군 NATIK과 Pillsbury 사가 개발
1971년	미국 국립식품보호위원회에서 처음으로 HACCP 개념의 모델을 제시
1973년	미국 FDA에서 저산성 통조림식품에 GMP방법 적용
1985년	미국 과학아카데미(NAS)가 당국과 식품업체에 HACCP system 채택 권고
1989년	미국 식품 미생물기준 자문위원회(NACMCF)가 HACCP 7원칙 제시
1993년	유엔 FAO/WHO의 Codex가 HACCP 지침(가이드라인) 제시, 각국에 권고
1995년	한국 보건복지부 고시(1996-75호) 식품위해요소중점관리기준(HACCP)제도 도입
2014년	한국식품의약품안전처 식품(축산물)안전관리인증기준(HACCP) 개명

그 후 1993년 국제식품규격위원회(CODEX) 제20차 총회에서 'HACCP system의 적용지침'을 채택함으로써 우리나라도 1995년 12월 3일 보건복지부 고시 제1996-75호에 의거 「식품위생법」 제32조의 2(현재 48조 개정)에서 '위해요소 중점관리기준(HACCP)'을 제도적인 법으로 규정하게 되었다. 그러나 HACCP은 식품의 안전성을 확보하기 위한 하나의 관리기법이며 ISO9000과 같은 표준은 아니기 때문에 국제 표준화를 위한 노력이 요구되고 있다. 우리나라는 2014년에 '식품(축산물)안전관리인증기준'으로 명칭이 변경되어 사용하고 있다. 이러한 HACCP의 역사적 고찰을 요약하면 앞의 <표 8-1-1>과 같다.

3. 종래의 위생관리와 HACCP제도에 의한 위생관리 비교

과거 사용되었던 종래(기존)의 위생관리와 HACCP제도에 의한 위생관리를 비교해 보면 <그림 8-1-2> 및 <표 8-1-2>와 같다.

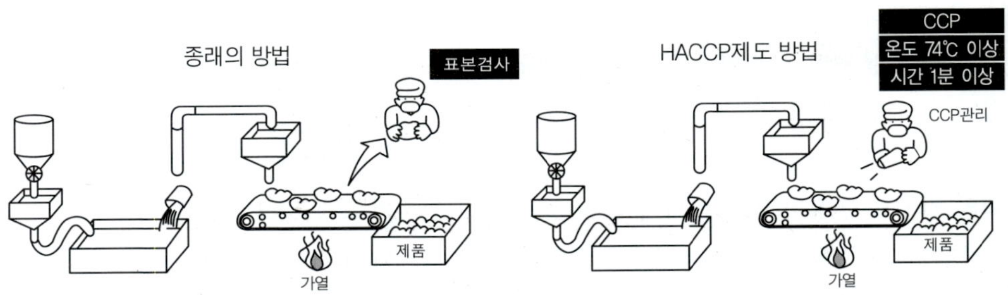

〈그림 8-1-2〉 종래의 위생관리와 HACCP제도의 위생관리 비교

〈표 8-1-2〉 종래(기존)의 위생관리와 HACCP제도의 위생관리 비교 및 효과

항목 구분	종래의 위생관리 및 효과	HACCP제도의 위생관리 및 효과
1. 안전성관리 확보 측면	① 주로 최종제품 관리 및 실험실 관리 (무작위 채취 후 시험) ② 문제발생 후 반작용 관리 ③ 문서화 및 기록·보전 미흡	① 주로 공정관리(시간과 온도 포함) 및 실험실 검사 최소 ② 문제발생 전 사전 조치 ③ 문서화 및 기록·보전 철저 이행
2. 신속성 측면	시험분석과 개선 조치시 장시간 소요 및 많은 비용 소요	시험분석과 개선조치시 단시간 내지 즉각적 조치 및 비용 저렴
3. 시설 및 설비 측면	식품위생법에 의한 기본 시설기준에 적합	식품위생법에 의한 기본시설 이외 일반구역과 청결구역의 구분 등 수십 가지 추가항목 필요

(계속)

항목 구분	종래의 위생관리 및 효과	HACCP제도의 위생관리 및 효과
4. 종사자와 관리자 측면	① 종사자의 수동적 작업 분위기 ② 제품 안전성 관리자는 숙련공만 가능 ③ 종사자 등의 초기 위생의식 교육과 훈련이 미흡	① 종사자의 능동적 작업 분위기 쇄신 ② 제품 안전성 관리자는 비숙련공도 관리 가능 ③ 종사자 등 초기 위생의식 교육과 훈련이 철저해야 함
5. 투자비용 측면	투자비용은 적으나 시설개선 등에 소요되는 비용의 합리적 사용이 어려움	시설개선, 전문교육, 유지관리 등 초기 투자비용은 크나 장기적으로는 생산원가의 절감, 매출 증대 등으로 이익 창출
6. 소비자 측면	식품안전에 대한 전반적인 불안감 상존	안전한 식품 확보와 HACCP제도를 인증받음으로써 소비자 신뢰도 향상
7. 영업자 측면	자신이 제조한 제품에 대한 안전성에서 확신이 적고, 식품사고 발생시 일방적 부담	자신이 제조한 제품에 대한 안전성에서 근거자료를 통한 확신과 식품사고 발생시 증빙자료의 제시 및 확인 가능
8. 식품산업의 국제적 지위 측면	수출에 장애(국제적 인증 결여로)	국제경쟁력 확보(국제적 인증 확보로)

4. 정부의 HACCP 지정 적용업소의 우대조치와 지원 등

HACCP으로 지정된 업소의 우대조치는 「식품안전관리인증기준」 제24조에 의하여 식품의약품안전처장은 다음과 같이 '우대조치'를 취할 수 있다고 규정하고 있다.

1. 출입·검사 및 수거 등 완화 우대 : 「식품위생법」 제48조 제11항 및 시행규칙 제68조에서 3년간 완화 규정
2. HACCP 적용 식품 표시 또는 HACCP 적용업소 지정사실에 대한 광고허용 우대 : 식품의약품안전처 HACCP 마크와 농림축산식품부의 HACCP 인증마크 사용 허용(다만 HACCP 적용품목에 한함)
3. 세제 감면 우대 : 「조세특례제한법」에 따른 2001년 투자비용의 3% 감면으로 소득세 및 법인세 3%
4. 정부의 계약에 관한 우대 : 「국가를 당사자로 하는 계약에 관한 법률」에 따른 우대로 군 입찰 시 가산점 1점 등
5. 기타 HACCP 활성화 및 식품 안전성 제고에 필요하다고 인정되는 사항

〈그림 8-1-3〉 우리나라 HACCP의 우수식품과 우수축산물의 최초 인증마크(2014 이전 사용)

그리고 「식품위생법 시행규칙」 제65조에서 "식품의약품안전처장은 HACCP 지정을 받았거나 받으려는 영업자에게는 다음 사

항을 지원할 수 있다."라고 규정하고 있다.

① 위해요소중점관리기준 적용에 관한 전문적 기술과 교육 ② 위해요소분석 등에 필요한 검사 ③ 위해요소중점관리기준 적용을 위한 자문 비용 ④ 위해요소종점관리기준 적용을 위한 시설·설비 등 개수·보수 비용 ⑤ 교육훈련 비용

제 2 장

HACCP제도의 7원칙과 관련 용어 및 대상

1. HACCP제도의 관계 법규

HACCP제도의 관계 법규는 유엔 산하 국제규격인 CODEX 지침을 근거로 참고하여, 식품위생안전에 대한 규제와 관리 등을 우리나라에서는 정부 각 부처별 기존법(시행령, 시행규칙, 처 고시)에 최초 도입하였으나 현재는 독립적으로 구체적인 세부사항을 규정하고 있다. 이에 대한 HACCP의 관계 법규를 보면 <표 8-2-1>과 같다.

2. HACCP제도를 위한 '선행요건' 관리·운영

HACCP제도를 효율적으로 관리, 운영하기 위해서는 과거 GMP나 SSOP 등의 제도에서 실행했던 것과 같이 선행요건 프로그램을 개발, 적용, 유지, 관리가 HACCP 도입 전 전제조건으로 시설, 설비, 기구, 작업방법, 기본적인 환경 및 작업활동을 보장하기 위한 구체적인 관리항목

〈표 8-2-1〉 HACCP제도의 관계 법규

관련 부서	관계 법규
유엔 및 외국	UN CODEX FOOD STANDARDS, 미국의 FDA CFR(code of federal regulations) 등
보건복지부 식품의약품안전처(현)	식품위생법 제32조의 2.(1995. 12) 법적 근거 마련(현재 제48조), 식품위해요소 중점관리기준 제정(1996. 12), 식품안전관리인증기준(법) 명칭 변경(2014. 12)
농림축산식품부 식품의약품안전처(현)	축산물가공처리법 제9조.(1996. 12) (축산물위생관리법 명칭 변경) 법적 근거 마련, 축산물위해요소 중점관리기준고시(1998. 8), 축산물안전관리인증 명칭 변경(2014. 6)
농림수산식품부 해양수산부(현)	수산물품질관리법 제23조(위해요소 중점관리기준), 수산물품질관리법 시행규칙 제42조, 수출을 목적으로 하는 수산물·수산가공품의 농·수산물품질관리법(2014. 6)

들이 이루어져야 한다. 따라서 「식품안전관리인증기준」의 제4조 '적용품목 및 시기 등'에 대하여 해당하는 식품 등 31품목(제1항 1호 어육가공품 중 어묵류~제1항 31호 집단급식소 식품판매업소의 단순 전처리 식품)의 식품별 기준까지 고시된 어느 하나에 해당하는 식품이나 이외의 식품에 대하여 적용할 수 있다라고 규정하고 있다.

더 나아가 「식품위생법」 제48조(식품안전관리인증기준) 제1항에서 식품의약품안전처장은 식품의 원료 관리 및 제조·가공·조리·소분·유통의 모든 과정에서 위해한 물질이 식품에 섞이거나 식품에 오염되는 것을 방지하기 위하여 각 과정의 위해요소를 확인 평가하여 중점적으로 관리하는 기준(이하 "식품안전관리인증기준"이라 함)을 식품별로 정하여 고시할 수 있다라고 명시하고 있으며 식품의 안전관리인증기준의 적용업소를 '식품안전관리인증적용업소'라고 칭하고 있다. 그리고 다음 제5조 **'선행요건'**에서

① HACCP 적용업소는 다음 각 호와 관련된 아래 별표의 선행요건을 준수하여야 한다고 규정하고 있다. 한편 선행요건은 성격에 따라 3가지 부류(가, 나, 다)로 분리, 운영되고 있다.

가. 식품제조·가공업소, 건강기능식품제조업소, 집단급식소, 식품접객업소 및 집단급식소 식품판매업소

㉠ 영업장 관리 ㉡ 위생 관리 ㉢ 제조·가공·조리 시설·설비 관리 ㉣ 냉장·냉동 시설·설비 관리 ㉤ 용수 관리 ㉥ 보관·운송 관리 ㉦ 검사 관리 ㉧ 회수프로그램 관리

나. 기타 식품판매업소

㉠ 입고 관리 ㉡ 보관 관리 ㉢ 작업 관리 ㉣ 포장 관리 ㉤ 진열·판매 관리 ㉥ 반품·회수 관리

다. 식품소분업소

㉠ 작업장 및 부대시설 관리 ㉡ 개인위생 관리 ㉢ 방충·방서 관리 ㉣ 이물 관리 ㉤ 세척·소독 관리 ㉥ 입고·보관 관리 ㉦ 포장 관리 ㉧ 용수 관리 ㉨ 소분도구 관리 ㉩ 회수 관리

② HACCP 적용업소는 별표의 선행요건 준수를 위해 필요한 관리계획 등을 포함하는 선행요건 관리기준서를 작성하여 비치하여야 한다고 규정하고 있다.

그리고 상기 선행요건 제1항 1호인 식품제조가공업소, 건강기능식품제조업소, 집단급식소, 식품접객업소 및 집단급식소 식품판매업소에도 불구하고 해당품목의 연매출액이 5억 미만이면서 종업원수가 21인 미만인 식품제조가공업소 및 건강기능식품제조업소(이하 '소규모 업소'라 함)는 소규모업소용 선행요건을 준수할 수 있다고 규정하고 있다.

HACCP 적용업소와 품목은 제4조에 의거 31품목으로, 식품제조·가공업소, 건강기능제조업소 등은 52항목, 집단급식소 등은 71항목으로 운영·관리를 위한 프로그램이 개발되었으며, 그 기록과 점검 방법 등을 정하는 선행요건 관리기준서를 분야별로 작성해서 비치해야 한다.

[별표]

「식품안전관리인증기준」 선행요건(제5조 관련) (2015. 7 기준)

Ⅰ. 식품제조·가공업소, 건강기능식품제조업소 및 집단급식소 식품판매업소(52항목)와
Ⅱ. 집단급식소, 식품접객업소 및 도시락제조·가공업소(71항목)을 합병·작성한 것임.

가. 영업장 관리

작업장

1. **(식품제조·가공업소 등)** 작업장은 독립된 건물이거나 식품취급 외의 용도로 사용되는 시설과 분리(벽·층 등에 의하여 별도의 방 또는 공간으로 구별되는 경우를 말한다. 이하 같다)되어야 한다.
1. **(집단급식소 등)** 영업장은 독립된 건물이거나 해당 영업신고를 한 업종 외의 용도로 사용되는 시설과 분리(벽·층 등에 의하여 별도의 방 또는 공간으로 구별되는 경우를 말한다. 이하 같다)되어야 한다.
2. **(식품제조·가공업소 등, 집단급식소 등)** 작업장(출입문, 창문, 벽, 천장 등)은 누수, 외부의 오염물질이나 해충·설치류 등의 유입을 차단할 수 있도록 밀폐 가능한 구조이어야 한다.
3. **(식품제조·가공업소 등, 집단급식소 등)** 작업장은 청결구역(식품의 특성에 따라 청결구역은 청결구역과 준청결구역으로 구별할 수 있다)과 일반구역으로 분리하고, 제품의 특성과 공정에 따라 분리, 구획 또는 구분할 수 있다.

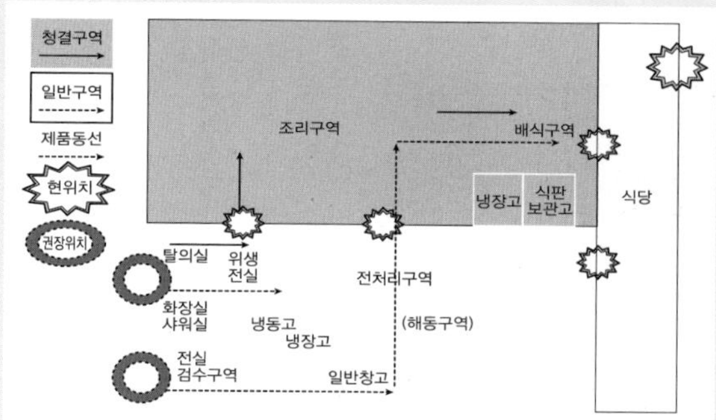

자료 : KHIDI HACCP 지원사업단

작업장 에어커튼 설치장소

- 「HACCP 적용시 에어커튼을 출입구마다 설치해야 한다」라고 오해하는 경우가 있다.
- 에어커튼은 공기 흐름을 차단하는 장치로, 방충망 대용으로 사용
- 외부 출입구에만 설치(그림과 같이 3개만 설치 가능)
- 외부 출입시 출입전실(완충구역)이 있는 경우 에어커튼 설치 필요 없음
- 작업장 내부 출입문에 설치할 경우, 에어커튼 바람에 바닥먼지를 일으켜 오히려 작업장을 오염시킬 우려
- 에어커튼 등의 기계 설비는 주기적으로 관리를 하지 않을 경우, 녹이 슬거나 곰팡이가 서식하여 식품 또는 작업장에 오염을 유발
- 경우에 따라 공기흐름 차단용으로 사용하는 경우 – 작업자가 출입하는 냉장·냉동고(walk-in refrigerator or freezer)의 냉기 보호

〈그림 8-2-1〉 청결구역과 일반구역 및 동선과 설치장소

건물 바닥, 벽, 천장

4. **(식품제조·가공업소 등, 집단급식소 등)** 작업장 원료처리실, 제조·가공실(집단급식소는 조리실) 및 내포장실 등의 바닥, 벽, 천장, 출입문, 창문 등은 제조·가공하는 식품의 특성에 따라 내수성 또는 내열성 등의 재질을 사용하여야 하거나 이러한 처리를 하여야 하고, 바닥은 파여 있거나 갈라진 틈이 없어야 하며, 작업 특성상 필요한 경우를 제외하고는 마른 상태를 유지하여야 한다. 이 경우 바닥, 벽, 천장 등에 타일 등과 같이 홈이 있는 재질을 사용할 때에는 홈에 먼지, 곰팡이, 이물 등이 끼지 아니 하도록 청결하게 관리하여야 한다.

배수 및 배관

5. **(식품제조·가공업소 등, 집단급식소 등)** 작업장은 배수가 잘 되어야 하고 배수로에 퇴적물이 쌓이지 아니 하여야 하며, 배수구, 배수관 등은 역류가 되지 아니 하도록 관리하여야 한다.
6. **(집단급식소 등)** 배관과 배관의 연결부위는 인체에 무해한 재질이어야 하며, 응결수가 발생하지 아니 하도록 단열재 등으로 보온 처리하거나 이에 상응하는 적절한 조치를 취하여야 한다.

출입구

6. **(식품제조·가공업소 등)** 8. **(집단급식소 등)** 작업장의 출입구에는 구역별 복장 착용방법을 게시하여야 하고 개인위생관리를 위한 세척, 건조, 소독 설비 등을 구비하여야 하며, 작업자는 세척 또는 소독 등을 통해 오염 가능성 물질 등을 제거한 후 작업에 임하여야 한다.
7. **(집단급식소 등)** 작업장 외부로 연결되는 출입문에는 먼지나 해충 등의 유입을 방지하기 위한 완충구역이나 방충이중문 등을 설치하여야 한다.

조리장 외부로부터 오염물질을 차단해 주며 급식소 출입구에 설치한다.

〈그림 8-2-2〉 출입구의 발판소독기

〈그림 8-2-3〉 에어커튼을 위한 에어샤워 송풍기

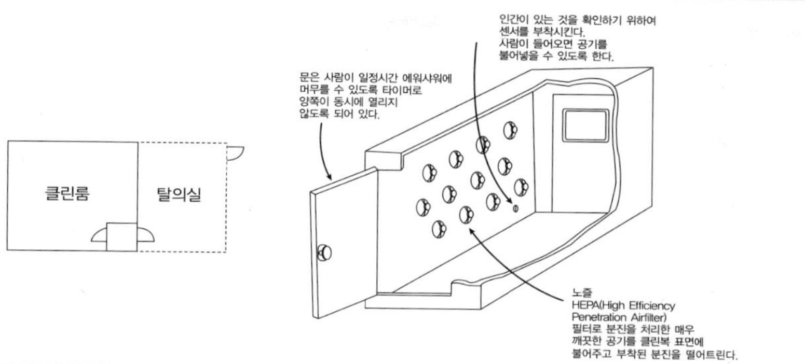

출입구 앞뒤로 각각 문이 있고 일정 시간 머무를 수 있는 타이머가 있다. 사람이 들어오면 측면에 부착한 센서에 의해 감지한다. 통로 측면에는 HEPA 필터로 분진을 처리한 매우 깨끗한 공기를 위생복 등의 표면에 불어주고 부착한 분진을 떨어트린다. 에워샤워는 클린룸과 탈의실 사이에 설치한다.

〈그림 8-2-4〉 에어샤워실의 구조와 위치

통로

7. **(식품제조·가공업소 등)** 9. **(집단급식소 등)** 작업장 내부에는 종업원의 이동경로를 표시하여야 하고 이동경로에는 물건을 적재하거나 다른 용도로 사용하지 아니하여야 한다.

창

8. **(식품제조·가공업소 등)** 10. **(집단급식소 등)** 창의 유리는 파손 시 유리조각이 작업장 내로 흩어지거나 원·부자재 등으로 혼입되지 아니하도록 하여야 한다.

채광 및 조명

9. **(식품제조·가공업소 등)** 11. **(집단급식소 등)** 선별 및 검사구역 작업장 등은 육안 확인이 필요한 조도(540룩스 이상)를 유지하여야 한다.
10. **(식품제조·가공업소 등)** 12. **(집단급식소 등)** 채광 및 조명 시설은 내부식성 재질을 사용하여야 하며, 식품이 노출되거나 내포장작업을 하는 작업장에는 파손이나 이물 낙하 등에 의한 오염을 방지하기 위한 보호장치를 하여야 한다.

부대시설 – 화장실, 탈의실 등

11. **(식품제조·가공업소 등)** 13. **(집단급식소 등)** 화장실, 탈의실 등은 내부 공기를 외부로 배출할 수 있는 별도의 환기시설을 갖추어야 하며, 화장실 등의 벽과 바닥, 천장, 문은 내수성, 내부식성의 재질을 사용하여야 한다. 또한, 화장실의 출입구에는 세척, 건조, 소독 설비 등을 구비하여야 한다.

12. **(식품제조·가공업소 등)** 14. **(집단급식소 등)** 탈의실은 외출복장(신발 포함)과 위생복장(신발 포함) 간의 교차 오염이 발생하지 아니하도록 구분·보관하여야 한다.

나. 위생 관리

작업 환경 관리

– 동선 계획 및 공정 간 오염방지

13. **(식품제조·가공업소 등)** 원·부자재의 입고에서부터 출고까지 물류 및 종업원의 이동 동선을 설정하고 이를 준수하여야 한다.

14. **(식품제조·가공업소 등)** 원료의 입고에서부터 제조·가공, 보관, 운송에 이르기까지 모든 단계에서 혼입될 수 있는 이물에 대한 관리계획을 수립하고 이를 준수하여야 하며, 필요한 경우 이를 관리할 수 있는 시설·장비를 설치하여야 한다.

15. **(식품제조·가공업소 등)** 16. **(집단급식소 등)** 청결구역과 일반구역별로 각각 출입, 복장, 세척·소독 기준 등을 포함하는 위생 수칙을 설정하여 관리하여야 한다.

15. **(집단급식소 등)** 식자재의 반입부터 배식 또는 출하에 이르는 전 과정에서 교차오염 방지를 위하여 물류 및 출입자의 이동 동선을 설정하고 이를 준수하여야 한다.

〈표 8-2-2〉 각 조리과정별 기준온도와 시간

항목		온도와 시간
전처리(해동)	냉장고	10℃ 이하 72시간 이내
	흐르는 물	21℃ 이하
조리	냉장식품 소분	21℃ 이하
	조리/재가열	74℃ 이상 5분 이상
	튀김온도	180℃ 이상
완제품관리	28℃ 이하	조리 후 2~3시간 이내
	60℃ 이상	조리 후 5시간 이내
	제품의 품온 5℃ 이하 유지시	조리 후 24시간 이내
배식	냉장보관	5℃ 이하
	온장보관	60℃ 이상
보존식	냉동고	−18℃ 이하 144시간(6일)
운송차량	냉장	−10℃ 이하
	냉동	−18℃ 이하
조리장비	냉장고	5℃ 이하
	냉동고	−18℃ 이하
조리장(10곳 평균)		28℃ 이하

〈그림 8-2-5〉 온도와 식품위생

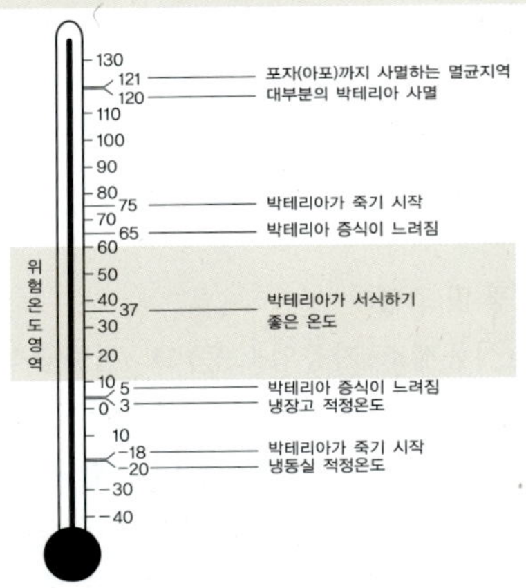

- 초고온멸균법 130℃ 이상 2초 이상
- 자비살균법 100℃
- 열탕소독은 77℃ 이상
- 육류 등 조리 시 음식중심온도 74℃ 이상 가열
- 고온순간살균법 71℃ 이상 15초 이상
- 식기 세척기 헹굼수 71℃ 이상
- 저온살균법 62℃ 이상 30분 이상
- 뜨겁게 배식되는 음식은 60℃ 이상으로 보관
- 냉동 육류, 어패류는 21℃ 이하 흐르는 물로 해동
- 차게 배식되는 음식은 10℃ 이하로 보관
- 운송차량은 냉장의 경우 10℃ 이하로 유지
- 우유 저장은 0~10℃ 이하
- 운송차량은 냉동의 경우 −18℃ 이하로 유지

- 온도·습도 관리

16. **(식품제조·가공업소 등)** 제조·가공·포장·보관 등 공정별로 온도 관리계획을 수립하고 이를 측정할 수 있는 온도계를 설치하여 관리하여야 한다. 필요한 경우 제품의 안전성 및 적합성을 확보하기 위한 습도 관리계획을 수립·운영하여야 한다.
17. **(집단급식소 등)** 작업장은 제조·가공·조리·보관 등 공정별로 온도관리를 하여야 하고, 이를 측정할 수 있는 온도계를 설치하여야 한다. 필요한 경우, 제품의 안전성 및 적합성 확보를 위하여 습도 관리를 하여야 한다.

- 환기시설 관리

17. **(식품제조·가공업소 등)** 18. **(집단급식소 등)** 작업장 내에서 발생하는 악취나 이취, 유해가스, 매연, 증기 등을 배출할 수 있는 환기시설을 설치하여야 한다.
19. **(집단급식소 등)** 외부로 개방된 흡·배기구, 후드 등에는 여과망이나 방충망, 개폐시설 등을 부착하고 관리계획에 따라 청소 또는 세척하거나 교체하여야 한다.

- 방충·방서 관리

18. **(식품제조·가공업소 등)** 외부로 개방된 흡·배기구 등에는 여과망이나 방충망 등을 부착한다.
19. **(식품제조·가공업소 등)** 20. **(집단급식소 등)** 작업장은 방충·방서 관리를 위하여 해충이나 설치류 등의 유입이나 번식을 방지할 수 있도록 관리하여야 하고, 유입 여부를 정기적으로 확인하여야 한다.
20. **(식품제조·가공업소 등)** 21. **(집단급식소 등)** 작업장 내에서 해충이나 설치류 등의 구제를 실시할 경우에는 정해진 위생 수칙에 따라 공정이나 식품의 안전성에 영향을 주지 아니하는 범위 내에서 적절한 보호 조치를 취한 후 실시하며, 작업 종료 후 식품취급시설 또는 식품에 직간접적으로 접촉한 부분은 세척 등을 통해 오염물질을 제거하여야 한다.

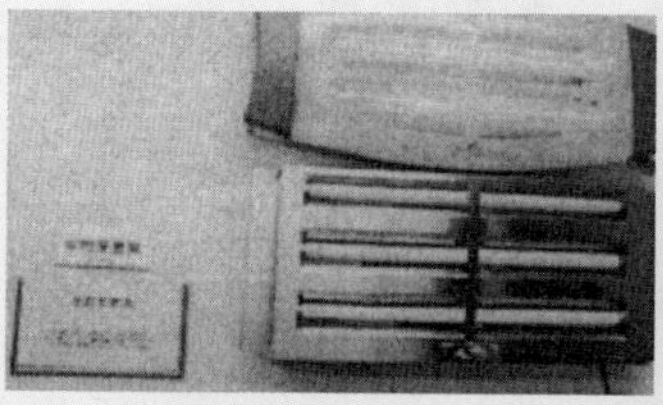

실내유인포충등 : 실외등은 공장이나 작업장의 출입구나 창쪽의 방향을 향해 설치하여야 한다.

실외유인포충등 : 바닥으로부터 1.5~1.8 m에 설치하며 파리, 바퀴벌레, 나방, 모기, 하루살이 등 해충을 유인할 수 있는 불빛을 이용하여 포획함으로써 비행성 해충의 모니터링에 사용된다. 다만 설치의 위치를 조심해야 한다. 설치 시 빛을 보고 해충이 모이므로 밖에서 보이게끔 설치해서는 안 된다. 또 조리대 근처에 설치해서는 안 된다.

〈그림 8-2-6〉 실내와 실외에 설치하는 유인포충등

개인위생 관리

21. **(식품제조·가공업소 등)** 22. **(집단급식소 등)** 작업장 내에서 작업중인 종업원 등은 위생복·위생모·위생화 등을 항시 착용하여야 하며, 개인용 장신구 등을 착용하여서는 아니 된다.

작업위생관리(23~33 집단급식소 등만 해당)

- 교차오염의 방지

23. **(집단급식소 등)** 칼과 도마 등의 조리기구나 용기, 앞치마, 고무장갑 등은 원료나 조리과정에서의 교차오염을 방지하기 위하여 식재료 특성 또는 구역별로 구분하여 사용하여야 한다.
24. **(집단급식소 등)** 식품 취급 등의 작업은 바닥으로부터 60 cm 이상의 높이에 설시하여 바닥으로부터의 오염을 방지하여야 한다.

〈그림 8-2-7〉 장화 세척대와 장화 살균건조기의 설치

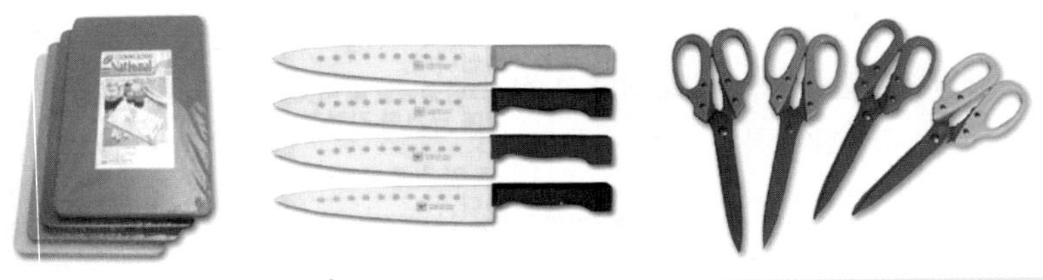

도마나 칼은 종류가 다른 식품 간에 교차오염을 일으키는 주요 원인임이 잘 알려져 있다. 이를 최소화하기 위해 세척과 소독도 중요하지만 도마나 칼을 식품 종류별로 색상 구분하여 사용하는 것이 바람직하다.

〈그림 8-2-8〉 색상(적·청·황·록·백)별 도마와 칼 및 가위

- 전처리

25. **(집단급식소 등)** 해동은 냉장해동(10℃ 이하), 전자레인지 해동, 또는 흐르는 물에서 실시한다.
26. **(집단급식소 등)** 해동된 식품은 즉시 사용하고 즉시 사용하지 못할 경우 조리 시까지 냉장 보관하여야 하며, 사용 후 남은 부분을 재동결하여서는 아니 된다.

- 조리

27. **(집단급식소 등)** 가열 조리 후 냉각이 필요한 식품은 냉각 중 오염이 일어나지 아니하도록 신속히 냉각하여야 하며, 냉각온도 및 시간 기준을 설정·관리하여야 한다.

28. **(집단급식소 등)** 냉장식품을 절단 소분 등의 처리를 할 때에는 식품의 온도가 가능한 한 15℃를 넘지 아니하도록 한번에 소량씩 취급하고 처리 후 냉장고에 보관하는 등의 온도 관리를 하여야 한다.

- 완제품 관리

29. **(집단급식소 등)** 조리된 음식은 배식 전까지의 보관온도 및 조리 후 섭취 완료 시까지의 소요시간 기준을 설정·관리하여야 하며, 유통제품의 경우에는 적정한 유통기한 및 보존 조건을 설정·관리하여야 한다.
   - 28℃ 이하의 경우 : 조리 후 2~3시간 이내 섭취 완료
   - 보온(60℃ 이상) 유지 시 : 조리 후 5시간 이내 섭취 완료
   - 제품의 품온을 5℃ 이하 유지 시 : 조리 후 24시간 이내 섭취 완료

- 배식

30. **(집단급식소 등)** 냉장식품과 온장식품에 대한 배식온도 관리기준을 설정·관리하여야 한다.
   - 냉장보관 : 냉장식품 5℃ 이하
   - 온장보관 : 온장식품 60℃ 이상

31. **(집단급식소 등)** 위생장갑 및 청결한 도구(집게, 국자 등)를 사용하여야 하며, 배식 중인 음식과 조리 완료된 음식을 혼합하여 배식하여서는 아니 된다.

- 검식

32. **(집단급식소 등)** 영양사는 조리된 식품에 대하여 배식하기 직전에 음식의 맛, 온도, 이물, 이취, 조리 상태 등을 확인하기 위한 검식을 실시하여야 한다. 다만, 영양사가 없는 경우 조리사가 검식을 대신할 수 있다.

- 보존식

33. **(집단급식소 등)** 조리한 식품은 소독된 보존식 전용용기 또는 멸균 비닐봉지에 매회 1인분 분량을 −18℃ 이하에서 144시간 이상 보관하여야 한다.

폐기물관리

22. **(식품제조·가공업소 등)** 34. **(집단급식소 등)** 폐기물·폐수 처리시설은 작업장과 격리된 일정 장소에 설치·운영하여야 하며, 폐기물 등의 처리용기는 밀폐 가능한 구조로 침출수 및 냄

새가 누출되지 아니하여야 하고, 관리계획에 따라 폐기물 등을 처리·반출하고, 그 관리기록을 유지하여야 한다.

세척 또는 소독

23. **(식품제조·가공업소 등)** 35. **(집단급식소 등)** 영업장에는 기계·설비, 기구·용기 등을 충분히 세척하거나 소독할 수 있는 시설이나 장비를 갖추어야 한다.

24. **(식품제조·가공업소 등)** 36. **(집단급식소 등)** 세척·소독 시설에는 종업원에게 잘 보이는 곳에 올바른 손 세척방법 등에 대한 지침이나 기준을 게시하여야 한다.

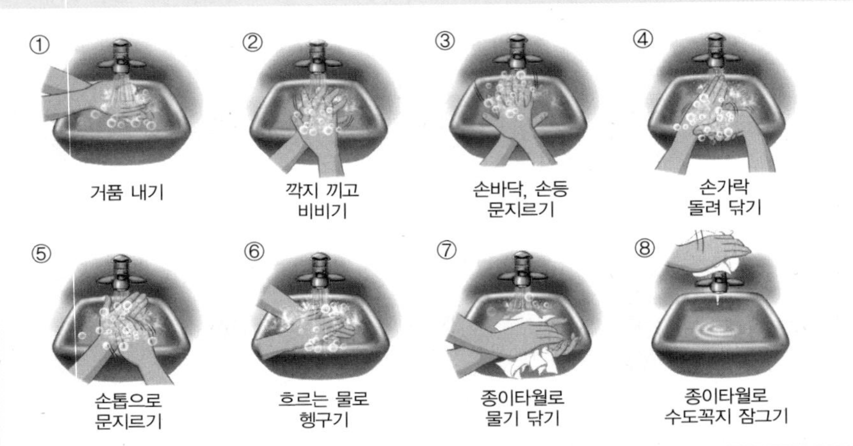

자료 : 식품의약품 안전처

〈그림 8-2-9〉 손 씻기 방법

25. **(식품제조·가공업소 등)** 37. **(집단급식소 등)** 영업자는 다음 각 호의 사항에 대한 세척 또는 소독기준을 정하여야 한다.

- 종업원
- 위생복, 위생모, 위생화 등
- 작업장 주변
- 작업실별 내부
- 식품제조시설(이송배관 포함)
- 칼, 도마 등 조리도구(집단급식소 등만 해당)
- 냉장·냉동설비
- 용수저장시설
- 보관·운반 시설
- 운송차량, 운반도구 및 용기
- 보관·운반 시설(집단급식소만 해당)
- 모니터링 및 검사 장비
- 환기시설(필터, 방충망 등 포함)
- 폐기물 처리용기
- 세척, 소독도구
- 기타 필요사항

26. **(식품제조·가공업소 등)** 38. **(집단급식소 등)** 세척 또는 소독 기준은 다음의 사항을 포함하여야 한다.

- 세척·소독 대상별 세척·소독 부위
- 세척·소독 방법 및 주기
- 세척·소독 책임자
- 세척·소독 기구의 올바른 사용 방법
- 세제 및 소독제(일반명칭 및 통용명칭)의 구체적인 사용방법

〈그림 8-2-10〉 조리실용 살균보관고

27. **(식품제조·가공업소 등)** 39. **(집단급식소 등)** 세제·소독제·세척 및 소독용 기구나 용기는 정해진 장소에 보관·관리되어야 한다.

28. **(식품제조·가공업소 등)** 세척 및 소독의 효과를 확인하고, 정해진 관리계획에 따라 세척 또는 소독을 실시하여야 한다.

40. **(집단급식소 등)** 세척 및 소독의 효과를 관리계획에 따라 확인하여야 한다.

다. 제조·가공 시설·설비관리

제조시설 및 기계·기구류 등 설비관리(29~32 : 식품제조·가공업소 등)

29. 식품취급시설·설비는 공정 간 또는 취급시설·설비 간 오염이 발생되지 아니하도록 공정의 흐름에 따라 적절히 배치되어야 하며, 위해요인에 의한 오염이 발생하지 아니하여야 한다.

30. 식품과 접촉하는 취급시설·설비는 인체에 무해한 내수성·내부식성 재질로 열탕·증기·살균제 등으로 소독·살균이 가능하여야 하며, 기구 및 용기류는 용도별로 구분하여 사용·보관하여야 한다.

31. 온도를 높이거나 낮추는 처리시설에는 온도변화를 측정·기록하는 장치를 설치·구비하거나 일정한 주기를 정하여 온도를 측정하고, 그 기록을 유지하여야 하며 관리계획에 따른 온도가 유지되어야 한다.

32. 식품취급시설·설비는 정기적으로 점검·정비를 하여야 하고 그 결과를 보관하여야 한다.

제조·가공·조리 시설·설비관리(41~44 : 집단급식소 등만 해당)

41. 조리장에는 주방용 식기류를 소독하기 위한 자외선 또는 전기 살균소독기를 설치하거나 열탕세척 소독시설(식중독을 일으키는 병원성미생물 등이 살균될 수 있는 시설이 있어야 함)을 갖추어야 한다.
42. 식품과 직접 접촉하는 부분은 내수성 및 내부식성 재질로 세척이 쉽고 열탕·증기·살균제 등으로 소독·살균이 가능한 것이어야 한다.
43. 모니터링 기구 등은 사용 전후에 지속적인 세척·소독을 실시하여 교차오염이 발생하지 아니하여야 한다.
44. 식품 취급시설·설비는 정기적으로 점검·정비를 하여야 하고 그 결과를 보관하여야 한다.

라. 냉장·냉동시설·설비관리

45. **(집단급식소 등)** 냉장·냉동·냉각실은 냉장 식재료 보관, 냉동 식재료의 해동, 가열 조리된 식품의 냉각과 냉장보관에 충분한 용량이 되어야 한다.

33. **(식품제조·가공업소 등)** 46. **(집단급식소 등)** 냉장시설은 내부의 온도를 10℃ 이하(다만, 신선편의식품, 훈제연어는 5℃ 이하 보관 등 보관온도 기준이 별도로 정해져 있는 식품의 경우에는 그 기준을 따름), 냉동시설은 −18℃ 이하로 유지하고, 외부에서 온도변화를 관찰할 수 있어야 하며, 온도 감응장치의 센서는 온도가 가장 높게 측정되는 곳에 위치하도록 한다.

마. 용수 관리

34. **(식품제조·가공업소 등)** 47. **(집단급식소 등)** 식품 제조·가공·조리(집단급식소 등)에 사용되거나, 식품에 접촉할 수 있는 시설·설비, 기구·용기, 종업원 등의 세척에 사용되는 용수는 수돗물이나 「먹는 물 관리법」 제5조의 규정에 의한 먹는 물 수질기준에 적합한 지하수이어야 하며, 지하수를 사용하는 경우, 취수원은 화장실, 폐기물·폐수 처리시설, 동물사육장 등 기타 지하수가 오염될 우려가 없도록 관리하여야 하며, 필요한 경우 살균 또는 소독장치를 갖추어야 한다.

35. **(식품제조·가공업소 등)** 48. **(집단급식소 등)** 식품 제조·가공(가공 조리−집단급식소 등)에 사용되거나, 식품에 접촉할 수 있는 시설·설비, 기구·용기, 종업원 등의 세척에 사용되는 용수는 다음 각호에 따른 검사를 실시하여야 한다.

가. 지하수를 사용하는 경우에는 먹는 물 수질기준 전 항목에 대하여 연 1회 이상(음료수 등 직접 마시는 용도의 경우는 반기 1회 이상) 검사를 실시하여야 한다.

나. 먹는 물 수질기준에 정해진 미생물학적 항목에 대한 검사를 월 1회 이상 실시하여야 하며, 미생물학적 항목에 대한 검사는 간이검사키트를 이용하여 자체적으로 실시할 수 있다.

36. **(식품제조·가공업소 등)** 49. **(집단급식소 등)** 저수조, 배관 등은 인체에 유해하지 아니한 재

질을 사용하여야 하여, 외부로부터의 오염물질 유입을 방지하는 잠금장치를 설치해야 하고, 누수 및 오염 여부를 정기적으로 점검하여야 한다.

37. **(식품제조·가공업소 등)** 50. **(집단급식소 등)** 저수조는 반기별 1회 이상 「수도시설의 청소 및 위생관리 등에 관한 규칙」에 따라 청소와 소독을 자체적으로 실시하거나, 「수도법」에 따른 저수조 청소업자에게 대행하여 실시하여야 하며, 그 결과를 기록·유지하여야 한다.

38. **(식품제조·가공업소 등)** 51. **(집단급식소 등)** 비음용수 배관은 음용수 배관과 구별되도록 표시하고 교차되거나 합류되지 아니하여야 한다.

바. 보관·운송 관리

구입 및 입고

39. **(식품제조·가공업소 등)** 52. **(집단급식소 등)** 검사성적서로 확인하거나 자체적으로 정한 입고기준 및 규격에 적합한 원·부자재만을 구입하여야 한다.

53. **(집단급식소 등)** 부적합한 원·부자재는 적절한 절차를 정하여 반품 또는 폐기처분하여야 한다.

54. **(집단급식소 등)** 입고검사를 위한 검수공간을 확보하고 검수대에는 온도계 등 필요한 장비를 갖추고 청결을 유지하여야 한다.

55. **(집단급식소 등)** 원·부자재 검수는 납품 시 즉시 실시하여야 하며, 부득이 검수가 늦어질 경우에는 원·부자재별로 정해진 냉장·냉동 온도에서 보관하여야 한다.

협력업체 관리

40. **(식품제조·가공업소 등)** 영업자는 원·부자재 공급업체 등 협력업체의 위생관리 상태 등을 점검하고 그 결과를 기록하여야 한다. 다만, 공급업체가 「식용위생법」이나 「축산물가공처리법」에 따른 HACCP 적용업소일 경우에는 이를 생략할 수 있다.

운송

41. **(식품제조·가공업소 등)** 운반 중인 식품은 비식품 등과 구분하여 교차오염을 방지하여야 하며, 운송차량(지게차 등 포함)으로 인하여 운송제품이 오염되어서는 아니 된다.

58. **(집단급식소 등)** 운반 중인 식품은 비식품 등과 구분하여 취급하여 교차오염을 방지하여야 한다.

56. **(집단급식소 등)** 운송차량(지게차 등 포함)으로 인해 운송제품이 오염되어선 아니 된다.

42. **(식품제조·가공업소 등)** 57. **(집단급식소 등)** 운송차량은 냉장의 경우 10℃ 이하, 냉동의 경우 −18℃ 이하를 유지할 수 있어야 하며, 외부에서 온도변화를 확인할 수 있도록 온도 기록 장치를 부착하여야 한다.

59. **(집단급식소 등)** 운송차량, 운반도구 및 용기는 관리계획에 따라 세척·소독을 실시하여야 한다.

보관

43. **(식품제조·가공업소 등)** 60. **(집단급식소 등)** 원료 및 완제품은 선입선출 원칙에 따라 입고·출고상황을 관리·기록하여야 한다.

44. **(식품제조·가공업소 등)** 61. **(집단급식소 등)** 원·부자재, 반제품(식품제조·가공업소만 해당) 및 완제품은 구분 관리하고 바닥이나 벽에 밀착되지 아니하도록 적재·관리하여야 한다.

45. **(식품제조·가공업소 등)** 부적합한 원·부자재, 반제품 및 완제품은 별도의 지정된 장소에 보관하고 명확하게 식별되는 표식을 하여 반송, 폐기 등의 조치를 취한 후 그 결과를 기록·유지하여야 한다.

46. **(식품제조·가공업소 등)** 유독성 물질, 인화성 물질 및 비식용 화학물질은 식품취급 구역으로부터 격리되고, 환기가 잘되는 지정 장소에서 구분하여 보관·취급하여야 한다.

62. **(집단급식소 등)** 원·부자재에는 덮개나 포장을 사용하고, 날 음식과 가열조리 음식을 구분 보관하는 등 교차오염이 발생하지 아니하도록 하여야 한다.

63. **(집단급식소 등)** 검수기준에 부적합한 원·부자재나 보관 중 유통기한이 경과한 제품, 포장이 손상된 제품 등은 별도의 지정된 장소에 명확하게 식별되는 표식을 하여 보관하고 반송, 폐기 등의 조치를 취한 후 그 결과를 기록·유지하여야 한다.

64. **(집단급식소 등)** 유독성 물질, 인화성 물질 비식용 화학물질은 식품취급 구역으로부터 격리된 환기가 잘되는 지정된 장소에서 구분하여 보관·취급하여야 한다.

사. 검사 관리

제품검사

47. **(식품제조·가공업소 등)** 65. **(집단급식소 등)** 제품검사는 자체 실험실에서 검사계획에 따라 실시하거나 검사기관과의 협약에 의하여 실시하여야 한다.

48. **(식품제조·가공업소 등)** 66. **(집단급식소 등)** 검사결과에는 다음 내용이 구체적으로 기록되어야 한다.
    - 검체명
    - 제조년월일 또는 유통기한(품질유지기한)
    - 검사 연월일
    - 검사항목, 검사기준 및 검사결과
    - 판정결과 및 판정연월일
    - 검사자 및 판정자의 서명날인
    - 기타 필요한 사항

시설·설비·기구 등 검사

49. **(식품제조·가공업소 등)** 67. **(집단급식소 등)** 냉장·냉동 및 가열 처리시설 등의 온도측정 장치는 연 1회 이상, 검사용 장비 및 기구는 정기적으로 교정하여야 한다. 이 경우 자체적으로 교정검사를 하는 때에는 그 결과를 기록·유지하여야 하고, 외부 공인 국가교정기관에 의뢰하여 교정하는 경우에는 그 결과를 보관하여야 한다.

50. **(식품제조·가공업소 등)** 작업장의 청정도 유지를 위하여 공중낙하 세균 등을 관리계획에 따라 측정·관리하여야 한다. 다만, 제조공정의 자동화, 시설·제품의 특수성, 식품이 노출되지 아니하거나, 식품을 포장된 상태로 취급하는 등 작업장의 청정도가 식품에 영향을 줄 가능성이 없는 작업장은 그러하지 아니할 수 있다.

68. **(집단급식소 등)** 작업장의 청정도 유지를 위하여 공중낙하 세균 등을 관리계획에 따라 측정·관리하여야 한다. 다만, 식품이 노출되지 아니하거나 식품을 포장된 상태로 취급하는 작업장은 그러하지 아니할 수 있다.

아. 회수 프로그램 관리

(집단급식소 등 : 시중에 유통·판매되는 포장제품에 한함)

51. **(식품제조·가공업소 등)** 70. **(집단급식소 등)** 부적합품이나 반품된 제품의 회수를 위한 구체적인 회수 절차나 방법을 기술한 회수프로그램을 수립·운영하여야 한다.

52. **(식품제조·가공업소 등)** 71. **(집단급식소 등)** 부적합품의 원인규명이나 확인을 위한 제품별 생산장소, 일시, 제조라인 등 해당시설 내의 필요한 정보를 기록·보관하고 제품추적을 위한 코드표시 또는 로트관리 등의 적절한 확인방법을 강구하여야 한다.

69. **(집단급식소 등만 해당)** 영업자는 당해제품의 유통 경로, 소비 대상과 판매처의 범위를 파악하여 제품 회수에 필요한 업소명과 연락처 등을 기록·보관하여야 한다.

이상과 같이 언급한 2가지 선행요건(식품제조·가공업소 등) (집단급식소 등)과 더불어 준수하여야 할 선행요건(별표)은 총 6가지 부류로 아래와 같이 관리되고 있다.

Ⅰ. 식품제조·가공업소, 건강기능식품 제조업소 및 집단급식소 판매업소(대 8항, 소 52항목)

Ⅱ. 집단급식소, 식품접객업소 및 도시락제조·가공업소(대 8항, 소 71항목)

Ⅲ. 기타 식품판매업소(대 6항, 소 36항목)

Ⅳ. 소규모업소(연매출액이 5억 원 미만이거나 종업원 수가 21인 미만인 업소) (단문 소 15항목)

Ⅴ. 식품소분업(단문 소 15항목)

Ⅵ. 식품접객업소(일반음식점·휴게음식점·제과점) (단문 소 15항목)

3. HACCP제도 관련 용어의 정의

「식품안전관리인증기준」 제2조(정의)와 「축산물위생관리」 제2조(정의) 및 축산물안전관리인증기준 제2조(정의)에서 보면 다음과 같다.

1. **'식품안전관리인증기준(Hazard analysis and critical control point, HACCP : 일명 해썹)'**이란 식품의 원료관리, 제조·가공·조리·소분·유통의 모든 과정에서 위해한 물질이 식품에 섞이거나 식품이 오염되는 것을 방지하기 위하여 각 과정의 위해요소를 확인·평가하여 중점적으로 관리하는 기준을 말한다.

2. **'위해요소(Hazard)'**란 「식품위생법」 제4조(위해식품 등의 판매 등 금지)의 규정에서 정하고 있는 인체의 건강을 해할 우려가 있는 생물학적·화학적 또는 물리적 인자나 조건을 말한다.

3. **'위해요소분석(Hazard analysis, HA)'**이란 식품 안전에 영향을 줄 수 있는 위해요소와 이를 유발할 수 있는 조건이 존재하는지 여부를 판별하기 위하여 필요한 정보를 수집하고 평가하는 일련의 과정을 말한다.

4. **'중요관리점(Critical control point, CCP)'**이란 식품안전관리인증기준을 적용하여 식품의 위해요소를 예방·제거하거나 허용수준 이하로 감소시켜 당해 식품의 안전성을 확보할 수 있는 중요한 단계·과정 또는 공정을 말한다.

5. **'한계기준(Critical limits, CL)'**이란 중요관리점에서의 위해요소관리가 허용범위 이내로 충분히 이루어지고 있는지 여부를 판단할 수 있는 기준이나 기준치를 말한다.

6. **'모니터링(감시 : Monitoring)'**이란 중요관리점에 설정된 한계기준을 적절히 관리하고 있는지 여부를 확인하기 위하여 수행하는 일련의 계획된 관찰이나 측정하는 행위 등을 말한다.

7. **'개선조치(Corrective actions)'**란 모니터링 결과 중요관리점의 한계기준을 이탈할 경우에 취하는 일련의 조치를 말한다.

8. **'HACCP관리계획(HACCP plan)'**이란 식품의 원료 구입에서부터 최종판매에 이르는 전 과정에서 위해가 발생할 우려가 있는 요소를 사전에 확인하여 허용수준 이하로 감소시키거나 제거 또는 예방할 목적으로 HACCP원칙에 따라 작성한 제조·가공·조리·소분·유통·공정 관리문서나 도표 또는 계획을 말한다.

9. **'검증(Verification)'**이란 HACCP 관리계획의 적절성과 실행 여부를 정기적으로 평가하는 일련의 활동(적용 방법과 절차, 확인 및 기타 평가 등을 수행하는 행위를 포함)을 말한다.

10. **'HACCP 적용업소'**란 식품의약품안전처장이 고시한 HACCP을 적용·준수하여 식품을 제조·가공·조리·소분·유통하는 업소를 말한다.

11. 「축산물위생관리법」 제2조에서 **'작업장'**이라 함은 도축장·집유장·축산물가공장, 식육포장처리장 또는 축산물보관장을 말한다.

12. 「축산물 안전관리인증기준」 제2조에서 **'선행요건 프로그램'**이란 자체 안전관리인증기준 및 HACCP 적용작업장이 제7조의 3 제1항 제4호에 따른 HACCP을 적용하기 위한 위생관리 프로그램을 말한다.

13. '통합관리프로그램'이란 「축산물위생관리법 시행규칙」 제7조의 3 제4항 제3호에 따라 통합인증업체에 참여하는 각각의 작업장·업소·농장에 HACCP을 적용·운용하고 있는 통합적인 위생관리프로그램을 말한다.

4. HACCP제도의 적용대상식품(사업장)과 적용시기

HACCP의 실시에는 비용이 발생하기 때문에 무엇보다도 HACCP 실시를 위한 정부나 경영자의 의지가 필요하다. 이러한 HACCP의 성공적 적용을 위해서는 이를 뒷받침할 수 있는 기반이 되는 프로그램들이 갖추어져야 하는데, 이는 HACCP이 식품의 안전성 확보 및 위생적 관리를 위한 단독의 관리기법이 아니며, 전체 관리 절차에 있어서 식품의 안전성 확보를 위한 한 부분이기 때문이다.

우리나라는 초기에 HACCP의 관리가 보건복지부에서 일원화되어 관장되다가 그 이후 식품의약품안전청의 「식품위해요소 중점관리기준법」과 농림수산식품부에서 관장하는 「축산물위생관리법」(과거 「축산물가공처리법」)의 제9조(위해요소 중점관리기준)로 분리되어 관리·운영되어 왔다. 그러나 2014년 12월 「식품위해요소중점관리기준법」이 「식품안전관리인증기준법」으로 바뀌었으며, 식약처 개정 고시된 HACCP 적용대상식품은 <표 8-2-3>의 내용에서와 같이 HACCP기준이 마련되어 HACCP의 실시상황 평가가 가능한 다음 각 호의 식품에 적용한다고 되어 있다.

「축산물위생관리법 시행규칙」의 적용대상 중 위해요소 중점관리기준은 「축산물위생관리법」 제9조(위해요소 중점관리기준)에 "가축의 사육부터 축산물의 원료관리·처리·가공·포장·유통 및 판매까지의 모든 과정에서 인체에 위해를 끼치는 물질이 축산물에 혼입되거나 그 물질로부터 축산물이 오염되는 것을 방지하기 위하여 총리령으로 정하는 바에 따라 각 과정별로 안전관리인증기준 및 적용에 관한 사항을 정하여 고시한다."라고 규정되어 있다.

그리고 「축산물위생관리법」 제9조(안전관리인증기준) 제2항에서 동법 제21조(영업의 종류 및 시설기준) 제1항 제1호(도축업)의 규정에 의한 도축업의 영업자는 같은 항 제2호에 따른 집유업의 영업자 및 같은 항 제3호에 따른 축산물가공업의 영업자 중 총리령으로 정하는 영업자는 안전관리인증기준에 따라 해당 작업장에 적용할 자체 안전관리인증기준을 작성·운용하여야 한다. 다만 총리령이 정하는 섬지역에 있는 영업자의 경우에는 그러하지 아니한다." 라고 명시되어 HACCP의 의무적용대상으로 하였다.

그리고 도축장외 축산물 계통의 임의 업종으로는 집유업, 축산물가공업, 식육포장처리업, 축산물보관업, 축산물운반업, 축산물판매업 등이 있다.

〈표 8-2-3〉 한국의 HACCP 적용대상식품과 적용시기(2015년 5월 기준)

관리부서	적 용 품 목	시 기
식품의약품 안전처	① 어육가공품 중 어묵류 ② 냉동수산식품 중 어류·연체류, 패류·갑각류, 조미가공식품 ③ 냉동식품 중 기타 빵·떡류·면류·일반가공식품의 기타 가공품 ④ 빙과류 ⑤ 집단급식소의 조리식품 ⑥ 도시락류 ⑦ 비가열음료 ⑧ 레토르트식품 ⑨ 김치절임식품 중 김치류·절임류·젓갈류 ⑩ 특수영양식품 중 영아용(성장기용) 조제식, 영·유아용 곡류조제식, 기타 영·유아식(주스류) ⑪ 두부류 또는 묵류 ⑫ 저산성 통·병조림 중 굴통조림 ⑬ 건포류 ⑭ 드레싱 ⑮ 빵 또는 떡류 중 빵, 케이크류 ⑯ 생식류 ⑰ 고춧가루 ⑱ 면류 중 국수·냉면·당면·유탕면류 ⑲ 신선편의식품 ⑳ 단순 전처리식품(자연 상태의 농·임산물 또는 박피 등을 거친 농 · 임산물을 세척, 절단 등의 가공공정을 거쳐 포장한 식품) ㉑ 기타 가공품〔자연 상태의 농·임산물 또는 박피·세척 · 절단 등의 가공공정을 거친 농·임산물을 식품첨가물을 사용하여 소독 등의 공정을 거쳐 포장한 식품이거나, 자연 상태의 농·임산물 또는 박피·세척·절단 등의 가공공정을 거친 농·임산	• 의무적용 품목의 4단계 적용시기 ① 연매출액 20억 원 이상, 종업원 수 51인 이상 업소 (2006. 12. 1.부터) ② 5억 원 이상, 21인 이상 업소 (2008. 12. 1.부터) ③ 1억 원 이상, 6인 이상 업소 (2010. 12. 1.부터) ④ 1억 원 미만, 5인 이하 업소 (2012. 12. 1.부터) ⑤ 배추김치를 제조·가공하는 업소 중 전년도 매출액 1억 원 미만이거나 종업원 수가 5인 이하인 업소 (2014. 12. 1.부터)

(계속)

관리부서	적 용 품 목	시 기
	물을 가열(삶은 공정 포함)·건조 등의 공정을 거쳐 포장한 나물류 등] ㉒ 냉장수산물가공품(수산물을 내장 제거, 세척, 절단 등의 가공공정을 거쳐 냉장한 식품) ㉓ 기타 식품판매업소 판매식품 ㉔ 식품접객업소(일반음식점·휴게음식점·제과점)의 조리·제조식품 ㉕ 식품 소분업소의 소분식품(HACCP 적용품목을 소분한 경우에 한함) ㉖ 과자류 ㉗ 음료류 ㉘ 다류 ㉙ 주류(탁주) ㉚ 건강기능식품 ㉛ 집단급식소 식품판매업소의 단순 전처리식품(자연 상태의 농·임산물 또는 박피 등을 거친 농·임산물을 세척, 절단 등의 가공공정을 거쳐 포장한 식품을 말함)	
농림축산식품부 국립수의과학 검역원	1. **의무적용 품목** : 도축장 2. **임의적용 품목** : 축산물가공공장 중 식육햄류 및 소시지류), 유가공품 중 우유, 발효유, 자연치즈, 가공치즈 등	임의적용도 HACCP도 점차적으로 적용토록 적극 권장유도
농림축산식품부	수출목적 수산물, 수산가공품	수출업체의 요구에 따라 의무 등 적용. EU 유럽연합은 수입 수산물에 의무적으로 HACCP 강제적용

제 3 장

HACCP제도의 12순서

HACCP의 적용단계는 1993년 FAO/WHO의 합동 국제식품규격위원회(Codex)가 제시한 지침에 의거 실시되고 있는데, Codex 지침은 다음 표에서 보는 바와 같이 12단계로 되어 있다.

1단계에서 5단계까지는 HACCP 계획에 있어서 예비작업 단계이며, 6단계에서 12단계까지는 HACCP의 7가지 원칙에 따라 구성되어 운영·관리되고 있다.

	HACCP제도의 12단계(순서) · 7원칙	지정신청서류 등
준비단계	1단계 : HACCP팀 구성 Assemble the HACCP Team	(1) HACCP팀의 구성
	↓	
	2단계 : 제품설명[특징 및 분배(유통)에 대한 기술(記述)] Describe the Food and its Distribution	(2) 제품설명서
	↓	
	3단계 : 사용용도 확인[제품에 대한 소비자의 사용의도의 기술(記述)] Describe the Intended Use and Consumers of the Food	(3) 용도 확인
	↓	
	4단계 : 공정 흐름도 작성(제조공정을 설명할 수 있는 공정도의 작성) Develop a Flow Diagram Which Describes the Process	(4) 공정 흐름도 작성
	↓	
	5단계 : 공정 흐름도 현장 확인(공정도에 대한 검증) Verify the Flow diagram	(5) 현장 공정 흐름도 확인
	↓	

본단계(식품위해요소 중점관리기준 7원칙)

단계	비고	대응
6단계 : 모든 잠재적 위해요소분석 (원칙 1) Conduct a Hazard Analysis	• 모든 잠재적 위해요소의 목록작성 • 위해요소 분석 수행 • 예방조치 강구	(6) 원부재료, 제조·가공·조리 및 유통에 따른 위해요소 분석
↓		
7단계 : 중요관리점(CCP)의 결정 (원칙 2) Determine the Critical Control Points(CCPs)	• Codex 결정도 참고	(7) 중요관리점 결정
↓		
8단계 : 각 중요관리점별 한계기준 설정 (원칙 3) Establish Critical Limits		(8) 중요관리점의 한계기준 설정
↓		
9단계 : 각 중요관리점에 대한 모니터링 체계 확립 (원칙 4) Establish Monitoring Procedures		(9) 중요관리점별 모니터링 체계 확립
↓		
10단계 : 개선조치 방법 수립 (원칙 5) Establish Corrective Actions		(10) 개선조치 방법 수립
↓		
11단계 : 검증절차 및 방법 수립 (원칙 6) Establish Verification Procedures		(11) 검증절차 및 방법 수립
↓		
12단계 : 문서화 및 기록유지 방법 설정 (원칙 7) Establish record-keeping and Documentation Procedures		(12) 문서화 및 기록유지 방법 설정

〈그림 8-3-1〉 HACCP의 적용순서

1. HACCP 지정을 위한 업소의 준비(예비)단계(1~5단계)

「식품안전관리인증기준법」(이하 법으로 생략) 제6조 'HACCP관리'에서 HACCP 적용업소는 'HACCP 적용원칙(7원칙)'과 'HACCP 적용순서도'에 따라 제조·가공·조리·소분·유통하는 식품에 사용하는 원·부재료와 해당 공정에 대한 적절한 관리계획을 수립·운영하여야 한다고 규정되어 있으며, 또한 HACCP 적용업소는 HACCP 관리계획의 적절한 운영을 위하여 HACCP 관리기준서를 작성·비치하도록 규정되어 있다.

(1) HACCP팀 구성(순서 1단계)

HACCP의 적용에서 제일 먼저 해야 할 일은 HACCP팀의 구성이다. HACCP는 위생담당자 한 사람으로 수행되는 것이 아니라 제품생산에 따르는 전 공정에 대한 이해와 관련지식을 바탕으로 식품의 안전성을 확보하기 위한 팀 활동이기 때문이다. 따라서 HACCP의 팀 구성에는 제품공정도상의 각 분야에서의 전문지식과 기술을 갖춘 사람들로 구성하여야 한다. 이때 자체 내에 필요한 전문가가 없을 경우에는 외부 전문가의 지원을 받도록 한다. 팀이 구성되면 구성원 가운데 회사 내에서 선임적 위치에 있는 사람을 팀장(공장장 이상)으로 선임하고 HACCP의 범위와 목적을 결정한다. 작성할 내용은 다음의 항목을 참조한다.

가. 조직 및 인력현황

나. HACCP팀 구성원별 역할

다. 교대근무 시 인수·인계 방법

(2) 제품설명서 작성(순서 2단계)

HACCP팀의 제품에 대한 완전한 이해와 위해요소의 식별을 돕기 위하여 제품에 대한 상세한 설명을 작성하여야 한다. 「식품위해요소 중점관리기준법」 제6조 'HACCP관리'에 의해 **제품설명서작성**에 다음 내용을 포함하여야 한다.

가. 제품명·제품유형 및 성상

나. 품목제조보고 연·월·일(해당제품에 한함)

다. 작성자 및 작성 연·월·일

라. 성분(또는 식자재) 배합비율

마. 제조(포장)단위(해당제품에 한함)

바. 완제품의 규격

사. 보관·유통상(또는 배식상) 주의사항

아. 유통기한(또는 배식기간)

자. 포장방법 및 재질(해당제품에 한함)

차. 표시사항(해당제품에 한함)

카. 기타 필요한 사항(저장방법 및 사용법 등)

(3) 용도 확인(순서 3단계)

「식품안전관리인증기준법」 제6조 'HACCP관리'에 의해 다음 항목의 내용을 작성·비치한다.

가. 가열 또는 섭취 방법

나. 소비대상

제품의 사용의도는 소비자에 의하여 통상적으로 사용되는 형태를 말한다. 예를 들면, 제품을 완전히 가열하지 않은 상태에서 제공, 간단히 가열 후 취식, 충분히 조리 후 취식, 추후 재가공 후 제공 등의 의도를 조사한다.

〈표 8-3-1〉 제품설명서 작성 예시

<table>
<tr><th colspan="3">제품설명서</th></tr>
<tr><td rowspan="3">1. 제품명
제품유형
성상</td><td colspan="2">제품명 : HACCP</td></tr>
<tr><td colspan="2">유형 : 식품공전상 식품유형 ㉮ : 어묵, 어육가공품</td></tr>
<tr><td colspan="2">성상 : 제품의 특성을 반영하여 기술 : 어묵중 염(鹽)에 녹는 단백질 용출 고기풀에 식품 등을 가하여 제조·가공한 것</td></tr>
<tr><td>2. 품목제조보고 연월일 및 보고자</td><td colspan="2">2016. 6. 10. 보고자 어두미</td></tr>
<tr><td>3. 작성자 및 작성연월일</td><td colspan="2">작성자 ○○○. 2016. 6. 10</td></tr>
<tr><td>4. 성분배합 비율(%)</td><td colspan="2">물엿, 정백당, 고과당, 가당연유, 유화제, 로커스트빈검, 잔탄검, 정제염, 파인애플, 황도, 팥, 체리, 분쇄얼음, 정제수</td></tr>
<tr><td>5. 포장단위</td><td colspan="2">500 g</td></tr>
<tr><td rowspan="2">6. 완제품 규격</td><td>법 적 규 격</td><td>자 사 규 격</td></tr>
<tr><td>타르색소 : 검출되어서는 아니 된다.
보존료 : 소르빈산, 소르빈산칼륨, 소르빈산칼슘 각 2.0 g/kg 이하 (소르빈산으로서)
성상 : 고유의 향미를 가지고 이미·이취가 없어야 한다.
대장균군 : 음성(비가열제품 제외)
일반세균 : 음성이어야 한다.(멸균제품에 한함)</td><td>성상 : 고유의 향미를 가지고 이미·이취가 없어야 한다.
대장균균 : 음성
일반세균 : 음성
비브리오균 : 음성
황색포도상구균 : 음성
이물 : 불검출
(단, 금속이물 1.5 mm 이상 불검출)</td></tr>
<tr><td>7. 보관·유통 및 주의사항</td><td colspan="2">보관 : 제품생산 후 −20℃ 이하 냉동창고 보관
운송 : 차량운송 중 −18℃ 이하 냉동차로 운송
유통 : 유통과정 중 −18℃ 이하 유지 상태로 유통</td></tr>
<tr><td>8. 제품용도 및 유통기한</td><td colspan="2">제품용도 : 일반건강인, 어린이, 환자, 노약자, 허약자 등의 국, 찌개 및 간식용
유통기한(또는 제조일자) : 00년 00월까지(또는 제조일로부터 년 (월)까지)
섭취방법 : 제품을 냄비에 넣고 조미용액과 적당량 물을 넣어 가열해서 섭취</td></tr>
<tr><td>9. 포장방법 및 재질</td><td colspan="2">포장방법 : 개별 용기 포장 후 박스포장
재질 : 내포장 − 용기류(폴리프로필렌-PP), 외포장 − 골판지</td></tr>
<tr><td>10. 표시사항</td><td colspan="2">내포장지 : 판매원, 제조원, 제품명, 보관방법, 식품첨가물, 용량, 유형, 주원료명, 특정성분, 용기재질, 반품 및 교환장소, 가격, 고객상담팀 전화번호, 환경계도문, 소비자피해보상규정, 분리배출표시 바코드
외포장지 : 제품명, 수량, 가격, 기타 주의사항 등</td></tr>
<tr><td>11. 기타 필요한 사항</td><td colspan="2">이미 냉동된 바 있으니 해동 후 재냉동시키지 마시길 바랍니다.</td></tr>
</table>

또는 제품의 최종 소비자, 즉 일반 소비자를 대상으로 할 것인지, 위해요소에 민감한 영·유아 또는 노인, 임산부 및 병약자, 특이체질자(알레르기 등) 등을 대상으로 할 것인지를 파악하고 제품의 사용의도를 확인한다.

(4) 공정 흐름도 작성(순서 4단계)

「식품안전관리인증기준법」 제6조 'HACCP관리'에 의해 다음 항목의 내용을 작성·비치한다.

가. 제조·가공·조리 공정도(공정별 가공방법)

나. 작업장 평면도(작업 특성별 구획, 기계, 기구 등의 배치, 제품의 흐름과정, 세척·소독조의 위치, 작업자의 이동경로, 출입문 및 창문 등을 표시한 평면도면)

다. 환기 또는 공조시설 계통도

라. 용수 및 배수처리 계통도

■ 다음은 전 한국보건산업진흥원 HACCP 지원사업단에서 제시한 HACCP 의무 적용 어묵의 공정 흐름도 작성 표준 모델과 문서화 예시이다.

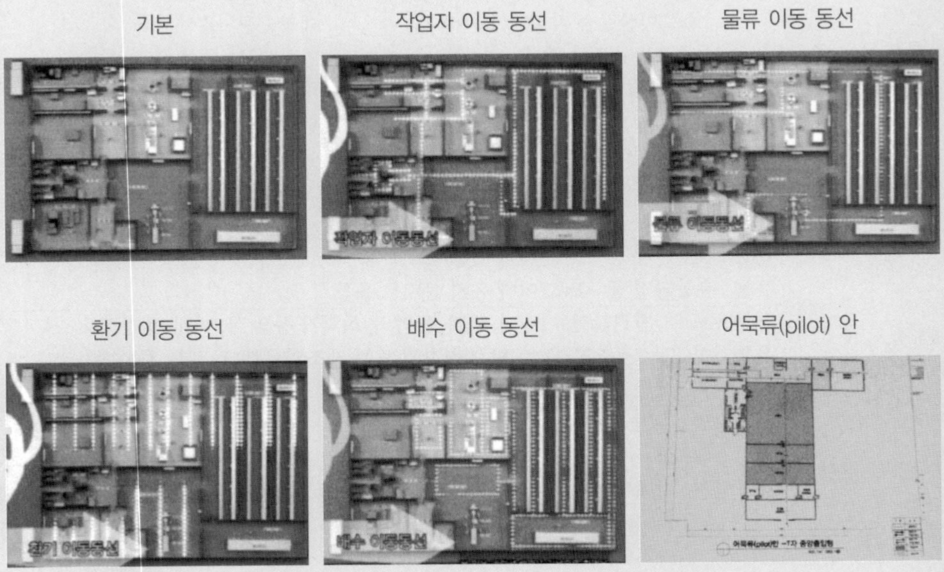

〈그림 8-3-2〉 HACCP 의무 적용 어묵의 공정 흐름도 작성 예시

- **원재료 입고 → 계량실 → 해동실 → 배합실 → 성형/증자/유탁/배소/냉각실 → 내포장실 → 외포장실 → 완제품 냉장창고**
- **운송차량의 온도는 10℃ 이하, 냉동은 −18℃ 이하, 외부에서 확인이 가능해야 한다.**
- **검수실**
  - 제품 검수 시 540 lux 이상의 조도를 유지하도록 한다.
  - 검수 장소에는 검수 장비, 검수 지침 등을 구비한다.
- **부자재창고**
  - 원부자재는 교차오염을 방지하기 위해 명확히 구분, 바닥이나 벽면에 밀착되지 않도록 충분한 거리를 확보하여 관리해야 한다.
  - 부적합한 원부자재는 별도의 장소에 보관하고 관리해야 한다.
- **계량실**
  - 공정 특성상 습도관리가 필요한 공정이므로 환기시설이 필요, 분진 등을 제거하기 위해 집진장치가 설치해야 한다.
  - 조도는 540 lux 이상으로 유지해야 한다.
- **해동실**
  - 물기가 발생할 수 있는 작업장이므로 배수로 설치하고, 주기적으로 물기를 제거할 수 있도록 관리하는 것이 좋다.
  - 온도 관리가 필요한 작업장이므로 운도를 측정, 관리할 수 있도록 온도계를 부착해야 한다.
- **배합실**
  - 공정과정에서 잔류물이 발생할 수 있기 때문에 잔류물에 대한 세척, 소독 관리가 필요하다.
  - 잔류물 세척으로 물기가 발생할 수 있기 때문에 배수구를 설치하여 바닥면에 물기가 잔류하지 않도록 관리해야 한다.
  - 작업 중 작업도구 등이 오염될 수 있으므로 세척, 소독 설비 등을 설치하는 것이 좋다.
- **성형 공정실**
- **증자/유탕/배소 공정실**
  - 열기가 발생되는 장소이므로 환기시설을 설치하는 것이 좋다.
  - 유탕 공정은 경우 바닥면에 기름이 많이 떨어질 수 있으므로 바닥의 재질이 기름에 부식되지 않는 재질로 사용하는 것이 좋다.
- **냉각실**
  - 열기가 많이 발생되는 증자, 유탕, 배소 공정과 분리되는 것이 좋다.
- **내포장실**
  - 가장 깨끗한 공간이어야 한다. 따라서 바닥 및 작업대가 청결하도록 유지하기 위한 주기적인 관리가 필요하다.

- 작업자도 소독제 등을 사용하여 수시로 손 소독을 실시하여야 한다.
- 포장 시 육안으로 검사하는 경우 조도를 540 lux 이상으로 유지하여야 한다.

• **외포장실**

- 작업 특성상 분진이 발생할 수 있으므로 환기시설을 설치하고, 진공청소와 같은 먼지 제거 장치를 설치하도록 한다.

• **완제품 냉장창고**

- 완제품은 선입선출의 원칙에 따라 관리, 기록한다.
- 냉장시설은 내부의 온도를 5℃ 이하로 유지한다.
- 온도감흥장치의 센서는 온도가 가장 높게 측정되는 곳에 설치한다.
- 부적합한 제품 등은 별도의 장소에 보관하고, 반송·폐기 등의 조치를 취한 후 그 기록을 기록, 유지한다.

(5) 공정 흐름도 현장 확인(순서 5단계)

공정도의 정확성 검증을 위하여 HACCP팀은 작업시간 중에 공정도에 대한 현장검증을 실시하고, 필요하면 공정도를 수정, 보완하여야 한다. 이는 다음 단계인 위해요소분석에 있어서 필수적인 것이다.

(6) 원·부재료, 제조·가공·조리·유통에 따른 위해요소분석(순서 6단계)

가. 원·부재료별·공정별 생물학적·화학적·물리적 위해요소 목록
나. 위해평가(각 위해요소에 대한 심각성과 위해 발생 가능성 평가)
다. 위해요소분석 결과 및 예방조치·관리방법

(7) 중요관리점 결정(순서 7단계)

가. 확인된 주요 위해요소를 예방·제거(또는 허용수준 이하로 감소)할 수 있는 공정상의 단계·과정 또는 공정 결정
나. 중요관리점 결정도 적용 결과

(8) 중요관리점의 한계기준 설정(순서 8단계)

(9) 중요관리점별 모니터링 체계 확립(순서 9단계)

(10) 개선 조치방법 수립(순서 10단계)

(11) 검증 절차 및 방법 수립(순서 11단계)

가. 문서화 필요성 검토 및 기록 유지 검증 절차

나. HACCP 관리계획의 최초평가 및 재평가 기준과 주기

(12) 문서화 및 기록유지방법 설정(순서 12단계)

2. HACCP제도의 7원칙과 세부사항 및 관리

(1) 원칙 1 위해요소 분석(Conduct a Hazard Analysis)

「식품안전관리인증기준법」 제6조 'HACCP관리'에서 원부재료, 제조·가공·조리·유통에 따른 위해요소 분석에는 다음과 같은 3항목이 있다.

가. 원료법·공정별 생물학적·화학적·물리적 위해요소 목록

나. 위해평가(각 위해요소에 대한 심각성과 위해 발생 가능성 평가)

다. 위해요소 분석 결과 및 예방조치 방법

각 공정 단계별로 잠재적 위해요소(危害要素)를 분석, 파악하고 그 위해요소의 발생 가능성 및 발생시 위해의 심각성을 고려하여 중대한 위해요소를 판단한 후, 이를 관리할 수 있는 예방책을 식별해야 한다.

위해(hazard)는 HACCP의 초기에는 미생물에 의한 위해만을 대상으로 하였으나 1989년 11월 미국 식품미생물기준자문회의(National Advisory Committee on Microbiological Criteria on Food, NACMCF)에서 공포한 HACCP제도 지침서인 "HACCP-식품제조에 관한 원칙(HACCP-Principles for Food Production)"에 의하면 **위해(危害)**란 소비자에게 건강장애를 유발할 우려가 있어 허용될 수 없는, 즉 관리(control)되어야 할 생물학적, 화학적, 물리적 특성을 말한다.

아울러 위해 리스트(list)의 작성순서를 보면 ① 위해 리스트의 작성〔모든 작업공정마다 위해 발생의 가능성이 있는 원재료, 생산(조리)공정, 원인물질, 발생요인, 방지조치 등을 기재함〕→ ② 위해 및 그 발생조건에 관한 정보수집(위해발생 가능성, 위해의 중요도, 발생빈도, 증상, 사망률 등) → ③ 위해 평가(HACCP 계획 중에 포함시켜야 할 사항을 결정하고 이를 조정할 수 있는 방법을 확실히 할 것)를 하여 이루어진다.

따라서 위해요소의 분석은 원료의 발육, 생산 및 제품의 제조·가공공정뿐만 아니라 수송, 판매, 소비에 이르는 모든 단계에서 발생할 수 있는 잠재적인 생물학적, 화학적, 물리적 위해요소와 위해의 원인을 분석하고 문서화하여 그 위해요소의 발생 가능성과 위험도(risk) 평가를 통하여 중대한 위해요소의 판단과 그 예방책을 식별하여야 한다. 앞의 책 내용이 모든 요

소가 될 수 있으므로 간략하게 요약한다.

① **생물학적 위해** 세균, 곰팡이, 바이러스 및 기생충 등에 기인하는 생물학적 위해는 주로 공장에 반입되는 원재료나 작업자와 관련이 있으며, 이들 병원세균의 대부분은 식품의 가열 공정 중에 사멸되거나 불활성화되며 저장이나 유통과정의 냉각에 의하여 현저한 저장성을 가지게 된다. 그러나 내열성 포자는 고열처리하지 않으면 위해가 발생할 수 있다.

② **화학적 위해** 식품에 있어서의 화학적 위해는 화학적 오염이 식품의 제조공정 중에 자연적으로 발생되거나 혼입될 수 있는데, 이들의 함유량은 식품에 기인하는 급성중독이나 만성중독과 관련이 있다.

③ **물리적 위해** 물리적 위해란 외부로부터 식품에 혼입된 금속조각, 유리조각, 나무조각 등 딱딱한 물질에 의한 손상 또는 장애로 식품 원재료의 생산이나 수확에서 유통을 거쳐 최종적으로 소비자에 이르는 단계의 많은 부분에서 오염되거나 잘못된 공정에 의해 발생할 수 있다.

④ **위해특성별 분류와 위험도 등급** 식품의 생산에서 소비에 이르는 모든 단계에서 발생할 수 있는 미생물학적 위해(병원균 외 미생물에 의한 부패나 변질에 의한 영양적, 경제적 손실도 포함)의 원인이 되는 미생물, 또는 발생단계를 확인하기 위하여 NACMCF의 분류에 따라 식품의 위해요소를 A~F까지 6 class로 나눈 것은 〈표 8-3-2〉와 같다.

또한 CCP의 판별은 <그림 8-3-3>과 같다.

위험도(risk)란 위해 또는 위험성의 여부를 평가, 추정하는 것으로 위험도가 전혀 없는 범위를 0으로, 1개 있는 요인 1점, 2개 있는 요인 2점……6개 있는 요인을 7점으로 하여 식품을 위해인자에 따라 우선 순위를 정하여 7단계로 분류하여 평가한다.

(2) 원칙 2 중요관리점의 결정(Determine the Critical Control Points, CCPs)

「식품안전관리인증기준」 제6조 'HACCP관리'에 의해 다음 항목의 내용을 작성·비치한다.

가. 확인된 주요 위해요소를 예방·제거(또는 허용수준 이하로 감소)할 수 있는 공정상의 단계·과정 또는 공정 결정

나. 중요관리점 결정도 적용결과

중요관리점은 위해요소 분석에 의하여 관리되지 않을 경우 식품의 안전성에 중대한 문제를 일으킬 수 있는 단계나 절차 또는 지점을 의미하는 것으로, CCP는 관리가 가능하고 위해요소를 예방 또는 제거할 수 있거나 허용수준 이하로 감소시킬 수 있는 단계나 지점이어야 한다. CCP의 식별과 결정은 중요관리점에 해당되는지를 식별한 다음 팀원 간의 합리적이고 일관성 있는 토의를 통하여 CCP를 결정한다.

필요하다면 NACMCF에서 예시한 〈그림 8-3-3〉과 같은 공정단계별 위해요소에 대한 논리적

〈표 8-3-2〉 식품의 위해 특성에 따른 분류(HACCP-식품제조에 관한 원칙에 의거)

Class	내 용
Class A	특별 class로 유유아, 고령자, 허약자 또는 면역기능 결핍자와 같은 위해 감수성이 높은 사람들을 소비대상으로 만든 제품으로 그 취지가 표시되어 있는 것
Class B	병원미생물의 증식이 용이한 상하기 쉬운 성분이 들어 있는 것
Class C	제조공정에 유해미생물을 살균시키기 위한 관리된 살균공정이 없는 것
Class D	가공 후 포장단계까지 2차 오염의 우려가 없는 것
Class E	운반 또는 소비자의 취급단계에서 잘못 취급될 우려가 많고, 이의 섭취로 인하여 건강장애를 일으킬 우려가 있는 것
Class F	포장 이후 또는 가정에서 섭취시 최종적으로 가열하지 않고 섭취하는 것

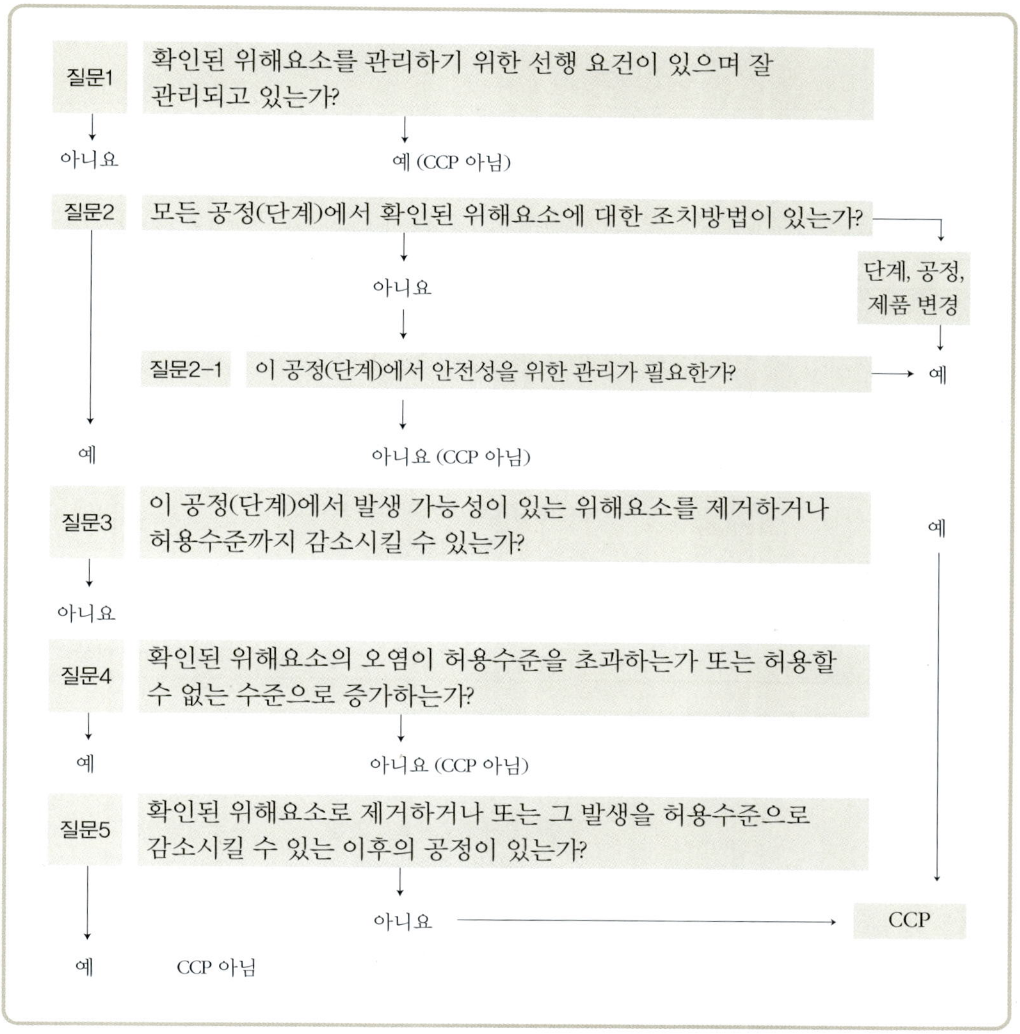

〈그림 8-3-3〉 중요관리점(CCP) 결정도(개정 2009. 8. 13)

질문순서를 도표화한 CCP 결정도표를 이용할 수도 있다. 이 CCP 결정도표는 위해요소 분석 후 사용해야 한다. 중대한 위해요소의 관리를 위해서는 한 개 이상의 CCP가 필요하나 너무 많은 CCP는 관리의 초점을 분산시켜 HACCP의 실시에 어려움을 초래할 우려가 있다. 따라서 CCP는 통상의 공정관리점(CP)이 아닌 중대한 위해요소를 가장 잘 관리할 수 있는 단계나 절

〈표 8-3-3〉 어묵가공품 중 어묵류의 CCP

찐어묵 원부재료/제조공정	CCP/위해번호	위해종류	한계기준
성형	CCP-1P	이물질 거름망 기능저하 및 파손으로 인한 이물혼입	이물 불검출
금속검출	CCP-2P	금속성 이물질 혼입	금속성 이물 불검출 : 철 Ø1.5 mm, SUS Ø2.0 mm 이상
살균	CCP-3B	불충분한 가열 시간 및 온도에 따른 병원성미생물 잔존(생존)	• 살균온도 : 95±5℃ • 살균시간 : 25±5분 • 제품품온 : 85±5℃
냉각	CCP-4B	냉각 불량으로 인한 잔존미생물의 증식	제품품온 : 10℃ 이하

튀김어묵 원부재료/제조공정	CCP/위해번호	위해종류	한계기준
튀김	CCP-1B	불충분한 튀김 시간 및 온도에 따른 병원성미생물 잔존(생존)	• 튀김기온도 : 130℃ 이상 • 튀김시간 : 000 rpm 이하 (2분 이상) • 제품품온 : 85℃ 이상
냉각	CCP-2B	냉각 불량으로 인한 잔존미생물의 생존가능성	제품품온 : 10℃ 이하
금속검출	CCP-3P	금속검출 감도 저하 및 고장으로 금속성 이물 혼입	금속성 이물 불검출 : 철 Ø1.5 mm, SUS Ø2.0 mm 이상

건조어묵 원부재료/제조공정	CCP/위해번호	위해종류	한계기준
열탕증자	CCP-1B	열탕증자 불충분으로 인한 병원성미생물의 잔존	• 열탕증자온도 : 95℃ 이상 • 열탕증자시간 : 5분 이상 (000 rpm 이하) • 재품품온 : 85℃ 이상
2차 건조	CCP-2B	2차건조 불충분으로 인한 병원성미생물 잔존	• 2차건조온도 : 130℃ 이상 • 2차건조시간 : 25분 이상 (000 rpm 이하)
자석통과	CCP-3P	자력 저하로 금속성 이물의 혼입	금속성 이물 불검출

차 또는 지점으로 제한하여 설정되어야 한다. 따라서 국가의 HACCP 의무적용품목인 7제품 중 대표적으로 어묵류의 CCP를 보면 <표 8-3-3>과 같다.

(3) 원칙 3 한계기준 설정(Establish Critical Limits, CL)

결정된 CCP에서의 위해를 예방하기 위한 위해 허용 한계기준(限界基準)의 설정은 식품의 안전성 확보를 위한 절대적 한계치를 설정하는 것이다. 위해 허용한계에는 위해요소와 같이 물리적, 화학적, 생물학적 위해 허용한계를 설정할 수 있으나 생물학적 위해 허용한계는 결과 확인에 많은 시간이 소요되므로 잘 사용하지 않는다. 따라서 위해 허용한계의 설정은 주로 온도, 시간, 형태 및 색깔, pH, 수분활성도(A_w), 염도 등 결과의 확인에 많은 시간이 소요되지 않는 것을 허용한계로 설정한다. 또한 설정된 허용한계에 대한 이유를 설명할 수 있어야 하며, 설정된 허용한계가 실제 위해요소를 관리할 수 있는가에 대한 확인을 해야 한다.

(4) 원칙 4 모니터링 체계 확립(Establish Monitoring Procedures)

모니터링(monitoring)은 각 CCP가 관리하에 있는가를 확인하고 평가하기 위한 관찰이나 측정을 하는 것으로 정확한 모니터링을 하여야 한다. 이러한 모니터링은 CCP의 관리이탈이나 문제의 원인에 대한 정확한 분석 및 문제 발생의 예측, HACCP 실시에 대한 검증, 나아가 업무의 수행증거를 목적으로 하게 된다.

따라서 모니터링은 무엇을, 어떻게, 언제, 누가 할 것인지를 명확하게 하여야 하며, 모니터링에 대한 교육을 받은 사람으로 편견을 가지지 않고 데이터를 기록할 수 있는 인원을 지정하여 관찰이나 측정을 통하여 모니터링을 해야 한다. 또한 연속적 또는 비연속적으로 모니터링을 할 수 있으나 연속적인 모니터링이 바람직하며, 비연속적인 경우 CL의 이탈을 빨리 감지하기 위해서는 가능한 한 모니터링을 하는 주기를 짧게 하는 것이 좋다.

(5) 원칙 5 개선조치 방법 수립(Establish Corrective Actions)

개선(시정)조치는 CCP에 대한 모니터링 결과 설정한 CL을 벗어나는 경우에 취할 시정조치 방법을 미리 문서화하여 두는 것을 말하는 것으로, 한계기준(CL)에서 벗어났을 때 신속하게 식별하여 한계기준을 관리하는, 즉 허용한계 이하로 옮기고 제품의 손실과 위해를 최소화시킬 수 있어야 한다. 또한 시정조치에는 CL을 벗어난 시점부터 생산된 제품에 대한 적절한 조치가 포함되어야 한다. 개선조치에는 공정을 CL 이하로 옮기기 위한 재조정 및 한계기준을 벗어난 제품의 처리와 같은 즉시적 조치와 재발 방지를 위한 예방적 조치가 있다. 이렇게 이행된 시정조치는 자세히 기록하여 문서화하여야 한다.

(6) 원칙 6 검증 절차 및 방법 수립((Establish Verification Procedures)

「식품안전관리인증기준법」 제6조 'HACCP관리'에 의해 다음 항목의 내용을 작성·비치한다.

가. 문서화 필요성 검토 및 기록 유지 검증 절차

나. HACCP 관리계획의 최초평가 및 재평가 기준과 주기

적용된 HACCP이 적정하게 실시되고 있는지를 판단하기 위한 방법이나 절차 등을 설정하는 것으로, HACCP 계획의 확인(validation)과 중요관리점에 대한 검증, 제품시험 및 감사 등이 포함된다.

(7) 원칙 7 문서화 및 기록유지(Establish record-keeping and documentation procedures)

HACCP의 적용을 위해서는 효과적이고 정확한 기록유지가 필수적이며, 이를 문서화하여야 한다. 따라서 HACCP 실시에 따른 모든 단계에서의 관련 기록의 유지와 문서화 및 효과적인 기록, 보존방법 등을 정해 두어야 한다.

2014년도 식약처에서 발간한 "집단급식소 HACCP 관리"(예시본)의 선행요건관리의 '기록 및 보관' 란에 수록된 양식내용을 보면 다음과 같다.

1) 위생관리 점검표 2) 개인위생 점검표 3) 온/습도, 조도 점검표 4) 시설/설비/제도 도구 5) 모니터링 및 검사장비 검·교정 점검표 6) 시설/설비 이력카드 7) 폐기물 처리 점검표

8) 검수일지 9) 냉장·냉동고 관리 일지 10) 해동 관리 일지 11) 미생물 검사 성적서

12) 부적합품 관리 점검표 13) 협력업체 점검표 14) 포충등 관리 점검표 15) 트랩 관리 점검표 16) 식기세척기 관리 점검표 17) 냉각 관리 점검표에 작성부서, 보관부서, 보존 연한 항을 두어 기록하도록 한 1쪽의 전체 양식과 17개 각각의 표 양식 예는 매우 참고할 만하다.

그리고 HACCP 관리에서도 18) CCP 점검일지 19) 연간 검증계획서 20) 검증 점검표 21) 검증 결과보고서 22) 검증 개선조치 결과보고서 23) 연간 교육훈련 계획서 24) 교유일지 25) 업무인수인계서에 작성부서, 보관부서, 보존 연한 항을 두어 상기와 같이 매우 참고가 되어 권장할 만하다(양식은 비매품임).

제 4 장

HACCP제도의 사례별 적용

HACCP의 적용에 있어서 주의해야 할 점은 HACCP은 식품의 안전성을 확보하기 위하여 HACCP 실시에 있어서 7가지 원칙을 준수하는 관리기법으로 획일화되고 정형화된 관리 프로그램이 아니라 업체에 따라, 제품에 따라 그에 맞는 HACCP 프로그램을 수립하여 적용해야 한다는 사실이다. 아무리 좋은 HACCP의 모델이 있다고 하더라도 그 업체에 맞지 않는다면 그 HACCP는 무용지물일 것이다. 그러므로 HACCP의 적용에 있어서 먼저 경영자의 의지와 함께 HACCP팀을 구성하고 자신에게 맞는 HACCP 계획을 수립할 수 있어야 한다. 여기에서는 식품산업체에서 실시하는 HACCP과 외식산업을 포함한 집단급식에서의 HACCP 두 가지로 나누어 간략하게 언급하기로 한다.

1. 식품가공업체의 HACCP제도 사례

식품가공산업에 있어서의 HACCP은 집단급식이나 외식산업에서와는 달리 대부분의 제품생산이 표준화된 공정도에 따라 진행되기 때문에 앞에서 언급한 HACCP 계획과 적용단계에 따라 진행하면 된다.

식품가공산업에서 우유를 한 예로 들어 우유제조공정도에 따른 위해요소분석(HA)과 중요관리점(CCP)에 대한 HACCP 실시 7원칙을 보면 〈표 8-4-1〉과 〈표 8-4-2〉와 같다. 여기에서는 주요 내용만 간략하게 기술한다.

1) 시유의 제조

(1) 우유의 제조공정순서와 CCP

착유 → 집유·이송 → 수유검사 → 여과·청정(CIP) → 냉각 → 저유**(CCP1)** → 균질 →

〈표 8-4-1〉 우유의 제조공정도에 따른 위해요소분석(HA)

공 정	생 물 학 적 요 인	화학적 요인	물리적 요인
집유·이송	온도 상승에 의한 병원성 미생물 증식/독소 생성(포도상구균, *Sal.*속, *Listeria, E.coli, Yersinia, Clostridium*속, *Campylobacter, Shigella, Brucella* 등 증식)(이하 미생물 증식 같음)		
수유 검사	수유기구로부터 미생물 오염	PH, 적정산도, alcohol test, 수유호스의 DOP, DBP 검출, 항생물질, 합성항균제의 잔류	차량, 수유라인에 의한 이물 혼입
여과·청정	여과망의 미생물 오염		여과망 파손에 의한 이물 혼입(털, 금속 등)
냉 각	냉각 불량에 의한 병원성 미생물의 증식/독소 생성(포도상구균 등 증식)		온도 및 시간
저 유	온도 상승에 의한 병원성 미생물 증식/독소 생성(포도상구균 등 증식)		온도 및 시간
살 균	살균 불충분에 의한 병원성 미생물 잔존(*Bacillus cereus* 등)		온도 및 시간, 이물 혼입(가스켓)
냉각·저장	냉각 불충분과 온도 상승에 의한 미생물 증식		온도 및 시간, 이물 혼입(가스켓)
충전·포장	충전기 및 그 라인으로부터 병원성 미생물 오염	세제 및 소독제 잔류	이물 혼입(탄재, 기타)
냉장 보관	온도 상승에 의한 미생물 증식		온도
출하 유통	온도 상승에 의한 미생물 증식		온도
CIP	CIP 내부 및 라인 살균에 의한 병원성 미생물 잔존	세제 및 소독제 잔류	
용기 포장 자재	대장균군, 일반세균	화학물질 오염(중금속, 증발잔류물 등)	이물 혼입(종이, 플라스틱, 금속, 유리 등 조각)

〈표 8-4-2〉 우유의 일반위생관리 겸 HACCP 7원칙의 중점관리(CCP)

제조 공정	CCP 번호	관리항목별 한계기준	감시(모니터링)방법				한계기준 이탈 시 개선사항	검증방법 및 기록 유지
			대 상	방 법	빈 도	관리자		
착유		축산물가공처리법에 의거 실시				낙농자	신속한 냉각	기기/기록 확인
집유·이송		5℃ 이하, 이송시간 : 사내기준	유온도, 이송시간	온도계, 타이머		이송자		기록 확인
수유 검사		축산물가공처리법 및 사내기준	유온도	온도계, 관능, 세균 수, 체세포 수, 항생물질 등		원유 관리자	신속한 냉각, 반품, 폐기	검사기록 확인
여과·청정		여과망 상태, 기기 작동 상태	여과망, 회전속도	육안, 계기 확인		생산 관리자	여과망 교체, 청소, 소독, 회전속도 조정	교체기록 확인, 미생물검사
냉각		온도 : 5℃ 이하	냉각기 온도	기록 확인 및 온도측정		생산 관리자	냉각기 조정, 신속냉각 후 다른 저유조 이송	기록 확인, 기기 보정
저유	CCP1	온도 : 5℃ 이하, 시간 : 사내기준	저유조온도 저장시간	기록 확인 및 온도측정	2시간 간격	생산 관리자	수유 중단, 냉각기 조정, 다른 저유조 이송	기록 확인, 기기 보정, 미생물검사, 저유점검표
균질		지방구 : 0.1~2.2 μ, 압력 : 사내기준	지방구 크기, 압력	압력계측기		생산 관리자	계기조정	기록 확인, 기기 보정
살균☞ 멸균	CCP2	살균 • 멸균 온도/시간 (예 멸균 130℃ 이상/2초 이상)	살균 온도/시간	기록 확인 및 측정	1시간 간격	생산 관리자	살균 중단, 원인조사, 살균기 조정, 재살균	기록 확인, 온도 보정, 경보체제확인, 균질 · 살균의 작업점검표
냉각·저장	CCP3	저장탱크온도 : 5℃ 이하	냉각 온도/시간, 저장조 온도	기록 확인 및 온도측정	1시간 간격, 저장조별로	생산 관리자	충전 중단, 원인조사, 냉각기 조정, 신속한 재냉각	기록 확인, 온도 보정, 경보체제확인, 미생물검사
용기/포장 자재의 살균☞	CCP2	살균제 등(NaClO, H_2O_2) 농도, 분무량 : 사내기준	농도 사용량	측정기 (계측기)	주기적	품질 관리사	충전 정지, 제품검사	기록 확인, 온도 보정, 살균의 작업점검표
충전·포장		① 밀봉, 위생 상태 ② 유통기간 (예 5일 : 살균 및 6주 : 멸균)	① 밀봉상태, 접착온도, 위생상태 ② 표시상태	① 육안, 측정기 확인 ② 육안	① 수시 주기적 ② 작업전 수시	생산 관리자	① 불량품 제거, 작업장 소독 ② 날짜조정, 재작업	① 불량품 처리기록 확인, 미생물검사, 사원 교육 ② 처리기록 확인
냉장 보관	CCP4	식품공전 및 사내기준	보관온도	기록 확인 및 측정	연속 및 2시간 간격	보관 관리자	신속한 냉각, 출입문 단속	기록 확인, 온도보정, 온도점검표
출하 유통		냉장탑차 이용	온도기록	서류 확인	출하 시	보관 관리자	냉동기 작동 지도	온도측정 및 보정
CIP실 ☞	CCP2	pH : 사내기준 세균 수 : 음성 CIP 상태 : 양호	pH, 세균 수, CIP상태	pH 측정, 세균 수 측정 프로그램 확인	매일 1회	생산관리자와 품질관리자	pH조정, 재소독	미생물 검사

☞ 상기 표에서 살균공정이 있는 것은 모두 CCP1으로 했음.

살균(CCP2) → 냉각 · 저장(CCP3) → 용기/포장자재 살균 · 충전(CCP2)# → 냉장보관 (CCP4) → 출하유통

(2) 용기·포장자재의 검수 및 보관 CCP

검수 → 입고 → 창고보관 → 운반 → 용기/포장자재 살균·충전(CCP2)# → 냉장보관 (CCP4) → 출하유통

[# : 이하 (1)(2)내용 같음]

2. 집단급식소 등의 집단급식과 외식업체의 HACCP제도의 사례

외식산업을 포함한 학교, 병원, 산업체 및 기내급식과 같은 집단급식에서의 HACCP은 기본적으로는 HACCP의 7가지 원칙에 의하여 실시되나 식품을 생산, 제조하는 산업체에서 적용되는 HACCP과는 그 적용방법 및 공정에 있어서 차이가 있다. 왜냐하면 집단급식에서의 HACCP은 식품을 제공하는 형태에 따라 다르지만 화학적, 물리적 위해요소를 관리하는 공정이 없거나 위해요인이 적기 때문이다. 즉 일부 업소에서는 농·수·축산물 원료시장에 가서 직접 구매하여 조리, 급식하는 경우도 있지만, 대다수의 집단급식에서는 승인된 공급자로부터 식품을 수령하여 주방이라는 제한된 공간 내에서 보관, 해동, 조리, 배식 등의 공정을 거치게 되기 때문에 확인된 공급자로부터 구매를 통하여 시간적으로 화학적, 물리적으로 위해요소가 없는 원재료나 가공식품 등을 구매한다. 따라서 이는 HACCP 실시를 위한 기반이 되는 SSOP(표준 위생관리절차) 등에 의하여 구매 또는 수령시 이러한 위해를 관리할 수 있는 절차가 선행되어야 할 것이다.

(1) 준비(예비)단계(1~5단계)

집단급식에서의 HACCP 실시를 위한 예비단계로는 먼저 HACCP팀의 구성과 제공되는 음식에 대한 레시피 작성, 검토를 통하여 위해요소가 있는 음식을 식별한 다음, 그에 대한 정확한 공정도를 작성하여 비슷한 음식군을 분류하는 것이다. 이는 그 집단급식소나 업체에서 제공되는 음식마다의 HACCP을 따로 실시한다는 것은 어렵기 때문이며 보다 효과적이고 효율적인 HACCP 실시를 위함이다. 집단급식에서의 일반적인 공정의 흐름은 아래와 같이 나타낼 수 있으나 이는 집단급식에 있어서 공정의 일반적인 흐름을 도식화하였을 뿐 제공되는 음식의 종류나 집단급식의 유형에 모두 적용될 수 있는 공정도가 아니기 때문에 급식의 형태와 제공되는 음식의 종류에 따라 공정도가 달라질 수 있으며, 이에 따라 상세한 공정도를 작성

할 필요가 있다. 다음의 여러 유형을 열거하면 아래와 같다.

예 1 중식 한 끼만 제공하는 집단급식의 공정 흐름도
수령(반입) → 보관 → 해동 → **준비(CCP1) → 조리(CCP2) → 배식(CCP3) → 기구·용기 세척, 소독(CCP4)**

예 2 중식 때 만든 식품을 석식 때 사용하는 집단급식의 공정 흐름도
수령(반입) → 보관 → 해동 → **준비(CCP1) → 조리(CCP2) → 냉각(CCP3) → 냉각유지 → 재가열 → 배식(CCP4) → 기구·용기 세척, 소독(CCP5)**

예 3 중앙식 주방에서 조리한 식품을 제공받아 사용하는 외식업체 식품 흐름도
수령 → 보관 → 해동 → **준비(CCP1) → 조리(CCP2) → 냉각(CCP3) → 보관 → 재가열 → 유지(holding) → 서빙(CCP4) → 기구·용기 세척, 소독(CCP5)**

(2) HACCP원칙 적용단계(6 ~12단계)

이 단계에서는 HACCP의 7가지 원칙에 따른 단계가 적용되지만, 중요한 것은 집단급식에서의 경우는 산업체에서와는 달리 생물학적 위해요소의 관리가 핵심이기 때문에 미생물의 생장온도 범위인 5~60℃의 범위를 가지는 공정단계를 이 온도대에서 미생물이 번식할 수 있는 최소한의 시간인 4시간 이하로 관리할 수 있다면 안전성을 확보할 수 있다는 점이다. 따라서 위해분석에 따른 CCP는 조리공정이나 조리 후 냉각 및 재가열 등과 같은 5~60℃의 범위를 가지는 공정단계가 CCP가 되며, 이때 온도와 시간이 한계기준(CL)으로 관리되어야 한다. 다음은 유명 C집단급식회사에서 이용되고 있는 CCP1~CCP5의 양식의 예이다.

그런 다음, 모니터링과 개선(시정)조치 등의 HACCP 원칙을 따라 HACCP을 실시하게 된다. 집단급식소·식품접객업소 조리식품, 도시락류 평가사항은 식품위해요소 중점관리기준을 참조하기 바란다.

〈표 8-4-3〉 채소·과일의 세척소독 일지 예-CCP1

<table>
<tr><th rowspan="2">연월일
(요일)</th><th rowspan="2">시간
(분)</th><th rowspan="2">식재료명</th><th rowspan="2">소독시간
(분)</th><th>세척상태</th><th>염소수
농도확인</th><th colspan="2">잔류염소 확인</th><th rowspan="2">개선조치</th><th rowspan="2">확인
(서명)</th></tr>
<tr><th>(O, X)</th><th>(O, X)</th><th>확인
(O, X)</th><th>결과
(O, X)</th></tr>
<tr><td>2015. 09. 09
(수)</td><td></td><td></td><td></td><td></td><td></td><td></td><td></td><td></td><td></td></tr>
<tr><td></td><td></td><td></td><td></td><td></td><td></td><td></td><td></td><td></td><td></td></tr>
<tr><td></td><td></td><td></td><td></td><td></td><td></td><td></td><td></td><td></td><td></td></tr>
<tr><td>한계기준</td><td colspan="9"># 세척기준 : 흐르는 물에 2회 이상 세척
소독기준 : 염소수 100 ppm에 10분 침지 후 흐르는 물로 헹군다.
소독제의 염소농도 적합여부 : chlorine test paper로 확인(부착된 염소측정표 참조)
세척/소독 후 잔류세제 확인 : 과·채류 헹굼작업 시 chlorine test paper로 확인</td></tr>
<tr><td>검색빈도</td><td colspan="9">@ 생식용 채소/과일 세척 시 소독시간, 세척상태, 염소수 농도 확인
@ 세척/소독 후 잔류세제 확인</td></tr>
<tr><td>개선조치</td><td colspan="9">♥ 이물질 발견시 → 재세척 및 소독
♥ 세제 잔존시 → 재세척 및 소독
♥ 농도 부적합시 → 적정 비율도 희석 후 chlorine test paper 재확인</td></tr>
<tr><td>확 인 자</td><td colspan="9">성명 : (서명) 확인일자 :</td></tr>
</table>

〈표 8-4-4〉 가열조리 일지 예-CCP2

<table>
<tr><th>연월일</th><th>시 기</th><th>식재료명</th><th>가열시작</th><th>가열종료</th><th>중심온도
(℃)</th><th>튀김유
온도 (℃)</th><th>개선조치</th><th>확인
(서명)</th></tr>
<tr><td>2015. 09. 09</td><td></td><td></td><td></td><td></td><td></td><td></td><td></td><td></td></tr>
<tr><td></td><td></td><td></td><td></td><td></td><td></td><td></td><td></td><td></td></tr>
<tr><td></td><td></td><td></td><td></td><td></td><td></td><td></td><td></td><td></td></tr>
<tr><td></td><td></td><td></td><td></td><td></td><td></td><td></td><td></td><td></td></tr>
<tr><td></td><td></td><td></td><td></td><td></td><td></td><td></td><td></td><td></td></tr>
<tr><td></td><td></td><td></td><td></td><td></td><td></td><td></td><td></td><td></td></tr>
<tr><td></td><td></td><td></td><td></td><td></td><td></td><td></td><td></td><td></td></tr>
<tr><td>구 분</td><td colspan="4">한 계 기 준</td><td colspan="4">개 선 조 치</td></tr>
<tr><td>중심온도
및 시간</td><td colspan="4"># 육류, 가금류, 어패류에만 적용
* 가금류 : 74℃ 이상
* 육류, 어패류 : 69℃ 이상
* 달걀 및 달걀제품 : ℃ 이상
# 분할 메뉴온도 확인방법 : 각 batch별 확인</td><td colspan="4"># 중심온도가 기준에 부적합할 경우
→ 재가열
분할 메뉴온도 및 시간이 부적합할 시
또는 비가열 시 → 재가열</td></tr>
<tr><td>기름온도</td><td colspan="4"># 튀김작업 시 기름온도는 160~180℃</td><td colspan="4"># 가열온도는 180℃ 이하로 낮춘다.</td></tr>
<tr><td>확 인 자</td><td colspan="8">성명 : (서명) 확인일자 :</td></tr>
</table>

〈표 8-4-5〉 냉각공정 일지 예-CCP3

연 월 일	시 기	메뉴명	냉각 시작		냉각 종료		개선조치	확인 (서명)
			시간(분)	중심온도(℃)	시간(분)	중심온도(℃)		
2015. 09. 09								

구 분	한 계 기 준	개 선 조 치
냉각 소요 시간 및 온도	# 60℃에서 5℃ 이하로 4시간 이내에 온도를 떨어뜨림 → 냉각온도 측정은 냉각을 시작하는 시점과 끝난 시점을 중심온도로 측정하여 기록	# 냉각 시 4시간을 초과할 경우 → 폐기
확 인 자	성명 : (서명)	확인일자 :

〈표 8-4-6〉 ( )월 조리공정 및 검식-CCP4

날짜 : 확인자 : (서명)

	식단	조리평가단			적온배식시		실온배식시		개선조치	검식평가						검식자 확인
		위생장갑	이미	이취	보냉온도	보온온도	조리종료시간	배식종료시간		맛	온도 ℃	분량 g	형태	조화	비고	
조식																
중식																
석식																

구 분	검식 시	실온 배식 시	적온 배식 시
한계 기준	• 이미, 이취가 없어야 함	• 장시간 시간방치로 인한 미생물 증식 예방	• 보온 60℃ 이상, 보냉 5℃ 이하 온도 관리
개선 조치	• 이미, 이취발생 시 폐기함	• 조리 후 3시간 이내 배식 완료	• 조리 후 4시간 이내 배식 완료

※ 조리평가 … 양호 : ◯, 불량 : ×
조리 종사자 : 손에 의한 2차오염 방지, 위생장갑 사용

※ 검식평가 … 양호 : ◯, 불량 : ×
배식 온도 기준 : 보온 60℃ 이상, 보냉 5℃ 이하

〈표 8-4-7〉 식기세척기 온도기록일지-CCP5

일자 (요일)	점심(중식)			저녁(석식)			잔류세제확인(○,×)		개선조치	확인 (서명)
	세척(℃)	헹굼(℃)	건조(℃)	세척(℃)	헹굼(℃)	건조(℃)	점심(℃)	저녁(℃)		
1 (　)										
2 (　)										
3 (　)										
⋮										
28(　)										
29(　)										
30(　)										
31(　)										

구 분	세척기 기준 온도			개선 조치
	세척온도	헹굼온도	건조온도	
온 도	68~77℃ 모니터링 시	82~90℃ 세척기 가동 후 30분 후 실시(1회)	90~110℃ 세척기 가동 후 30분 후 실시(1회)	# 온도 이탈 시 → 온도 보정 # 색깔 변화 시 → 재 세척 및 수리 의뢰
잔류세 제 확인	모니터링 방법	물기가 완전히 제거되지 않은 식기에 chlorine test paper를 접촉 후 확인		
확인자	성명 :　　　　　(서명)　　　　　확인일자 :			

제 5 장

축산물안전관리인증기준 등의 목적과 요지 개요

본 서에서 다루지 않은 「축산물안전관리인증기준법」 등을 간략하게 열거하기로 한다. 우리나라는 정부행정조직 개편에 따라 식품위생의 '안전관리인증기준(법)'이 3종의 법으로 나누어 관리·운영되고 있다.

하나는 「식품안전관리인증기준(HACCP)법」으로 식품의약품안전처에서 농수산물을 관리·운영하고, 둘째는 「축산물안전관리인증기준(HACCP)법」으로 2013년 4월 이전에는 농림축산식품부에서 축산물을 관리·운영하다가 그 이후에는 식품의약품안전처로 이관, 소속되어 관리·운영되고 있다. 셋째는 수출 수산물로서 「농수산물품질관리법」 제69조(위생관리기준)와 제70조(위해요소중점관리기준)에 의해 해양수산부에서 관리·운영하고 있다.

앞에서 언급한 식품안전관리인증기준의 HACCP제도는 대상이 농수산물인 데 비해, 축산물안전관리인증기준의 HACCP제도는 근본적으로 제도내용은 거의 같으나 다만 그 대상이 축산물이므로 특성 등이 다르다는 차이가 있다.

「축산물안전관리인증기준」의 대상을 보면 가축사육단계(소), 가축사육단계(돼지), 가축사육단계(닭·오리), 가축사육단계(부화업), 소·돼지 등 포유류 도축장, 닭·오리 등 가금류 도축장, 식육판매업, 식육 포장처리장, 축산물가공장, 축산물가공품류, 축산물보관업, 축산물운반업, 식육 즉석판매가공업, 집유업, 유가공업, 식용란 수집판매업, 알가공품 등이 법으로 규정되어 있다.

축산물은 제1조(목적)에서 보는 바와 같이 「축산물위생관리법」 제9조부터 제9조 4까지 및 「축산물위생관리법 시행규칙」 제7조, 제7조 3 및 제7조의 5부터 제7조의 8까지 규정에 의하여 "가축의 사육, 축산물의 원료관리·처리·가공·포장·유통 및 판매까지 각 단계에서 발생할 수 있는 위해요소를 분석하여 중점관리할 수 있는 기준을 정하고, 그 적용과 운용 등에 관한 사항을 정함으로써 인체에 위해한 물질이 가축 또는 축산물에 오염되거나 혼입되는 것을 방지하여 축산물의 안전성 확보와 국민건강 증진에 이바지함을 목적으로 한다"라고 규정하고 있다.

그리고 축산물의 대표되는 축산물 가공장 안전관리인증기준(HACCP) 실시 상황평가표를 한 가지만 예로 들면 다음과 같다.

(1) 축산물 가공업 현황표 작성

(2) 선행 요건 프로그램

가) 작업장 관리
나) 시설 및 설비 관리
다) 위생관리(위생작업 및 종업원 위생)
라) 보관 및 운반 관리
마) 검사관리
바) 회수 프로그램 관리
아) 교육훈련
자) 자체 위생관리 기준 개발 및 유지 개정
종합평가(판정기준)

(3) HACCP 관리

– 인증 평가용

가) 인증 평가표(HACCP팀 구성, 제품설명서, 용도 확인, 제조공정도 및 설비도면, 현장 일치, 위해 분석, 중요관리점, 한계기준, 개선조치, 검증, 기록 및 유지, 교육)

종합평가(판정기준)

– 조사 평가용

나) 조사 평가표(HACCP팀 변경, 제품설명서 변경, 대상 소비자 변경, 제조공정도 및 설비도면, 현장 일치, 위해분석 재실시, 중요관리점 변경, 한계기준 변경, 모니터링, 개선조치, 검증, 기록 및 유지, 교육)

종합평가(판정기준)

더 자세한 내용은 「축산물안전관리인증기준(법)」 법령집 등을 참고하기 바란다.

9

식품위생 행정과 정보

제 1 장

식품위생 행정기구

1. 식품위생 행정기구 개요

「식품안전기본법」은 관계중앙행정기관의 장이 3년마다 소관 식품 등에 관한 안전관리 계획을 수립하여 국무총리에게 제출하도록 하고 있다. 또한 식품안전정책을 종합·조정하기 위하여 국무총리 소속으로 식품안전정책위원회를 두고 있다. 식품안전정책위원회는 당연직인 기획재정부장관, 교육부장관, 법무부장관, 농림축산식품부장관, 보건복지부장관, 환경부장관, 해양수산부장관, 식품의약품안전처장과 국무조정실장에, 더불어 국무총리가 위촉하는 민간위원으로 이루어진다. 식품안전정책위원회는 안전관리 기본계획, 안전 관련 주요 정책, 국민건강에 중대한 영향을 미칠 수 있는 식품안전법령 등 및 식품 등의 안전에 관한 기준·규격의 제정·개정, 국민건강에 중대한 영향을 미칠 수 있는 식품 등에 대한 위해성 평가, 중대한 식품 등의 안전사고에 대한 종합 대응방안 등에 관한 사항을 심의·조정한다.

식중독 예방을 위한 생산단계부터 종합적 관리를 위하여 중앙부처, 지방자치단체 등 32개 기관 합동으로 범정부 식중독 예방 종합대응 협의체를 구성·운영하고 있다<표 9-1-1>.

2. 식품의약품안전처(食品醫藥品安全處, MFDS)

미국의 FDA와 같이 우리나라도 1996년 보건복지부는 그 산하에 식품의약품안전본부를 최초 발족하였으며, 1998년 2월 독립외청으로 분리하여 식품의약품안전청으로 개명하였다. 이후 2013년 3월 국민생활의 안전을 위하여 식품 및 의약품 안전관리체계를 국무총리 소속의 식품의약품안전처로 일원화하여 「식품안전기본법」의 관계중앙행정기관의 역할을 하고 있다.

식품의약품안전처가 관계하는 식품안전관련 주요 법령으로는 「식품안전기본법」, 「식품위

〈표 9-1-1〉 식중독 관리 관계부처(기관별) 주요 업무

	주요업무	관계부처(기관)
식중독 예방을 위한 지도·홍보 강화	학교 · 유치원 급식시설 지도·점검 및 홍보	교육부
	교도소 급식시설 지도·점검 및 홍보	법무부
	군인급식시설 지도·점검 및 홍보	국방부
	어린이집, 아동급식, 사회복지시설 지도·점검 및 홍보	보건복지부
	전 · 의경 급식시설 지도·점검 및 홍보	경찰청
	기업체 등 급식시설, 음식점 지도·점검 및 홍보	식품의약품안전처, 지자체, 민간협회
노로바이러스 검사·관리체계 구축	지하수의 노로바이러스 오염실태 조사	환경부
	굴 등 패류의 노로바이러스 오염실태 조사	농림축산식품부, 해양수산부, 식품의약품안전처
	집단급식소 종사자의 노로바이러스 오염실태 조사	식품의약품안전처, 민간협회
	식품제조 용수의 노로바이러스 검사체계 구축	식품의약품안전처, 지자체
	패류·채소류 등 식품의 노로바이러스 검출법 개발	식품의약품안전처
집단급식 식재료의 안전관리 강화	농·축·수산물 이력추적관리제도 확대	농림축산식품부, 해양수산부, 지자체
	'집단급식소 식품판매업' 신설 및 지도·점검	보건복지부, 식품의약품안전처, 지자체
식품진흥기금 급식시설 등 지원	식품진흥기금 급식시설 등 지원 확대	지자체
식중독 정보 수집·분석 및 공유	최근 식중독 발생 정보 공유 시스템 마련	식품의약품안전처
식중독 원인규명 강화	식중독 원인식품 조사반 운영	식품의약품안전처, 질병관리본부, 지자체

출처 : 식품의약품안전처 식중독 예방 홍보 홈페이지

생법」, 「건강기능식품에 관한 법률」, 「어린이 식생활안전관리 특별법」, 「축산물위생관리법」, 「수입식품안전관리 특별법」(2016년 2월 시행예정), 「식품 · 의약품분야 시험 · 검사 등에 관한 법률」과 「농수산물 품질관리법」(안전성 부분) 등이 있다.

식품의약품안전처는 우리나라에서 가장 대표되는 식품위생의 전문기관으로서 식품, 의약품 등의 안전관리업무와 시험, 검정, 연구업무를 효율적으로 수행할 수 있도록 <그림 9-1-1>과 같이 처본부에 소속기관으로 식품의약품안전평가원과 6개의 지방식품의약품안전청을 두고 있다.

식품의약품안전처의 본부 조직에는 소비자위해예방국, 식품안전정책국, 식품영양안전국, 농축산물안전국을 비롯하여 의약품안전국, 바이오생약국, 의료기기안전국 등의 부서가 있다.

■ **처본부**

- 처 장
  - 대변인
  - 차 장
    - 위해사범중앙조사단
    - 감사담당관
    - 기획조정관
      - 기획재정담당관
      - 창조행정담당관
      - 규제개혁법무담당관
      - 국제협력담당관
      - 정보화통계담당관
      - 고객지원담당관
      - 비상안전담당관
    - 운영지원과
    - 소비자위해예방국
      - 소비자위해예방정책과
      - 소통협력과
      - 위해정보과
      - 검사제도과
    - 식품안전정책국
      - 식품정책조정과
      - 식품관리총괄과
      - 식품소비안전과
      - 수입식품정책과
      - 주류안전관리기획단
      - 식품기준기획관
        - 식품기준과
        - 축산물기준과
        - 첨가물기준과
    - 식품영양안전국
      - 영양안전정책과
      - 건강기능식품정책과
      - 식생활안전과
      - 식중독예방과
    - 농축수산물안전국
      - 농축수산물정책과
      - 축산물위생안전과
      - 농수산물안전과
      - 검사실사과
    - 의약품안전국
      - 의약품정책과
      - 의약품관리총괄과
      - 마약정책과
      - 의약품품질과
      - 임상제도과
      - 의약품허가특허관리과
    - 바이오생약국
      - 바이오의약품정책과
      - 바이오의약품품질관리과
      - 한약정책과
      - 화장품정책과
      - 의약외품정책과
    - 의료기기안전국
      - 의료기기정책과
      - 의료기기관리과
      - 의료기기안전평가과

■ **식품의약품안전평가원**

- 식품의약품안전평가원
  - 운영지원과
  - 연구기획조정과
  - 국가검정센터
  - 혈액제제검정팀
  - 식품위해평가부
    - 식품위해평가과
    - 잔류물질과
    - 오염물질과
    - 미생물과
    - 첨가물포장과
    - 영양기능연구팀
    - 신종유해물질팀
    - 신소재식품과
  - 의약품심사부
    - 의약품심사조정과
    - 의약품규격과
    - 순환계약품과
    - 중앙약품과
    - 소화계약품과
    - 약효동등성과
  - 바이오생약심사부
    - 생물제제과
    - 유전자재조합의약품과
    - 세포유전자치료제과
    - 생약제제과
    - 화장품심사과
  - 의료기기심사부
    - 첨단의료기기과
    - 심혈관기기과
    - 정형재활기기과
    - 구강소화기기과
    - 체외진단기기과
  - 의료제품연구부
    - 의약품연구과
    - 생물의약품연구과
    - 첨단바이오제품과
    - 생약연구과
    - 화장품연구팀
    - 의료기기연구과
  - 독성평가연구부
    - 독성연구과
    - 특수독성과
    - 약리연구과
    - 임상연구과
    - 첨단분석팀
    - 실험동물지원과

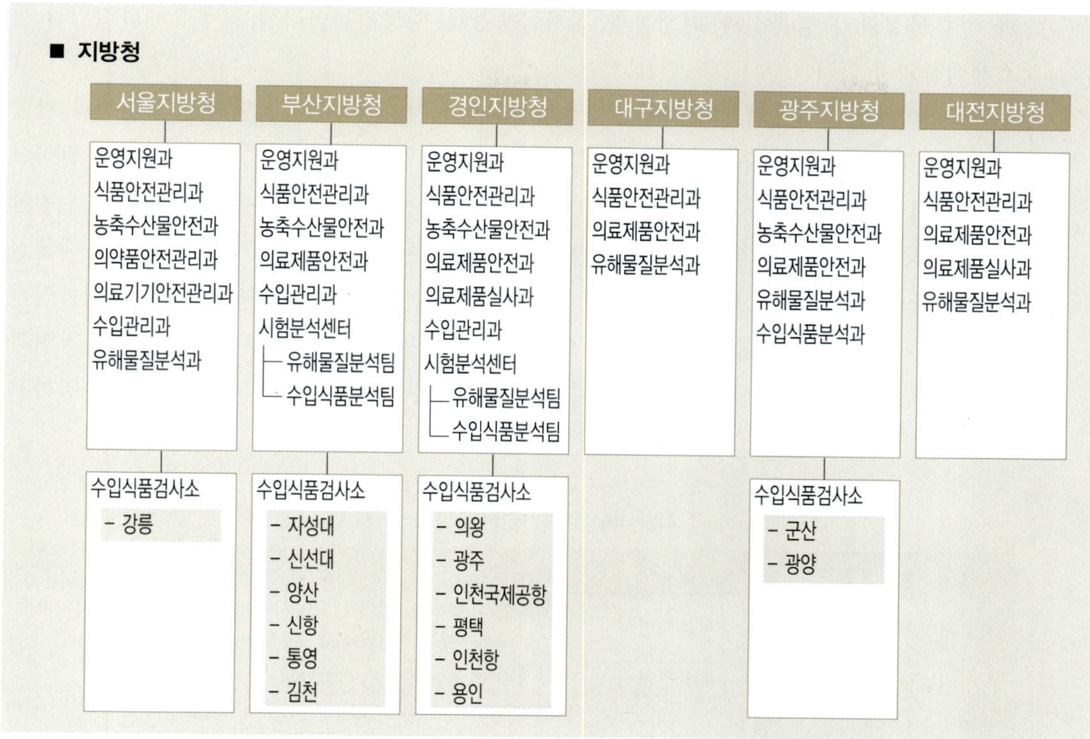

출처 : 식품의약품안전처 홈페이지

〈그림 9-1-1〉 식품의약품안전처 조직도(2015)

「식품안전기본법」과 「식품위생법」의 개정 및 운영 등에 관한 사항을 다루는 식품안전정책국은 아래에 식품정책조정과, 식품관리총괄과, 식품소비안전과, 수입식품정책과와 주류안전기획단이 있으며, 식품기준기획관 아래에 식품기준과, 축산물기준과와 첨가물기준과가 있어 총 8개의 과가 있다. 「어린이 식생활안전관리 특별법」과 「건강기능식품에 관한 법률」의 개정 및 운영과 영양표시와 식중독 등에 관한 사항을 다루는 식품영양안전국에는 영양안전정책과, 건강기능식품정책과, 식생활안전과와 식중독예방과가 있다. 또한 축산물위생관리법의 개정과 운영 등에 관한 사항을 다루는 농축수산물안전국에는 농축수산물정책과, 축산물위생안전과, 농수산물안전과와 검사실사과가 있다. 또한 소비자위해예방국은 식품 등의 위해예방과 시험·검사기관 관련 사항을 다루는 소비자위해예방정책과, 소통협력과, 위해정보과와 검사제도과가 있다.

소속기관인 식품의약품안전평가원은 식품·의약품 등의 과학적 안전관리를 위한 위해평가, 시험·분석, 시험법 허가, 심사기법 개발 및 실험동물 관리업무를 관장한다. 식품의약품안전평가원에는 식품 등의 위해평가 지원 등의 업무를 하는 식품위해평가부에 식품위해평가과, 잔류물질과, 오염물질과, 미생물과, 첨가물포장과, 영양기능연구팀, 신종유해물질팀과 신소재식품과가 있다.

식품의약품안전처장의 관장사무를 분장하기 위한 지방식품의약품안전청의 명칭과 관할 구역은 <표 9-1-2>와 같다. 지방식품의약품안전청은 본청의 업무와 연계되어 지방을 권역별로 나누어 그 지역의 식품, 의약품 등에 대한 위생이나 안전을 처리, 지도 및 감독을 수행한다. 지방식품의약품안전청에는 식품안전관리과, 농축수산물안전과, 수입관리과와 유해물질분석과 등이 있으며, 부산 및 경인지방 식품의약품안전청에는 시험분석센터에 유해물질분석팀과 수입식품분석팀를 두고 그 지역의 식품위생업무를 다루고 있다. 서울, 부산, 경인과 광주지방 식품의약품안전청은 원활한 수입식품검사를 위하여 수입식품검사소를 운영하고 있다.

〈표 9-1-1〉 지방식품의약품안전청의 명칭 · 위치 및 관할 구역

명 칭	위 치	관 할 구 역
서울지방식품의약품안전청	서울특별시	서울특별시, 강원도, 경기도 고양시 · 의정부시 · 남양주시 · 파주시 · 구리시 · 포천시 · 양주시 · 동두천시 · 가평군 및 연천군
부산지방식품의약품안전청	부산광역시	부산광역시, 울산광역시, 경상남도
경인지방식품의약품안전청	경기도	인천광역시, 경기도(고양시 · 의정부시 · 남양주시 · 파주시 · 구리시 · 포천시 · 양주시 · 동두천시 · 가평군 및 연천군은 제외)
대구지방식품의약품안정청	대구광역시	대구광역시, 경상북도
광주지방식품의약품안전청	광주광역시	광주광역시, 전라북도(제25조 제10항 각 호의 사항에 관해서는 충청남도 서천군을 포함), 전라남도, 제주특별자치도
대전지방식품의약품안전청	대전광역시	대전광역시, 세종특별자치시, 충청북도, 충청남도(제25조 제10항 각 호의 사항에 관해서는 서천군은 제외)

출처 : 식품의약품안전처와 그 소속기관 직제 시행규칙(총리령 제1133호, 2015.1.9.)

3. 지방자치단체(地方自治團體)

지방의 식품위생행정업무는 특별시와 광역시 및 도(시 · 도)와 시, 군, 구(시 · 군 · 구)의 수준에서 「식품위생법」의 업무분장에 따라 이루어지고 있다.

시 · 도의 예로 서울특별시의 식품위생관리는 복지건강본부의 보건기획관 산하에 식품안전과와 생활보건과 등이 있다. 식품안전과에는 식품정책팀, 식품관리팀, 외식업위생팀, 축산물안전팀, 농수산물안전팀, 가공식품팀과 식생활개선팀이 있으며, 생활보건과에는 공중위생팀 등이 있다. 서울특별시는 '안심하고 먹을 수 있는 건강한 식탁'이라는 비전을 달성하기 위하여 위해요소 사전예방, 환경변화 선제대응 및 소통확대, 상시안전관리 강화와 건강한 식생활

환경 확충 등의 사업을 실시하고 있다. 또한 시민이 먹을거리와 질병으로부터 건강하고 안전하게, 그리고 쾌적한 환경에서 행복한 삶을 살아갈 수 있도록 식품, 의약품, 감염병, 대기, 수질 등에 대해 시험, 연구하는 보건환경연구원을 운영하고 있다. 서울특별시 보건환경연구원에는 식품안전성팀, 영양평가팀, 첨가물검사팀, 축산물안전팀, 위해분석팀, 인수공통질병팀 등이 있으며, 강남농수산물검사소와 강북농수산물검사소를 운영하고 있다.

시·군·구 단위에서는 서울특별시의 경우 구청 보건소의 보건위생과에서 위생교육, 식품제조, 즉석판매제조·가공업, 식품접객업, 부정·불량식품, 어린이 식품안전 등에 대한 업무를 하고 있다. 한편, 도의 경우 시청 또는 군청에 별도의 관련 부서를 운영하고 있다.

제 2 장

식품위생법상의 영업자의 준수사항, 품질관리 및 식품위생 관련 감시제도

1. 영업자의 준수사항

「식품위생법」에서 영업자는 영업개시를 위하여 제36조(시설기준)에 따라 총리령으로 정하는 시설기준에 맞는 시설을 갖추어야 한다. 영업을 하려는 자는 제37조(영업허가 등)에 따라 영업 종류별 또는 영업소별로 식품의약품안전처장 또는 특별자치도지사·시장·군수·구청장의 허가를 받거나 등록 또는 신고를 하여야 한다. 또한 영업자와 그 종업원은 제40조(건강진단)에 따른 건강진단을 받아야 하며, 제41조에 따른 식품위생교육을 받아야 한다. 제조·가공을 하는 영업자는 제31조(자가품질검사 의무)에 따른 자가품질검사를 실시하여야 하며, 제44조(영업자 등의 준수사항)을 준수하여야 한다.

2. 식품 등의 위생적 취급 기준

제3조(식품 등의 취급)에 따라 누구든지 판매(판매 외의 불특정 다수인에 대한 제공을 포함)를 목적으로 식품 또는 식품첨가물을 채취· 제조·가공·사용·조리·저장·소분·운반 또는 진열을 할 때에는 깨끗하고 위생적으로 하여야 한다. 영업에 사용하는 기구 및 용기·포장은 깨끗하고 위생적으로 다루어야 한다. 위생적인 취급에 관한 기준은 시행규칙에서 다음과 같이 정하고 있다.

[별표 1] 〈개정 2012.1.17〉

식품 등의 위생적인 취급에 관한 기준(제2조 관련)

1. 식품 등을 취급하는 원료보관실·제조가공실 ·조리실 ·포장실 등의 내부는 항상 청결하게 관리하여야 한다.
2. 식품 등의 원료 및 제품 중 부패·변질이 되기 쉬운 것은 냉동·냉장시설에 보관·관리하여야 한다.
3. 식품 등의 보관·운반 · 진열 시에는 식품 등의 기준 및 규격이 정하고 있는 보존 및 유통기준에 적합하도록 관리하여야 하고, 이 경우 냉동·냉장 시설 및 운반시설은 항상 정상적으로 작동시켜야 한다.
4. 식품 등의 제조·가공·조리 또는 포장에 직접 종사하는 사람은 위생모를 착용하는 등 개인위생관리를 철저히 하여야 한다.
5. 제조 · 가공(수입품을 포함)하여 최소판매 단위로 포장(위생상 위해가 발생할 우려가 없도록 포장되고, 제품의 용기·포장에 법 제10조에 적합한 표시가 되어 있는 것을 말함)된 식품 또는 식품첨가물을 허가를 받지 아니하거나 신고를 하지 아니하고 판매의 목적으로 포장을 뜯어 분할하여 판매하여서는 아니 된다. 다만, 컵라면, 일회용 다류, 그 밖의 음식류에 뜨거운 물을 부어주거나, 호빵 등을 따뜻하게 데워 판매하기 위하여 분할하는 경우는 제외한다.
6. 식품 등의 제조·가공·조리에 직접 사용되는 기계·기구 및 음식기는 사용 후에 세척·살균하는 등 항상 청결하게 유지·관리하여야 하며, 어류·육류·채소류를 취급하는 칼·도마는 각각 구분하여 사용하여야 한다.
7. 유통기한이 경과된 식품 등을 판매하거나 판매의 목적으로 진열·보관하여서는 아니 된다.

3. 식품 등의 품질관리 및 위생 감시제도

1) 자가품질검사

「식품위생법」 제31조(자가품질검사의 의무)와 시행규칙 제31조(자가품질검사기준)에 따라 제조·가공업을 하는 영업자는 직접 또는 식품·의약품분야 시험·검사 등에 관한 법률의 자가품질위탁 시험·검사기관에 위탁하여 검사하게 하여야 한다.

2) 식품위생감시원과 소비자식품위생감시원

식품의약품안전처, 특별시·광역시·도·특별자치도 또는 시·군·구는 「식품위생법」 제32조(식품위생감시원)에 따라 공무원의 직무와 관련 지도를 위하여 식품위생감시원을 둔다. 식품위생감시원은 다음의 직무를 수행한다.

① 식품 등의 위생적인 취급에 관한 기준의 이행 지도
② 수입·판매 또는 사용 등이 금지된 식품 등의 취급 여부에 관한 단속
③ 표시기준 또는 과대광고 금지의 위반 여부에 관한 단속
④ 출입·검사 및 검사에 필요한 식품 등의 수거
⑤ 시설기준의 적합 여부의 확인·검사
⑥ 영업자 및 종업원의 건강진단 및 위생교육의 이행 여부의 확인 · 지도
⑦ 조리사 및 영양사의 법령 준수사항 이행 여부의 확인 · 지도
⑧ 행정처분의 이행 여부 확인
⑨ 식품 등의 압류·폐기 등
⑩ 영업소의 폐쇄를 위한 간판 제거 등의 조치
⑪ 그 밖에 영업자의 법령 이행 여부에 관한 확인·지도

또한 이들 기관은 「식품위생법」 제33조(소비자식품위생감시원)에 근거하여 소비자식품위생감시원을 두어 식품접객영업자에 대한 위생관리 상태 점검, 유통 중인 식품 등이 표시기준에 맞지 아니하거나 허위표시 또는 과대광고 금지 규정을 위반한 경우 관할 행정관청에 신고하거나 그에 관한 자료 제공, 식품위생감시원이 하는 식품 등에 대한 수거 및 검사 지원 등의 업무를 수행한다.

3) 식품(축산물)안전관리인증기준제도(HACCP system)

우리나라는 1995년 12월 「식품위생법」 제32조의2(위해요소 중점관리기준)에 의거 법률로서 HACCP제도를 제정·공포, 도입하였고, 현재 「식품위생법」 제48조(식품안전관리인증기준)으로 변경(2014. 05. 28. 개정)되어 오늘날의 현행법 근거를 갖게 되었다. 이에 구체적인 시행을 위하여 식품의약품안전처는 식품안전관리인증기준을 고시하고 있다.

4) 우수업소 · 모범업소 지정제도와 소비자 위생점검 참여

식품의약품안전처장 또는 특별자치도지사·시장·군수·구청장은 「식품위생법」 제47조(위생등급)에 따라 위생관리 상태 등이 우수한 식품 등의 제조·가공 또는 식품접객업소를 우수업소 또는 모범업소로 지정하여 품질 및 위생관리를 높이고 있다. 또한 식품제조·가공업자, 식품첨가물제조업자, 기타 식품판매업자 또는 식품접객업자 중 모범업소로 지정받은 영업자는 식품의약품안전처장이 정하는 자에게 위생관리 상태를 점검받고 정한 기준에 적합한 경우 이를 표시하거나 광고할 수 있다.

5) 위해식품 등의 회수제도(recall system)

「식품위생법」 제45조(위해식품 등의 회수)에서 판매를 목적으로 식품 등을 제조·가공·소분·수입 또는 판매한 영업자는 해당 식품 등이 '위해식품 등의 판매 등 금지'(법 제4조), '병든 동물고기 등의 판매 등 금지'(법 제5조), '기준·규격이 고시되지 아니한 화학적 합성품 등의 판매 등 금지'(법 제6조), '식품 또는 식품첨가물에 관한 기준 및 규격'(법 제7조제4항), '유독기구 등의 판매·사용금지'(법 제8조), '기구 및 용기 · 포장에 관한 기준 및 규격'(법 제9조제4항)을 위반한 사실을 알게 된 경우에는 지체 없이 유통 중인 해당 식품 등을 회수하거나 회수하는 데 필요한 조치를 하여야 한다고 규정하고 있다.

6) 식품 등의 이력추적관리(traceability)

식품을 제조·가공 또는 판매하는 자 중 식품이력추적관리를 하려는 자는 「식품위생법」 제49조(식품이력추적관리 등록기준 등)에 따라 등록 기준을 갖추고 해당 식품을 식품의약품안전처장에게 등록할 수 있다. 다만, 영유아식 제조·가공업자, 일정 매출액·매장면적 이상의 식품판매업자는 2014년 12월부터 단계적으로 식품의약품안전처장에게 등록하여야 한다. 또한 농산물과 수산물의 경우, 생산자와 유통 또는 판매하는 자는 「농수산물품질관리법」 제24조(이력추적관리)에 따라 농림축산식품부장관 또는 해양수산부장관에게 등록하여야 한다.

축산물은 「가축 및 축산물 이력관리에 관한 법률」에 따라 소와 돼지에 대하여 사육, 도축, 수입과 유통·판매 단계별로 이력추적관리를 하고 있다. 특히 다량 수입되고 있는 '수입산 이력축산물'은 이력번호가 부여된 수입쇠고기(지육, 지육을 이용하여 생산된 정육 또 포장육 및 그 밖의 부산물)로서 식용으로 제공하는 것을 말한다라고 법률로 명시되어 있기도 하다.

7) 우수농산물 관리(good agricultural practice)

농산물의 안전성을 확보하고 농업환경을 보전하기 위하여 농산물의 생산, 수확 후 관리(농산물의 저장·세척·건조·선별·절단·조제·포장 등을 포함) 및 유통의 각 단계에서 작물이 재배되는 농경지 및 농업 용수 등의 농업환경과 농산물에 잔류할 수 있는 농약, 중금속, 잔류성 유기오염물질 또는 유해 생물 등의 위해 요소를 적절하게 관리를 위하여 「농산물품질관리법」 제2장 제2절에 따라 2006년부터 농산물우수관리를 본격적으로 시행하고 있다.

농림축산식품부장관이 고시한 농산물우수관리의 기준에 따라 농산물을 생산·관리하는 자 또는 우수관리기준에 따라 생산·관리된 농산물을 포장하여 유통하는 자는 농산물우수관리 인증기관으로부터 농산물우수관리의 인증을 받을 수 있다.

8) 유기식품 및 친환경 농수산물 인증제도(organic foods and produces)

「친환경농어업 육성 및 유기식품 등의 관리·지원에 관한 법률(친환경농어업법)」에 따라 친환경 농수산물과 유기식품을 인증하고 있다. 친환경 농수산물은 유기농수산물과 무농약농산물, 무항생제축산물과 무항생제수산물 등을 말한다. 유기농산물은 유기합성농약과 화학비료를 사용하지 않고 재배한 농산물이며, 무농약농산물은 유기합성농약은 사용하지 않고 화학비료는 권장시비량의 1/3 이하를 사용하여 재배한 농산물을 말한다. 유기식품이란 식품 중에서 유기적인 방법으로 생산된 유기농수산물과 유기가공식품(유기농수산물을 원료 또는 재료로 하여 제조·가공·유통되는 식품)을 말한다. '유기' 표시를 하려면 이 법에 따라 인증 또는 동등성이 인정된 국내외 유기농산물, 유기가공식품 또는 예외적으로 허용된 원료만을 사용한 가공식품을 말한다. 유기식품 등의 인증대상은 유기농축산물 또는 유기수산물을 생산하는 자, 유기가공식품을 제조 · 가공하는 자가 인증하며, 세부 사항은 농축산물의 경우 국립농산물품질관리원, 유기수산물은 국립수산물품질관리원, 유기가공식품의 경우는 각 기관에서 해당 품목에 대하여 정하고 있다.

제 3 장

식품위생과 정보

1. 국제기구 식품위생정보

① 세계보건기구(World Health Organization: WHO)
인터넷 주소 : http://www.who.int

② CODEX 국제식품규격위원회(Codex Alimentarius Commission: CODEX, CAC)
인터넷 주소 : http://www.codexalimentarius.net

③ 유엔식량농업기구(United Nations Food And Agriculture Organization: FAO)
인터넷 주소 : http://www.fao.org

④ 국제수역사무국(World Organisation for Animal Health: OIE)
인터넷 주소 : http://www.oie.int

⑤ International Programme on Chemical Safety (INCHEM)
인터넷 주소 : http://www.inchem.org/

2. 국내외 식품위생정보

1) 대한민국

① 식품의약품안전처(Ministry of Food and Drug Safety: MFDS)
인터넷 주소 : http://www.mfds.go.kr
식품안전정보포털 : http://www.foodsafetykorea.go.kr/
식품나라(식품안전정보서비스): http://www.foodnara.go.kr/

② 식품안전정보원(Korea Food Safety Information Service)
인터넷 주소 : http://www.foodinfo.or.kr/

③ 한국식품안전관리인증원(Korea Institute for Food Safety Management Accreditation)

인터넷 주소 : http://www.haccpkorea.or.kr/

④ 축산물안전관리인증원(Korea Livestock Products HACCP Accreditation Service)

인터넷 주소 : http://www.ihaccp.or.kr/

⑤ 질병관리본부(Korea Centers for Disease Control & Prevention)

인터넷 주소 : http://www.cdc.go.kr

⑥ 농림축산검역본부(Animal and Plant Quarantine Agency)

인터넷 주소 : http://www.qia.go.kr/

⑦ 국립농산물품질관리원(National Agricultural Products Quality Management Service)

인터넷 주소 : http://www.naqs.go.kr/

⑧ 국립수산물품질관리원

인터넷 주소 : http://www.nfqs.go.kr/

⑨ 농식품정보누리

인터넷 주소 : http://foodsafety.go.kr

⑩ 법제처국가법령정보센터(Korea Ministry of Government Legislation)

인터넷 주소 http://www.law.go.kr

⑪ 한국식품산업협회(Korea Foods Industry Association: KFIA)

인터넷 주소 http://www.kfia.or.kr

⑫ 한국방역협회(Korea Pest Control Association: KPCA)

인터넷 주소 http://www.ikpca.co.kr

2) 미국, 캐나다

① 미국 식품의약품청(Food and Drug Administration: FDA)

인터넷 주소 : http://www.fda.gov/

② 미국 식품안전검사국(Food Safety and Inspection Service: FSIS)

인터넷 주소 : http://www.fsis.usda.gov/

③ 미국 질병예방 · 관리연구소(Center for Disease Control and Prevention: CDC)의 MMWR

인터넷 주소 : http://www.cdc.gov/mmwr

④ 미국 국립보건원 (National Institute of Health: NIH)

인터넷 주소 : http://www.nih.gov/

⑤ 미국 종합식품안전정보 http://www.foodsafety.gov

⑥ 캐나다 식품검사청(Canadian Food Inspection Agency: CFIA)

인터넷 주소 : http://www.cfia-acia.agr.ca/

3) 유럽

① 유럽연합 식품안전 정보

인터넷 주소 : http://ec.europa.eu/food/safety/index_en.htm

② 유럽식품안전청(European Food Safety Authority: EFSA)

인터넷 주소 : http://www.efsa.europa.eu/

③ 영국 식품기준청(Food Standards Agency: FSA)

인터넷 주소 : http://www.food.gov.uk/

4) 아시아, 호주, 뉴질랜드

① 일본 후생노동성

인터넷 주소 : http://www.mhlw.go.jp/stf/seisakunitsuite/bunya/kenkou_iryou/shokuhin/index.html

② 일본 농무성

인터넷 주소 : http://www.maff.go.jp/j/shokusan/index.html

③ 일본 식품안전위원회(Food Safety Commission of Japan: FSC)

인터넷 주소 : http://www.fsc.go.jp/

④ 일본 식품화학연구진흥재단 (Japan Food Chemical Research Foundation)

인터넷 주소 : http://www.ffcr.or.jp/

⑤ 중국 국가질량감독검험검역총국(General Administration of Quality Supervision, Inspection and Quarantine: AQSIQ)

인터넷 주소 : http://www.aqsiq.gov.cn/

⑥ 태국 Food and Drug Adminstration Thailand(FDA)

인터넷 주소 : http://www.fda.moph.go.th/

⑦ 싱가포르 Agri-Food & Veterinary Authority of Singapore(AVA)

인터넷 주소 : http://www.ava.gov.sg/

⑧ 호주 뉴질랜드 식품기준청(Food standards Australia New Zealand: FSANZ)

인터넷 주소 : http://www.foodstandards.gov.au/

⑨ 뉴질랜드

인터넷 주소 : http://www.mpi.govt.nz/food-safety/

참고문헌

국립수의과학검역원 편 : 축산물위해요소 중점관리기준, 국가법령정보센터, 서울, 2010

김덕웅, 이명훈 외 45인 ; 포장기술편람, (주)포장산업, 2002

金富軾 著, 金鍾權 譯 ; 三國史記, 廣曺出版社, 서울, 1976

金三純, 金養燮 ; 韓國産 버섯 圖鑑, 裕量出版社, 서울, 1990

노연홍, 진은숙 외 13인 : 식품첨가물 사용기준 편람, 식품의약품안전청, 2009

盧忍圭 ; 疫學의 原理와 方法, 최신의학사, 1974

盧正祐 ; 韓國文化史大系 科學技術史(下) 6, 韓國醫學史, 高麗大學校 民族文化研究所, 1981

농촌진흥청 농업과학기술원 편, 김양섭 외 5인 : 한국의 버섯(식용버섯과 독버섯), 동방미디어, 2004

文範洙 ; 食品衛生學, 新光出版社, 서울, 1995

박석기, 안승구, 엄석원 편저 ; 해설 먹는 물의 수질관리, 東和技術, 1996

배기환, 박완희, 정경수, 안병태, 이준성 ; 원색도감 한국의 독버섯 · 독식물, 교학사, 1997

백운석, 빈성오, 이송권, 임국환, 노병의 공역(WHO) ; 식품위생의 세계적 현황(통계자료를 중심으로) : World Health *STATISTICS* Quarterly , WHO Geneve, 대학서림, 서울, 2002

蘇鎭卓 ; 寄生蟲學, 新光出版社, 서울, 1992

식품안전사전편찬위원회 편 ; 종합식품안전사전, 한국사전연구사, 1997

식품의약품안전청 간 : 식품유형별 식품첨가물의 적용가이드 , 서울, 2010

식품재료사전편찬위원회 ; 식품재료사전, 한국사전연구사, 서울, 1997

柳正基 監修 ; 合本 四書三經(大學, 中庸, 論語, 孟子, 詩經, 書經, 周易), 正韓出版社, 1974

유태우 ; 2002 보건연감, 보건신문사, 2002

李東碩, 李智榮 ; 農藥使用法, 서울大學校出版部, 1970

이서래 ; 식품안전성 논쟁사례, 수학사, 1999

李盛雨 ; 韓國食經大典, 鄕文社, 서울, 1981

이우주 ; 제2판 의학대사전, 아카데미서적, 서울, 1999

李愚喆 ; 原色韓國基準植物圖鑑, 아카데미서적, 1996

인정승, 강봉화 외 10인 ; 집단급식소 HACCP 관리(예시본), 식품의약품안전처, 충북, 2014

一然 ; 李丙燾 譯 ; 三國遺事, 廣曺出版社, 1977

장동석, 신동화, 정덕화, 김창민, 이인선 ; 식품위생학, 정문각, 1999

丁民聲 ; 우리 醫藥의 역사, 학민사, 1991

정영호, 김장억, 김정한, 이영득, 임치환, 허장현 ; 최신 농약학, 시그마프레스, 2000

鄭麟趾 외 31인 著, 金鍾權 譯 ; 高麗史, 凡潮社, 1963
鄭熺坤 ; 食品衛生學, 世進社, 서울, 1999
崔濟昌 ; 韓美醫學史, 營林카디널, 1996
한국과학기술한림원 역음 ; 영한 · 한영 과학기술용어집, KAST, 1998
한국보건산업진흥원 HACCP 지원사업단 간 : 2009년도 기술세미나 자료집, 서울, 2009
한국식품산업협회 간 ; 식품공전 Ⅰ, Ⅱ, 문영사, 서울, 2014
한국식품영양과교수협의회 ; 식품위생관계법규, 문운당, 서울, 2010
한국식품영양학회 간 : 친환경급식 현황과 발전방향, 거목문화사, 서울, 2010
許浚 著, 金永勳, 申佶求, 金在誠, 裵元植 監修 ; 東醫寶鑑, 南山堂, 1977
橋本芳郎 ; 魚貝類の毒, (주)學會出版 センター, 東京, 日本, 1983
辺野喜正夫, 栗飯原景昭, 內山充 편 ; 食品衛生學, 朝倉書店, 동경, 일본,
篠田統 ; 中國食物史, (株)紫田書店, 東京, 日本, 1982
野口玉雄, 橋本周久 ; 水産動物毒の化學, 化學と生物, 25(1), 日本, 1987
奧山春彦, 皆川基 편 ; 洗劑, 洗淨の事典, 朝倉書店, 東京, 1990
澤村良二, 濱田昭, 早津彦哉 ; 食品衛生學 改訂第2版, 南江堂, 1992(정종갑, 이치영, 김영성, 김성오 옮김 ; 食品衛生學, 東和技術, 1995)
河端俊治, 春田三佐夫, 細貝佑太郎 ; 實務 食品衛生, 中央法規出版(株), 東京, 日本, 1985
Frank E. Guthrie and Jerome J. Perry ; Introduction to Environmental Toxicology, Elsevier, New York, 1980
John A. Troller ; Sanitation in Food Processing , Academic Press , N.Y., U.S. 1983
John Doul, Curtis D. Klaassen, Mary Q.Amdur ; TOXICOLOGY, Macmillan Publishing Co. 1980
John M. LAST ; 12th Public Health and Preventive Medicine, ACC(1986)
Taylor, I & Knowelden, J. ; Principles of Epidemiology. 2nd ed., J. & A. Churchill, London, 1964
Y.H. Hui, Syed A. Sattar, K.D. Murrell, Wai-Kit Nip, Peggy S. Stanfield ; Foodborne Disease Handbook, Second Edition, Vol. 2 : Viruses, Parasites, Pathogens, and HACCP, Marcel Dekker, Inc. New York, U.S.A, 2001
Y.H. Hui, R.A. Smith, David G. Spoerke, Jr. ; Foodborne Disease Handbook, Second Edition, Vol. 3 : Plant Toxicants Marcell Dekker, lnc. NY, USA, 2001
Vladimir Betina ; MYCOTOXINS production, isolation, separation and purification, ELSEVIER, Tokyo,

찾아보기

찾아보기 (영문)

Q

R

S

식중독 예방 3원칙

청결 신속 가열

미 생 물	오 염 원	증상	예 방 법
황색포도상구균 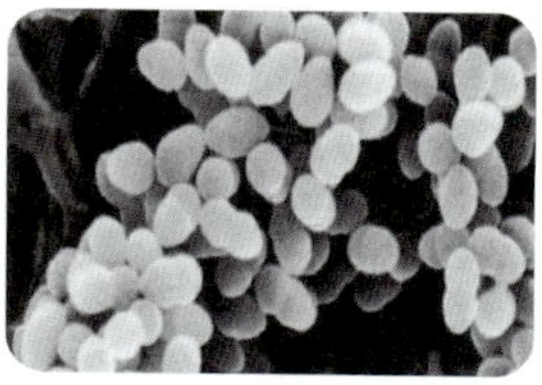 • 독소를 생성하여 식중독 유발 • 독소가 생성되면 가열(100℃) 하여도 파괴되지 않음 • 건조한 상태에서도 생존	• 사람 또는 동물의 피부, 점막에 널리 분포 • 화농성 질환자가 취급 · 준비한 음식물 	**발병시기** 1~5시간 (평균 3시간) **증상** 구토, 복통, 설사, 오심	• 개인 위생관리 철저(손씻기) • 화농성 질환자의 음식물 조리나 취급 금지 • 음식물 취급시 위생장갑 사용 • 위생복, 위생모자 착용 및 청결 유지 
살모넬라 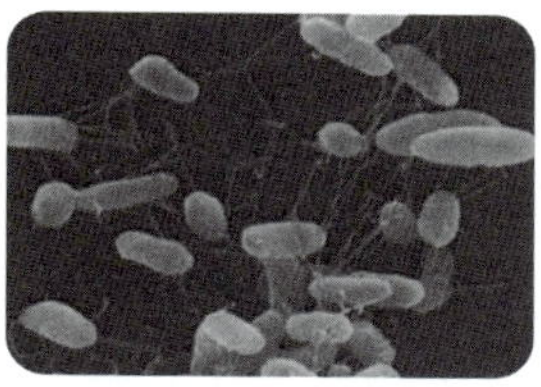 • 토양이나 물에서 장기간 생존가능 • 건조한 상태에서도 생존	• 사람 · 가축 분변, 곤충 등에 널리 분포 • 달걀, 식육류와 그 가공품 • 분변에 직 · 간접적으로 오염된 식품 	**발병시기** 8~48시간 (균종에 따라 다양) **증상** 복통, 설사, 구토, 발열	• 달걀, 생육은 5℃ 이하로 저온에서 보관 • 조리에 사용된 기구 등은 세척 · 소독하여 2차 오염 방지 • 육류의 생식을 자제하고, 74℃, 1분 이상 가열조리 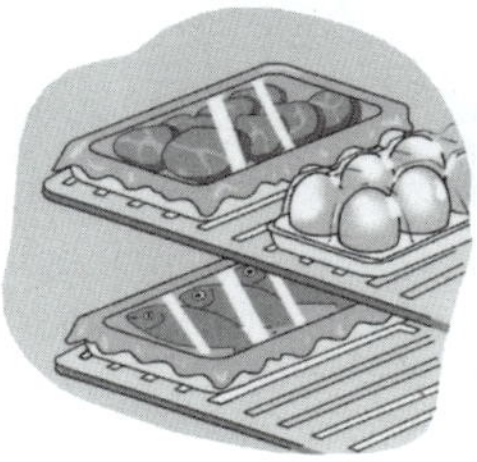
병원성대장균 O157 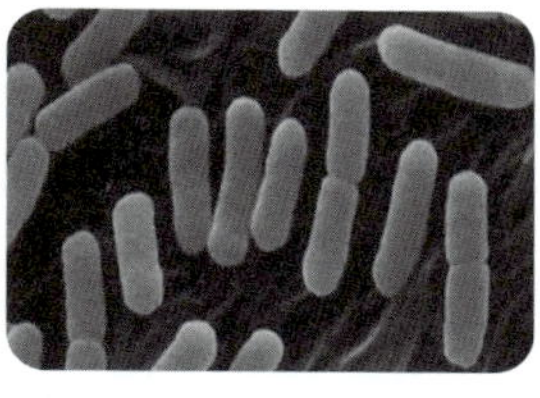 • 소량(10~100마리)으로 식중독 유발 • 베로독소를 생산하여 식중독 유발 • 심한 경우 용혈성요독증으로 사망 유발	• 환자나 동물의 분변에 직 · 간접적으로 오염된 식품 • 오염된 칼 · 도마 등에 의해 다져진 음식물 	**발병시기** 12~72시간 (균종에 따라 다양) **증상** 설사, 복통, 발열, 구토	• 조리기구(칼, 도마 등)를 구분 사용하여 2차 오염 방지 • 생육과 조리된 음식물 구분 보관 • 다진 고기류는 중심부까지 74℃, 1분 이상 가열 

장염비브리오 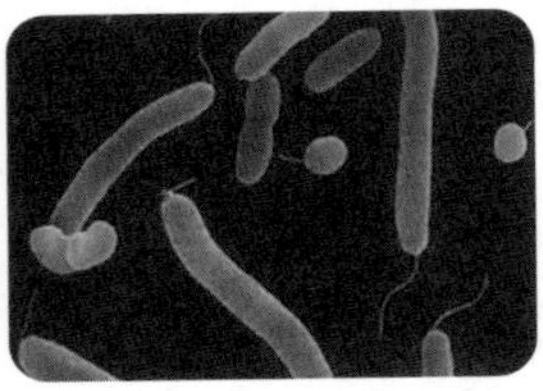 • 해수온도 15℃ 이상에서 증식 • 2~5%의 염도에서 잘 자라고, 열에 약함 • 주로 6~10월 사이에 급증	• 여름철 연안에서 채취한 어패류 및 생선회 등 • 오염된 어패류를 취급한 칼, 도마 등 기구류 	**발병시기** 평균 12시간 **증상** 복통, 설사, 발열, 구토	• 어패류는 수돗물로 잘 씻기 • 횟감용 칼, 도마 구분 사용 • 오염된 조리기구는 10분간 세척 · 소독하여 2차 오염 방지 
바실러스 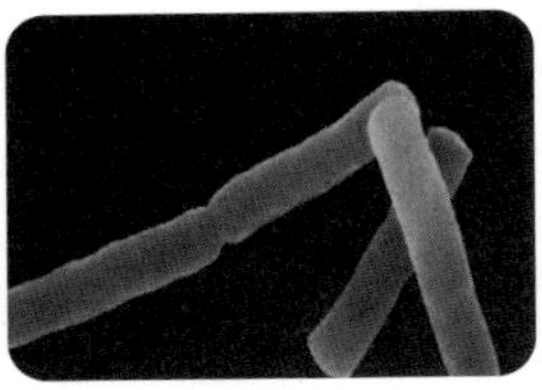 • 포자를 형성하는 균으로 가열하여도 생존 가능 • 구토형과 설사형이 있음	• 자연계에 널리 분포하여 토양, 곡류, 채소류에 존재 • 구토형 : 볶음밥, 파스타류 등 • 설사형 : 식육, 스프 등 	**발병시기** 구토형 : 1~5시간 설사형 : 8~15시간 **증상** • 구토형은 황색포도상구균 식중독과 유사 • 설사형은 클로스트리디움 식중독과 유사	• 곡류, 채소류는 세척하여 사용 • 조리된 음식은 장시간 실온방치 금지 • 냉장보관 • 음식물이 남지 않도록 적정량만 조리 급식 
캠필로박터 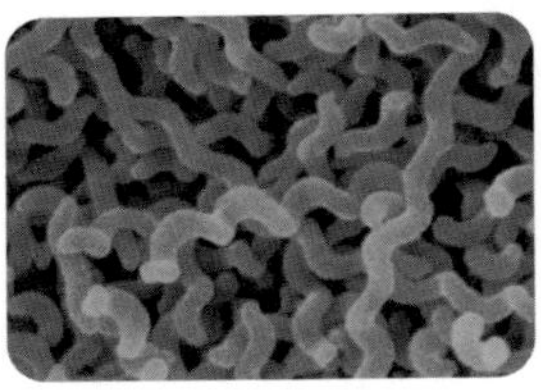 • 산소가 적은 환경(5%)에서 증식 • 30℃ 이상에서 증식 활발 • 소량으로 식중독 유발	• 가축, 애완동물 등 • 닭고기와 관련된 식품 • 도축 · 도계과정에서 오염된 생육 • 소독되지 않은 물 	**발병시기** 평균 2~3일 **증상** 복통, 설사, 발열, 구토, 근육통	• 생육을 만진 경우 손을 깨끗하게 씻고 소독하여 2차 오염 방지 (개인위생관리 철저) • 생육과 조리된 식품은 구분하여 보관 • 74℃, 1분 이상 가열조리 • 가급적 수돗물 사용 
리스테리아 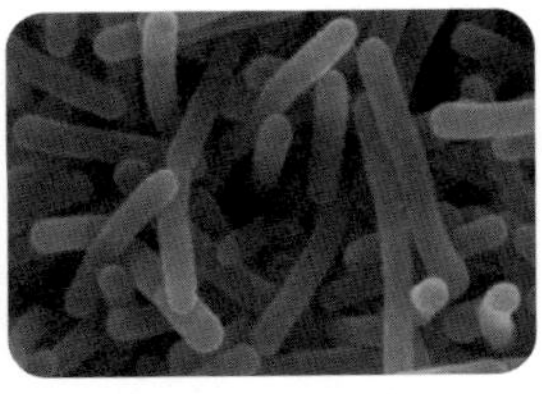 • 저온(5℃)에서 생장 가능 • 임산부에서 조산 또는 사산 유발 가능	• 살균 안 된 우유나 연성치즈, 생육(닭고기, 쇠고기), 생선류(훈제연어 포함) 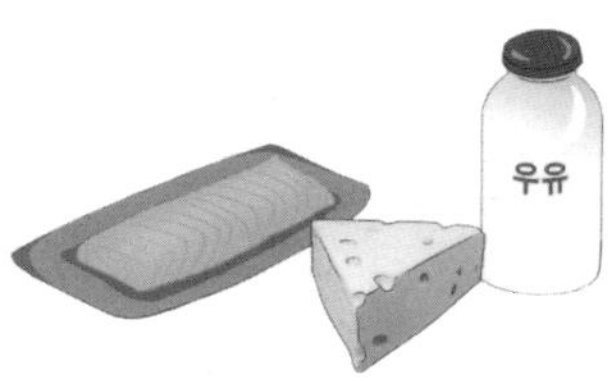	**발병시기** 9~48시간(위장관성) 2~7주(침습성) **증상** 발열, 근육통, 오심, 설사	• 살균 안 된 우유 섭취 금지 • 냉장 보관온도(5℃ 이하) 관리 철저 • 식육, 생선류는 충분히 가열 조리 • 임산부는 연성치즈, 훈제 또는 익히지 않은 해산물 섭취 자제 

<table>
<tr>
<td>클로스트리디움 퍼프린젠스
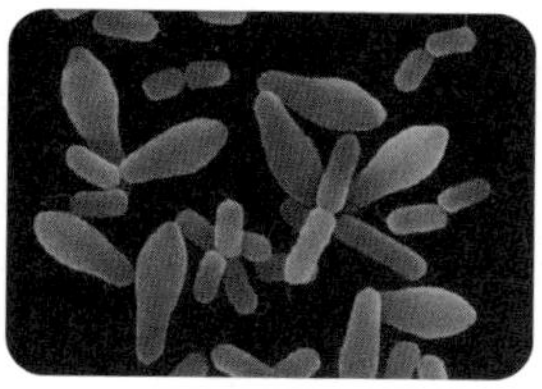
• 포자를 형성하는 균으로 가열하여도 생존 가능
• 산소가 없는 환경에서도 생장 가능</td>
<td>• 동물 분변, 토양 등에 존재
• 대형 용기에서 조리된 스프, 국, 카레 등을 방치할 경우
</td>
<td>발병시기
8~12시간

증상
설사, 복통, 통상적으로 가벼운 증상 후 회복됨</td>
<td>• 대형 용기에서 조리된 국 등은 신속히 제공
• 국 등이 식은 경우 잘 섞으면서 재가열하여 제공
• 보관시 재가열한 후 냉장 보관
</td>
</tr>
<tr>
<td>여시니아
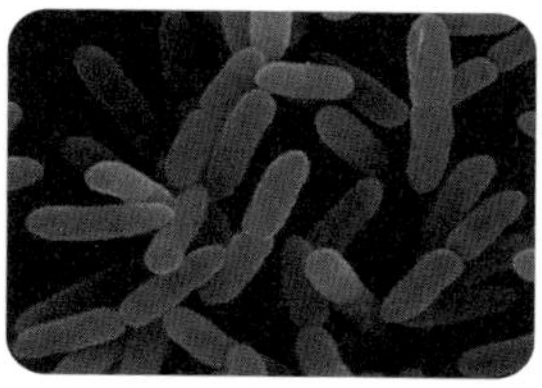
• 저온(4℃)에서도 생장 가능
• 열에 약함</td>
<td>• 동물의 분변에 직 · 간접적으로 오염된 우물 · 약수물이나 돈육에 존재
• 살모넬라와 유사한 경로로 감염
</td>
<td>발병시기
평균 2~5일

증상
복통, 설사, 발열, 기타 다양함</td>
<td>• 돈육 취급시 조리기구와 손을 깨끗이 세척 · 소독
• 칼, 도마 등은 채소류와 구분 사용하여 2차 오염방지
• 가열 조리온도 준수 철저
• 가급적 수돗물 사용
</td>
</tr>
<tr>
<td>보툴리눔
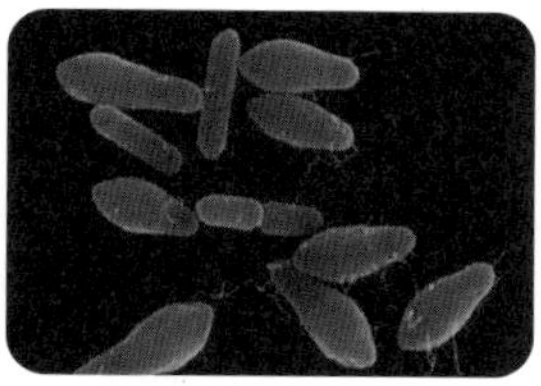
• 포자를 형성하는 균으로 가열하여도 생존 가능
• 산소가 없는 환경에서 생장
• 운동 신경을 마비시키는 치명적인 독소를 생성하여 사망 유발</td>
<td>• 병 · 통조림, 레토르트 제조과정에서 멸균처리 철저(120℃, 4분 이상)
</td>
<td>발병시기
8~36시간

증상
현기증, 두통, 신경 장애, 호흡 곤란</td>
<td>• 병 · 통조림, 레토르트 제조과정에서 멸균처리 철저(120℃, 4분)
• 신뢰할 수 있는 회사제품 사용
• 의심되는 제품은 폐기
</td>
</tr>
<tr>
<td>노로바이러스
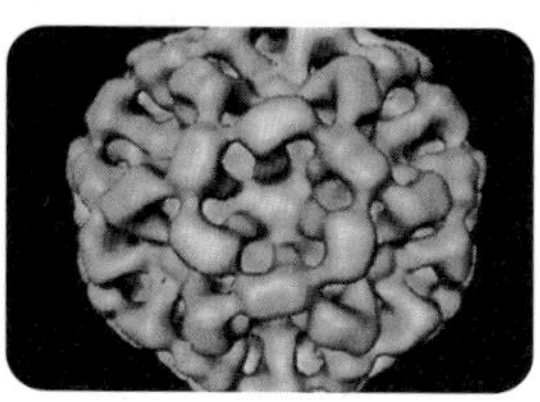
• 사람 장관에서만 증식
• 자연 환경에서 장기간 생존가능</td>
<td>• 사람의 분변에 오염된 물이나 식품
• 노로바이러스에 감염된 사람에 의해 2차 감염
• 겨울철에 많이 발생
</td>
<td>발병시기
24~48시간

증상
오심, 구토, 설사, 복통, 두통</td>
<td>• 오염된 해역에서 생산된 굴 등 패류 생식 자제
• 어패류는 가급적 가열 후 섭취(85℃, 1분 이상)
• 개인 위생관리 철저
• 채소류 전처리시 수돗물 사용
• 지하수 사용 시설은 주변 오염원(화장실 등) 관리 철저
</td>
</tr>
</table>

※ 세균 및 바이러스 식중독의 오염원, 증상, 예방법(식품의약품안전처 광고자료)

저자 소개

김덕웅 현재 한양여자대학교 식품영양학과 명예교수
고려대학교 학사, 서울대학교 석사, 한양대학교 박사
한양여자대학교 식품영양학과 교수

정수현 현재 고려대학교 식품영양학과 교수
고려대학교 학사·석사, 고려대학교 박사

염동민 현재 양산대학교 호텔식품제과제빵과 교수
부산수산대학교 학사·석사, 부경대학교 박사

신성균 현재 한양여자대학교 식품영양학과 교수
서울대학교 학사·석사, 오하이오 주립대학교 박사

여생규 현재 부산과학기술대학교 호텔조리과 교수
부산수산대학교 학사·석사, 부경대학교 박사

조원대 현재 고려대학교 식품영양학과 교수
고려대학교 학사·석사, 고려대학교 박사

개정5판

21C 식품위생학

2023년 8월 10일 개정 5판 6쇄 발행
2015년 8월 25일 개정 5판 1쇄 발행
2011년 8월 25일 개정 4판 1쇄 발행

지은이 김덕웅 · 정수현 · 염동민 · 신성균 · 여생규 · 조원대
발행인 이 영 호
발행처 **수 학 사**
10881 경기도 파주시 회동길 56 기한재 1층
출판등록 1953년 7월 23일 제2020-000143호
전화번호 031) 946-4642(代) 팩스 031) 944-1457
http://www.soohaksa.co.kr
디자인 드림디자인

정가 26,000원

ISBN 978-89-7140-396-9 (93510)